普通高等教育“十一五”国家级规划教材

清华大学公共基础平台课教材

大学数学实验

（第2版）

姜启源 谢金星 邢文训 张立平 编著

清华大学出版社

北京

内容简介

数学实验课的宗旨是：在教师指导下以学生在计算机上动手、动眼、动脑为主，通过用数学软件做实验，学习解决实际问题中常用的数学方法，并在此基础上分析、解决经过简化的实际问题，提高学数学与用数学的兴趣、意识和能力．本书通过14个实验介绍数值计算、优化方法和数理统计的基本原理、有效算法及软件实现，并提供若干简化的实际问题，让读者利用学到的数学方法及适合的数学软件在计算机上完成数学建模的全过程．本书适用于学过微积分、线性代数和概率论与数理统计的读者进一步提高利用数学工具和计算机技术分析、解决实际问题的能力．

本书可作为高等院校理工、经管类专业数学实验、数学建模课程的教材或参考书，大学生数学建模竞赛的辅导教材，也可供专业人员学习参考．

图书在版编目（CIP）数据

大学数学实验/姜启源，谢金星，邢文训，张立平编著．—2版．—北京：清华大学出版社，2010.12（2023.1重印）
（清华大学公共基础平台课教材）
ISBN 978-7-302-24077-8

Ⅰ．①大…　Ⅱ．①姜…　Ⅲ．①高等数学—实验—高等学校—教材　Ⅳ．①O13-33

中国版本图书馆CIP数据核字(2010)第221945号

责任编辑：刘　颖
责任校对：刘玉霞
责任印制：曹婉颖

出版发行：清华大学出版社
网　址：http://www.tup.com.cn，http://www.wqbook.com
地　址：北京清华大学学研大厦A座　邮　编：100084
社 总 机：010-83470000　邮　购：010-62786544
投稿与读者服务：010-62776969，c-service@tup.tsinghua.edu.cn
质量反馈：010-62772015，zhiliang@tup.tsinghua.edu.cn
印 装 者：三河市龙大印装有限公司
经　销：全国新华书店
开　本：185mm×230mm　印　张：28　字　数：609千字
版　次：2010年12月第2版　印　次：2023年1月第13次印刷
定　价：79.00元

产品编号：025734-06

第 2 版前言

数学实验作为一门新兴的数学课程，在进入我国高等院校十年来的时间里得到了迅速的发展，这一方面得益于"高技术本质上是一种数学技术"的观点日益为人们所接受，而数学软件是数学技术的重要载体，以数学软件为主要教学手段之一的数学实验课程自然得到广大教师和学生的认同与钟爱. 另一方面，越来越多的教育界人士认识到，大学的数学教学内容不能一成不变，数学教学改革也要与时俱进，将计算机技术和数学软件以各种不同的形式引入教学，以及将数学建模的思想和方法融入数学主干课程中的试验，已经成为一股潮流.

据不完全统计，十年来带有"数学实验"名字正式出版的教材达 60 本以上[①]，开设数学实验的学校有数百所，对这一新兴课程的体系、教学内容和教学方法进行了有益的探索.

本书第 1 版出版 5 年来，清华大学有 7 位教师使用本教材为 3000 多名学生讲授数学实验课. 教师和同学普遍反映，该书结构合理，内容适当，在数学方法、数学软件和数学建模的结合上具有鲜明的特色.

在 5 年来教学实践的基础上，本书第 2 版保留了第 1 版的基本结构和主要内容，主要从以下几方面作了修订：

1. 增加实验 1 数学实验简介，论述数学实验的目的、要求、内容、方法，并通过实例说明数学实验的主要形式及学习方式，还简单介绍相关的数学软件及一门新的数学分支——实验数学.

2. 将第 1 版的实验 8 约束优化拆分为线性规划和非线性规划两个实验，并增加用 LINGO 软件求解它们，线性规划还增加敏感性分析和对偶问题等内容.

3. 删除第 1 版的实验 2 差分方程和数值微分及实验 13 人工神经网络，将实验 2 的内容分别并入实验 1,2,4,5 中.

4. 补充、改写部分实例和实验练习.

---

① 截至 2008 年底带有"数学实验"名字的教材目录参见李大潜主编《中国大学生数学建模竞赛(第 3 版)》中的附录三。

5. 增加自我检查题部分,供学生作综合练习和检查用.

在本书第2版的修订中,实验1,2,13,14由姜启源完成,实验3,11,12由邢文训完成,实验4,5,6及部分练习参考答案、自我检查题由张立平完成,实验7,8,9,10及附录由谢金星完成.参与编著并使用本书第1版讲课的杨顶辉、使用本书第1版讲课的王振波等为修订工作做出了贡献,在此表示衷心的感谢.

编 者

2010.10

第 1 版前言

电子计算机的出现和飞速发展是 20 世纪科学家和工程师对人类做出的最伟大的贡献之一. 今天,不论你走进大型工厂的控制间、建筑公司的设计室,还是政府机关的办公楼、学校的多媒体教室,计算机都会立刻映入你的眼帘. 刷卡购物、刷卡乘车、刷卡入住、刷卡注册……人们的日常生活越来越离不开计算机. 今天我们难以想像在不久的未来计算机会给人类生活带来多么巨大的变化.

数学作为一门研究现实世界数量关系和空间形式的科学,在它产生和发展过程中,一直是和人们的实际需要密切相关的,历史上许多科学技术的重大发明都离不开数学,电子计算机的出现也应归功于数学家的奠基性工作. 反过来,科学技术和生产活动的进步,又促进了数学的发展. 特别是电子计算机技术的飞速进步为古老的数学提供了威力巨大的工具,彻底改变了长期以来仅靠一张纸、一支笔做数学题的传统,使数学的应用在广度和深度上都达到了前所未有的程度,促成了从数学科学到数学技术的转化,并使数学技术成为当今高科技的一个重要组成部分和显著标志. 同时也把数学从数学家的书斋里和课本中解放出来,成为各行各业认识自然、改造社会的有力武器.

教育必须跟踪、反映并预见社会发展的需要,大学的数学教育更应如此. 我们看到,先是出现了一些计算机语言和编写程序的课程,让学生熟悉和学会使用计算机,继而引入各种形式的数学建模课程,架起数学知识和应用之间的桥梁,弥补了学生学完传统数学课程仍不会用的缺陷,对数学教学改革起了显著的促进作用. 但是上面两类课程尚未很好地融合,计算机程序一类课程很少涉及数学的应用,数学建模课程又往往是纸上谈兵,学生少有机会自己动手,用计算机这个强有力的工具去分析、解决哪怕是简化的实际问题. 目前正蓬勃开展的全国大学生数学建模竞赛,可以说是二者相结合的一个范例,而那毕竟只是少数学生参加的课外科技活动.

作为探索计算机技术和数学软件引入教学后数学教育改革的一项尝试,1996 年在教育部立项的面向 21 世纪非数学专业数学教学体系和内容改革的总体构想中,把"数学实验"列为数学基础课之一,清华大学数学系参加了这项教改的一个课题组,并于 1998 年进行了数学实验课的试点. 在此基础上姜启源等编写了《数学实验》一书(萧树铁教授主编的面向 21 世纪课程教材《大学数学》丛书中的一本,高等教育出版社 1999 年出版).

近几年国内不少高等院校相继开设了数学实验课,也出版了好几本教材,从中可以看出,大家对于这门课程基本宗旨的认识大体上是一致的,即以学生在计算机上动手、动眼、动脑为主,在教师的指导下,通过用数学软件做实验,学习解决实际问题中常用的数学方法,分析、解决经过简化的实际问题,提高学数学、用数学的兴趣、意识和能力. 当然,在课程的模式和实验的内容上,各校根据各自的具体情况有所不同,这是十分正常的现象,应当鼓励不同形式的课程模式、内容和方法的大胆探索.

在清华大学新制定的非数学类专业数学教学体系中,数学实验是4门主干课程的最后一门(前3门是微积分、代数与几何、随机数学方法),起着承上(上述3门数学课)启下(后续课、研究生课程及数学的应用)的作用. 我们将它设计为一门重组课程,集数值计算、优化方法、数理统计、数学建模以及数学软件于一体,以"了解数学基本原理、知道主要数值算法、会用数学软件实现、培养数学建模能力"为基本要求,使之既是上述3门数学课程的巩固和提高,又在基本数学知识和数学的应用之间架起一座桥梁.

目前不少院校正在开展"本硕贯通"的教育改革,本科阶段的数学实验课只介绍相关数学知识的基本原理、方法、软件实现及其应用,为研究生阶段要求掌握更深入的理论和方法的数学课程(如数值分析、数学规划、高等数理统计等)提供了许多实际背景,也留下了一些需要进一步解决的问题,从而刺激了学生再学习的愿望.

按照上述的基本思路,从2000年起清华大学在全校范围内大规模地开设数学实验课,每学期3～4个大班(每班约200人),得到同学们的肯定和好评,我们也在教学中不断明确和修正这门课程的指导思想和目的要求,逐步改进和完善课程的具体内容和教学方法,这本教材就是在4年来教学实践的基础上由主要授课教师集体编写的.

基于上面的认识与实践,这本教材的编写遵循了以下原则:

1. 在上述3门数学主干课程的基础上,介绍一些最常用的解决实际问题的数学方法,包括数值计算、优化方法和数理统计的基本原理及主要算法,一般不讲证明,基本上不做笔头练习.

2. 选择合适的数学软件平台(以MATLAB为主,辅之以LINDO和LINGO),能够方便地满足以上内容的软件实现.

3. 数学建模的思想和方法贯穿全书,从建模初步练习开始,以建模综合练习结束,每个实验尽量从实际问题的建模引入,并落实于模型的求解.

4. 精心安排学生的实验,学生自己动手在计算机上做练习的时间和条件必须保证,建议讲课与实验的学时比例至少为1∶2,并且对实验报告的内容和格式提出明确的要求.

按照这些原则本书共包含14个实验:数值计算5个实验、优化方法3个实验、数理统计3个实验、数学建模2个实验,另外还有人工神经网络1个实验. 这些实验基本上相互独立,教师可根据具体情况选用. 一个实验的内容可在3～4学时内讲完. 每个实验都备有充分的、供学生动手做的练习,部分练习题附有提示或参考答案. MATLAB的基本用法编入附录.

针对数学实验课需要知识面广、实例多、计算方法与软件实现相互交叉等特点，课堂讲授宜采用多媒体教学，可以做到实例生动、信息量大、便于接受.我们研制了与本书配套的多媒体课件，交由清华大学出版社出版.

本书实验1,2,12,14由姜启源编写，实验3,10,11,13由邢文训编写，实验6,7,8,9及附录由谢金星编写，实验4,5由杨顶辉编写，张立平统编了部分实验练习的参考答案，黄红选、张立平参加了审阅，全书由姜启源统稿.在清华大学讲授过数学实验课的还有李建国、李津等，他们都对这本教材的编写做出了贡献，在此表示衷心的感谢.

编　者

2004.6

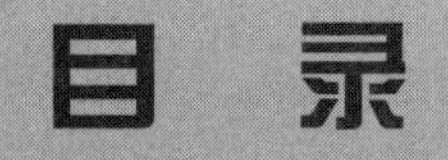

实验 1　数学实验简介

数学实验是 20 世纪 90 年代我国高等学校开设的一门新课，作为教材，在第一个实验中首先介绍数学实验的目的、要求、内容、方法等，然后给出几个实例，以期说明数学实验的主要形式及学习方式，最后简单介绍几个与数学实验相关的数学软件.

1.1　什么是数学实验

物理、化学、生物、医学等自然科学以物质世界为直接研究对象，在特定条件下进行大量、重复的实验，可以方便地重现客体在现实世界里人们难以观察到的发生和变化的过程，使得实验成为一些重大的发明、著名的定律以及许多新材料、新手段的主要源泉之一，而实践——认识——再实践，正是辩证唯物主义哲学对认识的发生、发展过程所揭示的一般规律.

数学的对象以其特殊性和抽象性与其他自然科学相区别①，几千年来呈现着强调经验和归纳与强调理性和演绎的交互发展历程. 最初数学从现实生活中产生，是经验的积累和总结. 早期的数学家也曾通过实验来研究数学，如根据现有的记载，巴比伦就是用数字例子来解释代数恒等式的. 公理方法和公理系统的出现，使数学一度重视演绎推理的定性分析，忽视(甚至鄙视)来自实际的定量研究. 17 世纪科学技术的发展促成了微积分的诞生，以此为核心的数学分析学科在科技和生产中发挥了巨大作用，人们又强调实践和经验对数学的推动，同时形成了纯粹数学和应用数学两大研究领域. 此后一般所说的数学多指纯粹数学. 19 世纪以来，集合论、实变函数论、复变函数论、抽象代数、微分几何等近代数学分支的产生，既推动了纯粹数学和应用数学的发展，也逐渐形成了用形式的、抽象的表述来发表最终结果的传统，而那些最初引导数学家构想出一般定理的数字例子未能刊出，并最终被遗忘. 数学究竟是经验科学还是演绎科学的争论一直在继续[1].

---

① 关于(纯)数学的对象我国长期沿用恩格斯的论述，被译为“现实世界的空间形式和数量关系”，但多有质疑该译文不准确. 近来有“数学是研究量的科学”的提法，其中“量”随着时代的发展，具有常量、变量、结构等几个层次.

20世纪电子计算机的出现和发展，是科学家和工程师对人类做出的重大贡献，这一信息技术革命的成果，很快就在大多数科学和工程领域得到应用，飞速发展的计算机技术被融入他们的研究方法，如物理学家利用数字模拟研究超新星爆炸这样在传统的实验室里无法进行的实验，化学家、材料学家利用精密的量子力学计算揭露原子尺度上的各种现象，生物学家利用巨型计算机处理、分析大量的基因组数据，地理和环境学家利用精密的信号处理技术去探测地球的自然资源，航空工程师利用大尺度流体动力学计算设计飞机机翼和发动机，甚至经济学家、心理学家、社会学家也利用计算机对经验数据分析趋势、做出推断.

而在这样的技术革命浪潮中，最大的嘲弄之一也许是，虽然计算机通过如冯·诺依曼(John von Neumann)和图灵(Alan Turing)这样的天才巨人从纯数学领域中孕育、诞生，但是几十年来这项神奇的技术在它产生的领域中只有很小的影响. 这种情况直到20世纪80年代才有所改变[2].

随着计算机在高速度和高精度方向的进展，以及一些通用数学软件如Mathematica的出现，数学家们开始利用先进的计算机技术作为他们日常研究工作的新工具，导致一些新的数学成果部分或全部由计算机完成. 这种将计算机技术用于数学研究的新手段被称为实验数学(experimental mathematics).

虽然被称为数学实验(mathematical experiments)课程的目的和内容，与所谓的实验数学有所不同，但是它们产生的背景、使用的工具，以及从认识论的角度看待研究问题的方法，均有相同之处. 这里先简单介绍实验数学出现的背景及其内涵，再说明数学实验的指导思想、内容设计、基本要求及学习方法.

1.1.1 一个新的学科分支——实验数学

1976年美国数学家阿佩尔(Appel)和哈肯(Haken)在两台计算机上，用1200小时作了100亿次判断，完成了100多年前提出的四色猜想①的证明. 这是第一个主要由计算机证明的数学定理，但它并不被一些数学家接受，即使后来对其用不同的计算机和程序独立地进行了复检(如1996年Neil Robertson等人的工作)，竟然有人对它做出这样的评论：一个好的数学证明应当像一首诗，而这纯粹是一本电话号码簿！可是从现在的观点看，作为数学定理基于计算机证明的典型例子，这个工作实际上成为数学史上一系列新思维的起点.

20世纪80年代后期美国数学学会(AMS)在它的月刊上正式开辟"计算机与数学"版面，力图让数学界认识到，计算机可以成为研究数学的有力工具. 1992年一本新的数学学术期刊《实验数学》(Journal Experimental Mathematics) 开始出版，发表由实验方法产生的形式上的结果、借助实验联想到的猜想，以及由特定含义的假设支持的论据所撰写的原创论文. 它宣称：理论和实验彼此相依，数学界将从更彻底暴露的实验进程中受益. 在这一刊物

① 四色猜想是指：对任何平面地图着色，使得任意有相同边界的邻国都没有相同的颜色，最多只需4色.

的创办者 David Epstein① 和 Silvio Levy 等人周围形成了一群致力于实验数学的数学家.

在加拿大 Simon Fraser 大学 Jonathan Borwein② 和 David Bailey③ 等人 1993 年成立了实验与构造(constructive)数学中心(CECM),这是一群非常活跃的实验数学倡导者,近年来出版了多本有关实验数学的专著[2~6]. 与 CECM 的研究工作有关,但哲学思想不同的还有 Doron Zeilberger 等人.

在 20 世纪 80 年代和 90 年代,数学界的主流观点认为,以计算机为主要手段的实验,作为启发和探索是有用的,但是按照数学的演绎方法和形式主义,这种探索应限于发现和教学的非正式范畴. 而越来越多涌现的实验数学家们挑战这种观点,引起一系列的争论,其中包括对实验一词的各种哲学意义上的讨论[7].

Jonathan Borwein 和 David Bailey 在文献[2]中对实验数学这一数学学科的新分支作了这样的描述: 将先进的计算机技术用于数学研究的新手段称为实验数学,计算机为数学家提供"实验室",让他们进行实验,以分析例子、检验新想法、探寻新模型,包括:

1. 获取直观和领悟;
2. 发现新的模型和关系;
3. 利用图形显示来启发研究中的数学定理;
4. 检验特别是证伪猜想;
5. 探索一个可能的结果看它是否值得去作形式的证明;
6. 启发形式证明的途径;
7. 用基于计算机的推导代替冗长的手工推导;
8. 分析地验证得到的结果.

对于 4,作者强调,证伪是最有价值的用途之一,因为一个简单的计算例子就可节约为证明一个错误的观点所要付出的大量劳动. 对于 5,作者指出,数学家在研究过程中一般不知道能否成功,按照传统的数学方法,为保证这个问题有意义,需要证明所有的细节,而实验数学方法允许数学家在最初阶段不必"拿下"全部引理,只需保持一个合理的研究水平,之后再决定该结果是否值得证明,如果前景不像想象的那样,或者它简单到没有足够的兴趣,那就不要花费过多的时间.

在 Jonathan Borwein 和 David Bailey 建立的实验数学网站

http://www.experimentalmath.info

---

① David Epstein(1937—)英国数学家,皇家学会会员,研究领域包括双曲几何、三维流形、群论等,1992 年创办实验数学期刊.

② Jonathan Borwein (1951—)加拿大数学家,1974 年在牛津大学获博士学位,曾任加拿大数学学会主席,研究领域涉及分析、优化、数值计算及高精度计算机计算. 近年来与 David Bailey 合作,有多本实验数学的专著问世.

③ David Bailey (1948—)数学家、计算机科学家,1976 年在斯坦福大学获博士学位,曾长期在美国国家航空与航天局工作,后在伯克利国家实验室计算研究部门任技术总管,研究领域涉及数值分析和并行计算. 近年来与 Jonathan Borwein 合作,有多本实验数学的专著问世.

上,可以找到有关的书籍、文章、软件、工具及其他信息.

1.1.2 学习和应用数学的新途径——数学实验

电子计算机技术及数学软件的飞速发展,不仅为数学家提供了研究数学的新手段,催生了一门新的学科分支——实验数学,而且给以用数学做工具,来分析和解决实际问题为主要目的广大学生和科学技术工作者,开辟了一条学习并掌握数学知识的新途径,即数学实验.

我们看到的最早的一本关于数学实验的教材是 Mount Holyoke College 于 1997 年出版的《数学实验室》(Laboratories in Mathematical Experimentation),从前言中知道,这所学校早在 1989 年就开设了数学实验课程,要求学生通过观察自己总结规律,鼓励他们建立描述的语言,猜想并分析所研究的现象.中译本[8]的译者认为该书"体现了用归纳方法和实验手段进行数学教育的思想方法:从若干实例出发(包括学生自己设计的例子)→在计算机上做大量的实验→发现其中(可能存在的)规律→提出猜想→进行证明和论证".从书的前言和内容看,这本书和这门课的对象主要是数学系学生.

我国在 20 世纪 90 年代中期开始探索将数学实验引入大学数学教学体系,经过教育部立项的课题研究和几所院校的试点,数学实验课程的指导思想、内容设计、基本要求以及在大学数学教育中的定位等逐步明确.

数学实验的指导思想是,学生在教师的指导下,通过利用数学软件在计算机上做实验,学习解决实际问题常用的数学原理和方法,分析并解决经过简化的实际问题,提高学数学、用数学的兴趣、意识和能力.

与传统的数学课程以教师讲授为主不同,数学实验让学生在教师指导下,在计算机上自己动手、动眼、动脑,自由地选择软件,比较算法,分析结果,通过数值的、几何的观察、联想、类比,去发现解决问题的线索,探讨规律性的结果.

在设计数学实验的内容时,将它定位为非数学专业的大学数学三门主干课程(微积分、代数与几何、随机数学方法)之后,与数学的应用密切相关的一门基础课,起着承上(上述三门数学课)启下(后续课及研究生课程)的作用.内容选择那些最常用的解决实际问题的数学方法,包括数值计算、优化方法和数理统计的基本原理、主要算法及软件实现,并以数学建模的思想和案例相贯穿.

数值计算包括插值与数值积分、常微分方程数值解、线性代数方程组的数值解法、非线性代数方程 4 个实验.优化方法包括无约束优化、线性规划、非线性规划、整数规划 4 个实验.数理统计包括数据的统计与分析、统计推断、回归分析 3 个实验.数学建模有数学建模初步、数学建模与数学实验 2 个实验.

可以看出,这是一门重组课程,它集数值计算、优化方法、数理统计、数学建模以及数学软件于一体,既是三门数学主干课程的巩固和提高,又在基本数学知识和数学的应用之间架起一座桥梁.

要在有限的一门课的学时内,学习数值计算等课程的诸多内容及数学软件的使用,不可能按照传统的办法及原来这几门课的教学大纲，让学生掌握那么多的知识，而应该根据本科非数学专业对这些数学内容的实际需求和计算机技术与数学软件的发展状况，合理地制定数学实验的基本要求.

我们拟定的数学实验的基本要求可归纳为：了解数学基本原理、知道主要数值算法、会用数学软件实现、培养数学建模能力. 具体地说：

了解数学基本原理 每个实验都明确提出要解决的数学问题，给出解决问题的数学原理如定义、定理等，但一般不给证明.

知道主要数值算法 每个实验都给出实现数学原理的主要数值算法，如公式、计算步骤等，有些公式不做推导.

会用数学软件实现 每个实验都给出实现主要数值算法的软件程序，包括输入输出、参数选择等，特别强调对输出结果的分析.

培养数学建模能力 每个实验开始都从实际问题的建模引出数学问题，介绍数学原理、算法和软件后，落实于数学模型的求解，及对实际问题的回答.

数学实验力图实现数学方法、数学软件和数学建模的融合.

数学方法涵盖数值计算、优化方法和数理统计三部分内容，可以说是学完大学数学三门主干课程后，用数学工具分析和解决实际问题所需要的最基本、最常用、最重要的内容. 既强调指出，什么样的实际问题及其归结的数学问题需要这些数学方法来解决，又一般地介绍这些数学内容的原理和算法.

从实用角度选择数学软件 MATLAB 和 LINGO，可以方便、有效地完成上述数学方法的软件实现. 这里不是全面地、而只是结合上述三部分数学内容的算法学习这两个软件.

数学建模通过实例给出模型分析与假设、模型求解和结果解释的全过程，初步培养数学建模的意识和能力.

需要强调的是，数学实验是以学生做实验(而不是教师讲授)为主. 一方面，只有亲自动手编程，在计算机上反复地计算、修改、再计算，对输出结果认真地核对、分析、解释，才能逐渐掌握和熟练使用软件. 另一方面，在做实验的过程中，可以通过对不同的数学方法、不同的数值算法的分析、比较，来学习和探讨数学知识本身的“奥妙”，这一点与 1.1.1 节中介绍的新学科——实验数学的研究有相通之处. 当然，在计算机上完成一个(哪怕是简化的)实际问题数学建模的全过程，也会让同学们充满成就感的.

最后指出，以上关于数学实验的课程定位、内容设计、基本要求等主要是针对非数学专业学生而言. 目前国内有许多风格各异、内容不尽相同的数学实验教材，如参考文献[9～12]，这门课程的目的、模式、内容、方法等都还在不断地探索和发展.

1.2 数学实验实例

本节介绍几个数学实验的实例.

1.2.1 饮酒驾车血液中的酒精含量

问题 在城乡道路交通事故中,由饮酒驾车造成的交通事故占有相当的比例.2004 年发布的《车辆驾驶人员血液、呼气酒精含量阈值与检验》国家标准中规定,车辆驾驶人员血液中的酒精含量大于或等于 20mg/100mL、小于 80mg/100mL 为饮酒驾车,酒精含量大于或等于 80mg/100mL 为醉酒驾车.对饮酒驾车和醉酒驾车者予以重罚.

为了确定饮酒后多长时间才能驾车,一志愿者(体重约 70kg)在短时间内喝了 2 瓶啤酒,然后每隔一小时检测一次血液中的酒精含量,得到表 1.1 的数据.

表 1.1 血液中的酒精含量检测数据

时间/h	1	2	3	4	5	6	7	8	9	10	11	12
酒精含量/(mg/100mL)	82	77	68	51	41	38	35	28	25	18	15	12

试分析这些数据,并建立饮酒后血液中酒精含量的数学模型,讨论饮酒数量、饮酒者状况等因素对血液中酒精含量的影响.

数据分析 将表 1.1 数据在普通坐标系下作图,时间和酒精含量分别记作 t 和 $c(t)$,可以看出,随着 t 的增加,$c(t)$并非按线性规律减少(图 1.1).而在半对数坐标系下画图,得图 1.2,可知 $t\sim\ln c(t)$近似于直线关系,即 $c(t)$有按负指数规律减少的趋势.

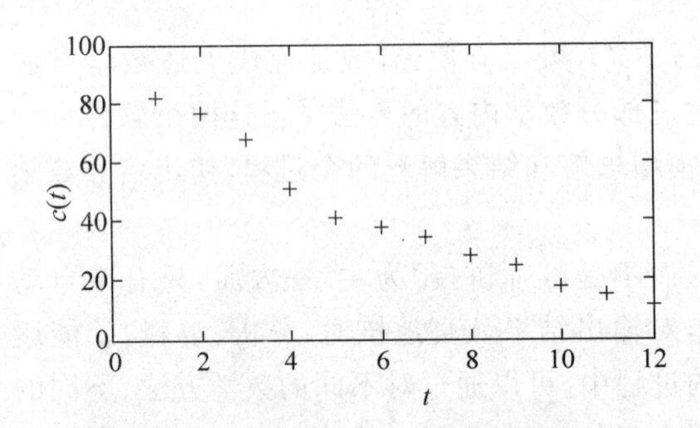

图 1.1 普通坐标下的酒精含量数据 $c(t)$

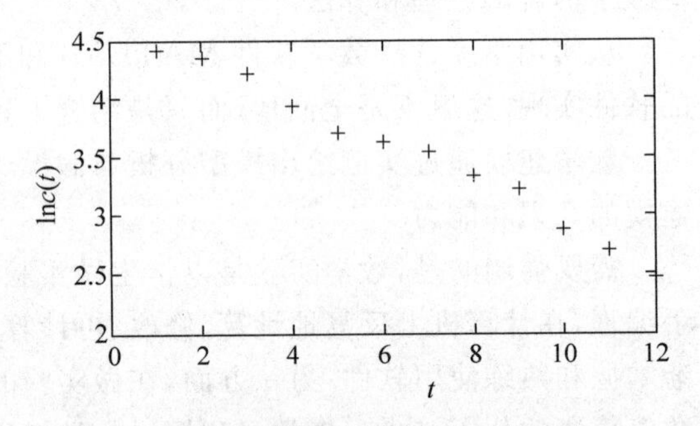

图 1.2 半对数坐标系下酒精含量数据 $c(t)$

机理分析和假设 酒精进入机体后随体液输送到全身,在这个过程中不断地被吸收、分布、代谢,最终排出体外.人的体液占体重的 65%~70%,其中血液只占体重的 7%左右,而酒精在血液与体液中的含量大体是一样的.

最简单的假设是将整个机体看作一个房室,室内的酒精含量 $c(t)$是均匀的,称一室模型.对一室模型的动态过程,通常假设酒精向体外排出的速率与室内的酒精含量成正比,比例系数为 $k(>0)$,称为排出速率.

短时间内(相对于整个排出过程而言)饮酒,可以视为 $t=0$ 瞬时饮入酒精剂量 d,而整个房室的容积为常数 V,于是 $t=0$ 瞬时酒精含量为 d/V.

模型建立 根据上面的假设,酒精含量 $c(t)$ 应满足微分方程

$$\frac{\mathrm{d}c}{\mathrm{d}t}=-kc \tag{1}$$

和初始条件

$$c(0)=c_0=d/V. \tag{2}$$

求解(1)式,(2)式可得

$$c(t)=\frac{d}{V}\mathrm{e}^{-kt}=c_0\mathrm{e}^{-kt}, \tag{3}$$

即酒精含量 $c(t)$ 按指数规律下降,与对检测数据的观察(图 1.1)相符.

为了根据表 1.1 中的数据 $t_i,c_i(i=1,2,\cdots,12)$ 确定(3)式的系数 k 和 c_0,先对(3)式取自然对数得 $\ln c=\ln c_0-kt$,记 $y=\ln c,a_1=-k,a_2=\ln c_0$,问题化为由数据 $t_i,y_i(i=1,2,\cdots,12)$ 拟合一次函数 $y=a_1t+a_2$,计算出 a_1,a_2 以后很容易得到 k 和 c_0.

结果和讨论 用 MATLAB 软件(参见实验 7)由数据 $t_i,c_i(i=1,2,\cdots,12)$ 算出 $k=0.1747,c_0=106.9412$,将 k 和 c_0 代入(3)式画出曲线 $c(t)$,与检测数据比较,如图 1.3 所示.

由计算结果可知,该志愿者(体重约 70kg)在短时间内喝了 2 瓶啤酒 10h 后,酒精含量会降至 20mg/100mL 以下,可以驾车,与检测数据一致.

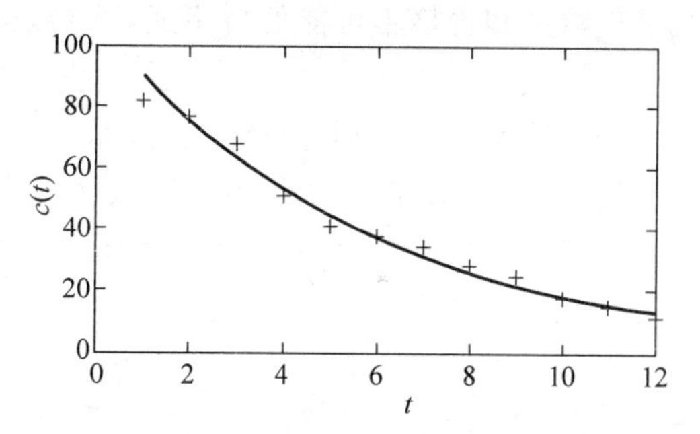

图 1.3 酒精含量 $c(t)$ 曲线及与检测数据比较

从模型(3)还知道,酒精含量 $c(t)$ 与 $t=0$ 瞬时饮入的酒精剂量 d 成正比,与房室的容积 V 成反比. 于是,如果该志愿者在短时间内只喝 1 瓶啤酒,那么约 5h 后即可驾车. 而对那些体重与该志愿者(约 70kg)相差较大的司机,则需做相应的考虑. 至于不同的人排出速率 k 是否有变化,就要进一步结合试验来研究了.

1.2.2 市场经济中的蛛网模型

问题 在自由贸易的集市上常会出现这样的现象:一段时期以来某种消费品如鸡蛋的上市量远大于需求,由于销售不畅致使价格下跌,生产者发现养鸡赔钱,于是转而经营其他农副业. 过一段时间鸡蛋上市量就会大减,供不应求将导致价格上涨,生产者看到有利可图又重操旧业,这样,下一个时期又会重现供过于求、价格下跌的局面.

商品数量和价格的这种振荡现象在自由竞争的市场经济中常常是不可避免的. 进一步的观察可以发现,振荡有两种完全不同的形式,一种是振幅逐渐减小,市场经济趋向平稳,另一种是振幅越来越大,如果没有外界如政府的干预,将导致经济崩溃. 试建立一个简化的数学模型描述这种现象,研究经济趋向平稳的条件,并讨论当经济趋向不稳定时政府可能采取的干预方式.

蛛网模型 商品在市场上的数量和价格出现反复的振荡，是由消费者的需求关系和生产者的供应关系决定的. 记商品第 k 时段的上市数量为 x_k，价格为 y_k. 这里我们把时间离散化为时段，1 个时段相当于 1 个生产周期，对于肉、禽等指牲畜饲养周期，蔬菜、水果等指种植周期.

按照经济规律，价格 y_k 依赖于数量 x_k，由消费者的需求关系决定，记作 $y_k=f(x_k)$，称为**需求函数**. 因为上市数量越多，价格越低，所以 f 是减函数. 下一时段商品数量 x_{k+1} 依赖于上一时段的价格 y_k，由生产者的供应关系决定，记作 $x_{k+1}=h(y_k)$，称为**供应函数**. 因为价格越高，生产量(即下一时段上市量)越大，所以 h 是增函数. 设 h 的反函数为 g，即 $y_k=g(x_{k+1})$，g 也是增函数.

在商品数量和价格变化不大的范围内，可以将 f 和 g 简化为线性函数，在图 1.4(a)和图 1.4(b)中用两条直线表示，它们相交于 $P_0(x_0,\ y_0)$ 点. 称 P_0 点为**平衡点**，意思是一旦某一时段 k 商品的上市量 $x_k=x_0$，则由 $y_k=f(x_k)$ 和 $x_{k+1}=h(y_k)$ 可知，$y_k=y_0$，$x_{k+1}=x_0$，$y_{k+1}=y_0$，…，即以后的上市量和价格将永远保持在 $P_0(x_0,\ y_0)$ 点. 但实际上由于种种干扰使得数量和价格不可能保持不变，不妨设 x_1 偏离 x_0，如图 1.4 所示. 我们分析 x_k，y_k 的变化.

商品数量 x_1 给定后，价格 y_1 由直线 f 上的 P_1 点决定. 数量 x_2 又由 y_1 和直线 g 上的 P_2 点决定，y_2 由 x_2 和 f 上的 P_3 点决定，这样在图 1.4(a)上得到一系列的点 P_1，P_2，P_3，…，这些点按图 1.4 上箭头方向趋向 P_0 点，称 P_0 为**稳定平衡点**，意味着商品的数量和价格的振荡将趋向稳定.

但是如果直线 f 和 g 由图 1.4(b)给出，类似的分析可以发现，P_1，P_2，P_3，…，沿着箭头的方向，将越来越远离 P_0 点，称 P_0 为**不稳定平衡点**，意味着商品的数量和价格将出现越来越大的振荡. 图 1.4(a)和 1.4(b)中的折线 $P_1P_2P_3$…形似蛛网，在经济学中称为**蛛网模型**.

为什么会有这样截然相反的现象呢？分析一下图 1.4(a)和图 1.4(b)的不同之处就可发现，图 1.4(a)的 f 比 g 平，而图 1.4(b)的 f 比 g 陡. 用 K_f 和 K_g 分别表示 f 和 g 的斜率(取绝对值)，可以看出，当 $K_f<K_g$ 时，P_0 稳定；当 $K_f>K_g$ 时，P_0 不稳定.

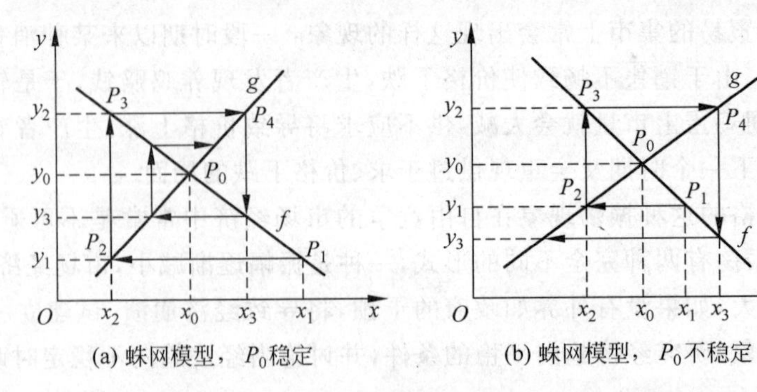

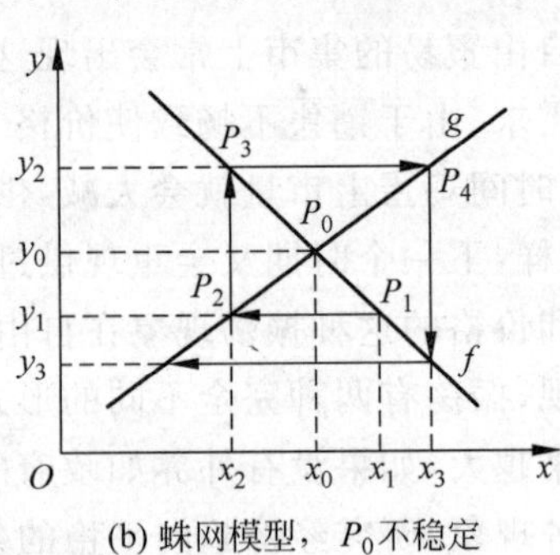

(a) 蛛网模型，P_0稳定　　(b) 蛛网模型，P_0不稳定

图 1.4

方程模型 为了定量地分析上述现象,将需求函数 f 表示为

$$y_k - y_0 = -\alpha(x_k - x_0), \quad \alpha > 0, \quad k = 1,2,\cdots \tag{4}$$

供应函数 h 表示为

$$x_{k+1} - x_0 = \beta(y_k - y_0), \quad \beta > 0, \quad k = 1,2,\cdots \tag{5}$$

从(4)式,(5)式中消去 y_k 可得

$$x_{k+1} - x_0 = -\alpha\beta(x_k - x_0), \quad k = 1,2,\cdots \tag{6}$$

知道了 x_0, y_0, x_1,α, β,可以用(4)式,(5)式或(6)式计算 x_k, y_k.

为了讨论时间充分长以后(即 $k\to\infty$ 时)x_k 的变化趋势,由(6)式可递推地解出

$$x_{k+1} - x_0 = (-\alpha\beta)^k(x_1 - x_0), \quad k = 1,2,\cdots \tag{7}$$

显然,当方程(6)的系数(取绝对值)小于1,即

$$\alpha\beta < 1 \quad 或 \quad \alpha < 1/\beta \tag{8}$$

时,$x_k\to x_0$,P_0 点稳定;而当

$$\alpha\beta > 1 \quad 或 \quad \alpha > 1/\beta \tag{9}$$

时,$x_k\to\infty$,P_0 点不稳定.

注意到(4)式,(5)式的系数 α,β 有 $K_f=\alpha$, $K_g=1/\beta$(因为 $K_h=\beta$),所以条件(8),(9)与蛛网模型中的分析是完全一致的.

看一个例子.设某种商品在市场上处于平衡状态时的数量为 $x_0=100$(单位),$y_0=10$(元/单位),开始时段商品数量为 $x_1=110$.若上市量减少1个单位价格上涨0.1元,而价格上涨1元下一时段供应量增加5个单位,即 $\alpha=0.1$, $\beta=5$,则按照方程(4)及方程(5)计算得到的 x_k,y_k($k=1,2,\cdots,10$).如图1.5所示,可以看出 x_k,y_k 分别趋向 x_0,y_0.当 α 升高至0.24时(β 不变),得到的结果如图1.6所示,x_k,y_k 越来越大.

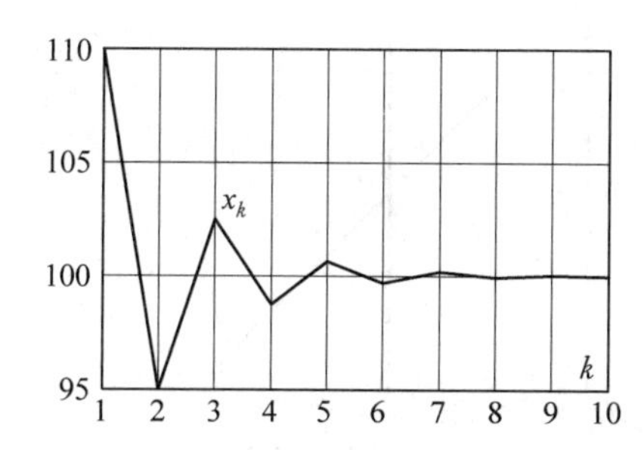

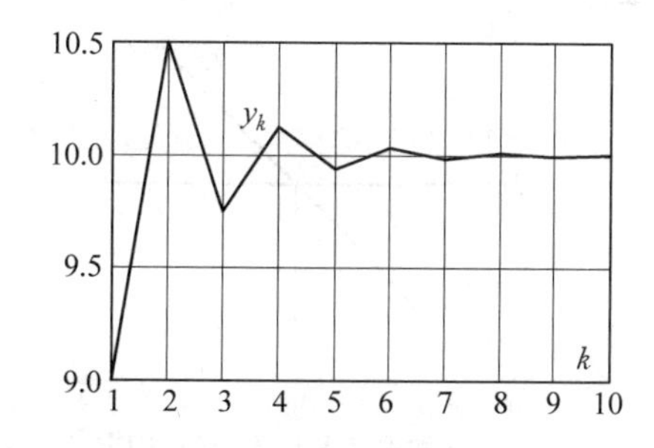

图1.5 $\alpha=0.1$,$\beta=5$ 时蛛网模型 x_k,y_k 的变化

(4)式,(5)式或(6)式表示了 x_k, y_k 和 x_{k+1}, y_{k+1} 之间的关系,称为**差分方程**.

结果解释 考察 α,β 的含义,可以对市场经济是否会趋于平稳做出合理的解释.由(4)式可知,α 表示商品上市量减少1个单位时价格的上涨幅度;由(5)式可知,β 表示价格上涨1个单位时(下一时段)供应量的增加.所以 α 反映消费者需求的敏感程度,如果是生活必需品,消费者处于持币待购状态,商品数量稍缺,人们立即蜂拥抢购,α 就会较大;反之,若消费者购物心态稳定,则 α 较小.β 的数值反映生产经营者对价格的敏感程度,如果他们目光短

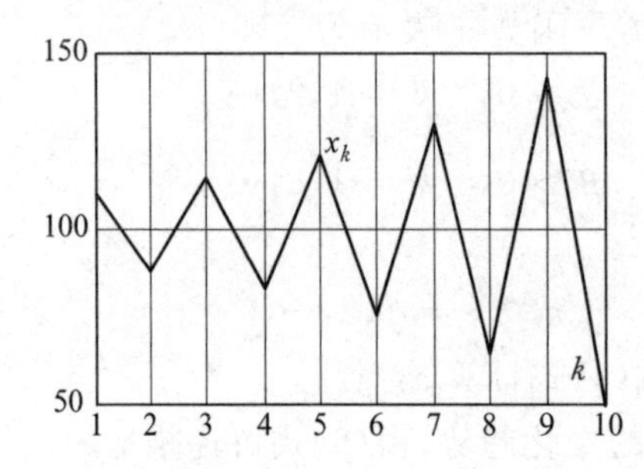

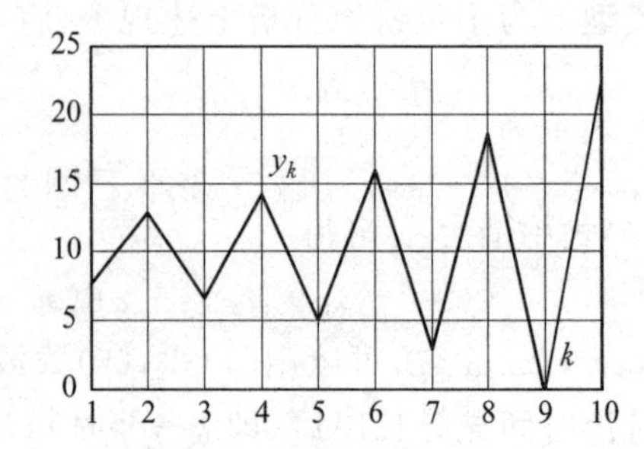

图 1.6 $\alpha=0.24,\beta=5$ 时蛛网模型 x_k,y_k 的变化

浅，热衷于追逐一时的高利润，价格稍有上涨就大量增加生产，β 就会较大；反之，若他们素质较高，有长远的计划，则 β 较小. 定量分析的结果(8)式表明，当 α,β 的乘积小于 1 时，P_0 是稳定平衡点，商品数量和价格的振荡会趋向平稳.

政府的干预 基于上述分析可以看出，当经济趋向不稳定时政府有两种干预办法.

一种办法是使 α 尽量小，不妨考察其极端情况 $\alpha=0$，即需求直线 f 变为水平，这时不管供应函数如何，即不管 β 多大，(8)式恒成立，经济总是稳定的. 实际上这种办法相当于政府控制价格，无论商品上市量有多少，命令价格 y_0 不得改变(图 1.7(a)).

另一种办法是使 β 尽量小，极端情况是 $\beta=0$，即供应直线 g 变为竖直，于是不管需求函数如何，即不管 α 多大，(8)式恒成立，经济稳定. 实际上这相当于政府控制商品的上市数量，当供应量少于需求时，从外地收购，投入市场；而当供过于求时，收购过剩部分，维持上市量 x_0 不变(图 1.7(b)). 当然这种办法需要政府具有相当的经济实力.

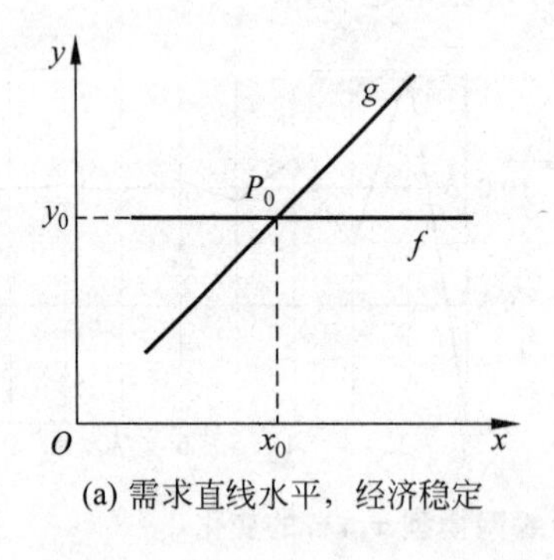

(a) 需求直线水平，经济稳定

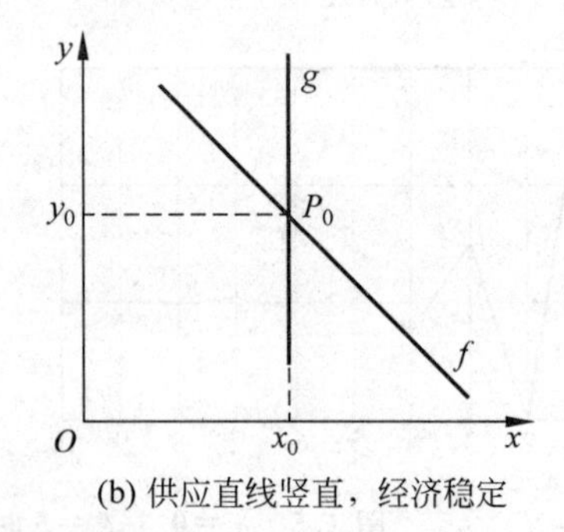

(b) 供应直线竖直，经济稳定

图 1.7

1.2.3 汽车厂生产计划

问题 某汽车厂生产小、中、大 3 种类型的汽车，已知生产各种类型每辆汽车需要的钢材、劳动时间以及获得的利润如表 1.2 所示，目前汽车厂每月钢材的供应量为 600t，每月总的劳动时间为 60000h，试为该厂制订月生产计划，使得利润最大. 进一步研究以下问题：由于各种条件限制，如果生产某一类型汽车，则至少要生产80辆，那么最优的生产计划应作何改变？

表1.2 各种类型每辆汽车需要的钢材、劳动时间及获得的利润

	小型	中型	大型
钢材/t	1.5	3	5
劳动时间/h	280	250	400
利润/万元	2	3	4

基本模型 所谓月生产计划指的是3种类型的汽车每月各生产多少辆，使利润最大. 记每月生产小、中、大型汽车的数量分别为 x_1，x_2，x_3(非负整数)，汽车厂的月利润为 z. 合理地假设"每辆汽车获得的利润及对钢材、劳动时间的需求量均不随生产数量变化"，则在钢材供应量和总劳动时间的约束下，以利润最大为目标的数学模型如下

$$\max \quad z = 2x_1 + 3x_2 + 4x_3 \tag{10}$$

$$\text{s.t.} \quad 1.5x_1 + 3x_2 + 5x_3 \leqslant 600, \tag{11}$$

$$280x_1 + 250x_2 + 400x_3 \leqslant 60000, \tag{12}$$

$$x_1, x_2, x_3 \text{ 为非负整数.} \tag{13}$$

其中 x_1，x_2，x_3 为**决策变量**，(10)式为**目标函数**，(11)～(13)式为**约束条件**，它们是这个优化模型的三要素.

因为在目标函数(10)和约束条件(11)，(12)中对于决策变量都是线性的，约束条件(13)要求决策变量为整数，所以这个模型称为**整数线性规划**.

模型求解 虽然整数线性规划有多种解法，但是当决策变量和约束条件比较多时，手工计算是很困难的，可以利用现成的数学软件求解. 这个具体问题的解决办法大体上有以下两种：

第一种办法是将约束条件(13)放松为"非负实数"，模型化为简单的**线性规划**. 很多软件如MATLAB，LINGO都可以方便地求解线性规划，其解法及软件实现将在实验8中介绍. 这里只给出结果为 $x_1=64.52$，$x_2=167.74$，$x_3=0$，$z=632.26$.

为了得到 x_1，x_2，x_3 的整数解，可以在上面这个实数解的附近试探：如取 $x_1=65$，$x_2=167$；$x_1=64$，$x_2=168$ 等. 注意：必须在满足约束条件(11)，(12)的前提下，对各种试探通过计算并比较目标函数值 z 的大小，得到模型(10)～(13)的解. 这个问题的结果是 $x_1=64$，$x_2=168$，$x_3=0$，$z=632$.

第二种办法是用可以直接求解整数线性规划的软件，如LINGO，其解法及软件实现将在实验10中介绍，会得到与上面相同的结果.

虽然看起来第二种办法更方便，但是由于求解整数线性规划的复杂程度比线性规划大得多，因而用普通软件能求解的整数线性规划的规模常常受到限制.

进一步研究的问题 对于提出的"如果生产某一类型汽车，则至少要生产80辆"的限

制，上面得到的最优解显然不满足这个条件. 这种类型的要求是实际生产中经常提出的. 这个问题的模型应将上面的(13)式改为

$$x_1, x_2, x_3 = 0 \quad 或 \quad \geqslant 80. \tag{14}$$

一般的解法不能直接考虑这样的约束，(14)式也无法输入数学软件.

解决这类问题的办法大体上有以下三种：

第一种办法　分解为多个线性规划子模型. (14)式可分解为 8 种情况：

$$x_1 = 0, \quad x_2 = 0, \quad x_3 \geqslant 80; \tag{14.1}$$

$$x_1 = 0, \quad x_2 \geqslant 80, \quad x_3 = 0; \tag{14.2}$$

$$x_1 = 0, \quad x_2 \geqslant 80, \quad x_3 \geqslant 80; \tag{14.3}$$

$$x_1 \geqslant 80, \quad x_2 = 0, \quad x_3 = 0; \tag{14.4}$$

$$x_1 \geqslant 80, \quad x_2 \geqslant 80, \quad x_3 = 0; \tag{14.5}$$

$$x_1 \geqslant 80, \quad x_2 = 0, \quad x_3 \geqslant 80; \tag{14.6}$$

$$x_1 \geqslant 80, \quad x_2 \geqslant 80, \quad x_3 \geqslant 80; \tag{14.7}$$

$$x_1, x_2, x_3 = 0. \tag{14.8}$$

(14.8)式显然不可能是问题的解. 可以检查，(14.3)式和(14.7)式不满足约束条件(11)，也不可能是问题的解. 对其他 5 个线性规划子模型逐一求解，比较目标函数值，可知最优解在(14.5)式情形得到：$x_1=80, x_2=150.4, x_3=0, z=611.2$. 再像前面一样考虑整数约束可得最后结果为 $x_1=80, x_2=150, x_3=0, z=610$.

第二种办法　引入 3 个 0-1 变量. 设 y_1 只取 0，1 两个值，则(14)式的 $x_1=0$ 或$\geqslant 80$ 等价于

$$x_1 \leqslant My_1, \quad x_1 \geqslant 80y_1, \quad y_1 \in \{0,1\}, \tag{15.1}$$

其中 M 为相当大的正数，这里可取 1000(因为 x_1 不可能超过 1000). 类似地有

$$x_2 \leqslant My_2, \quad x_2 \geqslant 80y_2, \quad y_2 \in \{0,1\}; \tag{15.2}$$

$$x_3 \leqslant My_3, \quad x_3 \geqslant 80y_3, \quad y_3 \in \{0,1\}. \tag{15.3}$$

于是(10)～(12)式，(15.1)～(15.3)式构成一个既有一般的整数变量，又有 0-1 变量的整数规划模型，也可以用 LINGO 直接求解，结果与第一种办法相同.

第三种办法　化为非线性规划. 条件(14)又可表示为

$$x_1(x_1 - 80) \geqslant 0, \quad x_1 \geqslant 0; \tag{16.1}$$

$$x_2(x_2 - 80) \geqslant 0, \quad x_2 \geqslant 0; \tag{16.2}$$

$$x_3(x_3 - 80) \geqslant 0, \quad x_3 \geqslant 0. \tag{16.3}$$

式子左端是决策变量的非线性函数，(10)～(13)式、(16.1)～(16.3)式构成的模型称为**非线性规划**. 非线性规划也可以用数学软件求解，如 LINGO 能解整数非线性规划，MATLAB 只能解(实数)非线性规划，其解法及软件实现将在实验 9 中介绍，但是结果常依赖于初值的选择，无法保证得到的是全局最优解. 通常尽量不用非线性规划模型.

1.2.4 π的计算

许多年来人们对圆周率π(圆的周长与直径之比)的计算一直保持着浓厚的兴趣,数学家们更是以不断提高计算精度一次次地发起挑战.

π的简史[2] 早在公元前2000年巴比伦人就用$3\frac{1}{8}$作为圆周率π的近似值,历史上第一个对π做严格数学计算的是阿基米德,公元前250年他用圆的内接和外切多边形得到了π的上下界:$3\frac{10}{71}<\pi<3\frac{1}{7}$.用这种几何方法不断增加多边形的边数,理论上可以计算π到任意的精度.我国古代数学家祖冲之在公元480年就是用这种方法将π计算到7位数字,这一记录足足让西方人追赶了近千年.

π的计算方法的革命和计算精度的大幅度提高发生在17世纪牛顿和莱布尼茨发明微积分之后.最初是利用$\pi/4=\arctan 1$和无穷级数的积分

$$\arctan x=\int_0^x \frac{\mathrm{d}t}{1+t^2}=x-\frac{x^3}{3}+\frac{x^5}{5}-\cdots$$

计算π,但是它收敛太慢.经过几次改进,1874年Shanks用Machin早先给出的公式$\pi/4=4\arctan(1/5)-\arctan(1/239)$将π计算到707位数字,后来确定前527位数字是正确的.在这一时期,还证明了π不是有理数,也不是代数数.

随着20世纪40年代电子计算机的出现,1949年第一次用初期的计算机ENIAC将π计算到2037位数字,耗时7小时.接着发现了一些先进的算法来完成高精度的运算,如1965年提出的快速傅里叶变换(FFT)大大缩短了计算机运行时间.但是1970年以前,都还是用传统的公式来计算的.

1985年Gosper用Ramanujan 1910年提出的新的无穷级数公式

$$\frac{1}{\pi}=\frac{2\sqrt{2}}{9801}\sum_{k=0}^{\infty}\frac{(4k)!(1103+26390k)}{(k!)^4 396^{4k}}$$

将π计算到17526700位数字,用这个公式每多计算级数的一项就可增加8位数字.1994年Chudnovskys用改进的公式将上述记录提高到40亿位.

看来这个方法是相当有效的,但是它的缺点是计算精度(位数)与级数的项数呈线性关系.1976年Salamin和Brent提出一种新的迭代算法,每次迭代可以使位数加倍,25次迭代就可计算到4500万位.1985年Borwein又发现了一次迭代使位数3倍增加的算法.Kanada等人1999年用这种迭代算法计算到2061亿位,2002年计算到1.24万亿位.日本筑波大学的高桥大辅在2009年8月计算到2.6万亿位.这一记录很快被刷新,据香港文汇报2010年1月8日报道,法国科学家贝利雅德仅用一台个人计算机,成功地将π计算到2.7万亿位.

π的魅力 既然π是无理数和超越数的问题100多年前就已经解决,那么为什么π有如此巨大的魅力,让数学家们不停顿地用计算机做越来越高精度的计算呢?

首先,其最简单的动因就是人们喜欢用性能越来越高的计算机对这一古老问题发起挑战.

其次，这种计算的编程其实并不平凡，特别是在大型分布式计算机上. 它还会产生派生效益，如在现代科学和工程计算中经常使用的快速傅里叶变换的出现，就来自 π 的计算.

第三，π 的计算是对计算机整体性能的很强的检验. 如 Kanada 等人用不同的公式，甚至不同的方法做反复计算，如果两次独立的计算得到相同的结果，就是计算机可以正确地完成兆次级算术运算，并在不同部件之间传输兆级数据字节的有力证据.

现在有成百家网站(如 http://www.piworld.de)、上千篇文献、许多书籍以及若干家基于互联网的俱乐部专门讨论 π，甚至有些电视、电影都提到 π.

在数学实验中没有必要、也没有可能对 π 作高精度的计算，下面介绍几种计算 π 的方法作为实验的实例. 这里不妨写出 π 的前 20 位数字作为对计算结果进行比较的标准：3.14159265358979323846.

数值积分法 找一个积分值等于 π 的定积分，当然要简单些，如 $4\int_0^1 \sqrt{1-x^2}\,\mathrm{d}x = \pi$，$2\int_0^\pi \sin^2 x\mathrm{d}x = \pi$ 等，然后用数值积分方法计算等式左端积分的近似值.

数值积分的一般方法将在实验 3 中介绍，这里只就这个具体问题给以简单说明.

设要计算积分 $S = \int_0^1 \sqrt{1-x^2}\,\mathrm{d}x$，在图 1.8 中画曲线 $y = \sqrt{1-x^2}$，即第一象限的单位圆周，S 即圆周与两坐标轴围成区域的面积(1/4 单位圆). 计算这块面积的最简单的办法之一是，将 [0,1] 区间分成 n 等份，记为 $x_0=0, x_1, \cdots, x_k, \cdots, x_n=1$，相应地，$S$ 分成 $S_1, S_2, \cdots, S_k, \cdots, S_n$，对于图中的 S_k，用梯形面积作近似计算，即 $S_k=(y_{k-1}+y_k)/(2n)$，于是得到 S 的近似值为 $S=S_1+\cdots+S_k+\cdots+S_n=[(y_0+y_n)/2+y_1+\cdots+y_{n-1}]/n$，这就是数值积分法的梯形公式.

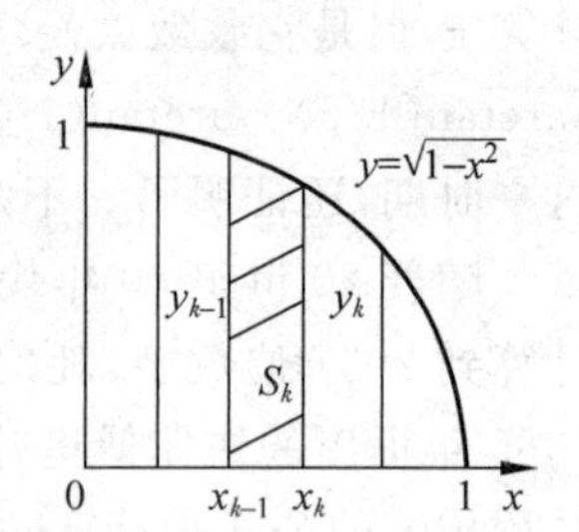

图 1.8 数值积分示意图

分别取 $n=100,1000,10000$，利用 MATLAB 软件的数值积分梯形公式程序，很容易得到 π 的近似值：3.140417031779045，3.141555466911028，3.141591477611323. 与上面给出的标准相比，最后一个数字只有前 6 位数字是准确的. 增加 n 或者选用更精确的数值积分计算公式(见实验 3)可以提高精度.

迭代法 在 π 的简史中曾提到，公元前 250 年阿基米德是用圆的内接和外切多边形来估计 π 的上下界，后来有人将这种增加多边形来逼近 π 的方法归纳为如下的迭代公式：

$$a_0 = 2\sqrt{3}, \quad b_0 = 3, \quad a_n = \frac{2a_{n-1}b_{n-1}}{a_{n-1}+b_{n-1}}, \quad b_n = \sqrt{a_n b_{n-1}}, \quad n=1,2,\cdots \tag{17}$$

虽然 a_n, b_n 收敛于 π，但是收敛很慢，当 $n=10$，可得 $a_{10}=3.14159292738509 6$，$b_{10}=3.141592516692157$.

π 的简史中还提到，1976 年 Salamin 和 Brent 提出了一种新的、每次迭代可以使位数加倍的算法，其迭代公式如下：

$$a_0 = 1,\quad b_0 = 1/\sqrt{2},\quad s_0 = 1/2,\quad a_n = \frac{a_{n-1}+b_{n-1}}{2},\quad b_n = \sqrt{a_{n-1}b_{n-1}},$$

$$c_n = a_n^2 - b_n^2,\quad s_n = s_{n-1} - 2^n c_n,\quad p_n = \frac{2a_n^2}{s_n},\quad n = 1,2,\cdots$$

p_n 收敛于 π，当 $n=10$，可得 $p_{10}=3.141592653592909$，前 10 位数字是准确的.

上面的迭代公式，实际上就是实验 5 将要介绍的差分方程组.

无穷级数法　π 的简史中提到，用无穷级数

$$\arctan x = x - \frac{x^3}{3} + \frac{x^5}{5} - \cdots + (-1)^{2k+1}\frac{x^{2k+1}}{2k+1} + \cdots \tag{18}$$

计算. 最初利用 $\pi/4=\arctan 1$，取 $x=1$，因为 x 太大，收敛很慢，即使计算到 $k=1000$，误差也可达 0.5×10^3.

将 x 减小到 $x=1/2$，当然可以改进结果，但是必须知道 $\arctan(1/2)$ 与 π 或者 $\pi/4$ 的关系. 记 $\alpha=\arctan(1/2)$，$\beta=\pi/4-\alpha$，则 $\tan\beta=\dfrac{\tan(\pi/4)-\tan\alpha}{1+\tan(\pi/4)\tan\alpha}=\dfrac{1}{3}$，即 $\beta=\arctan(1/3)$，于是 $\pi=4[\arctan(1/2)+\arctan(1/3)]$. 再利用(18)式计算 $\arctan(1/2)$ 和 $\arctan(1/3)$ 就可以得到好一点的结果.

再进一步，令 $x=1/5$，记 $\alpha=\arctan(1/5)$，如果直接采用上面的办法，将得到 $\beta=\arctan(2/3)$，用(18)式计算 $\arctan(2/3)$ 显然不好. 一个改进的办法是，由 $\tan\alpha=1/5$ 可以得到 $\tan 2\alpha=5/12$，$\tan 4\alpha=120/119$，令 $\beta=4\alpha-\pi/4$，则 $\tan\beta=\dfrac{\tan 4\alpha-\tan(\pi/4)}{1+\tan 4\alpha\tan(\pi/4)}=\dfrac{1}{239}$，即 $\beta=\arctan(1/239)$，从而得到

$$\pi = 4(4\alpha-\beta) = 16\arctan(1/5) - 4\arctan(1/239). \tag{19}$$

用(18)式计算 $\arctan(1/5)$ 和 $\arctan(1/239)$，当级数取 10 项时，得到 π 的近似值为 3.141592653589792，与上面给出标准值的前 14 位数字相同. 实际上，这样计算的误差可以由交错级数的性质得出.

随机模拟法　这是一种随机试验方法，又称蒙特卡罗(Monte Carlo)法. 首先构造一个像数值积分法中那样的定积分 $4\int_0^1\sqrt{1-x^2}\,dx=\pi$，其中积分 $S=\int_0^1\sqrt{1-x^2}\,dx$(即1/4单位圆的面积)用随机模拟方法求得.

随机模拟法的基本原理非常简单，下面给以直观的说明.

图 1.9 中粗线是 1/4 单位圆，如果向图 1.9 中边长为 1 的正方形里随机投 n 块小石头，当 n 很大时小石头会大致均匀地分布在正方形中，数一下落在 1/4 单位圆内的小石头，假定有 k 个，那么 k/n 就可以看作 1/4 单位圆面积 $\pi/4$ 的近似值.

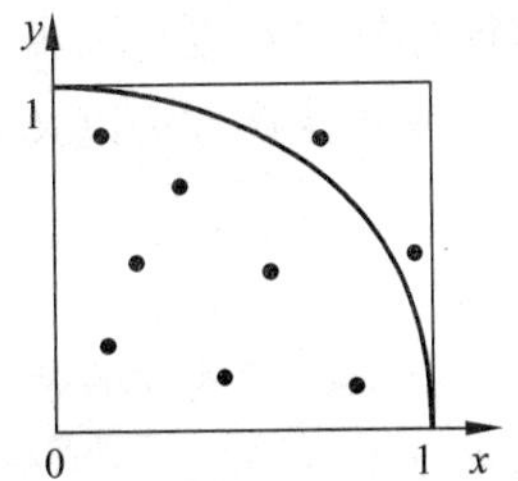

图 1.9　随机模拟法的“投石算面积”

小石头的位置坐标可以用产生均匀分布随机数的程序得到，记 $x_i, y_i(i=1,2,\cdots,n)$ 是$[0,1]$区间均匀分布随机数(x_i, y_i 相互独

立),记录满足 $x_i^2+y_i^2\leqslant 1(i=1,2,\cdots,n)$ 的数量 k,即得 $\pi=4k/n$.

用计算机算一下就会发现,即使 n 很大,结果也不大好,并且很不稳定,远不如前面的几种方法.

实际上,随机模拟法很少用来做定积分,它的特点是能够方便地推广到计算多重积分(见实验11),而不少多重积分是其他方法很难或者根本无法计算的.

1.3 数学软件简介

1.3.1 数学软件的重要意义

数学以前所未有的速度向几乎一切领域渗透,并得到广泛、深刻和直接的——而不再是局部、简单和间接的应用,是当今数学科学的一个重要特征.人们经常说当今的时代是一个高技术的时代,那么高技术的本质是什么?早在1984年,曾任美国总统科学顾问的David爵士就在美国数学会的一次会议上指出[12~13]:“很少有人认识到当今被如此称颂的高技术本质上是一种数学技术.”从此以后,“高技术本质上是一种数学技术”的观点开始广为流传,并日益得到大家的认同.

1991年,在Glimm主持撰写的报告《数学科学·技术·经济竞争力》中指出[14]:“本报告的主要结论如下:数学科学对经济竞争力生死攸关,数学科学是关键的、普遍的、培养能力的技术.”该报告进一步指出:“计算和模拟是把数学科学转变成技术的根本道路.”而为了进行高效率的计算和模拟,就必须要有与之相适应的工具,数学软件的发展正是提供了这样一种工具.可以认为,数学与计算机技术的紧密结合产生了直接应用于生产的数学技术,这是许多高新技术的核心.因此,数学软件既是数学技术开发的重要工具,又是数学技术的主要体现形式.数学软件的迅速发展和广泛应用促进了数学技术的形成和广泛应用,从而促进了数学思想和方法的普及,提高了人们对数学科学重要性的认识,因此对自然科学、技术科学甚至社会科学和思维科学产生了深远的影响.

在使用数学软件解决实际问题之前,还必须首先将实际问题转化成数学问题,即实际问题的数学建模(参见实验2).在Friedman等人撰写的报告中指出[15]:“数学建模和与之相伴的计算正在成为工程设计中的关键工具.科学家正日益依赖于计算方法,而且在选择正确的数学和计算方法以及解释结果的精度和可靠性方面必须具有足够的经验.”所以,从某种程度上说,可以认为

数学技术 = 数学建模 + 数学软件.

由于数学软件的强大功能和使用的方便性、广泛性,自然也成为了辅助教学和科学研究的重要工具.正如石钟慈院士所指出的[16]:“实验、理论和计算已经成为当代科学方法上彼此不可或缺的三个主要手段.”在科学研究以及数学教学特别是数学建模教学和数学建模竞赛活动中,如果希望所考虑的问题比较贴近实际,数据量一般比较大,因此用软件求解比较

方便.这时不仅能显著地节省自己编写程序的工作量,而且能够将主要精力集中到问题的建模上来,探索和尝试采用不同的模型,比较计算结果,可谓游刃有余.当需要研究所给数据发生变化对结果的影响时(通常称为敏感性分析),也能轻而易举地做到,从而深化对问题和模型的分析与理解.另外,针对某一特定领域的问题,选择合适的专业数学软件求解,往往比自己随便从一本普通教科书上找一个算法进行编程计算性能更稳定,计算速度更快,而达到的计算效果更好,可谓事半功倍.

具体到数学实验课程来说,我们主要是借助数学软件来实现我们所学习的算法,方便地得到针对实际问题建立的数学模型的解或近似解.我们也可以利用数学软件,对一些算法的实际计算效果(主要是计算效率和计算精度)进行一定的观察、比较和分析.这样,可以让我们避免从头开始设计算法和编写程序,从而提高学习效率.

1.3.2 数学软件的主要分类

从广义的意义上来讲,凡是能够处理数学问题的应用软件都是数学软件.例如,20 世纪 60～80 年代流行的主要用于科学计算的 ALGOL 和 FORTRAN 等高级语言可以认为是早期形式的数学软件,长期以来广泛用于数学文档处理的 Tex 软件和用于数据处理的电子表格软件 Excel 等也可以认为是一类特殊的数学软件.随着计算机软硬件技术的快速发展,出现了我们现在所理解的数学软件,这些软件具有以下两个显著特点:

- 功能日益强大,特别是图形图像处理能力、计算能力得到了显著提高;
- 使用日益方便,应用日益广泛.

数学软件所包括的范围很广,大致来说可以分为通用数学软件和专用数学软件两大类.通用的数学软件具备处理各种常见的数学问题的功能,特别是一般的函数和矩阵计算、方程求解和图形功能等;而专用的数学软件则是针对数学的某一具体领域或某类特殊用途而开发的软件.目前,不仅通用的数学软件得到了普遍使用(如 MATLAB, Mathematica 和 Maple 等),而且很多比较专用的数学软件也广泛运用于各个领域中(如主要用于优化计算的 LINGO 和主要用于统计计算的 SAS 等).专用的数学软件还有很多,如数值计算库 Linpack、Lapack 等,绘图类软件 MathCAD、SmartDraw 等,有限元方法类软件 FEMLAB、PARSTRAN 等,计算化学类软件 Gaussian98、ChemOffice 等,数理统计类软件 JMP、Gauss、SPSS、Splus 等.

数学软件还可以大致分成数值计算软件和符号计算软件两大类.数值计算类软件主要用于科学与工程中的数值计算,如上面提到的 MATLAB,LINGO 和 SAS 等.符号计算类软件主要用于公式处理系统,如上面提到的 Mathematica 和 Maple 等.

本书中主要选用 MATLAB 和 LINGO 作为软件平台,下面对这两个软件进行简要介绍.

1.3.3 MATLAB 简介

MATLAB 是 MATrix LABoratory(矩阵实验室)的缩写,是由美国 MathWorks 公司

20世纪80年代初开发的一套以矩阵计算为基础的科学和工程计算软件.它将数值计算、可视化和编程功能集成在非常便于使用的环境中,并具有方便的绘图功能和为解决各种特定的科学和工程计算问题提供的许多个工具箱(Toolbox),具有计算功能强、编程效率高、使用简便、易于扩充等特点,目前已经发展成为国际上最优秀的高性能科学和工程计算软件之一,得到了非常广泛的应用.MATLAB的计算功能主要是数值计算(近似计算),但也包括一个能够进行符号计算的符号工具箱(Symbolic Toolbox).

我们将在以后的实验中分别介绍利用MATLAB软件求解特定的数学问题的用法,实验3~实验6主要包括插值与数值积分、数值微分与常微分方程的求解、线性方程组的求解与基本的矩阵计算、非线性方程组的求解.此外,我们还会特别用到两个常用的工具箱:实验7~实验9中的优化工具箱(Optimization Toolbox)是专门针对求解最优化问题而设计的,我们主要介绍其中的无约束优化、线性规划、非线性规划,包括最小二乘拟合;实验11~实验13中的统计工具箱(Statistics Toolbox)是专门针对求解统计问题而设计的,我们主要用到其中的基本概率处理功能、参数估计与假设检验、回归分析.

本书首先要求读者熟悉MATLAB的基本用法,如对向量、矩阵和函数的基本处理功能以及基本的图形功能.对MATLAB不太熟悉的读者,在进入后面实验的学习之前,应该首先学习一下MATLAB基本用法(可以参考本书附录中的简要介绍材料,更详细的介绍可以参考有关专门书籍).

1.3.4 LINGO简介

美国芝加哥大学的Linus Schrage教授于1980年前后开发了一套专门用于求解最优化问题的软件包,后来又经过了多年的不断完善和扩充,并成立了LINDO公司进行商业化运作,取得了巨大成功.公司名称LINDO是英文Linear INteractive and Discrete Optimizer字首的缩写形式,即“交互式的线性和离散优化求解器”,是该公司早期用来求解线性规划和二次规划的一个软件.目前LINDO公司的主要产品有三种:LINDO API、LINGO和What's Best!其中LINDO API是系统的内核和开发工具包,LINGO主要提供Windows环境下的使用接口,而What's Best!则主要用于集成到电子表格软件(Excel软件)中使用.这套软件有不同版本,通常分成演示版或试用版、学生版或求解包(solver suite)、高级版(super)、超级版(hyper)、工业版(industrial)、扩展版(extended)等不同档次的版本,不同档次的版本的区别主要在于能够求解的问题的规模大小不同(部分比较高级的功能也略有差异).

LINGO可以求解一般优化问题(包括无约束优化、线性规划、非线性规划).与MATLAB软件的优化工具箱相比,LINGO软件的一个重要特色在于可以允许决策变量是一般的整数(即可以求解一般整数线性或非线性规划).LINGO实际上还是最优化问题的一种建模语言,包括许多常用的数学函数可供使用者建立优化模型时调用,并可以接受其他数据文件(如文本文件、Excel电子表格文件、数据库文件等),即使对优化方面的专业知识了解不多的用户,也能够方便地建模和输入、有效地求解和分析实际中遇到的大规模优化问题,并通常能够快速得到复杂优化问题的高质量的解.有关LINGO软件的具体用法,我们将在实验8～实验10中具体介绍(更详细的介绍可以参考有关专门书籍,如文献[17]).

1.4 实验练习

实验目的 结合1.2节中的实例,练习MATLAB软件的使用.

实验内容

1. 按照1.2.1节表1.1的数据,用MATLAB软件画出图1.1和图1.2,如果你会编写数据拟合程序,画出图1.3.

2. 对于1.2.2节的模型,用MATLAB软件编程计算,画出图1.5和图1.6.

3. 写出任意两个数的算术平均数与几何平均数序列的迭代公式,用MATLAB软件编写计算程序,任给初值,观察序列的收敛情形.18世纪的伟大数学家高斯证明,当两个数的初值为1和$\sqrt{2}$时该序列收敛于$\frac{2}{\pi}\int_0^1 \frac{\mathrm{d}t}{\sqrt{1-t^4}}$的倒数,这个结果开辟了19世纪数学分析的一个新领域[2].

4. Kanada等人在2002年将π计算到1.24兆位,用的是1982年Takano发现的公式[2]

$$\pi = 48\arctan\frac{1}{49} + 128\arctan\frac{1}{57} - 20\arctan\frac{1}{239} + 48\arctan\frac{1}{110443}.$$

你有兴趣研究这个公式吗?用实验数学网站http://www.experimentalmath.info上的工具包(Toolkit)可以做高精度的计算(需要注册,可显示70位数字).

5. 蒲丰(Buffon)的随机掷针法是计算π的另一种随机模拟,其方法为:在白纸上画许多条等距为d的平行线,将一根长$d/2$的直针随机掷向白纸,若n次掷针中有m次与平行线相交,当n很大时π的近似值为n/m.试证明这一结论,并用MATLAB软件做实验.

6. 在MATLAB中输入如下命令:

```
format long
x=4/3-1
y=3*x
z=1-y
```

观察计算结果,并思考和分析z的结果为什么不是精确地等于零.

7. 为了画出多项式函数$y=x^7-7x^6+21x^5-35x^4+35x^3-21x^2+7x-1$在区间[0.988,1.012]上的图形,请你在MATLAB中输入如下命令:

```
x=0.988:.0001:1.012
y=x.^7-7*x.^6+21*x.^5-35*x.^4+35*x.^3-21*x.^2+7*x-1
plot(x,y)
```

或者直接输入如下命令：

```
fplot(@(x) x.^7-7*x.^6+21*x.^5-35*x.^4+35*x.^3-21*x.^2+7*x-1,[0.988,1.012])
```

观察计算结果，并思考和分析为什么图形看起来不连续.

8. 请用 MATLAB 编写函数 M-文件计算

$$f(a,n)=\underbrace{(((\underbrace{\sqrt{\cdots\sqrt{\sqrt{a}}}}_{n次})^2)^2\cdots)^2}_{n次}.$$

固定 a，当 n 变大时(如 $a=4$，n 从 1 变为 2，3，…，100)，观察计算结果是否永远是 a.

9. 为了自己编程计算多项式函数 $y=ax^5+bx^4+cx^3+dx^2+ex+f$ 的函数值，有两种计算方法：

(1) $y= ax\text{^}5+bx\text{^}4+cx\text{^}3+dx\text{^}2+ex+f$

(2) $y= ((((ax+ b)x+c)x+d)x+e)x+f$

请你根据上述方法用 MATLAB 分别编写函数 M-文件，然后分别调用你编写的函数计算 N 次函数值. 观察和分析当 N 多大时，两种方法的计算速度没有显著差异.(MATLAB 中可以用 tic 表示计时开始，toc 表示计时结束，其用法可以查阅 MATLAB 帮助系统)

MATLAB 中本身也有专门用于多项式计算的函数 polyval(其用法可以查阅 MATLAB 帮助系统)，请你再比较一下 polyval 函数与两种方法的计算速度.

10. 请你用 MATLAB 命令 roots，ploy(其用法可以查阅 MATLAB 帮助系统)进行下面的实验：

(1) 用 ploy 命令构造多项式 $f(x)=(x-1)(x-2)\cdots(x-20)$；

(2) 用 roots 命令解方程 $f(x)=0$(显然精确解应该是 1，2，…，20).

(3) 用 roots 命令解方程

$$f_\varepsilon(x)=f(x)+\varepsilon x^{18}=0,$$

其中 ε 是一个接近于 0 的实数(如 $\varepsilon=10^{-5}$，10^{-8} 等). 观察所有解是否也接近于 1，2，…，20.

11. 设有分块矩阵 $\boldsymbol{A}=\begin{bmatrix}\boldsymbol{E}_{3\times3} & \boldsymbol{R}_{3\times2}\\ \boldsymbol{0}_{2\times3} & \boldsymbol{S}_{2\times2}\end{bmatrix}$，其中 $\boldsymbol{E},\boldsymbol{R},\boldsymbol{0},\boldsymbol{S}$ 分别为单位阵、随机阵、零阵和对角阵，试通过数值计算验证 $\boldsymbol{A}^2=\begin{bmatrix}\boldsymbol{E} & \boldsymbol{R}+\boldsymbol{RS}\\ \boldsymbol{0} & \boldsymbol{S}^2\end{bmatrix}$.

12. 用命令 magic(n)生成幻方矩阵，通过计算研究它的性质，如行和、列和、两条对角线和等(可以利用命令 fliplr，flipud，其用法可以查阅 MATLAB 帮助系统).

13. 自己选择一非负单调减序列 $a_1, a_2, \cdots, a_n, a_n \approx 0, a_1$ 远大于 a_n，用从 1 到 n 和从 n 到 1 两种顺序计算 $\sum_{k=1}^{n} a_k$，观察哪个更准确些，分析原因.

14. 对于 $I_n = \int_0^1 x^n e^{x-1} dx (n = 0, 1, 2, \cdots)$ 证明如下递推公式：

$$I_0 = 1 - e^{-1}, \quad I_n = 1 - nI_{n-1}, \quad n = 1, 2, \cdots$$

用递推公式计算 $I_1, I_2, \cdots, I_n$，观察 n 多大时结果就不对了(考虑一个简单的判断结果错误的标准)，为什么会出现这种情况. 如果将递推公式反过来，即

$$I_{n-1} = (1 - I_n)/n.$$

从 I_n 倒过来计算 $I_{n-1}, \cdots, I_1, I_0$，而 I_n 由下式估计

$$\left(\min_{0 \leqslant x \leqslant 1} e^{x-1}\right) \frac{1}{n+1} = I_n^{(1)} < I_n < I_n^{(2)} = \left(\max_{0 \leqslant x \leqslant 1} e^{x-1}\right) \frac{1}{n+1}.$$

不妨取 $I_n = (I_n^{(1)} + I_n^{(2)})/2$，将计算结果与前面的进行比较，得到什么启发.

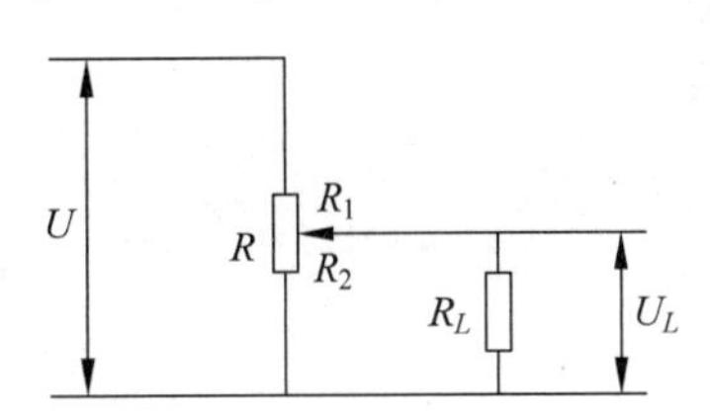

15. 右图中 $R(=R_1+R_2)$ 为分压器电阻，R_L 为负载电阻，试将分压比 $y=U_L/U$ 表示为 $x=R_2/R$ 和 $a=R_L/R$ 的函数，并以 a 为参数($a=10, 1, 0.1$)，作函数 $y(x,a)$ 的图形，对结果作出解释.

参考文献

[1] 林夏水. 数学哲学. 北京：商务印书馆，2003

[2] Jonathan Borwein, David Bailey. *Mathematics by Experiment: Plausible Reasoning in the 21st Century*: Second Edition. A K Peters, Natick., 2008

[3] Jonathan Borwein, David Bailey, Roland Girgensohn. *Experimentation in Mathematics: Computational Paths to Discovery*. A K Peters, Natick., 2004

[4] Jonathan Borwein, Keith Devlin. *The Computer as Crucible: An Introduction to Experimental Mathematics*. A K Peters, Natick., 2008

[5] David Bailey, Jonathan Borwein, Neil Calkin, Roland Girgensohn, Russell Luke, Victor Moll. *Experimental Mathematics in Action*. A K Peters, Natick., 2007

[6] Jonathan Borwein, David Bailey, Roland Girgensohn. *Experiments in Mathematics*. A K Peters, Natick., 2006

[7] Henrik Kragh Sørensen. What's Experimental about Experimental Mathematics? 2008 http://www.experimentalmath.info/papers/sorenson-expm.pdf

[8] 白峰杉. 数学实验室. 蔡大用译. 北京：高等教育出版社，施普林格出版社，1998

[9] 李尚志，陈发来，张韵华，吴耀华. 数学实验. 第2版. 北京：高等教育出版社，2004

[10] 刘琼荪. 数学实验. 北京：高等教育出版社，2004

[11] 姜启源，张立平，何青，高立. 数学实验. 第2版. 北京：高等教育出版社，2006

[12] 叶其孝. 大学生数学建模竞赛辅导教材(三). 湖南：湖南教育出版社，1998

[13] David E. E. Jr., Notices of AMS. Vol. 31, No. 2, 1984

[14] Glimm J. (ed.), Mathematical Sciences, Technology, and Economic Competitiveness. Washington DC: National Academy Press, 1991.(中译本：邓越凡译.数学科学·技术·经济竞争力.天津：南开大学出版社，1992)

[15] Friedman A., Glimm J., Lavery J., The Mathematical and Computational Sciences in Emerging Manufacturing Technologies and Management Practices. SIAM Reports on Issues in the Mathematical Sciences, Philadelphia: SIAM, 1992

[16] 石钟慈.第三种科学方法——计算机时代的科学计算.北京：清华大学出版社，暨南大学出版社，2000

[17] 谢金星，薛毅.优化建模与LINDO/LINGO软件.北京：清华大学出版社，2005

实验 2　数学建模初步

数学建模指的是建立、求解、分析和验证一个实际问题的数学模型的全过程，这个实验在简要说明什么是数学模型之后，通过几个实例介绍建立数学模型的过程，归纳数学建模的基本方法和步骤，并简单阐述学习数学建模的重要意义. 最后给出一些经过简化的实际问题，供读者进行数学建模的初步练习.

2.1　什么是数学建模

人们在认识、研究现实世界里的某个客观对象时，常常不是直接面对那个对象的*原型*，而是设计、构造它的各式各样的*模型*：玩具、照片及展览厅里的三峡大坝模型、神舟飞船模型是直观且形象的*实物模型*；水箱中的舰艇模型用来模拟波浪冲击下舰艇的航行性能，风洞中的飞机模型用来试验飞机在大气中飞行的动力学特性，它们是工程师们进行舰艇、飞机设计时用的*物理模型*；汽车司机对方向盘的操纵，钳工师傅对工件的手工操作，依赖于他们头脑中的*思维模型*；人们常用的地图，电工、电子设计中用的电路图，化学中的分子结构图，是经过某种抽象并按照一定形式组合起来的*符号模型*. 这些模型都是人们为了一定目的，对客观事物的某一部分进行简缩、抽象、提炼出来的原型的替代物，它虽不是原型的复制品，却集中反映了原型中人们需要的那一部分特征，因而有利于人们对客观对象的认识.

数学模型(mathematical model)当然比上面这些模型更加抽象，它是当人们要认识客观对象在数量方面的特征、定量地分析对象的内在规律、用数学的语言和符号去近似地刻画要研究的那一部分现象时，所得到的一个数学表述. 建立数学模型的过程简称为**数学建模**(mathematical modeling).

数学建模似乎是个新名词，其实作为用数学方法解决实际问题的第一步，它与数学本身有着同样悠久的历史. 两千多年前创立的欧几里得几何，17 世纪发现的牛顿万有引力定律，都是科学发展史上数学建模的成功范例. 在我们日常生活中数学建模的应用也不少见，贷款买房时比较各种不同的还款方案，校园和居民小区里为限制车速而设计路障，为肥胖者安排合理、有效的减肥方案，都可以建立简单的数学模型加以解决.

为了具体地说明数学建模过程中的要点，举一个中学课程中学过的“航行问题”：

甲乙两地相距 750km，船从甲地到乙地顺水航行需 30h，从乙地到甲地逆水航行需 50h，问船的速度是多少.

读者大概是这样做的：用 x，y 分别表示船速和水速，列出方程

$$\begin{cases}(x+y)\times 30 = 750,\\(x-y)\times 50 = 750.\end{cases}$$

求解得到 $x=20$，$y=5$，于是回答船速为 20km/h.

这是一个代数应用题，稍微仔细分析一下解这道题的过程，里面已经包含了建立数学模型的基本内容，即

- 根据问题背景和建模目的做出必要的简化假设——航行中船速和水速均为常数；
- 用字母和符号表示有关的量——x，y 分别表示船速和水速；
- 利用相应的物理（或其他）规律——匀速运动的距离等于速度乘以时间，列出数学式子——二元一次方程；
- 求解方程，得到数学上的解答——$x=20$，$y=5$；
- 用这个结果回答原问题——船速为 20km/h；
- 对于实际问题，以上结果必须用实际信息来检验.

一般地说，为了定量地解决一个实际问题，从中抽象、归结出来的数学表述就是数学模型. 详细一点，数学模型可以描述为，对于现实世界的一个研究对象，为了一个特定目的，做出必要的简化假设，根据对象的内在规律，运用适当的数学工具，得到的一个数学表述. 而数学建模包括模型的建立、求解、分析和检验的全过程. 从实际问题到数学模型，又从数学模型的求解结果回到现实对象，数学建模的全过程可以表示为图 2.1.

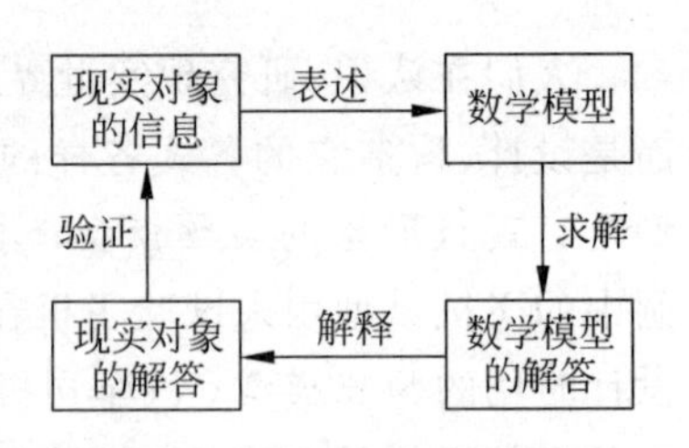

图 2.1　数学建模的全过程

图 2.1 揭示了现实对象和数学模型的关系. 一方面，数学模型是将现象加以归纳、抽象的产物，它源于现实，又高于现实. 另一方面，只有当数学建模的结果经受住现实对象的检验时，才可以用来指导实际，完成实践——理论——实践这一循环.

2.2　数学建模实例

本节介绍几个数学建模的实例.

2.2.1　录像机计数器的用途

随着科技的进步，磁带录像机已经被 VCD、DVD 等设备替代，但是类似于录像机计数器的仪器仍然有一定用途，其原理对于学习数学建模也很有价值.

从这样一个具体问题开始：一盘录像带从头转到尾，时间用了 183 分 30 秒，计数器读数从 0000 变到 6152. 现在录像带已经转过大半，计数器读数为 4580，问剩下的一段还能否录下 1 小时的节目. 我们希望不只是回答能或不能，而且要建立计数器读数与录像带转过时间的关系，使得计数器可以起到记录时间的作用.

问题分析 首先让我们观察一下计数器读数的变化. 非常明显，读数并非均匀增长，而是先快后慢(如果是均匀增长，问题的答案不是显然的吗?). 看来需要了解计数器的简单工作原理(图 2.2).

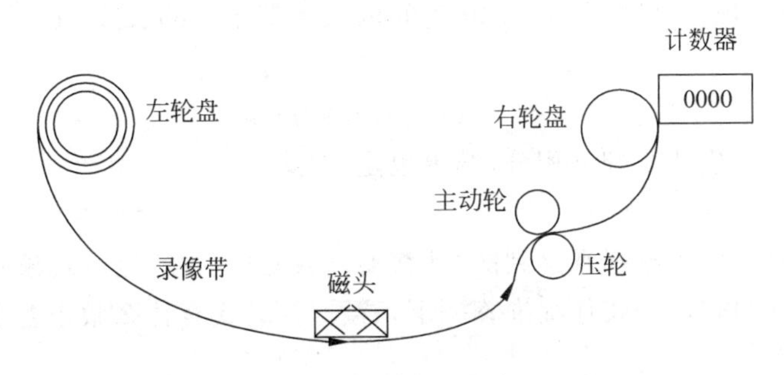

图 2.2 录像机计数器工作原理示意图

录像带有两个轮盘，一开始录像带缠满的那个轮盘不妨称为左轮盘，另一个为右轮盘. 计数器与右轮轴相连，其读数与右轮转动的圈数成正比. 开始时右轮盘空，读数 0000，随着带子从左向右运动，右轮盘半径增加，读数增长越来越慢. 这说明右轮轴转速并非常数，而是录像带的运动速度(线速度)为常数(想想看，如果录像带通过磁头时的速度不是常数，我们看到的画面会是怎样的). 事实上，转速为常数的主动轮是通过压轮(图 2.2)带动录像带匀速前进的(快进、快退时压轮打开). 当然，要有辅助机构保证主动轮不打滑地把录像带送到右轮盘上.

我们要找出计数器读数(记作 n)与录像带转过时间(记作 t)之间的关系，即建立一个数学模型 $t=f(n)$.

模型假设 根据以上分析作如下的假设：

(1) 录像带的线速度是常数 v；

(2) 计数器读数 n 与右轮盘的转数(记作 m)成正比，$m=kn$，k 为比例系数，且 $t=0$ 时 $n=0$；

(3) 录像带的厚度(加上缠绕时两圈间的空隙)是常数 w，空右轮盘半径为 r.

模型建立 建立 t 与 n 之间的关系有多种途径，譬如：

(1) 当右轮盘转到第 i 圈时其半径为 $r+wi$，周长为 $2\pi(r+wi)$，m 圈的总长度恰等于录像带转过的长度 vt，即

$$\sum_{i=1}^{m} 2\pi(r+wi)=vt. \tag{1}$$

考虑到 w 比 r 小得多,并代入 $m=kn$,容易算出

$$t=\frac{\pi wk^2}{v}n^2+\frac{2\pi rk}{v}n. \tag{2}$$

这就是我们得到的数学模型.

(2) 更简单些,考察右轮盘面积的变化,它应该等于录像带转过的体积,于是

$$\pi[(r+wkn)^2-r^2]=wvt \tag{3}$$

同样得到(2)式.

(3) 也可以用微积分,考察 t 到 $t+\mathrm{d}t$ 时间内录像带通过的长度 $v\mathrm{d}t$ 等于它在右轮盘上缠绕的一段圆弧,有

$$v\mathrm{d}t=(r+wkn)2\pi k\mathrm{d}n \tag{4}$$

左边从 0 到 t 积分,右边从 0 到 n 积分,结果也是(2)式.

思考

(1) 根据模型(2)你能解释观察到的"计数器读数先快后慢"这一现象吗?

(2) 用(1)式,(3)式,(4)式仔细推算一下,看看与(2)式有什么微小差别,如何解释这些差别.

参数估计 (2)式中有待定参数 r,w,v,k,为了估计这些参数,除了进行实际测量或调查外,常用的参数估计方法是进行测试分析.将(2)式改记作

$$t=an^2+bn. \tag{5}$$

只需要确定 a,b 两个参数即可.理论上,有两组(t,n)数据就能算出 a,b(题目中已经给出一组:$t=180.5$,$n=6152$,所以再测试一组数据即可).而实际上,由于测试有误差,一般应该用足够多的测试数据来拟合模型(5)中的参数,称为**数据拟合**,其算法和软件实现将在实验 7 中介绍.设已测得数据如表 2.1 所示.

表 2.1 一盘录像带的实测数据

t/min	0	20	40	60	80	100	120	140	160	183.5
n	0000	1153	2045	2800	3466	4068	4621	5135	5619	6152

用数据拟合方法算出 $a=2.51\times10^{-6}$,$b=1.44\times10^{-2}$,代入(5)式即得到我们需要的数学模型.

模型检验 应该另外实测一批数据进行检验,此处从略.

模型应用 对于提出的问题,当 $n=4580$ 时,由(5)式算出 $t=118.5\text{min}$,剩下的一段带子尚可录下 $183.5-118.5=65\text{min}$ 的节目.当然,这个问题由上面的实测数据就能回答($n=4580$ 时 t 不到 120min,显然还可录下 1h 节目),但是建立数学模型(5)的意义在于,不仅在使用这盘录像带时,对于任意的计数器读数 n 可以算出时间 t,而且揭示了"t 与 n 之间呈二次函数关系"这个普遍规律.当录像带型号改变(或其他因素变化)时,只需再测量一批数据确定参数 a,b,模型(5)仍然能用.

2.2.2 生产计划的安排

一汽车配件厂为装配流水线轮换生产若干种产品(部件),每轮换一种产品,都要因更换一些设备付出一笔生产准备费,今只讨论某一种产品生产计划的安排.已知装配线对该产品的日需求量为100件,配件厂的日生产能力远大于这个数量(因为它要生产多种部件).由于工厂的生产资金是银行贷款筹措的,若该产品生产出来积压在装配线前,则每天每件占用资金1元,这个费用可看作产品的储存费.又已知该产品的生产准备费为5000元.问这种产品的生产计划应如何安排,即多少天生产一次,每次生产多少,才能使总费用最小.

问题分析 在安排生产计划时只需考虑两种费用,即生产准备费和产品储存费,而与这种产品的生产费用(如材料费、制造费)无关.因为不管计划如何,这笔费用是不变的(当然是在生产费用不随时间变化的假设下).另一方面,若生产资金为银行贷款,那么产品储存费实际上是生产费用的利息.

生产计划安排不当,有两种极端情况.一种是每次只生产当天所需,储存费为零,但频繁轮换生产会使生产准备费大增.另一种是每次产量尽可能大,减少轮换,生产准备费降低,但储存费很高.显然,在这两种极端情况之间,必存在最优的计划安排,使总费用(生产准备费和储存费之和)最小.

计划一定是周期性的,记周期为 T,即每 T 天生产一次.因为需求量是常数,所以每次的产量也是一定的,记作 Q.又因为生产能力远大于需求,所以可认为 Q 件部件能在瞬间生产出来.制订生产计划简单地归结为确定 T 和 Q.

这是一个优化问题,目标是总费用最小.用一个周期的费用作为目标函数显然是不合适的(为什么?),正确的选择应该用一定期间(比如一年)的费用最小为标准,这就相当于以每天的平均费用为目标函数.

模型假设 为了叙述的方便用符号表示已知的各个数量,做以下假设.

(1) 每次生产准备费为 c_1,每天每件产品储存费为 c_2.

(2) 产品每天的需求量为常数 r.

(3) 每 T 天生产一次,每次生产 Q 件,且当储存量降到零时,这 Q 件产品可以立即生产出来.

假设(3)是对实际情况的一种简化.实际上可以确定储存量的一个下限,到达下限时开始生产,而当储存量降到零时恰好生产出 Q 件.由于生产能力很大,这段生产期间很短,可以忽略.

模型建立 建立优化模型的关键是确定目标函数,即将目标值(每天的平均费用)表示为已知量(c_1,c_2,r)和决策量(T,Q)的函数.

为计算一个周期(T 天)的储存费,将储存量表示为时间的函数,记作 $q(t)$.因每天需求量为常数,故其图形如图2.3所示的直线(斜率 r).一周期的储存量可用平均值 $Q/2$ 代替,于是储存费为 $c_2TQ/2$.又由假设(2)和假设(3)容易知道

$$Q = rT, \tag{6}$$

所以加上生产准备费 c_1 后，一周期的总费用为

$$\bar{C} = c_1 + \frac{c_2}{2} rT^2. \tag{7}$$

由此，我们的目标函数(每天的平均费用)是

$$C(T) = \frac{\bar{C}}{T} = \frac{c_1}{T} + \frac{c_2}{2} rT. \tag{8}$$

模型求解 问题已归结为求 T 使(8)式表示的费用 $C(T)$ 达到最小，曲线 $C(T)$ 如图 2.4 所示. 用微分法求解 $\frac{\mathrm{d}C}{\mathrm{d}T}=0$，立刻得到最优解 T^*(仍记作 T)为

$$T = \sqrt{\frac{2c_1}{rc_2}}. \tag{9}$$

再根据(6)式就有

$$Q = \sqrt{\frac{2c_1 r}{c_2}}. \tag{10}$$

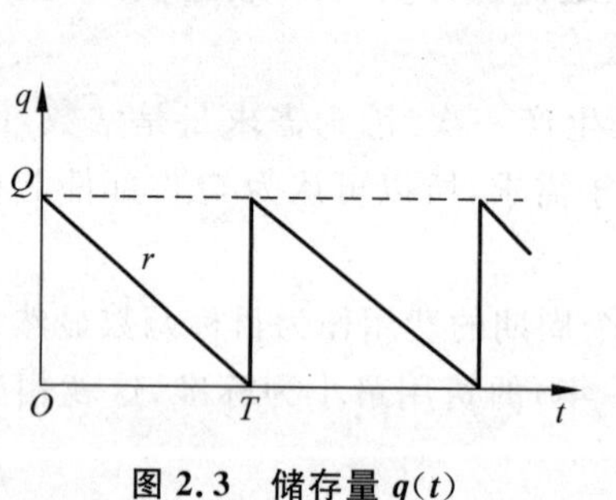

图 2.3 储存量 $q(t)$

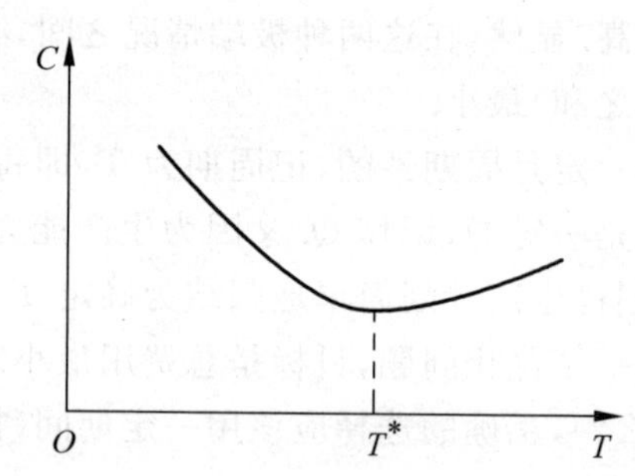

图 2.4 平均费用 $C(T)$

结果分析 将(9)式代入(8)式右端可以发现，其第 1 项和第 2 项相等(均为 $\sqrt{rc_1c_2/2}$). 这说明当(平均每天的)生产准备费和储存费相等时，总费用最小. 请注意，经济学中的许多优化问题都有类似的结果.

(9)式，(10)式还表明，生产准备费 c_1 变大时，生产周期 T 和产量 Q 应随之变大；储存费 c_2 变大时，T 和 Q 应变小；需求量 r 变大时，T 应变小，而 Q 应变大. 这些关系从定性方面看是符合常识的. 不过公式给出的定量关系(如平方根、系数 2 等)却是只有通过数学建模才能得到的.

最后，将问题给出的具体数字代入，即 $c_1=5000$(元)，$c_2=1$(元/天·件)，$r=100$(件/天)，可得 $T=10$(天)，$Q=1000$(件)，即每 10 天生产一次，每次生产 1000 件，是使总费用最小的生产计划.

生产计划安排与存储系统订货策略的数学模型是完全一样的，(9)式，(10)式是 20 世纪初在数量经济学研究中提出的，至今仍有广泛的应用，称为**经济批量订货公式**(EOQ 公式).

2.2.3 一年生植物的繁殖

一年生植物春季发芽，夏天开花，秋季产种，没有腐烂、风干、被人为掠去的那些种子可以活过冬天，其中的一部分能在第二年春季发芽，然后开花、产种，其中的另一部分虽未能发芽，但如又能活过一个冬天，则其中一部分可在第三年春季发芽，然后开花、产种，如此继续.建立数学模型研究这种植物数量的变化规律，及它能够一直繁殖下去的条件.

问题分析与模型假设 一年生植物只能活一年，可以假设种子只要能在春季发芽，植物就能成活，可开花、产种，于是植物数量的变化完全依赖于种子发芽的情况.

记一棵植物秋季产种的平均数为 c，种子能够活过一个冬天(称一岁)的比例为 b，一岁的种子能在春季发芽的比例为 a_1，未能发芽但又能活过一个冬天的比例仍为 b，两岁的种子能在春季发芽的比例为 a_2. 不妨假设，种子最多能活过两个冬天.

模型建立 记第 k 年的植物数量为 x_k，按照种子最多能活过两个冬天的假定，x_k 将与 x_{k-1} 和 x_{k-2} 有关. x_k 中由 x_{k-1} 决定的部分是 a_1bcx_{k-1}，由 x_{k-2} 决定的部分是 $a_2b(1-a_1)bcx_{k-2}$. 若今年($k=0$)种下并成活的植物数量为 x_0，则

$$x_1 = a_1bcx_0, \tag{11.1}$$

$$x_k = a_1bcx_{k-1} + a_2b(1-a_1)bcx_{k-2}, \quad k = 2,3,\cdots \tag{11.2}$$

记 $p=-a_1bc$, $q=-a_2b(1-a_1)bc$，(11)式化为

$$x_1 + px_0 = 0, \tag{12.1}$$

$$x_k + px_{k-1} + qx_{k-2} = 0, \quad k = 2,3,\cdots \tag{12.2}$$

(11.2)式或(12.2)式是**二阶(线性)常系数差分方程**，它表述了这种植物数量的变化规律.

模型求解与结果分析 为了用上述模型研究植物能够一直繁殖下去的条件，讨论一种简化情况.

设 c, a_1, a_2 固定，而 b 可在一定范围内变化. 比如取 $c=10$, $a_1=0.5$, $a_2=0.25$, $b=0.18\sim0.20$，且 $x_0=100$，由模型(11)用 MATLAB 计算并作图，得到的结果如表 2.2 和图 2.5 所示.

可以看到，对于不同的 b，x_k 的变化规律有较大差别. 为了研究这种差别的原理，需要得到方程(12.2)解的解析表达式.

我们知道，对于常见的一阶常系数差分方程 $x_k=ax_{k-1}(k=1,2,\cdots)$，其解为 $x_k=a^kx_0$，所以对于二阶常系数差分方程，可以寻求形式如 $x_k=\lambda^k$ 的解. 为确定 λ，将这个解代入(12.2)式得

$$\lambda^2 + p\lambda + q = 0. \tag{13}$$

代数方程(13)称为差分方程(12.2)的**特征方程**，方程(13)的根

$$\lambda_{1,2} = \frac{-p \pm \sqrt{p^2 - 4q}}{2} \tag{14}$$

称为差分方程(12.2)的**特征根**，方程(12.2)的解可表为

表 2.2 模型(11)的计算结果 x_k($c=10,a_1=0.5,a_2=0.25$)

k	$b=0.18$	$b=0.19$	$b=0.20$
0	100	100	100
1	90	95	100
2	85	95	105
3	80	94	110
4	76	94	115
⋮	⋮	⋮	⋮
15	40	89	192
16	37	89	202
17	35	88	211
18	33	88	221
19	31	88	232
20	30	87	243

$$x_k = c_1\lambda_1^k + c_2\lambda_2^k,\quad k = 0,1,2,\cdots \tag{15}$$

其中常数 c_1,c_2 由初始条件 x_0,x_1 确定.

对于本例,用 $p=-a_1bc$, $q=-a_2b(1-a_1)bc$, $c=10,a_1=0.5,a_2=0.25$ 代入(14)式得

$$\lambda_{1,2} = \frac{a_1bc \pm \sqrt{(a_1bc)^2 + 4a_2(1-a_1)b^2c}}{2} = \frac{5\pm\sqrt{30}}{2}b, \tag{16}$$

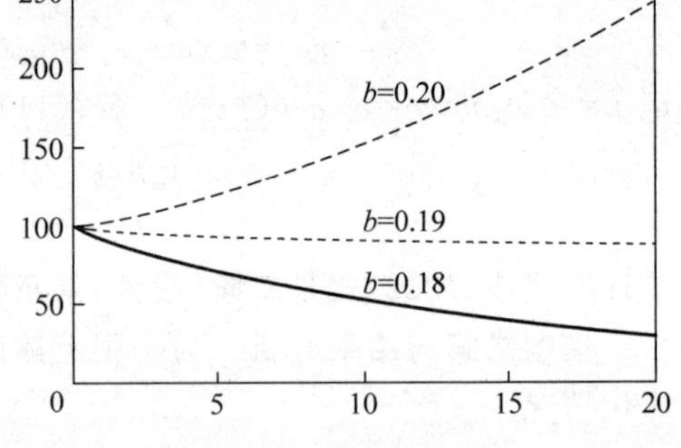

图 2.5 表 2.2 的图示

由 $b=0.18\sim0.20$,且 $x_0=100$,分别计算得到:

当 $b=0.18$ 时,$\lambda_1=0.9430,\lambda_2=-0.0430$, $p=-0.9,x_1=90,c_1=95.64,c_2=4.36$,于是

$$x_k = 95.64(0.943)^k + 4.36(-0.043)^k,\quad k = 0,1,2,\cdots \tag{17}$$

当 $b=0.20,\lambda_1=1.0477,\lambda_2=-0.0477,p=-1,x_1=100$, $c_1=95.65,c_2=4.35$,于是

$$x_k = 95.65(1.0477)^k + 4.35(-0.0477)^k,\quad k = 0,1,2,\cdots \tag{18}$$

用(17)式和(18)式计算的结果应该与表 2.2 一样.

由解的表达式(15)可以看出,当 $k\to\infty$ 时,若 $|\lambda_{1,2}|<1$,则 $x_k\to0$; 若 $|\lambda_{1,2}|>1$,则 $x_k\to\infty$,即植物能够一直繁殖下去.由(16)式容易得到,$|\lambda_{1,2}|>1$ 的条件为 $b>0.191$.读者不妨用 $b=0.191$ 做计算,观察 x_k 的变化.

2.2.4 人口预报

人类社会进入 20 世纪以来,在科学技术和生产力飞速发展的同时,世界人口也以空前

的规模增长,统计数据如表 2.3 所示.

表 2.3 世界人口

年份	1625	1830	1930	1960	1974	1987	1999
人口/亿	5	10	20	30	40	50	60

可以看出,人口每增加 10 亿的时间,由一百年缩短为十二三年.我们赖以生存的地球,已经携带着它的 60 亿子民踏入 21 世纪.

长期以来,人类的繁殖一直在自发地进行着.只是由于人口数量的迅速膨胀和环境质量的急剧恶化,人们才猛然醒悟,开始研究人类和自然的关系、人口数量的变化规律,以及如何进行人口控制等问题.

我国是世界第一人口大国,地球上每 5 个人中就有 1 个中国人.在 20 世纪的一段时间内我国人口的增长速度过快,见表 2.4[1].

表 2.4 中国人口

年份	1908	1933	1953	1964	1982	1990	2000
人口/亿	3.0	4.7	6.0	7.2	10.3	11.3	12.95

有效地控制我国人口的增长,不仅是深入贯彻落实科学发展现,到 21 世纪中叶建成富强民主文明的社会主义国家的需要,而且对于全人类社会的美好理想来说,也是我们义不容辞的责任.

认识人口数量的变化规律,建立人口模型并做出较准确的人口预报,是有效控制人口增长的前提.长期以来人们在这方面做了不少工作,下面介绍两个最基本的人口模型,并利用表 2.5 给出的近两个世纪的美国人口统计数据,对模型作检验,最后用它预报 2010 年美国的人口.

表 2.5 美国人口统计数据

年份	1790	1800	1810	1820	1830	1840	1850	1860	1870	1880	1890
人口/百万	3.9	5.3	7.2	9.6	12.9	17.1	23.2	31.4	38.6	50.2	62.9
年份	1990	1910	1920	1930	1940	1950	1960	1970	1980	1990	2000
人口/百万	76.0	92.0	106.5	123.2	131.7	150.7	179.3	204.0	226.5	251.4	281.4

指数增长模型

最简单的人口增长模型是人所共知的.记今年人口为 x_0,k 年后人口为 x_k,年增长率为 r,则

① 1953—2000 年的数据来自第一次至第五次全国人口普查资料.

$$x_k = x_0(1+r)^k. \tag{19}$$

显然,(19)式成立的基本条件是年增长率 r 保持不变.

二百多年前英国人口学家马尔萨斯(Malthus, 1766—1834)调查了英国一百多年的人口统计资料,得出了人口增长率不变的假设,并据此建立了下面这个著名的人口指数增长模型.

记时刻 t 的人口为 $x(t)$,当考察一个国家或一个较大地区的人口时,$x(t)$ 是一个很大的整数. 为了利用微积分这一数学工具,将 $x(t)$ 视为连续、可微函数. 记初始时刻($t=0$)的人口为 x_0. 假设人口增长率为常数 r,即单位时间内 $x(t)$ 的增量等于 r 乘以 $x(t)$. 考虑 t 到 $t+\Delta t$ 时间内人口的增量,显然有

$$x(t+\Delta t) - x(t) = rx(t)\Delta t.$$

令 $\Delta t \to 0$,得到 $x(t)$ 满足微分方程

$$\begin{cases} \dfrac{\mathrm{d}x}{\mathrm{d}t} = rx, \\ x(0) = x_0, \end{cases} \tag{20}$$

由这个方程很容易解出

$$x(t) = x_0 \mathrm{e}^{rt}. \tag{21}$$

$r>0$ 时,(21)式表示人口将按指数规律随时间无限增长,称为**指数增长模型**.

思考 说明我们常用的预报公式(19)就是指数增长模型(21)的离散近似形式.

历史上,指数增长模型与19世纪以前欧洲一些地区人口统计数据可以很好地吻合,迁往加拿大的欧洲移民后代人口也大致符合这个模型. 另外,用它作短期人口预测可以得到较好的结果. 显然,这是因为在这些情况下,模型的基本假设——人口增长率是常数——大致成立.

但是长期来看,任何地区的人口都不可能无限增长,即指数模型不能描述,也不能预测较长时期的人口演变过程. 这是因为,人口增长率事实上是在不断地变化着. 排除灾难、战争等特殊时期,一般说来,当人口较少时,增长较快,即增长率较大;人口增加到一定数量以后,增长就会慢下来,即增长率变小. 在实验4中将根据表2.5计算美国人口的年增长率,可以看到增长率从19世纪开始就基本上在缓慢下降. 如果用一个平均的年增长率作为 r,用指数增长模型描述美国人口的变化,就会发现结果与表2.5的统计数据相差很大.

阻滞增长模型(Logistic 模型)

看来,为了使人口预报特别是长期预报更好地符合实际情况,必须修改指数增长模型关于人口增长率是常数这个基本假设.

分析人口增长到一定数量后增长率下降的主要原因,人们注意到,自然资源、环境条件等因素对人口的增长起着阻滞作用,并且随着人口的增加,阻滞作用越来越大. 所谓阻滞增长模型就是考虑到这个因素,对指数增长模型进行修改的.

阻滞作用体现在对人口增长率 r 的影响上,使得 r 随着人口数量 x 的增加而下降. 若将

r 表示为 x 的函数 $r(x)$，则它应是减函数. 于是方程(20)应写作

$$\begin{cases}\dfrac{\mathrm{d}x}{\mathrm{d}t}=r(x)x,\\ x(0)=x_0.\end{cases}\tag{22}$$

对 $r(x)$ 的一个最简单的假定是，设 $r(x)$ 为 x 的线性函数，即

$$r(x)=r-sx,\quad r,s>0,\tag{23}$$

这里 r 称**固有增长率**，表示人口很少时(理论上是 $x=0$)的增长率. 为了确定系数 s 的意义，引入自然资源和环境条件所能容纳的最大人口数量 x_m，称为**人口容量**. 当 $x=x_m$ 时，人口不再增长，即增长率 $r(x_m)=0$，代入(23)式得 $s=r/x_m$，于是 $r(x)=r(1-x/x_m)$，将它代入方程(22)得

$$\begin{cases}\dfrac{\mathrm{d}x}{\mathrm{d}t}=rx\left(1-\dfrac{x}{x_m}\right),\\ x(0)=x_0.\end{cases}\tag{24}$$

方程(24)右端的因子 rx 体现人口自身的增长趋势，因子 $(1-x/x_m)$ 则体现了资源和环境对人口增长的阻滞作用.

如果以 x 为横轴，$\mathrm{d}x/\mathrm{d}t$ 为纵轴作出方程(24)的图形(图 2.6)，可以分析人口增长速度 $\mathrm{d}x/\mathrm{d}t$ 随着 x 的增加而变化的情况. 从而大致地看出 $x(t)$ 的变化规律.

练习 根据图 2.6 中 $\dfrac{\mathrm{d}x}{\mathrm{d}t}$ 随 x 的变化，分析 x 随 t 的变化规律，x 多大时人口增长最快，$t\to\infty$ 时，$x\to$? 请读者画出 $x(t)$ 的大致图形.

实际上，方程(24)可以很方便地用分离变量法求解得到

$$x(t)=\frac{x_m}{1+\left(\dfrac{x_m}{x_0}-1\right)\mathrm{e}^{-rt}}.\tag{25}$$

用计算机和 MATLAB 软件画出(25)式的图形，它是一条 S 形曲线(图 2.7)，x 增加得先快后慢，$t\to\infty$ 时，$x\to x_m$，拐点在 $x=x_m/2$，应该与上面练习中画出的 $x(t)$ 的图形一致.

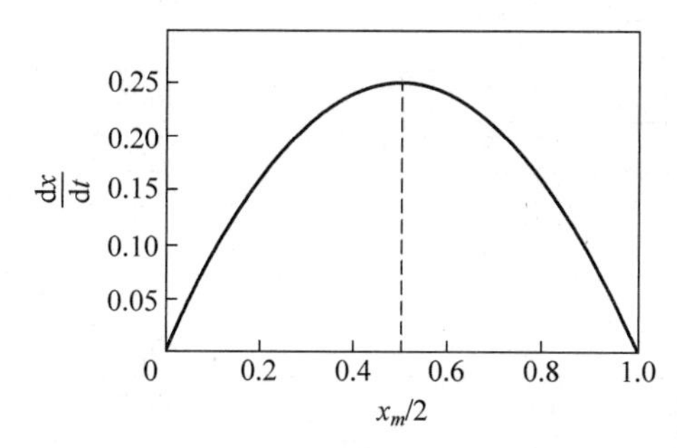

图 2.6 Logistic 模型 $\mathrm{d}x/\mathrm{d}t$-x 曲线
($r=1,x_m=1$)

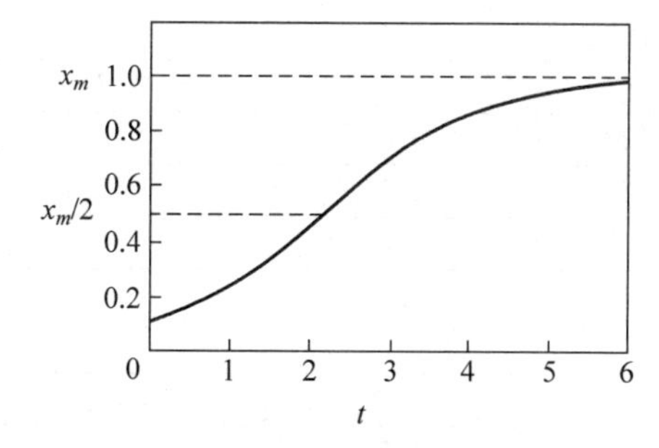

图 2.7 Logistic 模型 x-t 曲线
($r=1,x_m=1,x_0=0.1$)

由方程(24)表示的阻滞增长模型，是荷兰生物数学家 Verhulst 于 19 世纪中叶提出的．它不仅能够大体上描述人口及许多物种数量(如森林中的树木、鱼塘中的鱼群等)的变化规律，而且在社会经济领域也有广泛的应用，例如耐用消费品的售量就可以用它来描述．基于这个模型能够描述一些事物符合逻辑的客观规律，人们常称这个模型为 **Logistic 模型**．

模型的参数估计

用指数增长模型或阻滞增长模型进行人口预报，先要作参数估计，除了初始人口 x_0 外，指数增长模型要估计 r，阻滞增长模型则要估计 r 和 x_m，它们可以用人口统计数据拟合得到，也可以辅之以专家的估计．

为了估计指数增长模型(20)式或(21)式中的参数 r 和 x_0．需将(21)式取对数，得

$$y = rt + a, \quad y = \ln x, \quad a = \ln x_0. \tag{26}$$

以美国人口实际数据为例(见表 2.6 第 1,2 列)，对(26)式作数据拟合，如用 1790 年至 1900 年的数据，得到 $r=0.2743/(10\text{年})$，$x_0=4.1884$；如用全部数据(1790 年至 2000 年)得到 $r=0.2022/(10\text{年})$，$x_0=6.0450$．也可以在式(26)中令 $x_0=3.9$(1790 年实际人口)，只计算 r．

以得到的 r 和 x_0 代入(21)式，将计算结果与实际数据作比较．表 2.6 中计算人口 x_1 是用 1790 年至 1900 年数据拟合的结果，x_2 是用全部数据拟合的结果，图 2.8 是它们的图形表示(+号是实际数据，曲线是计算结果)．

表 2.6 指数增长模型和阻滞增长模型对美国人口数据拟合的结果

年份	实际人口/百万	计算人口 x_1/百万 (指数增长模型)	计算人口 x_2/百万 (指数增长模型)	计算人口 x/百万 (阻滞增长模型)
1790	3.9	4.2	6.0	3.9
1800	5.3	5.5	7.4	5.0
1810	7.2	7.2	9.1	6.5
1820	9.6	9.5	11.1	8.3
1830	12.9	12.5	13.6	10.7
1840	17.1	16.5	16.6	13.7
1850	23.2	21.7	20.3	17.5
1860	31.4	28.6	24.9	22.3
1870	38.6	37.6	30.5	28.3
1880	50.2	49.5	37.3	35.8
1890	62.9	65.1	45.7	45.0
1900	76.0	85.6	55.9	56.2
1910	92.0		68.4	69.7
1920	106.5		83.7	85.5
1930	123.2		102.5	103.9
1940	131.7		125.5	124.5
1950	150.7		153.6	147.2
1960	179.3		188.0	171.3

续表

年份	实际人口/百万	计算人口 x_1/百万（指数增长模型）	计算人口 x_2/百万（指数增长模型）	计算人口 x/百万（阻滞增长模型）
1970	204.0		230.1	196.2
1980	226.5		281.7	221.2
1990	251.4		344.8	245.3
2000	281.4		422.1	

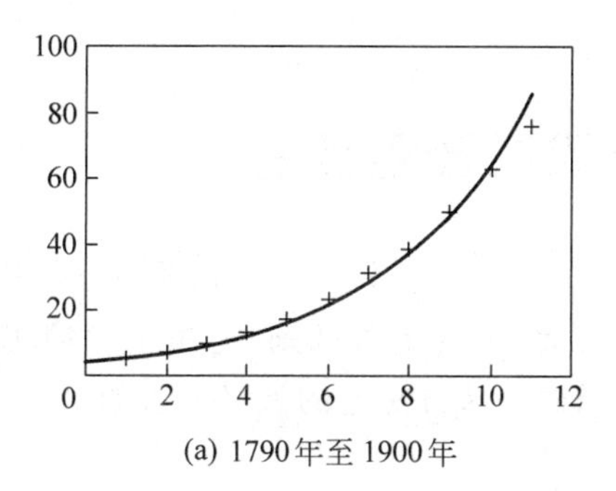

(a) 1790年至1900年

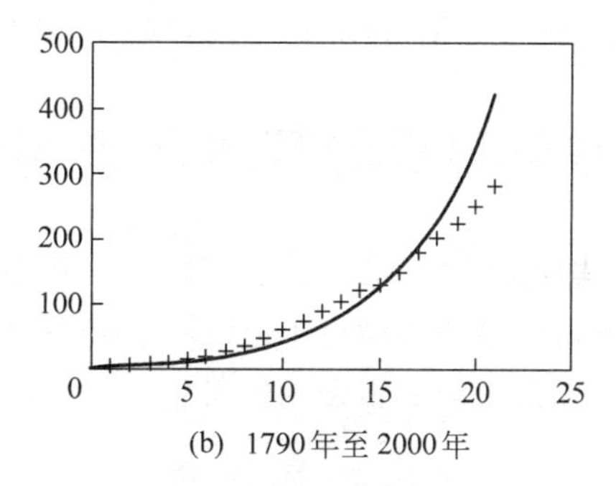

(b) 1790年至2000年

图 2.8 用指数增长模型拟合美国人口数据

为了估计阻滞增长模型(24)或模型(25)中的参数 r 和 x_m，我们不用(25)式，而将方程(24)表示为

$$\frac{\mathrm{d}x/\mathrm{d}t}{x} = r - sx, \quad s = \frac{r}{x_m}. \tag{27}$$

(27)式左端可以从实际人口数据用数值微分(见实验 4)算出，右端对参数 r,s 是线性的. 利用1860 年至 1990 年的数据(去掉个别异常数据)计算得到 $r=0.2557/(10\text{ 年})$，$x_m=392.0886$. 用上面得到的参数 r 和 x_m 代入(25)式，计算结果见表 2.6 最后一列和图 2.9.

可以看出，用这个模型拟合时虽然中间一段(19 世纪中叶到 20 世纪中叶)不大好，但是最后一段(20 世纪中叶以后)吻合得不错.

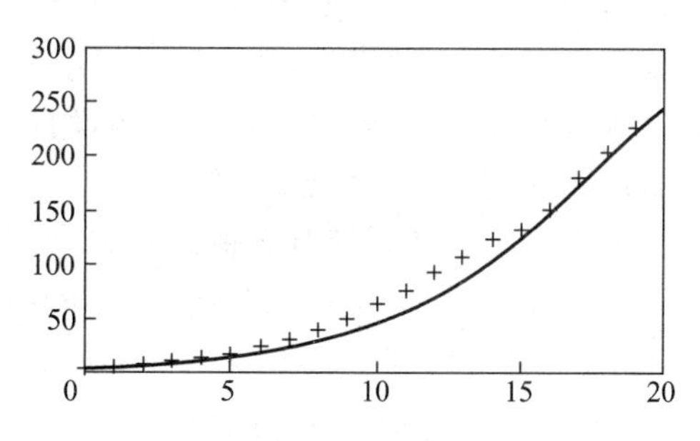

图 2.9 阻滞增长模型拟合美国人口数据

(1790 年为起点)

模型检验 在估计阻滞增长模型的参数时没有用 2000 年的实际数据，是为了用它作模型检验. 我们用模型计算 2000 年的人口，与已知的实际数据(281.4 百万)比较，来检验模型是否合适.

为简单起见，可利用 x (1990) 和方程(24)做如下计算：

$$x(2000) = x(1990) + \Delta x = x(1990) + rx(1990)[1 - x(1990)/x_m]$$

得到 $x(2000)=274.5$（百万），与实际数据的误差约2.5%，可以认为该模型是相当满意的.

人口预报 应将2000年的实际数据加进去重新估计参数，可得 $r=0.2490/(10\text{ 年})$，$x_m=433.9886$. 然后再用模型检验中的计算方法预报美国2010年的人口，得到 $x(2010)=306.0$（百万）. 这个预报结果的准确性如何，相信我们很快就能得到答案.

通过上面几个例子可以看到实际问题建立数学模型的过程，同时也体现出数学实验在建模过程中的应用：1.2.3节中模型的求解要依靠计算机和数学软件，2.2.1节和2.2.4节中用软件作的参数估计则直接是建模的一部分.

2.3 数学建模的基本方法、步骤以及重要意义

数学建模面临的实际问题多种多样，建模的目的不同，分析的方法不同，采用的数学工具不同，所得模型的类型也不同. 我们不能指望归纳出若干条准则，适用于一切实际问题的数学建模. 下面所谓基本方法不是针对具体问题而是从方法论的意义上讲的.

2.3.1 数学建模的基本方法

一般说来，数学建模方法大体上可分为*机理分析*和*测试分析*两种. 机理分析是根据对客观事物特性的认识，找出反映内部机理的数量规律，建立的模型常有明确的物理意义或其他实际意义. 2.2节的几个实例主要用的是机理分析. 测试分析将研究对象看作一个"黑箱"系统（意思是它的内部机理看不清楚），通过对系统输入、输出数据的测量和统计分析，按照一定的准则找出与数据拟合得最好的模型.

面对一个实际问题用哪一种方法建模，主要取决于人们对研究对象的了解程度和建模目的. 如果掌握了一些内部机理的知识，模型也要求具有反映内在特征的物理意义，建模就应以机理分析为主. 而如果对象的内部规律基本上不清楚，模型也不需要反映内部特性（例如仅用于对输出作预报），那么就可以用测试分析. 对于许多实际问题也常常将两种方法结合起来，用机理分析建立模型的结构，用测试分析确定模型的参数，2.2.1节中的录像机计数器的用途就是这种情况.

机理分析当然要针对具体问题来做，不可能有统一的方法，因而主要是通过**实例研究**（case studies）来学习. 测试分析有一套完整的数学方法，以后的实验中我们将学习的最小二乘法、回归分析等是其中的一小部分. 以动态系统为主的测试分析称为**系统辨识**（system identification），是一支专门学科. 本书以后所说的数学建模主要指机理分析.

2.3.2 数学建模的一般步骤

建模要经过哪些步骤并没有一定的模式，通常与问题性质、建模目的等有关. 下面介绍的是机理分析方法建模的一般过程，如图2.10所示.

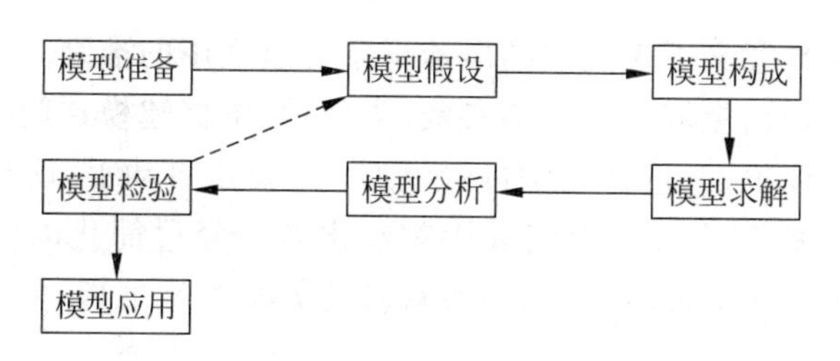

图 2.10 数学建模步骤示意图

模型准备 了解问题的实际背景，明确建模目的，搜集必要的信息如现象、数据等，尽量弄清对象的主要特征，形成一个比较清晰的"问题"，由此初步确定用哪一类模型.情况明才能方法对.在模型准备阶段要深入调查研究，虚心向实际工作者请教，尽量掌握第一手资料.

模型假设 根据对象的特征和建模目的，抓住问题的本质，忽略次要因素，做出必要的、合理的简化假设.对于建模的成败这是非常重要和困难的一步.假设做得不合理或太简单，会导致错误的或无用的模型；假设做得过分详细，试图把复杂对象的众多因素都考虑进去，会很难或无法继续下一步的工作.常常需要在合理与简化之间做出恰当的折中.通常，作假设的依据，一是出于对问题内在规律的认识，二是来自对现象、数据的分析，以及二者的综合.想像力、洞察力、判断力和经验，在模型假设中起着重要作用.

模型构成 根据所作的假设，用数学的语言、符号描述对象的内在规律，建立包含常量、变量等的数学模型，如优化模型、微分方程模型、差分方程模型、图的模型等.这里除了需要一些相关学科的专门知识外，还常常需要较为广阔的应用数学方面的知识.要善于发挥想像力，注意使用类比法，分析对象与熟悉的其他对象的共性，借用已有的模型.建模时还应遵循的一个原则是，尽量采用简单的数学工具，因为所建模型总是希望更多的人了解和使用，而不是只供少数专家欣赏.

模型求解 可以采用解方程、画图形、优化方法、数值计算、统计分析等各种数学方法，特别是数学软件和计算机技术.

模型分析 对求解结果进行数学上的分析，如结果的误差分析，模型对数据的灵敏性分析、对假设的强健性分析等.

模型检验 把求解和分析结果翻译回到实际问题，与实际的现象、数据比较，检验模型的合理性和适用性.如果结果与实际不符，问题常常出在模型假设上，应该修改、补充假设，重新建模，如图 2.10 中的虚线所示.这一步对于模型是否真的有用非常关键，要以严肃认真的态度对待.有些模型要经过几次反复，不断完善，直到检验结果获得在某种程度上的满意.

模型应用 应用的方式与问题性质、建模目的及最终的结果有关，一般不属于本书讨论的范围.

应当指出，并不是所有问题的建模都要经过这些步骤，有时各步骤之间的界限也不那么分明，建模时不要拘泥于形式上的按部就班，本书的实例就采取了灵活的表述形式.

有人认为，目前数学建模与其说是一门技术，不如说是一门艺术.与一种技术大致上有章可循不同，艺术在某种意义下无法归纳出若干条普遍适用的准则. 一名出色的艺术家需要大量的观摩和前辈的指教，更需要亲身的实践. 类似地，掌握建模这门艺术，培养想像力和洞察力，一要学习、分析、评价、改进别人做过的模型；二要亲自动手，认真做几个实际题目. 作为数学实验课程的教材，我们在每个实验中都给出若干经过简化的实际问题，用作建模练习. 希望阅读更多建模示例的读者，可以参考众多的数学模型书籍，如参考文献[1～10].

2.3.3 数学建模的重要意义

进入20世纪以来，随着数学以空前的广度和深度向一切领域的渗透，和电子计算机的出现与飞速发展，数学建模越来越受到人们的重视，可以从以下几方面来看数学建模在现实世界中的重要意义.

(1) 在一般工程技术领域，数学建模仍然大有用武之地.

在以声、光、热、力、电这些物理学科为基础的诸如机械、电机、土木、水利等工程技术领域中，数学建模的普遍性和重要性不言而喻. 虽然这里的基本模型是已有的，但是由于新技术、新工艺的不断涌现，提出了许多需要用数学方法解决的新问题；高速、大型计算机的飞速发展，使得过去即便有了数学模型也无法求解的课题(如大型水坝的应力计算等)迎刃而解；建立在数学模型和计算机模拟基础上的CAD技术，以其快速、经济、方便等优势，大量地替代了传统工程设计中的现场实验、物理模拟等手段.

(2) 在高新技术领域，数学建模几乎是必不可少的工具.

无论是发展通信、航天、微电子、自动化等高新技术本身，还是将高新技术用于传统工业去创造新工艺、开发新产品，计算机技术支持下的建模和模拟都是经常使用的有效手段. 数学建模、数值计算和计算机图形学等相结合形成的计算机软件，已经被固化于产品中，在许多高新技术领域起着核心作用，被认为是高新技术的特征之一. 在这个意义上，数学不再仅仅作为一门科学，是许多技术的基础，而且直接走向了技术的前台. 国际上一些学者提出了"高技术本质上是一种数学技术"的观点.

(3) 数学迅速进入一些新领域，为数学建模开拓了许多新的处女地.

随着数学向诸如经济、人口、生态、地质等所谓非物理领域的渗透，一些交叉学科如计量经济学、人口控制论、数学生态学、数学地质学等应运而生. 这里一般地说不存在作为支配关系的物理定律，当用数学方法研究这些领域中的定量关系时，数学建模就成为首要的、关键的步骤和这些学科发展与应用的基础. 在这些领域里建立不同类型、不同方法、不同深浅程度模型的余地相当大，为数学建模提供了广阔的新天地. 马克思说过："一门科学只有成功地运用数学时，才算达到了完善的地步."展望21世纪，数学必将大踏步地进入所有学科，数学建模将迎来蓬勃发展的新时期.

今天，在国民经济和社会活动的以下诸多方面，数学建模都有着非常具体的应用.

分析与设计 例如描述药物浓度在人体内的变化规律以分析药物的疗效；建立跨声速流和激波的数学模型，用数值模拟设计新的飞机翼型.

预报与决策　生产过程中产品质量指标的预报，气象预报，人口预报，经济增长预报等，都要有预报模型；使经济效益最大的价格策略，使费用最少的设备维修方案，是决策模型的例子.

控制与优化　电力、化工生产过程的最优控制，零件设计中的参数优化，要以数学模型为前提. 建立大系统控制与优化的数学模型，是迫切需要和十分棘手的课题.

规划与管理　生产计划、资源配置、运输网络规划、水库优化调度，以及排队策略、物资管理等，都可以用运筹学模型解决.

数学建模与计算机技术的关系密不可分. 一方面，像新型飞机设计、石油勘探数据处理中数学模型的求解当然离不开巨型计算机，而个人计算机的普及更使数学建模逐步进入人们的日常活动. 比如当一位公司经理根据客户提出的产品数量、质量、交货期等要求，用笔记本电脑与客户进行价格谈判时，您不会怀疑他的电脑中储存了由公司的各种资源、产品工艺流程及客户需求等数据研制的数学模型——快速报价系统和生产计划系统. 另一方面，以数字化为特征的信息正以爆炸之势涌入计算机，去伪存真、归纳整理、分析现象、显示结果……计算机需要人们给它以思维的能力，这些当然要求助于数学模型. 所以把计算机技术与数学建模在知识经济中的作用比喻为如虎添翼，是恰如其分的.

美国科学院一份报告总结了将数学科学转化为生产力过程中的成功和失败，得出了“数学是一种关键的、普遍的、可以应用的技术”的结论，认为数学“由研究到工业领域的技术转化，对加强经济竞争力具有重要意义”，而“计算和建模重新成为中心课题，它们是数学科学技术转化的主要途径”.

2.4　实验练习

实验目的　通过解决简化的实际问题学习初步的数学建模方法，培养建模意识.

实验内容

1. 怎样解决下面的实际问题？包括需要哪些数据资料，要做些什么观察、试验以及建立什么样的数学模型等：

(1) 估计一个人体内血液的总量.

(2) 为保险公司制定人寿保险金计划(不同年龄的人应缴纳的金额和公司赔偿的金额).

(3) 估计一批日光灯管的寿命.

(4) 确定火箭发射至最高点所需的时间.

(5) 决定十字路口黄灯亮的时间长度.

(6) 为汽车租赁公司制订车辆维修、更新和出租计划.

(7) 一高层办公楼有 4 部电梯，早晨上班时间非常拥挤，试制定合理的运行计划.

2. 在超市购物时你注意到大包装商品比小包装商品便宜这种现象了吗？比如洁银牙膏 50g 装的每支 1.50 元，120g 装的每支 3.00 元，二者单位重量的价格比是 1.2：1. 试构造模型解释这个现象.

(1) 分析商品价格 c 与商品重量 w 的关系. 价格由生产成本、包装成本和其他成本决定,这些成本中有的与重量 w 成正比,有的与表面积成正比,还有与 w 无关的因素.

(2) 给出单位重量价格 c 与 w 的关系,画出它的简图,说明 w 越大 c 越小,但是随着 w 的增加 c 减小的程度变小. 解释实际意义是什么.

3. 利用表 2.5 给出的 1790—2000 年的美国实际人口资料建立下列模型:

(1) 分段的指数增长模型. 将时间分为若干段,分别确定增长率 r.

(2) 阻滞增长模型. 换一种方法确定固有增长率 r 和最大容量 x_m.

4. 说明 Logistic 模型(25)可表为 $x(t)=\dfrac{x_m}{1+\mathrm{e}^{-r(t-t_0)}}$,其中 t_0 是人口增长出现拐点的时刻,并给出 t_0 与 r, x_m, x_0 的关系.

5. 假定人口的增长服从这样的规律: 时刻 t 的人口为 $x(t)$,t 到 $t+\Delta t$ 时间内人口的增量与 $x_m-x(t)$ 成正比(其中 x_m 为最大容量). 试建立模型并求解. 作出解的图形并与指数增长模型、阻滞增长模型的结果进行比较.

6. 一垂钓俱乐部鼓励垂钓者将钓上的鱼放生,打算按照放生的鱼的重量给予奖励. 俱乐部只准备了一把软尺用于测量,请你设计按照测量的长度估计鱼的重量的方法. 假定鱼池中只有一种鱼(鲈鱼), 并且得到 8 条鱼的数据见表 2.7(胸围指鱼身的最大周长):

表 2.7

身长/cm	36.8	31.8	43.8	36.8	32.1	45.1	35.9	32.1
质量/g	765	482	1162	737	482	1389	652	454
胸围/cm	24.8	21.3	27.9	24.8	21.6	31.8	22.9	21.6

用机理分析建立模型,并试用数据确定参数.

7. 要在雨中从一处走到另一处,雨的方向和大小都不变,试建立一个模型讨论是否走得越快,淋雨量越小. 设人体为长方柱,表面积之比为: 前∶侧∶顶=1∶a∶b. 人沿 x 方向以速度 v 前进,而雨速在 x,y,z 方向的分量为 u_x,u_y,u_z. 写出淋雨量的表达式,画出淋雨量随 v 变化的曲线,从而确定在什么情况下走得越快,淋雨量越小,在什么情况下不是这样.

8. 甲、乙两公司通过广告来竞争销售商品的数量,广告费分别是 x 和 y. 设甲、乙公司商品的售量在两公司总售量中占的份额,是它们的广告费在总广告费中所占份额的函数 $f\left(\dfrac{x}{x+y}\right)$ 和 $f\left(\dfrac{y}{x+y}\right)$. 又设公司的收入与售量成正比,从收入中扣除广告费后即为公司的利润. 试构造模型的图形,并讨论甲公司怎样确定广告费才能使利润最大.

(1) 令 $t=\dfrac{x}{x+y}$,则 $f(t)+f(1-t)=1$. 画出 $f(t)$ 的示意图.

(2) 写出甲公司利润的表达式 $p(x)$. 对于一定的 y,使 $p(x)$ 最大的 x 的最优值应满足什么关系. 用图解法确定这个最优值.

9. 对 1.2.2 节市场经济中的蛛网模型的方程(5)做如下改变：生产经营者的管理水平和素质提高，他们决定的生产量，即下一时段的商品数量依赖于上两个时段的平均价格，重新建立方程(5)，与原方程(4)一起构成二阶常系数差分方程，用 2.2.3 节一年生植物的繁殖中的方法，讨论经济趋向平稳的条件，与 1.2.2 节的结果比较，说明生产经营者的这一改变有利于经济稳定.

10. 汽车司机在行驶过程中发现前方出现突发事件，会紧急刹车，从司机决定刹车到车完全停止这段时间内汽车行驶的距离，称为刹车距离. 车速越快，刹车距离越长. 为了得到车速与刹车距离之间的数量规律，首先做了一组实验：用固定牌子的汽车，由同一司机驾驶，在不变的道路、气候等条件下，对不同的车速测量其刹车距离，得到的数据如表 2.8 所示. 试从物理上的分析入手，参照这组数据，建立刹车距离与车速之间的数学模型.

表 2.8

车速/(km/h)	20	40	60	80	100	120	140
刹车距离/m	6.5	17.8	33.6	57.1	83.4	118.0	153.5

提示 刹车距离由反应距离和制动距离两部分组成，前者指从司机决定刹车到制动器开始起作用这段时间内汽车行驶的距离，后者指从制动器开始起作用到汽车完全停止所行驶的距离.

反应距离由反应时间和车速决定，反应时间取决于司机个人状况(灵巧、机警、视野等)和制动系统的灵敏性(从司机脚踏刹车板到制动器真正起作用的时间)，对于固定牌子的汽车和同一类型的司机，反应时间可以视为常数，并且在这段时间内车速尚未改变.

制动距离与制动器作用力、车重、车速以及道路、气候等因素有关，制动器是一个能量耗散装置，制动力做的功被汽车动能的改变所抵消. 设计制动器的一个合理原则是，最大制动力大体上与车的质量成正比，使汽车大致做匀减速运动，司机和乘客少受剧烈的冲击. 而道路、气候等因素对一般规则来说只能看作是固定的.

参 考 文 献

[1] 姜启源，谢金星，叶俊. 数学模型. 第 3 版. 北京：高等教育出版社，2003
[2] 徐全智，杨晋浩. 数学建模. 北京：高等教育出版社，2003
[3] 雷功炎. 数学模型八讲. 北京：北京大学出版社，2008
[4] 杨启帆主编. 数学建模. 北京：高等教育出版社，2005
[5] 任善强，雷鸣. 数学模型. 第 2 版/修订版. 重庆：重庆大学出版社，2006
[6] 谭永基，蔡志杰，俞文魮. 数学模型. 上海：复旦大学出版社，2005
[7] 刘来福，曾文艺. 数学模型与数学建模. 第 2 版. 北京：北京师范大学出版社，2002
[8] 姜启源，谢金星. 数学建模案例选集. 北京：高等教育出版社，2006
[9] 韩中庚. 数学建模方法及其应用. 第 2 版. 北京：高等教育出版社，2009
[10] 叶其孝，姜启源等译. 数学建模(原书第 4 版). 北京：机械工业出版社，2009

实验 3　插值与数值积分

插值是和拉格朗日(Lagrange)、牛顿(Newton)、高斯(Gauss)等著名数学家的名字连在一起的,它最初来源于天体计算的需要,比如,人们得到了若干观测值,即某个星球在若干已知时刻的位置,需要计算星球在另一些时刻的位置.所谓插值,通俗地说就是,在若干已知的函数值之间插入计算一些未知的函数值.插值在诸如机械加工等工程技术和数据处理等科学研究中有着许多直接的应用,插值还是数值积分、微分方程数值解等数值计算的基础.

积分是我们在高等数学中学过的一个最基本的运算,也是一些非常重要的数学工具如微分方程、概率论等的基础,在实际问题中也有着许多直接的应用.尽管我们学了不少积分运算的方法,做了大量习题,可是仍有许多函数"积不出来",即使是非常简单的题目,如求不定积分 $\int e^{-x^2}\,dx, \int(\sin x/x)\,dx$,因为它们的原函数无法由基本初等函数经过有限次四则及复合运算构成,计算这种类型的定积分就只能用数值方法.至于由离散数据或图形表示的函数的定积分,理所当然地属于数值积分的范畴.

以下 3.1 节提出几个经过简化的实际问题及其数学模型,3.2 节介绍 3 种插值方法——拉格朗日多项式插值、分段线性插值和三次样条插值和 MATLAB 实现,3.3 节介绍数值积分的梯形公式、辛普森(Simpson)公式、高斯(Gauss)公式和 MATLAB 实现,3.4 节布置实验练习.

3.1　实例及其数学模型

3.1.1　数控机床加工零件

问题　待加工零件的外形根据工艺要求由一组数据(x, y)给出(在平面情况下),用数控机床加工时刀具必须沿这些数据点前进,并且由于刀具每次只能沿 x 方向或 y 方向走非常小的一步,所以需要将已知数据加密,得到加工所要求的步长很小的(x, y)坐标.

图 3.1 是待加工零件的轮廓线,表 3.1 给出了轮廓线上 x 每间隔 0.2(长度单位)的加工坐标 x, y(顺时针方向为序,由轮廓线的左右对称性,表中只给出右半部分的数据).假设需要得到 x 或 y 坐标每改变 0.05 时的坐标,试完成加工所需的加密数据,画出曲线.

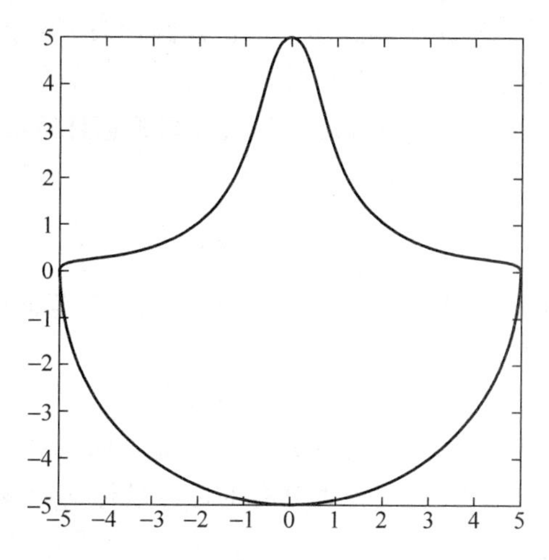

图 3.1 零件的轮廓线(x 间隔 0.2)

表 3.1 x 间隔 0.2 的加工坐标 x,y(图 3.1 右半部分的数据)

0.0，5.00	0.2，4.71	0.4，4.31	0.6，3.68	0.8，3.05	1.0，2.50	1.2，2.05
1.4，1.69	1.6，1.40	1.8，1.18	2.0，1.00	2.2，0.86	2.4，0.74	2.6，0.64
2.8，0.57	3.0，0.50	3.2，0.44	3.4，0.40	3.6，0.36	3.8，0.32	4.0，0.29
4.2，0.26	4.4，0.24	4.6，0.20	4.8，0.15	5.0，0.00	4.8，−1.40	4.6，−1.96
4.4，−2.37	4.2，−2.71	4.0，−3.00	3.8，−3.25	3.6，−3.47	3.4，−3.67	3.2，−3.84
3.0，−4.00	2.8，−4.14	2.6，−4.27	2.4，−4.39	2.2，−4.49	2.0，−4.58	1.8，−4.66
1.6，−4.74	1.4，−4.80	1.2，−4.85	1.0，−4.90	0.8，−4.94	0.6，−4.96	0.4，−4.98
0.2，−4.99	0.0，−5.00					

模型 若直接利用表 3.1 的数据加密，为得到经过这些点的曲线，需将零件轮廓线的右半部分为 $y \geqslant 0$ 和 $y<0$ 两部分，分别计算两个(单值)函数在加密点(插值点)的值，还要设法保证连接点处的光滑性. 另一种办法是将图 3.1 逆时针方向转 90°，轮廓线上下对称，于是只需对上半部计算一个函数在插值点的值即可. 我们将在 3.2 节继续讨论这个问题.

3.1.2 卫星轨道长度

问题 人造地球卫星轨道可视为平面上的椭圆. 我国第一颗人造地球卫星近地点距地球表面 439km，远地点距地球表面 2384km，已知地球半径为 6371km，求该卫星的轨道长度.

模型 卫星轨道的示意图如图 3.2，a，b 分别是椭圆轨道的长半轴和短半轴，地球位于椭圆的一个焦点处，焦距为 c，地球半径为 r，近地点和远地点与地球表面的距离分别是 s_1 和

s_2.由图 3.2 可知，$2a=s_1+s_2+2r$,$c=a-s_1-r$,由椭圆性质 $b=\sqrt{a^2-c^2}$,将 s_1，s_2，r 的数据代入以上各式得 $a=7782.5\text{km}$,$b=7721.5\text{km}$.

椭圆的参数方程为 $x=a\cos t$,$y=b\sin t(0\leqslant t\leqslant 2\pi)$,根据计算参数方程弧长的公式,椭圆长度可表示为如下积分：

$$L=4\int_0^{\pi/2}(a^2\sin^2 t+b^2\cos^2 t)^{1/2}\,\mathrm{d}t. \tag{1}$$

它称为**椭圆积分**,无法用解析方法计算此积分,我们将在 3.3 节继续讨论这个问题.

3.1.3 面积估算

问题 图 3.3 为某市地界轮廓图,地图为上北下南方向.通过测绘得到边界线的坐标,具体坐标数据将在 3.3.6 节给出.如何根据已有的边界坐标估计该市的土地面积?

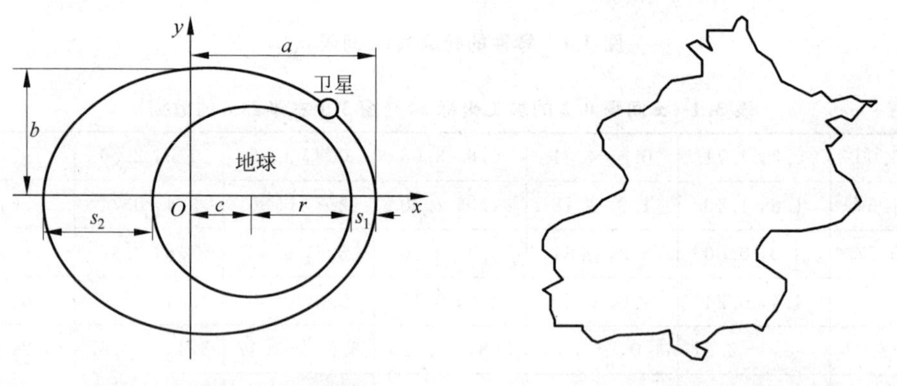

图 3.2 卫星轨道的示意图 **图 3.3 某市地界轮廓图**

模型及求解 对于这样面积的估计,求解的方法有多种,如可利用网格分割的方法进行估算,即将地图按横竖均匀分成若干矩形,先统计出边界内部的规则矩形的数量,再对包含边界的每个小矩形作更小矩形的分割,经过几次分割并统计各次规则矩形的数量,即可得到总面积的估计.我们将在 3.3 节借助数值积分的模型和方法对这块面积进行估计.

3.2 三种插值方法

插值问题的提法是,已知 $n+1$ 个节点 $(x_j,y_j)(j=0,1,\cdots,n)$,其中 x_j 互不相同,不妨设 $a=x_0<x_1<\cdots<x_n=b$,求任一插值点 $x^*(\neq x_j)$处的插值 y^*.节点(x_j,y_j)可以看成是由某个函数 $y=g(x)$产生的,g 的解析表达式可能十分复杂,或不存在解析形式,只是由节点给出的离散数据.

求解的基本思路是,构造一个相对简单的函数 $y=f(x)$,称为**插值函数**,使 f 通过全部节点,即 $f(x_j)=y_j(j=0,1,\cdots,n)$,再用 $f(x)$计算插值,即 $y^*=f(x^*)$.

本节介绍三种基本的、常用的插值：拉格朗日多项式插值、分段线性插值和三次样条插值.

3.2.1 拉格朗日多项式插值

1. 拉格朗日插值多项式

从理论和计算角度看，多项式是最简单的函数. 设插值函数是 n 次多项式，记作

$$L_n(x) = a_n x^n + a_{n-1}x^{n-1} + \cdots + a_1 x + a_0. \tag{2}$$

对于节点 (x_j, y_j) 应有

$$L_n(x_j) = y_j, \quad j = 0,1,\cdots,n. \tag{3}$$

为了确定插值多项式 $L_n(x)$ 中的系数 $a_n, a_{n-1}, \cdots, a_0$，将(3)式代入(2)式，有

$$\begin{cases} a_n x_0^n + a_{n-1}x_0^{n-1} + \cdots + a_1 x_0 + a_0 = y_0, \\ a_n x_1^n + a_{n-1}x_1^{n-1} + \cdots + a_1 x_1 + a_0 = y_1, \\ \qquad\qquad\vdots \\ a_n x_n^n + a_{n-1}x_n^{n-1} + \cdots + a_1 x_n + a_0 = y_n. \end{cases} \tag{4}$$

记

$$\boldsymbol{X} = \begin{bmatrix} x_0^n & x_0^{n-1} & \cdots & x_0 & 1 \\ x_1^n & x_1^{n-1} & \cdots & x_1 & 1 \\ \vdots & \vdots & & \vdots & \vdots \\ x_n^n & x_n^{n-1} & \cdots & x_n & 1 \end{bmatrix}, \quad \boldsymbol{a} = (a_n, a_{n-1}, \cdots, a_0)^{\mathrm{T}}, \quad \boldsymbol{y} = (y_0, y_1, \cdots, y_n)^{\mathrm{T}}.$$

方程组(4)简写作

$$\boldsymbol{X}\boldsymbol{a} = \boldsymbol{y}, \tag{5}$$

其中 $\boldsymbol{X}$ 的行列式 $\det\boldsymbol{X}$ 是范德蒙德(Vandermonde)行列式，利用行列式性质可得

$$\det\boldsymbol{X} = \prod_{0 \leqslant j < k \leqslant n} (x_k - x_j).$$

因 x_j 互不相同，故 $\det\boldsymbol{X} \neq 0$，于是线性方程组(5)中 $\boldsymbol{a}$ 有惟一解，即通过 $n+1$ 个节点(x 坐标互不相同)的 n 次多项式曲线可以惟一地确定.

实际上比较方便的做法不是解线性方程组(5)求 $\boldsymbol{a}$，而是先构造一组基函数：

$$l_i(x) = \frac{(x - x_0)\cdots(x - x_{i-1})(x - x_{i+1})\cdots(x - x_n)}{(x_i - x_0)\cdots(x_i - x_{i-1})(x_i - x_{i+1})\cdots(x_i - x_n)}, \quad i = 0,1,\cdots,n. \tag{6}$$

容易看出，n 次多项式 $l_i(x)$ 满足

$$l_i(x_j) = \begin{cases} 1, & i = j, \\ 0, & i \neq j, \end{cases} \quad i,j = 0,1,\cdots,n.$$

令

$$L_n(x) = \sum_{i=0}^{n} y_i l_i(x), \tag{7}$$

显然 $L_n(x)$是满足(3)式的 n 次多项式. 由线性方程组(5)解的惟一性,(6)式、(7)式就是我们要寻求的插值函数,称为**拉格朗日插值多项式**. 用 $L_n(x)$计算插值称**拉格朗日多项式插值**.

思考

(1) 对于 $n+1$ 个节点,若用次数大于或小于 n 的多项式作插值,结果如何?

(2) 由 $n+1$ 个节点得到的 $L_n(x)$的次数会不会小于 n? 试就 $n=2$ 的情况加以说明.

(3) 若 $g(x)$为 m 次多项式,$m\leqslant n$,问 $L_n(x)$与 $g(x)$关系如何?

2. 误差估计

对于任意的插值点 $x\in[a,b]$,插值的误差定义为插值多项式 $L_n(x)$与产生节点(x_j,y_j)的 $g(x)$之差,记作 $R_n(x)$. 虽然我们可能不知道 $g(x)$的解析表达式,但是如果 $g(x)$充分光滑,不妨设其具有 $n+1$ 阶导数,则可以证明(略):

$$R_n(x)=g(x)-L_n(x)=\frac{g^{(n+1)}(\xi)}{(n+1)!}\prod_{j=0}^{n}(x-x_j),\quad \xi\in(a,b). \tag{8}$$

若 $g(x)$满足

$$|g^{(n+1)}(\xi)|\leqslant M_{n+1}, \tag{9}$$

则

$$|R_n(x)|\leqslant\frac{M_{n+1}}{(n+1)!}\prod_{j=0}^{n}|x-x_j|. \tag{10}$$

实际上,因为 M_{n+1} 常难以确定,所以(10)式并不能给出精确的误差估计,但是可以粗略地看出,插值点 x 越接近节点 x_j,$|R_n(x)|$越小;g 平缓使高阶导数越小,$|R_n(x)|$越小;n 增加,可能使$|R_n(x)|$减少.

例 1 用函数 $y=g(x)=\sin(\pi x/2)$在$[0,1]$区间上等距地产生 $n+1$ 个节点,当 $n=1$, $2,\cdots$时考察拉格朗日插值多项式 $L_n(x)$的误差.

由(6)式,(7)式容易得到,$n=1$ 时插值函数为直线 $L_1(x)=x$,$n=2$ 时插值函数为二次曲线 $L_2(x)=-(2\sqrt{2}-2)x^2+(2\sqrt{2}-1)x$.

估计$|R_n(x)|$:对于 $g(x)=\sin(\pi x/2)$,取 $M_{n+1}=(\pi/2)^{n+1}$. 记节点间隔为 $h=\dfrac{1}{n}$,当 $x\in(x_j,x_{j+1})$时,$|x-x_j||x-x_{j+1}|\leqslant\dfrac{h^2}{4}$,即使对于最坏的情况如 $x\in(x_0,x_1)$,也有 $\prod\limits_{j=0}^{n}|x-x_j|\leqslant\dfrac{h^2}{4}\cdot 2h\cdot 3h\cdot\cdots\cdot nh$. 于是(10)式给出

$$|R_n(x)|\leqslant\frac{1}{(n+1)!}\left(\frac{\pi}{2}\right)^{n+1}\frac{h^2}{4}\cdot 2h\cdot 3h\cdot\cdots\cdot nh=\frac{(\pi/2)^{n+1}}{4(n+1)n^{n+1}}.$$

可以算出

n	1	2	3	4
$\|R_n(x)\|$	0.3	0.04	4.7×10^{-3}	4.7×10^{-4}

3. 插值多项式的振荡

用拉格朗日插值多项式 $L_n(x)$ 近似 $g(x)(a\leqslant x\leqslant b)$，随着节点个数的增加，$L_n(x)$ 的次数 n 变大，多数情况下误差 $|R_n(x)|$ 会变小. 但是 n 增加时，由于 $L_n(x)$ 的起伏增加，有时会出现很大的振荡. 龙格(Runge)给出了一个有名的例子：

$$g(x)=\frac{1}{1+x^2},\quad -5\leqslant x\leqslant 5. \tag{11}$$

将 $[-5,5]$ 区间 n 等分($n=2,4,6,\cdots$)，用 $g(x)$ 产生 $n+1$ 个节点，求出拉格朗日插值多项式 $L_n(x)$，会得到如图3.4的结果. 可以看出，随着 n 的增大，对于较小的 $|x|$，$L_n(x)$ 与 $g(x)$ 的误差越来越小；而对于较大的 $|x|$，$L_n(x)$ 振荡越来越大，与 $g(x)$ 的误差自然也越来越大. 这种振荡称为龙格现象.

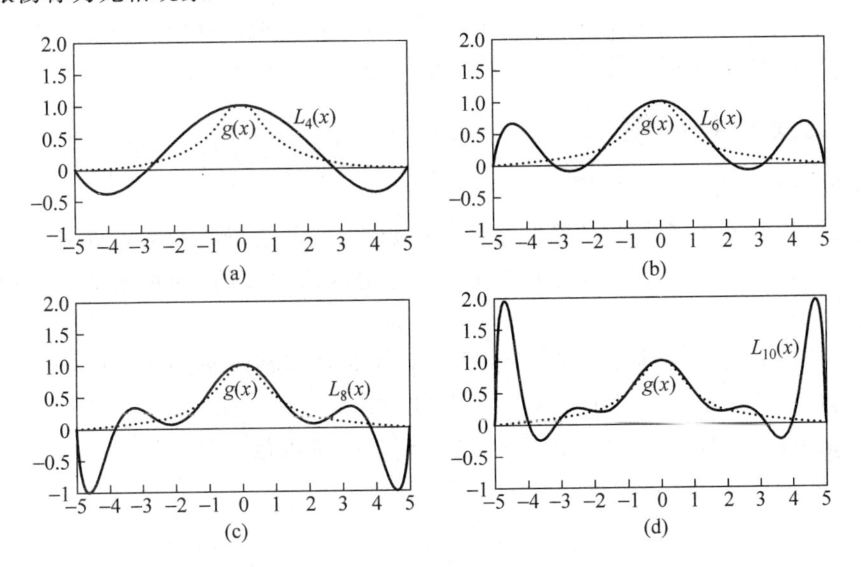

图3.4　$g(x)=1/(1+x^2)$(虚线)的拉格朗日插值曲线 $L_n(x)$

事实上可以证明，仅当 $|x|\leqslant 3.63$ 时，才有 $\lim\limits_{n\to\infty}L_n(x)=g(x)$，在此区间外，$L_n(x)$ 是发散的.

高次插值多项式的这些缺陷，促使人们转而寻求简单的低次多项式插值.

3.2.2　分段线性插值

简单地说，将每两个相邻的节点用直线连起来，如此形成的一条折线就是分段线性插值函数，如图3.5所示，记作 $I_n(x)$，它满足 $I_n(x_j)=y_j$，且 $I_n(x)$ 在每个小区间 $[x_j,x_{j+1}]$ 上是线性函数($j=0,1,\cdots,n$).

$I_n(x)$ 可以表示为

$$I_n(x) = \sum_{j=0}^{n} y_j l_j(x), \tag{12}$$

$$l_j(x) = \begin{cases} \dfrac{x - x_{j-1}}{x_j - x_{j-1}}, & x_{j-1} \leqslant x \leqslant x_j, \quad j = 0 \text{ 舍去}, \\ \dfrac{x - x_{j+1}}{x_j - x_{j+1}}, & x_j \leqslant x \leqslant x_{j+1}, \quad j = n \text{ 舍去}, \\ 0, & \text{其他}. \end{cases} \tag{13}$$

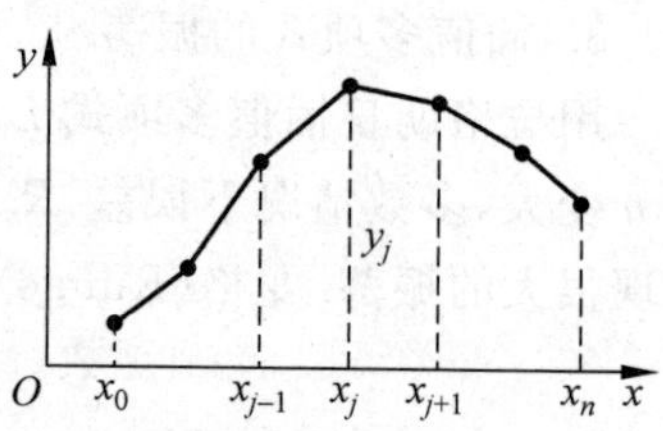

图 3.5 分段线性插值示意图

$I_n(x)$有良好的收敛性，即对于$x \in [a,b]$有$\lim\limits_{n \to \infty} I_n(x) = g(x)$.

用$I_n(x)$计算x点的插值时，只用到x左右的两个节点，计算量与节点个数n无关.但是n越大，分段越多，插值误差越小.实际上用函数表作插值计算时，分段线性插值就足够了，如数学物理中用的特殊函数表，数理统计中用的概率分布表等.

3.2.3 三次样条插值

1. 样条函数的由来

分段线性插值虽然简单，n足够大时精度也相当高，但是折线在节点处显然不光滑，即$I_n(x)$在节点处导数不存在.这影响了它在需要光滑插值曲线的(如机械加工等)领域中的应用.

所谓样条(spline)，来源于船舶、飞机等设计中描绘光滑外形曲线用的绘图工具.一根有弹性的细长木条用压铁固定在节点上，其他地方让它自然弯曲，如此画出的曲线称为**样条曲线**.因为这种曲线的曲率是处处连续的，所以要求样条函数的二阶导数连续.人们普遍使用的样条函数是分段三次多项式.

2. 三次样条函数

三次样条函数记作$S(x)(a \leqslant x \leqslant b)$.要求它满足以下条件：

(1) 在每个小区间$[x_{i-1}, x_i](i=1,2,\cdots,n)$上是三次多项式；

(2) 在$a \leqslant x \leqslant b$上二阶导数连续；

(3) $S(x_i) = y_i (i=0,1,\cdots,n)$. (14)

由条件(1)，不妨将$S(x)$记为

$$S(x) = \{S_i(x), x \in [x_{i-1}, x_i], i = 1,2,\cdots,n\}, \quad S_i(x) = a_i x^3 + b_i x^2 + c_i x + d_i, \tag{15}$$

其中a_i, b_i, c_i, d_i为待定系数，共$4n$个.由条件(2)，

$$\begin{cases} S_i(x_i) = S_{i+1}(x_i), \\ S_i'(x_i) = S_{i+1}'(x_i), \quad i = 1,2,\cdots,n-1. \\ S_i''(x_i) = S_{i+1}''(x_i), \end{cases} \tag{16}$$

容易看出，(14)式，(16)式共含有$4n-2$个方程，为确定$S(x)$的$4n$个待定参数，尚需再

给出两个条件.在实际应用中通常有以下三种类型的端点条件作为附加条件.

第一类 给定两端点的一阶导数 $S'(x_0),S'(x_n)$;

第二类 给定两端点的二阶导数 $S''(x_0),S''(x_n)$,最常用的是所谓**自然边界条件**:

$$S''(x_0)=S''(x_n)=0. \tag{17}$$

第三类 对于周期函数,即两端点已经满足 $S(x_0)=S(x_n)$时,令它们的一阶导数和二阶导数分别相等,即 $S'(x_0)=S'(x_n),S''(x_0)=S''(x_n)$,称为**周期条件**.

可以证明,$4n$ 元线性方程组(14),(16),(17)有惟一解,即 $S(x)$被惟一确定.在实际计算时需要设计简便的解法.

像分段线性函数 $I_n(x)$一样,三次样条函数 $S(x)$也有良好的收敛性,即在相当一般的条件下,$\lim\limits_{n\to\infty}S(x)=g(x)$.

3.2.4 用 MATLAB 做插值计算

拉格朗日插值 需先按照(6)式、(7)式编写一个函数 M 文件,名为 lagr.m

设 n 个节点以数组 x0,y0 输入(注意:程序中用 n 个节点,而不是前面所说的 $n+1$ 个节点),m 个插值点以数组 x 输入.输出数组 y 为 m 个插值.

```
function y=lagr(x0,y0,x)
n=length(x0); m=length(x);
for i=1:m
  z=x(i);
  s=0;
  for k=1:n
    p=1;
    for j=1:n
      if j~=k
        p=p*(z-x0(j))/(x0(k)-x0(j));
      end
    end
    s=p*y0(k)+s;
  end
  y(i)=s;
end
```

做拉格朗日插值计算时只需在输入 x0,y0,x 后运行命令 y= lagr(x0,y0,x) 即可.

分段线性插值 MATLAB 中有现成的命令

```
y=interp1(x0,y0,x)
```

其中 x0,y0 为节点数组(同长度),x 为插值点数组,y 为插值数组.

三次样条插值 MATLAB 中有现成的命令

```
y=interp1(x0,y0,x,'spline')
```

或

```
y=spline(x0,y0,x)
```

其中 x0,y0 为节点数组(同长度),x 为插值点数组,y 为插值数组,端点为自然边界条件.

spline 命令还可处理上述第一类端点条件,只需将原来的输入数组 y0 改为 yy0=[a　y0　b],其中 a,b 分别为 $S'(x_0)$,$S'(x_n)$.

对出现龙格现象的例子 $g(x)=1/(1+x^2)$,将[−5,5]区间 $n(=10)$等分,用 $g(x)$ 产生 $n+1(=11)$个节点,用 MATLAB 做以上三种方法的插值计算,进行比较.编程如下:

```
x0=-5:5;
y0=1./(1+x0.^2);                    % 产生节点(x0,y0)
x=-5:0.1:5;                         % 产生插值点 x,间隔 0.1
y=1./(1+x.^2);                      % 计算 g(x) 用于比较
y1=lagr(x0,y0,x);                   % 计算拉格朗日插值
y2=interp1(x0,y0,x);                % 计算分段线性插值
y3=spline(x0,y0,x);                 % 计算三次样条插值
for k=1:11                          % 输出 x≥0 且间隔 0.5 的插值
    xx(k)=x(46+5*k);
    yy(k)=y(46+5*k);
    yy1(k)=y1(46+5*k);
    yy2(k)=y2(46+5*k);
    yy3(k)=y3(46+5*k);
end
[xx; yy; yy1; yy2; yy3]'
z=0*x;                              % 产生横轴(作图)
plot(x,z,x,y,'k--',x,y2,'r')        % 分段线性插值作图
pause
plot(x,z,x,y,'k--',x,y3,'r')        % 三次样条插值作图
```

输出的计算结果如表 3.2 所示,其中 $y=g(x)$,y_1,y_2,y_3 依次是拉格朗日、分段线性、三次样条插值,与精确值 y 相比较,显然它们在节点处相等,而在插值点处三次样条插值的结果最好.

表 3.2　$g(x)=1/(1+x^2)$的三种插值方法的计算结果

x	y	y_1	y_2	y_3
0.0000	1.0000	1.0000	1.0000	1.0000
0.5000	0.8000	0.8434	0.7500	0.8205
1.0000	0.5000	0.5000	0.5000	0.5000
1.5000	0.3077	0.2353	0.3500	0.2973
2.0000	0.2000	0.2000	0.2000	0.2000

续表

x	y	y_1	y_2	y_3
2.5000	0.1379	0.2538	0.1500	0.1401
3.0000	0.1000	0.1000	0.1000	0.1000
3.5000	0.0755	−0.2262	0.0794	0.0745
4.0000	0.0588	0.0588	0.0588	0.0588
4.5000	0.0471	1.5787	0.0486	0.0484
5.0000	0.0385	0.0385	0.0385	0.0385

分段线性插值的图形如图 3.6(a)(虚线为 $g(x)$)，三次样条插值图形如图 3.6(b)(插值曲线与 $g(x)$几乎重合).

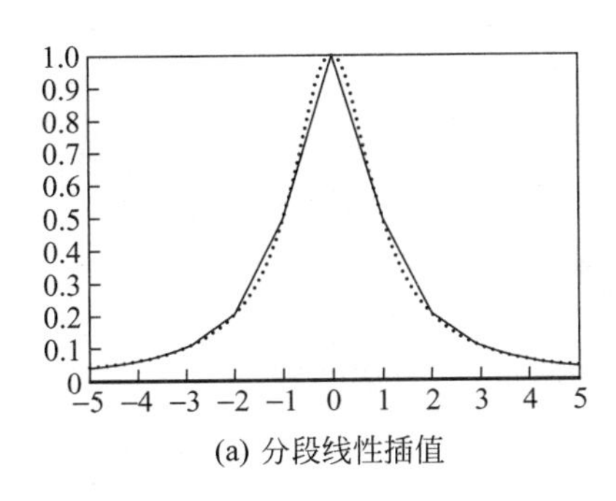

(a) 分段线性插值

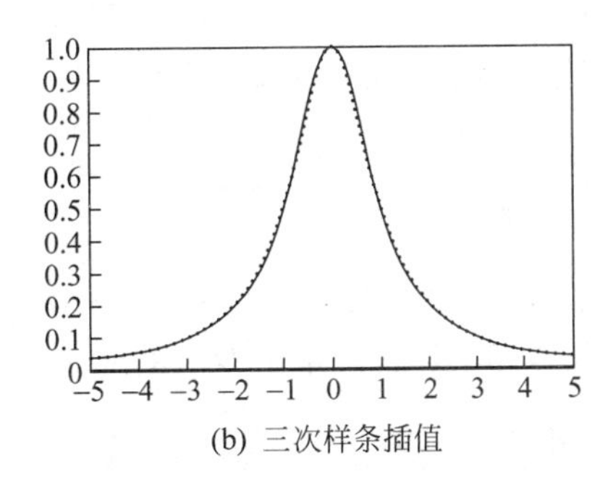

(b) 三次样条插值

图 3.6　$g(x)=1/(1+x^2)$(虚线)的插值曲线

3.2.5　插值方法小结与补充

拉格朗日插值是高次多项式插值($n+1$ 个节点上用不超过 n 次的多项式)，插值曲线光滑，误差估计有表达式，但有振荡现象，收敛性不能保证. 这种插值主要用于理论分析，实际意义不大.

分段线性插值简单实用，收敛性有保证，但不光滑. 三次样条插值的整体光滑性已大有提高，应用广泛，但误差估计较困难.

除以上三种插值外还有下面一些插值方法.

牛顿均差插值　用拉格朗日插值，当节点增加时，原有的基函数均不能再用，需重新计算. 牛顿均差插值利用差分计算多项式系数，当节点增加时，前面得到的数据可以利用，于是计算量减少. 当然，由(5)式解的惟一性，它与拉格朗日插值的结果是完全等价的.

埃尔米特(Hermite)插值　当实际问题不仅给出节点的函数值，而且给出节点的导数值时，埃尔米特插值多项式可以满足节点处函数、导数均与给定值相等的要求. 由于给定值增加了一倍，插值多项式的待定系数也要增加一倍，于是当节点数为 $n+1$ 时，可惟一确定一个

次数不超过 $2n+1$ 的插值多项式.

分段三次插值和分段三次埃尔米特插值 分段三次插值比分段线性插值更光滑些,在MATLAB 中可直接用

```
y=interp1(x0,y0,x,'cubic')
```

计算,其中输入 x0,y0,x 和输出 y 的含义与分段线性插值相同.

分段三次埃尔米特插值是导数连续的分段三次多项式,其导数在节点处与给定值相等.

不等距插值 为了计算方便,节点通常是等距分布的,称等距插值.实际上可以作不等距插值,在函数变化剧烈处,让节点密一些,函数变化平缓处,节点疏一些,这时构造插值函数的原理与等距插值是一样的.

二维插值 以上都是一维插值,插值函数是一元函数(曲线).如果在某区域测量了若干个点的高程(节点),为了画出较精确的等高线图,要先插入更多的点(插值点),计算这些点的高程(插值),就是二维插值,插值函数是二元函数(曲面).MATLAB 中有计算二维插值的程序:

```
z=interp2(x0,y0,z0,x,y)
```

读者可查阅 MATLAB 帮助系统了解其用法.

此外,MATLAB 还配备了专门的样条工具箱(spline toolbox).

3.2.6 数控机床加工零件(续)

按照 3.1.1 节模型中提出的第二种方法求解.

将图 3.1 逆时针方向转 90°,旋转后零件轮廓线的右半部分将变成上半部分,即图 3.7(a)变成图 3.7(b),为此只需令 $v=x$, $u=-y$,则数据原来的 (x, y) 坐标变为 (u, v) 坐标.

在新坐标下用分段线性插值和三次样条插值方法计算(可试验用拉格朗日插值,会发现振荡现象严重),编程如下:

```
x=[0:0.2:5, 4.8:-0.2:0];
y=[5.00  4.71  4.31 …
              -4.98 -4.99 -5];                 % 按照表 3.1 输入原始数据(y 从简)
v0=x; u0=-y;                                   % 逆时针方向转 90°,节点(x, y)变为(u, v)
u=-5:0.05:5;                                   % 按 0.05 的间隔在 u 方向产生插值点
v1=interp1(u0,v0,u);                           % 在 v 方向计算分段线性插值
v2=spline(u0,v0,u);                            % 在 v 方向计算三次样条插值
[v1'  v2'  -u']                                % 在(x, y)坐标系输出结果
subplot(1,3,1),plot(x,y),axis([0 5 -5 5])     % 原轮廓线
subplot(1,3,2),plot(v1,-u),axis([0 5 -5 5])   % 分段线性插值的结果
subplot(1,3,3),plot(v2,-u),axis([0 5 -5 5])   % 三次样条插值的结果
```

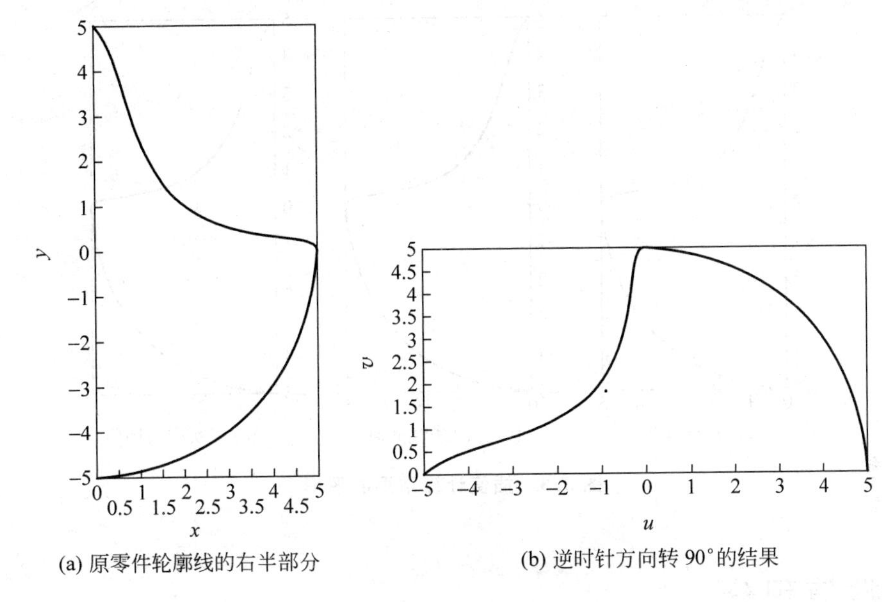

图 3.7 3.1.1 节的零件轮廓线

得到的插值计算结果如表 3.3 所示,图形如图 3.8 所示.

表 3.3 插值计算结果(右半部分,x_1 为分段线性插值,x_2 为三次样条插值)

x_1	x_2	y	x_1	x_2	y
0	0	5.0000	4.9929	5.0070	−0.0500
0.0345	0.0381	4.9500	4.9857	5.0125	−0.1000
0.0690	0.0747	4.9000	4.9786	5.0165	−0.1500
0.1034	0.1097	4.8500	4.9714	5.0193	−0.2000
0.1379	0.1433	4.8000	⋮	⋮	⋮
⋮	⋮	⋮	1.4000	1.4000	−4.8000
4.6000	4.6000	0.2000	1.2000	1.2000	−4.8500
4.8000	4.8000	0.1500	1.0000	1.0000	−4.9000
4.8667	4.9312	0.1000	0.7000	0.6991	−4.9500
4.9333	4.9852	0.0500	0	0	−5.0000
5.0000	5.0000	0			

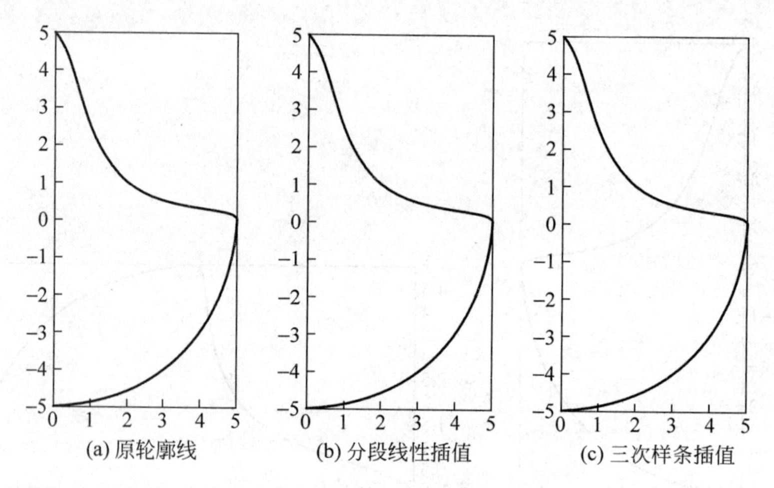

图 3.8　插值计算结果的图形

3.3　数值积分

用数值方法近似地求一个函数 $f(x)$ 在区间 (a,b) 上定积分 $I=\int_a^b f(x)\mathrm{d}x$ 的基本思路，可以归结到定积分的定义

$$I=\int_a^b f(x)\mathrm{d}x=\lim_{n\to\infty} I_n,\quad I_n=\sum_{k=1}^{n} f(\xi_k)\,\frac{b-a}{n}. \tag{18}$$

n 充分大时 I_n 就是 I 的数值积分. 这里 ξ_k 是在第 k 小区间中 x 的取值，显然，ξ_k 取值不同，数值积分 I_n 的结果就不同(当然，定积分 I 是一样的). 这种做法相当于用相对简单的阶梯函数 $f(\xi_k)(k=1,2,\cdots,n)$ 代替 $f(x)$ 做积分. 实际上各种不同的数值积分方法就在于，研究用什么样的简单函数代替 $f(x)$，使得既能保证一定的精度，计算量又小.

3.3.1　梯形公式和辛普森公式

1. 公式的导出

不妨设在 (a,b) 上 $f(x)\geqslant 0$，定积分 I 表示曲线 $f(x)$ 下的面积，如何近似计算这块面积呢？(图 3.9)

将 (a,b) 区间 n 等分，$h=(b-a)/n$ 称为**积分步长**. 记 $a=x_0<x_1<\cdots<x_k<\cdots<x_n=b$，$f_k=f(x_k)$，在小区间上用矩形面积近似 $f(x)$ 下面曲边梯形的面积，可取左端点函数值为小矩形的高(图 3.9 中 $y=f(x)$ 曲线下的虚线)，或取右端点函数值为小矩形的高(图 3.9 中 $y=f(x)$ 曲线上的虚线)，于是在整个区间 (a,b) 内构成台阶形. 容易看出，这两个台阶形面积分别为

$$L_n = h\sum_{k=0}^{n-1} f_k, \quad R_n = h\sum_{k=1}^{n} f_k, \quad h = (b-a)/n. \tag{19}$$

图 3.9 中两个台阶形分别小于和大于所求面积.(19)式是计算定积分的**矩形公式**.

若将二者平均,则每个小区间上的小矩形变为小梯形(图 3.9 中粗实线),整个区间上的结果为

$$T_n = h\sum_{k=1}^{n-1} f_k + \frac{h}{2}(f_0 + f_n), \quad h = (b-a)/n. \tag{20}$$

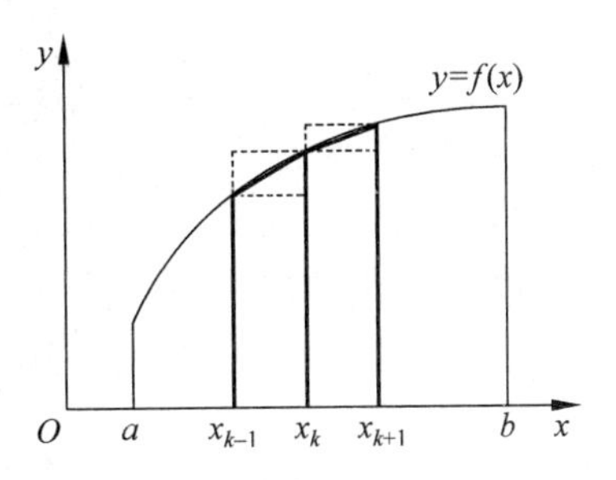

图 3.9 定积分的近似计算

将 x_k 视为节点,(20)式相当于用分段线性插值函数作为 $f(x)$ 的近似,称为(复合)**梯形求积公式**.

梯形求积公式(20)是在等距分割为 h 的情况下推导出来的,但一些实际数据中会出现非等距区间分割的情况,此时,很容易推导出

$$T_n = \sum_{k=0}^{n-1} \frac{f_k + f_{k+1}}{2}(x_{k+1} - x_k). \tag{21}$$

为提高精度可以用分段二次插值函数代替 $f(x)$. 由于每段要用到相邻两个小区间端点的 3 个函数值,所以小区间的数目必须是偶数,记 $n=2m, k=0,1,\cdots,m-1$. 在第 k 段的两个小区间上用 3 个节点 $(x_{2k}, f_{2k}), (x_{2k+1}, f_{2k+1}), (x_{2k+2}, f_{2k+2})$ 作二次插值函数 $S_k(x)$,然后积分可得

$$\int_{x_{2k}}^{x_{2k+2}} S_k(x)\mathrm{d}x = \frac{h}{3}(f_{2k} + 4f_{2k+1} + f_{2k+2}).$$

求 m 段之和就得到整个区间上的近似积分

$$S_n = \frac{h}{3}\left(f_0 + f_{2m} + 4\sum_{k=0}^{m-1} f_{2k+1} + 2\sum_{k=1}^{m-1} f_{2k}\right), \quad h = (b-a)/2m, \tag{22}$$

它称为(复合)**辛普森求积公式(抛物线公式)**.

我们看到,不论 f_k 是一个复杂函数 $f(x)$ 在某些离散点的值,还是本来就是一些离散数据(也可看作函数),都可以用简单的线性或二次函数代替原来的函数作积分,得到梯形公式和辛普森公式. 这类方法称为 Newton-Cotes 方法.

2. 误差估计和收敛性

梯形公式在小区间 $[x_k, x_{k+1}]$ 上是用线性插值函数 $T(x)$ 代替 $f(x)$,由(8)式容易得到

$$f(x) = T(x) + \frac{f''(\xi_k)}{2}(x - x_k)(x - x_{k+1}), \quad \xi_k \in (x_k, x_{k+1}). \tag{23}$$

因为 $(x-x_k)(x-x_{k+1})$ 在 $[x_k, x_{k+1}]$ 上不变号,所以由(23)式和积分中值定理,有

$$\begin{aligned}\int_{x_k}^{x_{k+1}} [f(x) - T(x)]\mathrm{d}x &= \frac{f''(\eta_k)}{2}\int_{x_k}^{x_{k+1}} (x - x_k)(x - x_{k+1})\mathrm{d}x \\ &= -\frac{h^3}{12}f''(\eta_k), \quad \eta_k \in (x_k, x_{k+1}).\end{aligned} \tag{24}$$

梯形求积公式(20)的误差可用

$$|I-T_n|=\left|\int_a^b f(x)\mathrm{d}x-T_n\right|$$
$$=\left|\sum_{k=0}^{n-1}\int_{x_k}^{x_{k+1}}[f(x)-T(x)]\mathrm{d}x\right|\leqslant\frac{h^3}{12}\left|\sum_{k=0}^{n-1}f''(\eta_k)\right| \tag{25}$$

给出.

进一步,记 $M_2=\max|f''(x)|,x\in(a,b)$,$M_2$ 常可以粗略地估出,注意到 $h=(b-a)/n$,就有

$$|I-T_n|\leqslant\frac{h^2}{12}M_2(b-a). \tag{26}$$

(26)式表明,梯形公式(20)的误差至少是 h^2 阶的.于是若 $f\in C^2(a,b)$,($C^2(a,b)$表示$[a,b]$上二次连续可微函数的集合),由(25)式、(26)式可得$\lim\limits_{n\to\infty}\dfrac{I-T_n}{h^2}=c$(非零常数),称梯形公式(20)是**2 阶收敛**的.

类似地,可以求出辛普森求积公式(22) 的误差 $|I-S_n|=\left|\int_a^b f(x)\mathrm{d}x-S_n\right|$ 为

$$|I-S_n|\leqslant\frac{h^4}{180}M_4(b-a), \tag{27}$$

其中 $M_4=\max|f^{(4)}(x)|,x\in(a,b)$.即(22)式的误差至少为 h^4 阶.若 $f\in C^4(a,b)$,称辛普森公式(22)是**4 阶收敛**的.

3. 步长的自动选取

我们看到近似求积公式的误差随着 n 的增加(步长 h 的减小)而减小,但是对于给定的 $f(x)$和设定的误差 ε,在选定了求积公式后如何确定 n 呢?实际的运算过程是用二分法每次将 n 增加一倍,直到误差满足要求为止.以梯形公式为例说明这一过程.

由(25)式知,

$$I-T_n=-\frac{h^2}{12}\sum_{k=0}^{n-1}hf''(\eta_k)\approx-\frac{h^2}{12}\int_a^b f''(x)\mathrm{d}x=-\frac{h^2}{12}[f'(b)-f'(a)]. \tag{28}$$

于是当 n 增加一倍即 h 缩小一半时,$I-T_{2n}\approx\dfrac{1}{4}(I-T_n)$,由此不难得到

$$I-T_{2n}\approx\frac{1}{3}(T_{2n}-T_n). \tag{29}$$

所以只要$|T_{2n}-T_n|\leqslant\varepsilon$,计算出的 T_{2n} 即可满足$|I-T_{2n}|<\varepsilon$ 的误差要求.

这种选取步长的另一个好处是,每次节点加密一倍时,原节点的函数值 f_k 不需要重新计算,只需求出新节点的函数值即可(为什么?).

我们看到,用线性插值函数近似求积得到的梯形公式,与用二次插值函数近似求积得到的辛普森公式相比,后者收敛性的阶数提高了.是否要用更高阶的插值多项式来近似被积函数?3.2 节的龙格现象说明,这样做不一定好.下面从另一个角度考虑提高计算精度的

问题.

3.3.2 高斯求积公式

上面 Newton-Cotes 方法的几种求积公式(19)～(20)和(22)式可以写成如下的统一形式

$$I_n = \sum_{k=1}^{n} A_k f(x_k). \tag{30}$$

其共同点是将积分区间等分，将分点作为节点，用分段插值多项式代替 $f(x)$作积分，因而节点数 n 给定后节点 $x_k(k=1,2,\cdots,n)$是固定的，不同的公式只在于系数 A_k 选择的差别. 可以设想，如果 x_k和 A_k都可以选择，自由度更大，计算精度可能更高. 高斯公式就是由此出发的，不过在推导之前先要明确衡量精度的指标.

1. 代数精度

用幂函数作为被积函数 f，以近似积分与精确值是否相等作为精度的度量指标，有如下定义

设 $f(x)=x^k$，用(30)式计算 $I=\int_a^b f(x)\mathrm{d}x$，若对于 $k=0,1,\cdots,m$ 都有 $I_n=I$，而当 $k=m+1$ 时 $I_n\neq I$，则称 I_n 的**代数精度**为 m.

梯形公式(20)的代数精度 $m=1$. 因为当 $k=1$ 时，$\int_a^b x\mathrm{d}x=\frac{1}{2}(b^2-a^2)$，$T_1=\frac{b-a}{2}(b+a)$，二者相等；而当 $k=2$ 时，$\int_a^b x^2\mathrm{d}x=\frac{1}{3}(b^3-a^3)$，$T_1=\frac{b-a}{2}(b^2+a^2)$，二者不等.

请读者作类似的计算证明，辛普森公式(22)的代数精度 $m=3$.

2. 高斯公式

先看 $n=2$ 的情况. 因为只有两个节点，所以按照固定节点的办法只能用梯形公式，代数精度为 1. 而用下面的方法在区间内适当地选择节点，将会得到代数精度为 3 的公式.

区间(a,b)经过适当的变量代换可以化为$(-1,1)$，因而只需计算 $I=\int_{-1}^{1} f(x)\mathrm{d}x$. 要构造形如

$$G_2 = A_1 f(x_1) + A_2 f(x_2) \tag{31}$$

的求积公式，确定 4 个参数 x_1,x_2,A_1,A_2 使 G_2 的代数精度尽量高.

可以由 4 个条件确定参数. 按照代数精度的定义，我们要求对于 $f(x)=1,x,x^2,x^3$，

$$\int_{-1}^{1} f(x)\mathrm{d}x = A_1 f(x_1) + A_2 f(x_2)$$

都成立，将上述 $f(x)$代入计算可得

$$\begin{cases} A_1 + A_2 = 2, \\ A_1 x_1 + A_2 x_2 = 0, \\ A_1 x_1^2 + A_2 x_2^2 = 2/3, \\ A_1 x_1^3 + A_2 x_2^3 = 0. \end{cases} \tag{32}$$

解出 $x_1=-1/\sqrt{3}$，$x_2=1/\sqrt{3}$，$A_1=A_2=1$，代入(31)式即得 $n=2$ 的高斯公式

$$G_2 = f(-1/\sqrt{3}) + f(1/\sqrt{3}). \tag{33}$$

G_2 的代数精度为3.

当节点数 n 增加时，精度可以提高. n 个节点的高斯公式 $G_n=\sum_{k=1}^{n}A_k f(x_k)$ 有 $2n$ 个可选择的参数 $x_1,x_2,\cdots,x_n,A_1,A_2,\cdots,A_n$，其代数精度可达 $2n-1$，但是要解形如方程组(32)的、更复杂的非线性方程组，所以实际上 n 不能太大.

实际上常用的办法是将积分区间分小，在小区间上用 n 不太大的 G_n. 而在节点加密一倍时能够利用原节点的函数值，需要把区间的端点作为固定节点，于是有高斯公式的改进形式，如 Gauss-Lobatto 求积公式为

$$G_n = A_1 f(a) + \sum_{k=2}^{n-1} A_k f(x_k) + A_n f(b), \tag{34}$$

其中 a，b 为小区间的端点，$x_2,\cdots,x_{n-1},A_1,A_2,\cdots,A_n$ 为 $2n-2$ 个参数，适当地确定它们可使(34)式的代数精度达到 $2n-3$.

3.3.3　自适应求积方法

不论是前面的 Newton-Cotes 方法，还是 Gauss-Lobatto 方法，在将积分区间分小的过程中都是采取等分的办法，这对积分区间上变化基本一致的函数是合适的，但是若被积函数变化快慢相差较大，计算效率就很低了. 所谓自适应(adaptive)求积的直观想法是将函数变化较快的区间分得细一些，函数变化较慢的区间分得粗一些，其示意图如图3.10所示.

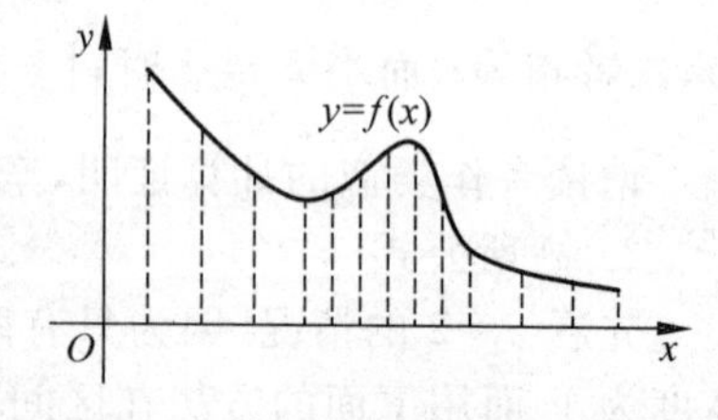

图3.10　自适应求积的示意图

实际的做法是首先如在步长的自动选取中介绍的那样，对于给定的求积公式，类似于(29)式找出 n 等分区间和 m 等分区间(设 $n>m$)两次计算结果(记作 Q_n 和 Q_m)的误差 $|Q_n-Q_m|$ 与 $|I-Q_n|$ 的关系(I 是积分的精确值)，区间的细分只对那些 $|Q_n-Q_m|$ 不满足误差要求的子区间进行.

3.3.4　用 MATLAB 做数值积分

数值积分可用下面几种命令实现：

trapz(x)	用梯形公式(20)计算($h=1$)，输入数组 x 为 $f_k(k=0,1,\cdots,n)$
trapz(x,y)	用梯形公式(21)计算，输入 x,y 为同长度的数组，输出 y 对 x 的积分(步长可不相等)
quad('fun',a,b,tol)	用自适应辛普森公式计算，输入被积函数 fun 可以自定义，如 exp(-x.^2)(或直接用库函数如 sin)，也可以是 fun.m 命名的函数

M 文件(可用@fun),积分区间(a,b),绝对误差 tol(缺省时为 10^{-6}),输出积分值

quadl('fun',a,b,tol) 用自适应 Gauss-Lobatto 公式计算,其余同上

例 2 用几种公式计算$\int_0^{\pi/4}\frac{1}{1-\sin x}dx$,与精确值$\sqrt{2}$ 比较,并观察计算误差与步长的关系.

(1) 辛普森公式

```
z1=quad('1./(1-sin(x))',0,pi/4)          % 运算符号必须以数组形式出现
```

结果为 z1 = 1.41421359288212

(2) Gauss-Lobatto 公式

```
z2=quadl('1./(1-sin(x))',0,pi/4)
```

结果为 z2 = 1.41421367595081

精确值 $z=\sqrt{2}=1.41421356237310$.

误差:$z1-z=3.05\times10^{-8}$,$z2-z=1.14\times10^{-7}$,均小于 10^{-6}.

以上都可先建立以 s.m 命名的函数 M 文件:

```
function y=s(x)
y= 1./(1-sin(x));
```

再用

```
z1=quad(@s,0,pi/4)   或 z2=quadl(@s,0,pi/4) 计算.
```

(3) 梯形公式

将[0, π/4] 100 等分,编程如下:

```
x=0:pi/400:pi/4;
y=1./(1-sin(x));
z3=trapz(y)*pi/400
```

结果为 z3 =1.41425079175829

误差:$z3-z=3.72\times10^{-5}$.

可以看到,当已知被积函数的解析表达式时,quad 和 quadl 使用方便,步长自动选取达到预设误差,但它们不像 trapz 那样,对用数值给出的 x,y 数组做积分.

为了观察计算误差与步长的关系,用梯形公式和辛普森公式做如下计算.

(4) 数值积分误差与步长的关系

给定步长时用辛普森公式应按照(22)式计算,编程如下:

```
n=10;
```

```
h=pi/4/n;                                   % 给定步长
x=0 : h : pi/4;
y=1./(1-sin(x));
z3=trapz(y) * h;                            % 用梯形公式计算
w3=z3-sqrt(2);                              % 误差
k=length(y);
y1=[y(2 : 2 : k-1)];s1=sum(y1);
y2=[y(3 : 2 : k-1)];s2=sum(y2);
z4=(y(1)+y(k)+4 * s1+2 * s2) * h/3;         % 用辛普森公式计算
w4=z4-sqrt(2);                              % 误差
[n,z3,w3,z4,w4]'
```

得到 $n=10,20,40,80$ 时梯形公式和辛普森公式计算的结果，分别用 T_n 和 S_n 表示，如表 3.4，其中 I 是精确值. 由表可以看出随着 n 的增加误差 T_n-I 和 S_n-I 的变化，并且 T_n-I 与 $T_{n/2}-T_n$ 的关系验证了(26)式的结果.

表 3.4 梯形公式和辛普森公式的误差与步长的关系

n	10	20	40	80
T_n	1.4179284188	1.4151438045	1.4144462191	1.4142717326
$T_{n/2}-T_n$		0.0027846143	0.0006975854	0.0001744865
T_n-I	0.0037148564	0.0009302421	0.0002326567	0.0000581702
S_n	1.4142453192	1.4142155998	1.4142136906	1.4142135704
$S_{n/2}-S_n$		0.0000297194	0.0000019092	0.0000001202
S_n-I	0.0000317568	0.0000020374	0.0000001282	0.0000000080

3.3.5 卫星轨道长度(续)

按照 3.1.2 节模型(1)计算，其中 $a=7782.5,b=7721.5$，编程如下：

建立以 weixing.m 命名的函数 M 文件：

```
function y=weixing(t)
a=7782.5; b=7721.5;
y=sqrt(a^2 * sin(t).^2+b^2 * cos(t).^2);

t=0 : pi/10 : pi/2;
y1=weixing(t);
I1=4 * trapz(t,y1)
I2=4 * quad('weixing',0,pi/2,1e-6)
```

得到

```
I1 =4.870744099902405e+004
I2 =4.870744099903280e+004
```

可以看出，梯形公式(仅将区间 5 等分)给出了很好的结果，轨道长度为 4.87×10^4 km.

3.3.6 面积估算(续)

边界的坐标数据通过测绘的方法得到，测绘数据通常是给出边界的经纬度值(上北下南方向，横纬竖经). 一般的城市边界图形是不规则的，例如同一个经度值可能对应不止两个点的纬度值，表明在这个经度的边界以犬牙交错的布局存在，图 3.3 就存在这样的问题. 同样，以纬度为固定值时，经度方向也可能出现类似的问题.

将图 3.3 放到坐标系内，如图 3.11(a)所示，从边界上坐标为(4.0, 7.0)的一点开始，沿顺时针方向测量边界的坐标点，得到的边界数据见表 3.5.

我们用梯形求积公式(21)和 trapz 命令计算这块面积，特别注意对同一个坐标 x 有几个坐标 y 的处理. 如图 3.11(b)，L_1 和 L_2 两条直线将边界线切割为 S_1，S_2，S_3，S_4 四条线段. 在用公式(21)和 trapz 计算 S_1 对应的数据段时，得到的是 S_1 之下、x 轴之上的面积，符号为正；计算 S_2 对应的数据段时，由于按顺时针标记坐标点，S_2 对应数据的两点的 x 坐标之差为负数，因此计算出 S_2 之下、x 轴之上的面积，但符号为负. 于是这两部分数值积分之和正好是 S_1 之下 S_2 之上部分的面积. 同理得到 S_3 之下 S_4 之上的面积. 因此，公式(21) 和 trapz 命令恰好给出了计算如图 3.11(a)这样复杂的边界区域面积的一个非常简单的方法.

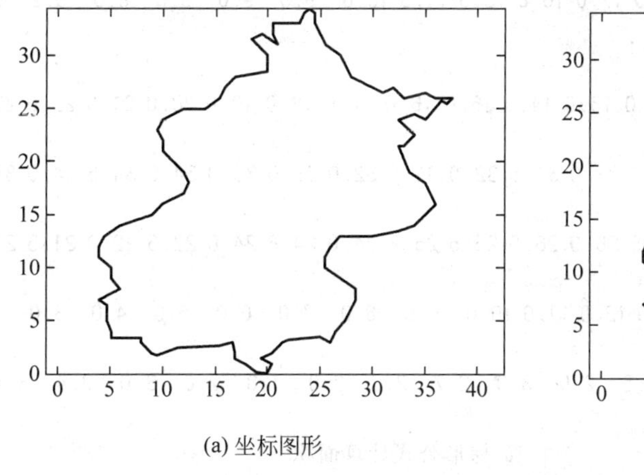

(a) 坐标图形

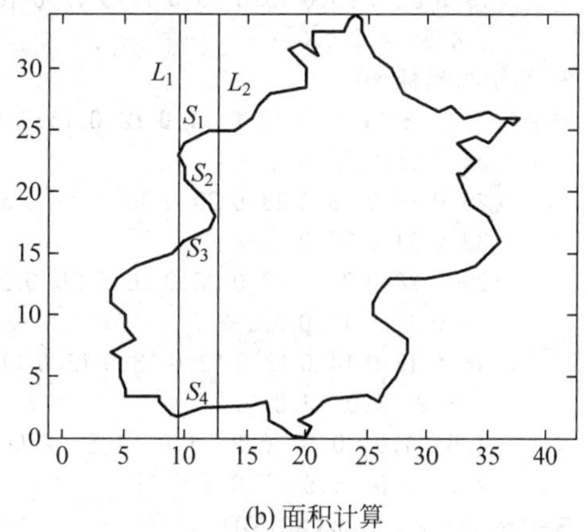

(b) 面积计算

图 3.11

表 3.5 边界坐标(x,y)(1 个坐标单位为 5.25km)

4.0,7.0	6.0,8.0	5.2,9.0	5.2,10.0	4.0,11.0	4.0,12.0	4.5,13.0	6.0,14.0	9.0,15.0	10.0,16.0
12.0,17.0	12.5,18.0	12.0,19.0	11.0,20.0	10.0,21.0	10.0,22.0	9.5,23.0	10.0,24.0	12.0,25.0	14.0,25.0
15.5,26.0	16.0,27.0	17.0,28.0	20.0,28.5	20.0,29.0	20.0,30.0	19.0,31.0	18.5,31.5	19.5,32.0	21.0,31.0
20.5,32.0	20.5,33.0	23.0,33.0	23.5,34.0	24.0,34.5	24.5,34.0	24.5,33.0	25.0,32.0	25.5,31.0	27.0,30.0
27.5,29.0	28.0,28.0	31.0,26.5	32.0,27.0	33.0,26.0	35.0,26.5	36.0,26.0	37.5,26.0	37.0,25.5	36.5,25.8

续表

35.0,24.0	34.0,24.5	32.5,24.0	34.0,22.5	33.5,22.0	33.0,21.5	32.5,21.5	33.5,19.0	35.0,18.0	35.5,17.0
36.0,16.0	35.0,15.0	34.0,14.0	32.5,13.5	30.0,13.0	27.0,13.0	26.0,12.0	25.5,11.0	25.5,10.0	27.0,9.0
28.5,8.0	28.5,7.0	28.0,6.0	27.5,5.0	26.5,4.0	26.0,3.0	25.0,3.5	22.0,3.2	21.5,3.0	20.5,2.0
19.5,1.5	20.5,1.0	20.0,0.0	19.0,0.2	18.0,1.0	17.0,1.5	17.0,2.0	16.8,3.0	15.5,2.7	11.5,2.5
10.0,2.0	9.5,1.8	9.0,2.0	8.0,3.0	8.0,3.4	5.2,3.4	5.2,4.0	4.8,5.0	4.8,6.5	4.0,7.0

编程如下：

建立以 mianji.m 命名的函数 M 文件：

```
% 给出横坐标 X0.
X0=[ 4.0  6.0  5.2  5.2  4.0  4.0  4.5  6.0  9.0 10.0 12.0 12.5 12.0 11.0 10.0 10.0  9.5
    10.0 12.0 14.0 ...
    15.5 16.0 17.0 20.0 20.0 20.0 19.0 18.5 19.5 21.0 20.5 20.5 23.0 23.5 24.0 24.5 24.5
    25.0 25.5 27.0 ...
    27.5 28.0 31.0 32.0 33.0 35.0 36.0 37.5 37.0 36.5 35.0 34.0 32.5 34.0 33.5 33.0 32.5
    33.5 35.0 35.5 ...
    36.0 35.0 34.0 32.5 30.0 27.0 26.0 25.5 25.5 27.0 28.5 28.5 28.0 27.5 26.5 26.0 25.0
    22.0 21.5 20.5 ...
    19.5 20.5 20.0 19.0 18.0 17.0 17.0 16.8 15.5 11.5 10.0  9.5  9.0  8.0  8.0  5.2  5.2
      4.8  4.8 4.0];
% 给出纵坐标 Y0.
Y0=[ 7.0  8.0  9.0 10.0 11.0 12.0 13.0 14.0 15.0 16.0 17.0 18.0 19.0 20.0 21.0 22.0 23.0
    24.0 25.0 25.0 ...
    26.0 27.0 28.0 28.5 29.0 30.0 31.0 31.5 32.0 31.0 32.0 33.0 33.0 34.0 34.5 34.0 33.0
    32.0 31.0 30.0 ...
    29.0 28.0 26.5 27.0 26.0 26.5 26.0 26.0 25.5 25.8 24.0 24.5 24.0 22.5 22.0 21.5 21.5
    19.0 18.0 17.0 ...
    16.0 15.0 14.0 13.5 13.0 13.0 12.0 11.0 10.0  9.0  8.0  7.0  6.0  5.0  4.0  3.0  3.5
      3.2  3.0  2.0...
    1.5  1.0  0.0  0.2  1.0  1.5  2.0  3.0  2.7  2.5  2.0  1.8  2.0  3.0  3.4  3.4
    4.0  5.0  6.5  7.0];
S=(5.25)^2*trapz(X0,Y0)                          % 梯形公式计算面积
```

得到

```
S= 1.667600156250000e+004
```

即该区域的面积估算为 16676km^2.

3.3.7 广义积分的数值计算

形如$\int_a^{\infty} f(x)\mathrm{d}x$或$\int_a^b f(x)\mathrm{d}x$（$f$ 在某点 $c\in[a,b]$ 无界）的积分是广义积分，在它们收敛的前提下讨论其数值计算方法.

1. 无穷区间的截断

对无穷区间的积分$\int_a^{\infty} f(x)\mathrm{d}x$，可以将$f$的“尾巴”截去，化为有限区间的积分，其关键是要事先估计出截断部分的数值，使之满足精度要求.

例 3 计算 $I=\int_0^{\infty} \mathrm{e}^{-x^2}\mathrm{d}x$，使误差在 10^{-6} 以内.

为估计截断部分$\int_N^{\infty} \mathrm{e}^{-x^2}\mathrm{d}x$ 的值，利用 $x^2 \geqslant Nx(x\geqslant N)$ 时

$$\int_N^{\infty} \mathrm{e}^{-x^2}\mathrm{d}x \leqslant \int_N^{\infty} \mathrm{e}^{-Nx}\mathrm{d}x = \frac{1}{N}\mathrm{e}^{-N^2}.$$

取$\frac{1}{N}\mathrm{e}^{-N^2}\approx 10^{-8}$，得 $N=4$. 于是只需用数值方法计算$\int_0^4 \mathrm{e}^{-x^2}\mathrm{d}x$ 就可以了. 用辛普森公式做如下计算

```
z=quad('exp(-x.^2)',0,4,1e-7)
```

即得 $z=0.88622691889778$，而精确值 $I=\int_0^{\infty} \mathrm{e}^{-x^2}\mathrm{d}x=\frac{\sqrt{\pi}}{2}\approx 0.88622692545276$，所以取 0.8862269 保证误差在 10^{-7} 以内.

2. 无界函数的处理

对于$\int_a^b f(x)\mathrm{d}x$（f 在某点 $c\in[a,b]$ 无界）形式的积分，要“挖”去 c 点附近一邻域内的积分，其关键也是要估计出这一部分的积分值.

例 4 计算 $I=\int_0^1 \frac{|\ln x|}{1+x}\mathrm{d}x$，使误差在 10^{-4} 以内.

被积函数在 $x=0$ 处无界，去掉一小区间$[0,r]$，但是需要作如下估计：

$$I_r=\int_0^r \frac{|\ln x|}{1+x}\mathrm{d}x < \int_0^r |\ln x|\,\mathrm{d}x = r(|\ln r|+1).$$

取 $r=10^{-7}$，则 $I_r\approx 10^{-7}(2.3\times 7+1)\leqslant 10^{-5}$. 下面用数值方法计算$\int_r^1 \frac{|\ln x|}{1+x}\mathrm{d}x$.

```
z=quad('-log(x)./(1+x)',1e-7,1)
```

得 $z=0.82247094537944$，而精确值是 $I=\int_0^1 \frac{|\ln x|}{1+x}\mathrm{d}x=\frac{\pi^2}{12}\approx 0.82246703342411$，所以取 0.8225 可满足误差要求.

3.3.8 二重数值积分

计算定积分的梯形公式和辛普森公式原则上都可以推广到重积分，MATLAB 有矩形域上利用 quad 计算二重积分的命令：

```
dblquad('fun',xmin,xmax,ymin,ymax)
```

其中 fun 是被积函数,用法与 quad 相同(函数 M 文件可用@fun),其余依次是积分区间 x 的下、上限和 y 的下、上限.

例 5 计算 $I=\int_c^d\int_a^b f(x,y)\mathrm{d}x\mathrm{d}y$,其中 $f(x,y)=\ln(x+2y)$,$a=1.4$,$b=2.0$,$c=1.0$,$d=1.5$.

直接用

```
z=dblquad('log(x+2*y)',1.4,2,1,1.5)
```

即得 $z=0.42955452753196$,而积分的精确值为 $I=0.42955452754828$.

类似地有三重数值积分的运算命令:

```
triplequad('fun',xmin,xmax,ymin,ymax,zmin,zmax)
```

3.4 实验练习

实验目的

1. 掌握用 MATLAB 计算拉格朗日、分段线性、三次样条三种插值的方法,改变节点的数目,对三种插值结果进行初步分析.

2. 掌握用 MATLAB 及梯形公式、辛普森公式计算数值积分.

3. 通过实例学习用插值和数值积分解决实际问题.

实验内容

预备:编制计算拉格朗日插值的 M 文件.对于数值给出的函数,编制用辛普森公式计算定积分的程序,命名为 simp.m 文件.

1. 选择一些函数,在 n 个节点上(n 不要太大,如 5~11)用拉格朗日、分段线性、三次样条三种插值方法,计算 m 个插值点的函数值(m 要适中,如 50 ~ 100).通过数值和图形输出,将三种插值结果与精确值进行比较.适当增加 n,再作比较,由此作初步分析.下列函数供选择参考:

(1) $y=\sin x,\ 0\leqslant x\leqslant 2\pi$;

(2) $y=(1-x^2)^{1/2},\ -1\leqslant x\leqslant 1$;

(3) $y=\cos^{10}x,\ -2\leqslant x\leqslant 2$;

(4) $y=\exp(-x^2),\ -2\leqslant x\leqslant 2$.

2. 用 $y=x^{1/2}$ 在 $x=0, 1, 4, 9, 16$ 产生 5 个节点 $P_1,P_2,\cdots,P_5$.用不同的节点构造插值公式来计算 $x=5$ 处的插值(如用 $P_1,P_2,\cdots,P_5$;$P_1,P_2,\cdots,P_4$;P_2,P_3,P_4;…),与精确值比较并进行分析.

3. 用梯形公式和辛普森公式计算由表 3.6 数据给出的积分 $\int_{0.3}^{1.5}y(x)\mathrm{d}x$.

表 3.6 数值积分数据

k	1	2	3	4	5	6	7
x_k	0.3	0.5	0.7	0.9	1.1	1.3	1.5
y_k	0.3985	0.6598	0.9147	1.1611	1.3971	1.6212	1.8325

已知该表数据为函数 $y=x+\sin x/3$ 所产生，将计算值与精确值作比较.

4. 选择一些函数用梯形、辛普森和 Gauss-Lobatto 三种方法计算积分. 改变步长(对梯形)，改变精度要求(对辛普森和 Gauss-Lobatto)，进行比较、分析. 如下函数供选择参考：

(1) $y=\dfrac{1}{x+1}$, $0\leqslant x\leqslant 1$;

(2) $y=e^{3x}\sin 2x$, $0\leqslant x\leqslant 2$;

(3) $y=\sqrt{1+x^2}$, $0\leqslant x\leqslant 2$;

(4) $y=\dfrac{1}{\sqrt{2\pi}}e^{-\frac{x^2}{2}}$, $-2\leqslant x\leqslant 2$.

5. 选用三种数值积分方法计算 π.

6. 弹簧在周期性外力作用下(忽略阻力)其位移 $x(t)$ 满足微分方程 $m\ddot{x}+kx=F\cos\omega t$，在初始条件 $x(0)=\dot{x}(0)=0$ 下的解为

$$x(t)=\frac{2F}{m(\omega_0^2-\omega^2)}\sin\left(\frac{\omega_0-\omega}{2}t\right)\sin\left(\frac{\omega_0+\omega}{2}t\right),\quad \omega_0=\sqrt{\frac{k}{m}}\neq\omega.$$

已知 $m=1$, $k=9$, $F=1$, $\omega=2$，求 $0\leqslant t\leqslant 2$ 内 $x(t)$ 的平均值，作 $x(t)$ 和这个平均值的图形.

7. 如图 3.12 电路，电容 C 充电至电压 V 后开关 K 倒向电阻 R，求放电电流在电阻上做的功. 设 $V=25(\mathrm{V})$, $R=10(\mathrm{k\Omega})$, $C=100(\mathrm{pF})$. 适当处理时间 $t\to\infty$ 的问题，并与精确值比较.

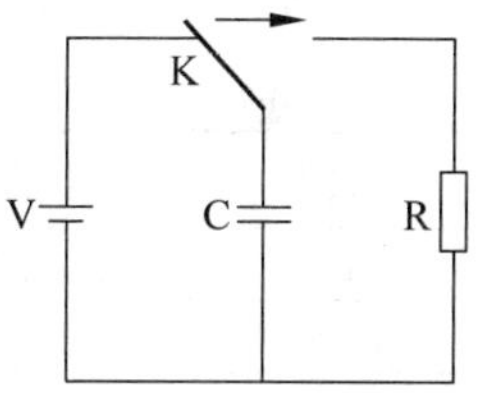

图 3.12 第 7 题电路

8. 求 $\displaystyle\int_1^{+\infty}\frac{e^{-x^2}}{x}dx$ 的数值积分，使误差在 10^{-4} 以内.

9. 求 $\displaystyle\int_0^{2\pi}\frac{\sin x}{x}dx$ 的数值积分，使误差在 10^{-2} 以内.

10. 表 3.7 给出的 x, y 数据位于机翼剖面的轮廓线上，y_1 和 y_2 分别对应轮廓的上下线. 假设需要得到 x 坐标每改变 0.1 时的 y 坐标. 试完成加工所需数据，画出曲线，求机翼剖面的面积.

表 3.7 机翼剖面轮廓线数据

x	0	3	5	7	9	11	12	13	14	15
y_1	0	1.8	2.2	2.7	3.0	3.1	2.9	2.5	2.0	1.6
y_2	0	1.2	1.7	2.0	2.1	2.0	1.8	1.2	1.0	1.6

11. 图 3.13 是欧洲一个国家的地图，为了算出它的国土面积，首先对地图作如下测量：以由西向东方向为 x 轴，由南到北方向为 y 轴，选择方便的原点，并将从最西边界点到最东边界点在 x 轴上的区间适当地划分为若干段，在每个分点的 y 方向测出南边界点和北边界点的 y 坐标 y_1 和 y_2，这样就得到了表 3.8 的数据(单位：mm)。

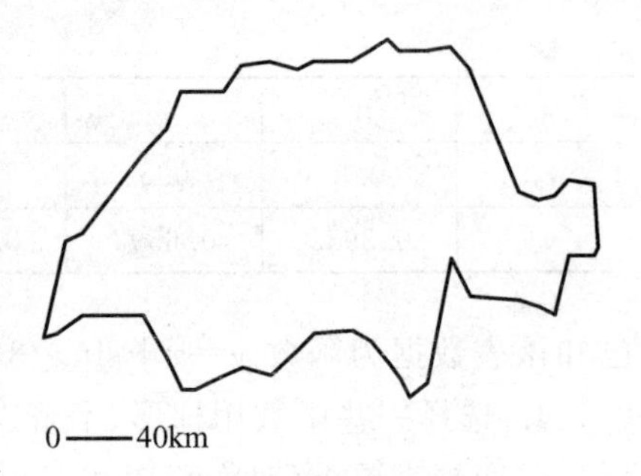

图 3.13 地图

根据地图的比例我们知道 18mm 相当于 40km，试由测量数据计算该国国土的近似面积，与它的精确值 41288 km^2 做比较.

表 3.8 地图边界点数据

x	7.0	10.5	13.0	17.5	34.0	40.5	44.5	48.0	56.0	61.0	68.5	76.5	80.5	91.0
y_1	44	45	47	50	50	38	30	30	34	36	34	41	45	46
y_2	44	59	70	72	93	100	110	110	110	117	118	116	118	118
x	96.0	101.0	104.0	106.5	111.5	118.0	123.5	136.5	142.0	146.0	150.0	157.0	158.0	
y_1	43	37	33	28	32	65	55	54	52	50	66	66	68	
y_2	121	124	121	121	121	122	116	83	81	82	86	85	68	

12. 在桥梁的一端每隔一段时间记录 1min 有几辆车过桥，得到表 3.9 的过桥车辆数据：

表 3.9 过桥车辆数据

时间	车辆数/辆	时间	车辆数/辆	时间	车辆数/辆
0:00	2	9:00	12	18:00	22
2:00	2	10:30	5	19:00	10
4:00	0	11:30	10	20:00	9
5:00	2	12:30	12	21:00	11
6:00	5	14:00	7	22:00	8
7:00	8	16:00	9	23:00	9
8:00	25	17:00	28	24:00	3

试估计一天通过桥梁的车流量.

参考文献

[1] 李庆扬，王能超，易大义. 数值分析. 第 5 版. 北京：清华大学出版社，2008

[2] 关治，陆金甫. 数值分析基础. 北京：高等教育出版社，1998

[3] 南京地区工科院校数学建模与工业数学讨论班. 数学建模与实验. 第 4 章. 南京：河海大学出版社，1996

[4] Benjamin F Plybon. An Introduction to Applied Numerical Analysis. PWS -KENT Publishing Company, 1992

[5] Curtis F Gerald, Patrick O Wheatley. Applied Numerical Analysis (Chaps. 3 and 4). Addison-Wesley Publishing Company, 1994

[6] Melvin J Maron, Robert J Lopez. Numerical Analysis—A Practical Approach (Chap. 5 and 6). Wadsworth Publishing Company, 1991

[7] Advian Biran, Moshe Breiner. MATLAB for Engineers. Addison-Wesley Publishing Company, 1995

实验 4　常微分方程数值解

人们在研究物体的运动、热量或声波的传播、电路中电压与电流的变化等物理现象，以及人口增长的预测，血药浓度的变化，交通流量的控制等过程中，作为研究对象的函数，要和函数的导数一起，用一个符合其内在规律的方程来描述，这就是微分方程. 微分方程是用数学方法分析客观对象变化规律的有力工具，是一类重要的数学模型.

建立微分方程只是解决问题的第一步，通常需要求出方程的解来分析实际现象，并加以检验. 虽然有时可以利用微积分方法求出某些微分方程的解析解，但是实际上大量的微分方程都不能获得它们的解析表达式；即使有时能获得解析解，其表达式也非常复杂，难以讨论其性质. 因此必须通过数值求解的方法算出微分方程在某些离散点处的近似解，进而分析微分方程所反映的客观规律.

本实验 4.1 节提出几个简化的实际问题，并建立其微分方程模型；4.2 节简要介绍数值微分；4.3 节讨论两个最常用的数值算法：欧拉(Euler)方法和龙格-库塔(Runge-Kutta)方法；4.4 节介绍如何用 MATLAB 实现算法，并给出 4.1 节模型的求解过程；4.5 节简单介绍单步法的收敛性、稳定性和刚性方程；4.6 节布置实验练习.

4.1　实例及其数学模型

4.1.1　海上缉私

问题　海防某部缉私艇上的雷达发现正东方向 c 海里处有一艘走私船正以一定速度向正北方向行驶，缉私艇立即以最大速度前往拦截. 用雷达进行跟踪时，可保持缉私艇的速度方向始终指向走私船. 建立任意时刻缉私艇的位置和缉私艇航线的数学模型，确定缉私艇追上走私船的位置，求出追上的时间.

模型　建立直角坐标系如图 4.1，设在 $t=0$ 时刻缉私艇发现走私船，此时缉私艇的位置在 $O(0, 0)$，走私船的位置在 $(c, 0)$. 走私船以速度 a 平行于 y 轴正向行驶，缉私艇以速度 b 按指向走私船的方向行驶($b>a$). 在任意时刻 t 缉私艇位于 $P(x, y)$点，而走私船到达 $Q(c, at)$点，直线 PQ 与缉私艇航线(图 4.1 中曲线)相切，切线与 x 轴正向夹角为 α.

缉私艇在 x，y 方向的速度分别为$\frac{\mathrm{d}x}{\mathrm{d}t}=b\cos\alpha$，$\frac{\mathrm{d}y}{\mathrm{d}t}=b\sin\alpha$，由直角三角形 PQR 写出 $\sin\alpha$ 和 $\cos\alpha$ 的表达式，得到微分方程

$$\begin{cases}\dfrac{\mathrm{d}x}{\mathrm{d}t}=\dfrac{b(c-x)}{\sqrt{(c-x)^2+(at-y)^2}},\\[2ex]\dfrac{\mathrm{d}y}{\mathrm{d}t}=\dfrac{b(at-y)}{\sqrt{(c-x)^2+(at-y)^2}}.\end{cases}\tag{1}$$

初始条件为

$$x(0)=0,\quad y(0)=0.\tag{2}$$

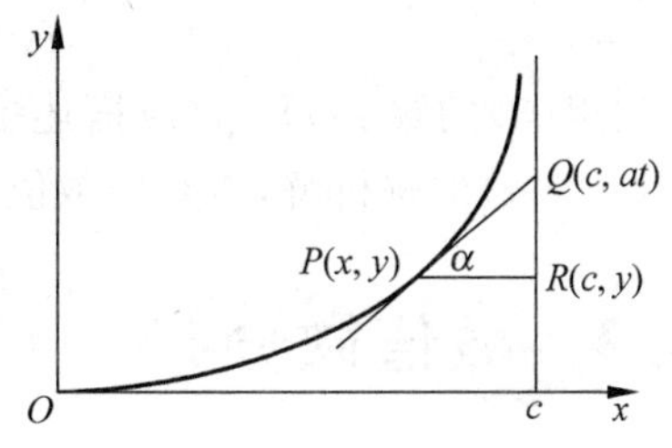

图 4.1 海上缉私

这就是缉私艇位置$(x(t),\ y(t))$的数学模型. 但是由方程(1)无法得到 $x(t)$，$y(t)$的解析解，需要用数值算法求解. 我们将在 4.4 节继续讨论这个问题.

需要说明的是，缉私艇并不知道走私船的速度多大，否则缉私艇可以容易地沿一条直线追上走私船，不必用雷达跟踪. 若走私船的速度已知，请读者给出缉私艇航线的方向和追上的时间.

4.1.2 弱肉强食

问题 自然界中在同一环境下的两个种群之间存在着几种不同的生存方式，比如相互竞争，即争夺同样的食物资源，造成一个种群趋于灭绝，而另一个趋向环境资源容许的最大容量；或者相互依存，即彼此提供部分食物资源，二者和平共处，趋于一种平衡状态；再有一种关系可称之为弱肉强食，即某个种群甲靠丰富的自然资源生存，而另一种群乙靠捕食种群甲为生，种群甲称为食饵(prey)，种群乙为捕食者(predator)，二者组成食饵—捕食者系统. 海洋中的食用鱼和软骨鱼(鲨鱼等)、美洲兔和山猫、落叶松和蚜虫等都是这种生存方式的典型. 这样两个种群的数量是如何演变的呢？近百年来许多数学家和生态学家对这一系统进行了深入的研究，建立了一系列数学模型，本节介绍的是最初的、最简单的一个模型，它是意大利数学家 Volterra 在 20 世纪 20 年代建立的.

模型 用 $x(t)$表示时刻 t 食饵(如食用鱼)的密度，即一定区域内的数量，$y(t)$表示捕食者(如鲨鱼)的密度. 假设食饵独立生存时的(相对)增长率为常数 $r>0$，即$\dot{x}/x=r$，而捕食者的存在使食饵的增长率减小，设减小量与捕食者密度成正比，比例系数为 $a>0$，则$\dot{x}/x=r-ay$.

捕食者离开食饵无法生存，设它独自存在时死亡率为常数 $d>0$，即$\dot{y}/y=-d$，而食饵的存在为捕食者提供了食物，使捕食者的死亡率减小. 设减小量与食饵密度成正比，比例系数为 $b>0$，则$\dot{y}/y=-(d-bx)$. 实际上，当 $bx>d$ 时捕食者密度将增长.

给定食饵和捕食者密度的初始值 x_0，y_0，由上可知 $x(t)$，$y(t)$满足方程：

$$\begin{cases}\dot{x} = (r - ay)x = rx - axy, \\ \dot{y} = -(d - bx)y = -dy + bxy, \\ x(0) = x_0, \quad y(0) = y_0.\end{cases} \tag{3}$$

方程组(3)的解 $x(t)$, $y(t)$ 描述了食饵和捕食者密度随时间的演变过程. 我们同样得不到 $x(t)$, $y(t)$ 的解析解,需要用数值算法求解. 将在 4.4 节继续讨论这个问题.

4.2 数值微分

数值微分是用离散方法近似地计算函数 $y=f(x)$ 在某点 $x=a$ 的导数值. 当然,通常仅当函数以离散数值形式给出时才有必要这样做. 根据导数定义可以用差商近似微商(导数),有

$$f'(a) \approx \frac{f(a+h) - f(a)}{h}, \tag{4}$$

$$f'(a) \approx \frac{f(a) - f(a-h)}{h}, \tag{5}$$

其中 $h(>0)$ 为小的增量. (4)式和(5)式分别称为**前差公式**和**后差公式**. 如果将二者平均,得

$$f'(a) \approx \frac{f(a+h) - f(a-h)}{2h}, \tag{6}$$

称为**中点公式**,这是最常用的公式.

(4)式~(6)式的几何意义可由图 4.2 看出,$f'(a)$ 是切线 AT 的斜率,而前差、后差公式和中点公式的右端分别是割线 AB, AC 和 BC 的斜率,显然 BC 的斜率更接近 AT 的斜率,即(6)式的精度更高.

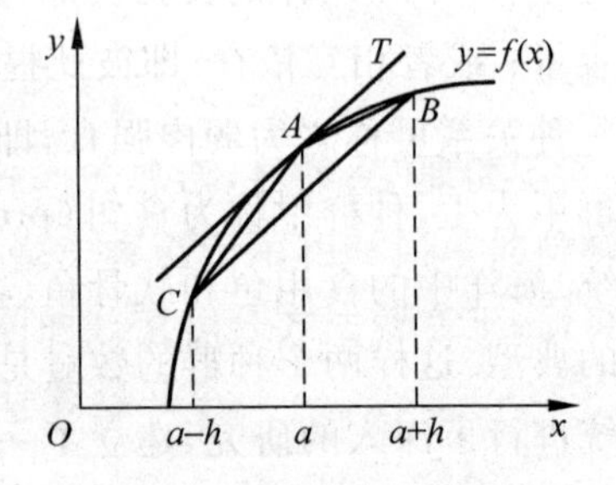

图 4.2 前差、后差公式和中点公式的几何意义

为了估计这些近似公式的精度,将 $f(a+h)$ 和 $f(a-h)$ 在点 a 作泰勒(Taylor)展开

$$f(a \pm h) = f(a) \pm hf'(a) + \frac{h^2}{2}f''(a) \pm O(h^3). \tag{7}$$

将上式代入(4)式~(6)式可知,(4)式和(5)式的误差为 $O(h)$,而(6)式的误差为 $O(h^2)$.

当函数 $y=f(x)$ 在间距为 h 的等分点 $x_0 < x_1 < \cdots < x_n$ 上用离散数值表示为 $y_0, y_1, \cdots, y_n$ 时,函数在分点 $x_1, \cdots, x_{n-1}$ 的导数值可由中点公式(6)计算:

$$f'(x_k) \approx \frac{y_{k+1} - y_{k-1}}{2h}, \quad k = 1, 2, \cdots, n-1. \tag{8}$$

对于端点 x_0, x_n,与(8)式相适应的计算公式为

$$f'(x_0) = \frac{-3y_0 + 4y_1 - y_2}{2h}, \quad f'(x_n) = \frac{y_{n-2} - 4y_{n-1} + 3y_n}{2h}. \tag{9}$$

(8)式,(9)式统称**三点公式**,其误差为 $O(h^2)$.

前差公式(间距 $h=1$)可由 MATLAB 中的命令 diff(x)来实现,输入 x 是 n 维数组,输出为 $n-1$ 维数组$[x_2-x_1, x_3-x_2, \cdots, x_n-x_{n-1}]$.

例 人口增长率

已知 20 世纪美国人口统计数据如表 4.1 所示,计算表中这些年份的人口年增长率.

表 4.1 1900—2000 年美国人口统计数据

年份	1900	1910	1920	1930	1940	1950	1960	1970	1980	1990	2000
人口/百万	76.0	92.0	106.5	123.2	131.7	150.7	179.3	204.0	226.5	251.4	281.4

若记时刻 t 的人口为 $x(t)$,则人口(相对)增长率为 $r(t)=\dfrac{\mathrm{d}x/\mathrm{d}t}{x(t)}$,表示每年人口增长的比例.对于表 4.1 给出的人口数据,记 1900 年为 $k=0$,1910, 1920, …,2000 年依次为 $k=1, 2, \cdots, 10$,k 年人口记为 x_k, 年增长率为 r_k,参照数值微分的三点公式计算(将 10 年增长率变为年增长率,故 $h=10$),有

$$r_k=\frac{x_{k+1}-x_{k-1}}{20x_k}, \quad k=1,2,\cdots,9,$$

$$r_0=\frac{-3x_0+4x_1-x_2}{20x_0}, \quad r_{10}=\frac{x_8-4x_9+3x_{10}}{20x_{10}}.$$

编程计算得到的结果如表 4.2 所示.

表 4.2 美国人口的年增长率

年份	1900	1910	1920	1930	1940	1950	1960	1970	1980	1990	2000
r/%	2.20	1.66	1.46	1.02	1.04	1.58	1.49	1.16	1.05	1.04	1.16

可以看出,20 世纪美国人口增长率总的来说在下降,但是有起伏,30 年代和第二次世界大战时期人口增长率显著下降,战后又迅速上升,20 世纪后期稳定在 1%多一点.

4.3 欧拉方法和龙格-库塔方法

我们从一阶微分方程的数值算法开始.设有

$$\begin{cases} y'(x)=f(x,y), \\ y(x_0)=y_0, \end{cases} \tag{10}$$

其中已知函数 $f(x,y)$对 y 满足李普希茨(Lipschitz)条件,即存在常数 L 使

$$|f(x,y_1)-f(x,y_2)| \leqslant L|y_1-y_2|,$$

以保证微分方程(10)的解 $y=y(x)$存在且惟一.在满足李普希茨条件下求解微分方程(10)

称为**一阶常微分方程的初值问题**.

所谓求微分方程(10)的数值解,就是计算(精确)解 $y(x)$ 在一系列离散点 $x_0<x_1<x_2<\cdots<x_n<\cdots$ 上的近似值.通常选取相等的计算步长 h,于是 $x_n=x_0+nh(n=1,2,\cdots)$.

4.3.1 欧拉方法

欧拉方法的基本思想是在小区间$[x_n,x_{n+1}]$上用数值微分的前差公式(4)代替方程(10)中左端的导数 y',而方程右端函数 $f(x,y(x))$中的 x 取$[x_n,x_{n+1}]$中的某一点,于是

$$y(x_{n+1})=y(x_n)+hf(x,y(x)),\quad x\in[x_n,x_{n+1}]. \tag{11}$$

x 取$[x_n,x_{n+1}]$内不同的点,就得到以下不同的公式.

若 $f(x,y(x))$中的 x 取区间$[x_n,x_{n+1}]$的左端点 x_n,即 $f(x_n,y(x_n))$.将 $y(x_n)$的近似值记作 y_n,即 $y_n\approx y(x_n)$,$y_{n+1}\approx y(x_{n+1})$,则得到近似计算公式

$$y_{n+1}=y_n+hf(x_n,y_n),\quad n=0,1,2,\cdots \tag{12}$$

称为**向前欧拉公式**,意思是从 x_0,y_0 算出 y_1,从 x_1,y_1 算出 y_2,依次向前一步步地计算.

若 $f(x,y(x))$中的 x 取区间$[x_n,x_{n+1}]$的右端点 x_{n+1},类似地可得

$$y_{n+1}=y_n+hf(x_{n+1},y_{n+1}),\quad n=0,1,2,\cdots \tag{13}$$

称为**向后欧拉公式**,形式上是从 x_{n+1},y_{n+1} 向后算出 y_n.但是初值问题需要从 y_n 和 x_{n+1} 计算 y_{n+1},当函数 $f(x,y)$对 y 非线性时,(13)式无法直接进行计算,通常要用迭代法求解.比如先由向前欧拉公式算出 y_{n+1}的初值

$$y_{n+1}^{(0)}=y_n+hf(x_n,y_n), \tag{13.1}$$

再按如下迭代公式计算

$$y_{n+1}^{(k+1)}=y_n+hf(x_{n+1},y_{n+1}^{(k)}),\quad k=0,1,2,\cdots \tag{13.2}$$

若迭代过程收敛,则所要求的值 $y_{n+1}=\lim\limits_{k\to\infty}y_{n+1}^{(k)}$.每一步 $(n=0,1,2,\cdots)$ 都要进行迭代.

向前欧拉公式(12)称为**显式公式**,向后欧拉公式(13)称为**隐式公式**.用后者计算比前者要复杂得多,(13)式实用价值不大.

将(12)式,(13)式平均,得到

$$y_{n+1}=y_n+\frac{h}{2}[f(x_n,y_n)+f(x_{n+1},y_{n+1})],\quad n=0,1,2,\cdots \tag{14}$$

称为**梯形公式**,这里 $f(x,y(x))$取了区间$[x_n,x_{n+1}]$左右端点的函数的平均值.

显然(14)式也是隐式公式,迭代过程计算量大,通常采用预测—校正方法加以改进:先用(12)式预测 y_{n+1},再把预测值代入(14)式右端做一次校正,即

$$\begin{cases}\bar{y}_{n+1}=y_n+hf(x_n,y_n),\\ y_{n+1}=y_n+\dfrac{h}{2}[f(x_n,y_n)+f(x_{n+1},\bar{y}_{n+1})],\quad n=0,1,2,\cdots\end{cases} \tag{15}$$

称为**改进欧拉公式**.

4.3.2 误差和阶

当我们用上面的欧拉公式计算精确解 $y(x_n)$ 的近似值 y_n 时，一般每计算一步都会有误差，并且误差还会一步一步地积累. 这里只讨论计算一步出现的误差：假定 y_n 没有误差，即 $y_n=y(x_n)$，估计 y_{n+1} 的误差 $y(x_{n+1})-y_{n+1}$，称为**局部截断误差**.

为估计欧拉公式的局部截断误差，先将精确解 $y(x_{n+1})$ 在 x_n 处作泰勒展开

$$y(x_{n+1}) = y(x_n)+hy'(x_n)+\frac{h^2}{2}y''(x_n)+O(h^3). \tag{16}$$

对于向前欧拉公式(12)，在 $y_n=y(x_n)$ 的假定下可记作

$$y_{n+1} = y(x_n)+hf(x_n,y(x_n)) = y(x_n)+hy'(x_n). \tag{17}$$

由(16)式与(17)式之差得到

$$T_{n+1} = y(x_{n+1})-y_{n+1} = \frac{h^2}{2}y''(x_n)+O(h^3) = O(h^2). \tag{18}$$

式中 h 的最低阶项 $\frac{h^2}{2}y''(x_n)$ 称为**局部截断误差主项**，它对于 h 是 2 阶的.

对于向后欧拉公式(13)，先规定右端 $y(x_n)=y_n$，$y(x_{n+1})=y_{n+1}$，然后讨论左端 y_{n+1} 与 $y(x_{n+1})$ 之差. 注意到(13)式右端 $f(x_{n+1},y_{n+1})=y'(x_{n+1})$，并对 $y'(x_{n+1})$ 作泰勒展开，得

$$y_{n+1} = y(x_n)+hy'(x_{n+1}) = y(x_n)+h[y'(x_n)+hy''(x_n)+O(h^2)]. \tag{19}$$

由(16)式与(19)式之差得到

$$T_{n+1} = y(x_{n+1})-y_{n+1} = -\frac{h^2}{2}y''(x_n)+O(h^3) = O(h^2). \tag{20}$$

其局部截断误差主项刚好与向前欧拉公式相差一个负号，对于 h 也是 2 阶的.

由于梯形公式是向前和向后欧拉公式的算术平均，因此其局部截断误差也是(18)式和(20)式的算术平均，h 的 2 阶项正好抵消，将上面的泰勒展开至 h^3 项即可得到

$$T_{n+1} = -\frac{h^3}{12}y'''(x_n)+O(h^4) = O(h^3), \tag{21}$$

其局部截断误差对 h 是 3 阶的.

数值计算方法(公式)的精度是由局部截断误差中 h 的阶定义的：如果一个方法(公式)的局部截断误差为 $O(h^{p+1})$，则称该方法(公式)具有 $\boldsymbol{p}$ **阶精度**. 于是向前、向后欧拉公式的精度为 1 阶，而梯形公式的精度为 2 阶，类似的分析可知改进欧拉公式也为 2 阶精度. 精度的阶比局部截断误差的阶低 1.

4.3.3 龙格-库塔方法

一般地，数值方法具有越高阶的精度，得到的解就越精确. 向前和向后欧拉公式各用了区间 $[x_n,x_{n+1}]$ 一个端点的导数，它们都是 1 阶精度，而梯形公式和改进欧拉公式用了 $[x_n,x_{n+1}]$ 上的两个导数取平均，得到了 2 阶精度. 这就启发人们用 $[x_n,x_{n+1}]$ 上的若干个点

的导数，对它们作线性组合得到平均斜率，就可能得到更高阶的精度，这就是龙格-库塔方法的基本思想.

为了演算简单起见，我们仍取区间$[x_n, x_{n+1}]$上的两个导数，介绍推导 2 阶龙格-库塔公式的过程，目的在于让读者了解龙格-库塔方法的思路.

按照下式在x_n和$x_n+\alpha h$ $(0<\alpha\leqslant 1)$ 两个点上取导数作线性组合，代替(12)式中的$f(x_n, y_n)$，

$$\begin{cases} y_{n+1} = y_n + h(\lambda_1 k_1 + \lambda_2 k_2), \\ k_1 = f(x_n, y_n), \\ k_2 = f(x_n + \alpha h, y_n + \alpha h k_1), \quad 0 < \alpha \leqslant 1. \end{cases} \tag{22}$$

其中$\lambda_1, \lambda_2, \alpha$为待定参数，确定它们的准则是使(22)式具有尽量高阶的精度. 注意到$y_n = y(x_n)$的假定，并对k_2作二元泰勒展开，且利用$k_1 = y' = f, y'' = f_x + f \cdot f_y$，(22)式可写作

$$\begin{cases} y_{n+1} = y(x_n) + h(\lambda_1 k_1 + \lambda_2 k_2), \\ k_1 = f(x_n, y(x_n)) = y'(x_n), \\ k_2 = f(x_n + \alpha h, y(x_n) + \alpha h k_1) \\ \quad = y'(x_n) + \alpha h f_x(x_n, y(x_n)) + \alpha h k_1 f_y(x_n, y(x_n)) + O(h^2) \\ \quad = y'(x_n) + \alpha h(f_x + f \cdot f_y) + O(h^2) = y'(x_n) + \alpha h y''(x_n) + O(h^2). \end{cases}$$

于是

$$y_{n+1} = y(x_n) + (\lambda_1 + \lambda_2) h y'(x_n) + \lambda_2 \alpha h^2 y''(x_n) + O(h^3). \tag{23}$$

与(16)式给出的$y(x_{n+1})$相减得到局部截断误差

$$T_{n+1} = y(x_{n+1}) - y_{n+1} = (1 - \lambda_1 - \lambda_2) h y'(x_n) + \left(\frac{1}{2} - \lambda_2 \alpha\right) h^2 y''(x_n) + O(h^3). \tag{24}$$

容易看出，只需选取$\lambda_1, \lambda_2, \alpha$满足

$$\lambda_1 + \lambda_2 = 1, \quad \lambda_2 \alpha = \frac{1}{2}, \tag{25}$$

就可使(22)式具有 2 阶的精度.

(25)式有无穷多组解，所以得到的是一族 2 阶龙格-库塔公式. 请读者验证：当取$\lambda_1 = \lambda_2 = 1/2, \alpha = 1$时就得到改进欧拉公式(15).

龙格-库塔方法具有如下的一般形式：

$$\begin{cases} y_{n+1} = y_n + h \sum_{i=1}^{L} \lambda_i k_i, \\ k_1 = f(x_n, y_n), \\ k_2 = f(x_n + c_2 h, y_n + c_2 h k_1), \\ k_i = f\left(x_n + c_i h, y_n + c_i h \sum_{j=1}^{i-1} a_{ij} k_j\right), \quad i = 3, 4, \cdots, L. \end{cases} \tag{26}$$

其中λ_i, c_i和a_{ij}为待定参数，在满足$\sum_{i=1}^{L} \lambda_i = 1, 0 \leqslant c_i \leqslant 1, \sum_{j=1}^{i-1} a_{ij} = 1$的条件下使(26)式的

局部截断误差 T_{n+1} 首项中 h 的幂次尽量高. 若 $T_{n+1}=O(h^{p+1})$，则称(26)式为 L 级 p 阶龙格-库塔公式.

常用的 4 级 4 阶龙格-库塔公式(经典的龙格-库塔方法)如下：

$$\begin{cases} y_{n+1}=y_n+\dfrac{h}{6}(k_1+2k_2+2k_3+k_4), \\ k_1=f(x_n,y_n), \\ k_2=f\left(x_n+\dfrac{h}{2},y_n+\dfrac{hk_1}{2}\right), \\ k_3=f\left(x_n+\dfrac{h}{2},y_n+\dfrac{hk_2}{2}\right), \\ k_4=f(x_n+h,y_n+hk_3). \end{cases} \tag{27}$$

它具有 4 阶精度.

4.3.4 常微分方程组和高阶方程初值问题的数值方法

欧拉方法和龙格-库塔方法都可直接推广到求解常微分方程组的初值问题，如对于

$$\begin{cases} y'=f(x,y,z), \\ z'=g(x,y,z), \\ y(x_0)=y_0, \quad z(x_0)=z_0, \end{cases} \tag{28}$$

向前欧拉公式为

$$\begin{cases} y_{n+1}=y_n+hf(x_n,y_n,z_n), \\ z_{n+1}=z_n+hg(x_n,y_n,z_n), \end{cases} \quad n=0,1,2,\cdots \tag{29}$$

龙格-库塔公式有类似的形式.

对于高阶方程，需要先降阶化为一阶常微分方程组，然后再按照上面的方法求解. 降阶的办法并不惟一，对于高阶线性方程

$$y^{(n)}+a_1(x)y^{(n-1)}+\cdots+a_{n-1}(x)y'+a_n(x)y=f(x), \tag{30}$$

一种简单、常用的方法是令 $y_1=y$，将(30)式化为

$$\begin{cases} y_1'=y_2, \\ y_2'=y_3, \\ \quad\vdots \\ y_n'=-a_n(x)y_1-\cdots-a_1(x)y_n+f(x). \end{cases} \tag{31}$$

4.4 龙格-库塔方法的 MATLAB 实现

对于微分方程(组)的初值问题

$$\begin{cases} \dot{\boldsymbol{x}}(t)=\boldsymbol{f}(t,\boldsymbol{x}),\ \boldsymbol{x}=(x_1,x_2,\cdots,x_n)^{\mathrm{T}}, \quad \boldsymbol{f}=(f_1,f_2,\cdots,f_n)^{\mathrm{T}}, \\ \boldsymbol{x}(t_0)=\boldsymbol{x}_0,\ \boldsymbol{x}_0=(x_{01},x_{02},\cdots,x_{0n})^{\mathrm{T}}. \end{cases} \tag{32}$$

龙格-库塔方法可用如下MATLAB命令实现其计算：

```
[t,x]=ode23(@f,ts,x0,options)
[t,x]=ode45(@f,ts,x0,options)
```

其中ode23用的是3级2阶龙格-库塔公式，ode45用的是以Runge-Kutta-Fehberg命名的5级4阶公式.

命令的输入f是待解方程写成的函数M文件：

```
function dx=f(t,x)
dx=[f1;f2;...;fn];                      %以列向量形式表示方程
```

若输入ts=[t0,t1,t2, ...,tf]，则输出在指定时刻t0,t1,t2, ...,tf的函数值；若输入ts=t0：k：tf，则输出在[t0,tf]内以k为间隔的等分点处的函数值. x0为函数初值(n维向量). options可用于设定误差限(options默认时设定相对误差10^{-3}，绝对误差10^{-6})，命令为：

```
options=odeset('reltol',rt,'abstol',at)
```

其中rt,at分别为设定的相对误差和绝对误差.

命令的输出t为由输入指定的ts,x为相应的函数值(n维向量).

注意：计算步长h是根据设定误差限自动调整的，并不是输入中指定的输出“步长”k.

下面继续讨论4.1节提出的两个问题.

4.4.1 海上缉私(续)

对于4.1.1节的模型(1)，先设定参数，用龙格-库塔方法和MATLAB软件求其数值解，再设法研究其解析解.

模型的数值解

1. 设走私船速度a=20n mile/h[①]，缉私艇速度b=40n mile/h，初始距离c=15n mile，由模型(1)，(2)求任意时刻缉私艇的位置及缉私艇航线.

对于给出的a，b，c用MATLAB求数值解时，记$x(1)=x$，$x(2)=y$，$\boldsymbol{x}=(x(1),x(2))^{\mathrm{T}}$. 编写如下M文件：

```
function dx=jisi(t,x)                   % 建立名为jisi的函数M文件
a=20; b=40; c=15;
s=sqrt((c-x(1))^2+(a*t-x(2))^2);
dx=[b*(c-x(1))/s;b*(a*t-x(2))/s];      % 以向量形式表示方程(1)
```

在编写运行程序时需设定时间t的起终点及中间的等分点，终点可参考缉私艇知道走

---

① n mili：海里，1n mile=1852m.

私船速度时沿直线追上的时间(约为 0.4h),并作试探.编程如下:

```
ts=0:0.05:0.5;                         % 终点试探、调整为0.5,输出"步长"0.05
x0=[0,0];                              % 输入x,y的初始值(2)
[t,x]=ode45(@jisi,ts,x0);              % 调用ode45计算
[t,x]                                  % 输出t, x(t), y(t)
plot(t,x), grid,                       % 按照数值输出作x(t), y(t)的图形
gtext('x(t)'), gtext('y(t)'), pause
plot(x(:,1),x(:,2)), grid,             % 作y(x) 的图形
gtext('x'), gtext('y')
```

得到的数值结果 $x(t)$, $y(t)$为缉私艇的位置,列入表 4.3.走私船的位置记作 $x_1(t)$,$y_1(t)$,显然 $x_1(t)=c=15$,$y_1(t)=at=20t$,将 $y_1(t)$列入表 4.3 最后一列.可知当 $t=0.5$h,x, y 与 x_1, y_1几乎一致,缉私艇追上走私船. $x(t)$, $y(t)$及 $y(x)$的图形见图 4.3(a)和图 4.3(b),$y(x)$为缉私艇的航线.

表 4.3 $a=20$, $b=40$,$c=15$ 时模型(1),(2)的数值解 $x(t)$, $y(t)$和 $y_1(t)$

t	$x(t)$	$y(t)$	$y_1(t)$
0	0	0	0
0.05	1.9984	0.0698	1.0
0.10	3.9854	0.2924	2.0
0.15	5.9445	0.6906	3.0
0.20	7.8515	1.2899	4.0
0.25	9.6705	2.1178	5.0
0.30	11.3496	3.2005	6.0
0.35	12.8170	4.5552	7.0
0.40	13.9806	6.1773	8.0
0.45	14.7451	8.0273	9.0
0.50	15.0046	9.9979	10.0

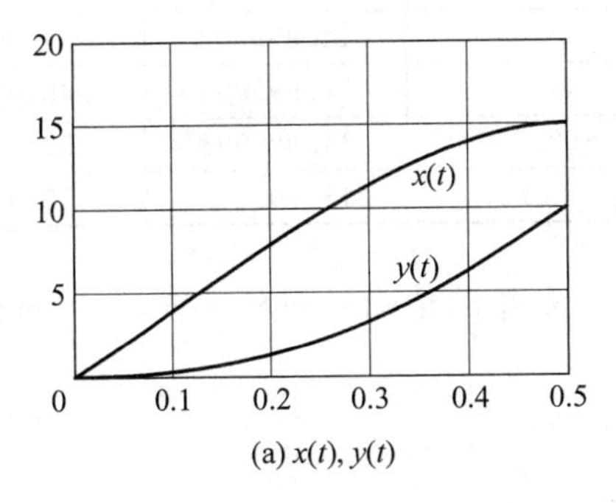

(a) $x(t)$, $y(t)$

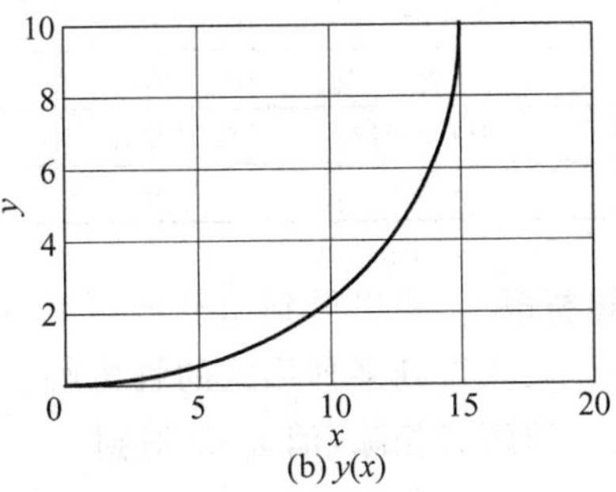

(b) $y(x)$

图 4.3 模型(1),(2)的解($a=20$,$b=40$,$c=15$)

2. 设 b,c 不变,而走私船速度 a 变大为 30, 35,…,接近 40n mile/h,观察解的变化.

修改 a 的输入,并相应地延长 t 的终点. 设 $a=35$,经试探 t 的终点调整为 1.6 合适. 表 4.4 是计算结果,其中 $x(t)$, $y(t)$ 有两列数字,左边的是用"默认"精度(即相对误差 10^{-3},绝对误差 10^{-6})计算的,中间的 $y_1(t)=at=35t$ 是走私船到达的位置. 可知 $t=1.3$ 时缉私艇的位置 x 已接近 15, 但 y 与 $y_1(t)$ 相差甚远; $t=1.4$, 1.5 时 x 超过 15, 这是不对的; $t=1.6$ 时 x, y 与 x_1, y_1 也有差距. 这些缺陷是累积误差造成的. 可试探利用 ode45 的控制参数 options 提高精度(上面的"调用 ode45 计算"用以下程序代替),如设

```
opt=odeset('reltol',1e-6,'abstol',1e-9);
[t,x]=ode45(@jisi,ts,x0,opt);
```

得到表 4.4 右边的 $x(t)$, $y(t)$,与走私船到达的位置 $x_1(t)$, $y_1(t)$ 相对照,知 $t=1.6$ 时 x, y 与 x_1, y_1 几乎一致,可认为缉私艇追上走私船. $x(t)$, $y(t)$ 及 $y(x)$ 的图形见图 4.4(a)和图 4.4(b), $y(x)$ 为缉私艇的航线,当 x 接近 15 时航线几乎是正北方向,形成沿走私船逃向的追赶态势.

表 4.4 $a=35$, $b=40$, $c=15$ 时模型(1)、(2)的数值解 $x(t)$, $y(t)$ 和 $y_1(t)$

t	$x(t)$	$y(t)$	$y_1(t)$	$x(t)$	$y(t)$
0	0	0	0	0	0
0.1	3.9561	0.5058	3.5	3.956104	0.505813
0.2	7.5928	2.1308	7.0	7.592822	2.130678
0.3	10.5240	4.8283	10.5	10.521921	4.829308
0.4	12.5384	8.2755	14.0	12.539454	8.269840
0.5	13.7551	12.0830	17.5	13.753974	12.075344
⋮	⋮	⋮	⋮	⋮	⋮
1.0	14.9888	32.0163	35.0	14.990167	32.000013
1.1	14.9996	36.0164	38.5	14.997715	36.000005
1.2	14.9986	40.0164	42.0	14.999616	40.000005
1.3	14.9996	44.0165	45.5	14.999963	44.000005
1.4	15.0117	48.0183	49.0	14.999993	48.000005
1.5	15.0023	52.0146	52.5	14.999998	52.000005
1.6	14.9866	55.9486	56.0	15.000020	55.999931

模型的解析解 要想得到缉私艇拦截到走私船的精确时间和位置,必须对模型(1)作进一步的分析,设法得到某种形式的解析解.

将方程(1)的两式相除,消去 $\mathrm{d}t$ 得到

$$(c-x)\frac{\mathrm{d}y}{\mathrm{d}x}+y=at. \tag{33}$$

(33)式对 x 求导得

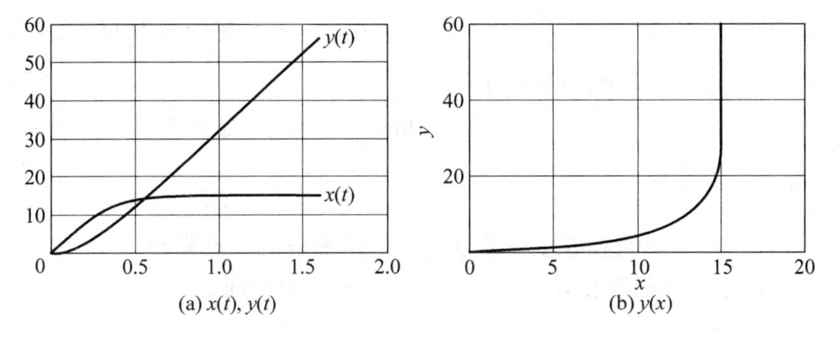

(a) $x(t), y(t)$　　(b) $y(x)$

图 4.4　模型(1)、(2)的解($a=35, b=40, c=15$)

$$(c-x)\frac{\mathrm{d}^2y}{\mathrm{d}x^2}=a\frac{\mathrm{d}t}{\mathrm{d}x}. \tag{34}$$

为消去式中的 $\mathrm{d}t$,利用曲线弧长的微分 $\mathrm{d}s=\sqrt{(\mathrm{d}x)^2+(\mathrm{d}y)^2}$,缉私艇的速度$\frac{\mathrm{d}s}{\mathrm{d}t}=b$,以及微分关系$\frac{\mathrm{d}t}{\mathrm{d}x}=\frac{\mathrm{d}t}{\mathrm{d}s}\frac{\mathrm{d}s}{\mathrm{d}x}$,得

$$(c-x)\frac{\mathrm{d}^2y}{\mathrm{d}x^2}=\frac{a}{b}\sqrt{1+\left(\frac{\mathrm{d}y}{\mathrm{d}x}\right)^2}. \tag{35}$$

这是关于 $y(x)$的二阶微分方程,若令 $p=\frac{\mathrm{d}y}{\mathrm{d}x}$,可化为 $p(x)$的一阶微分方程

$$(c-x)\frac{\mathrm{d}p}{\mathrm{d}x}=k\sqrt{1+p^2},\quad k=a/b(<1). \tag{36}$$

依题意其初始条件为

$$p(0)=0. \tag{37}$$

方程(36)为可分离变量方程,容易求得在(37)式下的解为

$$\sqrt{1+p^2}+p=\left(\frac{c-x}{c}\right)^{-k}, \tag{38}$$

或

$$\sqrt{1+p^2}-p=\left(\frac{c-x}{c}\right)^{k}. \tag{39}$$

由(38)式,(39)式得

$$p=\frac{1}{2}\left[\left(\frac{c-x}{c}\right)^{-k}-\left(\frac{c-x}{c}\right)^{k}\right]. \tag{40}$$

对(40)式积分并注意到 $y(0)=0$ 得

$$y=\frac{c}{2}\left[\frac{1}{1+k}\left(\frac{c-x}{c}\right)^{1+k}-\frac{1}{1-k}\left(\frac{c-x}{c}\right)^{1-k}\right]+\frac{kc}{1-k^2}. \tag{41}$$

这就是缉私艇航线的解析表达式.

由(41)式知,当 $x=c$ 时,$y=\frac{kc}{1-k^2}=\frac{abc}{b^2-a^2}$,这也是走私船的 y 坐标.因为走私船速度是 a,所以缉私艇拦截到走私船的时间为

$$t_1=\frac{bc}{b^2-a^2}. \tag{42}$$

从(42)式容易算出,$a=20,b=40,c=15$ 时,$t_1=0.5$;$a=35,b=40,c=15$ 时,$t_1=1.6$.由于累积误差的影响,上面的数值计算结果与这个精确值有一点差距.

4.6节实验练习中第6题给出了一些值得进一步研究的问题.

4.4.2 弱肉强食(续)

类似于4.4.1节,对于4.1.2节的模型(3),也先求其数值解,再研究其解析解.

模型的数值解 为了考察模型(3)描述的食饵和捕食者密度随时间的演变过程,选取模型参数 $r=1,d=0.5,a=0.1,b=0.02,x_0=25,y_0=2$,用MATLAB求方程(3)的数值解,记 $x(1)=x$,$x(2)=y$,$\boldsymbol{x}=(x(1),x(2))^{\mathrm{T}}$.编写如下M文件:

```
function xdot=shier(t,x)
r=1;d=0.5;a=0.1;b=0.02;
xdot=diag([r-a*x(2),-d+b*x(1)])*x;                % 以向量形式表示方程(3)
```

然后运行以下程序:

```
ts=0:0.1:15;                                      % t的终值经试验后定为15
x0=[25,2];
[t,x]=ode45(@shier,ts,x0);
[t,x]
plot(t,x),grid,
gtext('\fontsize{12}x(t)'),gtext('\fontsize{12}y(t)'),     % 将标记x(t),y(t)的字体放大
pause,plot(x(:,1),x(:,2)),grid,
xlabel('x'),ylabel('y')
```

得到的数值结果从略,$x(t)$,$y(t)$及 $y(x)$的图形见图4.5,曲线 $y(x)$称**相轨线**,图形称**相图**.

从图4.5可以猜测,$x(t)$,$y(t)$是周期函数,$y(x)$是封闭曲线,并且从数值结果可以确定周期约为10.7,还可以用数值积分算出 $x(t)$,$y(t)$ 在一个周期的平均值 $\bar{x}$,$\bar{y}$,得到 $\bar{x}\approx25$,$\bar{y}\approx10$,它们代表食饵和捕食者的平均密度.

模型的解析解 为了证明食饵和捕食者密度 $x(t)$,$y(t)$ 确实是周期函数,必须从模型(3)出发,得到相轨线 $y(x)$的解析解.

由方程(3)消去 $\mathrm{d}t$ 后得到 $\frac{\mathrm{d}x}{\mathrm{d}y}=\frac{x(r-ay)}{y(-d+bx)}$,是可分离变量方程

$$\frac{-d+bx}{x}\mathrm{d}x=\frac{r-ay}{y}\mathrm{d}y. \tag{43}$$

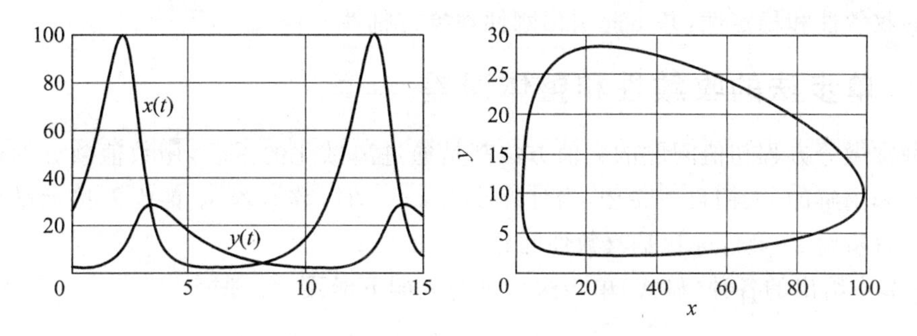

图 4.5 $r=1,d=0.5,a=0.1,b=0.02$ 时 $x(t),y(t)$ 及 $y(x)$ 的图形

两边积分得到 $y(x)$ 的通解

$$(x^d e^{-bx})(y^r e^{-ay}) = c, \tag{44}$$

其中常数 c 由初始条件确定. 可以证明,c 在一定范围内时(44)式表示的曲线是封闭曲线[3],这等价于 $x(t),y(t)$ 是周期函数.

食饵和捕食者的平均密度 $\bar{x},\bar{y}$ 也可以解析地得到. 记 $x(t),y(t)$ 的周期为 T,为了求 $x(t)$ 在一个周期的平均值,将模型(3)中的 $\dot{y}=-(d-bx)y$ 改写作

$$x(t) = \frac{1}{b}\left(\frac{\dot{y}}{y}+d\right). \tag{45}$$

两边在周期 T 内积分,容易算出 $x(t)$ 平均值为

$$\bar{x} = \frac{1}{T}\int_0^T x(t)\,\mathrm{d}t = \frac{1}{T}\left(\frac{\ln y(T)-\ln y(0)}{b}+\frac{dT}{b}\right)=\frac{d}{b}. \tag{46}$$

类似地可得 $y(t)$ 在一个周期的平均值

$$\bar{y} = \frac{r}{a}. \tag{47}$$

当参数 $r=1,d=0.5,a=0.1,b=0.02$ 时可得 $\bar{x}=25,\bar{y}=10$,与上面的数值结果一致.

注意到在模型(3)中 r 是食饵的增长率,d 是捕食者的死亡率,a 反映捕食者对食饵的捕获能力,b 反映食饵对捕食者的喂养能力,(46)式和(47)式表明,捕食者密度(平均值)与食饵增长率成正比,与它的捕获能力成反比;食饵密度(平均值)与捕食者死亡率成正比,与它的喂养能力成反比. 这就是自然界中食饵-捕食者系统存在的既相互制约、又相互依存的关系.

4.5 算法的收敛性、稳定性及刚性方程

4.3 节中欧拉方法和龙格-库塔方法的共同点是,计算 y_{n+1} 时只用到 y_n 一步的信息,统称为**单步法**. 而事实上,此时 $y_n,y_{n-1},\cdots,y_1,y_0$ 都已经知道,人们自然会想到,如果充分利用前面若干步的信息计算 y_{n+1},则可望提高数值解的精度,这就是所谓**多步法**. 本节只讨论

单步法的收敛性和稳定性，并由此引出刚性现象与刚性方程.

4.5.1 单步法的收敛性和整体误差

各种常微分方程初值问题的数值方法都是通过离散化的手段，用数值微分的前差公式代替导数来求解的. 人们自然希望，当计算步长 $h \to 0$ 时，数值解 y_n 能无限接近微分方程初值问题的解析解 $y(x_n)$，这就是收敛性问题.

4.3 节中给出的各种(显式)单步法均可写成如下形式

$$\begin{cases} y_{n+1} = y_n + h\varphi(x_n, y_n, h), \\ y_0 = y(x_0), \end{cases} \tag{48}$$

其中 φ 称为**增量函数**. 若对任一固定的 $x_n = x_0 + nh$ 都有 $\lim\limits_{n\to\infty} y_n = y(x_n)$，则称该方法是收敛的. 注意，对于一定的 x_n，$n\to\infty$ 等价于 $h\to 0$.

我们知道，局部截断误差是假定上一步没有误差的条件下，只考虑一步计算时近似解和精确解之差. 当局部截断误差为 $O(h^{p+1})$ 时，算法具有 p 阶精度. 而收敛性是指 $n\to\infty$ 时误差 $e_n = y(x_n) - y_n \to 0$. 这里误差 e_n 称为**整体误差**.

关于单步法的收敛性和整体误差有以下结论[4]：

若一种单步法(48)具有 p 阶精度，增量函数对 y 满足李普希茨条件，即存在 $L>0$ 使 $|\varphi(x,y,h) - \varphi(x,\bar{y},h)| \leqslant L|y-\bar{y}|$，则该法是收敛的，且整体误差

$$e_n = y(x_n) - y_n = O(h^p). \tag{49}$$

由此可知，向前欧拉公式(12)、改进欧拉公式(15)、4 阶龙格-库塔公式都是收敛的，它们的整体误差分别为 $O(h)$，$O(h^2)$，$O(h^4)$.

4.5.2 单步法的稳定性

收敛性的讨论是在假设每步计算都是精确的前提下，估计离散化所产生的截断误差，没有考虑计算过程中的舍入误差. 而实际计算中舍入误差是不可避免的，有时还会随计算步数的增加而无限地增大，从而使计算结果完全失真. 稳定性是讨论这种误差能否被控制的问题.

若一种数值方法计算得到的函数值 y_n 有误差 ε_n，而在以后得到的 $y_{n+k}(k=1,2,\cdots)$ 的误差 ε_{n+k} 满足 $|\varepsilon_{n+k}| \leqslant |\varepsilon_n|$，则称该方法是**稳定的**.

对于一阶微分方程(4)，若在某一点 (x^*, y^*) 作二元泰勒展开，略去 2 阶及 2 阶以上项得

$$y' \approx f(x^*, y^*) + f_x(x^*, y^*)(x - x^*) + f_y(x^*, y^*)(y - y^*). \tag{50}$$

再经过简单的变量代换，可化成如下的方程进行讨论：

$$y' = -\lambda y, \quad \lambda > 0. \tag{51}$$

它的解析解是 $y = c\mathrm{e}^{-\lambda x}$，$c$ 是由初始条件决定的常数，$-\lambda$ 是方程(51)的特征根，$\lambda > 0$ 是为了

保证微分方程本身的稳定性.

下面考察用向前和向后欧拉公式求解方程(51)时的稳定性条件.

方程(51)的向前欧拉公式为 $y_{n+1}=y_n-h\lambda y_n=(1-\lambda h)y_n$. 若 y_n 有误差 ε_n,即计算得到的是 $\tilde{y}_n=y_n+\varepsilon_n$,将 $\tilde{y}_n$ 代入公式计算得 $\tilde{y}_{n+1}=(1-\lambda h)\tilde{y}_n$,于是 y_{n+1} 的误差为 $\varepsilon_{n+1}=\tilde{y}_{n+1}-y_{n+1}=(1-\lambda h)\tilde{y}_n-(1-\lambda h)y_n=(1-\lambda h)\varepsilon_n$. 显然,为保证误差不增长,只需选取 h 充分小,使 $|1-h\lambda|\leqslant 1$,它等价于

$$h\leqslant 2/\lambda. \tag{52}$$

这就是用向前欧拉公式求解方程(51)时的稳定性条件,称它是**条件稳定**的.

方程(51)的向后欧拉公式为 $y_{n+1}=y_n-h\lambda y_{n+1}$,容易得到 $\varepsilon_{n+1}=\dfrac{1}{1+h\lambda}\varepsilon_n$,其稳定性条件为 $\left|\dfrac{1}{1+h\lambda}\right|\leqslant 1$,而这对于任意的 h 都是成立的,即向后欧拉公式是**无条件稳定**的.

可以证明,对于方程(51)的 4 阶龙格-库塔公式(27)的稳定性条件是

$$h\leqslant 2.785/\lambda. \tag{53}$$

4.5.3　刚性现象与刚性方程

现象　先看以下的例子.

振动系统或包含电容、电感、电阻的电路系统的数学模型一般可表示为

$$\begin{cases}\ddot{x}+k\dot{x}+rx=f(t)\ (k,r>0),\\ x(0)=a,\quad \dot{x}(0)=b.\end{cases} \tag{54}$$

在给定的一组参数 $k=2000.5$, $r=1000$, $a=1$, $b=-1999.5$ 和 $f(t)=1$ 下,其解为①

$$x(t)=\mathrm{e}^{-2000t}-\mathrm{e}^{-t/2}+1. \tag{55}$$

右端第 1,2 项为瞬态解,$t\to\infty$ 时它们趋于零,第 3 项为稳态解. 瞬态解中 e^{-2000t} 称**快瞬态解**,时间常数为 $\tau_1=1/2000=0.0005$,计算到 $t=10\tau_1=0.005$ 时该项已衰减到 4.5×10^{-5};另一项 $\mathrm{e}^{-t/2}$ 称**慢瞬态解**,时间常数为 $\tau_2=2$,计算到 $t=10\tau_2=20$ 时它才衰减到 4.5×10^{-5}.

通常人们需要的是稳态解,当用数值方法求解这个问题时,精度要达到 10^{-4} 就至少需要算到 $t=20$,这是由慢瞬态解的特征根决定的($|\lambda|=1/2$). 如何选取步长 h 呢? 从解的稳定性看,完全由快瞬态解的特征根决定($|\lambda|=2000$). 若用向前欧拉公式计算,按照(52)式应有 $h<2/2000=0.001$;用龙格-库塔公式计算,按照(53)式应有 $h<2.785/2000=0.0014$,那么算到 $t=20$ 就需要 14286 步. 这样大的计算量是由于快瞬态解和慢瞬态解的衰减速度(即两个特征根)相差悬殊(例中是 4000 倍)造成的,这种现象称为**刚性现象**,相应的微分方程称为**刚性方程**.

另外,由数值解法的误差分析可知,误差项包含着方程的解(函数)的高阶导数,快瞬态

---

① 为方便起见,我们取这个有解析解的情况说明数值解中的问题.

解 $e^{-\lambda t}$ 的 n 阶导数项含 $\lambda^n e^{-\lambda t}$，当 λ 很大时这一项比解本身大得多，为了使数值解保持一定的精度就需要很小的计算步长，当由慢瞬态解决定的计算区间较大时，就会给整个的数值求解带来很大的困难.

刚性方程 振动、电路及化学反应中出现刚性现象的线性常系数方程组可表示为

$$\dot{\boldsymbol{x}}(t)=\boldsymbol{A}\boldsymbol{x}+\boldsymbol{f}(t) \tag{56}$$

其中 $\boldsymbol{x}$，$\boldsymbol{f}$ 是 n 维向量，$\boldsymbol{A}$ 是 $n\times n$ 矩阵. 当 $\boldsymbol{A}$ 的特征根 $\lambda_k(k=1,2,\cdots,n)$ 的实部 $\mathrm{Re}(\lambda_k)$ 均为负数时，方程通解中对应于 $|\mathrm{Re}(\lambda_k)|$ 的值大的项为快瞬态解，值小的项为慢瞬态解，称

$$s=\frac{\max\limits_k|\mathrm{Re}(\lambda_k)|}{\min\limits_k|\mathrm{Re}(\lambda_k)|} \tag{57}$$

为**刚性比**. $s>10$ 的方程便可认为是刚性方程，实际问题中可出现 s 达 10^6 的情况.

显然，刚性是问题本身的性质，与解法无关，但正是由于这种性质，用数值方法求解时需要计算到最慢瞬态解衰减成可忽略的小量为止，使得积分区间很长，而为了保证计算的稳定性，当最快瞬态解的 $|\mathrm{Re}(\lambda_k)|$ 很大时，又必须使步长充分小，这就出现了在大区间上用小步长计算的困难情况，传统的数值方法无能为力，需要考虑另外的办法.

对于非线性方程组的刚性，可以用线性化的办法在精确解的邻域内用常系数方程组来近似处理.

MATLAB 求解 当用 MATLAB 软件中通常求解常微分方程的命令 ode23，ode45 时，由于其步长是按照稳定性的要求和指定的精度加以调整的，所以用它们解刚性方程时步长会自动变小，对于大的区间会导致计算时间很长. MATLAB 中备有用另外的方法编制的专门求解刚性方程的命令 ode23s，ode15s 等，其用法与 ode23，ode45 相同. 可从下面的例子观察这些专用程序的效果.

$$\begin{cases}\dot{x}_1=x_1+2x_2,\\ \dot{x}_2=-(10^6+1)x_1-(10^6+2)x_2,\\ x_1(0)=10^6/4,\quad x_2(0)=10^6/4-1/2.\end{cases} \tag{58}$$

特征根 $\lambda_1=-1,\lambda_2=-10^6$，刚性比 $s=10^6$. 方程(58)的解析解为

$$\begin{cases}x_1(t)=\left(\dfrac{10^6}{4}+1\right)e^{-t}-e^{-10^6 t},\\ x_2(t)=-\left(\dfrac{10^6}{4}+1\right)e^{-t}+\dfrac{(10^6+1)}{2}e^{-10^6 t}.\end{cases} \tag{59}$$

在下面的程序里我们先计算解析解(59)(结果输出为 A)用作比较，然后用专门的程序 ode23s 解方程(58)(结果输出为 B)，最后用普通的程序 ode23 解方程(58)(结果输出为 C).

作为试探，取计算区间为[0, 1]，可以看到，结果 A，B 立刻计算出来，结果 C 则需要几十秒. 而为了使解(59)中的快瞬态解衰减到足够小，至少要将计算区间扩大为[0, 10]，你会发现，用 ode23s 仍能很快得到结果(注意这时不要用 ode23，否则会陷入无法忍耐的等待!).

```
function dx=stiff1(t,x)
dx=[x(1)+2*x(2);-(10^6+1)*x(1)-(10^6+2)*x(2)];

t=0:0.1:1;
x1=(10^6/4+1)*exp(-t)-exp(-10^6*t);
x2=-(10^6/4+1)*exp(-t)+(10^6+1)/2*exp(-10^6*t);
A=[t;x1;x2]'
x0=[10^6/4,10^6/4-1/2];
[t,x]=ode23s(@stiff1,t,x0);
B=[t,x]
[t,y]=ode23(@stiff1,t,x0);
C=[t,y]
```

4.6 实验练习

实验目的

1. 练习数值微分的计算；
2. 掌握用 MATLAB 软件求微分方程初值问题数值解的方法；
3. 通过实例学习用微分方程模型解决简化的实际问题；
4. 了解欧拉方法和龙格-库塔方法的基本思想和计算公式，及稳定性等概念.

实验内容

1. 某居民小区有一个直径 10m 的圆柱形水塔，每天夜里 24 时向水塔供水，此后每隔 2h 记录水位，如表 4.5 所示，计算小区在这些时刻每小时的用水量.

表 4.5

时刻	2:00	4:00	6:00	8:00	10:00	12:00	14:00	16:00	18:00	20:00	22:00	24:00
水位/cm	305	298	290	265	246	225	207	189	165	148	130	114

2. 用欧拉方法和龙格-库塔方法求下列微分方程初值问题的数值解，画出解的图形，对结果进行分析比较.

(1) $\begin{cases} y'=y+2x, \\ y(0)=1 \end{cases}$ $(0\leqslant x\leqslant 1)$，精确解 $y=3e^x-2x-2$；

(2) $\begin{cases} y'=x^2-y^2, \\ y(0)=0 \text{ 或 } y(0)=1; \end{cases}$

(3) $\begin{cases} x^2y''+xy'+(x^2-n^2)y=0, \\ y\left(\frac{\pi}{2}\right)=2, y'\left(\frac{\pi}{2}\right)=-\frac{2}{\pi} \end{cases}$ (贝塞尔方程，令 $n=0.5$)，精确解 $y=\sin x\sqrt{\frac{2\pi}{x}}$.

3. 小型火箭初始质量为 1400kg，其中包括 1080kg 燃料. 火箭竖直向上发射时燃料燃烧率为 18kg/s，由此产生 32000N 的推力，火箭引擎在燃料用尽时关闭. 设火箭上升时空气阻力正比于速度的平方，比例系数为 0.4kg/m，求引擎关闭瞬间火箭的高度、速度、加速度，及火箭到达最高点时的高度和加速度，并画出高度、速度、加速度随时间变化的图形.

4. 某容器盛满水后，底端直径为 d_0 的小孔开启(图 4.6). 根据水力学知识，当水面高度为 h 时，水从小孔中流出的速度为 $v=0.6\sqrt{gh}$ (g 为重力加速度，0.6 为孔口收缩系数).

(1) 若容器为倒圆锥形(图 4.6(a))，现测得容器高和上底面直径均为 1.2m，小孔直径为 3cm，问水从小孔中流完需要多少时间；2min 时水面高度是多少.

(2) 若容器为倒葫芦形(图 4.6(b))，现测得容器高 1.2m，小孔直径 3cm，由底端(记作 $x=0$)向上每隔 0.1m 测出容器的直径 D(m)如表 4.6 所示，问水从小孔中流完需要多少时间；2min 时水面高度是多少.

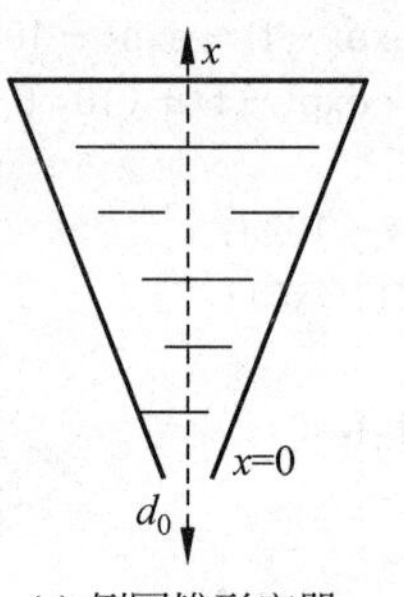

(a) 倒圆锥形容器

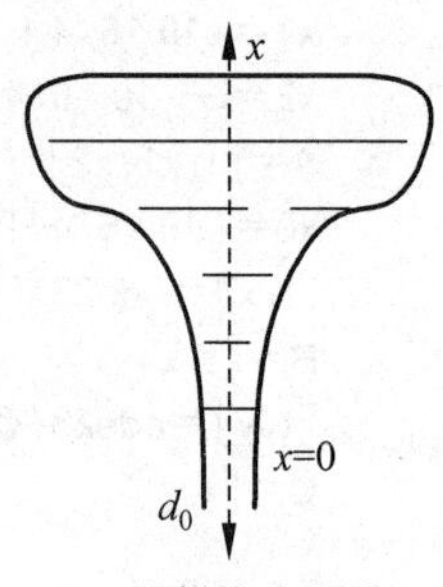

(b) 倒葫芦形容器

图 4.6 第 4 题图

表 4.6

x/m	0	0.1	0.2	0.3	0.4	0.5	0.6	0.7	0.8	0.9	1.0	1.1	1.2
D/m	0.03	0.05	0.08	0.14	0.19	0.33	0.45	0.68	0.98	1.10	1.20	1.13	1.00

5. 放射性废物的处理：有一段时间，美国原子能委员会(现为核管理委员会)处理浓缩放射性废物时，把它们装入密封性能很好的圆桶中，然后扔到水深 300ft[①] 的大海中. 这种做法是否会造成放射性污染，自然引起生态学家及社会各界的关注. 原子能委员会一再保证，圆桶非常坚固，绝不会破漏，这种做法是绝对安全的. 然而一些工程师们却对此表示怀疑，认为圆桶在和海底相撞时有可能发生破裂. 于是双方展开了一场笔墨官司.

究竟谁的意见正确呢？原子能委员会使用的是 55gal[②] 的圆桶，装满放射性废物时的圆桶重量为 527.436 lbf[③]，在海水中受到的浮力为 470.327 lbf. 此外，下沉时圆桶还要受到海水的阻力，阻力与下沉速度成正比，工程师们做了大量实验，测得其比例系数为 0.08lbf s/ft. 同时，大量破坏性实验发现当圆桶速度超过 40ft/s 时，就会因与海底冲撞而发生破裂.

(1) 建立解决上述问题的微分方程模型.

(2) 用数值和解析两种方法求解微分方程，并回答谁赢了这场官司.

6. 一只小船渡过宽为 d 的河流(图 4.7)，目标是起点 A 正对着的另一岸 B 点. 已知河

---

① ft：英尺，1ft＝0.3048m.

② gal：加仑，1gal＝3.785L(美制).

③ lbf：磅力，1lbf＝0.4536×9.8N.

水流速 v_1 与船在静水中的速度 v_2 之比为 k.

(1) 建立描述小船航线的数学模型,求其解析解;

(2) 设 $d=100\text{m}$, $v_1=1\text{m/s}$, $v_2=2\text{m/s}$,用数值解法求渡河所需时间、任意时刻小船的位置及航行曲线,作图,并与解析解比较;

(3) 若流速 $v_1=0, 0.5, 1.5, 2(\text{m/s})$,结果将如何.

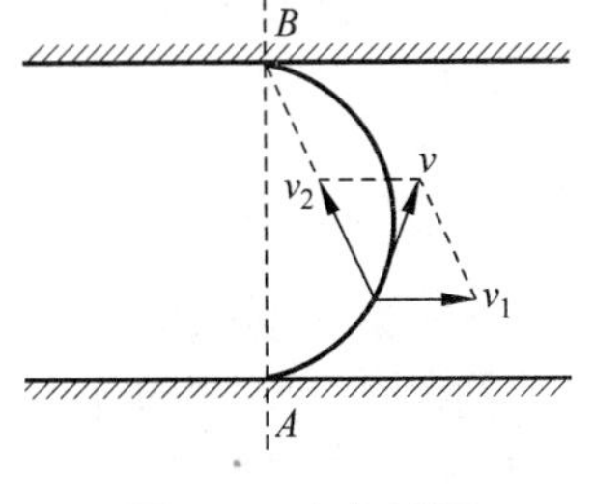

图 4.7 小船过河

7. 4.1.1 节海上缉私问题的进一步研究.

对以下两种情况建立缉私艇位置和航线的数学模型,自己设定速度等参数,求数值解:

(1) 若走私船沿着与正东方向成某一角度的直线行驶;

(2) 若走私船仍向正北方向行驶,一段时间(设尚未被缉私艇追上)后又掉头返回;

(3) 讨论走私船和缉私艇位于任意初始位置,走私船按任意给定的路线行驶的情况.

8. 适当改变 4.1.2 节弱肉强食中的参数 r, d, a, b, x_0, y_0,讨论它们对周期的影响.

9. 两种群相互竞争模型如下:

$$\begin{cases} \dot{x}(t) = r_1 x\left(1 - \dfrac{x}{n_1} - s_1\dfrac{y}{n_2}\right), \\ \dot{y}(t) = r_2 y\left(1 - s_2\dfrac{x}{n_1} - \dfrac{y}{n_2}\right), \end{cases}$$

其中 $x(t), y(t)$ 分别为甲乙两种群的数量; r_1, r_2 为它们的固有增长率; n_1, n_2 为它们的最大容量. s_1 的含义是,对于供养甲的资源而言,单位数量乙(相对 n_2)的消耗为单位数量甲(相对 n_1)消耗的 s_1 倍,对 s_2 可作相应的解释.

该模型无解析解,试用数值解法研究以下问题:

(1) 设 $r_1=r_2=1$, $n_1=n_2=100$, $s_1=0.5$, $s_2=2$,初值 $x_0=y_0=10$,计算 $x(t), y(t)$,画出它们的图形及相图 (x, y),说明时间 t 充分大以后 $x(t), y(t)$ 的变化趋势(人们今天看到的已经是自然界长期演变的结局).

(2) 改变 $r_1, r_2, n_1, n_2, x_0, y_0$,但 s_1, s_2 不变(或保持 $s_1<1, s_2>1$),计算并分析所得结果;若 $s_1=1.5(>1)$, $s_2=0.7(<1)$,再分析结果. 由此你能得到什么结论,请用各参数生态学上的含义作出解释.

(3) 试验当 $s_1=0.8(<1)$, $s_2=0.7(<1)$ 时会有什么结果;当 $s_1=1.5(>1)$, $s_2=1.7(>1)$ 时又会有什么结果. 能解释这些结果吗?

10. 对下列 3 级龙格-库塔方法:

$$\begin{cases} y_{n+1} = y_n + \dfrac{h}{2}(k_2 + k_3), \\ k_1 = f(x_n, y_n), \\ k_2 = f(x_n + th, y_n + thk_1), \\ k_3 = f[x_n + (1-t)h, y_n + (1-t)hk_1]. \end{cases}$$

试证明对于任意的参数 t,此方法均为2阶,给出其局部截断误差主项,并讨论 $t=1$ 时方法的稳定性.

参考文献

[1] 李庆扬,王能超,易大义. 数值分析. 第5版. 北京:清华大学出版社,2008
[2] 关治,陆金甫. 数值分析基础. 北京:高等教育出版社,1998
[3] 姜启源,谢金星,叶俊. 数学模型. 第3版. 北京:高等教育出版社,2003
[4] 施妙根,顾丽珍. 科学和工程计算基础. 北京:清华大学出版社,1999
[5] 姜启源,张立平,何青,高立. 数学实验. 第2版. 北京:高等教育出版社,2006
[6] 周义仓,赫孝良. 数学建模实验. 第2版. 西安:西安交通大学出版社,2007
[7] Benjamin F. Plybon. An Introduction to Applied Numerical Analysis. PWS-KENT Publishing Company,1992
[8] Faires J D,Burden R L. Numerical Methods. Boston:PNS Publishing Company,1993
[9] James M L,Smith G M,Wolford L C. Applied numerical Methods for Digital Computation. 5th ed. Harper Collins College Publishers,1993
[10] Walter Gander. Solving Problems in Scientific Computing Using Maple and MATLAB. 3rd ed. Springer,1997

实验 5　线性代数方程组的数值解法

工程技术、自然科学以及社会经济领域中的许多问题常常归结为求解大型的线性代数方程组(以下简称线性方程组),如土木结构、输电网络、经济的投入产出、生物的种群繁殖、实验分析中的数据拟合,以及用差分法或有限元法解偏微分方程等.虽然,解线性方程组是大家早在中学数学课里就已熟悉的内容,线性方程组的理论也在线性代数课里学习过,但是那里的知识远不能满足解决实际问题的需要,大型的线性方程组通常要用数值方法求解.

以下5.1节给出几个实例并建立数学模型;5.2节是求解线性方程组的直接法,包括病态问题的简单讨论;5.3节介绍求解线性方程组的迭代法;5.4节介绍线性方程组数值解法的MATLAB实现,并完成5.1节的三个模型的求解;5.5节布置实验练习.

5.1　实例及其数学模型

5.1.1　投入产出分析

问题　国民经济各个部门之间存在着相互依存的关系,每个部门在运转中将其他部门的产品或半成品(称为投入)经过加工变为自己的产品(称为产出),如何根据各部门间的投入产出关系,确定各部门的产出水平,以满足社会需求,是投入产出分析中研究的课题.

投入产出表描述了国民经济各部门之间的生产和消耗、投入和产出的数量关系.为了具体说明这种关系,考虑下面的例子.

表5.1是一张简化的中国2002年投入产出表.表中国民经济由农业、工业、建筑业、运输邮电业、批零餐饮业和其他服务业6个中间部门构成,数字表示它们之间的投入产出关系、外部需求、初始投入等.

表中横行表示该部门的产品分配给各部门作生产使用的数量,纵列表示该部门生产中消耗的各部门产品的数量.比如表中第2行是工业部门,第4列是运输邮电部门,其交叉处的数字是403亿元.从横行看,表示工业部门提供了403亿元的产品给运输邮电部门作生产使用;从纵列看,表示运输邮电部门生产中消耗了403亿元的工业产品.同行、同列交叉处的数字表示各部门产品提供给本部门使用,或者本部门生产过程中消耗的本部门产品数量.比如表中第2行和第2列交叉处的数字8605亿元,表示8605亿元工业产品提供给工业部

表 5.1 中国 2002 年投入产出表(产值) 单位：亿元

投入＼产出	农业	工业	建筑业	运输邮电业	批零、餐饮业	其他服务业	外部需求	总产出
农业	464	788	229	13	127	13	1284	2918
工业	499	8605	1444	403	557	1223	4083	16814
建筑业	5	9	3	20	23	124	2691	2875
运输邮电业	62	527	128	163	67	146	477	1570
批零、餐饮业	79	749	140	43	130	273	927	2341
其他服务业	146	1285	272	225	219	542	2725	5414
初始投入	1663	4851	659	703	1218	3093		
总投入	2918	16814	2875	1570	2341	5414		

门生产使用，或者工业部门生产过程中消耗了 8605 亿元本部门的产品. 另外，第 2 行最后一个数字 16814 亿元表示工业部门的总产出，除了分配给 6 个中间部门作生产使用外，剩下的 4083 亿元用于消费、积累、出口等外部需求；第 2 列最后一个数字 16814 亿元表示对工业部门的总投入，工业部门生产过程中除了需要 6 个部门的投入外，还需要 4851 亿元的初始投入. 每个中间部门的总投入和总产出是相等的.

由于投入产出表的编制是受时间限制的，不同时期表中数字可能不同，因此需要依靠一些相对稳定的因素来分析其中的内在规律. 投入产出法中相对稳定的最主要因素是**直接消耗系数**，记作 a_{ij}，表示第 j 部门 1 个单位的产出对第 i 部门的直接消耗量(均以产值计算，$i,j=1,2,\cdots,6$)，它可以由投入产出表直接计算得到. 如运输邮电部门 ($j=4$) 消耗 403 亿元工业部门($i=2$)的产品，总产出为 1570 亿元，所以 $a_{24}=403/1570=0.257$，由此可以得到表 5.1 的直接消耗系数，如表 5.2 所示.

表 5.2 6 个中间部门的直接消耗系数表

投入＼产出	农业	工业	建筑业	运输邮电业	批零、餐饮业	其他服务业
农业	0.159	0.047	0.080	0.008	0.054	0.002
工业	0.171	0.512	0.502	0.257	0.238	0.226
建筑业	0.002	0.001	0.001	0.013	0.010	0.023
运输邮电业	0.021	0.031	0.045	0.104	0.029	0.027
批零、餐饮业	0.027	0.045	0.049	0.027	0.056	0.050
其他服务业	0.050	0.076	0.095	0.143	0.094	0.100

以表 5.2 第 1 列为例说明这些直接消耗系数的经济意义：农业部门每生产单位产出(1 亿元)，要直接消耗 0.159 亿元本部门产品、0.171 亿元工业产品、0.002 亿元建筑业产品、0.021 亿元运输邮电业服务、0.027 亿元批发零售与餐饮业服务、0.050 亿元其他服务

业.直接消耗系数反映了国民经济各个产品部门之间的生产联系,这些联系是通过中间投入或者中间消耗发生的.

由于在一个经济系统中,不同部门之间存在着这样的相互关联,故而对一个部门产品的外部需求的变化就会引起所考虑部门甚至所有部门的产出量的变化.投入产出分析的主要目标之一就是研究这些变化,更深入的研究可参阅有关投入产出的书籍,如文献[6].

在技术水平没有明显提高的情况下,可以假设直接消耗系数不变.在这个假设下建立投入产出的数学模型,并根据表 5.1 和表 5.2 回答下列问题:

(1) 如果某年对农业、工业、建筑业、运输邮电业、批零餐饮业和其他服务业的外部需求分别为 1500, 4200, 3000, 500, 950, 3000 亿元,问这 6 个部门的总产出分别应为多少?

(2) 如果 6 个部门的外部需求分别增加 1 个单位,问它们的总产出应分别增加多少?

(3) 投入产出分析称为可行的,是指对于任意给定的、非负的外部需求,都能得到非负的总产出.为了可行,直接消耗系数应满足什么条件?

模型 设有 n 个部门,记一定时期内第 i 个部门的总产出为 x_i,其中对第 j 个部门的投入为 x_{ij},外部需求为 d_i,则

$$x_i = \sum_{j=1}^{n} x_{ij} + d_i, \quad i = 1,2,\cdots,n. \tag{1}$$

表 5.1 的每一行都满足(1)式.根据直接消耗系数 a_{ij} 的定义有

$$a_{ij} = x_{ij}/x_j, \quad i,j = 1,2,\cdots,n, \tag{2}$$

注意到每个部门的总产出等于总投入,所以可将(2)式中的 x_j 视为第 j 列的总投入.由(1)式,(2)式得

$$x_i = \sum_{j=1}^{n} a_{ij}x_j + d_i, \quad i = 1,2,\cdots,n. \tag{3}$$

记直接消耗系数矩阵 $\boldsymbol{A}=(a_{ij})_{n\times n}$,产出向量 $\boldsymbol{x}=(x_1,x_2,\cdots,x_n)^{\mathrm{T}}$,需求向量 $\boldsymbol{d}=(d_1,d_2,\cdots,d_n)^{\mathrm{T}}$,则(3)式可写作

$$\boldsymbol{x} = \boldsymbol{A}\boldsymbol{x} + \boldsymbol{d}, \tag{4}$$

或

$$(\boldsymbol{I} - \boldsymbol{A})\boldsymbol{x} = \boldsymbol{d}, \tag{5}$$

其中 $\boldsymbol{I}$ 是单位矩阵.

当直接消耗系数 $\boldsymbol{A}$ 和外部需求 $\boldsymbol{d}$ 给定后,求解线性方程组(5)即可得各部门的总产出 $\boldsymbol{x}$.在 5.4 节中将继续讨论这个问题.

5.1.2 一年生植物的繁殖(续)

问题 2.2.3 节讨论了一年生植物的繁殖,若一棵植物秋季产种的平均数为 c,种子能够活过一个冬天的比例为 b,1 岁的种子能在春季发芽的比例为 a_1,两岁的种子能在春季发芽的比例为 a_2,假定种子最多可以活过两个冬天,建立的是二阶常系数差分方程.如果在繁

殖过程中我们知道了某一年植物的数量，并希望若干年后它的数量达到给定的规模，就需要在原来模型的基础上改进，求出第二年(及以后诸年)这种植物的数量.

模型 记第 k 年的植物数量为 x_k，实验2中(12.2)式给出的模型为(到 n 年为止)

$$x_k + px_{k-1} + qx_{k-2} = 0, \quad k = 2,3,\cdots,n, \tag{6}$$

其中 $p=-a_1bc$，$q=-a_2b(1-a_1)bc$. 设已知某年有植物 x_0，要求 n 年后数量达到 x_n，则差分方程(6)可以改写为如下的线性方程组

$$\boldsymbol{Ax} = \boldsymbol{b}, \tag{7}$$

其中

$$\boldsymbol{A} = \begin{bmatrix} p & 1 & & & & \\ q & p & 1 & & & \\ & q & p & 1 & & \\ & & \ddots & \ddots & \ddots & \\ & & & q & p & 1 \\ & & & & q & p \end{bmatrix}, \quad \boldsymbol{x} = \begin{bmatrix} x_1 \\ x_2 \\ x_3 \\ \vdots \\ x_{n-2} \\ x_{n-1} \end{bmatrix}, \quad \boldsymbol{b} = \begin{bmatrix} -qx_0 \\ 0 \\ 0 \\ \vdots \\ 0 \\ -x_n \end{bmatrix}. \tag{8}$$

为得到第二年(及以后诸年)植物的数量 x_1(及 $x_2, \cdots, x_{n-1}$)需求解线性方程组(7). 这里 $\boldsymbol{A}$ 是稀疏矩阵(非零元素很少)，处理方法将在5.4节中讨论.

5.1.3 按年龄分组的种群增长

问题 野生或饲养的动物因繁殖而增加，因自然死亡和人为屠杀而减少，不同年龄动物的繁殖率、死亡率有较大差别，因此在研究某一种群数量的变化时，需要考虑按年龄分组的种群增长.

将种群按年龄等间隔地分成若干个年龄组，时间也离散化为时段. 给定各年龄组种群的繁殖率和死亡率(在稳定环境下不妨假定它们与时段无关)，建立按年龄分组的种群增长模型，讨论要使某一个时段种群按年龄组的分布达到给定值，那么前一时段的分布应怎样？分析时间充分长以后种群按年龄组分布的稳定情况，并求其稳定分布.

模型及其求解 设种群按年龄等间隔地分成 n 个年龄组，记 $i=1,2,\cdots,n$，时段记作 $k=0,1,2,\cdots$，且年龄组区间与时段长度相等(若5岁为一个年龄组，则5年为一个时段). 以雌性个体为研究对象比较方便，以下种群数量均指其中的雌性.

记第 i 年龄组在时段 k 的数量为 $x_i(k)$；第 i 年龄组的繁殖率为 b_i，表示每个(雌性)个体在一个时段内繁殖的数量；第 i 年龄组的死亡率为 d_i，表示一个时段内死亡数与总数之比，$s_i=1-d_i$，称为存活率.

为建立 $x_i(k)$ 的变化规律我们注意到，第1年龄组在时段 $k+1$ 的数量为各年龄组在时段 k 繁殖的数量之和，即

$$x_1(k+1) = \sum_{i=1}^{n} b_i x_i(k), \quad k = 0,1,\cdots \tag{9}$$

而第 $i+1$ 年龄组在时段 $k+1$ 的数量是第 i 年龄组在时段 k 存活下来的数量，即

$$x_{i+1}(k+1)=s_i x_i(k),\quad i=1,2,\cdots,n-1,\quad k=0,1,\cdots \tag{10}$$

记种群各年龄组在时段 k 的数量(向量)为

$$\boldsymbol{x}(k)=[x_1(k),x_2(k),\cdots,x_n(k)]^{\mathrm{T}}, \tag{11}$$

将 b_i 和 s_i 排成如下的矩阵(称 Leslie 矩阵)

$$\boldsymbol{L}=\begin{bmatrix} b_1 & b_2 & \cdots & b_{n-1} & b_n \\ s_1 & 0 & \cdots & 0 & 0 \\ 0 & s_2 & \cdots & 0 & 0 \\ \vdots & \vdots & & \vdots & \vdots \\ 0 & 0 & \cdots & s_{n-1} & 0 \end{bmatrix}, \tag{12}$$

则(9)式，(10)式可表为

$$\boldsymbol{x}(k+1)=\boldsymbol{L}\boldsymbol{x}(k),\quad k=0,1,\cdots \tag{13}$$

(13) 式称为**线性差分方程组**.

要使下一个时段的种群按年龄组的分布达到给定值 $\boldsymbol{x}(k+1)$，求当前时段的种群按年龄组的分布，只需要求解线性方程组(13). 在 5.4 节中将继续讨论这个问题.

5.2　求解线性代数方程组的直接法

含 n 个未知数、由 n 个方程组成的线性方程组可表示为

$$\begin{cases} a_{11}x_1+a_{12}x_2+\cdots+a_{1n}x_n=b_1, \\ a_{21}x_1+a_{22}x_2+\cdots+a_{2n}x_n=b_2, \\ \qquad\qquad\vdots \\ a_{n1}x_1+a_{n2}x_2+\cdots+a_{nn}x_n=b_n. \end{cases} \tag{14}$$

若记 $\boldsymbol{A}=(a_{ij})_{n\times n}$，$\boldsymbol{x}=(x_1,x_2,\cdots,x_n)^{\mathrm{T}}$，$\boldsymbol{b}=(b_1,b_2,\cdots,b_n)^{\mathrm{T}}$，则线性方程组(14)可表示为矩阵—向量形式

$$\boldsymbol{A}\boldsymbol{x}=\boldsymbol{b}, \tag{15}$$

$\boldsymbol{A}$ 称为系数矩阵. 求解线性方程组的方法一般有两类：直接法和迭代法.

直接法　经过有限次算术运算能求出精确解(不考虑舍入误差)或者判定解不存在的方法. 主要包括高斯消元法和 LU 分解.

迭代法　从某个初始近似解出发，通过逐次得到的近似解去逼近准确解的方法. 主要包括雅可比(Jacobi)方法和高斯-赛德尔(Gauss-Seidel)方法.

5.2.1　高斯消元法

消元法由消元过程和回代过程组成. 用一个数字例子说明这两个过程：

$$\begin{cases}2x_1 + 2x_2 - 3x_3 = 9, \\ x_1 + 3x_2 - x_3 = 6, \\ 2x_1 + x_2 - 2x_3 = 7.\end{cases} \tag{16}$$

第1方程乘(−1/2)加入第2方程,第1方程乘(−1)加入第3方程,得

$$\begin{cases}2x_1 + 2x_2 - 3x_3 = 9, \\ 2x_2 + \frac{1}{2}x_3 = \frac{3}{2}, \\ -x_2 + x_3 = -2.\end{cases} \tag{17}$$

第2方程乘(1/2)加入第3方程,得

$$\begin{cases}2x_1 + 2x_2 - 3x_3 = 9, \\ 2x_2 + \frac{1}{2}x_3 = \frac{3}{2}, \\ \frac{5}{4}x_3 = -\frac{5}{4},\end{cases} \tag{18}$$

这就是消元过程.由第3方程得到 $x_3=-1$,代入第2方程得到 $x_2=1$,再代入第1方程得到 $x_1=2$,为回代过程.

若将方程组(16)~(18)表为如(15)式那样的矩阵—向量形式,则上面消元过程的第1步相当于(16)式左乘矩阵 $\begin{bmatrix}1 & 0 & 0 \\ -1/2 & 1 & 0 \\ -1 & 0 & 1\end{bmatrix}$,第2步相当于(17)式再左乘矩阵 $\begin{bmatrix}1 & 0 & 0 \\ 0 & 1 & 0 \\ 0 & 1/2 & 1\end{bmatrix}$.

对于一般的线性方程组(15),共 $n-1$ 步的消元过程相当于依次左乘如下的一系列矩阵 $\boldsymbol{M}_1, \boldsymbol{M}_2, \cdots, \boldsymbol{M}_{n-1}$:

$$\boldsymbol{M}_k = \begin{bmatrix}1 & & & & & \\ & \ddots & & & & \\ & & 1 & & & \\ & & -\frac{a_{k+1,k}^{(k)}}{a_{kk}^{(k)}} & 1 & & \\ & & \vdots & & \ddots & \\ & & -\frac{a_{nk}^{(k)}}{a_{kk}^{(k)}} & & & 1\end{bmatrix}, \quad k = 1,2,\cdots,n-1, \tag{19}$$

$\boldsymbol{M}_k$ 中空白处的元素均为0,$a_{ik}^{(k)}$ $(i=k,k+1,\cdots,n)$ 是第 k 步消元时第 i 个方程中 x_k 的系数,而 $a_{kk}^{(k)}$ 称为**主元**,消元中要假定主元

$$a_{kk}^{(k)} \neq 0, \quad k = 1,2,\cdots,n. \tag{20}$$

用 $\boldsymbol{M}_1, \boldsymbol{M}_2, \cdots, \boldsymbol{M}_{n-1}$ 依次左乘(15)的结果是

$$\boldsymbol{M}_{n-1}\cdots\boldsymbol{M}_2\boldsymbol{M}_1\boldsymbol{A}\boldsymbol{x} = \boldsymbol{M}_{n-1}\cdots\boldsymbol{M}_2\boldsymbol{M}_1\boldsymbol{b}. \tag{21}$$

记 $\boldsymbol{M}_{n-1}\cdots\boldsymbol{M}_2\boldsymbol{M}_1=\boldsymbol{M}$,因为 $\boldsymbol{M}_1, \boldsymbol{M}_2, \cdots, \boldsymbol{M}_{n-1}$ 都是**单位下三角矩阵**(对角元素为1,上三角

元素为0)，所以$\boldsymbol{M}$仍是单位下三角矩阵. 当$n-1$步消元结束后方程组(21)左边的矩阵$\boldsymbol{MA}$变为**上三角矩阵**(如线性方程组(18)的系数矩阵，其下三角元素为0)，记作$\boldsymbol{U}$，即

$$\boldsymbol{MA}=\boldsymbol{U}. \tag{22}$$

(21)式写作

$$\boldsymbol{Ux}=\boldsymbol{Mb}. \tag{23}$$

$\boldsymbol{U}$的对角元素为$a_{kk}^{(k)}\neq 0(k=1,2,\cdots,n)$.

回代过程利用线性方程组(23)中$\boldsymbol{U}$是可逆的上三角矩阵，很容易按照$x_n,x_{n-1},\cdots,x_1$的顺序求解.

消元法的前提条件是主元不等于零，即(20)式，容易证明它等价于$\boldsymbol{A}$的所有顺序主子式

$$\boldsymbol{D}_k=\begin{vmatrix} a_{11} & \cdots & a_{1k} \\ \vdots & & \vdots \\ a_{k1} & \cdots & a_{kk} \end{vmatrix}\neq 0,\quad k=1,2,\cdots,n.$$

实际上，在用消元法解线性方程组的过程中，即使$a_{kk}^{(k)}\neq 0(k=1,2,\cdots,n)$，但是其绝对值很小时，用它作除数会导致很大的舍入误差. 所以在进行到第k步消元时，不论$a_{kk}^{(k)}$是否为0，都在第k列中选择$|a_{ik}^{(k)}|(i=k,\cdots,n)$最大的一个作为主元(称为**列主元**)，将其所在行与第k行交换后再按上述方法进行下去，称为**列主元消去法**.

5.2.2　LU分解

(1) 矩阵LU分解

因为线性方程组(22)中的单位下三角矩阵$\boldsymbol{M}$可逆，记$\boldsymbol{L}=\boldsymbol{M}^{-1}$，$\boldsymbol{L}$仍为单位下三角矩阵，由(23)式得

$$\boldsymbol{LUx}=\boldsymbol{b}. \tag{24}$$

与待解线性方程组(15)$\boldsymbol{Ax}=\boldsymbol{b}$相比较可知，消元过程相当于将系数矩阵$\boldsymbol{A}$分解为$\boldsymbol{L}$与$\boldsymbol{U}$的乘积，即有如下结论：

如果n阶矩阵$\boldsymbol{A}$的顺序主子式不为零，则$\boldsymbol{A}$可分解为一个单位下三角矩阵$\boldsymbol{L}$和一个上三角矩阵$\boldsymbol{U}$的乘积

$$\boldsymbol{A}=\boldsymbol{LU}, \tag{25}$$

且分解是惟一的. 这种分解叫做**矩阵LU分解**.

线性方程组$\boldsymbol{Ax}=\boldsymbol{b}$的系数矩阵$\boldsymbol{A}$实现LU分解后，就化为求解两个简单的线性方程组：

$$\boldsymbol{Ly}=\boldsymbol{b},\quad \boldsymbol{Ux}=\boldsymbol{y}. \tag{26}$$

(2) 经交换阵变换的LU分解

如果只知道矩阵$\boldsymbol{A}$可逆而不能保证其顺序主子式不为零，那么在消元过程中可能会遇到某个$a_{kk}^{(k)}=0$的情况，但这时必至少有一个$a_{ik}^{(k)}\neq 0(i=k+1,\cdots,n)$(为什么?)，只需像列主

元消元法那样，将列主元所在的第 i 行与第 k 行交换后，即可继续施行消元过程，而这种行交换相当于 $\boldsymbol{A}$ 左乘一个单位阵两行交换的初等交换矩阵，于是将 $\boldsymbol{A}$ 化为上三角矩阵 $\boldsymbol{U}$ 的过程相当于 $\boldsymbol{A}$ 左乘一系列的初等交换矩阵和单位下三角矩阵，记这些初等交换矩阵的乘积为 $\boldsymbol{P}$，$\boldsymbol{P}$ 是单位矩阵经若干次行交换的交换矩阵，类似于(22)式可得到

$$\boldsymbol{MPA} = \boldsymbol{U}. \tag{27}$$

仍记 $\boldsymbol{L}=\boldsymbol{M}^{-1}$，就得到以下结论：

如果 $\boldsymbol{A}$ 可逆，则存在单位下三角矩阵 $\boldsymbol{L}$、上三角矩阵 $\boldsymbol{U}$ 和交换矩阵 $\boldsymbol{P}$，使

$$\boldsymbol{PA} = \boldsymbol{LU}. \tag{28}$$

(28)式与(25)式的 LU 分解只差一个交换阵因子.

(3) 对称正定矩阵的 LU 分解

一些实际问题经常归结为求解具有对称正定矩阵的线性方程组，这时系数矩阵的 LU 分解具有更简单的形式：

若 $\boldsymbol{A}$ 对称正定，则存在对角元素为正的下三角矩阵 $\boldsymbol{L}$ 使

$$\boldsymbol{A} = \boldsymbol{LL}^{\mathrm{T}}, \tag{29}$$

这称为对称正定矩阵的 **Cholesky 分解**.

(4) 三对角矩阵的 LU 分解

在三次样条插值和其他一些计算中，会遇到求解系数矩阵 $\boldsymbol{A}$ 具有三对角形式的线性方程组，这时 $\boldsymbol{A}$ 的 LU 分解(假定分解存在)有简单的计算公式.

将 $\boldsymbol{A}$ 的 LU 分解表为

$$\boldsymbol{A} = \begin{bmatrix} b_1 & c_1 & & & \\ a_2 & b_2 & c_2 & & \\ & \ddots & \ddots & \ddots & \\ & & a_{n-1} & b_{n-1} & c_{n-1} \\ & & & a_n & b_n \end{bmatrix} = \begin{bmatrix} 1 & & & & \\ l_2 & 1 & & & \\ & l_3 & \ddots & & \\ & & \ddots & 1 & \\ & & & l_n & 1 \end{bmatrix} \begin{bmatrix} u_1 & c_1 & & & \\ & u_2 & c_2 & & \\ & & \ddots & \ddots & \\ & & & u_{n-1} & c_{n-1} \\ & & & & u_n \end{bmatrix}. \tag{30}$$

$\boldsymbol{L}$ 和 $\boldsymbol{U}$ 的计算公式为

$$\begin{cases} u_1 = b_1, \\ l_i = a_i/u_{i-1}, & i = 2,3,\cdots,n, \\ u_i = b_i - l_i c_{i-1}, & i = 2,3,\cdots,n. \end{cases} \tag{31}$$

线性方程组 $\boldsymbol{Ax}=\boldsymbol{f}$ 可通过等价的两个三角形线性方程组 $\boldsymbol{Ly}=\boldsymbol{f}$ 和 $\boldsymbol{Ux}=\boldsymbol{y}$ 求解如下：

$$\begin{cases} y_1 = f_1, \\ y_i = f_i - l_i y_{i-1}, \quad i = 2,\cdots,n; \end{cases} \qquad \begin{cases} x_n = y_n/u_n, \\ x_i = (y_i - c_i x_{i+1})/u_i, \quad i = n-1,\cdots,1. \end{cases} \tag{32}$$

(31)式～(32)式称为求解三对角形线性方程组的追赶法.

5.2.3 解的误差分析

(1) 病态方程组和病态矩阵

由实际问题导出的线性方程组 $\boldsymbol{Ax}=\boldsymbol{b}$ 中，系数矩阵 $\boldsymbol{A}$ 和右端向量 $\boldsymbol{b}$ 往往带有误差(扰动)，解的误差分析是讨论 $\boldsymbol{A}$ 或 $\boldsymbol{b}$ 的微小变化对解 $\boldsymbol{x}$ 的影响. 先看一个例子：线性方程组

$$\begin{bmatrix}1 & 1\\ 1 & 1.001\end{bmatrix}\begin{bmatrix}x_1\\ x_2\end{bmatrix}=\begin{bmatrix}2\\ 2\end{bmatrix} \tag{33}$$

的解是 $\boldsymbol{x}=(2,\ 0)^{\mathrm{T}}$，若右端项稍有变化

$$\begin{bmatrix}1 & 1\\ 1 & 1.001\end{bmatrix}\begin{bmatrix}x_1\\ x_2\end{bmatrix}=\begin{bmatrix}2\\ 2.001\end{bmatrix}, \tag{34}$$

则解变为 $\boldsymbol{x}=(1,\ 1)^{\mathrm{T}}$，右端项 $\boldsymbol{b}$ 的微小变化引起解 $\boldsymbol{x}$ 的很大变化，真乃“差之毫厘，谬以千里”，可以说 $\boldsymbol{x}$ 对 $\boldsymbol{b}$ 的扰动是敏感的. 分析其原因是，系数矩阵 $\boldsymbol{A}$ 的两个行向量近于线性相关，对应于图 5.1 中的两条直线 M_1N_1 和 M_2N_2 近于平行，当 $\boldsymbol{b}$ 的微小变化引起 M_2N_2 的微小平移(图 5.1 中虚线)时，两条直线的交点(即线性方程组的解)改变很大.

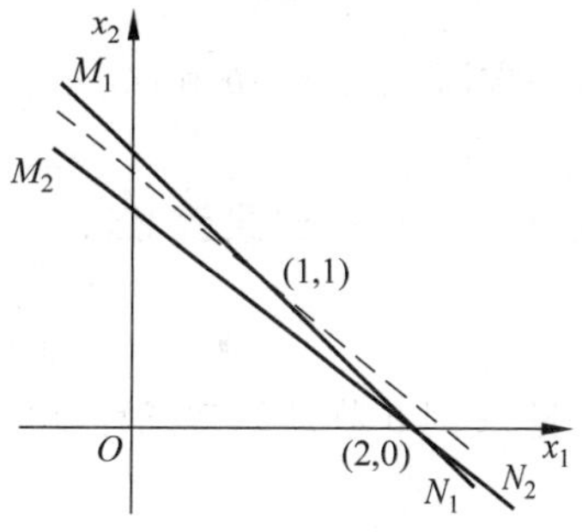

图 5.1 方程组(33)和(34)的图示

一般地，若线性方程组系数矩阵或右端项的微小扰动(或称摄动)引起解的很大变化，就称为**病态线性方程组**，系数矩阵称为**病态矩阵**. 反之，分别称为**良态线性方程组**和**良态矩阵**.

从上面的例子可以想到，近于奇异的矩阵大概是病态的. 为了衡量矩阵的“性态”，首先要有度量矩阵“大小”的指标，而这种指标与度量向量大小的指标有密切关系.

(2) 向量范数和矩阵范数

对于 n 维空间向量 $\boldsymbol{x}=(x_1,x_2,\cdots,x_n)^{\mathrm{T}}$，习惯上用的向量模称为向量的 **2-范数**，记作

$$\|\boldsymbol{x}\|_2=\Big(\sum_{i=1}^{n}x_i^2\Big)^{1/2}. \tag{35}$$

一般地定义 **$\boldsymbol{p}$-范数**为

$$\|\boldsymbol{x}\|_p=\Big(\sum_{i=1}^{n}|x_i|^p\Big)^{1/p},\quad p\geqslant 1, \tag{36}$$

其中常用的除 2-范数外，还有 $p=1$ 时的 **1-范数**

$$\|\boldsymbol{x}\|_1=\sum_{i=1}^{n}|x_i| \tag{37}$$

和 $p\to\infty$ 时的**∞-范数**

$$\|\boldsymbol{x}\|_\infty=\max_{1\leqslant i\leqslant n}|x_i|. \tag{38}$$

矩阵 $\boldsymbol{A}=(a_{ij})_{n\times n}$ 的1-范数(又称**列范数**)、∞-范数(又称**行范数**)和 2-范数分别定义为

$$\|\boldsymbol{A}\|_1 = \max_j \sum_{i=1}^{n} |a_{ij}|, \tag{39}$$

$$\|\boldsymbol{A}\|_\infty = \max_i \sum_{j=1}^{n} |a_{ij}|, \tag{40}$$

$$\|\boldsymbol{A}\|_2 = \sqrt{\lambda_{\max}(\boldsymbol{A}^{\mathrm{T}}\boldsymbol{A})}, \tag{41}$$

其中$\lambda_{\max}(\boldsymbol{A}^{\mathrm{T}}\boldsymbol{A})$表示$\boldsymbol{A}^{\mathrm{T}}\boldsymbol{A}$的最大特征值.如上定义的矩阵范数与向量范数之间满足

$$\|\boldsymbol{Ax}\|_p \leqslant \|\boldsymbol{A}\|_p \cdot \|\boldsymbol{x}\|_p, \quad p = 1,2,\cdots,\infty, \tag{42}$$

称为矩阵范数与向量范数的**相容性条件**.

(3) 矩阵条件数

下面讨论线性方程组$\boldsymbol{Ax}=\boldsymbol{b}$右端$\boldsymbol{b}$的扰动$\delta\boldsymbol{b}$引起$\boldsymbol{x}$的扰动$\delta\boldsymbol{x}$(设$\boldsymbol{A}$不变),这时有$\boldsymbol{A}(\boldsymbol{x}+\delta\boldsymbol{x})=\boldsymbol{b}+\delta\boldsymbol{b}$,即$\boldsymbol{A}\delta\boldsymbol{x}=\delta\boldsymbol{b}$,可得

$$\delta\boldsymbol{x} = \boldsymbol{A}^{-1}\delta\boldsymbol{b}. \tag{43}$$

由(42)式(略去下标p),有

$$\|\delta\boldsymbol{x}\| \leqslant \|\boldsymbol{A}^{-1}\| \cdot \|\delta\boldsymbol{b}\|. \tag{44}$$

另一方面,由$\boldsymbol{Ax}=\boldsymbol{b}$和(42)式有$\|\boldsymbol{b}\| \leqslant \|\boldsymbol{A}\| \cdot \|\boldsymbol{x}\|$,即

$$\|\boldsymbol{x}\| \geqslant \|\boldsymbol{b}\| / \|\boldsymbol{A}\|. \tag{45}$$

联合(44)式、(45)式就得到

$$\frac{\|\delta\boldsymbol{x}\|}{\|\boldsymbol{x}\|} \leqslant \|\boldsymbol{A}^{-1}\| \cdot \|\boldsymbol{A}\| \cdot \frac{\|\delta\boldsymbol{b}\|}{\|\boldsymbol{b}\|}. \tag{46}$$

可见,$\boldsymbol{x}$对$\boldsymbol{b}$扰动的敏感程度取决于$\|\boldsymbol{A}^{-1}\| \cdot \|\boldsymbol{A}\|$.定义

$$\mathrm{cond}(\boldsymbol{A}) = \|\boldsymbol{A}^{-1}\| \cdot \|\boldsymbol{A}\|, \tag{47}$$

称为$\boldsymbol{A}$的**条件数**,则

$$\frac{\|\delta\boldsymbol{x}\|}{\|\boldsymbol{x}\|} \leqslant \mathrm{cond}(\boldsymbol{A}) \cdot \frac{\|\delta\boldsymbol{b}\|}{\|\boldsymbol{b}\|}, \tag{48}$$

即条件数可作为误差的上界.

考虑$\boldsymbol{A}$的扰动$\delta\boldsymbol{A}$引起$\boldsymbol{x}$的扰动$\delta\boldsymbol{x}$(设$\boldsymbol{b}$不变),这时有$(\boldsymbol{A}+\delta\boldsymbol{A})(\boldsymbol{x}+\delta\boldsymbol{x})=\boldsymbol{b}$,类似地可推导出,当$\|\delta\boldsymbol{A}\|$足够小,使得$\|\boldsymbol{A}^{-1}\| \cdot \|\delta\boldsymbol{A}\| < 1$时,有

$$\frac{\|\delta\boldsymbol{x}\|}{\|\boldsymbol{x}\|} \leqslant \frac{\mathrm{cond}(\boldsymbol{A})}{1-\mathrm{cond}(\boldsymbol{A}) \cdot \dfrac{\|\delta\boldsymbol{A}\|}{\|\boldsymbol{A}\|}} \cdot \frac{\|\delta\boldsymbol{A}\|}{\|\boldsymbol{A}\|}. \tag{49}$$

由(48)式,(49)式可知,解$\boldsymbol{x}$对右端项$\boldsymbol{b}$和系数矩阵$\boldsymbol{A}$扰动的敏感程度取决于$\boldsymbol{A}$的条件数.$\boldsymbol{A}$的条件数越大,解的相对误差就可能越大,所以条件数反映了线性方程组的性态.若$\boldsymbol{A}$的条件数相对地大,即$\mathrm{cond}(\boldsymbol{A}) \gg 1$,则线性方程组$\boldsymbol{Ax}=\boldsymbol{b}$是病态的,$\mathrm{cond}(\boldsymbol{A})$越大,病态越严重,越难获得比较准确的解.反之,若$\boldsymbol{A}$的条件数相对的小,则方程是良态的.

(4) 希尔伯特(Hilbert)矩阵

n阶希尔伯特矩阵定义为

$$H = \begin{bmatrix} 1 & 1/2 & \cdots & 1/n \\ 1/2 & 1/3 & \cdots & 1/(n+1) \\ \vdots & \vdots & & \vdots \\ 1/n & 1/(n+1) & \cdots & 1/(2n-1) \end{bmatrix}. \tag{50}$$

当 n 较大时 $\boldsymbol{H}$ 呈严重病态，常作为研究病态现象的系数矩阵. 如 5 阶希尔伯特矩阵的 1-条件数 $\mathrm{cond}(\boldsymbol{H})_1 \approx 9.4\times10^5$，2-条件数 $\mathrm{cond}(\boldsymbol{H})_2 \approx 4.8\times10^5$，对于线性方程组 $\boldsymbol{Hx}=\boldsymbol{b}$，$\boldsymbol{x}$ 的(相对)误差可以达到 $\boldsymbol{b}$(或 $\boldsymbol{H}$)的(相对)误差的 10^5 倍以上.

5.3 求解线性代数方程组的迭代法

直接法一般适用于中、小型的线性方程组(如 $n<10^4$)，而在科学计算和工程技术中常会遇到具有大型稀疏矩阵(指 n 很大且零元素较多)的线性方程组，这时从计算和存储两方面来说，迭代法都是一种更合适的选择.

5.3.1 雅可比迭代和高斯-赛德尔迭代

先看如下的数字例子：

$$\begin{cases} 9x_1 - x_2 - x_3 = 7, \\ -x_1 + 10x_2 - x_3 = 8, \\ -x_1 - x_2 + 15x_3 = 13. \end{cases} \tag{51}$$

线性方程组(51)可等价地写为

$$\begin{cases} x_1 = \dfrac{1}{9}x_2 + \dfrac{1}{9}x_3 + \dfrac{7}{9}, \\ x_2 = \dfrac{1}{10}x_1 + \dfrac{1}{10}x_3 + \dfrac{8}{10}, \\ x_3 = \dfrac{1}{15}x_1 + \dfrac{1}{15}x_2 + \dfrac{13}{15}. \end{cases} \tag{52}$$

利用线性方程组(52)可以进行如下形式的迭代(用上标 (k) 表示迭代步数)：

$$\begin{cases} x_1^{(k+1)} = \dfrac{1}{9}x_2^{(k)} + \dfrac{1}{9}x_3^{(k)} + \dfrac{7}{9}, \\ x_2^{(k+1)} = \dfrac{1}{10}x_1^{(k)} + \dfrac{1}{10}x_3^{(k)} + \dfrac{8}{10}, \\ x_3^{(k+1)} = \dfrac{1}{15}x_1^{(k)} + \dfrac{1}{15}x_2^{(k)} + \dfrac{13}{15}. \end{cases} \tag{53}$$

对选定的初始解 $\boldsymbol{x}^{(0)}=(x_1^{(0)},x_2^{(0)},x_3^{(0)})^{\mathrm{T}}$，可由(53)式迭代计算 $\boldsymbol{x}^{(1)}$，$\boldsymbol{x}^{(2)}$，$\cdots$. 如取 $\boldsymbol{x}^{(0)}=(0,0,0)^{\mathrm{T}}$，计算至 $k=3$ 时可得 $\boldsymbol{x}^{(4)}=(0.9987,0.9988,0.9991)^{\mathrm{T}}$，已经与线性方程组(51)的精确解 $\boldsymbol{x}=(1,1,1)^{\mathrm{T}}$ 非常接近. 这就是求解线性方程组的**雅可比迭代法**.

从(53)式的迭代过程很容易发现,计算 $x_2^{(k+1)}$ 时 $x_1^{(k+1)}$ 已经知道,计算 $x_3^{(k+1)}$ 时 $x_1^{(k+1)}$ 和 $x_2^{(k+1)}$ 均已知道.因此,如果在计算 $x_2^{(k+1)}$ 和 $x_3^{(k+1)}$ 时,用最新的值 $x_1^{(k+1)}$ 和 $x_2^{(k+1)}$ 进行迭代,则可得如下的公式:

$$\begin{cases} x_1^{(k+1)} = \dfrac{1}{9}x_2^{(k)} + \dfrac{1}{9}x_3^{(k)} + \dfrac{7}{9}, \\ x_2^{(k+1)} = \dfrac{1}{10}x_1^{(k+1)} + \dfrac{1}{10}x_3^{(k)} + \dfrac{8}{10}, \\ x_3^{(k+1)} = \dfrac{1}{15}x_1^{(k+1)} + \dfrac{1}{15}x_2^{(k+1)} + \dfrac{13}{15}. \end{cases} \tag{54}$$

称为**高斯-赛德尔迭代法**.

对方程组(51)用以上两种迭代公式计算的结果如表5.3所示,可以发现高斯-赛德尔迭代法比雅可比迭代法收敛要快.

表5.3　对方程组(51)雅可比迭代法和高斯-赛德尔迭代法的计算结果

k	x^T(雅可比迭代法)	x^T(高斯-赛德尔迭代法)
0	(0,0,0)	(0,0,0)
1	(0.7778, 0.8000, 0.8667)	(0.7778, 0.8778, 0.9770)
2	(0.9630, 0.9644, 0.9719)	(0.9839, 0.9961, 0.9987)
3	(0.9929, 0.9935, 0.9952)	(0.9994, 0.9998, 0.9999)
4	(0.9987, 0.9988, 0.9991)	(1.0000, 1.0000, 1.0000)

对于一般的线性方程组 $\boldsymbol{Ax}=\boldsymbol{b}$,假设 $a_{ii}\neq 0(i=1,2,\cdots,n)$,雅可比迭代公式是

$$\begin{cases} x_1^{(k+1)} = \dfrac{1}{a_{11}}(-a_{12}x_2^{(k)} - a_{13}x_3^{(k)} - \cdots - a_{1n}x_n^{(k)} + b_1), \\ x_2^{(k+1)} = \dfrac{1}{a_{22}}(-a_{21}x_1^{(k)} - a_{23}x_3^{(k)} - \cdots - a_{2n}x_n^{(k)} + b_2), \\ \qquad\vdots \\ x_n^{(k+1)} = \dfrac{1}{a_{nn}}(-a_{n1}x_1^{(k)} - a_{n2}x_2^{(k)} - \cdots - a_{n,n-1}x_{n-1}^{(k)} + b_n). \end{cases} \tag{55}$$

如果将 $\boldsymbol{A}$ 分解为

$$\boldsymbol{A} = \boldsymbol{D} - \boldsymbol{L} - \boldsymbol{U},$$

$$\boldsymbol{D} = \begin{bmatrix} a_{11} & 0 & \cdots & 0 \\ 0 & a_{22} & & \vdots \\ \vdots & & \ddots & 0 \\ 0 & \cdots & 0 & a_{nn} \end{bmatrix}, \quad \boldsymbol{L} = -\begin{bmatrix} 0 & & & \\ a_{21} & 0 & & \\ \vdots & & \ddots & \\ a_{n1} & \cdots & a_{n,n-1} & 0 \end{bmatrix}, \quad \boldsymbol{U} = -\begin{bmatrix} 0 & a_{12} & \cdots & a_{1n} \\ & 0 & & \vdots \\ & & \ddots & a_{n-1,1} \\ & & & 0 \end{bmatrix}, \tag{56}$$

则迭代公式(55)等价于如下的矩阵形式

$$\boldsymbol{x}^{(k+1)} = \boldsymbol{D}^{-1}(\boldsymbol{L}+\boldsymbol{U})\boldsymbol{x}^{(k)} + \boldsymbol{D}^{-1}\boldsymbol{b}, \quad k = 0,1,2,\cdots \tag{57}$$

或

$$\boldsymbol{x}^{(k+1)} = \boldsymbol{B}_{\mathrm{J}}\boldsymbol{x}^{(k)} + \boldsymbol{f}_{\mathrm{J}},\quad \boldsymbol{B}_{\mathrm{J}} = \boldsymbol{D}^{-1}(\boldsymbol{L}+\boldsymbol{U}),\quad \boldsymbol{f}_{\mathrm{J}} = \boldsymbol{D}^{-1}\boldsymbol{b}. \tag{58}$$

(57)式,(58)式为雅可比迭代,其中 $\boldsymbol{B}_{\mathrm{J}}$ 是迭代矩阵.

类似地,$\boldsymbol{Ax}=\boldsymbol{b}$ 的高斯-赛德尔迭代公式是(仍设 $a_{ii}\neq 0(i=1,2,\cdots,n)$)

$$\begin{cases} x_1^{(k+1)} = \dfrac{1}{a_{11}}(-a_{12}x_2^{(k)} - a_{13}x_3^{(k)} - \cdots - a_{1n}x_n^{(k)} + b_1), \\ x_2^{(k+1)} = \dfrac{1}{a_{22}}(-a_{21}x_1^{(k+1)} - a_{23}x_3^{(k)} - \cdots - a_{2n}x_n^{(k)} + b_2), \\ \qquad\vdots \\ x_n^{(k+1)} = \dfrac{1}{a_{nn}}(-a_{n1}x_1^{(k+1)} - a_{n2}x_2^{(k+1)} - \cdots - a_{n,n-1}x_{n-1}^{(k)} + b_n). \end{cases} \tag{59}$$

等价于如下的矩阵形式

$$\boldsymbol{x}^{(k+1)} = \boldsymbol{D}^{-1}(\boldsymbol{L}\boldsymbol{x}^{(k+1)} + \boldsymbol{U}\boldsymbol{x}^{(k)}) + \boldsymbol{D}^{-1}\boldsymbol{b},\quad k = 0,1,2,\cdots. \tag{60}$$

经整理有

$$\boldsymbol{x}^{(k+1)} = \boldsymbol{B}_{\mathrm{G\text{-}S}}\boldsymbol{x}^{(k)} + \boldsymbol{f}_{\mathrm{G\text{-}S}},\quad \boldsymbol{B}_{\mathrm{G\text{-}S}} = (\boldsymbol{D}-\boldsymbol{L})^{-1}\boldsymbol{U},\quad \boldsymbol{f}_{\mathrm{G\text{-}S}} = (\boldsymbol{D}-\boldsymbol{L})^{-1}\boldsymbol{b}. \tag{61}$$

(60)式,(61)式为高斯-赛德尔迭代,其中 $\boldsymbol{B}_{\mathrm{G\text{-}S}}$ 是迭代矩阵.

雅可比迭代公式简单,特别适合并行计算;高斯-赛德尔迭代计算出的 $x_i^{(k+1)}$ 可立即存入 $x_i^{(k)}$ 的位置,只需一个向量存储单元,是典型的串行计算,一般情况下收敛会快些.

5.3.2 迭代法的收敛性和收敛速度

用迭代法计算都会遇到是否收敛及收敛速度的问题.上面用两种迭代法求解线性方程组 $\boldsymbol{Ax}=\boldsymbol{b}$ 时,先将它表为等价形式

$$\boldsymbol{x} = \boldsymbol{Bx} + \boldsymbol{f}, \tag{62}$$

再得到迭代形式

$$\boldsymbol{x}^{(k+1)} = \boldsymbol{Bx}^{(k)} + \boldsymbol{f},\quad k = 0,1,2,\cdots \tag{63}$$

设 $\boldsymbol{x}^*$ 是原线性方程组的解,即

$$\boldsymbol{x}^* = \boldsymbol{Bx}^* + \boldsymbol{f}. \tag{64}$$

(63)式与(64)式相减后再由 $k=0$ 递推可得:

$$\boldsymbol{x}^{(k)} - \boldsymbol{x}^* = \boldsymbol{B}^k(\boldsymbol{x}^{(0)} - \boldsymbol{x}^*). \tag{65}$$

由此可知,$k\to\infty$ 时序列 $\{\boldsymbol{x}^{(k)}\}$ 收敛于 $\boldsymbol{x}^*$ 等价于 $\boldsymbol{B}^k$ 趋于 $\boldsymbol{0}$,而 $\boldsymbol{B}^k$ 趋于 $\boldsymbol{0}$ 等价于 $\boldsymbol{B}$ 的所有特征值(取模)小于1.这时称迭代公式(或迭代法)收敛.

记 n 阶矩阵 $\boldsymbol{B}$ 的特征值为 λ_i,称

$$\rho(\boldsymbol{B}) = \max_i |\lambda_i| \tag{66}$$

为 $\boldsymbol{B}$ 的**谱半径**.由上述分析可得:

迭代公式(63)收敛的充要条件是 $\boldsymbol{B}$ 的谱半径 $\rho(\boldsymbol{B})<1$.

可以证明,矩阵的谱半径不超过它的(任一种)范数,即 $\rho(\boldsymbol{B})\leqslant\|\boldsymbol{B}\|$,所以若

$\|\boldsymbol{B}\|=q<1$,则迭代公式(63)收敛,且有误差估计式

$$\|\boldsymbol{x}^{(k+1)}-\boldsymbol{x}^*\|\leqslant\frac{q}{1-q}\|\boldsymbol{x}^{(k+1)}-\boldsymbol{x}^{(k)}\|,\tag{67}$$

$$\|\boldsymbol{x}^{(k+1)}-\boldsymbol{x}^*\|\leqslant\frac{q^{k+1}}{1-q}\|\boldsymbol{x}^{(1)}-\boldsymbol{x}^{(0)}\|.\tag{68}$$

可以看出,q 越小序列$\{\boldsymbol{x}^{(k)}\}$收敛越快.(67)式还表明:只要 q 不太接近于1,当相邻两次迭代结果 $\boldsymbol{x}^{(k+1)}$,$\boldsymbol{x}^{(k)}$ 相近时,$\boldsymbol{x}^{(k+1)}$ 就与精确解 $\boldsymbol{x}^*$ 很接近.因此在实际计算中,可以用 $\|\boldsymbol{x}^{(k+1)}-\boldsymbol{x}^{(k)}\|\leqslant\varepsilon$ 作为迭代终止的条件.

实际上,上面给出的收敛条件 $\rho(\boldsymbol{B})<1$,$\|\boldsymbol{B}\|=q<1$ 只有在得到迭代矩阵 $\boldsymbol{B}$ 以后才能检验,我们更需要直接根据系数矩阵 $\boldsymbol{A}$ 的性质来判别迭代法的收敛性.两个常用的结果如下:

若 $\boldsymbol{A}$ 是严格对角占优的,即 $|a_{ii}|>\sum_{j\neq i}|a_{ij}|\ (i=1,2,\cdots,n)$,则雅可比迭代和高斯-赛德尔迭代均收敛.

若 $\boldsymbol{A}$ 对称正定,则高斯-赛德尔迭代法收敛.

5.3.3 超松弛迭代

超松弛 (successive over relaxation,SOR)迭代法是对高斯-赛德尔迭代的一种改进.

首先用高斯-赛德尔迭代的(60)式左端的 $\boldsymbol{x}^{(k+1)}$ 作为中间结果$\tilde{\boldsymbol{x}}^{(k+1)}$,即

$$\tilde{\boldsymbol{x}}^{(k+1)}=\boldsymbol{D}^{-1}(\boldsymbol{L}\boldsymbol{x}^{(k+1)}+\boldsymbol{U}\boldsymbol{x}^{(k)})+\boldsymbol{D}^{-1}\boldsymbol{b}.\tag{69}$$

再取$\tilde{\boldsymbol{x}}^{(k+1)}$和 $\boldsymbol{x}^{(k)}$ 的加权平均作为最终结果 $\boldsymbol{x}^{(k+1)}$,即

$$\boldsymbol{x}^{(k+1)}=\omega\tilde{\boldsymbol{x}}^{(k+1)}+(1-\omega)\boldsymbol{x}^{(k)},\tag{70}$$

其中 ω 为加权因子,$\omega>1$ 时称为超松弛迭代,$\omega<1$ 时称为低松弛迭代,$\omega=1$ 时退化为高斯-赛德尔迭代.

为分析其收敛性,需将(69)式,(70)式写成如下标准迭代公式:

$$\boldsymbol{x}^{(k+1)}=\boldsymbol{B}_\omega\boldsymbol{x}^{(k)}+\boldsymbol{f}_\omega,\quad \boldsymbol{B}_\omega=(\boldsymbol{D}-\omega\boldsymbol{L})^{-1}[\omega\boldsymbol{U}+(1-\omega)\boldsymbol{D}],\quad \boldsymbol{f}_\omega=\omega(\boldsymbol{D}-\omega\boldsymbol{L})^{-1}\boldsymbol{b}.\tag{71}$$

迭代公式(71)收敛的充要条件是谱半径 $\rho(\boldsymbol{B}_\omega)<1$.这个结果并不好用,一个特殊情况如下:

若 $\boldsymbol{A}$ 对称正定,则迭代公式(71)收敛的充要条件是 $0<\omega<2$.

SOR 迭代法可以看做是带参数的高斯-赛德尔迭代法,是解大型稀疏矩阵方程组的有效方法之一.

5.4 线性方程组数值解法的 MATLAB 实现

5.4.1 相关的 MATLAB 命令

(1) 求解方程组 $\boldsymbol{A}\boldsymbol{x}=\boldsymbol{b}$

输入 $\boldsymbol{A}$,$\boldsymbol{b}$ 后用左除命令:x=A\b.若 $\boldsymbol{A}$ 为可逆方阵,输出原方程的解 $\boldsymbol{x}$;若 $\boldsymbol{A}$ 为 $n\times m$

矩阵($n>m$),且 $\boldsymbol{A}^{\mathrm{T}}\boldsymbol{A}$ 可逆,输出原方程的最小二乘解 $\boldsymbol{x}$.

(2) 矩阵 LU 分解

[x,y]=lu(A)　输出 x 为一交换矩阵与单位下三角矩阵之积,y 为上三角矩阵;

[x,y,p]=lu(A)　输出 x 为单位下三角矩阵,y 为上三角矩阵,p 为交换矩阵,使 pA=xy;

u =chol(A)　对正定对称矩阵 A 的 Cholesky 分解,输出 u 为上三角矩阵,使 $A=u^{T}u$.

(3) 矩阵的范数、条件数、秩、特征值

n=norm(x,1)　输入 x 为向量或矩阵,输出为 x 的 1-范数.

n=norm(x)　输入 x 为向量或矩阵,输出为 x 的 2-范数.

n=norm(x,inf)　输入 x 为向量或矩阵,输出为 x 的∞-范数.

c=cond(x,1)　输入 x 为矩阵,输出 x 的 1-条件数.

c=cond(x)　输入 x 为矩阵,输出 x 的 2-条件数.

c=cond(x,inf)　输入 x 为矩阵,输出 x 的∞-条件数.

r=rcond(x)　输入 x 为矩阵,输出 x 的条件数倒数的估计值.

r=rank(x)　输入 x 为向量,输出 x 的秩.

e=eig(x)　输入 x 为矩阵,输出 x 的全部特征值.

[V,D] = eig (x)　输入 x 为矩阵,输出 D 是由特征值组成的对角矩阵,V 是以特征向量为列组成的矩阵,使 xV = VD.

(4) 提取(产生)对角阵

v=diag(x)　若输入向量 x,则输出 v 是以 x 为对角元素的对角矩阵;
若输入矩阵 x,则输出 v 是 x 的对角元素构成的向量.

v=diag(diag(x))　输入矩阵 x,输出 v 是 x 的对角元素构成的对角矩阵,可用于迭代法中从 A 中提取 D.

(5) 提取(产生)上(下)三角矩阵

v=triu(x)　输入矩阵 x,输出 v 是 x 的上三角矩阵.

v=tril(x)　输入矩阵 x,输出 v 是 x 的下三角矩阵.

v=triu(x,1)　输入矩阵 x,输出 v 是 x 的上三角矩阵,但对角元素为 0,可用于迭代法中从 A 中提取 U.

v=tril(x,−1)　输入矩阵 x,输出 v 是 x 的下三角矩阵,但对角元素为 0,可用于迭代法中从 A 中提取 L.

(6) 特殊矩阵

h=hilb(n)　输出是 n 阶希尔伯特矩阵(由(50)式定义),n 较大时呈严重病态.

p=pascal(n)　输出是 n 阶 Pascal 矩阵,对称正定,请读者观察其特点.

(7) 稀疏矩阵

对稀疏矩阵的存储和运算做特殊处理，是 MATLAB 进行大规模科学计算时的特点和优势之一．用以下语句输入稀疏矩阵的非零元素(零元素不必输入)，即可进行运算．

S＝sparse(i,j,s,m,n)	表示在第 i 行、第 j 列输入数值 s，矩阵共 m 行 n 列，输出 S 为一稀疏矩阵，给出 (i,j) 及 s.
SS＝full(S)	输入稀疏矩阵 S，输出 SS 为满矩阵(包含零元素).

如

```
S=sparse(2,3,1,2,4),SS=full(S)
```

得到

```
S = (2,3)      1
SS= 0     0     0     0
    0     0     1     0
```

i,j,s 也可用数组形式输入，如

```
i=[1,2];j=[2,3];s=[1,2];S=sparse(i,j,s,3,4),SS=full(S)
```

得到

```
S =(1,2)          1
    (2,3)         2
SS =0     1     0     0
    0     0     2     0
    0     0     0     0
```

用下面的例子说明稀疏矩阵计算的优点：

设

$$\boldsymbol{A}=\begin{bmatrix}4 & 1 & & & \\ 1 & 4 & 1 & & \\ & 1 & 4 & \ddots & \\ & & \ddots & \ddots & 1 \\ & & & 1 & 4\end{bmatrix}_{n\times n},\quad \boldsymbol{b}=\begin{bmatrix}1\\2\\\vdots\\n\end{bmatrix},$$

用稀疏矩阵和满矩阵分别求解 $\boldsymbol{Ax}=\boldsymbol{b}$，对计算时间进行比较．

设 $n=1000,2000,\cdots$，编制以下程序计算：

```
n=1000,
A1=sparse(1:n,1:n,4,n,n);        % 输入 A 的对角元素
A2=sparse(1:n-1,2:n,1,n,n);      % 输入 A 的(上)次对角元素
```

```
A=A1+A2+A2';                      % 输入 A 的对角元素
b=[1:n]';
tic; x=A\b; t1=toc                % 输出用稀疏矩阵求解的时间 t1
AA=full(A);                       % 与满矩阵作比较
tic; xx=AA\b; t2=toc              % 输出用满矩阵求解的时间 t2
y=sum(x)                          % 为检验 x 与 x x 相同分别输出其分量之和
yy=sum(xx)
```

结果 y 与 yy 相同,而 t1 与 t2 相差巨大.

下面继续讨论 5.1 提出的 3 个实例.

5.4.2 投入产出分析(续)

(1) 如果某年对农业、工业、建筑业、运输邮电业、批零餐饮业和其他服务业的外部需求分别为 1500, 4200, 3000, 500, 950, 3000 亿元,求这 6 个部门的总产出.

编制以下程序解方程组(5):

```
A=[0.159  0.047  0.080  0.008  0.054  0.002;
   0.171  0.512  0.502  0.257  0.238  0.226;
   0.002  0.001  0.001  0.013  0.010  0.023;
   0.021  0.031  0.045  0.104  0.029  0.027;
   0.027  0.045  0.049  0.027  0.056  0.050;
   0.050  0.076  0.095  0.143  0.094  0.100];    % 按表 5.2 输入直接消耗系数矩阵 A
d=[1500;4200;3000;500;950;3000];                 % 输入外部需求 d
B=eye(6)-A;                                      % I-A
x=B\d                                            % 解方程组(5)
```

得到

```
x=3277    17872    3210    1672    2478    5888
```

即 6 个部门的总产出分别应为 3277, 17872, 3210, 1672, 2478, 5888(亿元).

(2) 如果 6 个部门的外部需求分别增加 1 个单位,问它们的总产出应分别增加多少.

从方程组(5)可得

$$\boldsymbol{x} = (\boldsymbol{I} - \boldsymbol{A})^{-1}\boldsymbol{d}. \tag{72}$$

表明总产出 $\boldsymbol{x}$ 对外部需求 $\boldsymbol{d}$ 是线性的,所以当 $\boldsymbol{d}$ 增加 1 个单位(记作 $\Delta\boldsymbol{d}$)时,$\boldsymbol{x}$ 的增量为 $\Delta\boldsymbol{x}=(\boldsymbol{I}-\boldsymbol{A})^{-1}\Delta\boldsymbol{d}$. 若农业的外部需求增加 1 个单位,$\Delta\boldsymbol{d}=(1,0,0,0,0,0)^{\mathrm{T}}$,$\Delta\boldsymbol{x}$ 为$(\boldsymbol{I}-\boldsymbol{A})^{-1}$的第 1 列; 工业和建筑业的外部需求增加 1 个单位,$\Delta\boldsymbol{x}$ 为$(\boldsymbol{I}-\boldsymbol{A})^{-1}$的第 2,3 列; 依此类推. 于是接上面程序用矩阵求逆命令计算:

```
dx=inv(b)
```

得到

```
dx=1.2266  0.1413  0.1827  0.0658  0.1148  0.0512
   0.5624  2.3327  1.3554  0.8253  0.7284  0.6869
   0.0075  0.0106  1.0117  0.0231  0.0175  0.0302
   0.0549  0.0959  0.1145  1.1583  0.0707  0.0658
   0.0709  0.1310  0.1396  0.0898  1.1107  0.1010
   0.1325  0.2349  0.2642  0.2692  0.1970  1.1962
```

可知当农业的需求增加 1 个单位时,农业、工业、建筑业、运输邮电业、批零餐饮业和其他服务业的总产出应分别增加 1.2266,0.5624,0.0075,0.0549,0.0709,0.1325 单位. 其余类似. 这些数字称**部门关联系数**

(3) 讨论为使投入产出分析是可行的(对任意、非负的外部需求都能得到非负的总产出),直接消耗系数应满足什么条件.

要使对任意的需求 $\boldsymbol{d}\geqslant\boldsymbol{0}$,由(72)式能够得到总产出 $\boldsymbol{x}\geqslant\boldsymbol{0}$,显然只需$(\boldsymbol{I}-\boldsymbol{A})^{-1}\geqslant\boldsymbol{0}$(指每个元素非负,下同).

因为 $(\boldsymbol{I}-\boldsymbol{A})(\boldsymbol{I}+\boldsymbol{A}+\boldsymbol{A}^2+\cdots+\boldsymbol{A}^k)=\boldsymbol{I}-\boldsymbol{A}^{k+1}$,且 $\boldsymbol{A}\geqslant\boldsymbol{0}$,所以只要 $\boldsymbol{A}^k\rightarrow\boldsymbol{0}(k\rightarrow\infty)$,就有$(\boldsymbol{I}-\boldsymbol{A})^{-1}=\sum_{k=0}^{\infty}\boldsymbol{A}^k\geqslant\boldsymbol{0}$. 而由矩阵范数的性质可知 $\boldsymbol{A}^k\rightarrow\boldsymbol{0}$ 与 $\|\boldsymbol{A}^k\|\rightarrow 0$ 等价,且 $\|\boldsymbol{A}^k\|\leqslant\|\boldsymbol{A}\|^k$,故只要 $\|\boldsymbol{A}\|_1<1$ (这里取便于应用的 1-范数),即

$$\sum_{i=1}^{n}a_{ij}<1,\quad j=1,2,\cdots,n, \tag{73}$$

投入产出分析就是可行的.

如果直接消耗系数矩阵 $\boldsymbol{A}$ 是根据实际数据算出的(如由表 5.1 得到表 5.2),由(2)式可知(73)式等价于

$$\sum_{i=1}^{n}x_{ij}<x_j,\quad j=1,2,\cdots,n. \tag{74}$$

由表 5.1 可知,只要初始投入非负,(74)式自然成立,因而投入产出分析可行.

5.4.3 一年生植物的繁殖(续)

设 $c=10$,$a_1=0.5$,$a_2=0.25$,$b=0.20$,开始有 100 棵植物,要求 50 年后有 1000 棵植物,则方程组(7),(8)中 $p=-a_1bc=-1$,$q=-a_2b(1-a_1)bc=-0.05$,$n=50$,$x_0=100$,$x_{50}=1000$,用以下两种方法求解方程组(7),(8).

① 用 MATLAB 对稀疏矩阵的特殊处理,编程如下:

```
p=-1;q=-0.05;x0=100;xn=1000; n=49;
A1=sparse(1:n,1:n,p,n,n);            % 输入 A 的对角元素
A2=sparse(1:n-1,2:n,1,n,n);          % 输入 A 的(上)次对角元素
A3=sparse(2:n,1:n-1,q,n,n);          % 输入 A 的(下)次对角元素
A=A1+A2+A3;
i=[1,n];j=[1,1];s=[-q*x0,-xn];
```

```
b=sparse(i,j,s,n,1);                    % 输入 b
x=A\b;                                  % 用稀疏矩阵求解
x1=x(1),                                % 输出第 2 年植物数量 x1
k=0:n+1;xx=[x0,x',xn];
plot(k,xx),grid
```

得到

```
x1 = 101.7097
```

x_k的图形如图 5.2 所示.

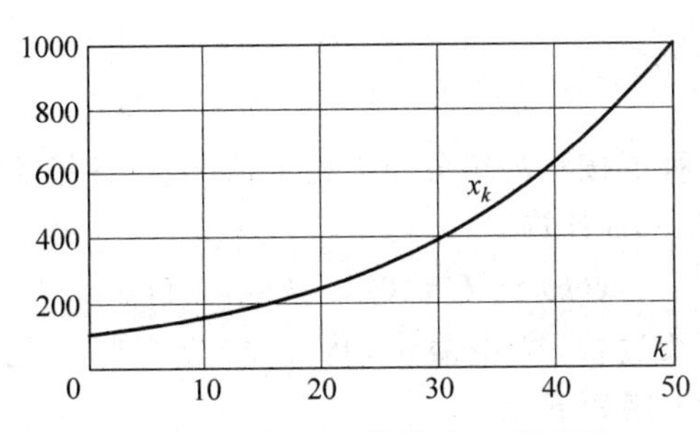

图 5.2 一年生植物繁殖 x_k 的图形

若取第 2 年植物 102 棵,按照(6)式计算,x_{50}与 1000 稍有出入.

② 用求解三对角形方程组(30)～(32)的追赶法,编程如下:

```
p=-1;q=-0.05;x0=100;xn=1000; n=49;
f=zeros(n,1);f(1)=-q*x0;f(n)=-xn;       % 输入方程右端项
u(1)=p;y(1)=f(1);                       % 输入 li,ui初值
for i=2:n                               % 递推计算方程组(31),(32)的 li,ui,yi
    l(i)=q/u(i-1);
    u(i)=p-l(i);
    y(i)=f(i)-l(i)*y(i-1);
end
x=zeros(1,n);
x(n)=y(n)/u(n);
for i=n-1:-1:1                          % 递推计算(32)式中的 xi
      x(i)=(y(i)-x(i+1))/u(i);
end
x
```

得到的结果相同.

5.4.4 按年龄分组的种群增长(续)

设一种群分成 5 个年龄组,繁殖率 b1=0,b2=0.2,b3=1.8,b4=0.8,b5=0.2,存活率 s1=0.5,s2=0.8,s3=0.8,s4=0.1.

要使各年龄组下一时段的数量分别为400只、190只、150只、120只、10只，由(12)式，(13)式用MATLAB计算当前时段各年龄组的数量x1的程序如下：

```
b=[0,0.2,1.8,0.8,0.2];
s=diag([0.5,0.8,0.8,0.1]);            % 对角阵,对角元素为0.5,0.8,0.8,0.1
L=[b;s,zeros(4,1)];                   % 按照(12)式构造矩阵L
x11=[400;190;150;120;10];             % 赋下一时段的给定值
x=L\x11;
x1=round(x)                           % 求当前时段各年龄组的数量x1
```

得到

```
x1=380    188    150    100    63
```

为分析时间充分长后种群按年龄组分布的稳定情况，设各年龄组初始数量均为100只，由(12)式，(13)式用MATLAB计算

$$\boldsymbol{x}(k)=\boldsymbol{L}^k\boldsymbol{x}(0),\quad k=0,1,\cdots$$

为了防止$\boldsymbol{x}(k)$的分量增长过快，产生溢出，将$\boldsymbol{x}(k)$进行归一化（归一化后的向量记为$\tilde{\boldsymbol{x}}(k)$）. 关于$\boldsymbol{x}(k)$，$\tilde{\boldsymbol{x}}(k)$的程序如下：

```
x(:,1)=100*ones(5,1);                 % 赋初值
n=30;
for k=1:n
    x(:,k+1)=L*x(:,k);                % 按照(13)式迭代计算,这里b,s,L的定义与上面相同
end
round(x),
y=diag([1./sum(x)]);                  % 为向量x归一化做的计算
z=x*y,                                % z是向量x的归一化
k=0:30;
subplot(1,2,1), plot(k,x),grid,       % 在一个图形窗内画两张图
subplot(1,2,2), plot(k,z),grid
```

得到的结果见表5.4，表5.5和图5.3.

表5.4　$\boldsymbol{x}(k)$的计算结果

k	0	1	2	3	4	…	26	27	28	29	30
$x_1(k)$	100	300	220	155	265	…	393	403	412	423	434
$x_2(k)$	100	50	150	110	77	…	190	196	201	206	211
$x_3(k)$	100	80	40	120	88	…	149	152	157	161	165
$x_4(k)$	100	80	64	32	96	…	117	120	122	126	129
$x_5(k)$	100	10	8	6	3	…	11	12	12	12	13

表 5.5 $\tilde{x}(k)$的计算结果

k	0	1	2	3	…	27	28	29	30
$\tilde{x}_1(k)$	0.2000	0.5769	0.4564	0.3658	…	0.4564	0.4553	0.4559	0.4562
$\tilde{x}_2(k)$	0.2000	0.0962	0.3112	0.2599	…	0.2224	0.2229	0.2218	0.2222
$\tilde{x}_3(k)$	0.2000	0.1538	0.0830	0.2836	…	0.1726	0.1737	0.1737	0.1730
$\tilde{x}_4(k)$	0.2000	0.1538	0.1328	0.0756	…	0.1355	0.1349	0.1354	0.1355
$\tilde{x}_5(k)$	0.2000	0.0192	0.0166	0.0151	…	0.0132	0.0132	0.0131	0.0132

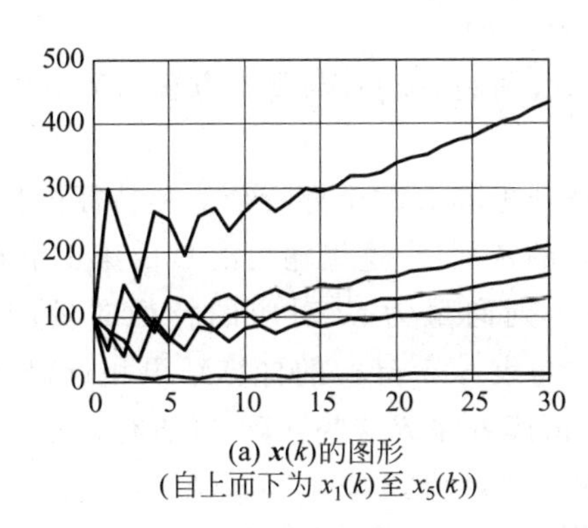

(a) $x(k)$的图形
(自上而下为 $x_1(k)$至 $x_5(k)$)

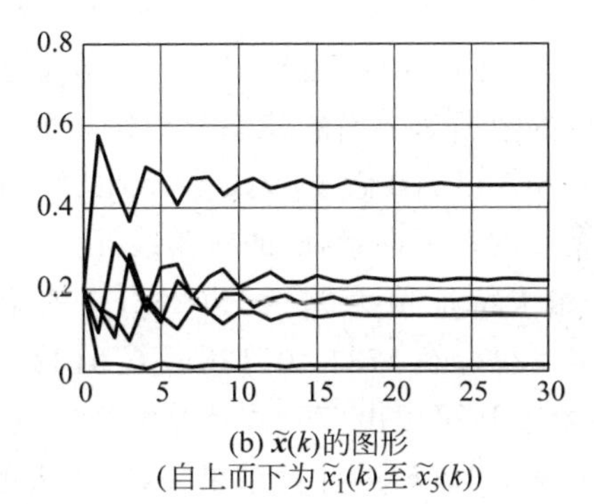

(b) $\tilde{x}(k)$的图形
(自上而下为 $\tilde{x}_1(k)$至 $\tilde{x}_5(k)$)

图 5.3 计算结果的可视化

结果分析 从表 5.4 和图 5.3(b)可以看出,时间充分长以后种群按年龄组的分布向量 $\tilde{\boldsymbol{x}}(k)$趋向稳定,这种状况与 Leslie 矩阵的如下性质有关(设矩阵 $\boldsymbol{L}$ 第一行有两个顺序的 b_i 大于零):

矩阵 $\boldsymbol{L}$ 有正单特征值 λ_1,对应特征向量为

$$\boldsymbol{x}^* = \left[1, \frac{s_1}{\lambda_1}, \frac{s_1 s_2}{\lambda_1^2}, \cdots, \frac{s_1 s_2 \cdots s_{n-1}}{\lambda_1^{n-1}}\right]^{\mathrm{T}}. \tag{75}$$

对于 $\boldsymbol{L}$ 的其他特征值 λ_i 有 $|\lambda_i| < \lambda_1 (i=2,3,\cdots,n)$,且由(13)式确定的 $\boldsymbol{x}(k)$满足

$$\lim_{k\to\infty} \frac{\boldsymbol{x}(k)}{\lambda_1^k} = c\boldsymbol{x}^*, \tag{76}$$

其中 c 是与 b_i, s_i, $\boldsymbol{x}(0)$有关的常数(请读者在矩阵 $\boldsymbol{L}$ 可对角化的条件下证明(76)式).

由上述性质可以对时间充分长以后的 $\boldsymbol{x}(k)$, $\tilde{\boldsymbol{x}}(k)$做出如下分析(以下 λ_1 记作 λ):

(1) 记归一化的特征向量 $\boldsymbol{x}^*$ 为$\tilde{\boldsymbol{x}}$,则

$$\tilde{\boldsymbol{x}}(k) \approx \tilde{\boldsymbol{x}} \tag{77}$$

与 $\boldsymbol{x}(0)$无关,即按年龄组的分布向量$\tilde{\boldsymbol{x}}(k)$趋向**稳定分布**$\tilde{\boldsymbol{x}}$.

(2) 因为 $\boldsymbol{x}(k) \approx c\lambda^k \boldsymbol{x}^*$,所以

$$\boldsymbol{x}(k+1) \approx \lambda \boldsymbol{x}(k), \tag{78}$$

即各年龄组的数量按照同一比例 λ 增减,λ 称**固有增长率**.可将(78)式与基本方程(13)相对比.

(3) 由 $\boldsymbol{L}$ 的特征方程

$$\lambda^n - (b_1\lambda^{n-1} + s_1b_2\lambda^{n-2} + \cdots + s_1s_2\cdots s_{n-1}b_n) = 0 \tag{79}$$

可知,当

$$b_1 + s_1b_2 + s_1s_2b_3 + \cdots + s_1s_2\cdots s_{n-1}b_n = 1 \tag{80}$$

时固有增长率 $\lambda=1$,各年龄组的数量不变,且由(75)式知特征向量

$$\boldsymbol{x}^* = [1, s_1, s_1s_2, \cdots, s_1s_2\cdots s_{n-1}]^{\mathrm{T}}. \tag{81}$$

再注意到 $\boldsymbol{x}(k)\approx c\lambda^k\boldsymbol{x}^*$,(81)式给出

$$x_{i+1}(k) \approx s_ix_i(k), \tag{82}$$

即存活率 s_i 等于同一时段相邻年龄组的数量之比.可将(82)式与基本方程(10)对比.

用本例的数据对上面的稳态分析作验证.

(1) 用 MATLAB 命令[V,D]=eig(L)可得到矩阵 $\boldsymbol{L}$ 的全部特征值和特征向量,其中 V 的列向量是 L 的特征向量,D 的对角线元素是 L 的特征值.这里输出的 D 的第 1 个对角线元素,即 L 的最大特征值为 $\lambda_1=1.0254$,V 的第 1 列向量为 λ_1 对应的特征向量,归一化得 $[0.4559, 0.2223, 0.1734, 0.1353, 0.0132]^{\mathrm{T}}$,与表 5.5 $\tilde{\boldsymbol{x}}(k)$的计算结果相近($k=30$),即(71)式.实际上还可以由(75)式计算特征向量,请读者完成这些计算,并进行比较.

(2) 在表 5.4$\boldsymbol{x}(k)$的计算结果中,对于大的 k 和 $i=1,2,\cdots,5$, $x_i(k+1)/x_i(k)$的值在 $\lambda=1.0254$ 附近($x_5(k)$ 的值较小,取整后计算误差较大),即(78)式.

(3) 因 $\lambda=1.0254$ 比 1 略大,可以由表 5.4 或表 5.5 对于大的 k 近似验证(82)式.

5.5 实验练习

实验目的

1. 学会用 MATLAB 软件数值求解线性代数方程组,对迭代法的收敛性和解的稳定性作初步分析;

2. 通过实例学习用线性代数方程组解决简化的实际问题.

实验内容

1. 通过求解线性方程组 $\boldsymbol{A}_1\boldsymbol{x}=\boldsymbol{b}_1$ 和 $\boldsymbol{A}_2\boldsymbol{x}=\boldsymbol{b}_2$,理解条件数的意义和方程组的性态对解的影响.其中 $\boldsymbol{A}_1$ 是 n 阶范德蒙矩阵,即

$$\boldsymbol{A}_1 = \begin{bmatrix} 1 & x_0 & x_0^2 & \cdots & x_0^{n-1} \\ 1 & x_1 & x_1^2 & \cdots & x_1^{n-1} \\ \vdots & \vdots & \vdots & & \vdots \\ 1 & x_{n-1} & x_{n-1}^2 & \cdots & x_{n-1}^{n-1} \end{bmatrix}, \quad x_k = 1+0.1k, \quad k=0,1,\cdots,n-1$$

$\boldsymbol{A}_2$是 n 阶希尔伯特矩阵(见(50)式),$\boldsymbol{b}_1$,$\boldsymbol{b}_2$分别是 $\boldsymbol{A}_1$,$\boldsymbol{A}_2$的行和.

(1) 编程构造 $\boldsymbol{A}_1$($\boldsymbol{A}_2$可直接用命令产生)和 $\boldsymbol{b}_1$,$\boldsymbol{b}_2$;你能预先知道方程组 $\boldsymbol{A}_1\boldsymbol{x}=\boldsymbol{b}_1$ 和 $\boldsymbol{A}_2\boldsymbol{x}=\boldsymbol{b}_2$ 的解吗?令 $n=5$,用左除命令求解(用预先知道的解可检验程序).

(2) 令 $n=5, 7, 9, \cdots$,计算 $\boldsymbol{A}_1$ 和 $\boldsymbol{A}_2$ 的条件数. 为观察它们是否病态,做以下试验:$\boldsymbol{b}_1$,$\boldsymbol{b}_2$ 不变,$\boldsymbol{A}_1$ 和 $\boldsymbol{A}_2$ 的元素 $A_1(n,n)$,$A_2(n,n)$ 分别加扰动 ε 后求解;$\boldsymbol{A}_1$ 和 $\boldsymbol{A}_2$ 不变,$\boldsymbol{b}_1$,$\boldsymbol{b}_2$ 的分量 $b_1(n)$,$b_2(n)$ 分别加扰动 ε 后求解. 分析 $\boldsymbol{A}$ 和 $\boldsymbol{b}$ 的微小扰动对解的影响. ε 取 10^{-10},10^{-8},10^{-6}.

(3) 经扰动得到的解记作 $\tilde{\boldsymbol{x}}$,计算误差 $\dfrac{\|\boldsymbol{x}-\tilde{\boldsymbol{x}}\|}{\|\boldsymbol{x}\|}$,与用条件数估计的误差相比较.

2. 分别用雅可比迭代法和高斯-赛德尔迭代法计算下列方程组,均取相同的初值 $\boldsymbol{x}^{(0)}=(1,1,1)^{\mathrm{T}}$,观察其计算结果,并分析其收敛性.

(1) $\begin{cases} x_1-9x_2-10x_3=1, \\ -9x_1+x_2+5x_3=0, \\ 8x_1+7x_2+x_3=4; \end{cases}$ (2) $\begin{cases} 5x_1-x_2-3x_3=-1, \\ -x_1+2x_2+4x_3=0, \\ -3x_1+4x_2+15x_3=4; \end{cases}$

(3) $\begin{cases} 10x_1+4x_2+5x_3=-1, \\ 4x_1+10x_2+7x_3=0, \\ 5x_1+7x_2+10x_3=4. \end{cases}$

3. 已知方程组 $\boldsymbol{A}\boldsymbol{x}=\boldsymbol{b}$,其中 $\boldsymbol{A}\in\mathbb{R}^{20\times 20}$,定义为

$$\boldsymbol{A}=\begin{bmatrix} 3 & -1/2 & -1/4 & & & \\ -1/2 & 3 & -1/2 & -1/4 & & \\ -1/4 & -1/2 & 3 & -1/2 & \ddots & \\ & \ddots & \ddots & \ddots & \ddots & -1/4 \\ & & -1/4 & -1/2 & 3 & -1/2 \\ & & & -1/4 & -1/2 & 3 \end{bmatrix}.$$

试通过迭代法求解此方程组,认识迭代法收敛的含义以及迭代初值和方程组系数矩阵性质对收敛速度的影响. 实验要求:

(1) 选取不同的初始向量 $\boldsymbol{x}^{(0)}$ 和不同的方程组右端项向量 $\boldsymbol{b}$,给定迭代误差要求,用雅可比迭代法和高斯-赛德尔迭代法计算,观测得到的迭代向量序列是否均收敛?若收敛,记录迭代次数,分析计算结果并得出你的结论;

(2) 取定右端向量 $\boldsymbol{b}$ 和初始向量 $\boldsymbol{x}^{(0)}$,将 $\boldsymbol{A}$ 的主对角线元素成倍增长若干次,非主对角线元素不变,每次用雅可比迭代法计算,要求迭代误差满足 $\|\boldsymbol{x}^{(k+1)}-\boldsymbol{x}^{(k)}\|_{\infty}<10^{-5}$,比较收敛速度,分析现象并得出你的结论.

4. 对于 5.1.2 节假设 $c=10$,$a_1=0.5$,$a_2=0.25$,$b=0.20$,第一年有 50 棵植物,且第 50 年后有 600 棵植物. 试分别用追赶法、稀疏系数矩阵和满矩阵求解;若 b 有 10%的误差,估计对结果的影响.

5. 设国民经济由农业、制造业和服务业三个部门构成,已知某年它们之间的投入产出关系、外部需求、初始投入等如表 5.6 所示.

表 5.6 国民经济三个部门之间的投入产出表 单位：亿元

投入 \ 产出	农业	制造业	服务业	外部需求	总产出
农业	15	20	30	35	100
制造业	30	10	45	115	200
服务业	20	60	0	70	150
初始投入	35	110	75		
总投入	100	200	150		

根据表 5.6 回答下列问题：

(1) 如果今年对农业、制造业和服务业的外部需求分别为 50，150，100 亿元，问这三个部门的总产出分别应为多少？

(2) 如果三个部门的外部需求分别增加 1 个单位，问它们的总产出应分别增加多少？

6. 有 5 个反应器连接如图 5.4 所示，各个 Q 表示外部输入、输出及反应器间的流量(m^3/min)，各个 c 表示外部输入及反应器内某物质的浓度(mg/m^3). 假定反应器内的浓度是均匀的，利用质量守恒准则建立模型，求出各反应器内的浓度 $c_1\sim c_5$，并讨论反应器 j 外部输入改变 1 个单位(mg/min)所引起的反应器 i 浓度的变化.

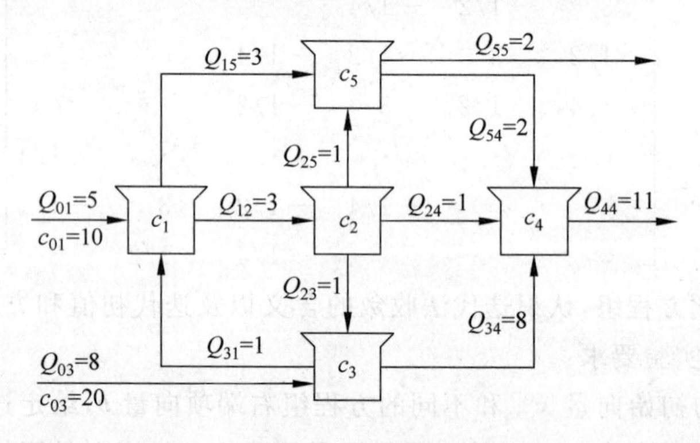

图 5.4 第 6 题图

7. 输电网络：一种大型输电网络可简化为图 5.5 所示电路，其中 $R_1, R_2, \cdots, R_n$ 表示负载电阻，$r_1, r_2, \cdots, r_n$ 表示线路内阻，$I_1, I_2, \cdots, I_n$ 表示负载上的电流. 设电源电压为 V.

(1) 列出求各负载电流 $I_1, I_2, \cdots, I_n$ 的方程；

(2) 设 $R_1=R_2=\cdots=R_n=R, r_1=r_2=\cdots=r_n=r$，在 $r=1, R=6, V=18, n=10$ 的情况下求 $I_1, I_2, \cdots, I_n$ 及总电流 I_0.

8. 有 3 个结点的钢架结构如图 5.6 所示，点 1 受到 100kg 的外力作用，点 2 是固定支点，点 3 是滑动支点. 利用力的平衡原理建立模型，求出力 $F_1, F_2, F_3, H_2, V_2, V_3$，讨论外力变化 1kg 时对各个力的影响.

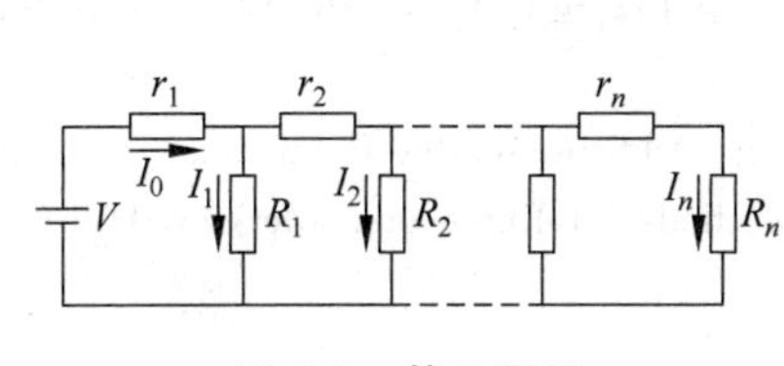

图 5.5 第 7 题图

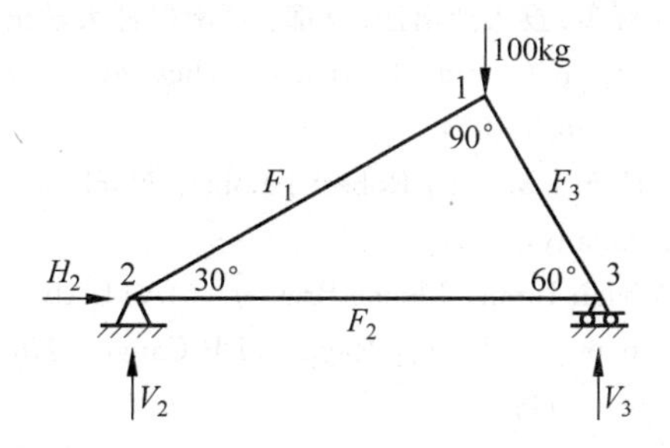

图 5.6 第 8 题图

9. 种群的繁殖与稳定收获：种群的数量因繁殖而增加，因自然死亡而减少，对于人工饲养的种群(比如家畜)而言，为了保证稳定的收获，各个年龄的种群数量应维持不变. 种群因雌性个体的繁殖而改变，为方便起见以下种群数量均指其中的雌性.

种群年龄记作 $k=1,2,\cdots,n$，当年年龄 k 的种群数量记作 x_k，繁殖率记作 b_k(每个雌性个体 1 年繁殖的数量)，自然存活率记作 s_k($s_k=1-d_k$，d_k 为 1 年的死亡率)，收获量记作 h_k，则来年年龄 k 的种群数量 $\tilde{x}_k$ 应为 $\tilde{x}_1=\sum\limits_{k=1}^{n}b_kx_k$，$\tilde{x}_{k+1}=s_kx_k-h_k$($k=1,2,\cdots,n-1$). 要求各个年龄的种群数量每年维持不变就是要使 $\tilde{x}_k=x_k$($k=1,2,\cdots,n$).

(1) 若 b_k，s_k 已知，给定收获量 h_k，建立求各年龄的稳定种群数量 x_k 的模型(用矩阵、向量表示).

(2) 设 $n=5$，$b_1=b_2=b_5=0$，$b_3=5$，$b_4=3$，$s_1=s_4=0.4$，$s_2=s_3=0.6$，如要求 $h_1\sim h_5$ 为 500，400，200，100，100，求 $x_1\sim x_5$.

(3) 要使 $h_1\sim h_5$ 均为 500，如何达到?

10. 通过下面的数字例子观察加权因子 ω 对超松弛迭代收敛速度的影响.

已知方程组

$$\begin{cases}-4x_1+x_2+x_3+x_4=1,\\ x_1-4x_2+x_3+x_4=1,\\ x_1+x_2-4x_3+x_4=1,\\ x_1+x_2+x_3-4x_4=1.\end{cases}$$

取 $\omega=0.75,1.0,1.25,1.5$，用 SOR 迭代法求解，比较其迭代结果(并与精确解相比).

参 考 文 献

[1] 姜启源，张立平，何青，高立. 数学实验. 第 2 版. 北京：高等教育出版社，2006

[2] 谌安琦. 科技工程中的数学模型. 北京：中国铁道出版社，1988

[3] 施妙根，顾丽珍. 科学和工程计算基础. 北京：清华大学出版社，1999

[4] 李庆扬，王能超，易大义. 数值分析. 第 5 版. 北京：清华大学出版社，2008

[5] 关治，陆金甫. 数值分析基础. 北京：高等教育出版社，1998

[6] 向蓉美.投入产出法.成都：西南财经大学出版社，2007

[7] Curtis F Gerald，Patrick O Wheatley. Applied Numerical Analysis. Addison-Wesley Publishing Company，1994

[8] Melvin J Maron，Robert J Lopez. Numerical Analysis—A Practical Approach. Wadsworth Publishing Company，1991

[9] Advian Biran，Moshe Breiner. MATLAB for Engineers. Addison-Wesley Publishing Company，1995

[10] Steven C Chapra，Raymond P Canale. Numerical Methods for Engineers. McGraw-Hill Companies Inc. 1998

实验 6　非线性方程求解

实验 5 讨论的线性代数方程组是一类最简单的方程组，在实际问题中，非线性代数方程和方程组大量存在，研究其有效求解方法是数值计算的基本任务之一.

方程中的未知数也称为变量或变元，只含一个未知数的方程（即一元方程或单变量方程）可以记作

$$f(x) = 0. \tag{1}$$

该方程的解也称为方程的**根**（或函数 $f(x)$ 的**零点**）. 当 $f(x)$ 为 k 次多项式时，(1)式称为 k 次**代数方程**. 对于 3 次、4 次方程，虽然可以从数学手册中或在互联网上查到求根公式，但是太复杂，一般不会有人用它；至于 5 次以上的方程就没有现成的求根公式了. 求高次代数方程的根是一个基本的、古老的数学问题，比如在线性代数中求 k 阶矩阵的特征根时就要解 k 次代数方程. 根据代数基本定理，k 次代数方程一定有 k 个根（包括复根，且重根应按重数计算根的个数），但是不一定能很快算出它的根.

一些由实际问题列出的方程，或由其他数学问题归结得到的方程中还常常包含三角函数、指数函数、对数函数等超越函数，如 $\sin x$, e^x, $\ln x$ 等，叫做**超越方程**，它与 $k(\geqslant 2)$ 次代数方程都是非线性方程. 求解超越方程不仅没有一般的公式，很难求出解析解，而且若只依据方程本身，那么连有没有解、有几个解，也难以判断. 在本书讨论中，如不特别说明，指的是求方程的实根（解）.

包含 n 个未知数的 m 个方程称为方程组，可以记作

$$\boldsymbol{F}(\boldsymbol{x}) = \boldsymbol{0}, \tag{2}$$

其中 $\boldsymbol{x}=(x_1, x_2, \cdots, x_n)^{\mathrm{T}}$ 是一个向量，$\boldsymbol{F}(\boldsymbol{x})=(f_1(\boldsymbol{x}), f_2(\boldsymbol{x}), \cdots, f_m(\boldsymbol{x}))^{\mathrm{T}}$ 是一个向量值函数. 当 $f_1(\boldsymbol{x}), f_2(\boldsymbol{x}), \cdots, f_m(\boldsymbol{x})$ 中至少有一个非线性函数时，方程组(2)称为非线性方程组. 多数情况下，方程组中包含的方程的个数等于未知数的个数（即 $m=n$）.

求解非线性方程（组）的一般方法是迭代法，其迭代公式实际上可看作一种非线性差分方程. 采用非线性迭代法时，会出现一类非常有趣的现象——分岔和混沌现象.

本实验讨论非线性方程（包括非线性方程组）的求解，6.1 节给出几个实际问题及其数学模型；6.2 节讨论非线性方程的求解方法，并推广到非线性方程组；6.3 节介绍 MATLAB 解非线性方程和方程组的命令，并给出 6.1 节问题的解；6.4 节介绍非线性差分

方程与分岔及混沌现象；6.5 节布置实验练习.

6.1 实例及其数学模型

6.1.1 路灯照明

问题 在一条 20m 宽的道路两侧，分别安装了一只 2kW 和一只 3kW 的路灯，它们离地面的高度分别为 5m 和 6m. 在漆黑的夜晚，当两只路灯开启时，两只路灯连线的路面上最暗的点和最亮的点在哪里？如果 3kW 的路灯的高度可以在 3m 到 9m 之间变化，如何使路面上最暗点的亮度最大？如果两只路灯的高度均可以在 3m 到 9m 之间变化，结果又如何？

模型 建立如图 6.1 所示的坐标系，即路面的宽度为 s，两只路灯的功率分别是 P_1 和 P_2，高度分别是 h_1 和 h_2. 设两只路灯连线的路面上某点 Q 的坐标为 $(x,0)$，其中 $0\leqslant x\leqslant s$. 假设两个光源都可以看成是点光源，并记两个光源到点 Q 的距离分别为 r_1 和 r_2，从光源到点 Q 的光线与水平面的夹角分别为 α_1 和 α_2，两个光源在点 Q 的照度分别为 I_1 和 I_2，则

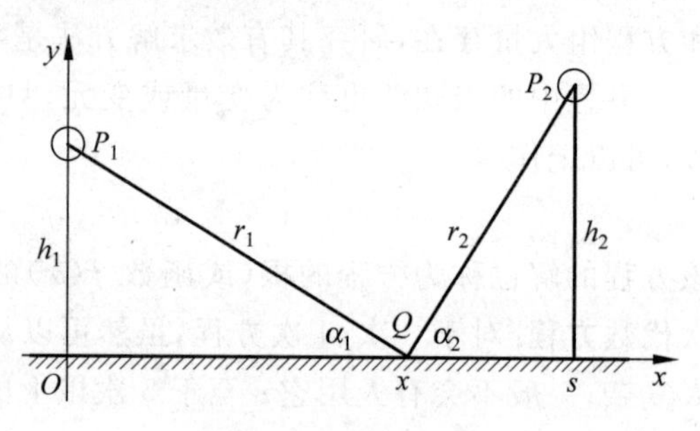

图 6.1 路灯照明

$$I_1 = k\frac{P_1\sin\alpha_1}{r_1^2},\quad I_2 = k\frac{P_2\sin\alpha_2}{r_2^2},\tag{3}$$

其中 k 是量纲单位决定的比例系数，不妨记 $k=1$. 由

$$r_1^2 = h_1^2 + x^2,\quad r_2^2 = h_2^2 + (s-x)^2,$$

$$\sin\alpha_1 = \frac{h_1}{r_1} = \frac{h_1}{\sqrt{h_1^2+x^2}},\quad \sin\alpha_2 = \frac{h_2}{r_2} = \frac{h_2}{\sqrt{h_2^2+(s-x)^2}}.\tag{4}$$

得到点 Q 的照度为

$$C(x) = \frac{P_1h_1}{\sqrt{(h_1^2+x^2)^3}} + \frac{P_2h_2}{\sqrt{(h_2^2+(s-x)^2)^3}}.\tag{5}$$

于是，求路面上最暗点和最亮点的问题化为求 $C(x)$ 的最小值点和最大值点.

先计算 $C(x)$ 的驻点. $C(x)$ 的一阶导数为

$$C'(x) = -3\frac{P_1h_1x}{\sqrt{(h_1^2+x^2)^5}} + 3\frac{P_2h_2(s-x)}{\sqrt{(h_2^2+(s-x)^2)^5}},\tag{6}$$

令 $C'(x)=0$，即

$$\frac{P_1h_1x}{\sqrt{(h_1^2+x^2)^5}} - \frac{P_2h_2(s-x)}{\sqrt{(h_2^2+(s-x)^2)^5}} = 0.\tag{7}$$

该方程的根为 $C(x)$ 的驻点，将驻点与区间端点 $x=0$ 和 $x=s$ 的函数值比较，就得到 $C(x)$ 的

最小值点和最大值点,但是方程(7)的解析解是难以求出的.

将问题中的实际数据 $P_1=2, P_2=3, h_1=5, h_2=6, s=20$ 代入(7)式后,左端记作 $f(x)$,可以采用数值方法计算 $f(x)$ 的零点.我们将在6.3节求解这个方程,找出路面上的最暗点和最亮点,并讨论路灯高度可以变化时的情形.

6.1.2 均相共沸混合物的组分

问题与模型 在化学上,确定均相共沸混合物(homogeneous azeotrope)的物质成分(简称为组分)是一项重要而困难的工作.所谓共沸混合物,是指由两种或两种以上物质组成的液体混合物,当在某种压力下被蒸馏或局部汽化时,在气体状态下和在液体状态下保持相同的组分.设该混合物由 n 个可能的组分组成,组分 i 所占的比例为 $x_i(i=1,2,\cdots,n)$,则

$$\sum_{i=1}^{n} x_i = 1, \quad x_i \geqslant 0. \tag{8}$$

均相共沸混合物应该满足稳定条件,即共沸混合物的每个组分在气体状态下和在液体状态下具有相同的化学势能.在压强 P 不大的情况下,这个条件可以表示为:

$$P = \gamma_i P_i, \quad i = 1,2,\cdots,n. \tag{9}$$

(9)式中 P_i 是组分 i 的饱和汽相压强,与温度 T 有关,可以根据如下表达式确定:

$$\ln P_i = a_i - \frac{b_i}{T + c_i}, \quad i = 1,2,\cdots,n, \tag{10}$$

其中 a_i, b_i, c_i 为常数.(9)式中 γ_i 是组分 i 的液相活度系数,可以根据如下表达式确定:

$$\ln\gamma_i = 1 - \ln\left(\sum_{j=1}^{n} x_j q_{ij}\right) - \sum_{j=1}^{n}\left[\frac{x_j q_{ji}}{\sum_{k=1}^{n} x_k q_{jk}}\right], \quad i = 1,2,\cdots,n, \tag{11}$$

其中 q_{ij} 表示组分 i 与组分 j 的交互作用参数,q_{ij} 构成交互作用矩阵 $\boldsymbol{Q}$,$\boldsymbol{Q}$ 不一定是对称矩阵.

对(9)式两边取对数,并将(10)式,(11)式代入,得到

$$\frac{b_i}{T + c_i} + \ln\left(\sum_{j=1}^{n} x_j q_{ij}\right) + \sum_{j=1}^{n}\left[\frac{x_j q_{ji}}{\sum_{k=1}^{n} x_k q_{jk}}\right] - 1 - a_i + \ln P = 0, \quad i = 1,2,\cdots,n. \tag{12}$$

由于只有当组分 i 参与到该共沸混合物中时才需要满足(12)式,所以将(12)式进一步写成

$$x_i\left[\frac{b_i}{T + c_i} + \ln\left(\sum_{j=1}^{n} x_j q_{ij}\right) + \sum_{j=1}^{n}\left[\frac{x_j q_{ji}}{\sum_{k=1}^{n} x_k q_{jk}}\right] - 1 - a_i + \ln P\right] = 0, \quad i = 1,2,\cdots,n. \tag{13}$$

给定组成均相共沸混合物的 n 种物质,参数 a_i, b_i, c_i 和交互作用矩阵 $\boldsymbol{Q}$ 是可以通过实验得到的,可以作为已知系数.在一定的压强 P 下,模型(8)式,(13)式描述了确定均相共沸

混合物的组分 x_i 的条件.在不考虑(8)式中 x_i 的非负限制时,这是含有 $n+1$ 个方程和 $n+1$ 个未知数(x_i 和 T)的非线性方程组,需要用数值方法求解,我们将在 6.4 节继续讨论.

6.2　非线性方程和方程组的基本解法

6.2.1　图形法与二分法

为了避免“大海捞针”,解方程 $f(x)=0$ 的第一步通常是确定根的近似位置或大致范围.利用 MATLAB 的函数图形功能就能帮助我们快速判断方程有没有根,并且确定根的近似位置.例如:

$$x^6-2x^4-6x^3-13x^2+8x+12=0, \tag{14}$$

$$x^2-2x-4\ln x=0. \tag{15}$$

用 MATLAB 作出方程(14),方程(15)左端函数 $f(x)$ 的图形(x 的范围需经适当调整确定),如图 6.2 所示.

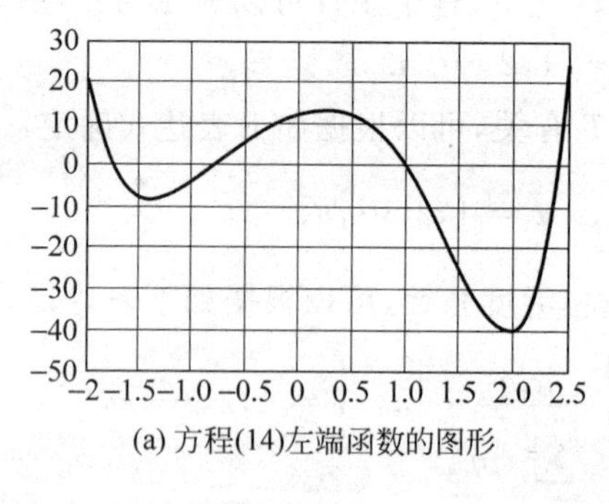

(a) 方程(14)左端函数的图形

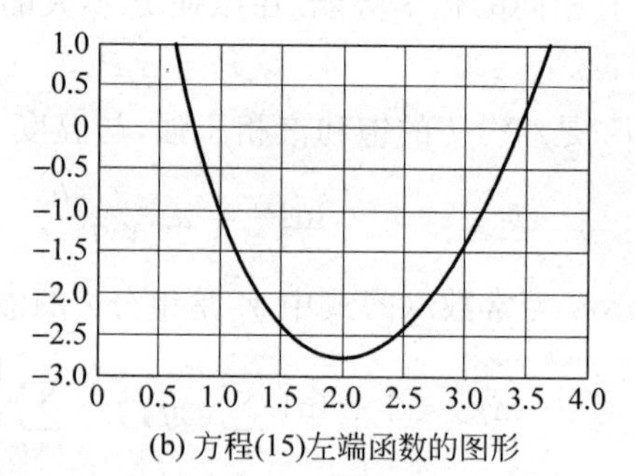

(b) 方程(15)左端函数的图形

图　6.2

从曲线 $f(x)$ 与 x 轴的交点可以看出,在图形所表示的 x 的范围内,方程(14)有 4 个根分别位于 $x=-1.75,-0.75,1.00,2.40$ 附近;方程(15)有两个根分别位于 $x=0.75,3.40$ 附近.

确定一般的非线性方程根的近似位置或大致范围的另一种方法,是基于连续函数 $f(x)$ 的如下性质:

设 $f(x)$ 是连续函数,若对于 $a<b$,有 $f(a)\cdot f(b)<0$,则在 (a,b) 内 $f(x)$ 至少有一个零点,即 $f(x)=0$ 至少有一个根.

通过试探,确定区间 (a,b) 后,可以用简单的二分法将区间缩小,具体步骤如下:

取 (a,b) 的中点 $x_0=(a+b)/2$,若 $f(x_0)=0$,则 x_0 即是根.否则,如 $f(a)\cdot f(x_0)<0$,令 $a_1=a,b_1=x_0$;如 $f(x_0)\cdot f(b)<0$,令 $a_1=x_0,b_1=b$.在 (a_1,b_1) 内至少有一个根,且 $(a,b)\supset(a_1,b_1)$.再取 (a_1,b_1) 的中点 $x_1=(a_1+b_1)/2$,如此进行下去,包含根的区间 (a_n,b_n) 的长度每次缩小一半($n=1,2,\cdots$),n 足够大时即可达到满意的精度.

采用二分法时，区间中点序列$\{x_n\}$理论上将收敛到根的真值，但收敛速度较慢，所以通常用作下面介绍的迭代方法的初步近似(初值).

6.2.2 迭代法

我们在线性方程组的数值解法中学习过迭代法，类似的思路也可以用于解非线性方程：将原方程 $f(x)=0$ 改写成等价形式 $x=\varphi(x)$，选择适当的初值 x_0，按照迭代公式

$$x_{k+1}=\varphi(x_k),\quad k=0,1,\cdots \tag{16}$$

计算，若迭代序列$\{x_n\}$收敛到 x^*，则 x^* 满足 $x^*=\varphi(x^*)$，x^* 称为**迭代函数** φ 的**不动点**，即为原方程 $f(x)=0$ 的根.

问题的关键在于如何构造迭代函数 φ，使迭代序列$\{x_n\}$以较快速度的收敛. 下面先看一个例子.

例 1 求方程 $f(x)=x^2+x-14$ 的一个正根.

解 因为 $f(3)=-2, f(4)=6$，所以有一个正根 $x^*\in(3,4)$. 实际上，用二次方程求根公式容易计算正根 $x^*=(\sqrt{57}-1)/2\approx 3.2749$. 下面我们尝试构造不同的迭代函数$\varphi(x)$，再以 $x_0=3$ 为初值，用迭代法求解.

$x=\varphi_1(x)=14-x^2$，迭代公式：$x_{k+1}=14-x_k^2$；

$x=\varphi_2(x)=14/(x+1)$，迭代公式：$x_{k+1}=14/(x_k+1)$；

$x=\varphi_3(x)=x-(x^2+x-14)/(2x+1)$，迭代公式：$x_{k+1}=x_k-(x_k^2+x_k-14)/(2x_k+1)$.

将这 3 个迭代公式前 5 步的计算结果列入表 6.1，可以看出：φ_1 产生的$\{x_n\}$根本不收敛；φ_2 产生的$\{x_n\}$虽呈现收敛趋势，但很慢；φ_3 产生的$\{x_n\}$收敛很快.

表 6.1 例 1 中不同迭代函数的迭代结果

	x_0	x_1	x_2	x_3	x_4	x_5
φ_1	3.0000	5.0000	−11.0000	−107.0000		
φ_2	3.0000	3.5000	3.1111	3.4054	3.1779	3.3510
φ_3	3.0000	3.2857	3.2749	3.2749	3.2749	3.2749

为了研究序列$\{x_n\}$收敛或发散的本质，下面先通过几何图形观察按照迭代公式(16)进行迭代的过程. 在图 6.3 中，由 x_0 得到曲线 $y=\varphi(x)$上的 P_0 点，其纵坐标为 x_1，依箭头方向经直线 $y=x$ 得到曲线 $y=\varphi(x)$上的 P_1 点，其纵坐标为 x_2，再依箭头方向进行下去，得 $P_2, P_3,\cdots$，可以看出序列$\{x_n\}$是收敛的. 而在图 6.4 中，按同样的办法产生 $P_0, P_1, P_2,\cdots$，可知序列$\{x_n\}$不收敛.

图形直观地告诉我们，之所以有如此截然不同的结果，是由于在 x^* 附近图 6.3 中的曲线 $y=\varphi(x)$较平缓，而图 6.4 中的 $y=\varphi(x)$较陡峭. 通过作图可以发现，在 x^* 附近，若曲线 $y=\varphi(x)$的斜率(取绝对值)小于直线 $y=x$ 的斜率(为 1)，则序列$\{x_n\}$将收敛；反之，当 $y=\varphi(x)$的斜率(取绝对值)大于 1 时，序列$\{x_n\}$不收敛.

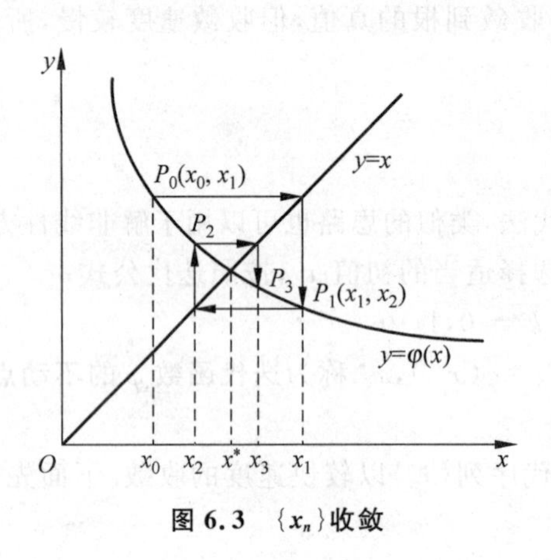

图 6.3 $\{x_n\}$收敛

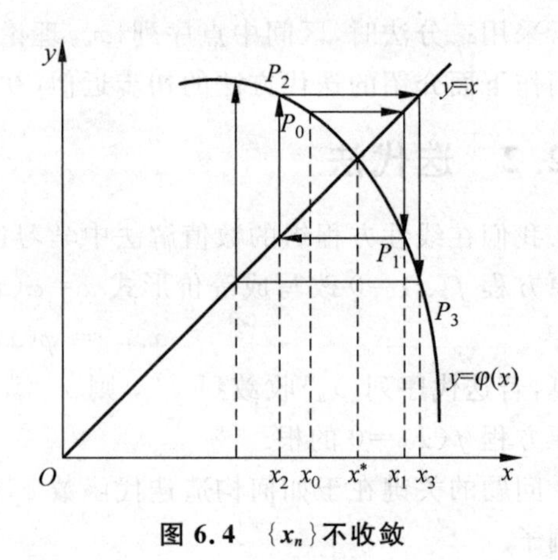

图 6.4 $\{x_n\}$不收敛

关于迭代法的收敛性,理论上有如下的所谓**局部收敛性**定理.

设 $\varphi(x)$在 x^* 的一个邻域内连续、可微,且$|\varphi'(x^*)|<1$,则对于该邻域内的任意初值 x_0,序列$\{x_n\}$收敛于 x^*.

下面介绍收敛速度的概念.对$\mathbb{R}^n$中的序列$\{\boldsymbol{x}_k\}$,记 $\boldsymbol{e}_k=\boldsymbol{x}_k-\boldsymbol{x}^*$,若

$$\lim_{k\to\infty}\frac{\|\boldsymbol{e}_{k+1}\|}{\|\boldsymbol{e}_k\|^p}=c>0,\quad p\text{ 为一个正数,}\tag{17}$$

其中$\|\cdot\|$表示某种范数(对实数可以认为就是绝对值),则称序列$\{\boldsymbol{x}_k\}$为 **p 阶收敛**.特别地,1 阶收敛称为**线性收敛**,2 阶收敛称为**平方收敛**;若 $p=1$,$c=0$ 时(17)式成立,通常称$\{x_k\}$为**超线性收敛**.显然,p 越大收敛越快.

利用 $\varphi(x_k)$在 x^* 的泰勒展开:

$$\varphi(x_k)=\varphi(x^*)+\varphi'(x^*)(x_k-x^*)+\cdots+\frac{\varphi^{(p)}(x^*)}{p!}(x_k-x^*)^p+\cdots\tag{18}$$

并注意到 $x_{k+1}=\varphi(x_k)$,$x^*=\varphi(x^*)$和 $e_k=x_k-x^*$,由(18)式可得

$$e_{k+1}=\varphi'(x^*)e_k+\cdots+\frac{\varphi^{(p)}(x^*)}{p!}e_k^p+\cdots\tag{19}$$

于是根据收敛阶的定义(17)式,若 $\varphi'(x^*)\neq0$,则$\{x_k\}$为 1 阶收敛(线性收敛);若$\varphi'(x^*)=\cdots=\varphi^{(p-1)}(x^*)=0$,$\varphi^{(p)}(x^*)\neq0$,则$\{x_k\}$为 p 阶收敛.

在例 1 中,对于 $\varphi_2(x)=\dfrac{14}{x+1}$,因为 $\varphi_2'(x)=\dfrac{-14}{(x+1)^2}$,$\varphi_2'(x^*)\neq0$,所以$\{x_k\}$为 1 阶收敛;对于 $\varphi_3(x)=x-(x^2+x-14)/(2x+1)$,可以算出 $\varphi_3'(x^*)=0$,$\varphi_3''(x^*)\neq0$,故$\{x_k\}$为 2 阶收敛.

6.2.3 牛顿法

下面介绍一种具体的构造迭代公式的方法——牛顿法.

对于方程 $f(x)=0$，将 $f(x)$ 在 x_k 作泰勒展开，去掉2阶及2阶以上项(即线性化)后得

$$f(x)=f(x_k)+f'(x_k)(x-x_k). \tag{20}$$

设 $f'(x_k)\neq 0$，令上面的 $f(x)=0$，用 x_{k+1} 代替右端的 x，就得到迭代公式

$$x_{k+1}=x_k-\frac{f(x_k)}{f'(x_k)}. \tag{21}$$

即迭代函数为

$$\varphi(x)=x-\frac{f(x)}{f'(x)}. \tag{22}$$

(22)式的几何意义如图6.5所示，图中 MN 是曲线 $y=f(x)$ 过 $(x_k,f(x_k))$ 点的切线，它与 x 轴的交点即为 x_{k+1}. 这种方法称为**牛顿切线法**(简称**牛顿法**或**切线法**)，它是线性化与迭代法的结合.

由于

$$\varphi'(x^*)=\frac{f(x^*)f''(x^*)}{f'(x^*)^2},\quad \varphi''(x^*)=\frac{f''(x^*)}{f'(x^*)}. \tag{23}$$

若 x^* 是 $f(x)=0$ 的单根，即 $f(x^*)=0, f'(x^*)\neq 0$. 一般地，$f''(x^*)\neq 0$，则 $\varphi'(x^*)=0$，$\varphi''(x^*)\neq 0$，这时牛顿切线法产生的 $\{x_n\}$ 为2阶收敛.

进一步的研究发现，当 x^* 是 $f(x)=0$ 的重根时，$\varphi'(x^*)\neq 0$，牛顿切线法只是1阶收敛，并且重数越高收敛越慢.

例1中收敛很快的迭代公式 $x_{k+1}=x_k-\dfrac{x_k^2+x_k-14}{2x_k+1}$，正是用的牛顿切线法.

为了避免切线法计算导数的麻烦，可以考虑用差商 $\dfrac{f(x_k)-f(x_{k-1})}{x_k-x_{k-1}}$ 代替 $f'(x_k)$，迭代公式变为

$$x_{k+1}=x_k-\frac{f(x_k)(x_k-x_{k-1})}{f(x_k)-f(x_{k-1})}. \tag{24}$$

其几何意义如图6.6所示，用割线 PQ 代替了原来的切线，称为**割线法**(或**弦截法**). 它的收敛速度比切线法稍慢(可以证明，对于单根其收敛阶数是1.618)，并且需要两个初值 x_0，x_1 开始迭代.

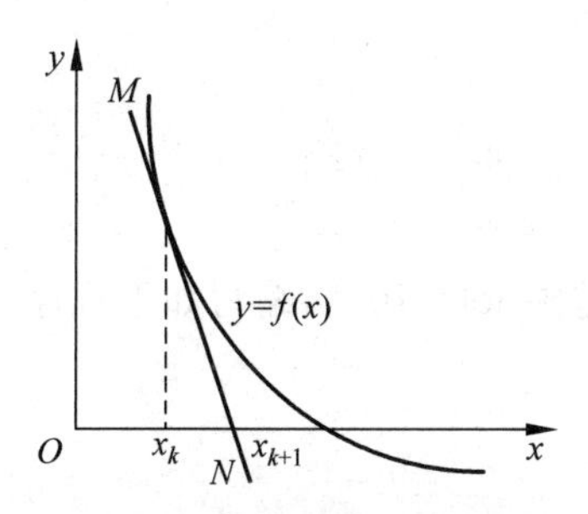

图6.5 牛顿切线法的几何意义

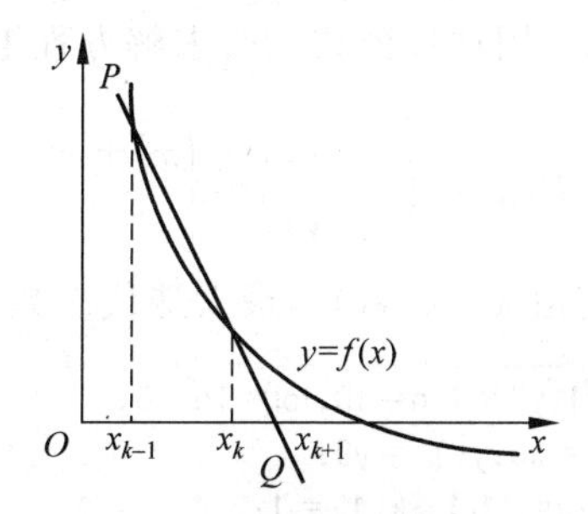

图6.6 割线法的几何意义

6.2.4 非线性方程组的牛顿法

求解单变量非线性方程的牛顿法可以推广到多变量方程组的情形. 方程组如(2)式即 $\boldsymbol{F}(\boldsymbol{x})=\boldsymbol{0}$,其中 $\boldsymbol{x}=(x_1,x_2,\cdots,x_n)^{\mathrm{T}}$,$\boldsymbol{F}(\boldsymbol{x})=(f_1(\boldsymbol{x}),f_2(x),\cdots,f_n(\boldsymbol{x}))^{\mathrm{T}}$. 设 $\boldsymbol{x}^{(k)}=(x_1^{(k)},x_2^{(k)},\cdots,x_n^{(k)})^{\mathrm{T}}$ 是方程组(2)的第 k 步近似解,与单变量非线性方程的牛顿法类似,在 $\boldsymbol{x}^{(k)}$ 作泰勒展开,线性化后用 $\boldsymbol{x}^{(k+1)}$ 代替 $\boldsymbol{x}$ 可得

$$f_i(\boldsymbol{x}^{(k+1)})=f_i(\boldsymbol{x}^{(k)})+\frac{\partial f_i(\boldsymbol{x}^{(k)})}{\partial x_1}(x_1^{(k+1)}-x_1^{(k)})+\cdots+\frac{\partial f_i(\boldsymbol{x}^{(k)})}{\partial x_n}(x_n^{(k+1)}-x_n^{(k)}),\quad i=1,2,\cdots,n. \tag{25}$$

记 $\boldsymbol{F}$ 的雅可比矩阵为

$$\boldsymbol{F}'(\boldsymbol{x})=\begin{bmatrix}\frac{\partial f_1}{\partial x_1} & \frac{\partial f_1}{\partial x_2} & \cdots & \frac{\partial f_1}{\partial x_n}\\ \frac{\partial f_2}{\partial x_1} & \frac{\partial f_2}{\partial x_2} & \cdots & \frac{\partial f_2}{\partial x_n}\\ \vdots & \vdots & & \vdots\\ \frac{\partial f_n}{\partial x_1} & \frac{\partial f_n}{\partial x_2} & \cdots & \frac{\partial f_n}{\partial x_n}\end{bmatrix}, \tag{26}$$

则(25)式可写作

$$\boldsymbol{F}(\boldsymbol{x}^{(k+1)})=\boldsymbol{F}(\boldsymbol{x}^{(k)})+\boldsymbol{F}'(\boldsymbol{x}^{(k)})(\boldsymbol{x}^{(k+1)}-\boldsymbol{x}^{(k)}). \tag{27}$$

若雅可比矩阵 $\boldsymbol{F}'(\boldsymbol{x}^{(k)})$ 可逆,则由(27)式可得求解线性方程组(25)的牛顿迭代公式

$$\boldsymbol{x}^{(k+1)}=\boldsymbol{x}^{(k)}-[\boldsymbol{F}'(\boldsymbol{x}^{(k)})]^{-1}\boldsymbol{F}(\boldsymbol{x}^{(k)}). \tag{28}$$

实际计算中,在计算过程的第 k 步,通常是先计算 $\boldsymbol{F}(\boldsymbol{x}^{(k)})$ 和 $\boldsymbol{F}'(\boldsymbol{x}^{(k)})$,再解线性方程组

$$\boldsymbol{F}'(\boldsymbol{x}^{(k)})\Delta\boldsymbol{x}^{(k)}=-\boldsymbol{F}(\boldsymbol{x}^{(k)}), \tag{29}$$

得到 $\Delta\boldsymbol{x}^{(k)}$ 后,令

$$\boldsymbol{x}^{(k+1)}=\boldsymbol{x}^{(k)}+\Delta\boldsymbol{x}^{(k)} \tag{30}$$

即可.

例 2 用迭代公式(28)求解方程组 $\begin{cases}x_1^2+x_2^2=4,\\ x_1^2-x_2^2=1.\end{cases}$

解 $\boldsymbol{F}(\boldsymbol{x})=\begin{pmatrix}f_1(\boldsymbol{x})\\ f_2(\boldsymbol{x})\end{pmatrix}=\begin{bmatrix}x_1^2+x_2^2-4\\ x_1^2-x_2^2-1\end{bmatrix}$, $\quad\boldsymbol{F}'(\boldsymbol{x})=2\begin{bmatrix}x_1 & x_2\\ x_1 & -x_2\end{bmatrix}$.

取初值 $\boldsymbol{x}=(1,1)^{\mathrm{T}}$,最大迭代次数 $n=10$,相对误差限 tol$=10^{-6}$,编写如下程序:

```
x0=1;y0=1;n=10;tol=1e-6;
x(1)=x0;y(1)=y0;
i=1;u=[1 1];k(1)=1;
while (norm(u)>tol*norm([x(i),y(i)]'))
```

```
        A=2*[x(i),y(i);x(i),-y(i)];
        b=[4-x(i)^2-y(i)^2,1-x(i)^2+y(i)^2]';
        u=A\b;
        x(i+1)=x(i)+u(1);
        y(i+1)=y(i)+u(2);
        i=i+1;k(i)=i;
        if(i>n)error('n is full');
        end
end
[k',x',y']
```

结果如表 6.2 所示：$\boldsymbol{x}^{(4)}(=\boldsymbol{x}^{(5)})$与精确解 $\boldsymbol{x}=(\sqrt{5/2},\sqrt{3/2})^{\mathrm{T}}$ 的误差已不超过 tol.

有定理表明，牛顿迭代公式(28)是超线性收敛的(即收敛阶不小于 1)，稍加条件就至少是平方收敛的.

在公式(28)中每一步都要计算雅可比矩阵 $\boldsymbol{F}'(\boldsymbol{x}^{(k)})$，当函数 $\boldsymbol{F}(\boldsymbol{x})$ 比较复杂时很不方便，所以希望能用较简单的矩阵 $\boldsymbol{A}^{(k)}$ 近似 $\boldsymbol{F}'(\boldsymbol{x}^{(k)})$. 为此，将(28)式变为

$$\boldsymbol{x}^{(k+1)}=\boldsymbol{x}^{(k)}-(\boldsymbol{A}^{(k)})^{-1}\boldsymbol{F}(\boldsymbol{x}^{(k)}). \qquad (31)$$

仿照割线法中用差商 $\dfrac{f(x_k)-f(x_{k-1})}{x_k-x_{k-1}}$ 代替 $f'(x_k)$ 的做法，使 $\boldsymbol{A}^{(k)}$ 满足

$$\boldsymbol{A}^{(k)}(\boldsymbol{x}^{(k)}-\boldsymbol{x}^{(k-1)})=\boldsymbol{F}(\boldsymbol{x}^{(k)})-\boldsymbol{F}(\boldsymbol{x}^{(k-1)}). \qquad (32)$$

但是(32)式不足以确定 $\boldsymbol{A}^{(k)}$，通常再用迭代公式

$$\boldsymbol{A}^{(k)}=\boldsymbol{A}^{(k-1)}+\Delta\boldsymbol{A}^{(k)} \qquad (33)$$

计算之.(31)式～(33)式所采用的方法称为**拟牛顿法**.至于如何确定(33)式中的 $\Delta\boldsymbol{A}^{(k)}$，又有不同的构造方法，有兴趣的读者可参看其他有关书籍.

表 6.2 例 2 的迭代结果

i	$\boldsymbol{x}^{(i)}$
1	(1.750000,1.250000)
2	(1.589286,1.225000)
3	(1.581160,1.224745)
4	(1.581139,1.224745)
5	(1.581139,1.224745)

6.3 用 MATLAB 解非线性方程和方程组

下面介绍求解非线性方程和方程组的 MATLAB 命令，虽然它们也可用于解线性方程和方程组.

6.3.1 fzero 的基本用法

fzero 命令用于求单变量方程的根，所采用的算法主要是二分法、割线法和逆二次插值法等的混合方法. fzero 至少需要两个输入参数：函数、迭代初值(或有根区间).

如果方程左端的函数形式很简单，可以不必编写函数 M 文件，而是直接用 MATLAB 提供的 inline 函数输入方程左端的函数(inline 函数返回一个字符串表示的函数的句柄). 例如，对于方程 $x^3-2x-5=0$，可用如下命令求解：

```
fzero(inline('x^3-2*x-5'),0)                % 初值取 0
```

或

```
fzero(inline('x^3-2*x-5'),[1,3])            % 有根区间取[1,3](函数在区间端点必须异号)
```

均可以得到实根 2.0946.

值得注意的是，fzero 实际上求得的不一定是函数的零点，而只是**函数值发生变号的点**. 对于连续函数，这个点就是近似零点；但对于不连续的函数，这个点很可能只是一个间断点(且在该点两边，函数值异号). 例如，如果输入

```
fzero(@tan,[-1,1])
```

将得到正切函数的零点(0). 但是，如果输入

```
fzero(@tan,[1,2])
```

将得到近似间断点 1.5708(即 $\pi/2$).

同样道理，即使函数是连续函数而且有零点，但如果在该零点附近函数值没有变号，则 fzero 也找不到这个零点(除非输入的初值就是零点). 例如，如果输入

```
fzero(inline('x^2'),1)
```

得到的输出为"NaN"(非数).

MATLAB 中的命令一般都有多种可选的参数输入方式，也可以输出多种计算结果，供用户选用. 例如，fzero 命令的最一般的调用方式是：

```
[x,fv,ef,out] = fzero(@f,x0,opt,P1,P2,...)
```

其中 f 是函数名，x0 是迭代初值(或有根区间)，这是两个必须输入的参数. opt 是一个结构变量，含有用于控制程序运行的控制参数，实验 7 将详细介绍其意义，用户不指定或指定为[]时将采用缺省值. P1,P2,...是传给 f 函数的参数(如果需要的话).

在输出列表中，x 是变号点的近似值，fv 是 x 点所对应的函数值，ef 是程序停止运行的原因，out 是一个结构变量，其中包含程序运行和停止时的一些相关信息. 例如，如果输入

```
[x,fv,ef,out]=fzero(inline('x^3-2*x-5'),0)
```

将得到以下输出结果：

```
x = 2.0946
fv = -8.8818e-016
ef =    1                  % 正数(1)表示找到异号点,负数(-1)表示没有找到异号点
out=
iterations: 39             % 迭代了 39 次 (此显示的意思是 out.iterations=39,下同)
funcCount: 39              % 函数被调用了 39 次
algorithm: 'bisection, interpolation'   % 算法是二分法和插值法
```

6.3.2 fsolve 的基本用法

fsolve 命令用于非线性方程组的求解(当然也可以用于方程求根,但效果一般不如 fzero 程序),最一般的调用方式是:

```
[x,fv,ef,out,jac] = fsolve(@F,x0,opt,P1,P2,...)
```

其中输入列表和输出列表与上面对 fzero 的说明类似,只是 opt 中可以使用的控制参数更多,out 中能够输出结果(x 点)处 $F^TF/2$ 的梯度向量的范数(实际上是无穷范数,即分量按绝对值取最大的值),还可以输出 x 点所对应的雅可比矩阵 jac.

用 fsolve 求解前面的例 2,即方程组$\begin{cases}x_1^2+x_2^2=4\\x_1^2-x_2^2=1\end{cases}$来说明其用法.

首先建立如下 exam0602fun.m 文件计算函数值:

```
function y=exam0602fun(x,a,b,c,d)
y(1)=x(1)^2+a*x(2)^2-b;                 % 当 a =1,b =4 时为第 1 个方程
y(2)=x(1)^2+c*x(2)^2-d;                 % 当 c =-1,d =1 时为第 2 个方程
```

输入程序:

```
x0=[2,2];                                % 初始值
[x,fv,ef,out,jac]=fsolve(@exam0602fun,x0,[],1,4,-1,1)
```

输出结果为:

```
x=(1.5811,1.2247);
fv =1.0e-009*(0.7477,-0.7474);
ef =    1         % 1 表示收敛,-1 不收敛,0 表示达到了迭代或函数调用的最大次数
out=
    iterations : 4
    funcCount : 15
    algorithm : 'trust-region dogleg'      % 算法:置信域方法
    firstorderopt : 3.6622e-009            % 结果(x 点)处梯度向量的 1-范数
jac =   [3.1623        2.4495
          3.1623       -2.4495]
```

可见,当我们只是改变 a,b,c,d 的值时,没有必要修改函数 M 文件 exam0602fun.m.

6.3.3 roots 的基本用法

对于单变量代数方程求根,即当 $f(x)$ 为一元多项式时,MATLAB 还提供了一个专门的命令“roots”.两个相关的命令是:

r=roots(c)　　输入多项式的系数 c(按降幂排列),输出 r 为 $f(x)=0$ 的全部根(包括复根);

c=poly(r)　　输入 $f(x)=0$ 的全部根 r,输出 c 为多项式的系数(按降幂排列).

最后指出，在 MATLAB 符号工具箱中，还有一个用于方程(组)求解析解的命令"solve"(当无法得到解析解时，有时也会尝试数值解)，这个程序这里就不详细介绍了.

下面用 MATLAB 软件解决 6.1 节提出的两个问题.

6.3.4 路灯照明(续)

1. 求路面上的最暗点和最亮点

首先由(5)式和(6)式并代入所给的实际数据 $P_1=2,P_2=3,h_1=5,h_2=6,s=20$，用 MATLAB 画出照度 $C(x)$ 及 $C'(x)$ 在[0,20]内的图形，如图 6.7，可以粗略地看出，大体上 $C(x)$ 有 3 个驻点，分别在 $x=0$ 附近、$x=9$ 和 $x=10$ 之间，$x=20$ 附近. (9,10)内的是最小值点，20 附近的是最大值点(最大值点是不是端点 $x=20$ 难以确定).

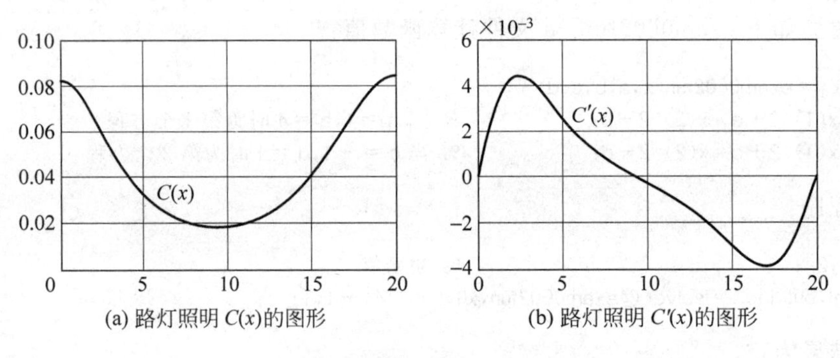

(a) 路灯照明 $C(x)$ 的图形　　(b) 路灯照明 $C'(x)$ 的图形

图 6.7

下面我们用数值解法求方程(7)的根. 先将数据代入(7)式编写函数 M 文件：

```
function y=zhaoming(x)
y=2*5*x/(5^2+x^2)^(5/2)-3*6*(20-x)/(6^2+(20-x)^2)^(5/2);
```

再以 $x=0,10,20$ 为初值，用 fzero 命令解方程(7)，并计算所得解的照度 $C(x)$. 编写以下程序：

```
x0=[0,10,20];
for k=1:3
    x(k)=fzero(@zhaoming,x0(k));
    c(k)=2*5/(5^2+x(k)^2)^(3/2)+3*6/(6^2+(20-x(k))^2)^(3/2);
end
[x;c]
```

运行后得到 3 个驻点及相应的照度，作为比较，也算出区间端点的照度，结果如表 6.3 所示. 由此可知，$x=9.3383$ 是 $C(x)$ 的最小值点，$x=19.9767$ 是 $C(x)$ 的最大值点，即路面上离 2kW 路灯 9.3383m 处最暗，19.9767m 处最亮.

表 6.3　路灯照明的计算结果

x	0	0.02848997	9.33829914	19.97669581	20
$C(x)$	0.08197716	0.08198104	0.01824393	0.08447655	0.08447468

2. 讨论如果 3kW 路灯的高度可以在 3m 到 9m 之间变化，如何使路面上最暗点的照度最大.

重新将(5)式记为

$$C(x,h_2)=\frac{P_1h_1}{\sqrt{(h_1^2+x^2)^3}}+\frac{P_2h_2}{\sqrt{(h_2^2+(s-x)^2)^3}},\tag{34}$$

则

$$\frac{\partial C}{\partial x}=-3\frac{P_1h_1x}{\sqrt{(h_1^2+x^2)^5}}+3\frac{P_2h_2(s-x)}{\sqrt{(h_2^2+(s-x)^2)^5}},\tag{35}$$

$$\frac{\partial C}{\partial h_2}=\frac{P_2}{\sqrt{(h_2^2+(s-x)^2)^3}}-3\frac{P_2h_2^2}{\sqrt{(h_2^2+(s-x)^2)^5}}.\tag{36}$$

为了求出 $C(x, h_2)$的驻点，可以直接令上面两个偏导数为 0，将所给的实际数据代入，求解关于 x 和 h_2 的方程组(请读者试试).

可以将解方程组的问题转化为解一个方程. 令(36)式等于零，容易得到

$$h_2=\frac{1}{\sqrt{2}}(s-x).\tag{37}$$

代入(35)式并令其等于零，得到

$$\frac{9\sqrt{3}P_1h_1x}{\sqrt{(h_1^2+x^2)^5}}-\frac{4P_2}{(s-x)^3}=0.\tag{38}$$

将实际数据代入，像上面解方程(7)一样，用 fzero 命令解方程(38)，得到 x 后再由(37)计算相应的 h_2(只保留 3m 到 9m 间的值)，再从(34)式算出 $C(x, h_2)$. 得到的结果是：

$$x=9.5032,\quad h_2=7.4224,\quad C(x,h_2)=0.018556.\tag{39}$$

即当 $h_2=7.4224$ 时，最暗点 $x=9.5032$ 的照度达到最大，为 0.018556(可与前面 $h_2=6$ 的结果比较).

为了证明结果的正确性，可以计算 $C(x, h_2)$在 $x=9.5032, h_2=7.4224$ 的二阶偏导数，得到$\frac{\partial^2 C}{\partial x^2}=1.0565>0$，$\frac{\partial^2 C}{\partial h_2^2}=-0.2536<0$，表明的确使最暗点的照度最大.

3. 讨论如果两只路灯的高度均可以在 3m 到 9m 之间变化的情况.

将照度记作 $C(x, h_1, h_2)$. 与上面类似，由$\frac{\partial C}{\partial h_1}=0$ 容易得到

$$h_1=\frac{1}{\sqrt{2}}x.\tag{40}$$

将 h_1 和 h_2((37)式)代入(35)式并令 $\frac{\partial C}{\partial x}=0$ 得到

$$\frac{P_1}{x^3} = \frac{P_2}{(s-x)^3}. \tag{41}$$

于是可以直接得到解析解

$$x = \frac{\sqrt[3]{P_1}\, s}{\sqrt[3]{P_1} + \sqrt[3]{P_2}}. \tag{42}$$

可见，此时最暗点的位置只与路灯的功率和道路宽度有关. 特别地，当两只路灯的功率相同时，最暗点在道路正中. 进而可以求出使最暗点的照度达到最大的路灯高度 h_1 和 h_2.

将本例中的实际数据 $P_1=2$, $P_2=3$, $s=20$ 代入(42)式，得到 $x=9.3253$，进而可以得到 $h_1=6.5940$，$h_2=7.5482$.

由(37)式和(40)式可知，最暗点 x 处的光线与路面的夹角满足

$$\tan\alpha_1 = \tan\alpha_2 = \frac{\sqrt{2}}{2}, \tag{43}$$

即 $\alpha_1=\alpha_2=35°16'$，这个角度与路灯的功率和道路宽度均无关.

读者可讨论 2 只以上路灯的情形，如篮球场四周安装一定数量的照明灯.

6.3.5 均相共沸混合物的组分(续)

模型(8)，(13)是含有 $n+1$ 个未知数的非线性方程组，可以用 MATLAB 优化工具包的 fsolve 求解. 注意到(8)式是一个简单的线性等式，可以从中消去 1 个未知数，这通常会使求解的效果更好. 例如，我们从(8)式解出

$$x_n = 1 - \sum_{i=1}^{n-1} x_i, \tag{44}$$

并将它代入(13)式，得到含有 n 个未知数 $XT=(x_1,x_2,\cdots,x_{n-1},T)$ 的非线性方程组.

具体地，给定 $n=3$ 种物资：丙酮、乙酸甲酯、甲醇(记它们分别是物质 1,2,3)，对应的参数 a_i，b_i，c_i 和交互作用矩阵 $\boldsymbol{Q}$ 如下：

$$a_1 = 16.388,\quad a_2 = 16.268,\quad a_3 = 18.607;$$
$$b_1 = 2787.50,\quad b_2 = 2665.54,\quad b_3 = 3643.31;$$
$$c_1 = 229.66,\quad c_2 = 219.73,\quad c_3 = 239.73;$$

$$\boldsymbol{Q} = \begin{bmatrix} 1.0 & 0.48 & 0.768 \\ 1.55 & 1.0 & 0.544 \\ 0.566 & 0.65 & 1.0 \end{bmatrix}.$$

在压强 $P=760\text{mmHg}$ 下，为了形成均相共沸混合物，求温度 T 和组分 x_i 分别是多少？

首先编写如下的函数 M 文件：

```
function f=azeofun(XT,n,P,a,b,c,Q)
x(n)=1;
for i=1:n-1
    x(i)=XT(i);
    x(n)=x(n)-x(i);
end
T=XT(n);
p=log(P);
for i=1:n
    d(i) = x * Q(i,1:n)';
    dd(i)=x(i)/d(i);
end
for i=1:n
    f(i)=x(i)*(b(i)/(T+c(i)) + log(x*Q(i,1:n)') + dd*Q(1:n,i) -a(i) -1 + p);
end
```

然后用所给数据编程，作如下计算：

```
n=3;
P=760;
a=[16.388,16.268,18.607]';
b=[2787.50,2665.54,3643.31]';
c=[229.66,219.73,239.73]';
Q=[1.0     0.48     0.768
   1.55    1.0      0.544
   0.566   0.65     1.0];
XT0=[0.333,0.333,50];
[XT,Y]=fsolve(@azeofun,XT0,[],n,P,a,b,c,Q)
```

得到

```
XT = [0.2740  0.4636  54.2560]
Y=1.0e-006 * [0.4195  -0.3112  0.2083]
```

即丙酮、乙酸甲酯、甲醇组成均相共沸混合物时的比例分别为 27.40%，46.36%，26.24%，温度为 54.2560℃. 找到这样的组合后，通常可以通过化学实验验证结果是否正确.

在上面的计算中，我们对初值 XT0 的取法是：3 种物质各占约 1/3，温度为 50℃. 如果取其他初值，是否还可以得到其他均相共沸混合物呢？例如，在温度为 54℃附近时，如果我们希望看看后两种物质（即不含有丙酮）能否组成均相共沸混合物，可以用初值 XT0=[0, 0.5, 54] 尝试一下，结果得到：乙酸甲酯、甲醇的比例分别为 67.66%，32.34%，温度为 54.3579℃时，组成均相共沸混合物. 类似地，可以得到其他的均相共沸混合物，结果归纳如表 6.4 所示.

表 6.4 均相共沸混合物的组分的计算结果

初 值	解			
XT0	x_1	x_2	x_3	T
[0.333, 0.333, 50]	0.2740	0.4636	0.2624	54.2560
[0, 0.5, 54]	0.0000	0.6766	0.3234	54.3579
[0.5, 0, 54]	0.7475	0.0000	0.2525	54.5040
[0.5, 0.5, 54]	0.5328	0.4672	0.0000	55.6764

请读者试试：(1)选择其他的初值，是否还可以找到其他的解？(2)如果不作(44)式的代换，结果有没有什么不同？(3)改变程序的控制参数(如算法、精度等)，结果有什么不同？

6.4 非线性差分方程与分岔及混沌现象

本节我们先简单介绍非线性差分方程，依此来观察分岔及混沌这种有趣的现象.在6.2节讨论了求解非线性方程(组)的迭代法，其迭代公式就是非线性差分方程.

6.4.1 离散形式的阻滞增长模型(离散形式的 Logistic 模型)

问题 2.2.4节介绍了阻滞增长模型来研究人口变化规律，在那里人口 $x(t)$是连续函数，得到的是微分方程，见实验2中(24)式.实际上资源制约下任意种群数量的变化都服从这样的规律.建立对应于这两个连续模型的离散模型，在不同的增长率下讨论种群数量的变化趋势.

模型及其求解 以种群繁殖的周期划分时段，记时段 k(或第 k 代)的种群数量为 x_k，固有增长率是 r，当增长受到资源制约时，设种群最大容量为 N，阻滞增长模型的离散形式可表示为

$$x_{k+1} - x_k = r\left(1 - \frac{x_k}{N}\right)x_k, \quad k = 0,1,2,\cdots \tag{45}$$

迭代公式(45)是**非线性差分方程**.对于不同的 r，按照方程(45)研究 k 充分大以后种群增长的趋势.

不妨设 $N=1$，取 $r=0.3$, 1.8, 2.2, 2.5, 2.55, 2.7，初值 $x_0=0.1$，按照方程(45)用 MATLAB 计算 x_k的程序如下：

```
r=[0.3,1.8,2.2,2.5,2.55,2.7];
x=0.1;                                  % 赋初值
n=40;
for j=1:6
    R=r(j);                             % 取r值
```

```
for i=1:n
    x(i+1)=x(i)+R*x(i)*(1-x(i));     % 按照(45)式迭代计算
end
xx(:,j)=x';
end
k=(0:50)';
[k,xx]                                % 输出结果
subplot(3,2,1),plot(k,xx(:,1)),       % 在一个图形窗内画6张图
subplot(3,2,2),plot(k,xx(:,2)),
subplot(3,2,3),plot(k,xx(:,3))
subplot(3,2,4),plot(k,xx(:,4))
subplot(3,2,5),plot(k,xx(:,5))
subplot(3,2,6),plot(k,xx(:,6))
```

得到的结果如表6.5和图6.8所示.

表6.5 模型(45)不同 r 的计算结果

k	$x_k(r=0.3)$	$x_k(r=1.8)$	$x_k(r=2.2)$	$x_k(r=2.5)$	$x_k(r=2.55)$	$x_k(r=2.7)$
0	0.1000	0.1000	0.1000	0.1000	0.1000	0.1000
1	0.1270	0.2620	0.2980	0.3250	0.3295	0.3430
2	0.1603	0.6100	0.7582	0.8734	0.8929	0.9514
3	0.2006	1.0382	1.1615	1.1498	1.1368	1.0762
4	0.2487	0.9668	0.7488	0.7192	0.7403	0.8548
5	0.3048	1.0246	1.1626	1.2241	1.2306	1.1899
⋮	⋮	⋮	⋮	⋮	⋮	⋮
21	0.9881	1.0007	1.1628	1.2250	1.2296	1.1370
22	0.9916	0.9994	0.7462	0.5359	0.5096	0.7165
23	0.9941	1.0005	1.1628	1.1577	1.1468	1.2649
24	0.9959	0.9996	0.7462	0.7012	0.7174	0.3601
⋮	⋮	⋮	⋮	⋮	⋮	⋮
41	1.0000	1.0000	1.1628	1.2250	1.2350	0.9580
42	1.0000	1.0000	0.7462	0.5359	0.4951	1.0667
43	1.0000	1.0000	1.1628	1.1577	1.1325	0.8747
44	1.0000	1.0000	0.7462	0.7012	0.7499	1.1707
45	1.0000	1.0000	1.1628	1.2250	1.2282	0.6312
46	1.0000	1.0000	0.7462	0.5359	0.5136	1.2597
47	1.0000	1.0000	1.1628	1.1577	1.1506	0.3763
48	1.0000	1.0000	0.7462	0.7012	0.7086	1.0100
49	1.0000	1.0000	1.1628	1.2250	1.2351	0.9827
50	1.0000	1.0000	0.7462	0.5359	0.4946	1.0286

上述结果表明,$r=0.3$ 时 x_k 单调地趋向 $N=1$;$r=1.8$ 时 x_k 振荡地趋向 $N=1$;而 $r=2.2$ 2.5,2.55,2.7 时 x_k 不收敛.

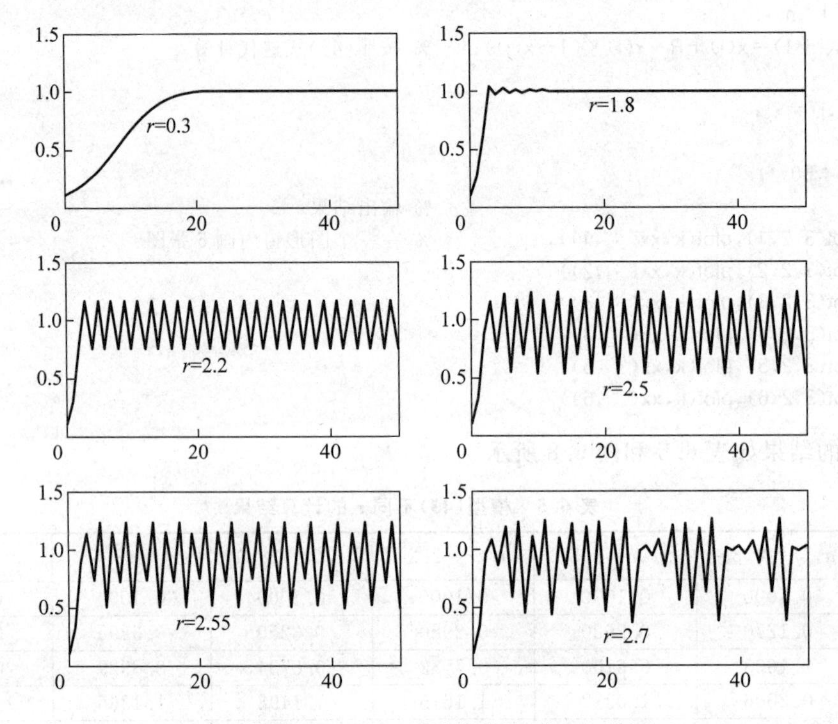

图 6.8 模型(45)不同 r 的计算结果(表 6.5 的图示)

结果分析 在数值实验的基础上对这个模型做一些简要的理论分析：

(1) 将非线性差分方程(45)写作

$$x_{k+1} = x_k + r\left(1 - \frac{x_k}{N}\right)x_k, \quad k = 0,1,2,\cdots \tag{46}$$

在(46)式中令 $x_k = x_{k+1} = x$ 得到代数方程

$$x = x + rx\left(1 - \frac{x}{N}\right). \tag{47}$$

方程(47)的根是非线性差分方程(46)的平衡点. 容易看出非线性差分方程(46)有两个平衡点：$x=N$，$x=0$. 若 $x_k \to x(k\to\infty)$，平衡点 x 是稳定的，否则，x 不稳定.

(2) 非线性差分方程平衡点稳定的条件

一般地考察非线性差分方程

$$y_{k+1} = f(y_k), \quad k = 0,1,2,\cdots \tag{48}$$

代数方程 $y=f(y)$ 的根是非线性差分方程(48)的平衡点，记作 y^*. 根据 6.2 节的迭代法局部收敛定理知，当

$$|f'(y^*)| < 1 \tag{49}$$

时，方程(48)的平衡点 y^* 是稳定的；当

$$|f'(y^*)| > 1 \tag{50}$$

时，方程(48)的平衡点 y^* 不稳定.

(3) 利用变量和参数代换

$$y_k = \frac{r}{(r+1)N}x_k, \quad b = r+1, \tag{51}$$

可将非线性差分方程(46)化简为

$$y_{k+1} = by_k(1-y_k), \quad k=0,1,2,\cdots \tag{52}$$

方程(46)的平衡点 $x=N$，$x=0$ 分别对应于(52)式的两个平衡点：$y=1-1/b, y=0$. 记

$$f(y) = by(1-y), \tag{53}$$

则

$$f'(y) = b(1-2y). \tag{54}$$

以平衡点 $y=1-1/b$，$y=0$ 分别代入(54)式计算，可得 $f'(0)=b>1$，由判据(50)式知 $y=0$ 不稳定，以后不再讨论它；而

$$f'(1-1/b) = 2-b. \tag{55}$$

由判据(49)式和代换(51)式可知，平衡点 $y=y^*=1-1/b$ 稳定的条件是

$$1<b<3 \quad 即 \quad r<2. \tag{56}$$

所以 $r=0.3$ 和 $r=1.8$ 时 $x_k \to N$(即 $y_k \to y^*$). 前面的计算结果是符合这个结论的.

若 $b>3$(即 $r>2$)，由判据(50)式知平衡点 y^* 不稳定，因此，前面的计算中 $r=2.2,2.5,2.55,2.7$ 时 x_k 不收敛. 从表 6.5 和图 6.8 还可看出，虽然这时 x_k 不收敛，但是似乎它的变化仍有某种规律，我们将在 6.4.2 节继续研究.

还可以看到，对于 $r=0.3$ 和 $r=1.8$，$x_k \to N$ 的形态是不同的，实际上，差分方程(52)的递推过程可以用图 6.9 直观地演示：

以 y 为横坐标画出曲线 $z=f(y)$ 和直线 $z=y$，二者交点的横坐标为平衡点 y^*. 对于任意初值 y_0，由方程(52)计算 y_1，y_2，…的过程表示为图 6.9(a)和图 6.9(b)上带箭头的折线. $b<2$(即 $r<1$)时 $y^*<1/2, y_k \to y^*$ 的过程是单调的，如图 6.9(a)；$2<b<3$(即 $1<r<2$)时 $y^*>1/2, y_k \to y^*$ 的过程会出现实验 1 中图 1.4(a)蛛网模型那样的衰减振荡，如图 6.9(b)；若 $b>3$(即 $r>2$)，图 6.9(c)出现了实验 1 中图 1.4(b)蛛网模型那样的发散振荡.

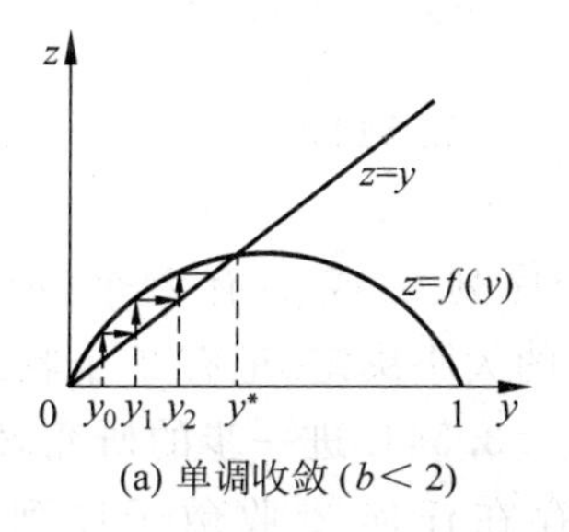

(a) 单调收敛 ($b<2$)

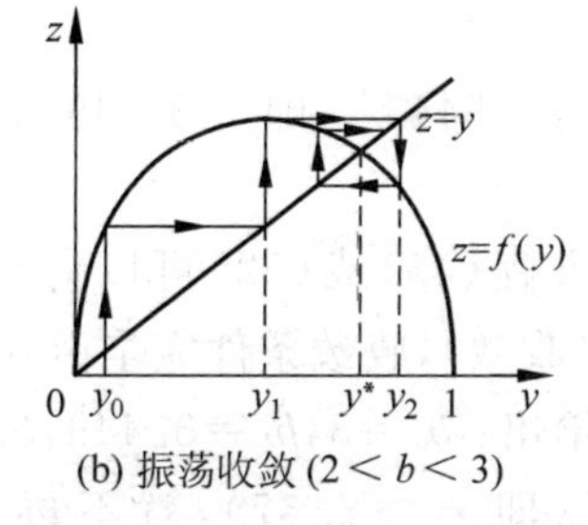

(b) 振荡收敛 ($2<b<3$)

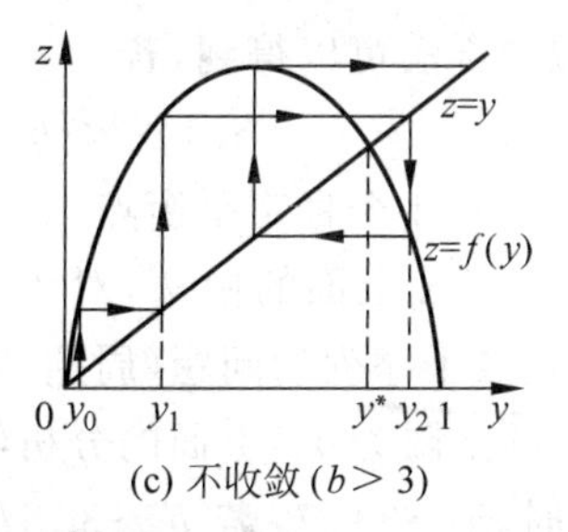

(c) 不收敛 ($b>3$)

图 6.9 方程(52)的递推过程

6.4.2 分岔及混沌现象

从表 6.5 和图 6.8 可以看出，$r=0.3$ 和 1.8 时，x_k 趋向 $N=1$，可看作种群数量代代收敛；$r=2.2$ 时，x_k 不再趋向 $N=1$，而是有 2 个收敛的子序列，分别趋向 0.7462 和 1.1628，称为周期 2 收敛，可看作种群数量隔代收敛；$r=2.5$ 时，x_k 有 4 个收敛的子序列，分别趋向 0.5359，1.1577，0.7012 和 1.2250，称为周期 4 收敛；$r=2.55$ 时，x_k 有 8 个收敛的子序列，称为周期 8 收敛；$r=2.7$ 时，x_k 没有任何收敛的子序列，种群数量变化没有任何规律.

让我们接着 6.4.1 节的结果分析继续进行下去：

(1) 为了解释 $r=2.2$ 时 x_k 有 2 个收敛子序列的现象(周期 2 收敛)，应该考察 x_{k+2} 与 x_k(即 y_{k+2} 与 y_k)的关系. 由方程(52)可推得

$$y_{k+2}=f(y_{k+1})=f(f(y_k))=f^{(2)}(y_k),\quad k=0,1,2,\cdots \tag{57}$$

求方程(57)的平衡点需解代数方程

$$y=f^{(2)}(y)=bby(1-y)[1-by(1-y)]. \tag{58}$$

方程(58)的根除了 $y^*=1-1/b$ 外，还有两个是

$$y_{1,2}^*=\frac{b+1\pm\sqrt{b^2-2b-3}}{2b}. \tag{59}$$

它们满足

$$0<y_1^*<y^*<y_2^*<1,\quad y_1^*=f(y_2^*),\quad y_2^*=f(y_1^*). \tag{60}$$

平衡点 $y_{1,2}^*$ 稳定的条件是 $|(f^{(2)}(y_{1,2}^*))'|<1$，可以算出

$$(f^{(2)}(y_{1,2}^*))'=f'(y_1^*)f'(y_2^*)=b^2(1-2y_1^*)(1-2y_2^*). \tag{61}$$

以(59)式代入(61)式计算可得，若

$$b<1+\sqrt{6}\approx 3.449\quad 即\quad r<2.449, \tag{62}$$

$y_{1,2}^*$ 稳定；否则，$y_{1,2}^*$ 不稳定. 前面看到 $r=2.2$ 时，x_k 的 2 个收敛子序列 $x_{2k}\to x_1^*=0.7462$，$x_{2k+1}\to x_2^*=1.1628$，读者可以验证，$x_{1,2}^*$ 正好对应于按照(59)式计算的 $y_{1,2}^*$.

(2) 当 $b>3.449$(即 $r>2.449$)时，$y_{1,2}^*$ 不再稳定，而我们看到 $r=2.5$ 时，x_k 有 4 个收敛子序列的现象(周期 4 收敛)，循着上面的思路，应该研究

$$y_{k+4}=f^{(4)}(y_k),\quad k=0,1,2,\cdots \tag{63}$$

用类似的方法可以得到，若

$$3.449<b<3.544,\quad 即\quad 2.449<r<2.544, \tag{64}$$

方程(63)有 4 个稳定平衡点.

(3) 继续上面的做法，对于方程(45)或(52)可以讨论序列 x_k 或 y_k 有 2^n 个($n=0,1,2,\cdots$)收敛子序列的问题(周期 2^n 收敛)，收敛条件完全由 b 的大小决定. 记有 2^n 个收敛子序列的 b 的上限为 b_n，上面的分析给出：$b_0=3$，$b_1=3.449$，$b_2=3.544$. 进一步的研究表明，当 $n\to\infty$ 时，$b_n\to 3.57$，若 $b>3.57$(即 $r>2.57$)，就不再存在任何 2^n 收敛子序列，前面 $r=2.7$ 的计算结果就是这种情况，序列 x_k 的趋势似乎呈现一片混乱，这就是所谓**混沌**

(Chaos)现象.

混沌现象的一个典型特征是对初始条件的敏感性. 表 6.6 和图 6.10 给出了 $r=2.7$,初值 $x_0=0.1$ 和 0.1001 时计算结果的比较,可以看出,初值的微小扰动(0.1%的误差)对整个过程的巨大影响,如 $k=23$ 时两个 x_k 相差一倍以上,真可谓“差之毫厘,谬以千里”,著名的“蝴蝶效应”说的就是这个意思.

表 6.6　模型(45)$r=2.7$ 不同初值的计算结果

k	$x_k(r=2.7)$	$x_k(r=2.7)$	k	$x_k(r=2.7)$	$x_k(r=2.7)$	k	$x_k(r=2.7)$	$x_k(r=2.7)$
0	0.1000	0.1001	⋮	⋮	⋮	46	1.2597	0.7248
1	0.3430	0.3433	21	1.1370	0.8442	47	0.3763	1.2633
2	0.9514	0.9520	22	0.7165	1.1993	48	1.0100	0.3651
3	1.0762	1.0753	23	1.2649	0.5540	49	0.9827	0.9909
4	0.8548	0.8566	24	0.3601	1.2211	50	1.0286	1.0153
5	1.1899	1.1883	⋮	⋮	⋮			

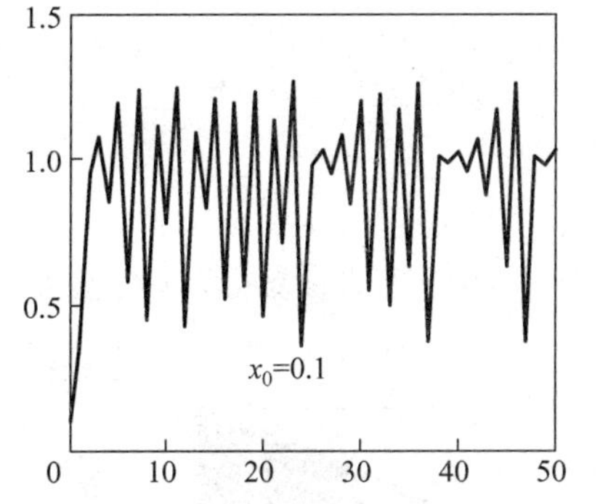

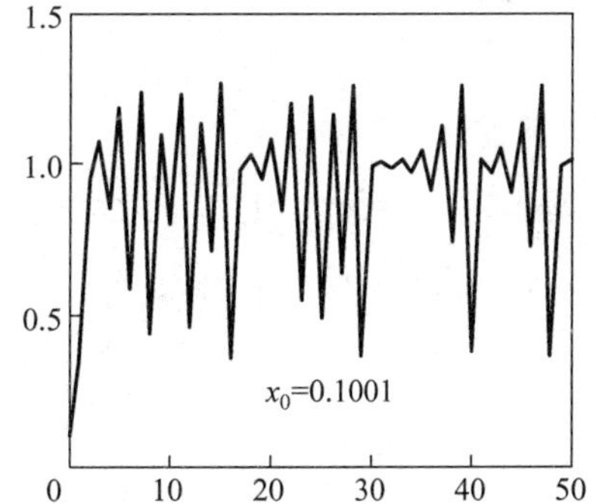

图 6.10　模型(45)$r=2.7$ 不同初值的计算结果(表 6.6 的图示)

应该指出的是,我们的对象——模型(45)——是完全确定的,没有任何随机因素,但是混沌现象显示的结果却是无规则的、好似随机的,这是在一定条件下由非线性迭代过程引起的.

(4) $b>3.57$ 即 $r>2.57$ 以后,虽然不再存在任何周期 2^n 收敛,但是将出现许多周期 $p(=3,5,\cdots)$收敛的窗口,这表明混沌之中仍有其内部的规律性. 读者不妨取 $b=3.83$ 尝试一下,看看会出现什么情况.

我们看到,随着 r 或 b 的增加,序列 x_k 收敛性出现分岔: 一分二,二分四,……,直至混沌. 有趣的是,分岔和混沌现象也并不是完全没有规律,例如人们发现如下极限

$$\lim_{n\to\infty}\frac{b_n-b_{n-1}}{b_{n+1}-b_n}=4.6692\cdots \tag{65}$$

就是一个普遍存在于不同分岔和混沌现象中的常数,通常称之为 Feigenbaum 常数.这表明分岔和混沌现象实际上有其内在的规律性.

在本节的最后,我们用 MATLAB 编程来画出非线性迭代序列随着参数变化的收敛、分岔和混沌现象图.可以首先编写如下程序:

```
function chaos(iter_fun,x0,r,n)     % 该函数没有返回值; iter_fun 是迭代函数(句柄); x0 是迭代初值;
kr=0;
for rr=r(1):r(3):r(2)               % 输入中[r(1),r(2)]是参数变化的范围,r(3) 是步长
    kr=kr+1;
    y(kr,1)=feval(iter_fun,x0,rr);
    for i=2:n(2)                    %输入中 n(2)是迭代序列的长度,但画图时前 n(1)个迭代值被舍弃
        y(kr,i)=feval(iter_fun,y(kr,i-1),rr);
    end
end
plot([r(1):r(3):r(2)],y(:,n(1)+1:n(2)),'k.');
```

对本例,迭代函数为

```
function y=iter01(x,r)
y=r*x*(1-x);
```

输入如下命令:

```
chaos(@iter01,0.5,[2,4,0.01],[100,200])
```

可以得到图 6.11 所示的分岔和混沌图(横坐标表示变化的参数,纵坐标表示迭代序列的极限).

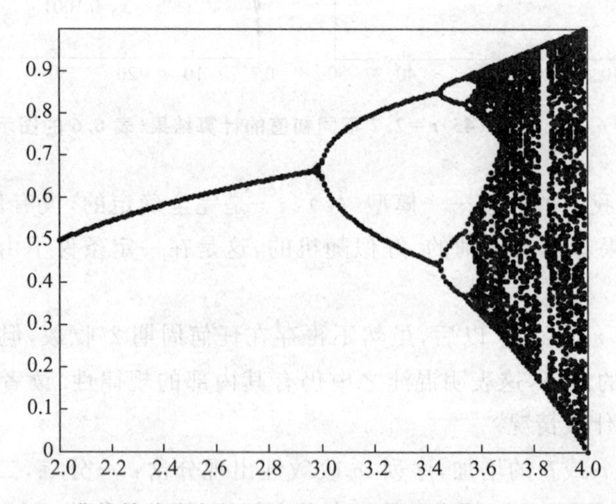

图 6.11 非线性差分方程(45)(或(52))解的收敛、分岔和混沌现象

6.5 实验练习

实验目的

1. 掌握用 MATLAB 软件求解非线性方程和方程组的基本用法,并对结果作初步分析.

2. 练习用非线性方程和方程组建立实际问题的模型并进行求解.

实验内容

1. 分别用 fzero 和 fsolve 程序求方程 $\sin x - x^2/2 = 0$ 的所有根,准确到 10^{-10},取不同的初值计算,输出初值、根的近似值和迭代次数,分析不同根的收敛域；自己构造某个迭代公式(如 $x = (2\sin x)^{1/2}$ 等)用迭代法求解,并自己编写牛顿法的程序进行求解和比较.

2. 对 $k=2,3,4,5,6$, 分别求一个 3 阶实方阵 $\boldsymbol{A}$, 使得 $\boldsymbol{A}^k=[1,2,3;\ 4,5,6;\ 7,8,9]$.

3. (1) 小张夫妇以按揭方式贷款买了 1 套价值 20 万元的房子,首付了 5 万元,每月还款 1000 元,15 年还清.问贷款利率是多少?

(2) 某人欲贷款 50 万元购房,他咨询了两家银行,第一家银行开出的条件是每月还 4500 元,15 年还清；第二家银行开出的条件是每年还 45000 元,20 年还清.从利率方面看,哪家银行较优惠(简单地假设年利率=月利率×12)?

4. 水槽由半圆柱体水平放置而成,如图 6.12 所示.圆柱体长 L,半径 r,当给定水槽内盛水的体积 V 后,要求计算从水槽边沿到水面的距离 x.今已知 $L=25.4\text{m}$, $r=2\text{m}$, 求 V 分别为 $10,50,100\text{m}^3$ 的 x.

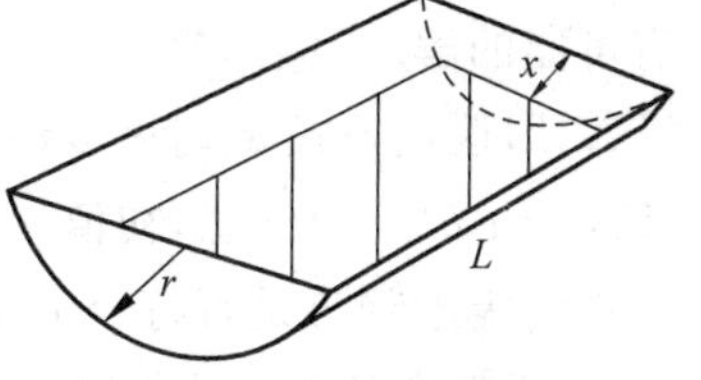

图 6.12 第 4 题图

5. 由汽缸控制关闭的门,关闭状态的示意图如图 6.13(a).门宽 a,门枢在 H 处,与 H 相距为 b 处有一门销,通过活塞与圆柱形的汽缸相连,活塞半径 r,汽缸长 l_0, 汽缸内气体的压强为 p_0.当用力 F 推门,使门打开一个角度 α 时(示意图如图 6.13(b)),活塞下降的距离为 c,门销与 H 的水平距离 b 保持不变,于是汽缸内的气体被压缩,对活塞的压强增加.已知在绝热条件下,气体的压强 p 和体积 V 满足 $pV^\gamma=c$, 其中 γ 是绝热系数,c 是常数.试利用开门力矩和作用在活塞上的力矩相平衡的关系(对门枢而言),求在一定的力 F 作用下,门打开的角度 α.设 $a=0.8\text{m}$, $b=0.25\text{m}$, $r=0.04\text{m}$, $l_0=0.5\text{m}$, $p_0=10^4\text{N/m}^2$, $\gamma=1.4$, $F=25\text{N}$.

6. 给定 4 种物质对应的参数 a_i,b_i,c_i 和交互作用矩阵 $\boldsymbol{Q}$ 如下：

$$a_1=18.607,\quad a_2=15.841,\quad a_3=20.443,\quad a_4=19.293;$$
$$b_1=3643.31,\quad b_2=2755.64,\quad b_3=4628.96,\quad b_4=4117.07;$$
$$c_1=239.73,\quad c_2=219.16,\quad c_3=252.64,\quad c_4=227.44;$$

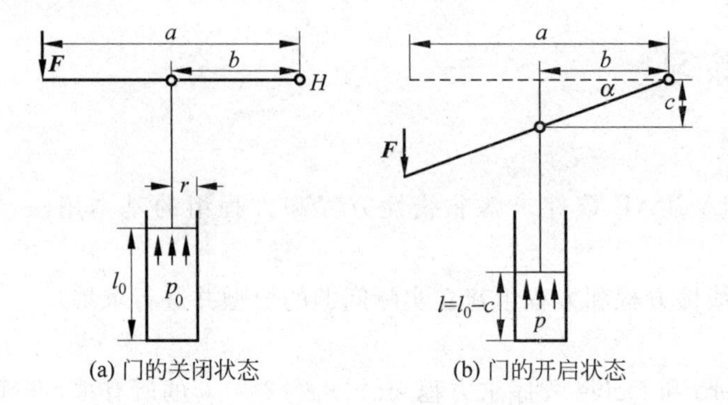

(a) 门的关闭状态 (b) 门的开启状态

图 6.13

$$Q=\begin{bmatrix} 1.0 & 0.192 & 2.169 & 1.611 \\ 0.316 & 1.0 & 0.477 & 0.524 \\ 0.377 & 0.360 & 1.0 & 0.296 \\ 0.524 & 0.282 & 2.065 & 1.0 \end{bmatrix}$$

在压强 $P=760$mmHg 下，为了形成均相共沸混合物，温度和组分分别是多少？请尽量找出所有可能的解.

7. 用迭代公式 $x_{k+1}=ax_k\exp(-bx_k)$ 计算序列$\{x_k\}$，分析其收敛性，其中 a 分别取 5，11，15；$b(>0)$任意，初值 $x_0=1$. 观察是否有混沌现象出现，并找出前几个分岔点，观察分岔点的极限趋势是否符合 Feigenbaum 常数揭示的规律.

8. 假设商品在 t 时期的市场价格为 $p(t)$，需求函数为 $D(p(t))=c-dp(t)$ $(c,d>0)$. 而生产方的期望价格为 $q(t)$，供应函数为 $S(q(t))$. 当供销平衡时 $S(q(t))=D(p(t))$.

若期望价格与市场价格不符，商品市场不均衡，生产方 $t+1$ 时期的期望价格将会调整，方式为 $q(t+1)-q(t)=r[p(t)-q(t)](0<r<1)$，以 $p(t)=[c-D(p(t))]/d=[c-S(q(t))]/d$ 代入，得到关于 $q(t)$的递推方程. 设 $S(x)=\arctan(\mu x)$，$\mu=4.8$，$d=0.25$，$r=0.3$，以 c 为可变参数，讨论期望价格 $q(t)$的变化规律，是否有混沌现象出现，并找出前几个分岔点，观察分岔点的极限趋势是否符合 Feigenbaum 常数揭示的规律.

9. 寄主-寄生现象是自然界中常有的，如黄蜂的幼虫寄生在象鼻虫(寄主)体内. 一方面，寄主通常靠自然资源为生，不妨假定它的数量变化用离散形式的阻滞增长模型(45)描述，而寄生物的存在会减少其增长. 显然，寄生物数量越多，寄主的增长率减少得越多，最简单的假设是，寄主的减少率与寄生物数量成正比. 另一方面，寄生物完全靠寄主为生，可以自然地假定它的相邻两代数量之比与寄主数量成正比. 建立一个寄主-寄生模型研究二者数量变化的规律，讨论时间充分长以后的趋势.

记第 k 代寄主的种群数量为 x_k，最大容量为 N，固有增长率为 r，寄生物的种群数量为 $y_k(k=0, 1, 2, \cdots)$.

$a,b(>0)$是比例系数，a 反映寄生物由寄主那里攫取营养，从而阻滞寄主增长的能力，b 反映寄主供养寄生物，从而使寄生物增长（或减少）的能力.

设定一组参数：寄主 x_k 的最大容量 $N=100$，固有增长率 $r=1.5$，寄生物在最好的条件下每代的数量可以翻一番，即 $x_k=N$ 时 $y_{k+1}=2y_k$，于是 $bN=2$，$b=2/N=0.02$，a 略大于 b，设 $a=0.025$. 下面令初始值 $x_0=50$，$y_0=10$.

参 考 文 献

[1] 姜启源，何青，高立. 数学实验. 第 2 版. 北京：高等教育出版社，2006

[2] 李庆扬，王能超，易大义. 数值分析. 第 5 版. 北京：清华大学出版社，2008

[3] 关治，陆金甫. 数值分析基础. 北京：高等教育出版社，1998

[4] Benjamin F Plybon. An Introduction to Applied Numerical Analysis. PWS-KENT Publishing Company，1992

[5] Melvin J Maron，Robert J Lopez. Numerical Analysis—A Practical Approach. Wadsworth Publishing Company，1991

[6] Advian Biran，Moshe Breiner. MATLAB for Engineers. Addison-Wesley Publishing Company，1995

[7] Floudas C A，Pardalos P M，Adjiman C S，et al. Handbook of Test Problems in Local and Global Optimization. Dordrecht：Kluwer Academic Publishers，1999

[8] Gander W，Hiebicek J. Solving Problems in Scientific Computing Using Maple and MATLAB (Third Ed.). Springer，1997

实验 7　无约束优化

在工程技术、经济管理、科学研究和日常生活等诸多领域中，人们经常遇到的一类决策问题是：在一系列客观或主观限制条件下，寻求使所关注的某个或多个指标达到最大(或最小)的决策.例如，结构设计要在满足强度要求条件下选择材料的尺寸，使其总重量最轻；资源分配要在有限资源约束下制定各用户的分配数量，使资源产生的总效益最大；运输方案要在满足物资需求和装载条件下安排从各供应点到各需求点的运量和路线，使运输总费用最低；生产计划要按照产品工艺流程和顾客需求，制定原料、零件、部件等订购、投产的日程和数量，尽量降低成本使利润最高.

上述这种决策问题通常称为优化问题.人们解决这些优化问题的手段大致有以下几种：

1. 依赖过去的经验判断面临的问题.这似乎切实可行，并且没有太大的风险，但是其处理过程会融入决策者太多的主观因素，常常难以客观地加以描述，从而无法确认结果的最优性.

2. 做大量的试验反复比较.这固然比较真实可靠，但是常要花费太多的资金和人力，而且得到的最优结果基本上离不开开始设计的试验范围.

3. 用数学建模的方法建立数学规划模型求解最优决策.虽然由于建模时要作适当的简化，可能使得结果不一定完全可行或达到实际上的最优，但是它基于客观规律和数据，又不需要多大的费用，具有前两种手段无可比拟的优点.如果在此基础上再辅之以适当的经验和试验，就可以期望得到实际问题的一个比较圆满的回答，是解决这种问题的最有效、最常用的方法之一.在决策科学化、定量化的呼声日益高涨的今天，用数学建模方法求解优化问题，无疑是符合时代潮流和形势发展需要的.

数学规划模型一般有三个要素：一是**决策变量**，通常是该问题要求解的那些未知量，不妨用 n 维向量 $\boldsymbol{x}=(x_1,x_2,\cdots,x_n)^{\mathrm{T}}$ 表示；二是**目标函数**，通常是该问题要优化(最小或最大)的那个目标的数学表达式，它是决策变量 $\boldsymbol{x}$ 的函数，这里抽象地记作 $f(\boldsymbol{x})$；三是**约束条件**，由该问题对决策变量的限制条件给出，即 $\boldsymbol{x}$ 允许取值的范围 $\boldsymbol{x}\in\Omega$，Ω 称可行域，常用一组关于 $\boldsymbol{x}$ 的不等式(也可以有等式)$g_i(\boldsymbol{x})\leqslant 0(i=1,2,\cdots,m)$来界定.一般地，这类模型可表述成如下形式：

$$\text{opt}\quad z=f(\boldsymbol{x}) \tag{1}$$

$$\text{s.t.} \quad g_i(\boldsymbol{x}) \leqslant 0, \quad i = 1,2,\cdots,m. \tag{2}$$

这里 opt（optimize）是最优化的意思，可以是求极小 min（minimize）或求极大 max(maximize)；s.t.(subject to)是“受约束于”的意思.满足(2)式的解 $\boldsymbol{x}$ 称为**可行解**，同时满足(1)式，(2)式的解 $\boldsymbol{x}^*$ 称为**最优解**.

你可能已经注意到，模型(1)，(2)大致上是微积分中多元函数的条件极值问题.当约束条件(2)比较简单(如全为等式)时，多元微积分中介绍过求解析解的基本原理和方法，即令目标函数(对等式约束需要加上与其对应的拉格朗日乘子的乘积项)的偏导数为零，求出驻点后再比较驻点上的函数值.不幸的是，大多数实际问题归结出的上述形式的模型很难用这种方法求解，因为：第一，解析方法只能处理目标函数 f 和约束条件 g_i 比较简单，并且决策变量个数 n、约束条件个数 m 比较小的情形，当 f, g_i 稍微复杂时通常至少需要求解比较复杂的非线性方程(组)，很难得到解析解；第二，当最优解在可行域的边界上取得时(不少实际问题正是如此)，就不能用原有的求条件极值的方法求解.所以对于优化问题的这类模型必须寻求有效的数值解法.

优化问题可以从不同的角度进行分类.由(1)式，(2)式组成的模型称为**约束优化**，若只有(1)式就是**无约束优化**.一般来说，实际生活中的优化问题总是有约束的，但是如果最优解不是在可行域的边界上，而是在它的内部，那么就可以用无约束优化来比较简单地处理.另外，在理论和算法上，无约束优化也是约束优化的基础.

当模型(1)，(2)中决策变量 $\boldsymbol{x}$ 的所有分量 $x_i(i=1,2,\cdots,n)$ 均为实数，且 $f, g_i(i=1,2,\cdots,m)$ 都是线性函数时，称为**线性规划**.若 f, g_i 至少有一个非线性函数，则称为**非线性规划**.若 $\boldsymbol{x}$ 至少有一个分量只取整数，则称为**整数规划**.线性规划和非线性规划是**连续规划**，而整数规划是**离散优化**(**组合优化**)，它们统称为**数学规划**.

本书包括4个数学规划方面的实验：无约束优化，线性规划，非线性规划，整数规划.本实验讨论无约束优化问题的求解，7.1节给出几个实际问题并建立数学模型，7.2节介绍求解无约束优化的基本原理和方法，7.3节介绍求解一类特殊的无约束优化问题——最小二乘问题的基本原理和方法，7.4节是 MATLAB 优化工具箱的使用及7.1节问题的求解，7.5节布置实验练习.

7.1　实例及其数学模型

7.1.1　产销量的最佳安排

问题　某厂生产的某种产品有甲、乙两个型号，工厂计划人员希望确定两个型号各自的产量，使总的利润最大.为简单起见，下面只在产销平衡的情况下进行讨论，即假设该工厂的产品都能售出，并等于市场上的销量.

工厂的利润既取决于销量和(单件)价格，也依赖于产量和(单件)成本.按照市场经济规律,甲的价格会随其销量的增长而降低,同时乙的销量的增长也会使甲的价格有一定的下降;乙的价格遵循同样的规律.而甲、乙的成本都随其各自产量的增长而降低,且各有一渐近值.

模型 记甲、乙两个型号的产(销)量分别为 x_1 和 x_2,(单件)价格分别为 p_1 和 p_2,(单件)成本分别为 q_1 和 q_2.简单地假设每个型号的价格与两个型号的销量呈线性关系,即 $p_1=b_1-a_{11}x_1-a_{12}x_2$, $p_2=b_2-a_{21}x_1-a_{22}x_2$ $(b_1,a_{11},a_{12},b_2,a_{21},a_{22}>0)$,并且合理地设 $a_{11}>a_{12}$, $a_{22}>a_{21}$(为什么?).简单地假设每个型号的成本与本型号的产量服从负指数关系,且有渐近值,即 $q_1=r_1\mathrm{e}^{-\lambda_1 x_1}+c_1$, $q_2=r_2\mathrm{e}^{-\lambda_2 x_2}+c_2$ $(r_1,\lambda_1,c_1,r_2,\lambda_2,c_2>0)$.于是总利润为

$$\begin{aligned} z(x_1,x_2) &= (p_1-q_1)x_1+(p_2-q_2)x_2 \\ &= (b_1-a_{11}x_1-a_{12}x_2-r_1\mathrm{e}^{-\lambda_1 x_1}-c_1)x_1 \\ &\quad +(b_2-a_{21}x_1-a_{22}x_2-r_2\mathrm{e}^{-\lambda_2 x_2}-c_2)x_2. \end{aligned} \tag{3}$$

问题化为求解 $\max\limits_{x_1,x_2} z(x_1,x_2)$.

这里对两个型号的产量没有任何限制,模型(3)是一个无约束优化问题.容易看出,它实际上是大家学过的求二元函数的极值,可以计算偏导数,令其等于零来求解.读者不妨这样做一下,你会发现要解非线性方程组,一般只能求数值解,尤其当变量较多时需要研究更有效的算法.

一般来说,实际问题中对产量总是有限制条件的,如产量不能为负数,又如由于生产能力的限制,两个型号的产量之和不能超过某个给定值等,加上这些条件就变成约束优化问题.但是如果最优解不正好在这些条件的边界上,那么就仍然可以作为无约束优化问题求解.

7.1.2 饮酒驾车血液中的酒精含量(续)

问题 1.2.1节中经过对车辆驾驶人员饮酒后血液中酒精含量的机理分析,在简化、合理的假设下得到了酒精含量随时间按指数规律下降的函数关系,但是函数的系数难以从机理上确定.表1.1给出了一组酒精含量随时间变化的测试数据,由实际数据计算已知函数关系中的系数称为**数据拟合**,是这个实验的任务之一.

模型 1.2.1节建立了酒精含量 $c(t)$ 随时间 t 按指数规律下降的函数关系:

$$c(t)=\frac{d}{V}\mathrm{e}^{-kt}=c_0\mathrm{e}^{-kt}, \tag{4}$$

其中 c_0, k 为待定系数.记 $y=\ln c(t)$, $a_1=-k$, $a_2=\ln c_0$,(4)式变为

$$y=a_1t+a_2. \tag{5}$$

计算出 a_1, a_2 以后很容易得到 k 和 c_0.将时间 t 和酒精含量的对数 $y=\ln c(t)$ 的实际数据记作 $t_i,y_i(i=1,2,\cdots,n)(n=12)$,将它们代入(5)式得到线性方程组

$$y_i=a_1t_i+a_2,\quad i=1,2,\cdots,n. \tag{6}$$

最小二乘准则 当数据容量 n 大于待定系数个数2时,方程组(6)的方程个数超过了未

知数个数，称为**超定方程组**. 一般说来，超定方程组在普通意义下是无解的，只能在新设定的准则下定义它的解. 求解超定方程组的一个重要实际背景就是像这样的数据拟合问题(2.2.1节和2.2.4节也存在类似的数据拟合问题).

数据拟合问题的提法是，已知一组数据 $t_i, y_i, (i=1,2,\cdots,n)$，寻求一个函数 $y=f(t)$，使将 t_i 代入得到的 $f(t_i)$ 在某种准则下与 y_i 最为接近($i=1,2,\cdots,n$).

数据拟合在几何上可以看作是找一条曲线 $y=f(t)$，与平面上已知的 n 个点 (t_i, y_i) 在某种准则下最为接近，称为**曲线拟合**，见图7.1.

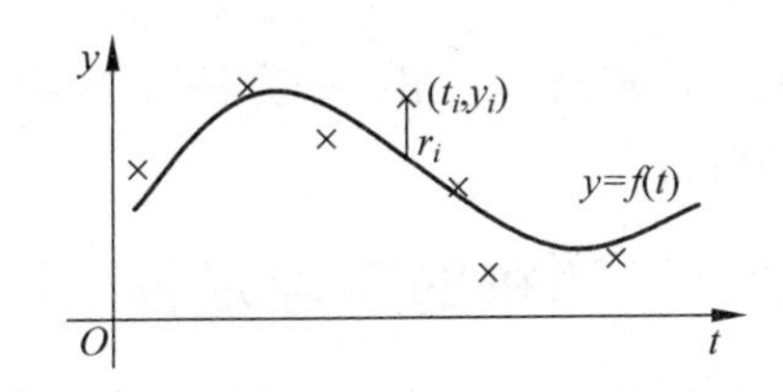

图7.1　曲线拟合示意图

(×是数据点，r_i 为 (t_i, y_i) 与 $y=f(t)$ 的距离)

与插值不同的是，做拟合时函数 $y=f(t)$ 的形式，或者如本例一样已经在实际问题的建模过程中确定，或者可以根据数据的变化趋势靠经验给出. 最简单、常用的如线性函数 $y=\beta_0+\beta_1 t$，二次函数 $y=\beta_0+\beta_1 t+\beta_2 t^2$ 等.

一般地，假定拟合函数 $y=f(t)$ 具有如下形式

$$f(t)=\beta_0\varphi_0(t)+\beta_1\varphi_1(t)+\cdots+\beta_m\varphi_m(t) \tag{7}$$

其中 $\varphi_0(t), \varphi_1(t), \cdots, \varphi_m(t)$ 是事先选定的一组函数，称为**基函数**，$\beta_0, \beta_1, \cdots, \beta_m$ 是待定系数，而且待定系数个数 $m+1$ 小于数据容量 n.

形式地看，如果强令 $f(t_i)=y_i (i=1,2,\cdots,n)$，就有

$$\begin{cases}\beta_0\varphi_0(t_1)+\beta_1\varphi_1(t_1)+\cdots+\beta_m\varphi_m(t_1)=y_1, \\ \quad\vdots \\ \beta_0\varphi_0(t_n)+\beta_1\varphi_1(t_n)+\cdots+\beta_m\varphi_m(t_n)=y_n.\end{cases} \tag{8}$$

记

$$\boldsymbol{\Phi}=\begin{bmatrix}\varphi_0(t_1) & \varphi_1(t_1) & \cdots & \varphi_m(t_1) \\ \vdots & \vdots & & \vdots \\ \varphi_0(t_n) & \varphi_1(t_n) & \cdots & \varphi_m(t_n)\end{bmatrix}_{n\times(m+1)}, \quad \boldsymbol{\beta}=(\beta_0,\beta_1,\cdots,\beta_m)^{\mathrm{T}}, \quad \boldsymbol{y}=(y_1,y_2,\cdots y_n)^{\mathrm{T}}, \tag{9}$$

则方程(8)可写作

$$\boldsymbol{\Phi\beta}=\boldsymbol{y}. \tag{10}$$

因为 $n>m+1$，所以(8)式或(10)式是超定线性方程组，在一般意义下无解.

数据拟合不要求 $f(t_i)=y_i (i=1,2,\cdots,n)$，而是确定一个 $f(t_i)$ 与 y_i 最为接近的准则. 最常用的准则是使 $f(t_i)$ 与 $y_i (i=1,2,\cdots,n)$ 之差的平方和(即图7.1中 r_i 的平方和)最小，称为**最小二乘准则**.

根据最小二乘准则计算得到的待定系数的解称为**最小二乘解**，相应的方法称为**最小二乘法**，相应的**最小二乘问题**就是优化问题

$$\min_{\beta}\sum_{i=1}^{n} r_i^2 = \sum_{i=1}^{n} | f(t_i) - y_i |^2 = \| \boldsymbol{\Phi\beta} - \boldsymbol{y} \|_2^2. \tag{11}$$

具体到超定线性方程组(6)，所以相应的最小二乘问题为

$$\min_{a_1,a_2}\sum_{i=1}^{12} | a_1 t_i + a_2 - y_i |^2. \tag{12}$$

注意到(8)式或(10)式关于待定系数是线性方程组，所以相应的最小二乘问题称为线性最小二乘问题，相应的方法称为线性最小二乘法. 7.3.1 节将讨论这种线性最小二乘问题的解法.

7.1.3 飞机的精确定位

问题 飞机在飞行过程中,能够收到地面上各个监控台发来的关于飞机当前位置的信息,根据这些信息可以比较精确地确定飞机的位置. 如图 7.2 所示,VOR 是高频多向导航设备的英文缩写,它能够得到飞机与该设备连线的角度信息；DME 是距离测量装置的英文缩写,它能够得到飞机与该设备的距离信息. 图中飞机接收到来自 3 个 VOR 给出的角度和 1 个 DME 给出的距离(括号内是测量误差限),并已知这 4 种设备的 x,y 坐标(假设飞机和这些设备在同一平面上). 如何根据这些信息精确地确定当前飞机的位置?

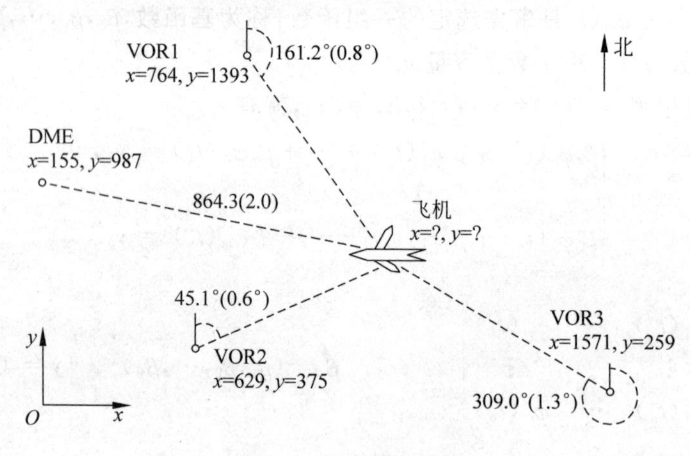

图 7.2 飞机与监控台

模型 记 4 种设备 VOR1,VOR2,VOR3,DME 的坐标为(x_i,y_i)(单位：km),$i=1,2,3,4$；VOR1,VOR2,VOR3 测量得到的角度为 θ_i(按照航空飞行管理的惯例,该角度是从北开始,沿顺时针方向的角度,取值在 0°～360°之间),角度的误差限为 σ_i($i=1,2,3$)；DME 测量得到的距离为 d_4(km),距离的误差限为 σ_4. 设飞机当前位置的坐标为(x,y),则问题就是在表 7.1 的已知数据下计算(x,y)：

若点(x_i,y_i)和点(x,y)的连线与 x 轴的夹角记为 α_i(以 x 轴正向为基准,逆时针方向夹角为正,顺时针方向夹角为负),我们熟悉的关系是 $\alpha_i=\arctan\left(\dfrac{y-y_i}{x-x_i}\right)$,其中 arctan 是取值

在区间$(-\pi/2,\pi/2)$上的反正切函数. 但是图中角度θ_i的测量方式与此不同，它是点(x_i,y_i)和点(x,y)的连线与y轴的夹角(以y轴正向为基准，顺时针方向夹角为正，而不考虑逆时针方向的夹角)，于是$\theta_i=\arctan\left(\frac{x-x_i}{y-y_i}\right)$. 但是，这样表示的$\theta_i$仍然只有当$\theta_i$位于区间$[0,\pi/2)$时才是成立的. 实际上，应该注意到$\theta_i$除了与点$(x-x_i,y-y_i)$的横纵坐标的比值有关外，还与这个点在4个象限中的哪个象限有关.

表 7.1

	x_i	y_i	原始的θ_i(或d_4)	σ_i	转换后的θ_i/rad
VOR1	746	1393	161.2°	0.8°(0.0140rad)	2.8135
VOR2	629	375	45.1°	0.6°(0.0105rad)	0.7871
VOR3	1571	259	309.0°	1.3°(0.0227rad)	−0.8901
DME	155	987	$d_4=864.3$km	2.0km	

为了解决这个问题，我们借用MATLAB库函数中的4象限反正切函数$\arctan2(b,a)$，它根据点(a,b)在4个象限的位置，计算原点与点(a,b)的连线和x轴正向的夹角(逆时针方向夹角为正)，取值为区间$(-\pi,\pi]$，正好相当于原点与点(b,a)的连线和y轴正向的夹角(顺时针方向夹角为正).

根据以上分析，若将原始的$\theta_i(i=1,2,3)$转换成弧度，并使之满足$-\pi<\theta_i\leqslant\pi$(即当弧度大于$\pi$时，减去$2\pi$，仍记为$\theta_i$，见上表中最后一列)，则可以得到

$$\theta_i=\arctan2(x-x_i,y-y_i),\quad i=1,2,3. \tag{13}$$

对DME测量得到的距离，有

$$d_4=\sqrt{(x-x_4)^2+(y-y_4)^2}. \tag{14}$$

由(13)式，(14)式共4个等式确定飞机的坐标x,y，是求解超定(非线性)方程组. 在最小二乘准则下使计算值与测量值的误差平方和最小，则需要求解

$$\min J(x,y)=\sum_{i=1}^{3}[\arctan2(x-x_i,y-y_i)-\theta_i]^2+[d_4-\sqrt{(x-x_4)^2+(y-y_4)^2}]^2. \tag{15}$$

这是一个非线性最小二乘拟合问题. 注意到问题中角度和距离的单位是不一致的，并且4种设备测量的精度(误差限)不同，因此这4个误差平方和不应该同等对待，而用各自的误差限σ_i对它们进行无量纲化地加权处理是合理的，即求解如下的无约束优化问题：

$$\min E(x,y)=\sum_{i=1}^{3}\left(\frac{\arctan2(x-x_i,y-y_i)-\theta_i}{\sigma_i}\right)^2+\left(\frac{d_4-\sqrt{(x-x_4)^2+(y-y_4)^2}}{\sigma_4}\right)^2. \tag{16}$$

显然，这仍是一个非线性最小二乘拟合问题.

7.2 无约束优化的基本方法

本节介绍求解无约束优化模型的基本原理和方法.假设目标为最小化(最大化问题类似),无约束非线性规划问题为

$$\min_{x} f(\boldsymbol{x}), \quad \boldsymbol{x}=(x_1,x_2,\cdots,x_n)^{\mathrm{T}}\in\mathbb{R}^n. \tag{17}$$

实际上这是一个多元函数无条件极值问题.应该注意的是,极值问题的解(即极值点)通常都是**局部最优解**,寻找**全局最优解**需要对局部最优解进行比较以后得到(如果能够求出所有局部最优解的话).以下所谓最优解均指局部最优解.

将 $f(\boldsymbol{x})$的**梯度**记作$\nabla f(\boldsymbol{x})=(f_{x_1},f_{x_2},\cdots,f_{x_n})^{\mathrm{T}}$($n$维向量),其中 $f_{x_i}=\dfrac{\partial f}{\partial x_i}(i=1,2,\cdots,n)$; $f(\boldsymbol{x})$的黑塞(Hessian)矩阵记作$\nabla^2 f=(f_{x_ix_j})$($n\times n$矩阵,简记为 $\boldsymbol{H}$ 阵,它实际上就是梯度函数的雅可比矩阵),其中 $f_{x_ix_j}=\dfrac{\partial^2 f}{\partial x_i\partial x_j}(i,j=1,2,\cdots,n)$.回顾多元函数极值问题最优解的条件,我们知道 $\boldsymbol{x}=\boldsymbol{x}^*$ 是最优解的必要条件为

$$\nabla f(\boldsymbol{x}^*)=\boldsymbol{0} \tag{18}$$

充分条件为

$$\nabla f(\boldsymbol{x}^*)=\boldsymbol{0}, \quad 且 \quad \nabla^2 f(\boldsymbol{x}^*) 正定. \tag{19}$$

7.2.1 下降法的基本思想

求解优化问题的基本思想是用迭代法搜索最优解.在迭代的第 k 步,即对 n 维空间$\mathbb{R}^n$中的一点 $\boldsymbol{x}^k$,确定一个搜索方向和一个步长,使沿此方向、按此步长走一步到达下一点时,函数值 $f(\boldsymbol{x})$下降.这种方法称为**下降法**(或形象地称为**下山法**),其基本步骤为:

1. 选初始解 $\boldsymbol{x}^0$;

2. 对于第 k 次迭代解 $\boldsymbol{x}^k$,确定搜索方向 $\boldsymbol{d}^k\in\mathbb{R}^n$,并在此方向确定搜索步长 $\alpha^k\in\mathbb{R}$,令 $\boldsymbol{x}^{k+1}=\boldsymbol{x}^k+\alpha^k\boldsymbol{d}^k$,使 $f(\boldsymbol{x}^{k+1})<f(\boldsymbol{x}^k)$;

3. 若 $\boldsymbol{x}^{k+1}$符合给定的迭代终止原则,停止迭代,最优解 $\boldsymbol{x}^*=\boldsymbol{x}^{k+1}$; 否则,转步骤 2.

不同的算法在于 $\boldsymbol{d}^k,\alpha^k$ 的选择不同,目的是使 f 下降更快.下面分别讨论确定搜索方向和搜索步长的方法.

7.2.2 搜索方向的选择

暂时不考虑搜索步长,不妨视为 $\alpha^k=1$.搜索方向 $\boldsymbol{d}^k$ 应为 f 的下降方向,有以下几种选择方法.

1. 最速下降法(梯度法)

将 $f(\boldsymbol{x}^{k+1})$在 $\boldsymbol{x}^k$ 点作泰勒展开,只保留一阶项,有

$$f(\boldsymbol{x}^{k+1}) = f(\boldsymbol{x}^k + \boldsymbol{d}^k) = f(\boldsymbol{x}^k) + \nabla f^{\mathrm{T}}(\boldsymbol{x}^k)\boldsymbol{d}^k. \tag{20}$$

显然,只要满足

$$\nabla f^{\mathrm{T}}(\boldsymbol{x}^k)\boldsymbol{d}^k < 0, \tag{21}$$

$\boldsymbol{d}^k$ 就是下降方向.满足(21)式的下降方向有无穷多个,其中使$|\nabla f^{\mathrm{T}}(\boldsymbol{x}^k)\boldsymbol{d}^k|$达到最大的是

$$\boldsymbol{d}^k = -\nabla f(\boldsymbol{x}^k), \tag{22}$$

称为**最速下降方向**.因为梯度方向是函数增长最快的方向,所以毫不奇怪,负梯度方向就是最速下降方向.对应的方法称**最速下降法**,或**梯度法**,其迭代公式为(设 $\alpha^k=1$)

$$\boldsymbol{x}^{k+1} = \boldsymbol{x}^k - \nabla f(\boldsymbol{x}^k). \tag{23}$$

计算表明,用梯度法在迭代的初始阶段 f 下降较快,但在接近最优解 $\boldsymbol{x}^*$ 时下降变慢(为什么?).

2. 牛顿法

根据最优解的必要条件,理论上只需求解方程组$\nabla f(\boldsymbol{x})=\boldsymbol{0}$ 即可,我们自然想到可以利用实验 6 中介绍的牛顿法.将$\nabla f(\boldsymbol{x})$看成那里的 $\boldsymbol{F}(\boldsymbol{x})$,则牛顿迭代公式(实验 6 中(28)式)变成

$$\boldsymbol{x}^{(k+1)} = \boldsymbol{x}^{(k)} - [\nabla^2 f(\boldsymbol{x}^{(k)})]^{-1} \nabla f(\boldsymbol{x}^{(k)}), \tag{24}$$

该方法仍然称为**牛顿法**.此时搜索步长 $\alpha^k=1$,搜索方向为

$$\boldsymbol{d}^k = -(\nabla^2 f(\boldsymbol{x}^k))^{-1} \nabla f(\boldsymbol{x}^k), \tag{25}$$

称为**牛顿方向**.当黑塞矩阵$\nabla^2 f(\boldsymbol{x}^k)$正定时,其逆矩阵仍正定,所以(25)式的 $\boldsymbol{d}^k$ 满足(21)式,即牛顿方向是下降方向.

牛顿方向 $\boldsymbol{d}^k$ 满足

$$\nabla^2 f(\boldsymbol{x}^k)\boldsymbol{d}^k = -\nabla f(\boldsymbol{x}^k), \tag{26}$$

该方程组称为**牛顿方程**.

牛顿法的优点是在接近最优解时具有 2 阶收敛性(阶的定义见实验 6),缺点是当$\nabla^2 f(\boldsymbol{x}^k)$病态时不利于方程(26)的求解,且当$\nabla^2 f(\boldsymbol{x}^k)$不正定时 $\boldsymbol{d}^k$ 可能不是下降方向.另外,牛顿法也只具有局部收敛性,即仅当初始点在最优解 $\boldsymbol{x}^*$ 的某一邻域内时 $\boldsymbol{x}^k$ 才收敛于 $\boldsymbol{x}^*$.

3. 拟牛顿法

牛顿法中黑塞矩阵$\nabla^2 f(\boldsymbol{x}^k)$不仅计算复杂,而且会出现病态、不正定等情况.为克服这些缺点,同时保持较快收敛的优点,可以考虑采用实验 6 介绍的拟牛顿法的思想,即利用第 k 和 $k+1$ 步得到的 $\boldsymbol{x}^k,\boldsymbol{x}^{k+1},\nabla f(\boldsymbol{x}^k),\nabla f(\boldsymbol{x}^{k+1})$,构造一个正定矩阵 $\boldsymbol{G}^{k+1}$ 近似代替$\nabla^2 f(\boldsymbol{x}^{k+1})$,或直接构造 $\boldsymbol{H}^{k+1}$ 近似代替$(\nabla^2 f(\boldsymbol{x}^{k+1}))^{-1}$.为此,将(26)式,(25)式分别改为

$$\boldsymbol{G}^{k+1}\boldsymbol{d}^{k+1} = -\nabla f(\boldsymbol{x}^{k+1}), \quad \boldsymbol{d}^{k+1} = -\boldsymbol{H}^{k+1} \nabla f(\boldsymbol{x}^{k+1}), \tag{27}$$

从而得到下降方向 $\boldsymbol{d}^{k+1}$.

为利用 $\boldsymbol{x}^k,\boldsymbol{x}^{k+1},\nabla f(\boldsymbol{x}^k),\nabla f(\boldsymbol{x}^{k+1})$构造 $\boldsymbol{G}^{k+1},\boldsymbol{H}^{k+1}$,记

$$\Delta \boldsymbol{x}^k = \boldsymbol{x}^{k+1} - \boldsymbol{x}^k, \quad \Delta f^k = \nabla f(\boldsymbol{x}^{k+1}) - \nabla f(\boldsymbol{x}^k). \tag{28}$$

因为 $\nabla^2 f(\boldsymbol{x}^{k+1})\Delta \boldsymbol{x}^k \approx \Delta f^k$（为什么?），要用 $\boldsymbol{G}^{k+1}$ 代替 $\nabla^2 f(\boldsymbol{x}^{k+1})$，或 $\boldsymbol{H}^{k+1}$ 代替 $(\nabla^2 f(\boldsymbol{x}^{k+1}))^{-1}$，就必须有

$$\boldsymbol{G}^{k+1}\Delta \boldsymbol{x}^k = \Delta f^k, \quad \Delta \boldsymbol{x}^k = \boldsymbol{H}^{k+1}\Delta f^k, \tag{29}$$

该条件称为拟牛顿条件. 根据这个条件通常采用迭代法计算 $\boldsymbol{G}^{k+1}$，$\boldsymbol{H}^{k+1}$，称**拟牛顿法**. 其中两个著名的迭代公式为 BFGS（Broyden-Fletcher-Goldfarb-Shanno）公式，DFP（Davidon-Fletcher-Powell）公式，具体的构造方法可参看其他有关书籍.

7.2.3 搜索步长的确定——线性搜索

搜索方向 $\boldsymbol{d}^k$ 确定后，求步长 α^k 实际上是一个一维优化问题：

$$\min_{\alpha} f(\boldsymbol{x}^k + \alpha \boldsymbol{d}^k), \tag{30}$$

称**一维搜索**（或线搜索），显然其精确解应满足

$$(\boldsymbol{d}^k)^{\mathrm{T}} \nabla f(\boldsymbol{x}^k + \alpha \boldsymbol{d}^k) = 0. \tag{31}$$

当 f 复杂和 n 较大时求解(31)式的计算量很大. 一维优化的近似方法很多，如二分法、黄金分割法（即 0.618 法）、Fibonacci 法，以及求函数极值的牛顿切线法和割线法. 实际计算中更为有效的是插值方法，如对 $f(\boldsymbol{x}^k + \alpha \boldsymbol{d}^k)$ 采用二次插值函数

$$q(\alpha) = a\alpha^2 + b\alpha + c, \tag{32}$$

其中 a,b,c 可由 $\alpha=0$ 的函数值和导数值 $q(0)=f(\boldsymbol{x}^k)$，$q'(0)=\nabla f(\boldsymbol{x}^k)^{\mathrm{T}}\boldsymbol{d}^k$，以及另一点的函数值 $q(\alpha)=f(\boldsymbol{x}^k+\alpha\boldsymbol{d}^k)$ 确定，而 α 的最优值取使 $q(\alpha)$ 达到最小的 $\alpha_{\min}=-b/2a$. 如果采用三次插值方法，就需要增加计算另一点的导数值. 还可以用混合二次、三次插值方法，有兴趣的读者可参看 MATLAB 的帮助信息或其他书籍.

7.3 最小二乘法

7.3.1 线性最小二乘法

对 7.1.2 中形如(11)式的最小二乘问题，记

$$J(\beta_0,\beta_1,\cdots,\beta_m) = \sum_{i=1}^{n}[f(t_i)-y_i]^2 = \sum_{i=1}^{n}\left[\sum_{k=0}^{m}\beta_k\varphi_k(t_i) - y_i\right]^2. \tag{33}$$

按照最小二乘准则，$\beta_0,\beta_1,\cdots,\beta_m$ 应使 J 达到最小. 实际上这是一个无约束非线性（二次）规划，可以用 7.2 节介绍的方法求解，但由于该问题非常特殊，可以推导出解析解的表达式.

利用多元函数极值的必要条件 $\partial J/\partial \beta_k = 0(k=0,1,\cdots,m)$，得到关于 $\beta_0,\beta_1,\cdots,\beta_m$ 的线性方程组

$$\begin{cases} \sum_{i=1}^{n} \varphi_0(t_i)\Big[\sum_{k=0}^{m} \beta_k\varphi_k(t_i) - y_i\Big] = 0, \\ \sum_{i=1}^{n} \varphi_1(t_i)\Big[\sum_{k=0}^{m} \beta_k\varphi_k(t_i) - y_i\Big] = 0, \\ \quad\vdots \\ \sum_{i=1}^{n} \varphi_m(t_i)\Big[\sum_{k=0}^{m} \beta_k\varphi_k(t_i) - y_i\Big] = 0. \end{cases} \tag{34}$$

在(9)式的记号下方程组(34)可表示为

$$\boldsymbol{\Phi}^{\mathrm{T}}\boldsymbol{\Phi}\boldsymbol{\beta} = \boldsymbol{\Phi}^{\mathrm{T}}\boldsymbol{y}, \tag{35}$$

(35)式称为**正规方程**(或**法方程**),当 $\varphi_0(t),\varphi_1(t),\cdots,\varphi_m(t)$ 线性无关时,$\boldsymbol{\Phi}$ 列满秩,$\boldsymbol{\Phi}^{\mathrm{T}}\boldsymbol{\Phi}$ 可逆,方程组(35)有惟一解

$$\boldsymbol{\beta} = (\boldsymbol{\Phi}^{\mathrm{T}}\boldsymbol{\Phi})^{-1}\boldsymbol{\Phi}^{\mathrm{T}}\boldsymbol{y}. \tag{36}$$

能够进一步证明,由极值必要条件得到的 $\boldsymbol{\beta}$ 就是(33)式 $J(\boldsymbol{\beta})$ 的最小解.

7.3.2 非线性最小二乘法

按照前面介绍的最小二乘准则的含义,对一组数据 $(t_i,y_i)(i=1,2,\cdots,n)$,要拟合一个已知函数 $y=f(\boldsymbol{x},t)$,$\boldsymbol{x}=(x_1,x_2,\cdots,x_m)(m\leqslant n)$,$\boldsymbol{x}$ 为待定系数,使 $\sum_{i=1}^{n}|f(\boldsymbol{x},t_i)-y_i|^2$ 最小. 当 f 对 $\boldsymbol{x}$(的某些分量)是非线性函数时,称为非线性最小二乘拟合.

记误差

$$r_i(\boldsymbol{x}) = f(\boldsymbol{x},t_i) - y_i, \quad \boldsymbol{r}(\boldsymbol{x}) = (r_1(\boldsymbol{x}),\cdots,r_n(\boldsymbol{x}))^{\mathrm{T}}. \tag{37}$$

拟合误差定义为 $r_i(\boldsymbol{x})$ 的平方和,于是问题表示为如下的优化模型(为推导时记号上的方便,目标用平方和的一半来表示):

$$\min_{\boldsymbol{x}} R, \quad R = \frac{1}{2}\boldsymbol{r}^{\mathrm{T}}(\boldsymbol{x})\boldsymbol{r}(\boldsymbol{x}) = \frac{1}{2}\sum_{i=1}^{n}[f(\boldsymbol{x},t_i) - y_i]^2. \tag{38}$$

实际上这是一个无约束非线性规划,可以用 7.2 节介绍的方法求解,但由于该问题中目标函数是 $r_i(\boldsymbol{x})$ 的二次函数这一特殊性,可以构造一些相对简单的算法.

记 $\boldsymbol{r}(\boldsymbol{x})$ 的雅可比阵为

$$\boldsymbol{J}(\boldsymbol{x}) = \left(\frac{\partial r_i}{\partial x_j}\right)_{n\times m}, \tag{39}$$

则

$$\nabla R = \boldsymbol{J}^{\mathrm{T}}(\boldsymbol{x})\boldsymbol{r}(\boldsymbol{x}), \quad \nabla^2 R = \boldsymbol{J}^{\mathrm{T}}(\boldsymbol{x})\boldsymbol{J}(\boldsymbol{x}) + \boldsymbol{S}, \quad \boldsymbol{S} = \sum_{i=1}^{n} r_i(\boldsymbol{x})\,\nabla^2 r_i(\boldsymbol{x}). \tag{40}$$

如果用牛顿法,就要计算 $(\nabla^2 R)^{-1}$,而 $\boldsymbol{S}$ 中二阶导数矩阵 $\nabla^2 r_i(\boldsymbol{x}) = \left(\frac{\partial^2 f(\boldsymbol{x},t_i)}{\partial x_k \partial x_l}\right)_{m\times m}$ $(k,l=1,2,\cdots,m)$ 的计算量很大.

为了简化计算，我们注意到：如果 f 对 $\boldsymbol{x}$ 是线性的，二阶导数$\nabla^2 r_i(\boldsymbol{x})$为零. 所以在做非线性最小二乘时，人们探讨能否忽略或近似 $\boldsymbol{S}$ 的问题.

1. 高斯-牛顿法

如果忽略 $\boldsymbol{S}$ 后用牛顿法，将(40)式代入牛顿方程(26)，下降方向 $\boldsymbol{d}^k$ 由

$$\boldsymbol{J}^{\mathrm{T}}(\boldsymbol{x}^k)\boldsymbol{J}(\boldsymbol{x}^k)\boldsymbol{d}^k = -\boldsymbol{J}^{\mathrm{T}}(\boldsymbol{x}^k)\boldsymbol{r}(\boldsymbol{x}^k) \tag{41}$$

解出，称**高斯-牛顿法**(GN 法). 这种方法的收敛速度依赖于 f 对 $\boldsymbol{x}$ 的线性程度，及误差 $\boldsymbol{r}(\boldsymbol{x})$的大小，适用于 f 对 $\boldsymbol{x}$ 近似于线性及 $\boldsymbol{r}$ 较小的情况. 当 f 对 $\boldsymbol{x}$ 高度非线性或 $\boldsymbol{r}$ 很大时，高斯-牛顿法可能不收敛.

2. LM 方法

在高斯-牛顿法中 $\boldsymbol{J}^{\mathrm{T}}\boldsymbol{J}$ 总是半正定的，但会出现病态，改进方法是将(41)式修正为

$$(\boldsymbol{J}^{\mathrm{T}}(\boldsymbol{x}^k)\boldsymbol{J}(\boldsymbol{x}^k) + \alpha^k\boldsymbol{I})\boldsymbol{d}^k = -\boldsymbol{J}^{\mathrm{T}}(\boldsymbol{x}^k)\boldsymbol{r}(\boldsymbol{x}^k), \tag{42}$$

其中 $\boldsymbol{I}$ 是单位阵，$\alpha^k>0$ 是在每次迭代中修正的参数. 不难看出，当 α^k 很小时(42)式接近高斯-牛顿法，而当 α^k 很大时 d^k 接近于负梯度方向，所以每次迭代的下降方向在牛顿方向与负梯度方向之间. 这个方法以提出者的名字命名为 **Levenbery-Marquardt 法**(LM 法).

此外还可以注意到，非线性最小二乘拟合也可以用来解非线性超定方程组，只需要将方程组看成这里的 $\boldsymbol{r}(\boldsymbol{x})=\boldsymbol{0}$，以各个 $r_i(\boldsymbol{x})$的平方和(的一半)作为目标函数即可.

7.3.3 拟合函数形式的选取

面对一组数据$(t_i, y_i)(i=1,2,\cdots,n)$，用线性最小二乘法做拟合时，首要的，也是关键的一步是恰当地选取基函数 $\varphi_0(t),\varphi_1(t),\cdots,\varphi_m(t)$；用非线性最小二乘法做拟合时，也要首先确定拟合函数的基本形式. 有时候通过机理分析，能够建立数学模型确定 y 与 t 之间的函数关系；否则可以将数据$(t_i, y_i)(i=1,2,\cdots,n)$作图，直观地判断大概要用什么样的曲线做拟合. 人们常用的曲线有(参见图 7.3)：

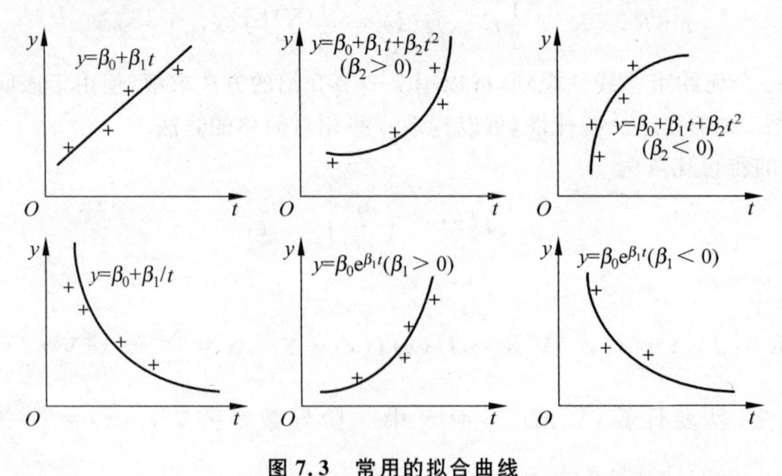

图 7.3　常用的拟合曲线

- 直线 $y=\beta_0+\beta_1 t$
- 2,3 次曲线 $y=\beta_0+\beta_1 t+\cdots+\beta_m t^m$(一般 $m=2,3$,不宜太高)
- 双曲线(一支) $y=\beta_0+\beta_1/t$
- 指数曲线 $y=\beta_0 e^{\beta_1 t}$

对于双曲线和指数曲线,拟合前可作变量代换,使其化为对待定系数的线性函数,从而用线性最小二乘法处理,否则只能作为非线性最小二乘拟合处理.

已知一组数据,用什么样的曲线拟合最好,可以在直观判断的基础上,选几种曲线分别做拟合,然后比较,看哪条曲线的最小二乘指标(即拟合误差的平方和)最小.

7.4 用 MATLAB 解无约束优化

7.4.1 fminbnd、fminunc 和 fminsearch 的基本用法

有界单变量优化问题严格来说属于约束优化,但由于它的约束非常简单(只有上下界约束),所以 MATLAB 设计了一个单独的求解程序 fminbnd,其基本算法是黄金分割法和插值法. fminunc 和 fminsearch 都可以用来解无约束优化,但 fminunc 采用的是拟牛顿法或置信域方法(本书没有介绍该方法,有兴趣者可参考相关的书籍),需要用到函数的导数(梯度、雅可比矩阵或黑塞矩阵),而当函数高度非线性甚至不连续时,数值梯度(即用有限差分法计算导数)将很不准确; fminsearch 采用的是单纯形搜索法(本书没有介绍该方法,有兴趣者可参考相关的书籍),不需要用到函数的导数,因此有时称为直接法. 这三个命令最一般的调用方式分别是:

```
[x,fv,ef,out]= fminbnd(@f,v1,v2,opt,P1,P2,...)
[x,fv,ef,out,grad,hess] = fminunc(@f,x0,opt,P1,P2,...)
[x,fv,ef,out]= fminsearch(@f,x0,opt,P1,P2,...)
```

其中输入列表和输出列表与实验 6 中命令 fzero 的说明类似,fminunc 命令的输出 grad 是结果(x 点)处的梯度向量,hess 是 x 点所对应的黑塞矩阵. 下面看两个简单的例题.

例 1 求解 $\min\limits_{1\leqslant x\leqslant 8}(3\sin x+x)$.

解 输入程序:

```
v1=1;v2=8;                          % 上下界
f=inline('3 * sin(x)+x');
[x,fv]=fminbnd(f,v1,v2)
```

输出结果:

```
x= 4.3725596, fv =1.544125.
```

例 2 求解 $\min \dfrac{x^2}{a}+\dfrac{y^2}{b}$, $a=b=2$.

解 建立 exam0702fun.m 文件计算函数值：

```
function y=exam0702fun(x,a,b)
y=x(1)^2/a+x(2)^2/b;
```

取初始值[1,1]，输入程序：

```
x=fminunc(@exam0702fun,[1,1],[],2,2)
```

输出结果为：

```
x=0,0
```

如果输入程序：

```
x=fminsearch(@exam0702fun,[1,1],[],2,2)
```

则输出结果为：

```
x =1.0e-004 * (-0.2102, 0.2548)
```

本题的精确结果为 $x_1=x_2=0$.（为什么 fminsearch 的精度低些？再输出迭代次数看看，哪一个命令的迭代次数多些？）

7.4.2 lsqnonlin 和 lsqcurvefit 的基本用法

lsqnonlin 和 lsqcurvefit 用于求解非线性最小二乘(曲线拟合)问题. 它们都可以处理变量有上下界的约束，因此严格来说属于约束优化. 其实这两个命令采用的算法完全一样，只是调用方法略有区别，最一般的调用方式分别是：

```
[x,norm,res,ef,out,lam,jac] = lsqnonlin(@F,x0,v1,v2,opt,P1,P2,...)
[x,norm,res,ef,out,lam,jac] = lsqcurvefit(@F,x0,t,y,v1,v2,opt,P1,P2,...)
```

其中输入列表和输出列表与前面的说明类似，输出 norm 和 res 分别是误差的平方和和误差向量，jac 是结果(x 点)处的雅可比矩阵，lam 是上下界所对应的拉格朗日乘子(其含义将在实验 8 中介绍). 下面通过例子说明这两个命令的具体用法.

例 3 用表 7.2 中的数据拟合 $c(t)=re^{-kt}$ 中的系数 r,k.

表 7.2

t	0.25	0.5	1	1.5	2	3	4	6	8
c	19.21	18.15	15.36	14.10	12.89	9.32	7.45	5.24	3.01

解 建立 exam0703fun.m 文件计算函数值：

```
function f=exam0703fun(x,t)
f=x(1) * exp(x(2) * t);              %x(1)=r,x(2)=-k
```

输入程序：

```
x0=[10,0.5];
t=[.25 .5 1 1.5 2 3 4 6 8];
c=[19.21 18.15 15.36 14.1 12.89 9.32 7.45 5.24 3.01];
[x,norm,res]=lsqcurvefit(@exam0703fun,x0,t,c)
```

输出结果(可以输入不同的初值 x0,观察结果是否有变化)：

```
x =20.2413   -0.2420            % 即 r=20.2413,k=-0.2420
norm =1.0659                    % 误差平方和,即 res * res'
res =                           % 误差向量
    -0.1568  -0.2152  0.5311  -0.0198  -0.4143  0.4744  0.2394  -0.5006  -0.0889
```

也可以用 lsqnonlin 命令求解如下.

建立 exam0703fun1.m 文件计算函数值：

```
function f=exam0703fun1(x,t,c)
f=x(1) * exp(x(2) * t)-c;
```

输入程序：

```
x0=[10,0.5];
t=[.25 .5 1 1.5 2 3 4 6 8];
c=[19.21 18.15 15.36 14.1 12.89 9.32 7.45 5.24 3.01];
[x,norm,res]=lsqnonlin(@exam0703fun1,x0,[],[],[],t,c)
```

输出结果同前(实际上,两者使用的算法是一样的).

7.4.3 产销量的最佳安排(续)

7.1.1 节中已经建立了模型(3),问题表述为求两种型号甲和乙的产量 x_1,x_2,使总利润 $z(x_1,x_2)$ 最大. 为了用 MATLAB 优化工具箱的 fminunc 求解这个无约束优化模型,令 $y(x_1,x_2)=-z(x_1,x_2)$,将问题转化为求解

$$\begin{aligned}\min_{x_1,x_2} y(x_1,x_2) =& -(b_1-a_{11}x_1-a_{12}x_2-r_1\mathrm{e}^{-\lambda_1x_1}-c_1)x_1 \\ & -(b_2-a_{21}x_1-a_{22}x_2-r_2\mathrm{e}^{-\lambda_2x_2}-c_2)x_2.\end{aligned} \tag{43}$$

为确定计算过程的初始值,先忽略成本,并令价格中的较小的系数 a_{12} 和 a_{21} 等于零,问题简化为求

$$z_1=(b_1-a_{11}x_1)x_1+(b_2-a_{22}x_2)x_2 \tag{44}$$

的极值,显然其解为 $x_1=b_1/2a_{11}, x_2=b_2/2a_{22}$,我们用它作为原问题的初始值.

设定如下一组数据：$b_1=100, a_{11}=1, a_{12}=0.1, b_2=280, a_{21}=0.2, a_{22}=2, r_1=30, \lambda_1=0.015, c_1=20, r_2=100, \lambda_2=0.02, c_2=30$,编程计算：

```
function y=shili01fun(x)
```

```
y1=((100-x(1)-0.1*x(2))-(30*exp(-0.015*x(1))+20))*x(1);
y2=((280-0.2*x(1)-2*x(2))-(100*exp(-0.02*x(2))+30))*x(2);
y=-y1-y2;

x0=[50,70];
[x,y]=fminunc(@shili01fun,x0),
z=-y
```

得到

```
x=23.9025   62.4977   z = 6.4135e+003
```

即甲的产量为23.9025,乙的产量为62.4977,最大利润为6413.5.

7.4.4 饮酒驾车血液中的酒精含量(续)

对7.1.2节建立的拟合模型：$y=a_1t+a_2$,需要计算出a_1,a_2.

与拟合函数(7)式比较,取基函数$\varphi_0=t,\varphi_1=1$,对照(9)式构造

$$\boldsymbol{\Phi}=\begin{bmatrix} t_1 & 1 \\ t_2 & 1 \\ \vdots & \vdots \\ t_n & 1 \end{bmatrix}_{n\times 2},\quad \boldsymbol{\beta}=(a_1,a_2)^{\mathrm{T}},\quad \boldsymbol{y}=(y_1,y_2,\cdots,y_n)^{\mathrm{T}}.$$

求解超定方程组(10)：$\boldsymbol{\Phi\beta}=\boldsymbol{y}$. 对表1.1给出的数据$(t_i,c_i)$，$i=1,2,\cdots,12$编程如下：

```
t=[1    2    3    4    5    6    7    8    9    10    11    12]';
c=[82   77   68   51   41   38   35   28   25   18    15    12]';
y=log(c);
f=[t,ones(12,1)];
aa=inv(f'*f)*f'*y                     % 按(36)式计算最小二乘解
a=f\y                                 % 左除计算，也得到最小二乘解
z=aa-a                                % 判断aa,a是否近似相等(即是否z近似为0)
k=-a(1),c0=exp(a(2))                  %计算k=-a(1), c0=exp(a(2))
```

得到的结果中z近似为0，说明左除a=f\y计算的实际上就是最小二乘解aa，具体数值计算结果为

```
a = - 0.1747     4.6723
k = 0.1747                  c0 = 106.9412
```

一般地，对于无约束线性最小二乘问题，在MATLAB中没有必要套用(36)式求解，直接采用左除命令求解即可.

由于本例实际上是一个完全的多项式拟合模型，所以也可以直接用MATLAB提供的专门用于多项式拟合的命令：

```
a =polyfit(t,y,m)
```

其中输入 t,y 是要拟合的数据数组(长度相同),m 为拟合多项式的次数,输出 a 为拟合多项式 $y=a_1t^m+\cdots+a_mt+a_{m+1}$ 的系数 $\boldsymbol{a}=[a_1,\cdots,a_m,a_{m+1}]$(降幂排列).

下面的命令常与 polyfit 连用,计算上述多项式在 t 处的值 y:

```
y=polyval(a,t)
```

对于本例编程如下:

```
t=[1   2   3   4   5   6   7   8   9   10   11   12]';
c=[82  77  68  51  41  38  35  28  25  18   15   12]';
y=log(c);
a=polyfit(t,y,1)
k=-a(1),c0=exp(a(2))                % 计算 k=-a(1), c0=exp(a(2))
yerror=polyval(a,t)-y
```

得到的系数结果相同,误差向量为 yerror(略).

最后,如果不对(4)式进行取对数线性化,则是一个无约束非线性最小二乘问题,也可以直接求解(参见 7.4.2 节例 3).请读者用例 3 的方法结合本例的数据计算一下,看看与本节的计算方法所得到的结果是否相同?分析一下为什么?

7.4.5 飞机的精确定位(续)

为了求解 7.1.3 节的无约束最小二乘拟合问题(16),编写如下函数 M 文件:

```
function f=shili03fun(x,x0,y0,theta,sigma,d4,sigma4)
for i=1:3
    f(i)=(atan2(x(1)-x0(i),x(2)-y0(i))-theta(i))/sigma(i);
end
f(4)=(sqrt((x(1)-x0(4))^2+(x(2)-y0(4))^2)-d4)/sigma4;
```

代入所给数据作如下计算:

```
X=[746 629 1571 155];
Y=[1393 375 259 987];
theta=[161.2,45.1,309.0-360]*2*pi/360;          % 角度转换
sigma=[0.8,0.6,1.3]*2*pi/360;
d4=864.3;
sigma4=2;
x0=[900,700];                                    % 初值
[x,norm,res,exit,out]=lsqnonlin(@shili03fun,x0,[],[],[],X,Y,theta,sigma,d4,sigma4)
```

得到

```
x =[978.3070,723.9838]
```

```
norm = 0.6685
res =[-0.4361   -0.1225   -0.6807   -0.0007]
```

即飞机的坐标为(978.3070,723.9838),误差的平方和为0.6685.

请读者再对(15)式的优化问题计算一下,看看计算结果是否与此相同?分析一下为什么?

7.4.6 MATLAB优化工具箱及更多的功能

在MATLAB中,为求解优化问题开发了专门的优化工具箱(optimization toolbox),该工具箱的程序(函数M文件)位于目录toolbox\optim下.本实验前面介绍的求解非线性无约束极小和非线性最小二乘拟合的命令,以及实验8和实验9将介绍的求解约束极小(线性规划、二次规划、一般非线性规划)的命令等,都是优化工具箱的功能.下面对优化工具箱及其更多的功能进行简要介绍.

1. 优化工具箱的主要功能

在MATLAB中配置的优化工具箱,其主要功能简要归纳在图7.4中,较详细的介绍如表7.3所示.

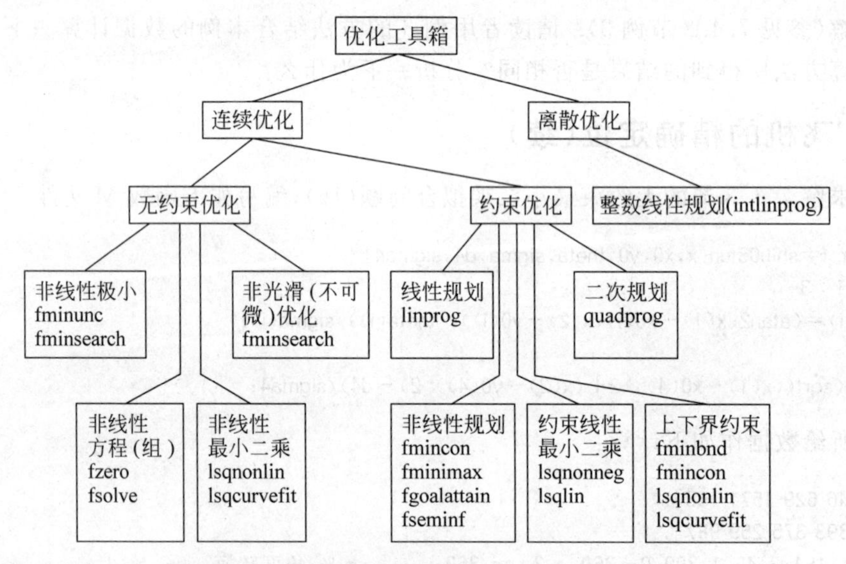

图7.4 MATLAB优化工具箱的主要功能示意图

在表7.3中用f表示标量值函数,用$\boldsymbol{F}$表示向量值函数,即$\boldsymbol{F}(\boldsymbol{x})=(f_1(\boldsymbol{x}),f_2(\boldsymbol{x}),\cdots,f_n(\boldsymbol{x}))^{\mathrm{T}}$.可以看出,实验6中介绍的fzero和fsolve函数实际上也属于优化工具箱的功能.优化工具箱对连续优化问题求解提供了非常丰富的程序,而对离散优化问题(如实验10中的整数规划)的求解,目前主要提供intlinprog命令(求解整数线性规划问题,包括混合整数线性规划问题).

表 7.3 MATLAB 优化工具箱的主要功能与基本用法

问　题	模　型	基本命令的用法	基本的.m 文件
方程求根	$f(x)=0,\ x\in\mathbb{R}$	x=fzero(@f,x0)	function y=f(x)
方程组求解	$\boldsymbol{F}(\boldsymbol{x})=\boldsymbol{0},\ \boldsymbol{x}\in\mathbb{R}^n$	x=fsolve(@F,x0)	function y=F(x)
有界单变量优化	$\min f(x),\ x\in\mathbb{R},$ $v_1\leqslant x\leqslant v_2$	x=fminbnd(@f,v1,v2)	function y=f(x)
无约束极小 (非线性规划)	$\min f(\boldsymbol{x}),\boldsymbol{x}\in\mathbb{R}^n$	x=fminunc(@f,x0)	function y=f(x)
		x=fminsearch(@f,x0)	function y=f(x)
约束极小 (非线性规划)	$\min f(\boldsymbol{x}),\boldsymbol{x}\in\mathbb{R}^n$ s.t. $\boldsymbol{C}_1(\boldsymbol{x})\leqslant\boldsymbol{0}$ $\boldsymbol{C}_2(\boldsymbol{x})=\boldsymbol{0}$ $\boldsymbol{A}_1\boldsymbol{x}\leqslant\boldsymbol{b}_1$ $\boldsymbol{A}_2\boldsymbol{x}=\boldsymbol{b}_2$ $\boldsymbol{v}_1\leqslant\boldsymbol{x}\leqslant\boldsymbol{v}_2$	x = fmincon(@f, x0, A1, b1,A2,b2,v1,v2, @C)	function y=f(x) function [C1,C2]=C(x)
线性规划	$\min \boldsymbol{c}^{\mathrm{T}}\boldsymbol{x}$ s.t. $\boldsymbol{A}_1\boldsymbol{x}\leqslant\boldsymbol{b}_1$ $\boldsymbol{A}_2\boldsymbol{x}=\boldsymbol{b}_2$ $\boldsymbol{v}_1\leqslant\boldsymbol{x}\leqslant\boldsymbol{v}_2$	x= linprog(c, A1, b1, A2, b2,v1,v2,x0)	
二次规划	$\min \boldsymbol{x}^{\mathrm{T}}\boldsymbol{H}\boldsymbol{x}/2+\boldsymbol{c}^{\mathrm{T}}\boldsymbol{x}$ s.t. $\boldsymbol{A}_1\boldsymbol{x}\leqslant\boldsymbol{b}_1$ $\boldsymbol{A}_2\boldsymbol{x}=\boldsymbol{b}_2$ $\boldsymbol{v}_1\leqslant\boldsymbol{x}\leqslant\boldsymbol{v}_2$	x=quadprog(H,c,A1,b1, A2,b2,v1,v2,x0)	
极小极大	$\min_{\boldsymbol{x}}\max_{i} \boldsymbol{F}(\boldsymbol{x})$ s.t. $\boldsymbol{C}_1(\boldsymbol{x})\leqslant\boldsymbol{0}$ $\boldsymbol{C}_2(\boldsymbol{x})=\boldsymbol{0}$ $\boldsymbol{A}_1\boldsymbol{x}\leqslant\boldsymbol{b}_1$ $\boldsymbol{A}_2\boldsymbol{x}=\boldsymbol{b}_2$ $\boldsymbol{v}_1\leqslant\boldsymbol{x}\leqslant\boldsymbol{v}_2$	x= fminimax(@F, x0, A1, b1,A2,b2,v1,v2, @C)	function y=F(x) function[C1,C2]=C(x)
非负线性最小二乘	$\min \Vert \boldsymbol{C}\boldsymbol{x}-\boldsymbol{d}\Vert_2^2$ s.t. $\boldsymbol{x}\geqslant\boldsymbol{0}$	x=lsqnonneg(C,d)	
约束线性最小二乘	$\min \Vert \boldsymbol{C}\boldsymbol{x}-\boldsymbol{d}\Vert_2^2$ s.t. $\boldsymbol{A}_1\boldsymbol{x}\leqslant\boldsymbol{b}_1$ $\boldsymbol{A}_2\boldsymbol{x}=\boldsymbol{b}_2$ $\boldsymbol{v}_1\leqslant\boldsymbol{x}\leqslant\boldsymbol{v}_2$	x=lsqlin(C,d,A1,b1,A2, b2,v1,v2)	
非线性最小二乘	$\min \Vert \boldsymbol{F}(\boldsymbol{x})\Vert_2^2$ s.t. $\boldsymbol{v}_1\leqslant\boldsymbol{x}\leqslant\boldsymbol{v}_2$	x=lsqnonlin(@F,x0, v1, v2)	function r=F(x)

续表

问题	模型	基本命令的用法	基本的.m文件
非线性拟合	$\min \Vert \boldsymbol{F}(\boldsymbol{x},t)-\boldsymbol{y}\Vert_2^2$ s. t. $\boldsymbol{v}_1\leqslant \boldsymbol{x}\leqslant \boldsymbol{v}_2$	x = lsqcurvefit(@F, x0, t, y, v1, v2)	function yy = F(x,t)
多目标(目标)规划	$\min \gamma$ s. t. $\boldsymbol{F}(\boldsymbol{x})-\boldsymbol{w}*\gamma\leqslant \boldsymbol{g}$ $\boldsymbol{C}_1(\boldsymbol{x})\leqslant \boldsymbol{0}$ $\boldsymbol{C}_2(\boldsymbol{x})=\boldsymbol{0}$ $\boldsymbol{A}_1\boldsymbol{x}\leqslant \boldsymbol{b}_1$ $\boldsymbol{A}_2\boldsymbol{x}=\boldsymbol{b}_2$ $\boldsymbol{v}_1\leqslant \boldsymbol{x}\leqslant \boldsymbol{v}_2$	x = fgoalattain(@f, x0, g, w, A1, b1, A2, b2, v1, v2, @C)	function y = F(x) function[C1,C2] = C(x)
混合整数线性规划	$\min \boldsymbol{c}^{\mathrm{T}}\boldsymbol{x}$ s. t. $\boldsymbol{A}_1\boldsymbol{x}\leqslant \boldsymbol{b}_1$ $\boldsymbol{A}_2\boldsymbol{x}=\boldsymbol{b}_2$ $\boldsymbol{v}_1\leqslant \boldsymbol{x}\leqslant \boldsymbol{v}_2$ $\boldsymbol{x}$(intcon)为整数变量	x = intlinprog(C, intcon, A1, b1, A2, b2, v1, v2)	
半无穷规划	(略)	fseminf(具体形式略)	(略)

2. 控制参数的设置

前面例子中已经看到,在每个优化程序中可以有一个控制变量 opt(options 的简写),虽然我们总是不指定它或指定为[](即采用缺省值). opt 是一个非常复杂的结构变量,含有用于控制程序运行的许多参数,供使用者在计算时控制输入输出形式、选择算法、指定精度要求和迭代次数等. 因此,根据具体问题设定这些控制参数能够将优化工具箱用到"专家水平",具有一定的技巧性. 但是完全掌握它有一定难度,这不仅因为控制参数很多(目前多达几十个,将来还可能进一步增加; 当然也不是每个参数对每个优化程序都起作用),而且因为有些参数要用到较深的优化方面的专业术语、专门算法等知识.

表 7.4 中简要列出了主要控制参数的名称、功能、可能取值及缺省值、适用规模和命令等.

表 7.4 优化工具箱中控制参数(options)的功能

序号	参数名称	功能和含义	可能取值和缺省值	适用命令
1	Algorithm	选择算法	对不同命令,有不同取值	fmincon, fminunc, fsolve, linprog, lsqcurvefit, lsqlin, lsqnonlin, quadprog

续表

序号	参数名称	功能和含义	可能取值和缺省值	适用命令
2	DerivativeCheck	用户定义的分析导数(梯度或雅可比矩阵、黑塞矩阵)与有限差分计算的数值导数进行比较	'on' 'off'(缺省值)	fgoalattain, fmincon, fminimax, fminunc, fseminf, fsolve, lsqcurvefit, lsqnonlin
3	Diagnostics	输出被优化或求解的函数的有关诊断信息	'on' 'off'(缺省值)	除 fminbnd, fminsearch, fzero, lsqnonneg 以外
* 4	Display	程序运行的显示级别	'off'(不显示) 'iter'(每步迭代信息) 'final'(最后的信息) 'notify'(迭代不收敛时)	全部程序
* 5	FunValCheck	检查函数值是否有效(即判断是否为复数,NAN 或 Inf)	'on' 'off'(缺省值) (例如: fzero, fminbnd, 可处理函数值为 inf)	fgoalattain,fminbnd,fmincon, fminimax,fminsearch,fminunc, fseminf,fsolve,fzero, lsqcurvefit,lsqnonlin
* 6	GradObj	由用户定义目标函数的梯度函数	'on' 'off'(缺省值)	fgoalattain, fmincon, fminimax, fminunc, fseminf
* 7	Jacobian	由用户定义目标函数的雅可比矩阵计算方法	'on' 'off'(缺省值)	fsolve, lsqcurvefit, lsqnonlin
* 8	FinDiffType	差分计算方法	'forward'(前差公式,缺省值) 'central'(中点公式)	fgoalattain, fmincon, fminmax, fminunc, fseminf, fsolve, lsqnonlin
* 9	MaxFunEvals	函数调用的最大次数	任意正整数	fgoalattain, fminbnd,fmincon, fminimax, fminsearch, fminunc, fseminf, fsolve,lsqcurvefit, lsqnonlin
* 10	MaxIter	迭代的最大次数	任意正整数	除 fzero 和 lsqnonneg 以外
11	OutputFcn	用户指定一个函数,在迭代的每一步调用一次这个函数	用户定义的函数名(字符串加单引号或以@引导;下同) [](缺省值)	fgoalattain, fmincon, fminimax, fminunc, fseminf, lsqcurvefit, lsqnonlin
12	PlotFcns	用户指定一个或多个绘图函数,在迭代的每一步调用一次	用户定义的函数名(字符串加单引号或以@引导;下同) [](缺省值)	fgoalattain, fmincon, fminimax, fminunc, fseminf, lsqcurvefit, lsqnonlin

续表

序号	参数名称	功能和含义	可能取值和缺省值	适用命令
* 13	TolCon	约束函数 g 的精度	任意正数	fgoalattain，fmincon，fminimax，fseminf
* 14	TolFun	目标函数 f 的精度	任意正数	fgoalattain，fmincon，fminimax，fminsearch，fminunc，fseminf，fsolve，lsqcurvefit，lsqnonlin；大规模 linprog，lsqlin，quadprog
* 15	TolX	解 x 的精度	任意正数	除中规模的 linprog，lsqlin，quadprog 以外
16	TypicalX	典型的 x 取值	向量（维数与初始值向量相同，缺省值为元素全为 1 的向量）	fmincon，fminunc，fsolve，lsqcurvefit，lsqlin，lsqnonlin，quadprog
* 17	Hessian	由用户定义目标函数的黑塞矩阵计算方法	'on' 'off'（缺省值）	fmincon，fminunc
18	HessMult	用户定义的黑塞矩阵乘积函数	用户定义的函数名 []（缺省值）	fmincon，fminunc，quadprog
19	HessPattern	用有限差分法计算黑塞矩阵时，采用稀疏矩阵方式	稀疏矩阵（缺省值为元素全为 1 的稀疏矩阵）	fmincon，fminunc
20	JacobMult	用户定义的雅可比矩阵乘积函数	用户定义的函数名 []（缺省值）	fsolve，lsqcurvefit，lsqlin，lsqnonlin
21	JacobPattern	用有限差分法计算雅可比矩阵时，采用稀疏矩阵方式	稀疏矩阵（缺省值为元素全为 1 的稀疏矩阵）	fsolve，lsqcurvefit，lsqnonlin
22	MaxPCGIter	PCG 迭代的最大次数（PCG 是带预处理的共轭梯度法的缩写）	正整数（缺省值为 max $\{1,\lfloor n/2 \rfloor\}$）	fmincon，fminunc，fsolve，lsqcurvefit，lsqlin，lsqnonlin，quadprog
23	PrecondBandWidth	PCG 迭代带宽	正整数 0（缺省值） Inf	fmincon，fminunc，fsolve，lsqcurvefit，lsqlin，lsqnonlin，quadprog
24	TolPCG	PCG 迭代的精度	正数（缺省值为 0.1）	fmincon，fminunc，fsolve，lsqcurvefit，lsqlin，lsqnonlin，quadprog

续表

序号	参数名称	功能和含义	可能取值和缺省值	适用命令
25	DiffMaxChange	用有限差分计算梯度时步长的上限	正数(缺省值为 0.1)	fgoalattain, fmincon, fminimax, fminunc, fseminf, fsolve, lsqcurvefit, lsqnonlin
26	DiffMinChange	用有限差分计算梯度时步长的下限	正数(缺省值为 1e−8)	fgoalattain, fmincon, fminimax, fminunc, fseminf, fsolve, lsqcurvefit, lsqnonlin
27	GoalsExact Achieve	精确达到的目标个数	正整数 0(缺省值)	fgoalattain
* 28	GradConstr	非线性约束的梯度函数由用户定义	'on' 'off'(缺省值)	fgoalattain, fmincon, fminimax
* 29	HessUpdate	拟牛顿法修改方式	'bfgs'(缺省值) 'dfp' 'gillmurray' 'steepdesc'	fminunc
30	InitialHessType	初始拟牛顿矩阵类型	'identity' 'scaled-identity'(缺省值)	fminunc
31	InitialHessMatrix	初始拟牛顿矩阵	'scalar' 'vector' '[]'(缺省值)	fminunc
32	MaxSQPIter	SQP 迭代的最大次数(SQP 是顺序二次规划的缩写)	正整数	fmincon
33	MeritFunction	多目标优化(目标优化)	'singleobj' 'multiobj'(缺省值)	fgoalattain, fminimax
34	MinAbsMax	$F(x)$ 中达到最坏情形(按绝对值)的个数	正整数 0(缺省值)	fminimax
35	RelLineSrchBnd	线搜索步长	正数缺省值为'[]'	fgoalattain,fmincon fminimax,fseminf
36	RelLineSrchBnd Duration	线搜索步长限制起作用的迭代步数	正整数 1(缺省值)	fgoalattain,fmincon fminimax,fseminf
37	TolConSQP	SQP 内部的控制精度	正数(缺省值为 1e−6)	fgoalattain,fmincon fminimax,fseminf
38	UseParallel	是否并行估计梯度	'always' 'never'(缺省值)	fgoalattain,fmincon fminimax

表7.4的简单说明：

(1)"序号"前带"*"的表示该参数是常用的，读者应尽量掌握.

(2) 有些参数没有标出缺省值，说明该参数在不同的优化程序中的缺省值可能不同，需要视具体的优化程序而定.

(3) 在优化工具箱中，有些求解程序都配有大规模算法和中等规模算法之分. 粗略地讲，大规模算法主要是针对具有稀疏矩阵结构的问题设计的算法，并通常希望用户提供分析导数(梯度或雅可比矩阵、黑塞矩阵).

(4) 在实际使用中，"参数名称"不要求写完全，而且也不区分大小写字母，只要没有歧义即可，如 DerivativeCheck 可以写成 derivative 甚至 DE 等.

(5) 优化工具箱中包括的参数还有很多，有的涉及更专业的优化知识，有的涉及更具体的调试过程，这里就不介绍了. 特别地，上面没有列出专门针对整数线性规划(intlinprog)设计的控制参数，读者需要时可以参考 MATLAB 在线帮助文档.

控制参数是通过 optimoptions 命令设定的，与旧版本的 optimset 命令功能类似但更完善(参数名称也略有变化)，不过对于求解程序 fezro，fminbnd，fminsearch 和 lsqnonneq，目前仍需使用 optimset 命令. 这两个命令有以下主要用法：

```
opt=optimoptions(@optimfun,'p1',v1,'p2',v2,...)   % 为求解程序 optimfun 生成参数控制结构变量 opt，参数 p1 取值 v1，p2 取值 v2，...(未指定的参数取值均为缺省值[])
new=optimoptions(old,'p1',v1,'p2',v2,...)   % 对参数控制结构变量 old 进行修改，生成新结构变量 new
optimset   % 不带任何输入输出参数时，显示所有的控制参数名及其可能的取值({}内为缺省值)
opt=optimset   % 生成结构变量 opt，其中所有控制参数的取值均为[](即缺省值)
opt=optimset(optimfun)   % 生成结构变量 opt，控制参数取值为命令 optimfun 的缺省值
opt=optimset('p1',v1,'p2',v2,...)   % 生成结构变量 opt，控制参数 p1 取值 v1，p2 取值 v2，...(未指定的参数取值均为[])
new=optimset(old,'p1',v1,'p2',v2,...)   % 生成结构变量 new，控制参数 p1 取值 v1，p2 取值 v2，...(未指定的参数取值同结构变量 old)
opt=optimset(old,new)   % 生成结构变量 opt，采用结构变量 new 中的非空参数值(new 中未指定的参数取值同结构变量 old)
```

要从一个优化参数的结构变量 opt 中读出控制参数，可以使用程序 optimget，有两种用法：

```
v=optimget(opt,'param')                      % 从 opt 中读出控制参数 param 的值(赋给变量 v)
v=optimget(opt,'param',default)              % 同上,若 opt 中没有指定参数值,则取值为 default
```

3. 控制精度的设置

下面的例子说明控制参数中一部分控制精度参数的用法.

例 4 求解 $\min \frac{x_1^2}{a}+\frac{x_2^2}{b}$,$a=10,b=1$,观察中间结果;将解和函数值的精度提高到 10^{-16},给出迭代次数及结果的函数值.

解 与例 2 的区别除了 a,b 的数值以外,还需要观察中间结果,程序为

```
a=10;b=1;x0=[1,1];                           % 初始值
opt=optimset('fminunc');                     % 程序 fminunc 缺省的控制参数
opt=optimset(opt,'Disp','iter');             % 设定输出中间结果
x=fminunc(@exam0702fun,x0,opt,a,b)
```

输出为:

```
Iteration  Func-count      f(x)           Step-size       First-order optimality
   0          3          1.1                                  2
   1          6          0.0809191        0.504495          0.18
   2          9          0.0654004        1                 0.162
   3         12          3.76325e-005     1                 0.0118
   4         15          1.90948e-007     1                 0.000874
   5         18          7.12429e-013     1                 5.14e-007
Optimization terminated:relative infinity-norm of gradient less than options.TolFun.
x=1.0e-005*     (-0.2561     -0.0238)
```

表明经 5 次迭代得 $x_1=-0.2561\times10^{-5}$,$x_2=-0.0238\times10^{-5}$(查看 opt 的值知缺省控制精度 opt.TolFun= opt.TolX=10^{-6},因为此时梯度的无穷范数小于该精度要求,程序停止迭代).中间结果给出了迭代次数、目标函数调用次数、函数值、步长、一阶最优性(梯度的无穷范数).

要将精度提高到 10^{-16},只给出迭代次数及结果的函数值,不看中间结果,可如下利用控制精度:

```
a=10;b=1;x0=[1,1];                                   % 初始值
opt=optimset('fminunc');                             % 程序 fminunc 缺省的控制参数
opt=optimset(opt,'tolx',1e-16,'tolf',1e-16);         % 设定控制精度
[x,f,ef,out]=fminunc(@exam0702fun,x0,opt,a,b)
```

输出结果为:

```
x = 1.0e-0.09*     -0.7852     -0.7483
f = 6.2162-017     % 函数值
```

```
ef = 5
out =
        iterations : 8                      % 迭代次数
        funcCount : 30                      % 目标函数调用次数
        stepsize : 1.0951e-08
        firstorderopt : 1.5013e-08
        algorithm : 'quasi-newton'
        message : 'Local minimum possible.…'
```

4. fminunc 和 lsqnonlin、lsqcurvefit 的算法选择

fminunc 目前为无约束优化提供了两种算法，缺省为信赖域('trust-region')算法(需要用户提供分析梯度). 当控制参数 Algorithm 设定为'quasi-newton'时，采用拟牛顿法，并为拟牛顿法的搜索方向提供了三种选择，由 HessUpdate 参数控制，主要包括：

HessUpdate='bfgs'(拟牛顿法的 BFGS 公式，缺省值)

HessUpdate='dfp'(拟牛顿法的 DFP 公式)

HessUpdate='steepdesc'(最速下降法)

lsqnonlin 和 lsqcurvefit 为非线性最小二乘拟合提供了两种算法，由控制参数 Algorithm 控制：

Algorithm='trust-region-reflective'(信赖域反射算法，缺省值)

Algorithm='levenberg-marquardt'(采用 LM 法)

用下面的例子说明 fminunc 的算法选择和比较.

例 5 Rosenbrock 函数

$$f(x_1,x_2)=100(x_2-x_1^2)^2+(1-x_1)^2$$

的最优解(极小)为 $\boldsymbol{x}^*=(1,1)$，极小值为 $f^*=0$. 试用不同算法(搜索方向和步长搜索)求数值最优解，初始值选为(−1.9,2).

解 为获得直观认识，先画出 Rosenbrock 函数的三维图形和等高线图(图 7.5)：

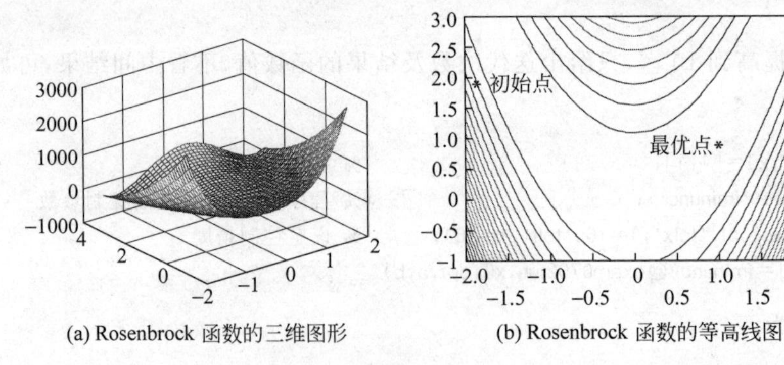

(a) Rosenbrock 函数的三维图形 (b) Rosenbrock 函数的等高线图

图 7.5

```
[x,y]=meshgrid(-2:0.1:2,-1:0.1:3);                 % 产生二维数组集合
z=100*(y-x.^2).^2+(1-x);
mesh(x,y,z)                                        % 画三维网格图
pause;
contour(x,y,z,20)                                  % 画等高线图(20 条)
```

可以看出，Rosenbrock 函数呈绕过原点的弯曲形状(该函数形象地称为香蕉函数)，从初始点到最优点有一狭长通道，不利于沿负梯度方向下降，是检验优化算法性能的有名的函数.

用 3 种搜索方向(BFGS，DFP 和最速下降法)及两种步长搜索计算(新版本的优化工具箱不再提供步长选项，所以以下步长选项的部分只对旧版本有意义)：

```
function f=exam0705fun(x)          % 建立 exam0705fun.m 文件
f=100*(x(2)-x(1)^2)^2+(1-x(1))^2;

% comparing different algorithms: without using gradient vector
format short e
x0=[-1.9,2];
'---case1: bfgs, hybrid 2,3 poly-------'
opt1=optimset('LargeScale','off', 'MaxFunEvals',1000);
[x1,v1,exit1,out1]=fminunc('exam0705fun',x0,opt1)
pause
'---case2: dfp, hybrid 2,3 poly-------'
fopt=optimset(opt1,'HessUpdate','dfp');
[x2,v2,exit2,out2]=fminunc('exam0705fun',x0,fopt)
pause
'---case3: steep, hybrid 2,3 poly-------'
fopt=optimset(opt1,'HessUpdate','steepdesc');
[x3,v3,exit3,out3]=fminunc('exam0705fun',x0,fopt)
pause
'---case4: bfgs, 3rd poly-------'
opt2=optimset(opt1,'LineSearchType','cubicpoly');
[x4,v4,exit4,out4]=fminunc('exam0705fun',x0,opt2)
pause
'---case5: dfp, 3rd poly-------'
fopt=optimset(opt2,'HessUpdate','dfp');
[x5,v5,exit5,out5]=fminunc('exam0705fun',x0,fopt)
pause
'---case6: steep, 3rd poly-------'
fopt=optimset(opt2,'HessUpdate','steepdesc');
[x6,v6,exit6,out6]=fminunc('exam0705fun',x0,fopt)
pause
'++++ results of solutions ++++++'
```

```
solutions=[x1;x2;x3;x4;x5;x6];
funvalues=[v1;v2;v3;v4;v5;v6];
iterations=[out1.funcCount;out2.funcCount;out3.funcCount;out4.funcCount;out5.funcCount;out6.
funcCount];
[solutions,funvalues,iterations]
```

将各种算法的计算结果列入表 7.5.

表 7.5 Rosenbrock 函数不同算法的计算结果

情况	搜索方向	步长搜索	最优解 x_1	最优解 x_2	最优值	目标函数调用次数
Case1	bfgs	混合二、三次插值	9.9978e−001	9.9957e−001	4.7075e−008	1.5000e+002
Case2	dfp		9.9950e−001	9.9899e−001	2.5440e−007	5.1300e+002
Case3	Steepdesc		9.3080e−001	8.6673e−001	4.7999e−003	1.0020e+003*
Case4	bfgs	三次插值	9.9978e−001	9.9957e−001	4.7075e−008	1.5000e+002
Case5	dfp		9.9950e−001	9.9899e−001	2.5440e−007	5.1300e+002
Case6	Steepdesc		−1.2156e+000	1.4862e+000	4.7999e−003	1.0020e+003

* 增加迭代次数也不能改善结果.

在上述结果中以 BFGS 和混合二、三次插值算法的性能(即缺省参数值所给出的)较好，而最速下降法效果并不好(这里根本不收敛).

MATLAB 中将这个函数作为优化方法的演示例子(demo)，大家可以从它的动态演示中清楚地看到各种算法迭代的路径和速度.

本题函数是平方和的形式，因此也可以用最小二乘法程序 lsqnonlin 求解. 首先编写如下函数：

```
function f=exam0705lsqfun(x)
f(1)=10*(x(2)-x(1)^2);
f(2)=1-x(1);
```

然后输入：

```
x0=[-1.9,2];
opt1=optimoptions(@lsqnonlin,'MaxFunEvals',1000);                    % 缺省为信赖域反射法
[x1,norm1,res1,exit1,out1]=lsqnonlin('exam0705lsqfun',x0,[],[],opt1)
opt2=optimoptions(opt1,'Algorithm','Levenberg-Marquardt');             % 改为 LM 法
[x2,norm2,res2,exit2,out2]=lsqnonlin('exam0705lsqfun',x0,[],[],opt2)
```

计算结果：最优解均为(1.0000,1.0000)，但迭代了 28 次(LM 法的目标函数调用为 117 次，而缺省算法的目标函数调用为 87 次). 注意：由于一次迭代中可能要多次调用目标函数，因此目标函数调用次数与迭代次数不是同一个概念.

5. 梯度计算

从 7.2 节我们知道，无论是最速下降法还是拟牛顿法的 BFGS、DFP 公式，都要计算函数的梯度. MATLAB 采用两种方法计算导数：数值方法用函数的差分作为梯度的近似；分析方法给出精确的梯度. 上面例子中用的程序都是数值方法，若用分析方法则应计算目标函数的梯度，并将其写入目标函数所在的 M 文件.

以 Rosenbrock 函数为例说明如下.

```
function [f,g]=exam0705grad(x)                      % 建立含梯度的 exam0705grad.m 文件
f=100*(x(2)-x(1)^2)^2+(1-x(1))^2;                    % 计算函数值
if nargout > 1                                       % 当函数用两个输出参数调用时
g(1)=-2*(1-x(1))-400*x(1)*(x(2)-x(1)^2);             % 计算梯度值
g(2)=200*(x(2)-x(1)^2);
end
```

与上面例子中一样，只是需要将 GradObj 参数设置为'on'. 如对于 Case1 输入：

```
x=[-1.9,2];
opt1=optimset('LargeScale','off', 'MaxFunEvals',1000,'GradObj','on');
[x1,v1,exit1,out1]=fminunc('exam0705grad',x0,opt1)
```

将用分析方法给出梯度的计算结果列入表 7.6，与数值方法相比较，通常分析方法要好一些.

表 7.6 Rosenbrock 函数用分析方法计算梯度的结果

情况	搜索方向	步长搜索	最优解 x_1	最优解 x_2	最优值	目标函数调用次数
Case1	bfgs	混合二、三次插值	9.9982e-001	9.9963e-001	3.4588e-008	5.008e+001
Case2	dfp		1.0002e+000	1.0003e+000	2.8158e-008	3.1800e+002
Case3	Steepdesc		9.6446e-001	9.2976e-001	1.2808e-003	1.0000e+003
Case4	bfgs	三次插值	9.9982e-001	9.9963e-001	3.4588e-008	5.0000e+001
Case5	dfp		1.0002e+000	1.0003e+000	2.8158e-008	3.1800e+002
Case6	Steepdesc		9.6446e-001	9.2976e-001	1.2808e-003	1.0000e+003

同样，最小二乘算法中也可以采用分析导数(雅可比矩阵)：

```
function [f,g]=exam0705jacob(x)          % 建立含雅可比矩阵的 exam0705jacob.m 文件
f=[10*(x(2)-x(1)^2),1-x(1)];
if nargout > 1                           % 当函数用两个输出参数调用时
    g=[-20*x(1),10;-1,0];
end
```

```
x0=[-1.9,2];
opt1=optimoptions(@lsqnonlin,'Algorithm','levenberg-marguardt','MaxFunEvals',1000,
'Jacobian','on');
[x1,norm1,res1,exit1,out1]=lsqnonlin('exam0705jacob',x0,[],[],opt1)
```

得到的结果与用导数数值时类似,迭代次数并没有减少,只是函数调用次数减少了(为什么?).

lsqcurvefit 和 fsolve 中采用分析导数(雅可比矩阵)的方法也与此类似.

6. 几点注意事项

计算过程中接近最优解时,由于梯度计算中截断误差或舍入误差等因素的影响,可能会出现因矩阵病态使收敛太慢等警告信息,一般情况下只要能够继续算下去就可以忽略.如果要改进结果,可以从以下几方面考虑.

(1) 改变算法

一般情况下程序中控制参数的缺省值所给出的是比较好的方法,但应注意 MATLAB 提供的算法没有绝对的优劣之分.最速下降法特别不适于从一狭长通道到达最优解的情况;如果函数高度非线性或者严重不连续,可以考虑改用只用函数值、不计算导数的程序 fminsearch.

(2) 利用分析方法计算梯度

由于数值方法计算梯度中步长选择、截断误差等的影响,一般说来用分析方法计算的梯度结果较好.

(3) 改变初始值

初值的选择对于迭代过程的收敛快慢影响很大.更为重要的是,用任何算法由一个初值得到的只是局部最优解,如果函数存在多个局部最优,那么只有具体问题具体分析,或改变初值,对局部最优进行比较,才有可能得到全局最优解.

(4) 其他

精度要求要适中,不要无必要地提高精度;迭代次数上限、函数调用次数上限等也要适中.实际中的大规模问题通常具有稀疏结构,应充分利用这种结构,选择大规模方法并控制优化参数.

7.5 实验练习

实验目的

1. 掌握 MATLAB 优化工具箱的基本用法,对不同算法进行初步分析、比较.

2. 练习用无约束优化方法建立和求解实际问题的模型(包括最小二乘拟合).

实验内容

1. 取不同的初值计算下列平方和形式的非线性规划,尽可能求出所有局部极小点,进而找出全局极小点，并对不同算法（搜索方向、数值梯度与分析梯度等）的结果进行分析、比较.

(1) $\min\ (x_1^2+x_2-11)^2+(x_1+x_2^2-7)^2$.

(2) $\min\ (x_1^2+12x_2-1)^2+(49x_1^2+49x_2^2+84x_1+2324x_2-681)^2$.

(3) $\min\ (x_1+10x_2)^2+5(x_3-x_4)^2+(x_2-2x_3)^4+10(x_1-x_4)^4$.

(4) $\min\ 100\{[x_3-10\theta(x_1,x_2)]^2+[(x_1^2+x_2^2)^{1/2}-1]^2\}+x_3^2$，其中

$$\theta(x_1,x_2)=\begin{cases}\dfrac{1}{2\pi}\arctan(x_2/x_1), & x_1>0,\\ \dfrac{1}{2\pi}\arctan(x_2/x_1)+\dfrac{1}{2}, & x_1<0.\end{cases}$$

2. 取不同的初值计算下列非线性规划，尽可能求出所有局部极小点，进而找出全局极小点，并对不同算法（搜索方向、数值梯度与分析梯度等）的结果进行分析、比较.

(1) $\min\ z=(x_1x_2)^2(1-x_1)^2[1-x_1-x_2(1-x_1)^5]^2$.

(2) $\min\ z=\mathrm{e}^{-x_1-x_2}(2x_1^2+3x_2^2)$.

(3) $\min\ z=(x_1-2)^2+(x_2-1)^2+\dfrac{0.04}{-0.25x_1^2-x_2^2+1}+5(x_1-2x_2+1)^2$.

(4) $\min\ z=-\dfrac{1}{(\boldsymbol{x}-\boldsymbol{a}_1)^{\mathrm{T}}(\boldsymbol{x}-\boldsymbol{a}_1)+c_1}-\dfrac{1}{(\boldsymbol{x}-\boldsymbol{a}_2)^{\mathrm{T}}(\boldsymbol{x}-\boldsymbol{a}_2)+c_2},\boldsymbol{x}\in\mathbb{R}^2$.

其中$(c_1,c_2)=(0.7,0.73)$，$\boldsymbol{a}_1=(4,4)^{\mathrm{T}}$，$\boldsymbol{a}_2=(2.5,3.8)^{\mathrm{T}}$.

3. 如图 7.6 所示，一个简单的电路由 3 个固定电阻 R_1,R_2,R_3 和一个可调电阻 R_a 组成，其中 $V=80\mathrm{V}$，$R_1=8\Omega$，$R_2=12\Omega$，$R_3=10\Omega$. 如何调整可调电阻 R_a，才能使该电阻消耗的能量尽量大？讨论当电压 V 在 45～105V 之间变化时，该最大能量和对应的电阻如何变化？如果 R_3 和 R_a 都是可调电阻，如何调整这两个可调电阻使它们消耗的总能量尽量大？

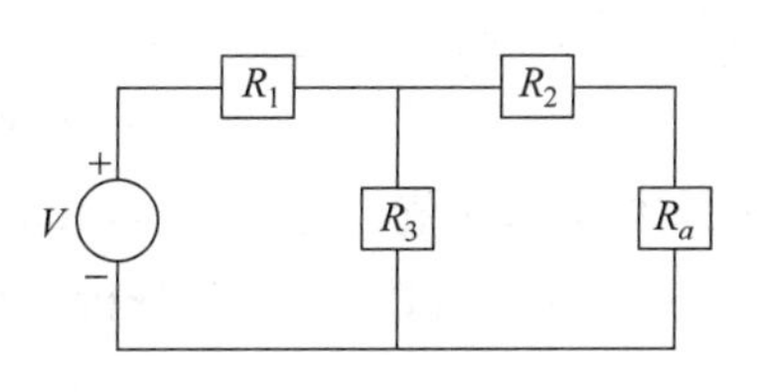

图 7.6 第 3 题图

4. 某海岛上有 12 个主要的居民点，每个居民点的位置（用平面坐标 x，y 表示，距离单位：km）和居住的人数 R 如表 7.7 所示. 现在准备在岛上建一个服务中心为居民提供各种服务，那么服务中心应该建在何处？

表 7.7

居民点	1	2	3	4	5	6	7	8	9	10	11	12
x	0	8.20	0.50	5.70	0.77	2.87	4.43	2.58	0.72	9.76	3.19	5.55
y	0	0.50	4.90	5.00	6.49	8.76	3.26	9.32	9.96	3.16	7.20	7.88
R	600	1000	800	1400	1200	700	600	800	1000	1200	1000	1100

5. 某分子由25个原子组成,并且已经通过实验测量得到了其中某些原子对之间的距离(假设在平面结构上讨论),如表7.8所示.请你确定每个原子的位置关系.

表 7.8

原子对	距离	原子对	距离	原子对	距离	原子对	距离
(4,1)	0.9607	(5,4)	0.4758	(18,8)	0.8363	(15,13)	0.5725
(12,1)	0.4399	(12,4)	1.3402	(13,9)	0.3208	(19,13)	0.7660
(13,1)	0.8143	(24,4)	0.7006	(15,9)	0.1574	(15,14)	0.4394
(17,1)	1.3765	(8,6)	0.4945	(22,9)	1.2736	(16,14)	1.0952
(21,1)	1.2722	(13,6)	1.0559	(11,10)	0.5781	(20,16)	1.0422
(5,2)	0.5294	(19,6)	0.6810	(13,10)	0.9254	(23,16)	1.8255
(16,2)	0.6144	(25,6)	0.3587	(19,10)	0.6401	(18,17)	1.4325
(17,2)	0.3766	(8,7)	0.3351	(20,10)	0.2467	(19,17)	1.0851
(25,2)	0.6893	(14,7)	0.2878	(22,10)	0.4727	(20,19)	0.4995
(5,3)	0.9488	(16,7)	1.1346	(18,11)	1.3840	(23,19)	1.2277
(20,3)	0.8000	(20,7)	0.3870	(25,11)	0.4366	(24,19)	1.1271
(21,3)	1.1090	(21,7)	0.7511	(15,12)	1.0307	(23,21)	0.7060
(24,3)	1.1432	(14,8)	0.4439	(17,12)	1.3904	(23,22)	0.8052

6. 有一组数据$(t_i,y_i)(i=1,2,\cdots,33)$,其中$t_i=10(i-1)$,$y_i$由表7.9给出.现要用这组数据拟合函数

$$f(\boldsymbol{x},t)=x_1+x_2\mathrm{e}^{-x_4t}+x_3\mathrm{e}^{-x_5t}$$

中的参数$\boldsymbol{x}$,初值可选为$(0.5,1.5,-1,0.01,0.02)$.对y_i作一扰动,即y_i+e_i,e_i为$(-0.05,0.05)$内的随机数,观察并分析迭代收敛是否会变慢.

表 7.9

i	y_i	i	y_i	i	y_i
1	0.844	12	0.718	23	0.478
2	0.908	13	0.685	24	0.467
3	0.932	14	0.658	25	0.457
4	0.936	15	0.628	26	0.448
5	0.925	16	0.603	27	0.438
6	0.908	17	0.580	28	0.431
7	0.881	18	0.558	29	0.424
8	0.850	19	0.538	30	0.420
9	0.818	20	0.522	31	0.414
10	0.784	21	0.506	32	0.411
11	0.751	22	0.490	33	0.406

7. 经济学中著名的 Cobb-Douglas 生产函数的一般形式为

$$Q(K,L) = aK^{\alpha}L^{\beta}, \quad 0 < \alpha,\beta < 1$$

其中 Q,K,L 分别表示产值、资金、劳动力，式中 α,β,a 要由经济统计数据确定. 现有《中国统计年鉴(2003)》给出的统计数据如表 7.10 所示，请分别用线性和非线性最小二乘拟合求出式中的 α,β,a，并解释 α,β 的含义.

表 7.10

年份	总产值/万亿元	资金/万亿元	劳动力/亿人
1984	0.7171	0.1833	4.8197
1985	0.8964	0.2543	4.9873
1986	1.0202	0.3121	5.1282
1987	1.1962	0.3792	5.2783
1988	1.4928	0.4754	5.4334
1989	1.6909	0.4410	5.5329
1990	1.8548	0.4517	6.4749
1991	2.1618	0.5595	6.5491
1992	2.6638	0.8080	6.6152
1993	3.4634	1.3072	6.6808
1994	4.6759	1.7042	6.7455
1995	5.8478	2.0019	6.8065
1996	6.7885	2.2914	6.8950
1997	7.4463	2.4941	6.9820
1998	7.8345	2.8406	7.0637
1999	8.2068	2.9854	7.1394
2000	8.9468	3.2918	7.2085
2001	9.7315	3.7314	7.3025
2002	10.4791	4.3500	7.3740

其中总产值取自“国内生产总值”，资金取自“固定资产投资”，劳动力取自“就业人员”.

8. 给药方案设计需要依据药物吸收与排除过程的原理. 药物进入机体后随血液输送到全身，不断地被吸收、分布、代谢，最终排出体外. 药物在血液中的浓度，即单位体积血液中的药物含量，称血药浓度. 在最简单的一室模型中，将整个机体看作一个房室，称中心室，室内的血药浓度是均匀的. 这里我们用一室模型，讨论在口服给药方式下血药浓度的变化规律，及根据实验数据拟合参数的方法.

口服给药方式相当于先有一个将药物从肠胃吸收入血液的过程，这个过程可简化为在药物进入中心室之前有一个吸收室，如图 7.7 所示，记中心室和吸收室的容积分别为 V,V_1，

而 t 时刻的血药浓度分别为 $c(t)$，$c_1(t)$；中心室的排除速率为 k，吸收速率为 k_1（这里 k 和 k_1 分别是中心室和吸收室血药浓度变化率与浓度本身的比例系数）. 设 $t=0$时刻口服剂量为 d 的药物，容易写出吸收室的血药浓度$c_1(t)$的微分方程为

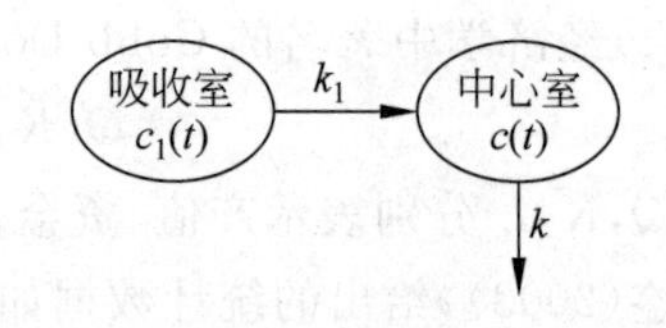

图 7.7　口服给药方式下的一室模型

$$\begin{cases} \dfrac{dc_1}{dt} = -k_1 c_1, \\ c_1(0) = \dfrac{d}{V_1}. \end{cases}$$

中心室血药浓度 $c(t)$的变化率由两部分组成：与 c 成正比的排除（比例系数 k），与 c_1成正比的吸收（比例系数 k_1）.

再考虑到中心室和吸收室的容积分别为 V，V_1，得到 $c(t)$的微分方程为

$$\begin{cases} \dfrac{dc}{dt} = -kc + \dfrac{V_1}{V} k_1 c_1, \\ c(0) = 0. \end{cases}$$

由以上两个微分方程不难解出中心室血药浓度

$$c(t) = \frac{d}{V} \frac{k_1}{k_1 - k} (e^{-kt} - e^{-k_1 t}).$$

在制定给药方案时必须知道这种药物的 3 个参数 k_1，k，$b(=d/V)$，实际中通常通过实验数据确定. 设 $t=0$ 时刻口服一定剂量的药物，表 7.11 是实验数据 $c(t)$，请由此确定 k，k_1，b.

表　7.11

t	0.083	0.167	0.25	0.50	0.75	1.0	1.5
$c(t)$	10.9	21.1	27.3	36.4	35.5	38.4	34.8
t	2.25	3.0	4.0	6.0	8.0	10.0	12.0
$c(t)$	24.2	23.6	15.7	8.2	8.3	2.2	1.8

参考文献

[1]　姜启源，张立平，何青，高立. 数学实验. 第 2 版. 北京：高等教育出版社，2006
[2]　袁亚湘，孙文瑜. 最优化理论与方法. 北京：科学出版社，1997
[3]　陈宝林. 最优化理论与算法. 第 2 版. 北京：清华大学出版社，2005
[4]　Bradley S P, Hax A C, Magnanti T L. Applied Mathematical Programming. Addison-Wesley Publishing Company，1977（中译本：《应用数学规划》. 北京：机械工业出版社，1983）
[5]　Gill P E，Murray W，Wright M H. Practical Optimization. London：Academic Press，1981
[6]　The MathWorks Inc. Optimization Toolbox User's Guide，http://www.mathworks.com

[7] Floudas C A, Pardalos P M, Adjiman C S, et al. Handbook of Test Problems in Local and Global Optimization. Dordrecht: Kluwer Academic Publishers, 1999

[8] Himmelblau D M. Applied Nonlinear Programming. McGraw-Hill Book Company, 1972(中译本：《实用非线性规划》. 北京：科学出版社, 1981)

[9] Gander W, Hiebicek J. Solving Problems in Scientific Computing Using Maple and MATLAB (Third Ed.). Springer, 1997

实验 8 线性规划

实验 7 中我们已经给出了优化问题的数学规划模型的一般形式(其中 min 也可以是 max):

$$\min z = f(\boldsymbol{x}), \quad \boldsymbol{x} = (x_1, x_2, \cdots, x_n)^{\mathrm{T}} \in \mathbb{R}^n, \tag{1}$$

$$\text{s.t. } g_i(\boldsymbol{x}) \leqslant 0, \quad i = 1, 2, \cdots, m. \tag{2}$$

并且介绍了无约束优化(只有(1)式)的基本解法.然而,一个约束优化问题的最优解通常在可行域(由(2)式界定)的边界上取得,不能用无约束优化的方法求解,必须研究最优解位于可行域边界时的解法.当变量数目 n 和约束数目 m 较大,或者函数 $f(\boldsymbol{x})$ 和 $g_i(\boldsymbol{x})$ 比较复杂时,通常使用的是数值解法.

本实验讨论线性规划,即函数 $f(\boldsymbol{x})$ 和 $g_i(\boldsymbol{x})$ 都是线性函数的情形.8.1 节给出几个线性规划的实际问题及其数学模型,8.2 节介绍线性规划的基本原理和算法,8.3 节和 8.4 节分别介绍用 MATLAB 优化工具箱和 LINGO 软件求解线性规划(包括 8.1 节实际问题的求解),8.5 节布置实验练习.

8.1 实例及其数学模型

8.1.1 食谱问题

问题[15] 某学校为学生提供营养套餐,希望以最小费用来满足学生对基本营养的需求.按照营养学家的建议,一个人一天对蛋白质、维生素 A 和钙的需求如下:50g 蛋白质、4000IU(国际单位)维生素 A 和 1000mg 钙.我们只考虑以下食物构成的食谱:苹果、香蕉、胡萝卜、枣汁和鸡蛋,其营养含量见表 8.1.确定每种食物的用量,以最小费用满足营养学家建议的营养需求,并考虑:

(1) 对维生素 A 的需求增加一个单位时,是否需要改变食谱?成本增加多少?

(2) 胡萝卜的价格增加 1 美分时,是否需要改变食谱?成本增加多少?

模型 这是一个有约束的优化问题,其模型应包含决策变量、目标函数和约束条件.

分别用 x_1, x_2, x_3, x_4, x_5 表示列入食谱的 5 种食物的数量(决策变量),要最小化的目标函数是总费用(以美分计)

表 8.1

食物	单位	蛋白质/g	维生素 A/IU	钙/mg	价格/美分
苹果	中等大小一个(138g)	0.3	73	9.6	10
香蕉	中等大小一个(118g)	1.2	96	7	15
胡萝卜	中等大小一个(72g)	0.7	20253	19	5
枣汁	一杯(178g)	3.5	890	57	60
鸡蛋	中等大小一个(44g)	5.5	279	22	8

$$z = 10x_1 + 15x_2 + 5x_3 + 60x_4 + 8x_5. \tag{3}$$

为保证满足对蛋白质、维生素 A 和钙的最小日需求量,必须有约束

$$0.3x_1 + 1.2x_2 + 0.7x_3 + 3.5x_4 + 5.5x_5 \geqslant 50, \tag{4}$$

$$73x_1 + 96x_2 + 20253x_3 + 890x_4 + 279x_5 \geqslant 4000, \tag{5}$$

$$9.6x_1 + 7x_2 + 19x_3 + 57x_4 + 22x_5 \geqslant 1000. \tag{6}$$

此外,还必须有非负约束

$$x_1, x_2, x_3, x_4, x_5 \geqslant 0. \tag{7}$$

问题就是在约束(4)-(7)下最小化(3)式,显然目标函数和约束函数都是线性的,这是一个**线性规划**(linear programming, 简记 LP). 注意这里没有限制消费食物的数量为整数,如果加上这个限制,就是实验 10 中将要介绍的**整数线性规划**.

如果记决策向量 $\boldsymbol{x}=(x_1,x_2,x_3,x_4,x_5)^{\mathrm{T}}$, 费用向量 $\boldsymbol{c}=(10,15,5,60,8)^{\mathrm{T}}$, 右端项向量 $\boldsymbol{b}=(50,4000,1000)^{\mathrm{T}}$,约束矩阵

$$\boldsymbol{A} = \begin{bmatrix} 0.3 & 1.2 & 0.7 & 3.5 & 5.5 \\ 73 & 96 & 20253 & 890 & 279 \\ 9.6 & 7 & 19 & 57 & 22 \end{bmatrix},$$

则该线性规划问题可以表示成

$$\begin{aligned} &\min z = \boldsymbol{c}^{\mathrm{T}}\boldsymbol{x} \\ &\text{s.t. } \boldsymbol{Ax} \geqslant \boldsymbol{b}, \\ &\qquad \boldsymbol{x} \geqslant \boldsymbol{0}. \end{aligned} \tag{8}$$

请注意上面式子中 $\boldsymbol{x}\geqslant\boldsymbol{0}$ 表示的是每个分量非负(以后用到类似表示方法时,含义也与此相同).

要讨论的问题需考虑参数的变化对最优解和最优值的影响,一般称为敏感性(或灵敏度)分析.

当然,实际的食谱选择问题是相当复杂的,因为基本营养需求可能因人而异,并且为了保持多样性,避免对营养食物的厌倦,应该考虑对每种食物消费的上限,最好提供多个可选择食物组合的清单,等等.

8.1.2 生产销售计划

问题 一奶制品加工厂用牛奶生产 A_1，A_2两种普通奶制品，和 B_1，B_2两种高级奶制品，B_1，B_2分别是由 A_1，A_2深加工开发得到的. 已知每 1 桶牛奶可以在甲类设备上用 12h 加工成 3kg A_1，或者在乙类设备上用 8h 加工成 4kg A_2；深加工时，用 2h 并花 1.5 元加工费，可将 1kg A_1加工成 0.8kg B_1，也可将 1kg A_2加工成 0.75kg B_2. 根据市场需求，生产的 4 种奶制品全部能售出，且每公斤 A_1，A_2，B_1，B_2获利分别为 12 元、8 元、22 元、16 元.

现在加工厂每天能得到 50 桶牛奶的供应，每天正式工人总的劳动时间最多为 480h，并且乙类设备和深加工设备的加工能力没有限制，但甲类设备的数量相对较少，每天至多能加工 100kg A_1. 试为该厂制订一个生产销售计划，使每天的净利润最大，并讨论以下问题：

(1) 若投资 15 元可以增加供应 1 桶牛奶，应否作这项投资？

(2) 若可以聘用临时工人以增加劳动时间，付给临时工人的工资最多是每小时几元？

(3) 如果 B_1，B_2的获利经常有 10% 的波动，波动后是否需要制订新的生产销售计划？

模型 这是一个有约束的优化问题，其模型应包含决策变量、目标函数和约束条件.

决策变量用以表述生产销售计划，它并不是惟一的，我们设 A_1，A_2，B_1，B_2每天的销售量分别为 x_1，x_2，x_3，x_4(kg). x_3，x_4也是 B_1，B_2的产量. 设工厂用 x_5(kg) A_1加工 B_1，x_6(kg) A_2加工 B_2(增设决策变量 x_5，x_6可以使模型表达更清晰).

目标函数是工厂每天的净利润 z，即 A_1，A_2，B_1，B_2的获利之和扣除深加工费，容易写出 $z=12x_1+8x_2+22x_3+16x_4-1.5x_5-1.5x_6$(元).

约束条件

原料供应：A_1每天的产量为 x_1+x_5(kg)，用牛奶 $(x_1+x_5)/3$(桶)，A_2每天的产量为 x_2+x_6(kg)，用牛奶$(x_2+x_6)/4$(桶)，二者之和不得超过每天的供应量 50(桶)；

劳动时间：每天生产 A_1，A_2的时间分别为 $4(x_1+x_5)$和 $2(x_2+x_6)$，加工 B_1，B_2的时间分别为 $2x_5$和 $2x_6$，二者之和不得超过总的劳动时间 480h；

设备能力：A_1每天的产量 x_1+x_5不得超过甲类设备的加工能力 100(kg)；

加工约束：1(kg) A_1加工成 0.8(kg) B_1，故 $x_3=0.8x_5$；类似地 $x_4=0.75x_6$；

非负约束：x_1，x_2，x_3，x_4，x_5，x_6均为非负.

由此得如下基本模型：

$$\max z = 12x_1 + 8x_2 + 22x_3 + 16x_4 - 1.5x_5 - 1.5x_6 \tag{9}$$

$$\text{s.t.}\ \frac{x_1+x_5}{3} + \frac{x_2+x_6}{4} \leqslant 50, \tag{10}$$

$$4(x_1+x_5) + 2(x_2+x_6) + 2x_5 + 2x_6 \leqslant 480, \tag{11}$$

$$x_1 + x_5 \leqslant 100, \tag{12}$$

$$x_3 = 0.8x_5, \tag{13}$$

$$x_4 = 0.75x_6, \tag{14}$$

$$x_1,x_2,x_3,x_4,x_5,x_6 \geqslant 0. \tag{15}$$

显然这也是一个线性规划,求出的最优解将给出使净利润最大的生产销售计划,要讨论的问题需考虑参数的敏感性(或灵敏度)分析.

8.1.3 运输问题

问题 某公司有6个建筑工地要开工,每个工地的位置(用平面坐标 x, y 表示,距离单位:km)及水泥日用量 d(t)由表8.2给出.目前有两个临时料场位于A(5,1),B(2,7),日储量各有20t.假设从料场到工地之间均有直线道路相连,试制订每天的供应计划,即从A,B两料场分别向各工地运送多少吨水泥,使总的吨公里数最小.

表8.2 工地的位置(x, y)及水泥日用量 d

工地	1	2	3	4	5	6
x	1.25	8.75	0.5	5.75	3	7.25
y	1.25	0.75	4.75	5	6.5	7.75
d	3	5	4	7	6	11

模型 记工地的位置为(a_i,b_i),水泥日用量为$d_i(i=1,2,\cdots,6)$;料场位置为(x_j,y_j),日储量为$e_j(j=1,2$,分别表示$A,B)$;从料场j向工地i的运送量为c_{ij}.这个优化问题的目标函数(总吨公里数)可表示为

$$\min f = \sum_{j=1}^{2}\sum_{i=1}^{6} c_{ij}\ \sqrt{(x_j-a_i)^2+(y_j-b_i)^2}. \tag{16}$$

各工地的日用量必须满足,所以

$$\sum_{j=1}^{2} c_{ij} = d_i,\quad i=1,2,\cdots,6. \tag{17}$$

各料场的运送量不能超过日储量,所以

$$\sum_{i=1}^{6} c_{ij} \leqslant e_j,\quad j=1,2. \tag{18}$$

问题归结为在约束(17),(18)及决策变量非负的条件下,使(16)式最小.决策变量只有c_{ij},所以这是线性规划模型.

8.2 线性规划的基本原理和解法

8.2.1 二维线性规划的图解法

我们从只有两个变量时的图解法入手,看一个例子:

例1 求解线性规划

$$\max z = 3x_1 + x_2$$

$$\text{s.t. } x_1 - x_2 \geqslant -2,$$
$$x_1 - 2x_2 \leqslant 2,$$
$$3x_1 + 2x_2 \leqslant 14,$$
$$x_1, x_2 \geqslant 0.$$

解　如果将前 3 个约束条件的不等号改成等号，是平面上的如下 3 条直线：

$$L_1: x_1 - x_2 = -2,$$
$$L_2: x_1 - 2x_2 = 2,$$
$$L_3: 3x_1 + 2x_2 = 14.$$

在平面上作图后不难判断(参见图 8.1)，可行域是由 3 条直线 L_1, L_2, L_3 及坐标轴在第一象限围成的 5 边形 $OQ_1Q_2Q_4Q_3$，其顶点的坐标可以求出，分别为 $O(0,0)$，$Q_1(0,2)$，$Q_2(2,4)$，$Q_4(4,1)$，$Q_3(2,0)$.

当目标函数 $z=3x_1+x_2$ 取不同值时，表示一组平行直线，如图 8.1 中过 O, Q_1, Q_2, Q_3, Q_4 点的虚线，其函数值 z 分别为 $z_1=0$，$z_2=2$，$z_3=6$，$z_4=10$，$z_5=13$. 由于这组直线向右移动时函数值是增加的(想想为什么)，所以最优解一定在 Q_4 点得到：$x_1=4, x_2=1$，最优值为 $z_{\max}=z_5=13$.

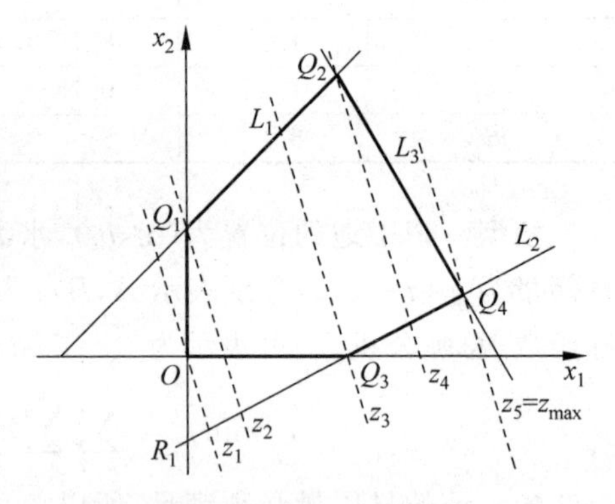

图 8.1　例 1 的图解法

可以看出，由于线性规划的约束条件和目标函数均为线性函数，所以对于二维情形，可行域为直线组成的凸多边形，目标函数的等值线为直线，等值线沿着与其垂直的一个方向(法线方向，即等值线上的点的梯度方向)移动时，函数值是增加的(沿相反方向移动时，函数值减少). 这样，最优解一定在凸多边形的某个顶点取得.

从二维例子的几何意义可以看出，线性规划的解还会有下列情形出现：

- 可行域为空集(如第 3 个约束条件改为 $-3x_1+2x_2 \geqslant 14$)，无可行解.
- 可行域无界(如将第 3 个约束条件去掉)，则可能无最优解(最优值无界). 注意：可行域无界时也可能有最优解，如对于例 1 若目标为 z 取极小，则将第 3 个约束条件去掉后仍有最优解.
- 最优解在凸多边形的一条边上取得(如第 3 个约束条件改为 $3x_1+x_2 \leqslant 14$，L_3 将与目标函数的等值线平行)，则有无穷多个最优解.

8.2.2　线性规划的单纯形算法

1. 线性规划的标准形

二维的情况可以推广到多维：线性规划的可行域是超平面组成的凸多面体，等值线是超平面，最优解在凸多面体的某个顶点取得. 凸多面体的顶点如何得到呢？在前面的例 1

中，对每个不等式约束，我们总是考虑在第一象限画出对应的等式所代表的直线. 可以想到，为了便于用线性代数的方法处理，将约束条件中的不等式直接化为等式是有好处的. 实际上，每个线性规划模型都可以表达成如下的等式约束形式：

$$\begin{aligned} \min z &= \boldsymbol{c}^{\mathrm{T}} \boldsymbol{x} \\ \text{s.t. } \boldsymbol{A}\boldsymbol{x} &= \boldsymbol{b}, \\ \boldsymbol{x} &\geqslant \boldsymbol{0}. \end{aligned} \tag{19}$$

其中 $\boldsymbol{x}=(x_1,x_2,\cdots,x_n)^{\mathrm{T}}$ 是决策向量，$\boldsymbol{c}=(c_1,c_2,\cdots,c_n)^{\mathrm{T}}$ 是费用向量，$\boldsymbol{A}=(a_{ij})_{m\times n}(m\leqslant n)$ 是约束矩阵（行满秩），$\boldsymbol{b}=(b_1,b_2,\cdots,b_m)^{\mathrm{T}}$ 是右端项向量（可以要求 $\boldsymbol{b}$ 是非负向量）. 这种形式称为线性规划的标准形.

一个不是标准形式的线性规划，可以通过以下几个等价变换变成标准形：

(1) 如果目标函数是求极大，则利用 $\max z \Leftrightarrow \min(-z)$ 化为求极小.

(2) 如果约束条件中有形如 $\boldsymbol{A}\boldsymbol{x}\leqslant\boldsymbol{b}$ 的不等式，可以在不等式左边加入松弛变量（slack variables）化为等式；对于"$\boldsymbol{A}\boldsymbol{x}\geqslant\boldsymbol{b}$"形式的不等式，则可以在不等式左边减去剩余变量（surplus variables）化为等式（相当于不等式两边同时乘以 -1，变为"$-\boldsymbol{A}\boldsymbol{x}\leqslant-\boldsymbol{b}$"以后再同上处理）. 如例 1 可增加一个剩余变量（记为 x_3）和两个松弛变量（记为 x_4，x_5），将 3 个不等式的约束化为

$$\begin{aligned} -x_1 + x_2 + x_3 &= 2, \quad x_3 \geqslant 0. \\ x_1 - 2x_2 + x_4 &= 2, \quad x_4 \geqslant 0. \\ 3x_1 + 2x_2 + x_5 &= 14, \quad x_5 \geqslant 0. \end{aligned}$$

可见，松弛变量和剩余变量只是相对的，没有本质区别.

(3) 如果某个 x_j 没有非负约束，可令 $x_j=x_j'-x_j''$；$x_j',x_j''\geqslant 0$；如果原来约束为 $x_j\geqslant l_j$，可令 $x_j'=x_j-l_j,x_j'\geqslant 0$.

约束条件中增加松弛和剩余变量后，目标函数中只需将这些变量的系数设定为零即可，在例 1 中为

$$-z = -3x_1 - x_2 + 0 \cdot x_3 + 0 \cdot x_4 + 0 \cdot x_5$$

2. 基解与基可行解

在标准形式下，可行域（凸多面体）是由等式约束和非负约束确定的. 如果 $m=n$，则由等式约束 $\boldsymbol{A}\boldsymbol{x}=\boldsymbol{b}$ 可以直接解出可行点（或者判断无可行解）；一般情况下 $m<n$，等式约束 $\boldsymbol{A}\boldsymbol{x}=\boldsymbol{b}$ 没有惟一解，但当指定 $\boldsymbol{x}$ 中的 $(n-m)$ 个分量的取值后就可以直接解出可行点（或者判断在该指定下无可行解）. 考虑到非负约束也可能代表可行域的边界，直接指定 $(n-m)$ 个分量的值为 0 是方便的，如果此时 $\boldsymbol{A}\boldsymbol{x}=\boldsymbol{b}$ 正好有惟一解，我们把这个解称为**基本解**（basic solution，简称**基解**）. 当基解是原问题的可行解时，称为**基本可行解**（basic feasible solutions，简称**基可行解**）. 幸运的是，可以证明基本可行解正好对应于可行域（凸多面体）的顶点.

例如，例 1 用标准形表示时，约束矩阵 $\boldsymbol{A}$ 和右端项向量 $\boldsymbol{b}$ 分别是

$$\boldsymbol{A}=\begin{bmatrix}-1 & 1 & 1 & 0 & 0\\ 1 & -2 & 0 & 1 & 0\\ 3 & 2 & 0 & 0 & 1\end{bmatrix}=[\boldsymbol{p}_1\quad \boldsymbol{p}_2\quad \boldsymbol{p}_3\quad \boldsymbol{p}_4\quad \boldsymbol{p}_5],\quad \boldsymbol{b}=(2,2,14)^{\mathrm{T}},\tag{20}$$

其中 $\boldsymbol{p}_1,\boldsymbol{p}_2,\cdots,\boldsymbol{p}_5$ 为 $\boldsymbol{A}$ 的 $n=5$ 个列向量. 线性方程组 $\boldsymbol{Ax}=\boldsymbol{b}$ 的基解可以如下得到：$\boldsymbol{A}$ 的秩 $m=3$，为了保证指定 $n-m(=2)$ 个分量的取值为 0 后 $\boldsymbol{Ax}=\boldsymbol{b}$ 有惟一解，任取 $m(=3)$ 个线性无关的列向量组成**基**(也称**基矩阵**)$\boldsymbol{A}_B$，其余列向量组成非基 $\boldsymbol{A}_N$，将 $\boldsymbol{A}$ 的列向量重排次序后可写作 $\boldsymbol{A}=[\boldsymbol{A}_B\quad \boldsymbol{A}_N]$，相应地重排 $\boldsymbol{x}$ 的分量 $\boldsymbol{x}=\begin{bmatrix}\boldsymbol{x}_B\\ \boldsymbol{x}_N\end{bmatrix}$，于是 $\boldsymbol{Ax}=\boldsymbol{A}_B\boldsymbol{x}_B+\boldsymbol{A}_N\boldsymbol{x}_N=\boldsymbol{b}$. 分别称 $\boldsymbol{x}_B,\boldsymbol{x}_N$ 为**基变量**(basic variables)和**非基变量**(nonbasic variables)，令非基变量 $\boldsymbol{x}_N=\boldsymbol{0}$，解得基变量 $\boldsymbol{x}_B=\boldsymbol{A}_B^{-1}\boldsymbol{b}$(自然，$\boldsymbol{A}_B$ 是可逆矩阵).

对于例 1 如取 $\boldsymbol{A}_B=[\boldsymbol{p}_3\quad \boldsymbol{p}_4\quad \boldsymbol{p}_5]=\boldsymbol{I}$(单位阵)，则 $\boldsymbol{x}_B=(x_3,x_4,x_5)^{\mathrm{T}}=\boldsymbol{b}=(2,2,14)^{\mathrm{T}}$，而 $\boldsymbol{x}_N=(x_1,x_2)^{\mathrm{T}}=(0,0)^{\mathrm{T}}$，于是 $\boldsymbol{x}=(0,0,2,2,14)^{\mathrm{T}}$ 为 $\boldsymbol{Ax}=\boldsymbol{b}$ 的一个基解，图 8.1 中它对应 O 点.

类似地，若取 $\boldsymbol{A}_B=[\boldsymbol{p}_1\quad \boldsymbol{p}_3\quad \boldsymbol{p}_5]$，则 $\boldsymbol{x}_B=(x_1,x_3,x_5)^{\mathrm{T}}=\boldsymbol{A}_B^{-1}\boldsymbol{b}=(2,4,8)^{\mathrm{T}}$，$\boldsymbol{x}=(2,0,4,0,8)^{\mathrm{T}}$ 也是一个基解，对应图 8.1 中的 Q_3 点.

若取 $\boldsymbol{A}_B=[\boldsymbol{p}_2\quad \boldsymbol{p}_3\quad \boldsymbol{p}_5]$，则 $\boldsymbol{x}_B=(x_2,x_3,x_5)^{\mathrm{T}}=\boldsymbol{A}_B^{-1}\boldsymbol{b}=(-1,3,16)^{\mathrm{T}}$，$\boldsymbol{x}=(0,-1,3,0,16)^{\mathrm{T}}$ 也是一个基解，对应图 8.1 中的 R_1 点，我们看到，R_1 点不在可行域内.

容易知道，例 1 共有 10 个基解，其中 5 个分别对应可行域(5 边形)的 5 个顶点，是基可行解. 一般地，基解最多有 $\binom{n}{m}=\dfrac{n!}{m!\,(n-m)!}$ 个，但基可行解的个数则要视具体问题而定.

可以证明：只要问题存在可行解，则一定存在基本可行解；此外，基本可行解正好对应于可行域(凸多面体)的顶点. 于是，当问题的最优解存在(有可行解且最优值有界)时，一定至少存在某个基本可行解是最优解. 根据这一性质，美国数学家 Dantzig 于 1947 年提出了单纯形法(simplex method)，其基本思路是：用迭代法从一个顶点(基可行解)转换到另一个顶点(称为一次旋转)，每一步转换只将一个非基变量(指一个分量)变为基变量，称为进基，同时将一个基变量变为非基变量，称为出基，进基和出基的确定需要使目标函数下降(至少不增加).

实现这一思路的算法关键是要解决以下问题：选取初始基可行解(顶点)；判断当前解是否最优；确定进基和出基变量；防止迭代过程出现循环(由于只有有限个基本可行解，不出现循环就可以保证算法在有限步迭代后终止)，等等. 在实际实现完整的单纯形算法时可以有多种不同的变形，具体细节可参阅任何一本有关线性规划的书籍，如参考文献[3,7]. 下面只简要介绍解的最优性检验以及旋转变换的过程，这是单纯形算法的关键组成部分.

3. 检验基可行解的最优性

假设当前迭代位于基本可行解 $\boldsymbol{x}^{(0)}=\begin{bmatrix}\boldsymbol{x}_B^{(0)}\\ \boldsymbol{x}_N^{(0)}\end{bmatrix}=\begin{bmatrix}\boldsymbol{A}_B^{-1}\boldsymbol{b}\\ \boldsymbol{0}\end{bmatrix}$，对应的基矩阵和非基矩阵分别

为 $\boldsymbol{A}_B,\boldsymbol{A}_N$，费用向量 $\boldsymbol{c}=\begin{bmatrix}\boldsymbol{c}_B\\ \boldsymbol{c}_N\end{bmatrix}$，目标函数值为

$$z^{(0)}=\boldsymbol{c}^{\mathrm{T}}\boldsymbol{x}^{(0)}=\boldsymbol{c}_B^{\mathrm{T}}\boldsymbol{x}_B^{(0)}+\boldsymbol{c}_N^{\mathrm{T}}\boldsymbol{x}_N^{(0)}=\boldsymbol{c}_B^{\mathrm{T}}\boldsymbol{A}_B^{-1}\boldsymbol{b}. \tag{21}$$

对于问题的任何一个可行解 $\boldsymbol{x}=\begin{bmatrix}\boldsymbol{x}_B\\ \boldsymbol{x}_N\end{bmatrix}$，有

$$\boldsymbol{A}\boldsymbol{x}=\boldsymbol{A}_B\boldsymbol{x}_B+\boldsymbol{A}_N\boldsymbol{x}_N=\boldsymbol{b}, \tag{22}$$

即

$$\boldsymbol{x}_B=\boldsymbol{A}_B^{-1}\boldsymbol{b}-\boldsymbol{A}_B^{-1}\boldsymbol{A}_N\boldsymbol{x}_N \tag{23}$$

对应的目标函数值为

$$\begin{aligned}z&=\boldsymbol{c}_B^{\mathrm{T}}[\boldsymbol{A}_B^{-1}\boldsymbol{b}-\boldsymbol{A}_B^{-1}\boldsymbol{A}_N\boldsymbol{x}_N]+\boldsymbol{c}_N^{\mathrm{T}}\boldsymbol{x}_N\\&=\boldsymbol{c}_B^{\mathrm{T}}\boldsymbol{A}_B^{-1}\boldsymbol{b}+[\boldsymbol{c}_N^{\mathrm{T}}-\boldsymbol{c}_B^{\mathrm{T}}\boldsymbol{A}_B^{-1}\boldsymbol{A}_N]\boldsymbol{x}_N\\&=z^{(0)}+\boldsymbol{r}^{\mathrm{T}}\boldsymbol{x}.\end{aligned} \tag{24}$$

其中

$$\boldsymbol{r}=\begin{bmatrix}\boldsymbol{0}\\ \boldsymbol{c}_N-(\boldsymbol{A}_B^{-1}A_N)^{\mathrm{T}}\boldsymbol{c}_B\end{bmatrix}. \tag{25}$$

若 $\boldsymbol{r}\geqslant\boldsymbol{0}$（每个分量非负），则 $z\geqslant z^{(0)}$（因为可行解 $\boldsymbol{x}\geqslant\boldsymbol{0}$），当前基本可行解 $\boldsymbol{x}^{(0)}$ 是最优的. 一般称 $\boldsymbol{r}$ 为减少费用(reduced cost)向量，中文书上通常形象地称为**检验数**. 注意 $\boldsymbol{r}$ 的维数为 n（决策变量的个数），即每个决策变量对应一个减少费用. 显然，基变量对应的减少费用为 0，而非基变量 x_k 对应的减少费用为 $r_k=c_k-(\boldsymbol{A}_B^{-1}\boldsymbol{p}_k)^{\mathrm{T}}\boldsymbol{c}_B=c_k-\boldsymbol{c}_B^{\mathrm{T}}\boldsymbol{A}_B^{-1}\boldsymbol{p}_k$（这里 $\boldsymbol{p}_k$ 是 $\boldsymbol{A}$ 中与变量 x_k 对应的列）.

否则，当前基本可行解 $\boldsymbol{x}^{(0)}$ 不是最优的，需要继续下一步迭代（旋转）.

4. 迭代过程中的进基与出基

假设 $\boldsymbol{x}^{(0)}$ 中某个非基变量 x_q 对应的减少费用 $r_q<0$，考虑非基变量 x_q 从 0 开始增加（其他非基变量仍保持为 0 不变）所带来的影响. 假设新的解变为 $\boldsymbol{x}^{(1)}$ 且 $\boldsymbol{x}^{(1)}$ 仍是可行解，则首先可由(23)知 $\boldsymbol{x}^{(1)}$ 满足

$$\boldsymbol{x}_B^{(1)}=\boldsymbol{A}_B^{-1}(\boldsymbol{b}-x_q^{(1)}\boldsymbol{p}_q)=\boldsymbol{x}_B^{(0)}-\boldsymbol{x}_q^{(1)}\boldsymbol{A}_B^{-1}\boldsymbol{p}_q \tag{26}$$

这里 $\boldsymbol{p}_q$ 是 $\boldsymbol{A}$ 中与变量 x_q 对应的列. 也就是说，这是从 $\boldsymbol{x}^{(0)}$ 出发沿着如下方向进行移动（移动步长为 $\alpha=x_q^{(1)}$，即 $\boldsymbol{x}^{(1)}=\boldsymbol{x}^{(0)}+\alpha\boldsymbol{d}^q$）：

$$\boldsymbol{d}^q=\begin{bmatrix}-\boldsymbol{A}_B^{-1}\boldsymbol{p}_q\\ \boldsymbol{e}_q\end{bmatrix}, \tag{27}$$

其中 $\boldsymbol{e}_q$ 是一个 $n-m$ 维向量，在对应变量 x_q 的位置上为 1，其他非基变量对应的位置上为 0. 由于

$$\boldsymbol{c}^{\mathrm{T}}\boldsymbol{d}^q=\boldsymbol{c}^{\mathrm{T}}\begin{bmatrix}-\boldsymbol{A}_B^{-1}\boldsymbol{p}_q\\ \boldsymbol{e}_q\end{bmatrix}=c_q-\boldsymbol{c}_B^{\mathrm{T}}\boldsymbol{A}_B{}^{-1}\boldsymbol{p}_q=r_q<0, \tag{28}$$

所以 $\boldsymbol{d}^q$ 是一个下降方向(由于目标函数值之差 $z^{(1)}-z^{(0)}=\alpha\boldsymbol{c}^{\mathrm{T}}\boldsymbol{d}^q$,当 $\alpha>0$ 时,移动后的点 $\boldsymbol{x}^{(1)}$ 对应的目标函数值严格小于 $\boldsymbol{x}^{(0)}$ 对应的目标函数值).

显然,如果 $\boldsymbol{d}^q\geqslant\boldsymbol{0}$,则 α 趋于无穷时 $\boldsymbol{x}^{(1)}$ 仍是一个可行解,所以目标函数值无下界.现在的问题是,一般情况下是否移动后的点 $\boldsymbol{x}^{(1)}$ 是一个可行解(所有分量非负).该可行性就是要求

$$\boldsymbol{x}^{(0)}+\alpha\boldsymbol{d}^q\geqslant\boldsymbol{0}, \tag{29}$$

这等价于最大的 α 只能取

$$\alpha=\min_{j\in J_B}\left\{-\frac{x_j^{(0)}}{d_j^q}\,\middle|\,d_j^q<0\right\}, \tag{30}$$

其中 J_B 是 $\boldsymbol{x}^{(0)}$ 中基变量的集合.于是可以取(30)式定义的步长 α 进行移动,此时原非基变量 x_q 进基(取值为 α),而(30)式取等号时对应的原来的基变量 x_j 出基(下降到 0).也就是说,当前基本可行解变为 $\boldsymbol{x}^{(1)}=\boldsymbol{x}^{(0)}+\alpha\boldsymbol{d}^q$,从而完成了一次迭代.

在非退化的情况下($\boldsymbol{x}_B^{(0)}>\boldsymbol{0}$ 时),上述 $\alpha>0$.在退化情况下,$\alpha=0$,需要特殊处理.

一个值得思考的问题是,当存在多个可能的进基变量或出基变量选择时,我们自然希望选择能使目标函数下降尽可能快的旋转.在一次迭代中这是可以做到的,只需要对各种可选方案分别进行计算、比较选择使目标函数下降最多的旋转变换即可.但整体上考虑则是一件比较困难的事情,因为一次迭代中目标函数下降最快并不能保证整个迭代过程中目标函数下降最快或者迭代次数最少.

8.2.3 线性规划的敏感性分析

假设最优的基本可行解为 $\boldsymbol{x}=\begin{bmatrix}\boldsymbol{x}_B\\ \boldsymbol{x}_N\end{bmatrix}=\begin{bmatrix}\boldsymbol{A}_B^{-1}\boldsymbol{b}\\ \boldsymbol{0}\end{bmatrix}$,对应的基矩阵和非基矩阵分别为 $\boldsymbol{A}_B$,$\boldsymbol{A}_N$,目标函数值为 $z=\boldsymbol{c}_B^{\mathrm{T}}\boldsymbol{A}_B^{-1}\boldsymbol{b}$.

1. 右端项向量的敏感性分析

当右端项向量 $\boldsymbol{b}$ 变为 $\boldsymbol{b}'=\boldsymbol{b}+\Delta\boldsymbol{b}$ 时,不会影响减少费用 $\boldsymbol{r}$.所以为了保持 $\boldsymbol{A}_B$ 仍为最优基,只需要 $\boldsymbol{A}_B^{-1}\boldsymbol{b}'=\boldsymbol{A}_B^{-1}(\boldsymbol{b}+\Delta\boldsymbol{b})\geqslant\boldsymbol{0}$,由此可以计算 $\Delta\boldsymbol{b}$ 允许的变化范围.但即使最优基不变,最优解、最优值一般也会改变.不过由于此时

$$z'-z=\boldsymbol{c}_B^{\mathrm{T}}\boldsymbol{A}_B^{-1}\Delta\boldsymbol{b}=\boldsymbol{\lambda}^{\mathrm{T}}\Delta\boldsymbol{b}=\sum_{i=1}^{m}\lambda_i\Delta b_i, \tag{31}$$

其中 $\boldsymbol{\lambda}^{\mathrm{T}}=\boldsymbol{c}_B^{\mathrm{T}}\boldsymbol{A}_B^{-1}$ 是拉格朗日(Lagrange)乘子(其维数等于约束的个数),所以 b_i 改变一个单位时(其他条件不变),最优值改变 λ_i 个单位.正因为如此,在经济学中一般称 λ_i 为对应约束的影子价格、边际价格或对偶价格.必须注意,拉格朗日乘子只有在 $\boldsymbol{A}_B^{-1}(\boldsymbol{b}+\Delta\boldsymbol{b})\geqslant\boldsymbol{0}$ 时有意义.

2. 费用系数的敏感性分析

(1) 假设非基变量 x_k 的费用系数 c_k 变为 $c_k'=c_k+\Delta c_k$(其他条件不变),由于 $\boldsymbol{c}_B^{\mathrm{T}}$ 不变,

只有 $r_k=c_k-\boldsymbol{c}_B^{\mathrm{T}}\boldsymbol{A}_B^{-1}\boldsymbol{p}_k$ 变为 $r_k'=c_k'-\boldsymbol{c}_B^{\mathrm{T}}\boldsymbol{A}_B^{-1}\boldsymbol{p}_k=r_k+\Delta c_k$. 如果 $r_k'\geqslant 0(\Delta c_k\geqslant -r_k)$，则 $\boldsymbol{A}_B$ 仍为最优基，最优解和最优值也不变.

当然，如果 $r_k'<0$，则最优基、最优解和最优值都可能改变，需要重新求解线性规划问题.

(2) 假设基变量 x_k 的费用系数 c_k 变为 $c_k'=c_k+\Delta c_k$(其他条件不变)，虽然 $\boldsymbol{c}_B^{\mathrm{T}}$ 改变，但我们也可以重新计算减少费用 r'. 通过 $r'\geqslant 0$ 也可以确定 Δc_k 允许的变化范围，但即使最优基、最优解不变，最优值一般也会改变(最优值的改变量显然等于该系数的改变量乘以最优解中对应的基变量的值).

(3) 如果非基变量和基变量对应的费用系数同时变化，可以类似分析.

3. 约束矩阵的敏感性分析

当费用系数和右端项向量同时变化，或者约束矩阵中的系数改变时，仍然可以类似分析，但情况比较复杂，这里就不讨论了.

8.2.4 线性规划的对偶问题

对于上面定义的拉格朗日乘子 $\boldsymbol{\lambda}^{\mathrm{T}}=\boldsymbol{c}_B^{\mathrm{T}}\boldsymbol{A}_B^{-1}$，在最优基下有 $r_k=c_k-\boldsymbol{c}_B^{\mathrm{T}}\boldsymbol{A}_B^{-1}\boldsymbol{p}_k=c_k-\boldsymbol{\lambda}^{\mathrm{T}}\boldsymbol{p}_k\geqslant 0$ (对于基变量，等号一定成立). 写成矩阵形式，就是 $\boldsymbol{c}^{\mathrm{T}}-\boldsymbol{\lambda}^{\mathrm{T}}\boldsymbol{A}\geqslant \boldsymbol{0}$，即

$$\boldsymbol{A}^{\mathrm{T}}\boldsymbol{\lambda}\leqslant \boldsymbol{c}. \tag{32}$$

对于最优解 $\boldsymbol{x}$，有

$$\boldsymbol{b}^{\mathrm{T}}\boldsymbol{\lambda}=\boldsymbol{\lambda}^{\mathrm{T}}\boldsymbol{b}=\boldsymbol{c}_B^{\mathrm{T}}\boldsymbol{A}_B^{-1}\boldsymbol{b}=\boldsymbol{c}^{\mathrm{T}}\boldsymbol{x}. \tag{33}$$

但如果 $\boldsymbol{x}$ 只是可行解，且 $\boldsymbol{\lambda}$ 只是满足(32)式的一个向量(不考虑定义 $\boldsymbol{\lambda}^{\mathrm{T}}=\boldsymbol{c}_B^{\mathrm{T}}\boldsymbol{A}_B^{-1}$)，则

$$\boldsymbol{b}^{\mathrm{T}}\boldsymbol{\lambda}=\boldsymbol{\lambda}^{\mathrm{T}}\boldsymbol{b}=\boldsymbol{\lambda}^{\mathrm{T}}\boldsymbol{A}\boldsymbol{x}\leqslant \boldsymbol{c}^{\mathrm{T}}\boldsymbol{x}. \tag{34}$$

因此，可以考虑如下新的相关的线性规划：

$$\begin{aligned}&\max\ \boldsymbol{b}^{\mathrm{T}}\boldsymbol{\lambda}\\&\text{s.t.}\ \boldsymbol{A}^{\mathrm{T}}\boldsymbol{\lambda}\leqslant \boldsymbol{c}.\end{aligned} \tag{35}$$

这个问题称为原问题(19)的**对偶问题**. 关于对偶问题，可以证明下面的一些重要结果[3,7].

1. 原问题和对偶问题互为对偶问题，即对偶问题的对偶问题就是原问题.

注意：对偶问题(35)是最大化问题，带有不等式约束，而且没有非负限制，因此要先化成标准形式(19)后，再构造对偶规划. 例如，采用这一思路，对于“不等式形式”的线性规划

$$\begin{aligned}&\min\ z=\boldsymbol{c}^{\mathrm{T}}\boldsymbol{x}\\&\text{s.t.}\ \boldsymbol{A}\boldsymbol{x}\geqslant \boldsymbol{b},\boldsymbol{x}\geqslant \boldsymbol{0},\end{aligned} \tag{36}$$

可以证明其对偶问题为(留做习题)

$$\begin{aligned}&\max\ \boldsymbol{b}^{\mathrm{T}}\boldsymbol{\lambda}\\&\text{s.t.}\ \boldsymbol{A}^{\mathrm{T}}\boldsymbol{\lambda}\leqslant \boldsymbol{c},\boldsymbol{\lambda}\geqslant \boldsymbol{0}.\end{aligned} \tag{37}$$

2. 弱对偶定理：如果 $\boldsymbol{x}$ 是原问题的可行解(简称原可行解)，$\boldsymbol{\lambda}$ 是对偶问题的可行解(对偶可行解)，则 $\boldsymbol{b}^{\mathrm{T}}\boldsymbol{\lambda}\leqslant \boldsymbol{c}^{\mathrm{T}}\boldsymbol{x}$(就是(34)式).

弱对偶定理有以下显然的推论：

(1) 如果原可行解 $\boldsymbol{x}$ 和对偶可行解 $\boldsymbol{\lambda}$ 满足 $\boldsymbol{b}^{\mathrm{T}}\boldsymbol{\lambda}=\boldsymbol{c}^{\mathrm{T}}\boldsymbol{x}$,则分别是原问题和对偶问题的最优解.

(2) 如果原问题(19)无下界,则对偶问题(35)不可行.

(3) 如果对偶问题(35)无上界,则原问题(19)不可行.

3. 强对偶定理

(1) 如果原问题和对偶问题中任何一个有有限的最优解,则另一个也有有限的最优解,且最优值相等.

(2) 如果原问题和对偶问题中任何一个无界,则另一个不可行(没有可行解).

4. 互补松弛条件：对于问题(36)的可行解 $\boldsymbol{x}$ 和问题(37)的可行解 $\boldsymbol{\lambda}$,令松弛变量 $\boldsymbol{s}=\boldsymbol{A}\boldsymbol{x}-\boldsymbol{b}$,$\boldsymbol{r}=\boldsymbol{c}-\boldsymbol{A}^{\mathrm{T}}\boldsymbol{\lambda}$(显然 $\boldsymbol{s}$ 和 $\boldsymbol{r}$ 非负),则 $\boldsymbol{x}$ 和 $\boldsymbol{\lambda}$ 分别是(36)式和(37)式的最优解的充分必要条件是

$$\boldsymbol{r}^{\mathrm{T}}\boldsymbol{x}=\boldsymbol{0}=\boldsymbol{s}^{\mathrm{T}}\boldsymbol{\lambda}. \tag{38}$$

也就是说,$\boldsymbol{r}$ 和 $\boldsymbol{x}$ 的对应分量至少有一个为 0,$\boldsymbol{s}$ 和 $\boldsymbol{\lambda}$ 的对应分量至少有一个为 0. 其实,对于标准形式(19),因为 $\boldsymbol{s}=\boldsymbol{0}$,所以(38)式就是 $\boldsymbol{r}^{\mathrm{T}}\boldsymbol{x}=0$,这正是(25)式定义的减少费用 $\boldsymbol{r}$ 判定最优性的条件.

8.2.5 线性规划的其他算法

单纯形法是最早提出的线性规划算法,20 世纪 80 年代以前几乎是线性规划的惟一算法. 20 世纪 80 年代人们提出了一类新的算法——内点法(interior point method). 内点算法也是迭代法,但不再从可行域的一个顶点转换到另一个顶点,而是直接从可行域的内部逼近最优解. 虽然实际证明单纯形法计算效果很好,目前仍然经常使用,但理论上讲内点算法具有单纯形法所不具备的一些优点,尤其对于特别大规模的问题(如变量规模上万甚至达到十万、百万量级),使用内点算法可能更为有效. 内点算法理论较为复杂,有兴趣的读者请参看有关的专门书籍,如参考文献[7].

此外,线性规划是二次规划的一个特例(只需令所有二次项系数为零即可),因此也可以用二次规划的算法(如有效集方法,详见下节关于二次规划的介绍)解线性规划.

8.3 用 MATLAB 优化工具箱解线性规划

8.3.1 基本用法

用 MATLAB 优化工具箱求解线性规划时不要求一定化为标准形,而是要求化为如下形式：

$$\min\ z=\boldsymbol{c}^{\mathrm{T}}\boldsymbol{x}$$

$$\text{s.t.}\ \boldsymbol{A}_1\boldsymbol{x}\leqslant\boldsymbol{b}_1,$$

$$A_2 x = b_2, \qquad (39)$$
$$v_1 \leqslant x \leqslant v_2.$$

也就是说，需要将不等式约束和等式约束分开列出，并将决策变量的上下界约束单独列出. 求解程序为 linprog，其最简单和最一般的调用方式分别是：

```
x=linprog(c,A1,b1)
[x,fv,ef,out,lambda] = linprog(c,A1,b1,A2,b2,v1,v2,x0,opt)
```

其中输入参数 c，A1，b1，A2，b2，v1，v2 如(21)式所示，x0 为初始解；opt 为程序的各种控制参数，可以通过实验 7 中介绍的 optimoptions 函数进行设置. 当输入参数列表中的某个中间输入参数缺省时，需用方括号[]占据其位置.

输出 x 为最优解，fv 为最优值；ef 为程序停止的标志，表示程序停止的原因（含义与无约束优化中介绍的相同）；out 是一个结构变量，包括程序运行的有关信息，含有 3 个域（具体含义见下面的例子）；lambda 也是一个结构变量，包含以下 4 个域，分别对应于程序停止时相应约束的拉格朗日乘子，即：

```
lambda.ineqlin        % 对应于不等式约束 A1x≤b1 的拉格朗日乘子
lambda.eqlin          % 对应于等式约束 A2x=b2 的拉格朗日乘子
lambda.upper          % 对应于上界约束 x≤v2 的拉格朗日乘子
lambda.lower          % 对应于下界约束 v1≤x 的拉格朗日乘子
```

其维数等于约束条件的个数，其非零分量对应于起作用的约束（active constraints，即等号严格成立时的约束，也称为有效约束或积极约束）；而对于不起作用的约束，对应的 Lagrange 乘子一定是 0.

例如，对于例 1 可如下编程计算：

```
c=-[3,1];                    % 加负号将求极大化为求极小
A=[-1,1;1,-2;3,2];
b=[2,2,14];
v1=[0 0];                    % 下界
[x,f,exitflag,output,lag]=linprog(c,A,b,[],[],v1)
```

得到最优解 $x=(4,1)$，$f=-13$（最大值 $z=-f=13$），exitflag=1（收敛），此外

```
output =
    iterations: 5                                   % 迭代次数
    cgiterations: 0                                 % PCG 迭代次数(只在大规模算法中有用)
    algorithm: 'large-scale: interior point'        % 所使用的算法为内点法
lag =
    ineqlin: [3x1 double]
    eqlin: [0x1 double]
    upper: [2x1 double]
    lower: [2x1 double]
```

要看 lag 的具体值是多少，如 ineqlin 的取值，可以在命令窗口下键入 lag.ineqlin 后按回车，显示：

```
0.0000
0.3750
0.8750
```

即 lag.ineqlin=(0,0.3750,0.8750)，第2，第3分量非零，表示第2，第3个约束是起作用的，即第2，第3个约束对于最优解是等式约束(在图8.1中我们已经看到，最优解 $\boldsymbol{x}=(4,1)$ 是 L_2,L_3 的交点)；第1分量为0表示第1个约束不起作用(查看 lag.lower 可知下界约束(x_1，$x_2\geqslant 0$)也不起作用)，它们对于最优解仍为严格不等式约束.

由于例1中 $x_1,x_2\geqslant 0$ 不起作用，在程序里不输入 v1，只用 x=linprog(c,A,b) 也可得到同样结果，但是一般情形下这样做是不行的.

8.3.2 算法选择

linprog 程序有3种算法可以选择(可以通过 optimoptions 命令的 Algorithm 参数进行控制)：

'interior-point-legacy'(传统的内点算法，缺省值)
'interior-point'(内点算法)
'dual-simplex'(对偶单纯形法)

这些算法并不需要用户提供初始值 x0(即使提供了也会被忽略).

此外，linprog 程序运行时首先会进行一系列的预处理(例如，把能够直接从约束中解出来的变量取值确定下来；把能够直接判断的矛盾约束报告出来等)；运行过程中和结束时可能会给出一些错误或警告信息，如无可行解(infeasible)，无有界解(unbounded)等.

例2 求解

$$
\begin{aligned}
\min\ z &= 3x_1+x_2-x_3\\
\text{s.t.}\ & x_1+x_2-2x_3\geqslant 2,\\
& x_1-2x_2+x_3\geqslant 2,\\
& 3x_1+2x_2-x_3=14,\\
& x_1,x_2,x_3\geqslant 0.
\end{aligned}
$$

解 假设我们如下输入：

```
c=[3,1,-1];A1=[1,1,-2;1,-2,1];A2=[3,2,-1];
b1=[2,2];b2=14;v1=[0 0 0];
[x,z,exitflag,output,lag]=linprog(c,A1,b1,A2,b2,v1)
```

运行后，MATLAB 显示“该问题是无界的(unbounded)”，exitflag=-1.

其实，上面的输入是错误的(忘记了≤和≥的区别)，正确的输入应该是：

```
[x,z,exitflag,output,lag]=linprog(c,-A1,-b1,A2,b2,v1)
```

得到的结果为x=(4,2,2),z=12.

8.3.3 食谱问题(续)

对于8.1.1节中建立的线性规划模型(8)，我们编写如下MATLAB程序：

```
c=[10,15,5,60,8];
A=[ 0.3  1.2  0.7     3.5  5.5
    73   96   20253   890  279
    9.6  7    19      57   22];
b=[50,4000,1000];
v=[0 0 0 0 0];
%选用对偶单纯形法求解
opt=optimoptions(@linprog,'Algorithm','dual-algorithm');
[x,z0,ef,out,lag]=linprog(c,-A,-b,[],[],v,[],[],opt)
lag.ineqlin, lag.lower
```

得到最优解为x=(0,0,49.3827,0, 2.8058)，最优值为z0 =269.36.即每天吃49.3827个胡萝卜和2.8058个鸡蛋，最小成本为269.36美分.正如8.1.1节中所述，这里仅从成本最小考虑问题，而没有考虑人们是否真的会喜欢该食谱，也没有考虑胡萝卜和鸡蛋是否应该是整数个数的问题.

此外，lag.ineqlin =(0.4714;0; 0.2458)，第2个不等式约束(维生素A对应的约束)对应的Lagrange乘子为0，说明该约束不是有效约束，因此可以回答8.1.1节问题(1)：维生素A增加一个单位时不需要改变食谱，也不会增加成本.但是，另外两个不等式约束是有效约束(取到了等号)，由于Lagrange乘子的含义是影子价格，说明对蛋白质的需求提高1个单位时(50g变为51g)，成本将增加0.4714(美分)，对钙的需求提高1个单位时(1000g变为1001g)，成本将增加0.2458(美分).

必须提醒读者注意的是：Lagrange乘子是有一定的适用范围的，当右端项变化量达到一定数量后，Lagrange乘子就不再表示正确的影子价格了.遗憾的是，MATLAB没有给出这个适用范围，而LINGO软件给出了这个适用范围.

为了回答8.1.1节问题(2)维生素A价格增加1美分时的结果，由于linprog程序没有输出相应的敏感性分析结果，只能重新求解.计算结果表明，此时也不需要改变食谱，但成本会增加(理论上讲成本会增加49.3827，但由于计算误差的影响，可能略有差异).

8.3.4 生产销售计划(续)

将 8.1.2 节中建立的模型整理后写成

$$\max z = 12x_1 + 8x_2 + 22x_3 + 16x_4 - 1.5x_5 - 1.5x_6$$

$$\begin{aligned} \text{s.t.}\ & 4x_1 + 3x_2 + 4x_5 + 3x_6 \leqslant 600, \\ & 2x_1 + x_2 + 3x_5 + 2x_6 \leqslant 240, \\ & x_1 + x_5 \leqslant 100, \\ & x_3 - 0.8x_5 = 0, \\ & x_4 - 0.75x_6 = 0, \\ & x_1, x_2, x_3, x_4, x_5, x_6 \geqslant 0. \end{aligned}$$

编程计算如下：

```
c=[12 8 22 16 -1.5 -1.5];
A1=[4 3 0 0 4 3;2 1 0 0 3 2;1 0 0 0 1 0];
b1=[600 240 100];
A2=[0 0 1 0 -0.8 0;0 0 0 1 0 -0.75];
b2=[0 0];
v1=[0 0 0 0 0 0];
[x,z0,ef,out,lag]=linprog(-c,A1,b1,A2,b2,v1)
lag.ineqlin, lag.eqlin
```

得到最优解为 x=(0,168,19.2,0, 24,0)，最优值为 z=-z0 =1730.4. 即每天生产销售 168(kg) A_2 和 19.2(kg) B_1(不出售 A_1,B_2)，可获净利润 1730.4 元. 为此，需用 8 桶牛奶加工成 24(kg)A_1，42 桶加工成 168(kg) A_2，并将得到的 24(kg) A_1 全部加工成 19.2(kg) B_1.

此外，lag.ineqlin=(1.58,3.26,0.00)，因此原料、劳动时间为有效约束，说明原料和劳动时间得到了充分的利用. 由此我们继续讨论 8.1.2 节的几个后续问题：

(1) 若投资 15 元可以增加供应 1 桶牛奶，应否作这项投资？

上面的原料约束是在原约束(10)两边乘以 12 以后的结果，所以约束(10)的右端项增加一个单位时，利润增加 lag.ineqlin(1)×12=1.58×12= 18.96(元). 显然 18.96 > 15，因此投资增加牛奶的供应量是值得的. 同 8.3.3 节所述，牛奶的供应量也不能无限制增加.

(2) 若可以聘用临时工人以增加劳动时间，付给临时工人的工资最多是每小时多少元？

因为 lag.ineqlin(2)=3.26，而时间约束是在原约束(11)两边除以 2 以后的结果，所以劳动时间的影子价格应为 3.26/2=1.63，即单位劳动时间增加的利润是 1.63，因此付给临时工人的工资最多是每小时 1.63(元). 同上所述，劳动时间也不能无限制增加.

(3) 如果 B_1,B_2 的获利经常有 10%的波动，波动后是否需要重新制订新的生产销售计划？

若每公斤 B_1 的获利下降 10%，应将原模型(9)式中 x_3 的系数改为 19.8，重新计算，可以发现最优解和最优值均发生了变化. 类似计算可知，若 B_2 的获利向上波动 10%时，上面得到的生产销售计划也不再是最优的. 这就是说,(最优)生产计划对 B_1 或 B_2 获利的波动是很敏感的. 实际上,这相当于要求确定最优解不变条件下目标函数系数的允许变化范围是多少. 同样,MATLAB 没有给出这种敏感性分析的结果,而 LINGO 软件给出了这个允许变化范围.

8.3.5 运输问题(续)

对于 8.1.3 节建立的模型(16)~(18)用表 8.2 的数据进行计算. 编程计算如下:

```
a=[1.25 8.75 0.5  5.75 3   7.25];
b=[1.25 0.75 4.75 5     6.5 7.75];
d=[3 5 4 7 6 11];e=[20,20];w1=[5,1];w2=[2,7];
u=sqrt((w1(1)-a).^2+(w1(2)-b).^2); % DISTANCE FROM LOCATION 1
v=sqrt((w2(1)-a).^2+(w2(2)-b).^2); % DISTANCE FROM LOCATION 2
c=[u,v];
%   A1=[1 1 1 1 1 1 0 0 0 0 0 0
%         0 0 0 0 0 0 1 1 1 1 1 1]
A1=[ones(1,6),zeros(1,6);zeros(1,6),ones(1,6)];
B1=e;
%   A2=[1 0 0 0 0 0 1 0 0 0 0 0
%         0 1 0 0 0 0 0 1 0 0 0 0
%          0 0 1 0 0 0 0 0 1 0 0 0
%         0 0 0 1 0 0 0 0 0 1 0 0
%          0 0 0 0 1 0 0 0 0 0 1 0
%         0 0 0 0 0 1 0 0 0 0 0 1]
A2=[eye(6),eye(6)];
B2=d;
v1=zeros(1,12);
x=linprog(c,A1,B1,A2,B2,v1);
[x(1:6)';x(7:12)'],z=c*x
```

计算可得最小总吨公里数为 136.2,运输方案见表 8.3.

表 8.3

i	1	2	3	4	5	6
c_{i1}(料场 A)	3	5	0	7	0	1
c_{i2}(料场 B)	0	0	4	0	6	10

8.4 用 LINGO 软件解线性规划

8.4.1 基本用法

用 LINGO 求解规划问题时,只需要直接输入规划模型. 由于 LINGO 中已假设所有的变量都是非负的,所以非负约束不必输入;LINGO 也不区分变量中的大小写字符(实际上任何小写字符将被转换为大写字符)；约束条件中的“<=” 及“>=”可用“<” 及“>”代替. 例如,对于例 1，在 LINGO 模型窗口输入如下：

```
MAX = 3 * x1 + X2;
X1 - x2 > -2;
x1
    - 2 * X2 <= 2;    ! 说明：一个约束分成几行写也没有关系;
3 * x1 + 2 * x2 <14;
```

单击菜单中的求解命令(LINGO|Solve)就可得到解答,结果窗口显示如下：

```
   Global optimal solution found.
Objective value:            13.00000
Total solver iterations:       2

                     Variable          Value        Reduced Cost
                           X1       4.000000            0.000000
                           X2       1.000000            0.000000

                          Row   Slack or Surplus      Dual Price
                            1       13.00000            1.000000
                            2       5.000000            0.000000
                            3       0.000000           0.3750000
                            4       0.000000           0.8750000
```

计算结果表明：

“Global optimal solution found”表示得到了全局最优解.

“Objective value：13.00000 ”表示最优目标值为 13.

“Total solver iterations：2”表示迭代 2 次.

“Value”给出最优解中各变量(Variable)的值：X1=4.000000，X2=1.000000.

“Reduced Cost”的含义是减少费用：本例中两个变量都是基变量,此值均为 0. 对于非基变量，相应的 Reduced Cost 值表示当该非基变量增加一个单位时(其他非基变量保持不变)目标函数减少的量(对最小化问题则是目标函数增加的量). “Reduced Cost”还有另一种等价的解释：为了使非基变量变成基变量,该变量在目标函数中对应的系数应该增加的量(对最小化问题则是应该减少的量).

“Slack or Surplus”给出松弛(或剩余)变量的值,表示约束是否起作用约束：第 3、4 行(Row)松弛变量均为 0，说明对于最优解而言,这两个约束(第 3、4 行)均是起作用约束(取等号). 第 2 行松弛变量均为 5，说明对于最优解而言,这个约束不起作用(右端项还可以增加 5). 注意：第 1 行表示目标函数所在的行.

“Dual Price”给出约束的对偶价格(影子价格)的值：第 3、4 行(约束)对应的影子价格分别为 0.3750000，0.8750000.

LINGO 缺省设置不做敏感性分析，如果要做，则必须修改选项. 运行菜单中的 LINGO|Options 命令，则出现具有多个选项卡的选项设置窗口. 选择其中的“General Solver”选项卡，将其中的“Dual Computations”选项选为“Prices & Range”，应用或保存该设置后退出该菜单. 重新运行菜单中的 LINGO|Solve 命令进行求解，然后运行菜单中的 LINGO|Range 命令，则显示为：

```
Ranges in which the basis is unchanged:
                              Objective Coefficient Ranges
                        Current          Allowable          Allowable
        Variable      Coefficient        Increase           Decrease
              X1         3.000000         INFINITY           1.500000
              X2         1.000000         1.000000           7.000000
                                   Righthand Side Ranges
             Row          Current        Allowable          Allowable
                            RHS           Increase           Decrease
               2        -2.000000         5.000000           INFINITY
               3         2.000000         2.666667           8.000000
               4         14.00000         INFINITY           8.000000
```

以上显示的是当前最优基(矩阵)保持不变的充分条件，包括目标函数中决策变量对应的系数的变化范围(Objective Coefficient Ranges)和约束的右端项的变化范围(Righthand Side Ranges)两部分.

例如：前一部分的输出行

```
X1         3.000000         INFINITY         1.500000
```

表示决策变量 X1 当前在目标函数中对应的系数为 3，允许增加∞(INFINITY)和减少 1.500000. 也就是说，当该系数在区间[1.5，∞]上变化时(假设其他条件均不变)，当前最优基矩阵保持不变. 对 X2 对应的输出行也可以类似地解释. 由于此时约束没有任何改变，所以最优基矩阵保持不变意味着最优解不变(当然，由于目标函数中的系数发生变化，一般来说最优值还是会变化的).

后一部分的输出行

```
2          -2.000000         5.000000         INFINITY
```

表示约束 2 当前右端项为−2，允许增加 5 和减少∞(INFINITY). 也就是说，当该系数在区间[−∞，3]上变化时(假设其他条件均不变)，当前最优基矩阵保持不变. 对约束 3 和 4 对应的输出行也可以类似地解释. 由于此时约束已经改变，虽然最优基矩阵保持不变，一般来说最优解和最优值还是会变化的. 但是，由于最优基矩阵保持不变，所以前面的“Dual Price”给出的约束的影子价格此时仍然是有效的.

用 LINGO 求解规划问题时，应注意以下几个问题：

(1) 模型目标函数以MAX=或MIN=开始定义(分别对应于最大化和最小化问题);可以在模型开始加上"MODEL:"表示模型开始,相应地在模型结尾加上"END"表示模型结束.

(2) 约束中>(或<)号与>=(或<=)功能相同.

(3) 变量名不能超过32个字符,并且以字母开头;变量名(包括LINGO中的关键字)不区分大小写.除注释外,不能有任何全角符号或汉字符号(包括分号";"也不能是全角字符).

(4) 空格(甚至回车)都不起作用,但任何语句都必须以分号";"结束.

(5) LINGO中已假定所有变量非负.可用@FREE(x)语句将变量x的非负假定取消;还可以用@BND(v1,x,v2)语句设定变量x的下界v1、上界v2.(这里的FREE,BND都是LINGO的内部函数,LINGO中的所有函数调用都要以@开头.)

(6) LINGO将目标函数所在行作为第一行,从第二行起为约束条件.行号自动产生,也可以人为定义行号或行名,行号或行名放在该行前面(放在方括号[]中).行名和变量名一样,不能超过32个字符.

(7) LINGO程序中常有注释间杂于各语句之中,前面注有"!"符号.例如:! This is a comment;(注意注释语句也必须以分号";"结束).在模型的任何地方都可以用TITLE语句对模型命名或标识(最多72个字符),如:

```
TITLE This Model is only an Example;
```

8.4.2 食谱问题(续)

对于8.1.1节中建立的线性规划模型(8),我们编写如下LINGO程序:

```
min=10*x1+15*x2+5*x3+60*x4+8*x5;
0.3*x1+1.2*x2+0.7*x3+3.5*x4+5.5*x5>50;
73*x1+96*x2+20253*x3+890*x4+279*x5 >4000;
9.6*x1+7*x2+19*x3+57*x4+22*x5>1000;
```

求解得到的结果与用MATLAB求解得到的相同(略,由于计算误差的影响,精度略有差异).此外,由于可以直接显示敏感性分析结果,因此可以直接回答8.1.1节中的问题(1)和(2).

上述输入模型的方法对小规模问题是比较方便的,但对大规模问题就非常不方便了.如果候选食物很多(如1000个),那么就有1000个决策变量,手工输入将非常麻烦.LINGO提供了一种方便的输入方法,即数组和矩阵的输入方法(LINGO称为矩阵生成器).既然要输入数组和矩阵,首先必须定义数组和矩阵的下标集合.以本例为例,用定义集合的方式,可输入LINGO程序如下:

```
MODEL:
sets:
```

```
    sn/1..5/:c,x;
    sm/1..3/:b;
    link(sm,sn):A;
endsets
data:
    c= 10,15,5,60,8;
    A=0.3  1.2  0.7     3.5  5.5
        73  96  20253  890  279
       9.6  7   19     57  22;
    b=50,4000,1000;
enddata
[obj] min=@sum(sn:c * x );
@for(sm(i):
    [constraints] @sum(sn(j):A(i,j) * x(j))>b(i);
);
END
```

运行这个程序得到的结果同上.可以看到,在这种输入方式下,如果增加问题的规模,程序改变很小(除了原始参数总是必须输入外).

下面对上述程序做几点解释:

1. 集合定义以"sets:"开始、以"endsets"结束,称为集合段.上面定义了三个集合:

语句"sn/1..5/:c,x;"定义集合 sn={1,2,3,4,5},而数组(向量)c,x 的下标属于集合 sn(LINGO 中通常称 c,x 为定义在集合 sn 上的属性).语句"sm/1..3/:b;"含义类似.

语句"link(sm,sn):A;"定义集合 link 为两个集合 sm 和 sn 的笛卡儿积,也就是 link={(i,j)|i ∈sm,j ∈sn}.LINGO 中称 sm 和 sn 为基本集合,而 link 为这两个集合的派生集合.在集合 link 上,定义了属性(矩阵)A.

2. LINGO 程序中以"data:"开始、以"enddata"结束的部分称为数据段,用于输入已知原始数据.实际上,LINGO 也可以从文本文件、电子表格文件、数据库文件直接读入数据(对应的函数分别为@File,@ODE,@ODBC,可参见有关专门书籍,如参考文献[16]).

3. 对于集合的操作,有两个常用的基本函数:

(1) 集合求和函数@sum:例如,表达式@sum(sn:c * x)表示 $\sum_{i\in sn} c_i x_i$,由于只有一个下标,不会有任何误解,所以省略了下标.实际上,这个表达式也可以写成@sum(sn(i):c(i) * x(i))或者@sum(sn(k):c(k) * x(k))等,效果等价.类似地,表达式@sum(sn(j):A(i,j) * x(j))表示 $\sum_{j\in sn} a_{ij} x_j$(有多个下标,所以不能省略了下标).

(2) 集合循环函数@for:例如,@for(sm(i): statements;)表示对所有 i∈sm 执行语句 statements.

正如前面介绍过的,[obj]和[constraints]是定义行号(给行命名).

8.4.3 生产销售计划(续)

对 8.1.2 节中建立的模型,用 LINGO 编程计算如下:

```
Title milk production;
sets:
    sv/1..6/:c,x;
    sm/1..3/:b;
    vm(sm,sv):A;
endsets
data:
    c=12 8 22 16 -1.5 -1.5;
A=4 3 0 0 4 3
  2 1 0 0 3 2
  1 0 0 0 1 0;
b=600 240 100;
enddata
[obj] max=@sum(sv:c * x );
@for(sm(i):
    [constraints] @sum(sv(j):A(i,j) * x(j))<b(i);
);
x(3)=0.8 * x(5);
x(4)=0.75 * x(6);
```

求解得到的结果与用 MATLAB 求解得到的相同(略,由于计算误差的影响,精度略有差异). 此外,由于可以直接显示敏感性分析结果,因此可以直接回答 8.1.2 节中的问题(1),(2),(3).

8.4.4 运输问题(续)

对于 8.1.3 节建立的模型,用 LINGO 编程计算如下:

```
MODEL:
Title Transportation Problem;
sets:
    demand/1..6/:a,b,d;
    supply/1,2/:x,y,e;
    link(demand,supply):c;
endsets
data:
    ! locations for the demand(需求点的位置);
    a=1.25,8.75,0.5,5.75,3,7.25;
    b=1.25,0.75,4.75,5,6.5,7.75;
    ! quantities of the demand and supply(供需量);
    d=3,5,4,7,6,11; e=20,20;
```

```
x,y=5,1,2,7;
enddata
! Objective function(目标);
[OBJ] min=@sum(link(i,j): c(i,j) * ((x(j)-a(i))^2+(y(j)-b(i))^2)^(1/2) );
! demand constraints(需求约束);
@For(demand(i):[DEMAND_CON] @sum(supply(j):c(i,j)) =d(i););
! supply constraints(供应约束);
@for(supply(i):[SUPPLY_CON] @sum(demand(j):c(j,i)) <=e(i); );
END
```

求解得到的结果与用 MATLAB 求解得到的相同(略,由于计算误差的影响,精度略有差异).

8.5 实验练习

实验目的

1. 掌握用 MATLAB 优化工具箱和 LINGO 解线性规划的方法;

2. 练习建立实际问题的线性规划模型.

实验内容

1. (1) 给定 $\boldsymbol{A}=\begin{pmatrix}2&1&2\\3&3&1\end{pmatrix}$,$\boldsymbol{b}=\begin{pmatrix}4\\3\end{pmatrix}$,求 $\boldsymbol{Ax}=\boldsymbol{b}$ 的所有基(本)解及可行域$\{\boldsymbol{x}\,|\,\boldsymbol{Ax}=\boldsymbol{b},\boldsymbol{x}\geqslant\boldsymbol{0}\}$的所有基(本)可行解. 由此回答:如果在该可行域上考虑线性函数 $\boldsymbol{c}^{\mathrm{T}}\boldsymbol{x}$,其中 $\boldsymbol{c}=(4,1,1)^{\mathrm{T}}$,那么 $\boldsymbol{c}^{\mathrm{T}}\boldsymbol{x}$ 的最小值和最大值是多少?相应的最小点和最大点分别是什么?并指出有效约束.

(2) 对于线性规划(opt 可以是 min 或 max)

$$
\begin{aligned}
\text{opt } z &= -3x_1+2x_2-x_3\\
\text{s.t. } & 2x_1+x_2-x_3\leqslant 5,\\
& 4x_1+3x_2+x_3\geqslant 3,\\
& -x_1+x_2+x_3\geqslant 2,\\
& x_1,x_2,x_3\geqslant 0.
\end{aligned}
$$

考虑与(1)类似的问题.

2. 证明(36)式表示的线性规划的对偶问题是(37)式.

3. 写出第 1 题中规划问题的对偶问题,并通过理论分析和数值计算判断原问题与对偶问题的最优值是否相同.

4. 对于如下线性规划问题(有 $3n$ 个决策变量($\boldsymbol{x},\boldsymbol{r},\boldsymbol{s}$)和 $2n$ 个约束):

$$
\begin{aligned}
&\min\ (-x_n)\\
&\text{s.t. } 4x_1-4r_1=1,
\end{aligned}
$$

$$
\begin{aligned}
&x_1 + s_1 = 1, \\
&4x_j - x_{j-1} - 4r_j = 0, \qquad j = 2,3,\cdots,n, \\
&4x_j + x_{j-1} + 4s_j = 4, \qquad j = 2,3,\cdots,n, \\
&x_j, r_j, s_j \geqslant 0, \qquad j = 1,2,\cdots,n.
\end{aligned}
$$

请分别对 n 的不同取值（如 $n=2,10,50$ 等）求解上述规划，并观察和比较不同算法的计算效率.

5. 某市有甲、乙、丙、丁四个居民区，自来水由 A，B，C 三个水库供应. 四个区每天必须得到保证的基本生活用水量分别为 30kt，70kt，10kt，10kt，由于水源紧张，三个水库每天最多只能分别供应 50kt，60kt，50kt 自来水. 由于地理位置的差别，自来水公司从各水库向各区送水所需付出的引水管理费不同（见表 8.4，其中 C 水库与丁区间没有输水管道），其他管理费用都是 450 元/kt. 根据公司规定，各区用户按照统一标准 900 元/kt 收费. 此外，4 个区都向公司申请了额外用水量，分别为每天 50kt，70kt，20kt，40kt. 该公司应如何分配供水量，才能获利最多？为了增加供水量，自来水公司正在考虑进行水库改造，使三个水库每天的最大供水量都提高一倍，问那时供水方案应如何改变？公司利润可增加到多少？

表 8.4

引水管理费/(元/kt)	甲	乙	丙	丁
A	160	130	220	170
B	140	130	190	150
C	190	200	230	—

6. 某银行经理计划用一笔资金进行有价证券的投资，可供购进的证券以及其信用等级、到期年限、收益如表 8.5 所示. 按照规定，市政证券的收益可以免税，其他证券的收益需按 50% 的税率纳税. 此外还有以下限制：

表 8.5

证券名称	证券种类	信用等级	到期年限/年	到期税前收益/%
A	市政	2	9	4.3
B	代办机构	2	15	5.4
C	政府	1	4	5.0
D	政府	1	3	4.4
E	市政	5	2	4.5

(1) 政府及代办机构的证券总共至少要购进 400 万元；

(2) 所购证券的平均信用等级不超过 1.4（信用等级数字越小，信用程度越高）；

(3) 所购证券的平均到期年限不超过 5 年.

① 若该经理有 1000 万元资金，应如何投资？

② 如果能够以 2.75%的利率借到不超过 100 万元资金，该经理应如何操作.

③ 在 1000 万元资金情况下，若证券 A 的税前收益增加为 4.5%，投资应否改变？若证券 C 的税前收益减少为 4.8%，投资应否改变？

7. 假设你刚刚成为一家生产塑料制品的工厂的经理. 虽然工厂在生产运作中牵涉很多产品和供应件，你只关心其中的三种产品：(1)乙烯基石棉楼面料，产品以箱计量，每箱覆盖一定面积；(2)纯乙烯基楼顶料，以平方码计量；(3)乙烯基石棉墙面砖，以块计量，每块砖覆盖 100 平方英尺.

在生产这些塑料制品所需要的多种资源中，你已经决定考虑以下四种资源：乙烯基，石棉，劳动力，在剪削机上的时间. 最近的库存状态显示，每天有 1500 磅乙烯基、200 磅石棉可供使用. 此外，经过与车间管理人员和不同部门的人力资源负责人的谈话，你已经知道每天有 3 人日的劳动力和 1 机器日的剪削机可供使用. 表 8.6 中列出了每生产三种产品一个计量单位时所消耗的四种资源的数量，其中一个计量单位分别为 1 箱楼面料、1 平方码楼顶料和 1 块墙面砖. 可供使用的资源的数量也列在表中.

表 8.6 1 码＝0.9144m，1 磅＝0.4536kg

	乙烯基/磅	石棉/磅	劳动力/人日	剪削机/机器日	利润/美元
楼面料/箱	30	3	0.02	0.01	0.8
楼顶料/平方码	20	0	0.1	0.05	5
墙面砖/块	50	5	0.2	0.05	5.5
可供应量/天	1500	200	3	1	—

建立数学模型，帮助确定如何分配资源，使利润最大.

8. 某牧场主知道，对于一匹平均年龄的马来说，最低的营养需求为：40 磅蛋白质，20 磅碳水化合物，45 磅粗饲料. 这些营养成分是从不同饲料中得到的，饲料及其价格在表 8.7 中列出. 建立数学模型，确定如何以最低的成本满足最低的营养需求.

表 8.7

	蛋白质/磅	碳水化合物/磅	粗饲料/磅	价格/美元
干草/捆	0.5	2.0	5.0	1.80
燕麦片/袋	1.0	4.0	2.0	3.50
饲料块/块	2.0	0.5	1.0	0.40
高蛋白浓缩料/袋	6.0	1.0	2.5	1.00
每匹马的需求/天	40.0	20.0	45.0	—

9. 一家糖果商店出售 3 种不同品牌的果仁糖，每个品牌含有不同比例的杏仁、核桃仁、腰果仁、胡桃仁. 为了维护商店的质量信誉，每个品牌中所含有的果仁的最大、最小比例是必须满足的，如表 8.8 所示：

表 8.8

品牌	含量需求	售价/(美元/kg)
普通	腰果仁不超过20%	0.89
	胡桃仁不低于40%	
	核桃仁不超过25%	
	杏仁没有限制	
豪华	腰果仁不超过35%	1.10
	杏仁不低于40%	
	核桃仁、胡桃仁没有限制	
蓝带	腰果仁含量位于30%～50%之间	1.80
	杏仁不低于30%	
	核桃仁、胡桃仁没有限制	

表8.9列出了商店从供应商每周能够得到的每类果仁的最大数量和售价.

表 8.9

	售价/(美元/kg)	每周最大供应量/kg
杏仁	0.45	2000
核桃仁	0.55	4000
腰果仁	0.70	5000
胡桃仁	0.50	3000

商店希望确定每周购进杏仁、核桃仁、腰果仁、胡桃仁的数量,使周利润最大.建立数学模型,帮助该商店管理人员解决果仁混合的问题.

10. 如图8.2,有若干工厂的排污口流入某江,各口有污水处理站,处理站对面是居民点.工厂1上游江水流量和污水浓度,国家标准规定的水的污染浓度,以及各个工厂的污水流量和污水浓度均已知道.设污水处理费用与污水处理前后的浓度差和污水流量成正比,使每单位流量的污水下降一个浓度单位需要的处理费用(称处理系数)为已知.处理后的污水与江水混合,流到下一个排污口之前,自然状态下的江水也会使污水浓度降低一个比例系数(称自净系数),该系数可以估计.试确定各污水处理站出口的污水浓度,使在符合国家标准

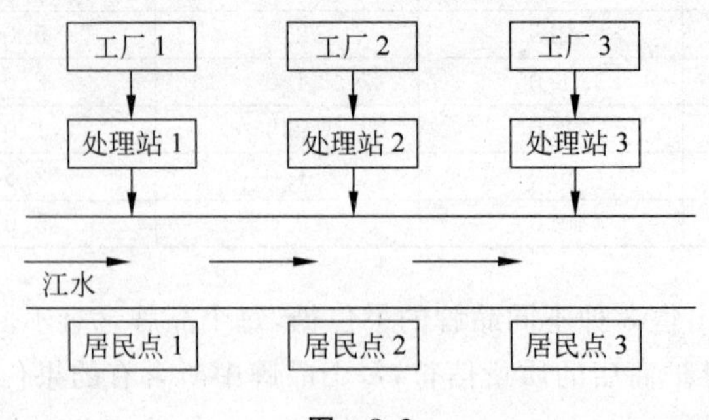

图 8.2

规定的条件下总的处理费用最小.

先建立一般情况下的数学模型,再求解以下的具体问题:

设上游江水流量为 $1000(10^{12}\mathrm{L/min})$,污水浓度为 0.8(mg/L),3 个工厂的污水流量均为 $5(10^{12}\mathrm{L/min})$,污水浓度(从上游到下游排列)分别为 100,60,50(mg/L),处理系数均为 $1(万元/((10^{12}\mathrm{L/min})\times(\mathrm{mg/L})))$,3 个工厂之间的两段江面的自净系数(从上游到下游)分别为 0.9 和 0.6. 国家标准规定水的污染浓度不能超过 1(mg/L).

(1) 为了使江面上所有地段的水污染达到国家标准,最少需要花费多少费用.

(2) 如果只要求 3 个居民点上游的水污染达到国家标准,最少需要花费多少费用.

提示:可以进行适当简化和近似,建立线性规划模型.

参 考 文 献

[1] 姜启源,张立平,何青,高立. 数学实验. 第 2 版. 北京:高等教育出版社,2006

[2] 袁亚湘,孙文瑜. 最优化理论与方法. 北京:科学出版社,1997

[3] 陈宝林. 最优化理论与算法. 第 2 版. 北京:清华大学出版社,2005

[4] Bradley S P, Hax A C, Magnanti T L. Applied Mathematical Programming. Addison-Wesley Publishing Company,1977(中译本:《应用数学规划》,北京:机械工业出版社,1983)

[5] Wayne L Winston. Introduction to Mathematical Programming, 4th ed. Californian: Brooks/Cole—Thomson Learning, 2003

[6] Gill P E, Murray M, Wright M H. Practical Optimization. London: Academic Press, 1981

[7] 普森普拉著. 线性优化及扩展——理论与算法. 方述诚,汪定伟,王梦光译. 北京:科学出版社,1994

[8] The MathWorks Inc. Optimization Toolbox User's Guide. http://www.mathworks.com

[9] Floudas C A, Pardalos P M, Adjiman C S, et al. Handbook of Test Problems in Local and Global Optimization. Dordrecht: Kluwer Academic Publishers, 1999

[10] Alevras D, Padberg M W. Linear Optimization and Extensions: Problems and Solutions. Berlin: Springer,2001

[11] 谢云荪,张志让. 数学实验. 北京:科学出版社,1999

[12] 胡运权. 运筹学习题集. 第 3 版. 北京:清华大学出版社,2002

[13] Himmelblau D M. Applied Nonlinear Programming. McGraw-Hill Book Company, 1972(中译本:《实用非线性规划》. 北京:科学出版社,1981)

[14] 姜启源,谢金星,叶俊. 数学模型. 第 3 版. 北京:高等教育出版社,2003

[15] Vaserstein L N, Byrne C C 著,谢金星等译. 线性规划导论. 北京:机械工业出版社,2005

[16] 谢金星,薛毅. 优化建模与 LINDO/LINGO 软件. 北京:清华大学出版社,2005

[17] Giordamo F R 等著. 数学建模. 叶其孝等译. 第 4 版. 北京:机械工业出版社,2009

实验 9　非线性规划

在优化问题的数学规划模型的一般形式(其中 min 也可以是 max)

$$\min z = f(\boldsymbol{x}), \quad \boldsymbol{x} = (x_1, x_2, \cdots x_n)^{\mathrm{T}} \in \mathbb{R}^n \tag{1}$$

$$\text{s.t. } g_i(\boldsymbol{x}) \leqslant 0, \quad i = 1,2,\cdots,m \tag{2}$$

中,如果函数 $f(\boldsymbol{x})$和 $g_i(\boldsymbol{x})$并不都是线性函数,则需要求解非线性规划,这是本实验将要介绍的内容.

9.1 节给出几个约束非线性规划的实际问题及其数学模型,9.2 节介绍非线性规划的基本解法,9.3 节和 9.4 节分别介绍用 MATLAB 优化工具箱和 LINGO 求解非线性规划(包括 9.1 节问题的求解),9.5 节布置实验练习.

9.1　实例及其数学模型

9.1.1　投资组合

问题　某投资公司经理欲将 50 万元基金用于股票投资,股票的收益是随机的.经过慎重考虑,他从所有上市交易的股票中选择了 3 种股票作为候选的投资对象.从统计数据的分析得到:股票 A 每股的年期望收益为 5 元,标准差为 2 元;股票 B 每股的年期望收益为 8 元,标准差为 6 元;股票 C 每股的年期望收益为 10 元,标准差也为 10 元;股票 A,B 收益的相关系数为 5/24,股票 A,C 收益的相关系数为 −0.5,股票 B,C 收益的相关系数为 −0.25.目前股票 A,B,C 的市价分别为每股 20 元、25 元、30 元(关于随机变量的期望、标准差、相关系数等概念可参看实验 10 或概率论的教科书).

(1) 如果该投资人期望今年得到至少 20%的投资回报,应如何投资可以使风险最小(这里用收益的方差或标准差衡量风险)?

(2) 投资回报率与风险的关系如何?

模型　用决策变量 x_1,x_2和 x_3分别表示投资股票 A,B,C 的数量.国内股票通常以"一手"(100 股)为最小单位出售,所以这里设股票数量以 100 股为单位.相应地,期望收益以百元为单位.

记股票 A,B,C 每手(百股)的收益分别为 S_1,S_2和 S_3(百元),根据题意,S_i($i=1,2,$

3)是一个随机变量，投资的总收益 $S=x_1S_1+x_2S_2+x_3S_3$ 也是一个随机变量. 用 E 和 D 分别表示随机变量的数学期望和方差（标准差的平方），r 表示两个随机变量的相关系数，则

$$ES_1=5,\ ES_2=8,\ ES_3=10,\ DS_1=4,\ DS_2=36,\ DS_3=100,$$
$$r_{12}=5/24,\ r_{13}=-0.5,\ r_{23}=-0.25.$$

用 cov 表示两个随机变量的协方差，根据概率论的知识有

$$\mathrm{cov}(S_1,S_2)=r_{12}\sqrt{DS_1}\sqrt{DS_2}=\frac{5}{24}\times 2\times 6=2.5,$$
$$\mathrm{cov}(S_1,S_3)=r_{13}\sqrt{DS_1}\sqrt{DS_3}=-0.5\times 2\times 10=-10,$$
$$\mathrm{cov}(S_2,S_3)=r_{23}\sqrt{DS_2}\sqrt{DS_3}=-0.25\times 6\times 10=-15.$$

于是，投资的总期望收益为

$$Z_1=ES=x_1ES_1+x_2ES_2+x_3ES_3=5x_1+8x_2+10x_3. \tag{3}$$

用总收益的标准差（或方差）衡量投资的风险. 投资总收益的方差为

$$\begin{aligned}Z_2&=D(x_1S_1+x_2S_2+x_3S_3)\\&=D(x_1S_1)+D(x_2S_2)+D(x_3S_3)+2\mathrm{cov}(x_1S_1,x_2S_2)\\&\quad+2\mathrm{cov}(x_1S_1,x_3S_3)+2\mathrm{cov}(x_2S_2,x_3S_3)\\&=x_1^2DS_1+x_2^2DS_2+x_3^2DS_3+2x_1x_2\mathrm{cov}(S_1,S_2)\\&\quad+2x_1x_3\mathrm{cov}(S_1,S_3)+2x_2x_3\mathrm{cov}(S_2,S_3)\\&=4x_1^2+36x_2^2+100x_3^2+5x_1x_2-20x_1x_3-30x_2x_3.\end{aligned} \tag{4}$$

实际上投资者可能面临许多约束条件，如是否需要将手头的资金全部用来购买股票，没有购买股票的资金是否可以存入银行或做其他投资（存入银行一般总是获得没有风险的固定回报率，即利率）. 我们这里假设不一定需要将手头的资金全部用来购买股票，没有购买股票的资金也闲置不用，而只考虑可用于投资的资金总额的限制，即

$$20x_1+25x_2+30x_3\leqslant 5000. \tag{5}$$

当然，还有非负约束

$$x_1,x_2,x_3\geqslant 0. \tag{6}$$

一般来说，投资人希望投资收益大而风险小，即 Z_1 最大且 Z_2 最小，是一个多目标优化问题，通常需转化为单目标优化问题来求解.

问题(1)要求投资收益率不低于 20%，即 10 万元，所以由(3)式有

$$5x_1+8x_2+10x_3\geqslant 1000. \tag{7}$$

模型化为在约束(5)～(7)下求投资风险(4)式的最小值. 由于约束仍然是线性的，而目标函数(4)式是二次函数，这是最简单的约束非线性规划，称为**二次规划**(quadratic programming, QP).

对于问题(2)，可以通过给两个目标不同的权重，组合后建立单目标优化模型.

我们引入偏好系数 $\beta(0\leqslant\beta\leqslant 1)$ 表示投资者对收益和风险的偏好程度，对目标 Z_2 和 Z_1

加权,将目标函数表示为

$$\min Z=\beta Z_2-Z_1=\beta(4x_1^2+36x_2^2+100x_3^2+5x_1x_2-20x_1x_3-30x_2x_3)-(5x_1+8x_2+10x_3). \tag{8}$$

当 $\beta=0$ 时,表明投资者是完全的冒险型,不考虑风险;当 β 充分大时,表明投资者是保守型的,希望规避风险;一般的 β 值表明了投资者在收益最大化和风险最小化之间的一种折中.取不同的偏好系数 β,在约束(5)～(7)下求(8)式的最优解,就可以大致看出投资回报率与风险的关系.

9.1.2 选址问题

问题 继续考虑 8.1.3 节中的运输问题:某公司有 6 个建筑工地要开工,每个工地的位置(用平面坐标 x, y 表示,距离单位:km)及水泥日用量 d(t)由表 8.2 给出.目前有两个临时料场位于 A (5, 1), B (2, 7) ,日储量各有 20t.假设从料场到工地之间均有直线道路相连,实验 8 通过建立线性规划制定每天的供应计划,即从 A, B 两料场分别向各工地运送多少吨水泥,使总的吨公里数最小.

为了进一步减少吨公里数,打算舍弃两个临时料场,改建两个新的,日储量仍各为 20 吨,问应建在何处?节省的吨公里数有多大?

模型 同实验 8,记工地的位置为(a_i,b_i),水泥日用量为 d_i,$i=1,2,\cdots,6$;料场位置为(x_j,y_j),日储量为 e_j,$j=1,2$(分别表示 A,B);从料场 j 向工地 i 的运送量为 c_{ij}.优化问题可表为

$$\min f=\sum_{j=1}^{2}\sum_{i=1}^{6}c_{ij}\sqrt{(x_j-a_i)^2+(y_j-b_i)^2} \tag{9}$$

$$\text{s.t. } \sum_{j=1}^{2}c_{ij}=d_i,\quad i=1,2,\cdots,6 \tag{10}$$

$$\sum_{i=1}^{6}c_{ij}\leqslant e_j,\quad j=1,2 \tag{11}$$

$$c_{ij}\geqslant 0,\quad i=1,2,\cdots,6;\ j=1,2. \tag{12}$$

当为新建料场选址时决策变量为 c_{ij} 和 x_j, y_j,由于目标函数 f 对 x_j, y_j 是非线性的,所以是**非线性规划**(nonlinear programming, 简记 NLP).

9.2 带约束非线性规划的基本原理和解法

将优化模型(1),模型(2)更具体地表示为如下形式

$$\begin{aligned}\min\ & z=f(\boldsymbol{x}),\quad \boldsymbol{x}\in\mathbb{R}^n\\ \text{s.t. }\ & h_i(\boldsymbol{x})=0,\quad i=1,2,\cdots,m,\\ & g_j(\boldsymbol{x})\leqslant 0,\quad j=1,2,\cdots,l.\end{aligned} \tag{13}$$

其中 f,h_i,g_j 有非线性函数，是带约束的非线性规划(NLP). 本节介绍求解 NLP 的基本原理，主要是最优解的条件，对解法只作简要讨论.

9.2.1 最优解的必要条件

我们在多元微积分中学过，如果只有等式约束 h_i，则可以用拉格朗日乘子法构造函数 $L(\boldsymbol{x},\boldsymbol{\mu})=f(\boldsymbol{x})+\sum_{i=1}^{m}\mu_i h_i(\boldsymbol{x})$ (μ_i 为参数)，化为无约束优化问题，然后利用无约束优化最优解的必要条件来求解(相当于解非线性方程组). 为简单起见下面考虑只有不等式约束 g_j 的情况，即模型为

$$\begin{aligned}&\min z=f(\boldsymbol{x}),\quad \boldsymbol{x}\in\mathbb{R}^n\\&\text{s.t. } g_j(\boldsymbol{x})\leqslant 0,\quad j=1,2,\cdots,l.\end{aligned}\tag{14}$$

1. 有效约束和非有效约束

记可行域为 G：$g_j(\boldsymbol{x})\leqslant 0(j=1,2,\cdots,l)$. 设 $\boldsymbol{x}$ 为可行解，使

$$g_j(\boldsymbol{x})=0,\quad j\in J_1;\quad g_j(\boldsymbol{x})<0,\quad j\notin J_1$$

$g_j(j\in J_1)$称为**有效约束**(或起作用约束，active constraint)，$g_j(j\notin J_1)$为非有效(inactive)约束，J_1称为有效集(active set). 模型(13)中的 $h_i(\boldsymbol{x})(i=1,2,\cdots,m)$当然也是有效约束.

2. 可行方向

对于 $\boldsymbol{x}\in G$ 和一方向 $\boldsymbol{d}$，若存在实数 λ_0 使 $\boldsymbol{x}+\lambda\boldsymbol{d}\in G(0<\lambda<\lambda_0)$，称 $\boldsymbol{d}$ 为 $\boldsymbol{x}$ 的**可行方向**. 意思是 $\boldsymbol{x}$ 在 $\boldsymbol{d}$ 的方向移动后，仍为可行解. 下面考察当 $\boldsymbol{x}$ 位于有效约束上时可行方向的条件.

$\boldsymbol{x}$ 在有效约束上，即 $g_j(\boldsymbol{x})=0(j\in J_1)$，将 $g_j(\boldsymbol{x}+\lambda\boldsymbol{d})$在 $\boldsymbol{x}$ 作泰勒展开，得

$$g_j(\boldsymbol{x}+\lambda\boldsymbol{d})=g_j(\boldsymbol{x})+\lambda\,\nabla g_j(\boldsymbol{x})^{\mathrm{T}}\boldsymbol{d}+O(\lambda^2).$$

只要

$$\nabla g_j(\boldsymbol{x})^{\mathrm{T}}\boldsymbol{d}<0,\tag{15}$$

当 λ 足够小时就有 $g_j(\boldsymbol{x}+\lambda\boldsymbol{d})\leqslant 0$，于是 $\boldsymbol{x}+\lambda\boldsymbol{d}\in G$，$\boldsymbol{d}$ 为 $\boldsymbol{x}$ 的可行方向.

图 9.1 是 $l=3$ 的情况，G 为 $g_j(\boldsymbol{x})=0(j=1,2,3)$所围区域的内部(包括边界)，若 $\boldsymbol{x}_0$ 在有效约束上，有 $g_1(\boldsymbol{x}_0)=0$，$\nabla g_1(\boldsymbol{x}_0)$与曲线 $g_1(\boldsymbol{x})=0$ 正交，且指向 G 的外部，与$\nabla g_1(\boldsymbol{x}_0)$成钝角的方向 $\boldsymbol{d}$ 才是可行方向.

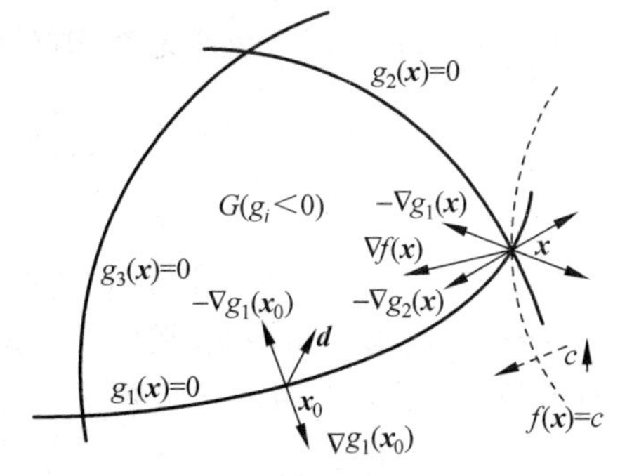

图 9.1 最优解的必要条件

3. 下降方向

对于 $\boldsymbol{x}\in G$ 和一方向 $\boldsymbol{d}$，若存在 λ_0 使 $f(\boldsymbol{x}+\lambda\boldsymbol{d})<f(\boldsymbol{x})(0<\lambda<\lambda_0)$，称 $\boldsymbol{d}$ 为 $\boldsymbol{x}$ 的**下降方向**. 类似地展开 $f(\boldsymbol{x}+\lambda\boldsymbol{d})$，显然若

$$\nabla f(\boldsymbol{x})^{\mathrm{T}}\boldsymbol{d}<0,\tag{16}$$

$\boldsymbol{d}$ 必是下降方向.

4. 最优解的必要条件

若在 $\boldsymbol{x}\in G$,$\boldsymbol{d}$ 既是可行方向又是下降方向,则 $\boldsymbol{x}$ 继续沿方向 $\boldsymbol{d}$ 移动时,目标函数 f 将减小,于是 $\boldsymbol{x}$ 不是最优解. 反之,若 $\boldsymbol{x}$ 是最优解,就一定不存在既可行、又下降的方向. 因此,我们得到结论:如果最优解 $\boldsymbol{x}$ 在有效约束上,即 $g_j(\boldsymbol{x})=0(j\in J_1)$,则一定不存在 $\boldsymbol{d}$ 使

$$\begin{aligned}&\nabla g_j(\boldsymbol{x})^{\mathrm{T}}\boldsymbol{d}<0, \quad j\in J_1,\\&\nabla f(\boldsymbol{x})^{\mathrm{T}}\boldsymbol{d}<0.\end{aligned} \tag{17}$$

即不存在与 $\nabla f(\boldsymbol{x})$ 和 $\nabla g_j(\boldsymbol{x})$ 均成钝角的方向. 这时 $\nabla f(\boldsymbol{x})$ 与 $-\nabla g_j(\boldsymbol{x})$ 的关系可以从图 9.1 直观看出.

图 9.1 中若在最优解 $\boldsymbol{x}$ 处 g_1, g_2 为有效约束,g_3 为非有效约束,目标函数等值线 $f(\boldsymbol{x})=c$ 及 c 的增加方向如虚线所示,则 $\nabla f(\boldsymbol{x})$ 可以表为 $-\nabla g_j(\boldsymbol{x})(j=1,2)$ 的非负线性组合.

一般地,可以证明最优解的如下必要条件:若 $\boldsymbol{x}$ 是模型(14)的局部最优解,f, $g_j(j\in J_1)$ 在 $\boldsymbol{x}$ 可微,$g_j(j\notin J_1)$ 在 $\boldsymbol{x}$ 连续,且 $\nabla g_j(\boldsymbol{x})(j\in J_1)$ 线性无关,则存在非负的 λ_1, $\lambda_2,\cdots,\lambda_l$ 使

$$\nabla f(\boldsymbol{x})+\sum_{j=1}^{l}\lambda_i\,\nabla g_j(\boldsymbol{x})=\boldsymbol{0}, \tag{18}$$

$$\lambda_j g_j(\boldsymbol{x})=0, \quad j=1,2,\cdots,l. \tag{19}$$

(18)式,(19)式称为 Karush-Kuhn-Tucker 条件(简称 KKT 条件),满足 KKT 条件的点 $\boldsymbol{x}$ 称为 KKT 点. 简而言之,最优解一定是 KKT 点.

可以看到,最优解 $\boldsymbol{x}$ 的必要条件(18)式,(19)式表示:对于有效约束 $j\in J_1$,$g_j(\boldsymbol{x})=0$,$\nabla f(\boldsymbol{x})$ 可以表为 $-\nabla g_j(\boldsymbol{x})$ 的非负线性组合,线性组合系数即为 $\lambda_j(\geqslant 0)$;而对于不起作用约束 $j\in J_2$,$g_j(\boldsymbol{x})\neq 0$,令 $\lambda_j=0$,于是 λ_j 和 $g_j(\boldsymbol{x})$ 至少有一个为零,使(19)式成立,因此(19)式称为**互补松弛条件**.

上面的 KKT 条件可以推广到有等式约束的模型(13):

若 $\boldsymbol{x}$ 是模型(13)的局部最优解,f, h_i, $g_j(j\in J_1)$ 在 $\boldsymbol{x}$ 可微,$g_j(j\notin J_1)$ 在 $\boldsymbol{x}$ 连续,且 $\nabla h_i(\boldsymbol{x})$,$\nabla g_j(\boldsymbol{x})(j\in J_1)$ 线性无关,则存在 $\mu_1,\mu_2,\cdots,\mu_m$ 和非负的 $\lambda_1,\lambda_2,\cdots,\lambda_l$ 使

$$\nabla f(\boldsymbol{x})+\sum_{i=1}^{m}\mu_i\,\nabla h_i(\boldsymbol{x})+\sum_{j=1}^{l}\lambda_i\,\nabla g_j(\boldsymbol{x})=\boldsymbol{0} \tag{20}$$

$$\lambda_j g_j(\boldsymbol{x})=0, \quad j=1,2,\cdots,l. \tag{21}$$

以上两个必要条件的严格证明可以参看文献[2~6]. 注意:对等式约束,对应的 $\mu_1,\mu_2,\cdots,\mu_m$ 没有非负限制. 类似于微积分中等式约束条件极值的拉格朗日乘子法,如果我们对模型(13)构造拉格朗日函数

$$L(\boldsymbol{x},\boldsymbol{\mu},\boldsymbol{\lambda})=f(\boldsymbol{x})+\sum_{i=1}^{m}\mu_i h_i(\boldsymbol{x})+\sum_{j=1}^{l}\lambda_j g_j(\boldsymbol{x}), \tag{22}$$

则(20)式表示的正好是函数 L 对 $\boldsymbol{x}$ 的导数(梯度)等于 0. 因此,$(\boldsymbol{\mu},\boldsymbol{\lambda})$通常称为拉格朗日乘子.

9.2.2 二次规划及有效集方法

1. 二次规划与凸二次规划

对于二次规划,目标函数是二次函数,约束为线性,模型的一般形式为

$$\begin{aligned}&\min\ f(\boldsymbol{x})=\frac{1}{2}\boldsymbol{x}^{\mathrm{T}}\boldsymbol{H}\boldsymbol{x}+\boldsymbol{c}^{\mathrm{T}}\boldsymbol{x}\\&\text{s. t. }\ \boldsymbol{A}\boldsymbol{x}\leqslant\boldsymbol{b}.\end{aligned}\tag{23}$$

其中 $\boldsymbol{c},\boldsymbol{A},\boldsymbol{b}$ 与线性规划相同,$\boldsymbol{H}\in\mathbb{R}^{n\times n}$ 为对称矩阵. 特别地,当 $\boldsymbol{H}$ 正定时目标函数为凸函数,线性约束下可行域又是凸集,(23)式称为**凸二次规划**. 直观地分析一下二维平面上二次函数极值问题的简单特征,容易理解凸二次规划有如下良好的性质:

- KKT 条件不仅是最优解的必要条件,而且是充分条件;
- 局部最优解就是全局最优解.

2. 等式约束下二次规划的解法

如果是等式约束下的二次规划,即

$$\begin{aligned}&\min\ f(\boldsymbol{x})=\frac{1}{2}\boldsymbol{x}^{\mathrm{T}}\boldsymbol{H}\boldsymbol{x}+\boldsymbol{c}^{\mathrm{T}}\boldsymbol{x}\\&\text{s. t. }\ \boldsymbol{A}\boldsymbol{x}=\boldsymbol{b}.\end{aligned}\tag{24}$$

则可以用解条件极值问题的拉格朗日乘子法. 此时拉格朗日函数(22)简化为

$$L(\boldsymbol{x},\boldsymbol{\lambda})=\frac{1}{2}\boldsymbol{x}^{\mathrm{T}}\boldsymbol{H}\boldsymbol{x}+\boldsymbol{c}^{\mathrm{T}}\boldsymbol{x}+\boldsymbol{\lambda}^{\mathrm{T}}(\boldsymbol{A}\boldsymbol{x}-\boldsymbol{b}),\quad \boldsymbol{\lambda}\in\mathbb{R}^{m}.$$

令 $L(\boldsymbol{x},\boldsymbol{\lambda})$对 $\boldsymbol{x}$ 和 $\boldsymbol{\lambda}$ 的导数为零,得方程组

$$\begin{cases}\boldsymbol{H}\boldsymbol{x}+\boldsymbol{c}+\boldsymbol{A}^{\mathrm{T}}\boldsymbol{\lambda}=\boldsymbol{0},\\ \boldsymbol{A}\boldsymbol{x}-\boldsymbol{b}=\boldsymbol{0}.\end{cases}\tag{25}$$

可解出 $\boldsymbol{x},\boldsymbol{\lambda}$,其中 $\boldsymbol{x}$ 即为(24)式的 KKT 点(对凸二次规划就是最优解).

由于二次规划的等式约束与线性规划的等式约束相同,因此你应该能想到也可以设计类似于线性规划的解法. 例如,可以利用等式约束消去一些变量而将二次规划变成无约束规划,这种方法称为消去法.

3. 解二次规划的有效集方法

对于存在不等式约束的二次规划(23)式,很自然地想到可以将非有效约束去掉,将有效约束作为等式约束,通过解一系列等式约束的二次规划来实现不等式约束的优化. 这种方法称为**有效集方法**,基本原理是:若 $\boldsymbol{x}$ 为(23)式的最优解,则它也是

$$\begin{aligned}&\min\ f(\boldsymbol{x})=\frac{1}{2}\boldsymbol{x}^{\mathrm{T}}\boldsymbol{H}\boldsymbol{x}+\boldsymbol{c}^{\mathrm{T}}\boldsymbol{x}\\&\text{s. t. }\ \boldsymbol{a}_j\boldsymbol{x}=b_j,\quad j\in J_1.\end{aligned}\tag{26}$$

的最优解,其中 $\boldsymbol{a}_j$ 是 $\boldsymbol{A}$ 的第 j 行(同时也是对应约束的梯度),J_1 为有效约束的集合(有效集).反之,若 $\boldsymbol{x}$ 为模型(23)的可行解,又是模型(26)的 KKT 点,且相应的乘子 $\lambda_j \geqslant 0$,则 $\boldsymbol{x}$ 为模型(23)的 KKT 点(因为对不在有效集 J_1 中的约束,令其相应的乘子为零即可).

有效集方法通过迭代寻找模型(23)的 KKT 点(对凸二次规划就是最优解),基本步骤为:

设当前迭代点(是模型(23)的可行解)为 $\boldsymbol{x}_k$(初始可行解可以用线性规划中寻找初始可行解的方法得到),该点的有效集记作 J_k,为寻求 $\boldsymbol{x}_k$ 点的迭代方向 $\boldsymbol{d}$,用乘子法求解

$$\begin{aligned} \min\ & f(\boldsymbol{x}) = \frac{1}{2}(\boldsymbol{x}_k + \boldsymbol{d})^{\mathrm{T}}\boldsymbol{H}(\boldsymbol{x}_k + \boldsymbol{d}) + \boldsymbol{c}^{\mathrm{T}}(\boldsymbol{x}_k + \boldsymbol{d}) \\ \text{s.t.}\ & \boldsymbol{a}_j\boldsymbol{d} = 0, \quad j \in J_k. \end{aligned} \tag{27}$$

得 $\boldsymbol{d}_k$,$(\boldsymbol{\lambda}_k)_j (j \in J_k)$.

若 $\boldsymbol{d}_k = \boldsymbol{0}$,则 $\boldsymbol{x}_k$ 是模型(27)的 KKT 点.此时考察乘子 $(\boldsymbol{\lambda}_k)_j \geqslant 0 (j \in J_k)$ 是否成立:若成立,则 $\boldsymbol{x}_k$ 是模型(23)的 KKT 点,迭代结束;若存在 $q \in J_k$ 使 $(\boldsymbol{\lambda}_k)_q < 0$,则 $\boldsymbol{x}^{(k)}$ 不是模型(23)的 KKT 点,有效集应去掉 q,$J_{k+1} = J_k \backslash \{q\}$,继续求解模型(27)进行迭代.

若 $\boldsymbol{d}_k \neq \boldsymbol{0}$,则 $\boldsymbol{x}_{k+1} = \boldsymbol{x}_k + \boldsymbol{d}_k$ 可能不是模型(23)的可行解.此时取 $\boldsymbol{x}_{k+1} = \boldsymbol{x}_k + \alpha\,\boldsymbol{d}_k$,在 $\boldsymbol{x}_{k+1}$ 为可行点的条件下确定 $\boldsymbol{d}_k$ 方向的步长 $\alpha_k (0 \leqslant \alpha_k \leqslant 1)$.如果 $\alpha_k = 1$,则令 $J_{k+1} = J_k$,直接继续进行迭代求解模型(27);否则若存在 $p \notin J_k$ 使 $\boldsymbol{a}_p\boldsymbol{x}_{k+1} = b_p$,则 p 应加入有效集,$J_{k+1} = J_k \cup \{p\}$,继续进行迭代求解模型(27).

9.2.3 带约束非线性规划的解法

非线性规划 (NLP) 有很多种解法,如可行方向法、罚函数法、梯度投影法等.这里只简单叙述 MATLAB 优化工具箱中用的**逐步二次规划法**(sequential quadratic programming, SQP),它被认为是解 NLP 较有效的方法.求解约束非线性规划(包括求解二次规划)比较好的方法还有.

下面介绍 SQP 方法的基本原理.用 SQP 解 NLP(13)的基本原理是:对拉格朗日函数(22),即

$$L(\boldsymbol{x},\boldsymbol{\mu},\boldsymbol{\lambda}) = f(\boldsymbol{x}) + \sum_{i=1}^{m}\mu_i h_i(\boldsymbol{x}) + \sum_{j=1}^{l}\lambda_j g_j(\boldsymbol{x})$$

用二次函数近似 $L(\boldsymbol{x},\boldsymbol{\mu},\boldsymbol{\lambda})$ 后化为 QP 问题,然后解一系列如下形式的 QP 子问题:

$$\begin{aligned} \min\ & \frac{1}{2}\boldsymbol{d}^{\mathrm{T}}\boldsymbol{G}_k\boldsymbol{d} + \nabla f(\boldsymbol{x}_k)^{\mathrm{T}}\boldsymbol{d} \\ \text{s.t.}\ & \nabla h_i(\boldsymbol{x}_k)^{\mathrm{T}}\boldsymbol{d} + h_i(\boldsymbol{x}_k) = 0, \quad i = 1,2,\cdots,m, \\ & \nabla g_j(\boldsymbol{x}_k)^{\mathrm{T}}\boldsymbol{d} + g_j(\boldsymbol{x}_k) \leqslant 0, \quad j = 1,2,\cdots,l. \end{aligned} \tag{28}$$

其中 $\boldsymbol{x}_k$ 是第 k 次迭代的初始点,$\boldsymbol{G}_k$ 是 $L(\boldsymbol{x}_k,\boldsymbol{\mu},\boldsymbol{\lambda})$ 的黑塞矩阵 $\nabla^2 L$ 的近似.由(28)式得到的最优解 $\boldsymbol{d}_k$ 取作第 k 次迭代的搜索方向,新的迭代点为 $\boldsymbol{x}_{k+1} = \boldsymbol{x}_k + \alpha_k\boldsymbol{d}_k$,其中 α_k 是按一定搜

索准则得到的步长. 这样,SQP 包括 3 个主要部分:

- 求解 QP 子问题(28);
- 用线性搜索计算步长 α_k;
- 确定矩阵 G_k 的迭代公式.

第 1 个问题已经在前面解决; 第 2 个问题是一维搜索; 解决最后一个问题是设法利用无约束优化中拟牛顿法的 BFGS 公式. 详细内容可参见其他有关书籍.

9.3　用 MATLAB 优化工具箱解非线性规划

9.3.1　用 MATLAB 优化工具箱解二次规划

用 MATLAB 优化工具箱求解二次规划时要求化为如下形式:$\left(\text{注意矩阵 } \boldsymbol{H} \text{ 前面有系数} \frac{1}{2}\right)$

$$\begin{aligned} \min\ z &= \frac{1}{2}\boldsymbol{x}^{\mathrm{T}}\boldsymbol{H}\boldsymbol{x} + \boldsymbol{c}^{\mathrm{T}}\boldsymbol{x} \\ \text{s.t.}\ & \boldsymbol{A}_1\boldsymbol{x} \leqslant \boldsymbol{b}_1, \\ & \boldsymbol{A}_2\boldsymbol{x} = \boldsymbol{b}_2, \\ & \boldsymbol{v}_1 \leqslant \boldsymbol{x} \leqslant \boldsymbol{v}_2. \end{aligned} \tag{29}$$

求解的程序名为 quadprog,其最简单和最一般的调用方式分别是:

```
x=quadprog(H,c,A1,b1)
[x,fv,ef,out,lag] = quadprog(H,c,A1,b1,A2,b2,v1,v2,x0,opt)
```

除 H 外,其余参数与解线性规划的程序 linprog 相同,不再重述. quadprog 程序主要提供凸内点算法('interior-point-convex')和信赖域反射算法('trust-region-reflective'),前者为缺省值,而传统的有效集方法('active-set')在优化工具箱的未来版本中将不再提供.

例 1　求解

$$\begin{aligned} \min\ f(x_1,x_2) &= 2x_1^2 - 3x_1x_2 + 3x_2^2 - 3x_1 + x_2 \\ \text{s.t.}\ & x_1 + 2x_2 = 3, \\ & 2x_1 - x_2 \geqslant -3, \\ & x_1 - 3x_2 \leqslant 3, \\ & x_1 \geqslant 2, x_2 \leqslant 0. \end{aligned}$$

解　写成形如(29)式的标准形式$\left(\text{注意矩阵 } \boldsymbol{H} \text{ 前面有系数} \frac{1}{2}\right)$可得

$$\boldsymbol{H} = \begin{pmatrix} 4 & -3 \\ -3 & 6 \end{pmatrix}, \qquad \boldsymbol{c} = \begin{pmatrix} -3 \\ 1 \end{pmatrix},$$

$$A_1 = \begin{pmatrix} -2 & 1 \\ 1 & -3 \end{pmatrix}, \quad b_1 = \begin{pmatrix} 3 \\ 3 \end{pmatrix},$$

$$A_2 = (1,2), \quad b_2 = 3, \quad v_1 = [2, -\text{Inf}], \quad v_2 = [\text{Inf}, 0].$$

输入如下：

```
H=[4  -3;-3  6]; c=[-3  1];
A1=[-2  1;1  -3]; b1=[3  3];
A2=[1  2]; b2=3; v1=[2,  -Inf]; v2=[Inf,0];
[x,fv,ef,out,lag] = quadprog(H,c,A1,b1,A2,b2,v1,v2)
```

得到 x =[3.0000 0.0000]，fv =9.0000，ef=1，out(略)，而乘子 lag 为

```
lag.eqlin=-9,lag.ineqlin=[0,0],lag.upper=[0,26],lag.lower=[0,0]
```

因此，只有约束 $x_1+2x_2=3, x_2\leqslant 0$ 是有效约束. 但对于非线性规划，乘子并不像线性规划那样可以解释成影子价格.

9.3.2 用 MATLAB 优化工具箱解带约束非线性规划

用 MATLAB 优化工具箱求解非线性规划时要求化为如下形式：

$$\begin{aligned} &\min z = f(\boldsymbol{x}) \\ &\text{s.t.}\ \boldsymbol{c}_1(\boldsymbol{x}) \leqslant \boldsymbol{0}, \\ &\quad\ \ \boldsymbol{c}_2(\boldsymbol{x}) = \boldsymbol{0}, \\ &\quad\ \ \boldsymbol{A}_1\boldsymbol{x} \leqslant \boldsymbol{b}_1, \\ &\quad\ \ \boldsymbol{A}_2\boldsymbol{x} = \boldsymbol{b}_2, \\ &\quad\ \ \boldsymbol{v}_1 \leqslant \boldsymbol{x} \leqslant \boldsymbol{v}_2. \end{aligned} \tag{30}$$

求解的程序名为 fmincon，其最简单和最一般的调用方式分别是：

```
x = fmincon(@f,x0,A,b)
[x,fv,ef,out,lag,grad,hess] = fmincon(@f,x0,A1,b1,A2,b2,v1,v2,@c,opt,P1,P2,...)
```

多数参数与前面介绍过的类似(f,c 分别是目标函数和约束函数，一般需要自己缩写 M 文件 f.m 和 c.m)，只是输入中可以有参数 P1，P2 等(它们是传给函数 M 文件 f.m 或 c.m 的参数)，并且可以输出 x 点的梯度 grad 和黑塞矩阵 hess. 算法包括内点算法('interior-point')、信赖域反射算法('trust-region-reflective')、逐步二次规划法('sqp')和有效集方法('active-set').

需要注意的是：f.m 文件给出函数 f，当控制参数 opt.GradObj='on'时必须给出 f 的梯度，当 opt.Hessian='on'时还必须给出其黑塞矩阵，一般形式为

```
function [f,g,H] = f(x)
f = ...                                  % 目标函数
if nargout > 1
```

```
    g = ...                    % 目标函数的梯度(向量)
if nargout > 2
    H = ...                    % 目标函数的黑塞矩阵
end
```

函数 M 文件 c.m 给出非线性约束,当 opt.GradConstr='on'时还给出其梯度,一般形式为

```
function [c1,c2,GC1,GC2] = c(x)
c1 = ...                 % 非线性不等式约束(有多个约束时是向量)
c2 = ...                 % 非线性等式约束(有多个约束时是向量)
if nargout > 2
    GC1 = ...            % c1 的梯度(有多个约束时是矩阵)
    GC2 = ...            % c2 的梯度(有多个约束时是矩阵)
end
```

请看下面的例子.

例 2 分别取初值为(1,−1)和(−1,1),在约束 $x_1x_2-x_1-x_2+1.5\leqslant 0, x_1x_2+10\geqslant 0, x_1^2+x_2-1=0$ 下求解 $\min\ e^{x_1}(4x_1^2+2x_2^2+4x_1x_2+2x_2+1)$.

解 我们分别用不给出梯度和给出梯度两种方法来计算.首先编写函数:

```
function [f,g,H]=exam0902fun(x)              % 编写目标函数的 M 文件;
f=exp(x(1))*(4*x(1)^2+2*x(2)^2+4*x(1)*x(2)+2*x(2)+1);
if nargout > 1                               % 梯度;
    g(1)=exp(x(1))*(4*x(1)^2+2*x(2)^2+4*x(1)*x(2)+8*x(1)+6*x(2)+1);
    g(2)=exp(x(1))*(4*x(1)+4*x(2)+2);
end
if nargout > 2     % 本题不能使用大规模算法,因此以下输入的黑塞矩阵不会被使用
    H=exp(x(1))*[4*x(1)^2+2*x(2)^2+4*x(1)*x(2)+16*x(1)+10*x(2)+9,4*x(1)
        +4*x(2)+6;4*x(1)+4*x(2)+4,4];
end

function [c,ceq,g,geq]=exam0902con(x)                    % 编写非线性约束的 M 文件;
c=[1.5+x(1)*x(2)-x(1)-x(2);-x(1)*x(2)-10];          % 不等式约束;
ceq=x(1)^2+x(2)-1;                                     % 等式约束;
if nargout > 2
    g=[x(2)-1,-x(2);x(1)-1,-x(1)];
    geq=[2*x(1);1];
end
```

编写程序:

```
x0=[1,-1]; %[-1,1];      % 初始点;
opt1=optimoptions(@fmincon,'MaxIterations',3000,'MaxFunctionEvaluations',20000);    % 采用缺
省算法,给出最大迭代次数和函数最大调用次数
[x,fv,ef,out,lag,grad,hess]=fmincon(@exam0902fun,x0,[],[],[],[],[],[],@exam0902con,opt1),
```

```
[c1,c2]=exam0902con(x),
pause
opt2=optimoptions(opt1,'SpecifyObjectiveG',true,'SpecifyConstraintG',true,'CheckG',true);
% 采用分析梯度,比较分析梯度与数值梯度的差异(还可以验证分析梯度的输入是否正确)
[x,fv,ef,out,lag,grad,hess]=fmincon(@exam0902fun,x0,[],[],[],[],[],[],@exam0902con,opt2),
[c1,c2]=exam0902con(x)
```

计算结果如表 9.1 所示.

表 9.1　例 2 的计算结果

初值	梯度	最优解	最优值	迭代次数	目标函数调用次数
(1,−1)	数值	(1.3584,−0.8452)	13.7185	5	26
	分析	(1.3584,−0.8452)	13.7185	5	16
(−1,1)	数值	(−0.1297,1.2828)	5.4973	3001	18832
	分析	(−0.1385,1.2941)	5.4833	3001	12980

可以看出,第一,不同的初值得到不同的结果:对于初值(1,−1),5 次迭代就给出了最优解,而对于初值(−1,1),计算至最大迭代次数后终止,但其结果是不可行解(可验证它不满足问题的等式约束),并且,继续迭代也无收敛的迹象.实际上,如果读者在平面上画出可行域,就可以知道它是第四象限的一段抛物线,而初值(1,−1) 正好位于第四象限(虽然不是可行解),距最优解不远,能得到正确的结果是可以理解的.一般来说,应尽量选择靠近最优解的点作为初值.

第二,是否给出分析梯度对结果影响不大(计算过程也显示分析梯度与数值梯度的差异很小),但是这不具有一般性,对于有些问题,是否给出分析梯度对结果(如是否收敛、收敛速度等)影响是很大的.

9.3.3　投资组合(续)

对 9.1.1 节的问题(1)建立的二次规划模型,容易编写如下程序:

```
H0=[8 5 -20;5 72 -30;-20 -30 200];
A=[20 25 30;-5 -8 -10];
b=[5000 -1000];
x=quadprog(H0,[0 0 0],A,b)
```

解得 x = 1.0e+002 *(1.3111,0.1529,0.2221),如果一定要整数解,可以四舍五入到(131,15,22).另一种得到整数最优解的方法是用实验 10 中介绍的整数规划,如利用 LINGO 软件可以得到整数最优解 $x_1=132$,$x_2=15$,$x_3=22$,即该投资人应投资股票 A,B,C 的数量分别为 132、15 和 22(手),所用去的资金为 $132\times20+15\times25+22\times30 = 3675$(百元),期望收益为 $132\times5+15\times8+22\times10 = 1000$(百元),此时的风险(方差)为 68116,标准差(均方差)约为 261(百元).

对 9.1.1 节的问题(2)建立的模型,我们取不同的 β 值计算出所对应的最优投资方案,从而以表格或图形形式给出对应的期望收益与风险(均方差)之间的关系.可以编写如下程序:

```
H0=[8 5 -20;5 72 -30;-20 -30 200];
c=[-5 -8 -10];
A=[20 25 30];
b=5000;
opt=optimoptions(@quadprog,'Display','off');
for i=1:1000,
    beta=0.0001*i;
    H=beta*H0;
    x=quadprog(H,c,A,b,[],[],[0,0,0],[],[],opt);
    REV(i)=-c*x;                                % 计算期望收益
          STD(i)=sqrt(x'*H0*x/2);               % 计算风险(均方差)
end
plot(REV,STD)                                   % 画预期收益和均方差图形
xlabel('预期收益/百元')
ylabel('均方差/百元')
```

通过试探发现 β 从 0.0001~0.1 以 0.0001 的步长变化就可以得到很好的近似结果了.运行该程序得到的输出图形为图 9.2.

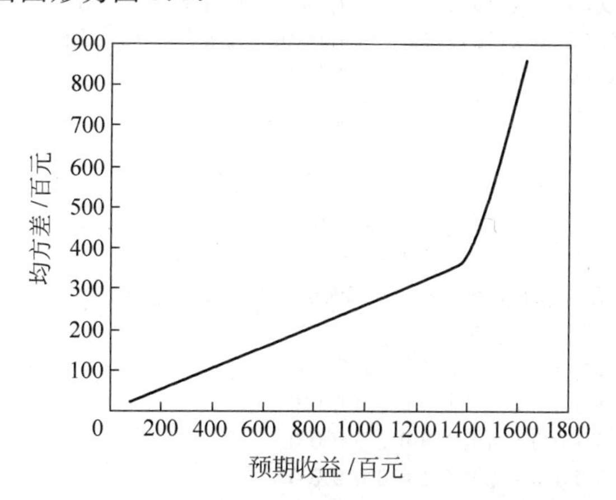

图 9.2 投资组合的输出

从题目给出的数据来看,每 1 元投资于股票 C 的预期收益是最大的,因此 50 万元可能的最大预期收益是 16.6667 万元.从图 9.2 可以看出,当预期收益在 0~14 万元增加时,风险(均方差)基本上线性增加;若预期收益超过 14 万元,则风险(均方差)迅速增加.由此可知,对于那些对收益和风险没有特殊偏好的投资者来说,转折点处的投资组合方案是比较理想的,经过对计算结果(数据输出)的检查可得,这个方案大致是投资股票 A,B,C 分别为 153,35,35(手).

9.3.4 选址问题(续)

对于9.1.2节建立的模型用表8.2的数据进行计算.这是一个非线性规划问题,目标函数编程如下:

```
function f=shili092fun(x)
a=[1.25,8.75,0.5,5.75,3,7.25];
b=[1.25,0.75,4.75,5,6.5,7.75];
    % x(1:6): quantity from (x(13), x(14)) to (a(i),b(i))
    % x(7:12): quantity from (x(15), x(16)) to (a(i),b(i))
f=0;
for i=1:6
    d1=sqrt((x(13)-a(i))^2+(x(14)-b(i))^2);
    d2=sqrt((x(15)-a(i))^2+(x(16)-b(i))^2);
    f=d1*x(i)+d2*x(i+6)+f;
end
```

计算程序如下(请特别注意线性约束的表达方法):

```
format short
        % LOCATION 1: (x(13),x(14)), quantity from 1: x(1:6)
        % LOCATION 2: (x(15),x(16)), quantity from 2: x(7:12)
a=[1.25 8.75 0.5 5.75 3 7.25];
b=[1.25 0.75 4.75 5 6.5 7.75];
d=[3 5 4 7 6 11]';
e=[20,20]';
        % A1=[1 1 1 1 1 1 0 0 0 0 0 0 0 0 0 0
        %      0 0 0 0 0 0 1 1 1 1 1 1 0 0 0 0]
A1=[ones(1,6),zeros(1,10);zeros(1,6),ones(1,6),zeros(1,4)];
B1=e;
        % A2=[1 0 0 0 0 0 1 0 0 0 0 0 0 0 0 0
        %      0 1 0 0 0 0 0 1 0 0 0 0 0 0 0 0
        %      0 0 1 0 0 0 0 0 1 0 0 0 0 0 0 0
        %      0 0 0 1 0 0 0 0 0 1 0 0 0 0 0 0
        %      0 0 0 0 1 0 0 0 0 0 1 0 0 0 0 0
        %      0 0 0 0 0 1 0 0 0 0 0 1 0 0 0 0]
A2=[eye(6),eye(6),zeros(6,4)];
B2=d;
x0=[zeros(1,12) 5 1 2 7];    % 取原料场位置为新料场位置的初值
v1=zeros(1,16);
v2=[d',d',[10,10,10,10]];
opt=optimoptions(@fmincon,'MaxFunEvals',4000,'MaxIter',1000);
[x,f,exitflag,out]=fmincon('shili092fun',x0,A1,B1,A2,B2,v1,v2,[],opt),
```

计算结果见表9.2.

表 9.2

i	1	2	3	4	5	6	新料场位置(x_j, y_j)
c_{i1}	3	5	4	7	1	0	(5.6959 4.9285)
c_{i2}	0	0	0	0	5	11	(7.2500 7.7500)

总吨公里数为 89.88,比使用原料场减少了 46.32.

然而,这并不是惟一的局部极小点,也不是全局极小点.如果选择其他初始值,可能得到另外的局部极小点.请读者不妨自己试试.

注意到约束(10)是一个等式约束,即 $\sum_{j=1}^{2} c_{ij} = d_i (i = 1,2,\cdots,6)$,我们很容易从中消去一些变量,从而降低问题的维数.例如,用 c_i 表示第 i 个工地从第 1 个料场得到的运送量,则它从第 2 个料场得到的运送量为 $d_i - c_i$.于是,可以得到如下等价的规划模型(只有 10 个决策变量):

$$\min \sum_{i=1}^{6} \{c_i[(x_1 - a_i)^2 + (y_1 - b_i)^2]^{1/2} + (d_i - c_i)[(x_2 - a_i)^2 + (y_2 - b_i)^2]^{1/2}\}$$

$$\text{s.t. } c_i \leqslant d_i, \quad i = 1,2,\cdots,6,$$

$$\sum_{i=1}^{6} c_i \leqslant e_1, \quad \sum_{i=1}^{6} (d_i - c_i) \leqslant e_2.$$

目标函数重新编程如下:

```
function f=shili092fun1(x)
a=[1.25,8.75,0.5,5.75,3,7.25];
b=[1.25,0.75,4.75,5,6.5,7.75];
demand=[3 5 4 7 6 11];
          % x(1:6): quantity from (x(7), x(8)) to (a(i),b(i))
          % demand-x: quantity from (x(9), x(10)) to (a(i),b(i))
f=0;
for i=1:6
    d1=sqrt((x(7)-a(i))^2+(x(8)-b(i))^2);
    d2=sqrt((x(9)-a(i))^2+(x(10)-b(i))^2);
    f=d1*x(i)+d2*(demand(i)-x(i))+f;
end
```

重新编写计算程序如下:

```
format short
          % LOCATION 1: (x(7),x(8)), quantity from 1: x(1:6)
          % LOCATION 2: (x(9),x(10)), quantity from 2: demand-x(1:6)
a=[1.25 8.75 0.5 5.75 3 7.25];
b=[1.25 0.75 4.75 5 6.5 7.75];
d=[3 5 4 7 6 11]';
```

```
e=[20,20]';
        % A1=[1 0 0 0 0 0 0 0 0 0
        %      0 1 0 0 0 0 0 0 0 0
        %      0 0 1 0 0 0 0 0 0 0
        %      0 0 0 1 0 0 0 0 0 0
        %      0 0 0 0 1 0 0 0 0 0
        %      0 0 0 0 0 1 0 0 0 0
        %      1 1 1 1 1 1 0 0 0 0
        %      -1 -1 -1 -1 -1 -1 0 0 0 0]
    A10=[eye(6);ones(1,6);-1*ones(1,6)];
    A1=[A10,zeros(8,4)];
    B1=[d;e(1);e(2)-sum(d)];
    x0=[3*rand(1,6) 5 1 2 7];      % 取原料场位置为新料场位置的初值
    v1=zeros(1,10);
    v2=[d',[10,10,10,10]];
    opt=optimoptions(@fmincon,'MaxFunEvals',4000,'MaxIter',1000);
    [x,f,exitflag,out]=fmincon('shili092fun1',x0,A1,B1,[],[],v1,v2,[],opt),
```

计算结果见表 9.3(由于随机确定初值,可能每次运行有不同的结果).

表 9.3

i	1	2	3	4	5	6	新料场位置(x_j,y_j)
c_{i1}	3	0	4	7	6	0	(3.2549 5.6523)
c_{i2}	0	5	0	0	0	11	(7.2500 7.7500)

总吨公里数为 85.266,比上面的结果 89.88 减少了 4.614,而且计算时间(迭代次数)也减少了.这很可能是该问题的全局极小点.可见,降低问题的维数对求得一个好的解和减少计算时间来说通常是有利的.

9.4 用 LINGO 解非线性规划

9.4.1 基本用法

用 LINGO 解非线性规划与用 LINGO 解线性规划是完全类似的,只需要将优化模型输入 LINGO 即可进行求解.至于模型是否线性规划、二次规划、非线性规划(无论是否有约束),则由 LINGO 自行判断并决定采用什么算法求解,因此非常方便.

但是一定要注意一点,LINGO 缺省假设是所有变量非负,因此如果你的决策变量可以取负数,一定要用@free 函数去掉非负限制,否则很可能得不到你希望的结果.

对 9.3.1 节中的例 1,LINGO 程序如下:

```
min=2*x1^2-3*x1*x2+3*x2^2-3*x1+x2;
x1+2*x2=3;
2*x1-x2>-3;
x1-3*x2<3;
x1>2;
x2<0;
@free(x2);
```

运行菜单中的 LINGO|Solve 命令求解得到：

```
Local optimal solution found.
Objective value:                    9.000000
Extended solver steps:                     0
Total solver iterations:                  16

            Variable        Value        Reduced Cost
                  X1     3.000000            0.000000
                  X2     0.000000            0.000000

                 Row  Slack or Surplus     Dual Price
                   1     9.000000           -1.000000
                   2     0.000000           -9.000000
                   3     9.000000            0.000000
                   4     0.000000            0.000000
                   5     1.000000            0.000000
                   6     0.000000            26.00000
```

与 MATLAB 求解的结果相同.同样，对于非线性规划，乘子(Dual Price)并不像线性规划中那样可以解释成影子价格，但仍然只有有效约束对应的乘子为非 0(因此，只有约束 $x_1+2x_2=3, x_2\leqslant 0$ 是有效约束).对于非线性规划，Reduced Cost 也是没有意义的.

此外，LINGO 报告找到的是局部最优解(Local optimal solution found).这是一个全局最优解吗？对于线性规划，两者是没有区别的.但对于一般的非线性规划，二者未必相同.MATLAB 没有提供求解或判断全局最优解的程序.LINGO 缺省设置也不做全局优化，如果确实要做，则必须修改选项.运行菜单中的 LINGO|Options 命令，则出现具有多个选项卡的选项设置窗口.选择其中的"Global Solver"选项卡，将其中的"Use Global Solver"选项选中，应用或保存该设置后退出该菜单.重新运行菜单中的 LINGO|Solve 命令进行求解，此时第一行显示变为(Global optimal solution found)，说明这是一个全局最优解，其他显示结果基本相同(但迭代次数即第 4 行显示 Total solver iterations 一般会增加).

我们下面除非特别说明，只报告 LINGO 使用全局最优求解程序(选中"Use Global Solver"选项)计算的结果 .

对 9.3.2 节中的例 2，LINGO 程序如下(init 与 endinit 之间的语句是设定初值)：

```
init:
    x1,x2=-1,1; ! or 1,-1 (initial point);
endinit
min=@exp(x1)*(4*x1^2+2*x2^2+4*x1*x2+2*x2+1);
x1*x2-x1-x2+1.5<0;
x1*x2+10>0;
x1^2+x2-1=0;
@free(x1);
@free(x2);
```

求解得到：

```
Global optimal solution found.
Objective value:                          13.71852
Extended solver steps:                          38
Total solver iterations:                      3586

                 Variable          Value        Reduced Cost
                       X1       1.357738            0.000000
                       X2     -0.8434516            0.000000

                      Row   Slack or Surplus      Dual Price
                        1       13.71852           -1.000000
                        2      0.1594721            0.000000
                        3       8.854814            0.000000
                        4       0.000000           -15.77170
```

可以看出，与 MATLAB 相比，用 LINGO 求解更为方便，而且结果更为可靠，特别是需要得到全局最优解时。

9.4.2 投资组合(续)

对 9.1.1 节的问题(1)建立的二次规划模型，容易编写如下程序(注意这里的程序中用到了“集合”，所以比较容易改为处理一般的投资组合问题)：

```
MODEL:
Title 简单的投资组合模型;
SETS:
  STOCKS/ A, B, C/: P, Mean,X;
  STST(Stocks,stocks): COV;
ENDSETS
DATA:
! 原始数据;
```

```
    Money=5000;
    TARGET=1000;
    P=20 25 30;
    MEAN=5 8 10;
    COV = 4     2.5   -10
          2.5   36    -15
          -10   -15   100;
ENDDATA
[OBJ] MIN = @sum(STST(i,j): COV(i,j) * x(i) * x(j));
[ONE] @SUM(STOCKS: P * X) < Money;
[TWO] @SUM(stocks: mean * x) >= TARGET;
END
```

解得：

```
Global optimal solution found.
Objective value:                         68104.62
Extended solver steps:                         24
Total solver iterations:                     2978

Model Title: 简单的投资组合模型

            Variable          Value        Reduced Cost
            ..........
               X( A)        131.1141          0.000000
               X( B)        15.28533          0.000000
               X( C)        22.21467          0.000000
            ..........

                 Row    Slack or Surplus      Dual Price
                 OBJ        68104.62           -1.000000
                 ONE        1329.144            0.000000
                 TWO        0.000000           -136.2092
```

此外，如果要求得到 x 的整数解，只需要在程序中的 END 语句前增加以下语句（@gin(x) 表示 x 可以取一般的整数）：

```
@for (stocks: @gin(x););
```

这时得到的就是整数解 x=(132,15,22). 下一个实验我们将专门介绍整数规划.

对 9.1.1 节的问题(2)建立的模型，如果取定 β 值，也很容易用 LINGO 计算出所对应的最优投资方案. 但由于 LINGO 不能同时在一个程序中计算出多个 β 值对应的结果，所以 LINGO 不方便以表格或图形形式给出对应的期望收益与风险(均方差)之间的关系.

9.4.3 选址问题(续)

对于9.1.2节建立的模型用表8.2的数据进行计算. 可以编写LINGO程序如下:

```
MODEL:
Title Location Problem;
sets:
  demand/1..6/:a,b,d;
    supply/1,2/:x,y,e;
    link(demand,supply):c;
endsets
data:
! locations for the demand(需求点的位置);
a=1.25,8.75,0.5,5.75,3,7.25;
b=1.25,0.75,4.75,5,6.5,7.75;
! quantities of the demand and supply(供需量);
d=3,5,4,7,6,11; e=20,20;
enddata
init:
x,y=5,1,2,7;
endinit
! Objective function(目标);
[OBJ] min=@sum(link(i,j): c(i,j) * ((x(j)-a(i))^2+(y(j)-b(i))^2)^(1/2) );
! demand constraints(需求约束);
@For(demand(i):[DEMAND_CON] @sum(supply(j):c(i,j)) =d(i););
! supply constraints(供应约束);
@for(supply(i):[SUPPLY_CON] @sum(demand(j):c(j,i)) <=e(i););
@for(supply(i):
  @bnd(@min(demand(j):a(j)),x(i),@max(demand(j):a(j)));
  @bnd(@min(demand(j):b(j)),y(i),@max(demand(j):b(j)));
);
END
```

其中人为增加的约束

```
@bnd(@min(demand(j):a(j)),x(i),@max(demand(j):a(j)));
@bnd(@min(demand(j):b(j)),y(i),@max(demand(j):b(j)));
```

表示新建料场的最优位置不会位于所有工地位置的坐标确定的最大矩形之外，这显然是合理的要求.

关闭求解全局最优解的功能，求解得到(这里只给出部分结果):

```
Local optimal solution found.
Objective value:                89.88347
```

```
Total solver iterations:              71

Model Title: Location Problem

                 Variable          Value          Reduced Cost
                 ...............................................
                 X( 1)           5.695966          0.000000
                 X( 2)           7.250000         -0.3212138E-05
                 Y( 1)           4.928558          0.000000
                 Y( 2)           7.750000         -0.3220457E-05
```

总吨公里数为85.266,LINGO找到的是局部极小点.如果用全局求解功能,可以验证这是该问题的全局极小点(计算时间一般会比较长,需要耐心等待).

9.5 实验练习

实验目的

1. 掌握用MATLAB优化工具箱和LINGO解非线性规划的方法;
2. 练习建立实际问题的非线性规划模型.

实验内容

1. 对于如下二次规划问题(只有 $\boldsymbol{x}$ 为决策变量):

$$\min z = -0.5\sum_{i=1}^{20}\lambda_i(x_i-2)^2$$

$$\text{s.t. } \boldsymbol{Ax}\leqslant \boldsymbol{b},\quad \boldsymbol{x}\geqslant \boldsymbol{0}.$$

已知 $\boldsymbol{b}=(-5,2,-1,-3,5,4,-1,0,9,40)^{\mathrm{T}}$, $\boldsymbol{A}$ 为 10×20 的矩阵, $\boldsymbol{A}^{\mathrm{T}}=(a_{ij})_{20\times 10}$,且: $a_{i,10}=1(i=1,2,\cdots,20)$; $a_{i,10-i}=-1(i=1,2,\cdots,9)$; $a_{i,11-i}=-1(i=2,3,\cdots,10)$; $a_{i,12-i}=-9(i=3,4,\cdots,11)$; $a_{i,13-i}=3(i=4,5,\cdots,12)$; $a_{i,14-i}=5(i=5,6,\cdots,13)$; $a_{i,17-i}=1(i=8,9,\cdots,16)$; $a_{i,18-i}=7(i=9,10,\cdots,17)$; $a_{i,19-i}=-7(i=10,11,\cdots,18)$; $a_{i,20-i}=-4(i=11,12,\cdots,19)$; $a_{i,21-i}=-6(i=12,13,\cdots,20)$; $a_{i,22-i}=-3(i=13,14,\cdots,21)$; $a_{i,23-i}=7(i=14,15,\cdots,22)$; $a_{i,25-i}=-5(i=16,17,\cdots,24)$; $a_{i,26-i}=1(i=17,18,\cdots,25)$; $a_{i,27-i}=1(i=18,19,\cdots,26)$; $a_{i,29-i}=2(i=20,21,\cdots,28)$;其他 $a_{i,j}=0$.

注意:在上面的表达中,当 a_{ij} 中的下标 i 超过20时,应理解为将该下标减去20(即对20取模),如 $a_{21,1}=-3$ 的含义是 $a_{1,1}=-3$, $a_{22,1}=7$ 的含义是 $a_{2,1}=7$,以此类推.

假设还已知 $\lambda_i(i=1,2,\cdots,20)$ 的取值,请分别对它的不同取值(如以下两种取值)求解上述规划.

(1) $\lambda_i=1(i=1,2,\cdots,20)$;

(2) $\lambda_i=i(i=1,2,\cdots,20)$.

2. 取不同的初值计算下列非线性规划，尽可能求出所有局部极小点，进而找出全局极小点：

(1) $\min z = 0.000089248x - 0.0218343x^2 + 0.998266x^3 - 1.6995x^4 + 0.2x^5$

s. t. $0 \leqslant x \leqslant 10$.

(2) $\min z = \cos x_1 \sin x_2 - \dfrac{x_1}{x_2^2 + 1}$

s. t. $-1 \leqslant x_1 \leqslant 2, \quad -1 \leqslant x_2 \leqslant 1$.

(3) $\min z = -x_1 - x_2$

s. t. $x_2 \leqslant 2x_1^4 - 8x_1^3 + 8x_1^2 + 2$,

$x_2 \leqslant 4x_1^4 - 32x_1^3 + 88x_1^2 - 96x_1 + 36$,

$0 \leqslant x_1 \leqslant 3, \quad 0 \leqslant x_2 \leqslant 4$.

(4) $\min z = (x_1 - 1)^2 + (x_1 - x_2)^2 + (x_2 - x_3)^3 + (x_3 - x_4)^4 + (x_4 - x_5)^4$

s. t. $x_1 + x_2^2 + x_3^3 = 3\sqrt{2} + 2$,

$x_2 - x_3^2 + x_4 = 2\sqrt{2} - 2$,

$x_1 x_5 = 2$,

$-5 \leqslant x_i \leqslant 5, \quad i = 1,2,3,4,5$.

(5) $\min z = -25(x_1 - 2)^2 - (x_2 - 2)^2 - (x_3 - 1)^2 - (x_4 - 4)^2 - (x_5 - 1)^2 - (x_6 - 4)^2$

s. t. $(x_3 - 3)^2 + x_4 \geqslant 4$,

$(x_5 - 3)^2 + x_6 \geqslant 4$,

$x_1 - 3x_2 \leqslant 2$,

$-x_1 + x_2 \leqslant 2$,

$2 \leqslant x_1 + x_2 \leqslant 6$,

$0 \leqslant x_1, x_2$,

$1 \leqslant x_3, x_5 \leqslant 5$,

$0 \leqslant x_4 \leqslant 6$,

$0 \leqslant x_6 \leqslant 10$.

3. 对问题

$\min \{100(x_2 - x_1^2)^2 + (1 - x_1)^2 + 90(x_4 - x_3^2)^2 + (1 - x_3)^2 + 10.1[(1 - x_2)^2 + (1 - x_4)^2] + 19.8(x_2 - 1)(x_4 - 1)\}$增加以下条件，并分别取初值$(-3, -1, -3, -1)$和$(3, 1, 3, 1)$，求解非线性规划：

(1) $-10 \leqslant x_i \leqslant 10$；

(2) $-10 \leqslant x_i \leqslant 10, x_1 x_2 - x_1 - x_2 + 1.5 \leqslant 0, x_1 x_2 + 10 \geqslant 0, -100 \leqslant x_1 x_2 x_3 x_4 \leqslant 100$；

(3) $-10 \leqslant x_i \leqslant 10, x_1 x_2 - x_1 + x_2 + 1.5 \leqslant 0, x_1 x_2 + 10 \geqslant 0, x_1 + x_2 = 0, x_1 x_2 x_3 x_4 = 16$.

再试取不同的初值或用分析梯度计算，比较计算结果. 你能从中得到什么启示？

4. 某公司将 3 种不同含硫量的液体原料（分别记为甲、乙、丙）混合生产两种产品（分别记为 A,B）. 按照生产工艺的要求，原料甲、乙必须首先倒入混合池中混合，混合后的液体再分别与原料丙混合生产 A,B. 已知原料甲、乙、丙的含硫量分别是 3%,1%,2%,进货价格分别为 6 千元/t,16 千元/t,10 千元/t; 产品 A,B 的含硫量分别不能超过2.5%,1.5%,售价分别为 9 千元/t,15 千元/t. 根据市场信息,原料甲、乙、丙的供应量都不能超过 500t; 产品 A,B 的最大市场需求量分别为 100t,200t.

(1) 应如何安排生产?

(2) 如果产品 A 的最大市场需求量增长为 600t,应如何安排生产?

(3) 如果乙的进货价格下降为 13 千元/t,应如何安排生产? 分别对(1)、(2)两种情况进行讨论.

5. 在如图 9.3 所示的电网中,需要从节点 1 传送 710A 的电流到节点 4. 当电流通过电网传送时,存在功率损失,而电流在传送时将“自然而然”地使总功率损失达到最小. 请根据这种自然特性,确定流过各个电阻的电流,并与按照电路定律列出的代数方程组的解相比较.

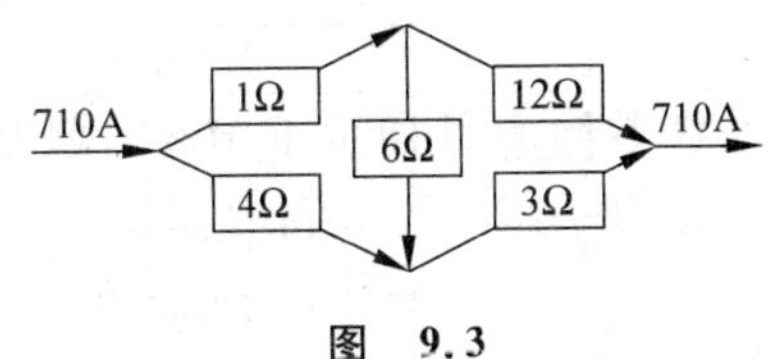

图 9.3

6. 现有一电路由 3 个电阻 R_1, R_2, R_3 并联,再与电阻 R_4 串联而成. 记 R_k 上电流为 I_k,电压为 V_k,在下列情况下确定 R_k 使电路总功率损失最小($k=1,2,3,4$):

(1) $I_1=4, I_2=6, I_3=8, 2\leqslant V_k\leqslant 10$;

(2) $V_1=V_2=V_3=6, V_4=4, 2\leqslant I_k\leqslant 6$.

7. 某房地产开发商准备在两片开发区上分别圈出一块长方形土地,并砌围墙将这两块土地分别围起来. 每块土地的面积不得小于 1000m^2,围墙的高度不能低于 2m. 能够用于砌围墙的每块砖是一样的,每块砖的高度为 10cm,长度为 30cm,宽度为 15cm(假设砖的宽度就是围墙的宽度). 该开发商希望用 10 万块砖,使圈出的两块土地的面积之和最大,问应如何圈地? 如果两块土地不要求是长方形,而是三角形,结果如何?

8. 美国某三种股票(A,B,C)12 年(1943—1954 年)的价格(已经包括了分红在内)每年的增长情况如表 9.4 所示(表中还给出了相应年份的 500 种股票的价格指数的增长情况). 例如,表中第一个数据 1.300 的含义是股票 A 在 1943 年的年末价值是其年初价值的 1.300 倍,即收益为 30%,其余数据的含义依此类推. 假设你在 1955 年时有一笔资金准备投资这三种股票,并期望年收益率至少达到 15%,那么你应当如何投资? 此外,考虑以下问题:

(1) 当期望的年收益率在 10%~100%变化时,投资组合和相应的风险如何变化?

(2) 假设除了上述三种股票外,投资人还有一种无风险的投资方式,如购买国库券. 假设国库券的年收益率为 5%,如何考虑该投资问题?

(3) 假设你手上目前握有的股票比例为: 股票 A 占 50%,B 占 35%,C 占 15%. 这个比例与你得到的最优解可能有所不同,但实际股票市场上每次股票买卖通常总有交易费,例如按交易额的 1% 收取交易费,这时你是否仍需要对手上的股票进行买卖(换手),以便满足“最优解”的要求?

表 9.4

年份	股票 A	股票 B	股票 C	股票指数
1943	1.300	1.225	1.149	1.258997
1944	1.103	1.290	1.260	1.197526
1945	1.216	1.216	1.419	1.364361
1946	0.954	0.728	0.922	0.919287
1947	0.929	1.144	1.169	1.057080
1948	1.056	1.107	0.965	1.055012
1949	1.038	1.321	1.133	1.187925
1950	1.089	1.305	1.732	1.317130
1951	1.090	1.195	1.021	1.240164
1952	1.083	1.390	1.131	1.183675
1953	1.035	0.928	1.006	0.990108
1954	1.176	1.715	1.908	1.526236

参考文献

[1] 姜启源,张立平,何青,高立.数学实验.第 2 版.北京:高等教育出版社,2006
[2] 袁亚湘,孙文瑜.最优化理论与方法.北京:科学出版社,1997
[3] 陈宝林.最优化理论与算法.第 2 版.北京:清华大学出版社,2005
[4] Bradley S P, Hax A C, Magnanti T L. Applied Mathematical Programming. Addison-Wesley Publishing Company,1977(中译本:《应用数学规划》,北京:机械工业出版社,1983)
[5] Wayne L Winston. Introduction to Mathematical Programming,4th ed. Californian:Brooks/Cole—Thomson Learning,2003
[6] Gill P E,Murray M,Wright M H. Practical Optimization. London:Academic Press,1981
[7] 普森普拉著.线性优化及扩展——理论与算法.方述诚,汪定伟,王梦光译.北京:科学出版社,1994
[8] The MathWorks Inc. Optimization Toolbox User's Guide. http://www.mathworks.com
[9] Floudas C A,Pardalos P M,Adjiman C S,et al. Handbook of Test Problems in Local and Global Optimization. Dordrecht:Kluwer Academic Publishers,1999
[10] Alevras D,Padberg M W. Linear Optimization and Extensions:Problems and Solutions. Berlin:Springer,2001
[11] 谢云荪,张志让.数学实验.北京:科学出版社,1999
[12] 胡运权.运筹学习题集.第 3 版.北京:清华大学出版社,2002
[13] Himmelblau D M. Applied Nonlinear Programming. McGraw-Hill Book Company,1972.(中译本:《实用非线性规划》.北京:科学出版社,1981)
[14] 姜启源,谢金星,叶俊.数学模型.第 3 版.北京:高等教育出版社,2003
[15] 谢金星,薛毅.优化建模与 LINDO/LINGO 软件.北京:清华大学出版社,2005
[16] Giordamo F R 等著.数学建模.叶其孝等译.第 4 版.北京:机械工业出版社,2009

实验 10 整数规划

在实验 7 中我们介绍过数学规划的一般形式：

$$\min\ (\text{或} \max)\ z = f(\boldsymbol{x}) \tag{1}$$

$$\text{s.t.}\quad g_i(\boldsymbol{x}) \leqslant 0,\quad i = 1,2,\cdots,m. \tag{2}$$

当模型(1)，模型(2)中决策变量 $\boldsymbol{x}$ 的分量 $x_i(i=1,2,\cdots,n)$中至少有一个只取整数数值时，则该模型称为**整数规划**(integer programming，IP). 实验 7、实验 8 和实验 9 中我们介绍的都是连续优化，而这个实验介绍的整数规划是组合优化(离散优化).

整数规划有不同的分类方法：当约束函数 $g_i(i=1,2,\cdots,m)$和目标函数 f 都是决策变量的线性函数时，称为**线性整数规划**；否则称为**非线性整数规划**. 当所有决策变量都只能在整数范围内取值时，称为**纯整数规划**(pure IP，PIP)；若某些决策变量可以在实数范围内取值，而另一些决策变量只能在整数范围内取值时，称为**混合整数规划**(mixed IP，MIP). 此外，当整数决策变量只能取 0 或 1 时，相应的整数规划称为 **0-1 规划**. 否则称为一般整数规划.

许多实际生活、生产和管理中的优化问题需要用整数规划来建模. 本实验主要介绍整数规划的一些基本知识：10.1 节给出几个可归结为整数规划的实际问题及其数学模型，10.2 节介绍整数规划的基本原理和解法，10.3 节介绍用 LINGO 软件求解整数规划(包括 10.1 节问题的求解)，10.4 节布置实验练习.

10.1 实例及其数学模型

10.1.1 选课方案

问题与模型 又到了新学期的选课时间，正在上大学三年级的小刚为选什么课拿不定主意. 由于已经到了高年级，小刚在这个学期必须要选修的课程(必修课)只有一门(2 个学分)；但可以供他选修的限定选修课程(限选课)有 8 门，任意选修课程(任选课)有 10 门. 由于有些课程之间相互关联，所以可能在选修某门课程时必须同时选修其他某门课程. 小刚已经搜集到了这 18 门课程的学分数和要求同时选修课程的相应信息见表 10.1.

表 10.1

限选课课号	1	2	3	4	5	6	7	8		
学分	5	5	4	4	3	3	3	2		
同时选修要求					1		2			
任选课课号	9	10	11	12	13	14	15	16	17	18
学分	3	3	3	2	2	2	1	1	1	1
同时选修要求	8	6	4	5	7	6				

按照学校规定，学生每个学期选修的总学分数不能少于20学分，因此小刚必须在上述18门课程中至少选修18个学分.学校还规定学生每学期选修任选课的比例不能少于所修总学分数(包括2个必修学分)的1/6，也不能超过所修总学分数的1/3.

小刚首先问自己："为了达到学校的要求，我这学期最少应该选几门课？应该选哪几门？"

想到自己刚刚学习过线性规划，小刚马上考虑用线性规划来帮助解决选课问题.他用变量 x_i 表示是否选修课程 i，$x_i=1$ 为选修课程 i，$x_i=0$ 为不选修课程 i；"选修课程 i 时必须同时选修课程 j"，则可以用 $x_j \geqslant x_i$ 表示；又用变量 y_1，y_2 分别表示选修的限选课、任选课的学分数，y 表示总学分数(包括2个必修学分).于是很快就建立起如下的数学规划模型：

$$
\begin{aligned}
&\min \sum_{i=1}^{18} x_i \\
&\text{s.t.}\ \ y_1 = 5x_1+5x_2+4x_3+4x_4+3x_5+3x_6+3x_7+2x_8, \\
&\qquad y_2 = 3x_9+3x_{10}+3x_{11}+2x_{12}+2x_{13}+2x_{14}+x_{15}+x_{16}+x_{17}+x_{18}, \\
&\qquad y = y_1+y_2+2, \\
&\qquad y \geqslant 20, \quad y \leqslant 6y_2, \quad y \geqslant 3y_2, \\
&\qquad x_1 \geqslant x_5, \quad x_2 \geqslant x_7, \quad x_8 \geqslant x_9, \quad x_6 \geqslant x_{10}, \\
&\qquad x_4 \geqslant x_{11}, \quad x_5 \geqslant x_{12}, \quad x_7 \geqslant x_{13}, \quad x_6 \geqslant x_{14}, \\
&\qquad x_i \in \{0,1\}.
\end{aligned} \tag{3}
$$

但是上面的模型(3)中要求 $x_i \in \{0,1\}$，这不是线性规划.聪明的小刚想：如果把"$x_i \in \{0,1\}$"的条件换成"$0 \leqslant x_i \leqslant 1$"，就可以用线性规划方法求解.于是他将该模型输入计算机用线性规划软件(MAFLAB软件优化工具箱的linprog程序或LINGO软件)得到的最优解如下：

$$x_1 = x_2 = x_4 = x_{11} = 1, x_3 = 0.0833, x_6 = x_{10} = 0.1111, \quad \text{其他 } x_i \text{ 为 } 0.$$

但是这样得到的 x_3，x_6 和 x_{10} 为小数，显然不符合要求.如果对得到的解进行四舍五入，小刚只需选4门课程(课程1,2,4,11)17个学分(不包括2个必修学分)，这样选修的课程和学分都太少了.如果将所有非零变量对应的课程全选上，他必须选7门课程(加上课程3,6,10)27个学分，选修的课程和学分显然太多了.

上面问题中决策变量只允许取整数 0 或 1,称为 0-1 规划,是特殊的整数规划. 通过本实验学习后,使用整数规划软件求解,可以得到这个问题的一个最优解是 $x_2 = x_4 = x_6 = x_{10} = x_{11} = 1$,其他 x_i 为 0,$y_1 = 12$, $y_2 = 6$,$y = 20$.

读者可能已经注意到: 这个问题的最优解不惟一. 那么,在选修最少学分(即 20 学分)的情况下,最多可以选修多少门课? 我们将在 10.4 节继续讨论这个问题的解法.

10.1.2 钢管下料

问题 某钢管零售商从钢管厂进货,将钢管按照顾客要求的长度进行切割,称为下料. 假定进货时得到的原料钢管长度都是 19m.

(1) 现有一客户需要 50 根长 4m、20 根长 6m 和 15 根长 8m 的钢管. 应如何下料最节省?

(2) 零售商如果采用的不同切割模式太多,将会导致生产过程的复杂化,从而增加生产和管理成本,所以该零售商规定采用的不同切割模式不能超过 3 种. 此外,该客户除需要(1)中的 3 种钢管外,还要 10 根长 5m 的钢管. 应如何下料最节省?

问题分析 对于下料问题首先要确定采用哪些切割模式. 所谓一个切割模式,是指按照客户要求的长度在原料钢管上安排切割的一种组合. 例如,我们可以将长 19m 的钢管切割成 3 根长 4m 的钢管,余料为 7m; 或者将长 19m 的钢管切割成长 4m、6m 和 8m 的钢管各 1 根,余料为 1m. 显然,可行的切割模式是很多的.

其次,应当明确哪些切割模式是合理的. 合理的切割模式通常还假设余料不应大于或等于客户需要钢管的最小尺寸. 例如,将长 19m 的钢管切割成 3 根 4m 的钢管是可行的,但余料为 7m,可以进一步将 7m 的余料切割成 4m 钢管(余料为 3m),或者将 7m 的余料切割成 6m 钢管(余料为 1m). 经过简单的计算可知,问题(1)的合理切割模式一共有 7 种,如表10.2 所示.

表 10.2 钢管下料问题(1)的合理切割模式

模式	4m 钢管根数	6m 钢管根数	8m 钢管根数	余料/m
1	4	0	0	3
2	3	1	0	1
3	2	0	1	3
4	1	2	0	3
5	1	1	1	1
6	0	3	0	1
7	0	0	2	3

于是问题化为在满足客户需要的条件下,按照哪几种合理的模式,每种模式切割多少根原料钢管最为节省. 而所谓节省,可以有两种标准,一是切割后剩余的总余料量最小,二是切割原料钢管的总根数最少. 下面将对这两个目标分别讨论.

模型

问题(1) 用 x_i 表示按照表 10.2 第 i 种模式($i=1, 2, \cdots, 7$)切割的原料钢管的根数，若以切割后剩余的总余料量最小为目标，则按照表 10.2 最后一列可得

$$\min z_1 = 3x_1 + x_2 + 3x_3 + 3x_4 + x_5 + x_6 + 3x_7 \tag{4}$$

若以切割原料钢管的总根数最少为目标，则有

$$\min z_2 = x_1 + x_2 + x_3 + x_4 + x_5 + x_6 + x_7 \tag{5}$$

约束条件为客户的需求，按照表 10.2 应有

$$4x_1 + 3x_2 + 2x_3 + x_4 + x_5 \geqslant 50, \tag{6}$$

$$x_2 + 2x_4 + x_5 + 3x_6 \geqslant 20, \tag{7}$$

$$x_3 + x_5 + 2x_7 \geqslant 15. \tag{8}$$

最后，切割的原料钢管的根数 x_i 显然应当是非负整数(本书中用 $\mathbb{Z}$ 表示整数集合，$\mathbb{Z}^+$ 表示非负整数集合)：

$$x_i \in \mathbb{Z}^+, \quad i = 1, 2, \cdots, 7. \tag{9}$$

于是，问题(1)归结为在约束条件(6)～(9)下，使目标(4)或目标(5)达到最小. 显然这是线性整数规划模型.

问题(2) 如果按照问题(1)的办法处理，首先要通过枚举法确定哪些切割模式是合理的，并从中选出不超过 3 种模式. 而由于需求的钢管规格增加到 4 种，所以枚举法的工作量较大. 下面介绍一种带有普遍性的方法，可以同时确定切割模式和切割数量.

同问题(1)一样，只使用合理的切割模式，其余料不应该大于 3m(因为客户需要的钢管的最小尺寸为 4m，而本题中参数都是整数).

由于不同切割模式不能超过 3 种，可以用 x_i 表示按照第 i 种模式($i=1, 2, 3$)切割的原料钢管的根数. 又设使用第 i 种切割模式下每根原料钢管生产长 4m，5m，6m 和 8m 的钢管数量分别为 $r_{1i}, r_{2i}, r_{3i}, r_{4i}$.

我们仅以使用的原料总根数最少为目标，即

$$\min x_1 + x_2 + x_3 \tag{10}$$

满足客户需求的约束条件为

$$r_{11}x_1 + r_{12}x_2 + r_{13}x_3 \geqslant 50, \tag{11}$$

$$r_{21}x_1 + r_{22}x_2 + r_{23}x_3 \geqslant 10, \tag{12}$$

$$r_{31}x_1 + r_{32}x_2 + r_{33}x_3 \geqslant 20, \tag{13}$$

$$r_{41}x_1 + r_{42}x_2 + r_{43}x_3 \geqslant 15. \tag{14}$$

每一种切割模式必须可行、合理，所以每根原料钢管的成品量不能超过 19m，也不能少于 16m(余量不能大于 3m)，于是

$$16 \leqslant 4r_{11} + 5r_{21} + 6r_{31} + 8r_{41} \leqslant 19, \tag{15}$$

$$16 \leqslant 4r_{12} + 5r_{22} + 6r_{32} + 8r_{42} \leqslant 19, \tag{16}$$

$$16 \leqslant 4r_{13} + 5r_{23} + 6r_{33} + 8r_{43} \leqslant 19. \tag{17}$$

最后，加上非负整数约束：

$$x_i, r_{ji} \in \mathbb{Z}^+, \quad i=1, 2, 3, \quad j=1, 2, 3, 4. \tag{18}$$

于是，问题(2)归结为在约束条件(11)～(18)下，求x_i和r_{1i}，r_{2i}，r_{3i}，$r_{4i}(i=1, 2, 3)$使目标(10)达到最小. 显然，这是非线性整数规划模型.

10.1.3 生产批量计划

问题 某工厂生产某种产品用以满足市场需求. 通过统计，该产品今后4周的外部需求(订货量)分别是2000件、3000件、2000件和4000件. 如果某一周要开工生产，则这一周开工所需的生产准备费为3000元(与生产的数量无关)，每件产品的生产费为50元. 如果在满足需求后周末有产品剩余，每件产品的存储费为1元. 假设开始没有库存，且不考虑生产能力限制，问工厂应如何安排生产，在按时满足需求的条件下使总费用最小?

模型 这种生产计划通常称为动态生产批量计划(dynamic lotsizing)，下面用符号表示各个已知参数和决策变量，建立一般化的模型.

假设考虑T个时段(周)，记时段t的市场需求为$d_t(t=1,2,\cdots,T)$，若时段t开工生产，则开工所需的生产准备费为$s_t \geqslant 0$，单件产品的生产费为$c_t \geqslant 0$，某时段t末如果有产品剩余，单件产品的存储费为$h_t \geqslant 0$.

假设时段t产品的产量为$x_t(\geqslant 0)$，期末产品的库存量为$I_t(\geqslant 0)$，且知$I_0=0$. 引入0-1变量y_t表示在时段t工厂是否进行生产准备($y_t=1$表示进行准备，$y_t=0$表示不进行准备). 目标函数为包括准备费、生产费和存储费在内的总费用，问题可以表为如下的模型：

$$\min z = \sum_{t=1}^{T}(s_t y_t + c_t x_t + h_t I_t) \tag{19}$$

$$\text{s.t.} \quad I_{t-1} + x_t - I_t = d_t, \quad t = 1,2,\cdots,T, \tag{20}$$

$$y_t = \begin{cases} 1, & x_t > 0, \\ 0, & x_t = 0, \end{cases} \quad t = 1,2,\cdots,T, \tag{21}$$

$$I_0 = 0, \ x_t, I_t \geqslant 0, \quad t = 1,2,\cdots,T. \tag{22}$$

当需求量d_t很大时，决策变量x_t和I_t通常可以作为非负实数处理，只有y_t是整数0-1变量，所以是一个混合整数规划问题(具体地，是混合0-1规划).

初看起来，注意到约束(21)是非线性的，所以这是一个非线性整数规划. 不过很容易把约束(21)转化为线性约束来处理，实际上它可以用下面的约束替代(替代后的模型与原模型有相同的最优解)：

$$x_t \leqslant M y_t, \qquad t = 1,2,\cdots,T, \tag{23}$$

$$y_t \in \{0,1\}, \quad t = 1,2,\cdots,T. \tag{24}$$

其中M是一个充分大的正数(如本题中可以取M为4周需求的总和，即11000就足够了). 这样，(19)式，(20)式，(22)式和(23)式，(24)式表示的是一个线性混合0-1规划模型.

10.2 整数规划的基本原理和解法

一般来说，整数规划(IP)问题，即使是线性整数规划的求解也是非常困难的. 虽然IP的可行解通常只有有限多个，可以通过枚举比较出最优解，但是对于规模稍大些的实际问题，枚举法的计算量难以接受. 我们知道，线性规划问题存在有效算法，那么为什么不先去掉整数限制，求解相应的线性规划问题(一般称为整数规划的**线性规划松弛问题**，或简称LP松弛)，然后将得到的解四舍五入到最接近的整数呢？在有些情况下，尤其当LP松弛的解是非常大的实数时，如果这些解对舍入不太敏感，那么这一策略可能是可行的. 但在许多实际应用中，整数变量的取值并不太大，特别是0-1规划问题，这一方法往往行不通. 此外，把LP松弛的解四舍五入到一个可行的整数解并非易事(见下例).

例1 求解如下IP模型：

$$\max z = 5x_1 + 8x_2$$
$$\text{s.t. } x_1 + x_2 \leqslant 6,$$
$$5x_1 + 9x_2 \leqslant 45, \tag{25}$$
$$x_1, x_2 \geqslant 0 \text{ 且为整数.}$$

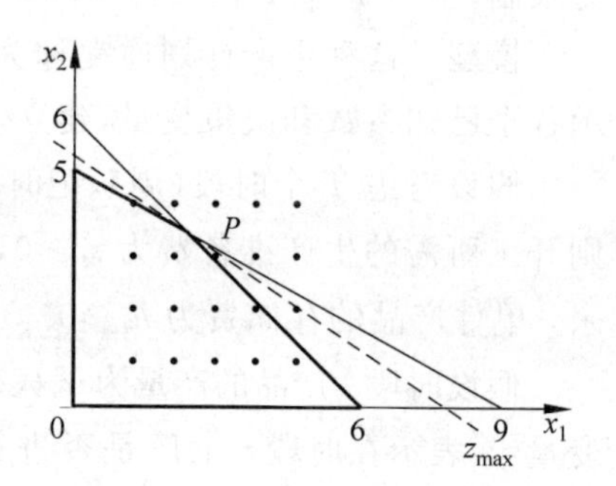

图10.1 整数规划例题图解

解 模型(25)去掉整数限制后记作LP，其可行域为图10.1中由点(0,0)，(6,0)，P(2.25,3.75)，(0,5)围成的四边形，过P点的等值线(图中虚线)为$z=z_{\max}$，最优解在P点取得. 图中小圆点为整数点，四边形中的小圆点才是IP的可行解.

将P点舍入成整数或者找最靠近它的整数，都得不到IP的最优解. 经在可行解中试探、比较得到表10.3：

表 10.3

LP最优解P	P的舍入解	最靠近P的可行解	IP最优解
(2.25,3.75) z=41.25	(2,4) 不可行	(2,3) z=34	(0,5) z=40

可见IP最优解不一定能从LP最优解经过简单的“移动”得到.

求解整数规划没有统一的有效方法，不同方法的效果与问题的性质有很大关系. 下面只介绍分枝定界法和动态规划法，它们可被看作对枚举法的改进.

10.2.1 分枝定界法

分枝定界法(branch and bound)采用“分而治之”的策略求解整数规划，其基本思想是隐式地枚举一切可行解. 自然，它不是简单的完全枚举，而是以一种比较“聪明”的方式进行的,即逐次对解空间进行划分.所谓分枝,指的就是这个划分过程;而所谓定界,是指对于每个划分后的解空间(即每个分枝),要计算原问题的最优解的下界(对极小化问题).这些下界用来在求解过程中判定是否需要对目前的解空间进一步划分,也就是尽可能去掉一些明显的非最优点,从而避免完全枚举.

分枝定界算法的实际效果取决于具体的分枝策略和定界方法.对于线性整数规划,定界方法中经常采用的是线性规划松弛.下面介绍这一方法的基本思想.

对应于线性规划的标准形(实验8中的(19)式),线性整数规划的标准形记为

$$\begin{aligned} \min\ & \boldsymbol{c}^{\mathrm{T}}\boldsymbol{x} \\ \text{s.t.}\ & \boldsymbol{A}\boldsymbol{x}=\boldsymbol{b}, \\ & \boldsymbol{x}\geqslant \boldsymbol{0}, \\ & \boldsymbol{x}\in \mathbb{Z}^n \end{aligned} \tag{26}$$

其中已知的参数为 $\boldsymbol{c}\in\mathbb{Z}^n$, $\boldsymbol{b}\in\mathbb{Z}^m$, $\boldsymbol{A}\in\mathbb{Z}^{m\times n}$(一般可以假定约束矩阵 $\boldsymbol{A}$ 是行满秩的,且 $m\leqslant n$, $\boldsymbol{b}\geqslant\boldsymbol{0}$;此外,假设已知参数 $\boldsymbol{A},\boldsymbol{b},\boldsymbol{c}$ 的元素是有理数等价于假设它们是整数).

首先求解原问题(26)的LP松弛,即

$$\begin{aligned} \min\ & \boldsymbol{c}^{\mathrm{T}}\boldsymbol{x} \\ \text{s.t.}\ & \boldsymbol{A}\boldsymbol{x}=\boldsymbol{b}, \\ & \boldsymbol{x}\geqslant \boldsymbol{0}. \end{aligned} \tag{27}$$

如果问题(27)的最优解 $\boldsymbol{x}^0$ 恰好是整数(所有分量都是整数),则求解结束,$\boldsymbol{x}^0$ 也是式(26)的最优解.否则,式(27)的最优值只是式(26)的最优值的一个下界(请思考为什么).假设 $\boldsymbol{x}^0$ 的某个分量 x_i^0 不是整数,则式(26)可以划分为以下两个子问题(称为"分枝"):

$$\begin{aligned} \min\ & \boldsymbol{c}^{\mathrm{T}}\boldsymbol{x} \\ \text{s.t.}\ & \boldsymbol{A}\boldsymbol{x}=\boldsymbol{b}, \\ & \boldsymbol{x}\geqslant \boldsymbol{0}, \\ & x_i\geqslant \lfloor x_i^0 \rfloor+1, \\ & \boldsymbol{x}\in \mathbb{Z}^n; \end{aligned} \tag{28}$$

$$\begin{aligned} \min\ & \boldsymbol{c}^{\mathrm{T}}\boldsymbol{x} \\ \text{s.t.}\ & \boldsymbol{A}\boldsymbol{x}=\boldsymbol{b}, \\ & \boldsymbol{x}\geqslant \boldsymbol{0}, \\ & x_i\leqslant \lfloor x_i^0 \rfloor, \\ & \boldsymbol{x}\in \mathbb{Z}^n. \end{aligned} \tag{29}$$

再对子问题(28)和(29)继续上述分枝定界过程.若在某一时刻,得到一个全整数解(即全部分量均为整数的解)的目标值为 z_u,则 z_u 为(26)式的一个上界(显然,如果在不同分枝得到了不同的上界,我们只需要记住其中最好的一个上界,即最小的一个上界值 U).此时,若打算从子问题 k 开始分枝,而这一子问题的下界为 $z_k\geqslant U$,则这一分枝不必再考虑(一般称该分枝"被杀死"或"已探明"),因为在这一分枝中不会找到费用小于 U 的解.如果 $z_k<U$,

则分枝过程还要继续下去(一般称该分枝为“活跃的”(active)或该分枝点为“活点”).

根据上面的介绍,分枝定界算法可以形式地描述如下:

分枝定界算法

步骤 0. 令活跃分枝点集合 activeset$=\{O\}$;上界 $U=\infty$;currentbest$=0$.

步骤 1. 如果 activeset$=\varnothing$,则已经得到原问题的最优解,结束;否则从活跃分枝点集合 activeset 中选择一个分枝点 k;将 k 从 activeset 中去掉,继续步骤 2.

步骤 2. 生成 k 的各分枝 $i=1,2,\cdots,n_k$ 及其对应的下界 z_i.

步骤 3. 对分枝 $i=1,2,\cdots,n_k$:如果分枝 i 得到的是全整数解且 $z_i<U$,则令 $U=z_i$ 且 currentbest$=i$;如果分枝 i 得到的不是全整数解且 $z_i<U$,则把 i 加入 activeset 中.

步骤 4. 转步骤 1.

例 2 用分枝定界法求解:

$$
\text{(P0)}\quad \begin{aligned}
\min\ & z=-x_1-x_2 \\
\text{s.t.}\ & 2x_1-x_2\geqslant \frac{1}{2}, \\
& 2x_1+x_2\leqslant \frac{11}{2}, \\
& x_2\geqslant \frac{1}{2}, \\
& x_1,x_2\in \mathbb{Z}^+.
\end{aligned} \tag{30}
$$

解 问题(P0)的 LP 松弛的解为 $\boldsymbol{x}^0=\left(\frac{3}{2},\frac{5}{2}\right)^{\mathrm{T}}$,不是整数解,最优值为 $z_0=-4$. $U=\infty$,于是问题(P0)可以分解为以下两个问题:

(P1):(P0)加上 $x_1\geqslant 2$;

(P2):(P0)加上 $x_1\leqslant 1$.

问题(P1)的 LP 松弛的解为 $\boldsymbol{x}^1=\left(2,\frac{3}{2}\right)^{\mathrm{T}}$,不是整数解,最优值为 $z_1=-3.5$. 于是(P1)可以分解为以下两个问题:

(P3):(P1)加上 $x_2\geqslant 2$;

(P4):(P1)加上 $x_2\leqslant 1$.

问题(P3)的 LP 松弛无可行解. 问题(P4)的 LP 松弛的解为 $\boldsymbol{x}^4=\left(\frac{9}{4},1\right)^{\mathrm{T}}$,不是整数解,最优值为 $z_4=-3.25$. 于是(P4)可以分解为以下两个问题:

(P5):(P4)加上 $x_1\geqslant 3$;

(P6):(P4)加上 $x_1\leqslant 2$.

问题(P5)的LP松弛无可行解. 问题(P6)的LP松弛的解为 $\boldsymbol{x}^6=(2,1)^{\mathrm{T}}$，是整数解，最优值为 $z_6=-3$. 它是当前找到的原问题的一个上界($U=z_6=-3$).

再看问题(P2). 问题(P2)的LP松弛的解为 $\boldsymbol{x}^2=\left(1,\frac{3}{2}\right)^{\mathrm{T}}$，不是整数解，最优值为 $z_2=-2.5$. 由于当前上界 $z_6\leqslant z_2$，因此没有必要继续从问题(P2)进行分枝.

于是，原问题(P0)的最优解为 $\boldsymbol{x}^*=\boldsymbol{x}^6=(2,1)^{\mathrm{T}}$，最优值为 $z^*=z_6=-3$.

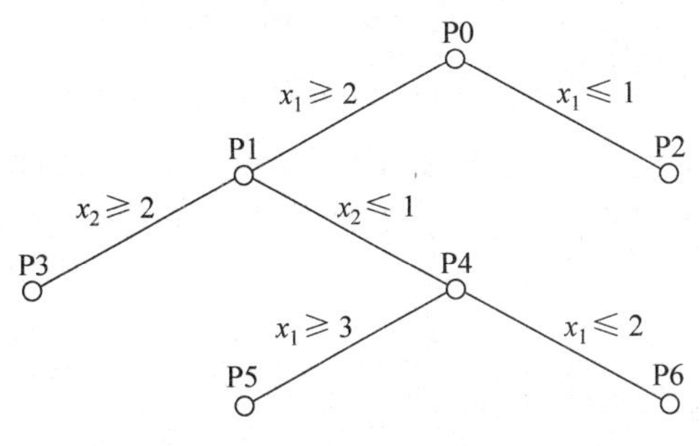

图 10.2 分枝定界法求解过程示意图

图10.2是本例的求解过程示意图，按照上述步骤把求解过程走一遍，对理解分枝定界法是有帮助的.

在具体求解过程中还有一些更精细的问题需要考虑，如选哪一个非整数解的分量对可行域作进一步的分解(分枝)，每次分枝后先检查哪一枝，这些都没有统一的原则.

上面的方法可以很容易地推广到解非线性整数规划. 对应的定界方法仍然可以是连续规划松弛，即解对应的非线性(连续)规划. 当然，还存在其他的“定界”技术，如拉格朗日松弛方法等，这里就不多介绍了.

分枝定界法希望通过“定界”技术尽量避免完全枚举，但为了保证找到最优解，又必须隐式地枚举一切可行解. 在最坏的情况下，分枝到最后的结果可能等价于完全枚举，因此计算时间可能很长，对大规模问题可能无法在可以接受的计算时间内得到一个比较好的解.

如果准备自己编写一个分枝定界算法求解整数规划，我们提醒大家注意：在没有整数数据结构的语言中，必须解决如何判断一个实数是整数的问题.

10.2.2 动态规划法

为了说明动态规划方法的基本思想，先看下面的例子.

例 3 最短路问题

在纵横交错的公路网中(如图10.3所示)，货车司机希望找到一条从一个城市到另一个城市的最短路. 图中 $A_1,A_2,\cdots$ 表示货车可以停靠的城市，路线旁的数字表示两个城市之间的距离(百公里). 若货车要从城市 S 出发到达城市 T，问如何选择行驶路线使所经过的路程最短?

解 容易看出，从 S 到 T 的路线共12条，用枚举法当然可以找出最短路，但是当路段很多时计算量太大. 用动态规划方法解决这个问题的思想来源于生活中的一个基本常识：如果已经

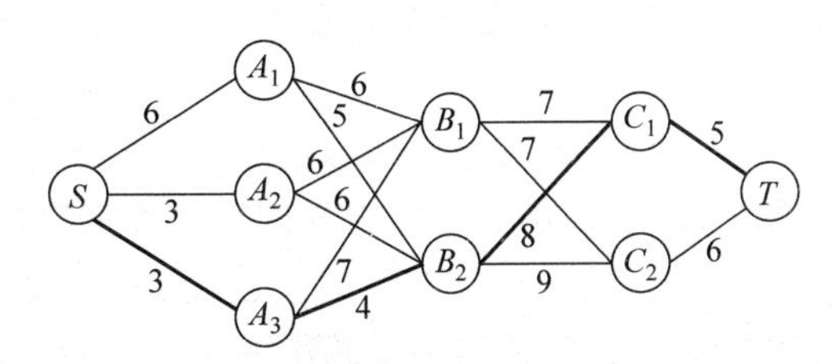

图 10.3 最短路问题的例子

找到从 S 到 T 的最短路是 $L:S\to A_3\to B_2\to C_1\to T$(图 10.3 中粗线)，那么，从 L 上任何一点如 B_2 到 T 的最短路一定是 L 的一段子路线 $L_1:B_2\to C_1\to T$. 否则，若 B_2 到 T 的最短路是另一条路线 L_2，则把 $S\to A_3\to B_2$ 与 L_2 连起来，就得到不同于 L 的从 S 到 T 的最短路.

由此，为了得到从 S 到 T 的最短路，只需先求出从 $A_i(i=1,2,3)$ 到 T 的最短路；为了求出从 $A_i(i=1,2,3)$ 到 T 的最短路，只需先求出从 $B_j(j=1,2)$ 到 T 的最短路；接着，只需先求出从 $C_l(l=1,2)$ 到 T 的最短路，而这可立即得到(例中 $C_l(l=1,2)$ 到 T 的路线是惟一的).

具体做法是：把从 S 到 T 的行驶过程分成 $k=1,2,3,4$ 共 4 个阶段，即 $S\to A_i(i=1,2$ 或 $3)$，$A_i\to B_j(j=1$ 或 $2)$，$B_j\to C_l(l=1$ 或 $2)$，$C_l\to T$. 记 $d(X,Y)$ 为城市 X 与 Y 之间的直接距离(若这两个城市之间没有道路直接相连，则可以认为直接距离为无穷大)，用 $L(X)$ 表示城市 X 到 T 的最短路的长度，则

$k=4$，$L(C_1)=5$，$L(C_2)=6$；

$$k=3,\ L(B_1)=\min\{d(B_1,C_1)+L(C_1),\ d(B_1,C_2)+L(C_2)\}=\min\{7+5,\ 7+6\}=12,$$

最短路是 $B_1\to C_1\to T$，

$$L(B_2)=\min\{d(B_2,C_1)+L(C_1),\ d(B_2,C_2)+L(C_2)\}=\min\{8+5,\ 9+6\}=13,$$

最短路是 $B_2\to C_1\to T$；

$$k=2,\ L(A_1)=\min\{d(A_1,B_1)+L(B_1),\ d(A_1,B_2)+L(B_2)\}=\min\{6+12,\ 5+13\}=18,$$

最短路是 $A_1\to B_1\to C_1\to T$，

$$L(A_2)=\min\{d(A_2,B_1)+L(B_1),\ d(A_2,B_2)+L(B_2)\}=\min\{6+12,\ 6+13\}=18,$$

最短路是 $A_2\to B_1\to C_1\to T$，

$$L(A_3)=\min\{d(A_3,B_1)+L(B_1),\ d(A_3,B_2)+L(B_2)\}=\min\{7+12,\ 4+13\}=17,$$

最短路是 $A_3\to B_2\to C_1\to T$；

$$k=1,\ L(S)=\min\{d(S,A_1)+L(A_1),\ d(S,A_2)+L(A_2),\ d(S,A_3)+L(A_3)\}=\min\{6+18,\ 3+18,\ 3+17\}=20,$$

最短路是 $S\to A_3\to B_2\to C_1\to T$，这条最短路的长度为 20.

显然，这种办法的计算量比枚举法小，当路段增加时其优势更为显著，并且，这种办法得到的不仅是从 S 到 T 的最短路，而且得到了从任何一点到 T 的最短路.

上面的方法称为**动态规划**(dynamic programming)，是数学规划的一个分支，具有广泛的应用领域. 动态规划主要用于处理多阶段决策问题，所谓多阶段决策(multi-stage decision making)，是将决策问题的全过程恰当地划分为若干个相互联系的子过程(每个子过程为一个阶段)，以便按照一定的次序去求解. 在多阶段决策问题中，每个阶段 k 开始时所处的自然状况或客观条件称为**状态**，一般用状态变量如 x_k 来描述. 当过程处于某个阶段的某个状态

时,从该状态演变为下一个阶段某状态所作的选择称为**决策**,一般用决策变量如 u_k 描述.由所有各阶段的决策组成的决策序列称为**策略**,其中能使总体性能(目标函数,对子过程通常称为准则函数)达到最优的策略称为最优策略.

动态规划解决问题时要求目标函数(准则函数)V 具有某种“可分性”,即

$$V_{k,n} = v_k(x_k, u_k) \oplus V_{k+1,n}. \tag{31}$$

这里的运算“$\oplus$”可以是通常的加法或乘法等运算,$V_{k,n}$表示阶段 k 到最后阶段 n 的准则函数,而 $v_k(x_k,u_k)$是第 k 阶段的准则函数.

在动态规划中,多阶段决策要求具有无后效性,即当某阶段的状态一旦确定,则此后过程的演变不再受此前各状态和决策的影响,或者说“未来与过去无关”.因此,当前状态是此前历史的一个完整总结,而此前历史只能通过当前状态去影响未来的演变,即由 x_k 状态出发的后部子过程可以看成一个以 x_k 为初始状态的独立过程.此时,状态转移方程的一般形式为

$$x_{k+1} = T_k(x_k, u_k). \tag{32}$$

建立动态规划模型的基本过程是:

(1) 正确划分阶段,选择阶段变量 k.(阶段一般是根据时间和空间的自然特征来划分,便于以问题的求解为目的.)

(2) 对每个阶段,正确选择状态变量 $x_k \in X_k$(X_k 表示 k 阶段的状态集合).选择状态变量时应当注意两点:一是要能够正确描述过程的演变特性,二是要满足无后效性.

(3) 对每个阶段,正确选择决策变量 $u_k \in U_k$(U_k 表示 k 阶段的允许决策集合).

(4) 列出相邻阶段的状态转移方程:$x_{k+1} = T_k(x_k, u_k)$.

(5) 列出按阶段可分的准则函数 $V_{k,n}$.

假设问题的目标是极小化(极大化也类似),用 $f_k(x_k)$表示第 k 阶段状态为 x_k 时从 k 到最后阶段 n 这一后部子过程的最优准则函数(即准则函数 $V_{k,n}$的最优值),而 $f_{n+1}(x_{n+1})$一般可以根据实际意义得到(如 $f_{n+1}(x_{n+1})=0$,称为边界条件),于是有如下逆序递推公式(图 10.4 是逆序递推过程的图示):

$$\begin{cases} f_k(x_k) = \min\limits_{u_k \in U_k}[v_k(x_k,u_k) + f_{k+1}(x_{k+1})], \quad x_{k+1} = T_k(x_k,u_k), \\ f_{n+1}(x_{n+1}) = 0, \quad k = n, n-1, \cdots, 1. \end{cases} \tag{33}$$

方程(33)称为动态规划基本方程.当按方程(33)计算至 $f_1(x_1)$时即得到最优的目标函数值,再顺序地查找使 $V_{k,n}$达到最优的决策 u_k($k=1, 2,\cdots, n$),就得到最优策略.

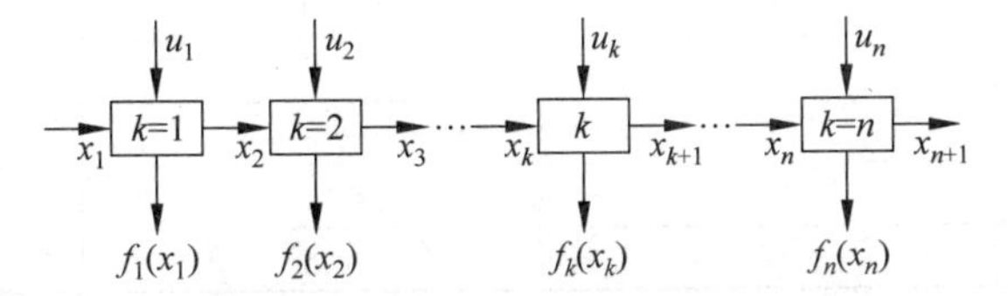

图 10.4 动态规划的逆序递推过程

类似地,有些问题也可以建立顺序递推的动态规划基本方程.

下面是一个用动态规划方法解整数规划的例子.

例 4 资源分配问题

某公司准备将 M 台设备分配给所属的 N 家工厂. 已知当分配 u_k 台设备给工厂 k 时,工厂 k 利用这些设备为公司创造的利润为 $g_k(u_k)(1\leqslant k\leqslant N)$. 一般来说,所有 $g_k(u_k)\geqslant 0$ 且为增函数. 应当如何分配设备资源,使得公司总利润最大?

解 该问题可以用整数规划描述如下:

$$\begin{cases}\max z=\sum\limits_{k=1}^{N}g_k(u_k),\\ \text{s. t. } \sum\limits_{k=1}^{N}u_k=M,\quad u_k\text{ 为非负整数}.\end{cases}\tag{34}$$

由于 $g_k(u_k)$不一定是线性函数,因此问题(34)可能是非线性整数规划. 我们把它转化为多阶段决策过程,建立动态规划模型.

共有 N 个工厂,可以把问题分解为 N 个阶段:在任意阶段 $k(=N,N-1,\cdots,1)$,公司把手中拥有的设备分配给工厂 k.

状态变量 x_k 可以选为:x_k 表示第 k 阶段初公司手中拥有的设备台数. 由题意可知 $x_1=M,x_{N+1}=0$.

决策变量 u_k 可以选为:u_k 表示第 k 阶段分配给工厂 k 的设备台数$(0\leqslant u_k\leqslant x_k)$. 因此状态转移方程为 $x_{k+1}=x_k-u_k$.

阶段 k 的准则函数为 $v_k(x_k,u_k)=g_k(u_k)$.

用 $f_k(x_k)$表示将手中现有资源 x_k 依次分配给工厂 $k,k+1,\cdots,N$ 时的最大利润,则有如下动态规划基本方程

$$\begin{cases}f_k(x_k)=\max\limits_{0\leqslant u_k\leqslant x_k}[g_k(u_k)+f_{k+1}(x_{k+1})],\qquad x_{k+1}=x_k-u_k,\\ f_{N+1}(x_{N+1})=0,\quad k=N,N-1,\cdots,1.\end{cases}\tag{35}$$

由式(35)计算至 $f_1(M)$时就得到原问题的结果.

设 $M=4$, $N=3$, $g_k(u_k)$由表 10.4 给出,我们按照式(35)计算.

表 10.4

设备数 u_k	工厂 k		
	1	2	3
0	0	0	0
1	4	2	3
2	6	5	5
3	7	6	7
4	7	8	8

可以看出 $g_k(u_k)$ 是增函数. 显然有 $x_1=4, x_4=0, 0\leqslant x_k\leqslant 4(k=2,3)$. 递推求解如下:

边界条件: $f_4(x_4)=f_4(0)=0$.

$$k=3, f_3(x_3)=\max_{0\leqslant u_3\leqslant x_3}[g_3(u_3)+f_4(0)]=g_3(x_3),$$

$$f_3(0)=g_3(0)=0;\ f_3(1)=g_3(1)=3;\ f_3(2)=g_3(2)=5;$$

$$f_3(3)=g_3(3)=7;\ f_3(4)=g_3(4)=8.$$

$$k=2, f_2(x_2)=\max_{0\leqslant u_2\leqslant x_2}[g_2(u_2)+f_3(x_3)]=\max_{0\leqslant u_2\leqslant x_2}[g_2(u_2)+f_3(x_2-u_2)],$$

$$f_2(0)=\max_{0\leqslant u_2\leqslant 0}[g_2(u_2)+f_3(0-u_2)]=g_2(0)+f_3(0)=0+0=0;$$

$$f_2(1)=\max_{0\leqslant u_2\leqslant 1}[g_2(u_2)+f_3(1-u_2)]=\max\{g_2(0)+f_3(1), g_2(1)+f_3(0)\}$$
$$=\max\{0+3, 2+0\}=3;$$

$$f_2(2)=\max_{0\leqslant u_2\leqslant 2}[g_2(u_2)+f_3(2-u_2)]$$
$$=\max\{g_2(0)+f_3(2), g_2(1)+f_3(1), g_2(2)+f_3(0)\}$$
$$=\max\{0+5, 2+3, 5+0\}=5;$$

$$f_2(3)=\max_{0\leqslant u_2\leqslant 3}[g_2(u_2)+f_3(3-u_2)]$$
$$=\max\{g_2(0)+f_3(3), g_2(1)+f_3(2), g_2(2)+f_3(1), g_2(3)+f_3(0)\}$$
$$=\max\{0+7, 2+5, 5+3, 6+0\}=8;$$

$$f_2(4)=\max_{0\leqslant u_2\leqslant 4}[g_2(u_2)+f_3(4-u_2)]$$
$$=\max\{g_2(0)+f_3(4), g_2(1)+f_3(3), g_2(2)+f_3(2),$$
$$g_2(3)+f_3(1), g_2(4)+f_3(0)\}$$
$$=\max\{0+8, 2+7, 5+5, 6+3, 8+0\}=10;$$

$$k=1, f_1(x_1)=\max_{0\leqslant u_1\leqslant x_1}[g_1(u_1)+f_2(x_2)]=\max_{0\leqslant u_1\leqslant x_1}[g_1(u_1)+f_2(x_1-u_1)],$$

$$f_1(4)=\max_{0\leqslant u_1\leqslant 4}[g_1(u_1)+f_2(4-u_1)]$$
$$=\max\{g_1(0)+f_2(4), g_1(1)+f_2(3), g_1(2)+f_2(2), g_1(3)+f_2(1),$$
$$g_1(4)+f_2(0)\}$$
$$=\max\{0+10, 4+8, 6+5, 7+3, 7+0\}=12.$$

得到 $f_1(4)=12$ 为最大利润. 进一步分析计算过程, 可以知道 $f_1(4)=12$ 在 $u_1=1$, $u_2=2, u_3=1$ 时成立. 因此最优解为 $u_1^*=1, u_2^*=2, u_3^*=1$.

实际上, 对于以数据形式给出的 $g_k(u_k)$, 整数规划模型(34)只能用上述动态规划方法求解.

上述方法可以推广到有两种(或更多)资源可供分配的二维(或多维)资源分配问题.

10.3 用 LINGO 解整数规划

10.3.1 基本用法

LINGO 软件可用于求解整数规划(无论是无约束或约束规划、线性或非线性规划,也无论是单纯的或混合型的整数规划). LINGO 求解 IP 问题用的是分枝定界法,但目前 IP 尚无完善的敏感性分析理论,因此敏感性分析在整数规划中没有意义(与非线性规划的情形一样).

在 LINGO 中,函数@gin(x1)表示 x1 为(一般)整数,而@bin(x1)表示 x1 为 0-1 整数. 再次提请注意,在现在的 LINGO 模型中,缺省设置假定所有变量非负.

例如,例 1 中的整数规划模型(25)在 LINGO 中可以如下输入:

```
model:
X1 + X2 < 6;                    ! 约束条件和目标函数可以写在 model:与 end 之间的任何位置
MAX=5 * X1 + 8 * X2;            ! * 号不能省略
5 * X1 <= 45-9 * X2;
@gin(X1);@gin(X2);
end
```

运行后同样得到最优解为 X1=0, X2=5, 最优值为 40.

一个 LINGO 程序甚至可以没有目标函数(没有目标函数时,优化问题相当于可行解问题; 对于等式约束问题,就是解方程). 作为一个例子,我们用 LINGO 来解前面的例 3(最短路问题). 用 1,2,…, 9 表示城市 T, C_1, C_2, B_1, B_2, A_1, A_2, A_3, S, 则可以编写如下 LINGO 程序:

```
model:
SETS:                           ! CITIES 表示由 1~9 组成的集合,是一个基本集合
    CITIES /1..9/: L;           ! 属性 L(i)表示城市 i 到城市 1 的最优行驶路线的路长
    ROADS(CITIES, CITIES)/      ! ROADS 表示网络中的弧,是由 CITIES 派生的集合
    9,6 9,7 9,8                 ! 由于并非所有城市间都有道路直接连接,所以将弧具体列出
    6,4 6,5 7,4 7,5 8,4 8,5
    4,2 4,3 5,2 5,3
    2,1 3,1/: D;                ! 属性 D(i,j)是城市 i 到 j 的直接距离(已知)
ENDSETS

DATA:
  D =                           ! D 赋值的顺序对应于 ROADS 中的弧的顺序
      6 3 3
      6 5 8 6 7 4
      6 7 8 9
      5 6;
```

```
ENDDATA

L(1) = 0;                              ! 边界条件;
@FOR(CITIES(i)|i #GT# 1:               ! 集合循环语句; #GT# 表示逻辑关系“大于”
  L(i) = @MIN(ROADS(i,j) : D(i,j) + L(j))        ! 这就是动态规划基本方程
);
end
```

由于 LINGO 中的集合相当于下标集合的意思，集合部分定义的 CITIES 是一个基本集合(元素通过枚举给出)，L 是其对应的属性变量；ROADS 是由 CITIES 派生的一个派生集合(由于并非所有城市间都有道路直接连接，所以将弧具体列出，这样的派生集合称为稀疏集合)，D 是其对应的属性变量. @FOR 函数用于定义一个循环语句.

运行以上程序后得到：

```
L(1)        0.000000
L(2)        5.000000
L(3)        6.000000
L(4)        11.00000
L(5)        13.00000
L(6)        17.00000
L(7)        19.00000
L(8)        17.00000
L(9)        20.00000
```

所以，从 S 到 T 的最优行驶路线的路长为 20(进一步分析以上求解过程，可以得到从 S 到 T 的最优行驶路线为 $S \to A_3 \to B_2 \to C_1 \to T$).

10.3.2 选课问题(续)

10.1.1 节提出的“选课方案”模型(3)可以输入 LINGO 软件如下：

```
MODEL:
  [_1] MIN = X1 + X2 + X3 + X4 + X5 + X6 + X7 + X8 + X9 + X10 + X11 + X12 + X13 +
           X14 + X15 + X16 + X17 + X18 ;
  [_2] 5 * X1 + 5 * X2 + 4 * X3 + 4 * X4 + 3 * X5 + 3 * X6 + 3 * X7 + 2 * X8 - Y1
       = 0 ;
  [_3] 3 * X9 + 3 * X10 + 3 * X11 + 2 * X12 + 2 * X13 + 2 * X14 + X15 + X16 + X17 +
       X18 - Y2 = 0 ;
  [_4] Y1 + Y2 - Y = - 2 ;
  [_5] Y >= 20 ;
  [_6] 6 * Y2 - Y >= 0 ;
  [_7] 3 * Y2 - Y <= 0 ;
  [_8] X1 - X5 >= 0 ;
  [_9] X2 - X7 >= 0 ;
  [_10] X8 - X9 >= 0 ;
```

```
[_11] X6 - X10 >= 0 ;
[_12] X4 - X11 >= 0 ;
[_13] X5 - X12 >= 0 ;
[_14] X7 - X13 >= 0 ;
[_15] X6 - X14 >= 0 ;
 @BIN( X1 ) ; @BIN( X2 ) ; @BIN( X3 ) ; @BIN( X4 ) ; @BIN( X5 ) ; @BIN( X6 ) ;
 @BIN( X7 ) ; @BIN( X8 ) ; @BIN( X9 ) ; @BIN( X10 ) ; @BIN( X11 ) ; @BIN( X12 ) ;
 @BIN( X13 ) ; @BIN( X14 ) ; @BIN( X15 ) ; @BIN( X16 ) ; @BIN( X17 ) ; @BIN( X18 ) ;
END
```

得到最优解为：$x_2 = x_4 = x_6 = x_{10} = x_{11} = 1$，其他 x_i 为 0，$y_1 = 12$，$y_2 = 6$，$y = 20$，最少要选修 5 门课，课号为 2，4，6，10，11.

不过，这个问题的最优解不惟一. 例如，还有最优解：$x_1 = x_2 = x_6 = x_{10} = x_{14} = 1$，其他 x_i 为 0，$y_1 = 13$，$y_2 = 5$，$y = 20$. 一般来说，得到一个整数规划问题的所有最优解是很困难的（而且判断一个整数规划问题的最优解的个数也是困难的）.

对于在选修最少学分（即 20 学分）的情况下，最多可以选修多少门课的问题，只需要在上面的模型中增加约束 $y = 20$，并将模型中的 MIN 改成 MAX. 求解得到如下结果：$x_1 = x_4 = x_5 = x_8 = x_{15} = x_{16} = x_{17} = x_{18} = 1$，其他 x_i 为 0，$y_1 = 14$，$y_2 = 4$，$y = 20$，即最多可以选修 8 门课. 请读者试试是否还可以找到其他的最优解.

上面模型直接定义变量 X1～X18，当课程很多时显然不方便. 请读者尝试用定义集合的方法编写一个一般的程序，当课程很多时就很方便使用了.

10.3.3 钢管下料（续）

问题（1）的求解 以切割后剩余的总余料量最小为目标，将（4）式，（6）式～（9）式构成的线性整数规划模型输入 LINGO 如下：

```
MODEL:
 [_1] MIN= 3 * X1 + X2 + 3 * X3 + 3 * X4 + X5 + X6 + 3 * X7 ;
 [_2] 4 * X1 + 3 * X2 + 2 * X3 + X4 + X5 >= 50 ;
 [_3] X2 + 2 * X4 + X5 + 3 * X6 >= 20 ;
 [_4] X3 + X5 + 2 * X7 >= 15 ;
  @GIN( X1); @GIN( X2); @GIN( X3); @GIN( X4);
  @GIN( X5); @GIN( X6); @GIN( X7);
END
```

求解可以得到最优解如下：

```
Global optimal solution found.
Objective value:                              27.00000
Extended solver steps:                               0
Total solver iterations:                             5
VARIABLE            VALUE          REDUCED COST
```

x1	0.000000	3.000000
x2	12.000000	1.000000
x3	0.000000	3.000000
x4	0.000000	3.000000
x5	15.000000	1.000000
x6	0.000000	1.000000
x7	0.000000	3.000000

即按照模式 2 切割 12 根原料钢管，按照模式 5 切割 15 根原料钢管，共 27 根，总余料量为 27m. 显然，在总余料量最小的目标下，最优解将是使用余料尽可能小的切割模式（模式 2 和模式 5 的余料为 1m），这会导致切割原料钢管的总根数较多.

以切割原料钢管的总根数最少为目标，将(5)式～(9)式构成的线性整数规划模型输入 LINGO 求解，可以得到最优解如下：

```
Global optimal solution found.
Objective value:                          25.00000
Extended solver steps:                           0
Total solver iterations:                         5

          Variable         Value        Reduced Cost
                X1      5.000000          1.000000
                X2      5.000000          1.000000
                X3      0.000000          1.000000
                X4      0.000000          1.000000
                X5      15.00000          1.000000
                X6      0.000000          1.000000
                X7      0.000000          1.000000
```

即按照模式 1、模式 2 各切割 5 根原料钢管，按模式 5 切割 15 根原料钢管，共 25 根，可算出总余料量为 35m. 与上面得到的结果相比，总余料量增加了 8m，但是所用的原料钢管的总根数减少了 2 根. 在余料没有什么用途的情况下，通常选择总根数最少为目标.

问题(2)的求解 非线性整数规划模型(10)～(18)虽然用 LINGO 软件可以直接求解，但为了减少运行时间，可以增加一些显然的约束条件，从而缩小可行解的搜索范围.

例如，由于 3 种切割模式的排列顺序是无关紧要的，所以不妨增加以下约束：

$$x_1 \geqslant x_2 \geqslant x_3. \tag{36}$$

又例如，注意到所需原料钢管的总根数有着明显的上界和下界. 首先，无论如何，原料钢管的总根数不可能少于$\left\lceil \frac{4\times 50+5\times 10+6\times 20+8\times 15}{19} \right\rceil=26$(根). 其次，考虑一种非常特殊的生产计划：第一种切割模式下只生产 4m 钢管，一根原料钢管切割成 4 根 4m 钢管，为满足 50 根 4m 钢管的需求，需要 13 根原料钢管；第二种切割模式下只生产 5m、6m 钢管，一根原料钢管切割成 1 根 5m 钢管和 2 根 6m 钢管，为满足 10 根 5m 和 20 根 6m 钢管的需求，需要 10 根原料钢管；第三种切割模式下只生产 8m 钢管，一根原料钢管切割成 2 根 8m 钢管，为满足 15 根 8m 钢管的需求，需要 8 根原料钢管. 于是满足要求的这种生产计划共需 13+10+8=31 根原料钢管，这就得到了最优解的一个上界. 所以可增加以下约束：

$$26 \leqslant x_1 + x_2 + x_3 \leqslant 31. \tag{37}$$

将(10)～(18)式、(36)式、(37)式构成的模型输入 LINGO 如下：

```
model:
min=x1+x2+x3;
x1*r11+x2*r12+x3*r13>=50;
x1*r21+x2*r22+x3*r23>=10;
x1*r31+x2*r32+x3*r33>=20;
x1*r41+x2*r42+x3*r43>=15;
4*r11+5*r21+6*r31+8*r41<=19;
4*r12+5*r22+6*r32+8*r42<=19;
4*r13+5*r23+6*r33+8*r43<=19;
4*r11+5*r21+6*r31+8*r41>=16;
4*r12+5*r22+6*r32+8*r42>=16;
4*r13+5*r23+6*r33+8*r43>=16;
x1+x2+x3>= 26;
x1+x2+x3<= 31;
x1>=x2;
x2>=x3;
@gin(x1); @gin(x2); @gin(x3);
@gin(r11);@gin(r12);@gin(r13);
@gin(r21);@gin(r22);@gin(r23);
@gin(r31);@gin(r32);@gin(r33);
@gin(r41);@gin(r42);@gin(r43);
end
```

得到输出如下：

```
Global optimal solution found.
Objective value:                    28.00000
Extended solver steps:                     1
Total solver iterations:              217162
  Variable          Value        Reduced Cost
     x1           10.00000         0.000000
     x2           10.00000         2.000000
     x3           8.000000         1.000000
     r11          3.000000         0.000000
     r12          2.000000         0.000000
     r13          0.000000         0.000000
     r21          0.000000         0.000000
     r22          1.000000         0.000000
     r23          0.000000         0.000000
```

```
r31        1.000000        0.000000
r32        1.000000        0.000000
r33        0.000000        0.000000
r41        0.000000        0.000000
r42        0.000000        0.000000
r43        2.000000        0.000000
```

即按照模式 1,2,3 分别切割 10 根,10 根,8 根原料钢管,使用原料钢管总根数为 28 根.第一种切割模式下一根原料钢管切割成 3 根 4m 钢管和 1 根 6m 钢管;第二种切割模式下一根原料钢管切割成 2 根 4m 钢管、1 根 5m 钢管和 1 根 6m 钢管;第三种切割模式下一根原料钢管切割成 2 根 8m 钢管.

请读者试试,如果不增加约束(36)和(37),程序运行时间有多大差异.

最后,作为一个例子,说明利用定义集合的方法,上面的模型也可以如下输入:

```
model:
SETS:
    NEEDS/1..4/:LENGTH,NUM;        !定义基本集合 NEEDS 及其属性 LENGTH,NUM;
    CUTS/1..3/:X;                  !定义基本集合 CUTS 及其属性 X;
    PATTERNS(NEEDS,CUTS):R;        !定义派生集合 PATTERNS(这是一个稠密集合)及其属性 R;
ENDSETS
DATA:
    LENGTH=4 5 6 8;
    NUM=50 10 20 15;
    CAPACITY=19;
ENDDATA
min=@SUM(CUTS(I):X(I));               !目标函数;
@FOR(NEEDS(I):@SUM(CUTS(J):X(J)*R(I,J))>NUM(I));      !满足需求约束;
@FOR(CUTS(J):@SUM(NEEDS(I):LENGTH(I)*R(I,J))<CAPACITY);  !合理切割模式约束;
@FOR(CUTS(J):@SUM(NEEDS(I):LENGTH(I)*R(I,J))>CAPACITY
    -@MIN(NEEDS(I):LENGTH(I)));                     !合理切割模式约束;
@SUM(CUTS(I):X(I))>26; @SUM(CUTS(I):X(I))<31;     !人为增加约束;
@FOR(CUTS(I)|I#LT#@SIZE(CUTS):X(I)>X(I+1));        !人为增加约束;
@FOR(CUTS(J):@GIN(X(J)));
@FOR(PATTERNS(I,J):@GIN(R(I,J)));
end
```

请读者仔细阅读上面的程序,体会 LINGO 建模语言的强大功能.显然,对于下料问题,上面的程序将具体数据完全独立出来,具有较强的通用性.

10.3.4 生产批量计划(续)

对 10.1.3 节中的生产批量计划问题,我们已经建立了其线性整数规划模型(19),模型(20),模型(22)~(24),自然可以用 LINGO 直接求解.例如编写如下 LINGO 程序:

```
Model:
SETS:
PERIODS/1..4/ : S,C,H,D,X,I,Y;
ENDSETS
DATA:
  S=3 3 3 3;                    ! 每次生产准备费用
  C=50 50 50 50;                ! 单件生产费用
  H=1 1 1 1;                    ! 单件生产库存费用
  D=2 3 2 4;                    ! 产品需求数量
ENDDATA
M=@SUM(PERIODS : D);
MIN=@SUM(PERIODS(J) : S(J) * Y(J)+C(J) * X(J)+H(J) * I(J));
X(1)-D(1)=I(1);
@FOR(PERIODS(J)|J#GT#1 : I(J-1)+X(J)-D(J)=I(J));
@FOR(PERIODS(J) : X(J)<M * Y(J));
@FOR(PERIODS : @BIN(Y););
END
```

求解可得问题的最优解为 $x_1=2$(千件)，$x_2=5$(千件)，$x_3=0$(千件)，$x_4=4$(千件)，问题的最优值为561(千元).

由于该问题的最优解具有非常特殊的结构，下面通过设计动态规划算法来求解.

首先，容易看到：在最优解中 $I_0=I_T=0$，即 $\sum_{t=1}^{T}x_t=\sum_{t=1}^{T}d_t$. 进一步可以证明：一定存在满足条件 $I_{t-1}x_t=0(1\leqslant t\leqslant T)$ 的最优解. 由于以上两个性质，只有当上一时段库存 $I_{t-1}=0$ 时，本时段才考虑进行生产；且一旦生产，其生产量一定为某些后续时段的需求量的总和，即 $x_t\in\{d_t,d_t+d_{t+1},\cdots,d_t+d_{t+1}+\cdots+d_T\}$. 这样，动态规划方程可以简化. 如用 f_t 表示当 t 时段初始库存为0时，从 t 时段到 T 时段的子问题的最优费用值，则可以建立如下的递推关系：

$$f_t=\min_{t+1\leqslant\tau\leqslant T+1}\left[s_t\delta\left(\sum_{i=t}^{\tau-1}d_i\right)+c_t\sum_{i=t}^{\tau-1}d_i+\sum_{i=t+1}^{\tau-1}d_i\sum_{j=t}^{i-1}h_j+f_\tau\right],\quad 1\leqslant t\leqslant T.$$

其中

$$f_{T+1}=0,\quad \delta(x)=\begin{cases}0, & x=0,\\ 1, & x>0.\end{cases}\tag{38}$$

通过逆序递推计算，可以得到最优值(费用)为 $z^*=f_1$.

对于10.1.2节中的具体问题，以千件、千元为单位，相当于给定参数的数值如下：$T=4$，$c_t=50$(千元)，$s_t=3$(千元)，$h_t=1$(千元/千件)，$d_1=2$(千件)，$d_2=3$(千件)，$d_3=2$(千件)，$d_4=4$(千件)，具体计算过程如下：

$f_5=0$；

$f_4=3+50\times4+0+0=203$；

$f_3=\min\{3+50\times(2+4)+1\times4+0, 3+50\times2+0+203\}=306$;

$f_2=\min\{3+50\times(3+2+4)+1\times(2+4)+1\times4+0, 3+50\times(3+2)+1\times2+203,$
$3+50\times3+0+306\}=458$;

$f_1=\min\{3+50\times(2+3+2+4)+1\times(3+2+4)+1\times(2+4)+1\times4+0,$
$3+50\times(2+3+2)+1\times(3+2)+1\times2+203,$
$3+50\times(2+3)+1\times3+306,$
$3+50\times2+0+458\}=561.$

可得问题的最优解为 $x_1=2$(千件),$x_2=5$(千件),$x_3=0$(千件),$x_4=4$(千件),最优值为 561(千元).

由于该问题的特殊性,也可以方便地建立顺序递推的动态规划方程进行求解,即用 f_t 表示当 0 时段初始库存为 0 时,从 0 时段到 t 时段的子问题的最优费用值,建立动态规划方程. 请读者试着完成.

需要说明的是:由于在最优解中 $\sum_{t=1}^{T}x_t=\sum_{t=1}^{T}d_t=11$(千件),因此生产总量是一个常数;而本题中 $c_t=50$(千元)也是一个常数,所以用于生产的这部分费用是一个常数(550 千元). 因此,可以在前面的计算中先不考虑这部分费用,即把 c_t 看成是 0 简化进行计算,最优解不会变化,新的最优值加上 550 千元即为原问题的最优值.

能否用解最短路问题的类似方法,对这个问题编写 LINGO 程序来求解呢? 请读者思考.

10.4 实验练习

实验目的

1. 练习建立实际问题的整数规划模型.
2. 掌握用 LINGO 软件求解整数规划问题.

实验内容

1. 用分枝定界算法求解,并用 LINGO 验证得到的结果是否正确:

(1)
$$\begin{aligned}\min\ & z=7x_1+9x_2,\\ \text{s.t.}\ & -x_1+3x_2\geqslant 6,\\ & 7x_1+x_2\geqslant 35,\\ & x_1,x_2\in\mathbb{Z}^+.\end{aligned}$$

(2)
$$\begin{aligned}\max\ & z=40x_1+90x_2,\\ \text{s.t.}\ & 9x_1+7x_2\leqslant 56,\\ & 7x_1+20x_2\leqslant 70,\\ & x_1,x_2\in\mathbb{Z}^+.\end{aligned}$$

2. 用动态规划方法求解，并用 LINGO 验证得到的结果是否正确：

(1)
$$\min z = x_1^2 + x_2^2 + x_3^2 + x_4^2 - x_1 - 2x_2 - 3x_3 - 4x_4,$$
$$\text{s.t. } x_1 + x_2 + x_3 + x_4 \geqslant 10,$$
$$x_1, x_2, x_3, x_4 \in \mathbb{Z}^+.$$

(2)
$$\max z = 5x_1 + 10x_2 + 3x_3 + 6x_4,$$
$$\text{s.t. } x_1 + 4x_2 + 5x_3 + 10x_4 \leqslant 10,$$
$$x_1, x_2, x_3, x_4 \in \mathbb{Z}^+.$$

3. 用 LINGO 软件求解：

$$\max z = \boldsymbol{c}^{\mathrm{T}}\boldsymbol{x} + \frac{1}{2}\boldsymbol{x}^{\mathrm{T}}\boldsymbol{Q}\boldsymbol{x},$$
$$\text{s.t. } -1 \leqslant x_1x_2 + x_3x_4 \leqslant 1,$$
$$-3 \leqslant x_1 + x_2 + x_3 + x_4 \leqslant 2,$$
$$x_1, x_2, x_3, x_4 \in \{-1, 1\}.$$

其中 $\boldsymbol{c}=(6,8,4,-2)^{\mathrm{T}}$，$\boldsymbol{Q}$ 是三对角矩阵，主对角线上元素全为－1，两条次对角线上元素全为 2.

4. 某货运公司需要从 9 个货运订单中选定一些订单作为一批用一个集装箱发送，以获得最大利润. 该集装箱的最大装载容积（不允许重叠堆放，所以这里以底面积表示）为 1000m^2，最大装载重量为 1200kg. 9 个货运订单的相关信息见表 10.5.

5. （指派问题）考虑指定 n 个人完成 n 项任务（每人单独承担一项任务），使所需的总完成时间（成本）尽可能短. 已知某指派问题的有关数据（每人完成各任务所需的时间）如表 10.6 所示，试求解该指派问题.

表 10.5

订单号	1	2	3	4	5	6	7	8	9
利润	71	6	3	6	33	13	110	21	49
空间	67	27	794	53	234	32	792	97	435
重量	774	76	22	42	21	760	818	62	785

表 10.6

工人	任务			
	1	2	3	4
1	15	18	21	24
2	19	23	22	18
3	26	18	16	19
4	19	21	23	17

6. (二次指派问题)某公司指派 n 个员工到 n 个城市工作(每个城市单独一人),希望使所花费的总电话费用尽可能少. n 个员工两两之间每个月通话的时间表示在下面的矩阵的上三角部分(因为通话的时间矩阵是对称的,没有必要写出下三角部分),n 个城市两两之间通话费率表示在下面矩阵的下三角部分(同样道理,因为通话的费率矩阵是对称的,没有必要写出上三角部分). 试求解该二次指派问题(如果你的软件解不了这么大规模的问题,那就只考虑最前面的若干员工和城市).

$$\begin{bmatrix} 0 & 5 & 3 & 7 & 9 & 3 & 9 & 2 & 9 & 0 \\ 7 & 0 & 7 & 8 & 3 & 2 & 3 & 3 & 5 & 7 \\ 4 & 8 & 0 & 9 & 3 & 5 & 3 & 3 & 9 & 3 \\ 6 & 2 & 10 & 0 & 8 & 4 & 1 & 8 & 0 & 4 \\ 8 & 6 & 4 & 6 & 0 & 8 & 8 & 7 & 5 & 9 \\ 8 & 5 & 4 & 6 & 6 & 0 & 4 & 8 & 0 & 3 \\ 8 & 6 & 7 & 9 & 4 & 3 & 0 & 7 & 9 & 5 \\ 6 & 8 & 2 & 3 & 8 & 8 & 6 & 0 & 5 & 5 \\ 6 & 3 & 6 & 2 & 8 & 3 & 7 & 8 & 0 & 5 \\ 5 & 6 & 7 & 6 & 6 & 2 & 8 & 8 & 9 & 0 \end{bmatrix}$$

7. 一家出版社准备在某市建立两个销售代理点,向 7 个区的大学生售书,每个区的大学生数量(单位: 千人)已经表示在图 10.5 上. 每个销售代理点只能向本区和一个相邻区的大学生售书,这两个销售代理点应该建在何处,才能使所能供应的大学生的数量最大. 建立该问题的整数线性规划模型并求解.

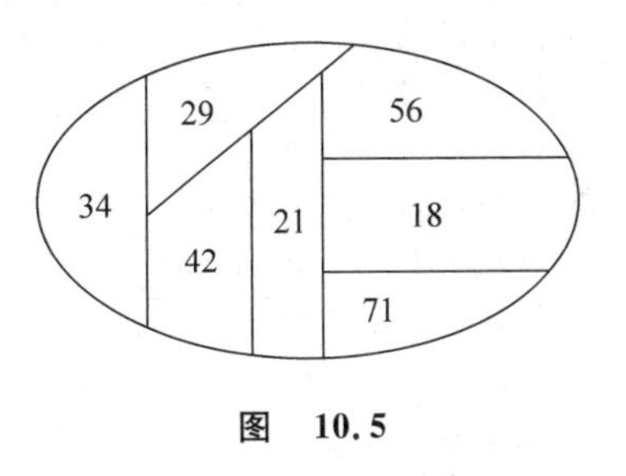

图 10.5

8. 某储蓄所每天的营业时间是上午 9 时到下午 5 时. 根据经验,每天不同时间段所需要的服务员数量见表 10.7.

表 10.7

时间段/h	9～10	10～11	11～12	12～1	1～2	2～3	3～4	4～5
服务员数量	4	3	4	6	5	6	8	8

储蓄所可以雇用全时和半时两类服务员. 全时服务员每天报酬 100 元,从上午 9 时到下午 5 时工作,但中午 12 时到下午 2 时之间必须安排 1h 的午餐时间. 储蓄所每天可以雇用不超过 3 名的半时服务员,每个半时服务员必须连续工作 4h,报酬 40 元. 问该储蓄所应如何雇用全时和半时两类服务员. 如果不能雇用半时服务员,每天至少增加多少费用. 如果雇用半时服务员的数量没有限制,每天可以减少多少费用.

9. (原油采购与加工)某公司用两种原油(A 和 B)混合加工成两种汽油(甲和乙). 甲、

乙两种汽油含原油 A 的最低比例分别为 50% 和 60%，每吨售价分别为 4800 元和 5600 元．该公司现有原油 A 和 B 的库存量分别为 500t 和 1000t，还可以从市场上买到不超过 1500t 的原油 A．原油 A 的市场价为：购买量不超过 500t 时的单价为 10000 元/t；购买量超过 500t 但不超过 1000t 时，超过 500t 的部分 8000 元/t；购买量超过 1000t 时，超过 1000t 的部分 6000 元/t．该公司应如何安排原油的采购和加工？请分别建立连续规划和整数规划模型来求解这个问题．

10．生产裸铜线和塑包线的工艺如图 10.6 所示：

某厂现有Ⅰ型拉丝机和塑包机各一台，生产两种规格的裸铜线和相应达到两种规格的塑包线，没有拉丝塑包联合机（简称联合机）．由于市场需求扩大和现有塑包机设备陈旧，计划新增Ⅱ型拉丝机或联合机（由于场地限制，每种设备最多 1 台），或改造塑包机，每种设备选用方案及相关数据见表 10.8．

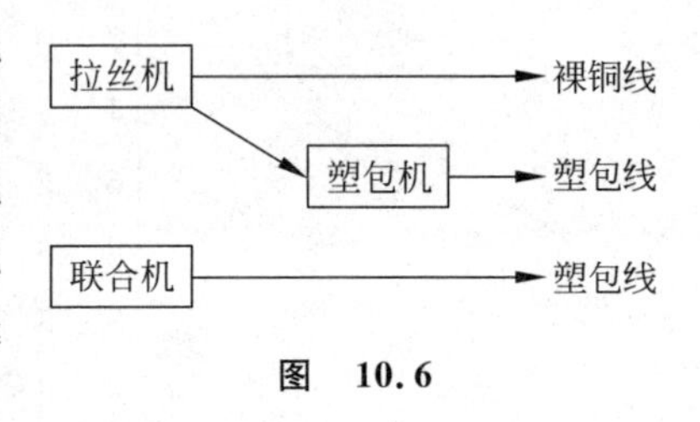

图　10.6

表　10.8

方　案	拉丝机		塑包机		联合机
	原有Ⅰ型	新购Ⅱ型	原有	改造	新购
方案代号	1	2	3	4	5
所需投资/万元	0	20	0	10	50
运行费用/(元/h)	5	7	8	8	12
固定费用/(万元/年)	3	5	8	10	14
规格 1 生产效率/(m/h)	1000	1500	1200	1600	1600
规格 2 生产效率/(m/h)	800	1400	1000	1300	1200
废品率/%	2	2	3	3	3
每千米废品损失/元	30	30	50	50	50

已知市场对两种规格裸铜线的需求分别为 3000km 和 2000km，对两种规格塑包线的需求分别为 10000km 和 8000km．按照规定，新购及改进设备按每年 5% 提取折旧费，老设备不提；每台机器每年最多只能工作 8000h．为了满足需求，确定使总费用最小的设备选用方案和生产计划．

11．（钢管下料）某钢管零售商从钢管厂进货，将钢管按照顾客的要求切割后售出．从钢管厂进货时得到的原料钢管长度都是 1850mm．现有一客户需要 15 根 290mm、28 根 315mm、21 根 350mm 和 30 根 455mm 的钢管．为了简化生产过程，规定所使用的切割模式的种类不能超过 4 种，使用频率最高的一种切割模式按照一根原料钢管价值的 1/10 增加费用，使用频率次之的切割模式按照一根原料钢管价值的 2/10 增加费用，以此类推，且每种切割模式下的切割次数不能太多（一根原料钢管最多生产 5 根产品）．此外，为了减少余料浪费，每种切割模式下的余料浪费不能超过 100mm．为了使总费用最小，应如何下料．

12.(易拉罐的下料)某公司采用一套冲压设备生产一种罐装饮料的易拉罐,这种易拉罐是用镀锡板冲压制成的.易拉罐为圆柱形,包括罐身、上盖和下底,罐身高10cm,上盖和下底的直径均为5cm.该公司使用两种不同规格的镀锡板原料,规格1的镀锡板为正方形,边长24cm;规格2的镀锡板为长方形,长、宽分别为32cm和28cm.由于生产设备和生产工艺的限制,对于规格1的镀锡板原料,只可以按照图10.7中的模式1,2或3进行冲压;对于规格2的镀锡板原料只能按照模式4进行冲压.使用模式1,2,3,4进行每次冲压所需要的时间分别为1.5s,2s,1s,3s.

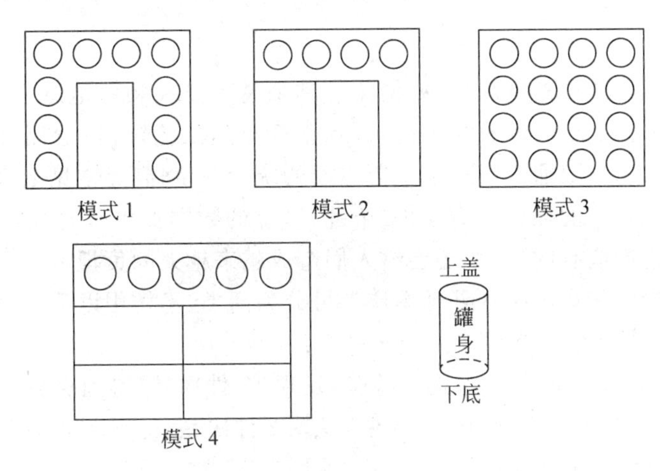

图 10.7

该工厂每周工作40h,每周可供使用的规格1,2的镀锡板原料分别为5万张和2万张.目前每只易拉罐的利润为0.10元,原料余料损失为0.001元/cm^2(如果周末有罐身、上盖或下底不能配套组装成易拉罐出售,也看作是原料余料损失).问工厂应如何安排每周的生产?

参考文献

[1] 姜启源,张立平,何青,高立.数学实验.第2版.北京:高等教育出版社,1999

[2] 姜启源,谢金星,叶俊.数学模型.第3版.北京:高等教育出版社,2003

[3] 胡运权.运筹学习题集.第3版.北京:清华大学出版社,2002

[4] Wayne L Winston. Introduction to Mathematical Programming, 4th ed. Brooks/Cole — Thomson Learning, Californian, 2003

[5] C A Floudas, P M Pardalos, C S Adjiman, et al. Handbook of Test Problems in Local and Global Optimization. Dordrecht: Kluwer Academic Publishers, 1999

[6] LINDO Systems Inc. LINDO / LINGO User's Guide. http://www.lindo.com

[7] 谢金星,薛毅.优化建模与LINDO/LINGO软件.北京:清华大学出版社,2005

实验 11　数据的统计与分析

随着计算机技术的发展和普及，数据信息越来越大量和频繁地进入人们的日常生活：从超市收款台处成千上万顾客的购物记录，到生产车间工艺过程和产品检验的情况报表；从政府机关收集的人口、交通、教育、卫生等方面的统计数字，到经常见诸报刊的关于市民的收入、支出、偏好、见解等的抽样调查结果.杂乱、浩瀚的数据如不及时地加以有效的整理和分析，既不能发挥它们应有的作用，还会给人们造成越来越大的负担.

一般说来，数据的采集与统计处理本质上可分为两类.不妨用以下的例子来说明.

1. 车间用两种办法统计当天产品的次品率：

(1) 对生产的全部 1000 件产品逐一检验，发现 18 件次品，得到次品率为 1.8%；

(2) 从全部产品中随机抽取 100 件检验，发现 2 件次品，得到次品率为 2%.

2. 行政区用两种办法统计每位居民的月平均支出：

(1) 对全区居民逐一调查，得到月平均支出为 828 元；

(2) 随机调查了 200 位居民，得到月平均支出为 788 元.

容易看出，两个例子的第 1 种办法是一般意义的统计，其结果是完全确定的，而第 2 种办法得到的结果是随机的.怎样用它来估计整体的状况(全部产品的次品率，全体居民的月平均支出)是数理统计(以下简称统计)的任务.

在实际生活中，当研究对象的数量很大时，不可能或者不必要对其全体进行考察(两个例子中的第 1 种办法)，部分抽样的结果必定包含着偶然性(两个例子中的第 2 种办法).此外，在诸如气象预报、零件测试、地质勘探、市场预测，以及复杂的生产工艺流程中，无法控制、不可预见的不确定因素的普遍存在，也使所得数据的随机性不可避免.因此统计在现实中有着广泛的应用.

概率论是统计的理论基础，这个实验结合统计的基本概念，介绍概率论的一些相关知识.以下 11.1 节提出几个经过简化的包含随机性的实际问题，并做简单分析，11.2 节介绍数据的整理和描述，11.3 节给出随机变量、概率分布、期望、方差等基本概念，并介绍 MATLAB 统计工具箱的使用，11.4 节是随机数的一个应用：用随机模拟计算数值积分，11.5 节讨论 11.1 节中问题的求解，11.6 节布置实验练习.

11.1 实例及其分析

11.1.1 报童的利润

问题 某报童每天从发行商处购进报纸零售，晚上将没有卖掉的报纸退回. 如果每份报纸的购进价为 a，每份报纸的零售价为 b，每份报纸的退回价（发行商返回报童的钱）为 c，且满足 $b \geqslant a \geqslant c$. 每天报纸的需求量是随机的. 为了获得最大的利润，该报童每天应购进多少份报纸?

为了掌握需求量的随机规律，可以用收集历史资料或向其他报童调查的办法作市场预测，假设已经得到 159 天报纸需求量的情况见表 11.1.

表 11.1 159 天报纸需求量的分布情况

需求量	100～119	120～139	140～159	160～179	180～199	200～219	220～239	240～259	260～279	≥280
天数	3	9	13	22	32	35	20	15	8	2

表中需求量在 100～119 的有 3 天，其余类推.

根据这些数据，并假定 $a=0.8$ 元，$b=1$ 元，$c=0.75$ 元，为报童提供最佳决策.

分析 由于每天报纸的需求量是随机的，使得报童每天的利润也是随机的，所以只能以长期售报过程中每天的平均利润最大为目标，确定最佳决策.

对表中提供的数据做进一步的加工（将在 11.5 节进行），可以得到每天需求量为 r 的概率，记作 $f(r)$，$r=0,\ 1,\ 2,\ \cdots$ 虽然 r 存在上限，但 r 很大时 $f(r)$ 将很小，以后会看到考虑 $r\to\infty$ 将使计算更为方便.

记报童每天购进报纸的份数为 n，当 $r<n$ 时报童售出 r 份，退回 $n-r$ 份，而每售出 1 份报童赚 $b-a$，退回 1 份报童赔 $a-c$，所以报童的利润为 $(b-a)r-(a-c)(n-r)$；当 $r\geqslant n$ 时报童将购进的 n 份全部售出，利润为 $n(b-a)$. 在这两种情况下将利润与需求概率 $f(r)$ 相乘并求和，就得到报童每天的平均利润 $V(n)$，即

$$V(n)=\sum_{r=0}^{n-1}[(b-a)r-(a-c)(n-r)]f(r)+\sum_{r=n}^{\infty}[(b-a)n]f(r). \tag{1}$$

问题化为求 n 使 $V(n)$ 最大. 我们将在 11.5 节继续讨论.

11.1.2 路灯更换策略

问题 某路政部门负责一条街的路灯维护. 更换路灯时，需要专用云梯车进行线路检测和更换灯泡，向相应的管理部门提出电力使用和道路管制申请，还要向雇用的各类人员支付报酬等，这些工作需要的费用往往比灯泡本身的费用更高，灯泡坏 1 个换 1 个的办法是不可取的. 根据多年的经验，他们采取整批更换的策略，即到一定的时间，所有灯泡无论好与坏全

部更换.

上级管理部门通过监察灯泡是否正常工作对路政部门进行管理,一旦出现 1 个灯泡不亮,管理部门就会按照折合计时对他们进行罚款.路政部门面临的问题是,多长时间进行一次灯泡的全部更换,换早了,很多灯泡还没有坏;换晚了,要承受太多的罚款.

分析 全部更换一次灯泡的时间不妨称为更换周期,应以路政部门支出的总费用最小为目标,确定最佳的更换周期.总费用包括更换灯泡的费用和承受的罚款两部分,前者是确定的,而后者与灯泡的寿命有关.根据常识,灯泡的寿命是随机的,在平均值附近有较大的波动,需要通过调查研究确定灯泡寿命的随机规律(像报童利润问题中报纸需求量的概率一样),再计算由于寿命小于更换周期导致的(平均)罚款.我们将在 11.5 节继续讨论.

11.2 数据的整理和描述

11.2.1 数据的收集和样本的概念

数据是多种多样的,我们总是为了某种目的而收集数据,请看以下的例子.

例 1 某银行为使顾客感到亲切以吸引更多的资金,计划对柜台的高度进行调整.银行随机选了 50 名顾客进行调查,测量每个顾客感觉舒适时的柜台高度,表 11.2 为得到的数据.银行怎样依据它确定柜台高度呢?

表 11.2 50 名顾客感到舒适的柜台高度 单位:cm

100	110	136	97	104	100	95	120	119	99
126	113	115	108	93	116	102	122	121	122
118	117	114	106	110	119	127	119	125	119
105	95	117	109	140	121	122	131	108	120
115	112	130	116	119	134	124	128	115	110

例 2 为了比较两个班的学习状况,同一份试卷的某次考试成绩见表 11.3.根据这些数据评价两个班的学习状况是否有差距?

表 11.3 两个班的某次考试成绩

序号	1	2	3	4	5	6	7	8	9	10	11	12	13	14	15	16
甲班	92	88	85	92	95	79	84	87	88	65	93	73	88	87	94	80
乙班	84	83	82	85	82	81	82	90	84	78	75	83	78	85	84	79
序号	17	18	19	20	21	22	23	24	25	26	27	28	29	30	31	32
甲班	69	86	88	78	79	68	88	87	55	93	79	85	90	53	99	81
乙班	85	73	90	77	81	82	82	80	86	83	77	78				

例 3 粮食加工厂一台包装机的设计指标为每袋 50kg，且包装偏差不超过 1%. 为了监测包装机的运行是否正常，随机抽取 20 袋粮食，其质量见表 11.4. 如何由此推断机器的运行状况？

表 11.4 20 袋粮食的质量 单位：kg

49.65	48.67	50.10	50.23	49.08	50.95	50.95	49.97	50.26	50.14
49.85	50.58	49.53	51.75	49.89	50.09	50.85	50.05	49.92	49.33

上面几个实例给出的数据有以下的共同特点.

第一，收集到的数据背后都蕴藏着更大量的数据，那是人们的研究对象. 例 1 只测试了 50 名顾客，而银行有更大的顾客群体；例 2 只是一次考试的成绩，可以进行任意多次考试；例 3 也可以收集更多的数据. 研究对象全体的集合称为**总体**(或母体)，总体的一个基本组成单位，即每一个数据称为一个**个体**，总体可认为包含无穷多个个体. 若干个体的集合，如每个例子给出的一组数据，称为**样本**. 若样本包含 n 个个体，称 n 为**样本容量**.

第二，收集到的数据是随机的，不确定的. 例 1 若选取另外 50 名顾客进行调查，会得到不同的数据；对于例 2，每考一次都可能得到不同的结果. 于是，一次试验从总体中得到的样本是一组具体的数据，不同的试验相当于从总体中随机选取样本.

第三，每个数据的选取是相互独立的. 例 1 的 50 名顾客对合适柜台高度的要求互不相关；例 2 的各个学生的考试成绩也无联系. 于是，样本是由一些相互独立的个体组成的.

按照概率论的观点，总体可以看作一个**随机变量**，记作 X，每个个体作为这个随机变量的一个实现，记作 $x_i(i=1, 2,\cdots, n)$，看作与总体有相同分布的随机变量(分布的概念将在 11.3 节介绍，这里不妨理解为有相同的统计规律)，样本则是一组相互独立的、同分布的随机变量，记作 $\boldsymbol{x}=(x_1, x_2,\cdots, x_n)$.

样本是统计研究的主要对象，可以说，统计的基本任务就是从样本推断总体. 由于样本的随机性，推断的结果不可能是精确的，应该允许有偏差，或者有错误. 当然，统计方法会给出偏差的大小和错误的概率.

11.2.2 数据的整理、频数表和直方图

原始数据虽然包含了总体的信息，但常常是杂乱无章的，像表 11.2 到表 11.4 那样. 报刊上一些公开发表的数据常常是经过整理的，能给人们以比较清晰的认识，例如，2003 年 5 月 6 日公布的北京地区 SARS 患者的按年龄分布数据见表 11.5.

表 11.5 北京地区 SARS 患者的统计数据(截至 2003 年 5 月 5 日)

年龄/岁	10 以下	11～20	21～30	31～40	41～50	51 以上	总数
人数/人	24	145	677	382	332	337	1897
比例/%	1.27	7.64	35.69	20.14	17.50	17.77	100

观察表11.5的数据,很容易知道,21～50岁的中青年患者大约占总发病人数的3/4,提醒民众中青年是易感人群.

频数表和直方图是对数据进行初步整理的两种办法.

将数据的取值范围划分为若干个区间,然后统计这组数据在每个区间中出现的次数,称为**频数**,得到一个**频数表**.对于例1,可以这样产生它的频数表:先找出表11.2数据中的最小值93和最大值140,将区间[93,140]等分成N(比如10)个子区间,每个子区间用它的中点表示,然后统计数据在每个子区间中出现的次数,就得到表11.6.类似地,对于例3,若分5个子区间,得到表11.7.

表11.6 柜台高度频数表(例1)

中点	95.35	100.05	104.75	109.45	114.15	118.85	123.55	128.25	132.95	137.65
频数	4	4	3	6	8	12	5	4	2	2

表11.7 包装质量频数表(例3)

中点	48.978	49.594	50.210	50.826	51.442
频数	2	5	8	4	1

用这样初步整理后的数据可以推测出总体的某些简单性质.表11.6表明选择柜台高度在107.10cm至125.90cm(中点109.45至123.55区间中的顾客数)的有31人,占总人数的62%,柜台高度设计在这个范围内,会得到大多数顾客的满意.

为了更加直观,可以用图的形式显示频数表.以数据的取值为横坐标,频数为纵坐标,画出一个台阶形的图,称为**直方图**(histogram),或频数分布图.表11.6和表11.7的直方图分别为图11.1和图11.2.

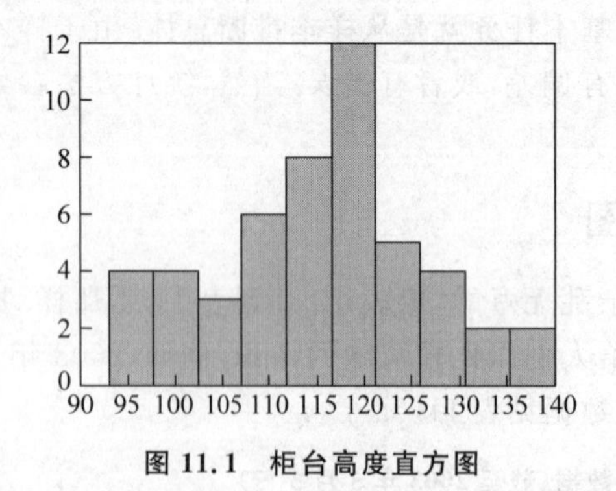

图11.1 柜台高度直方图

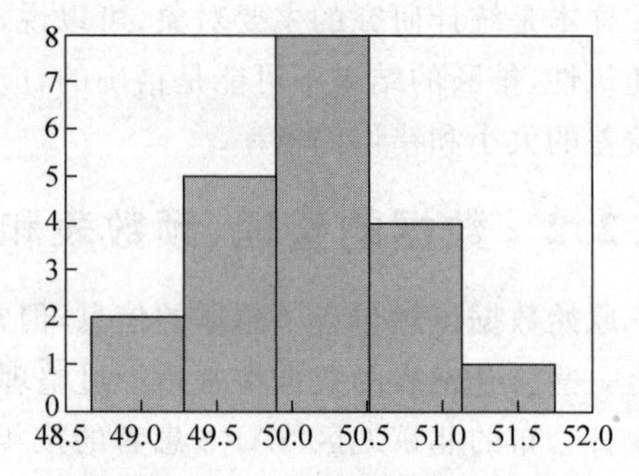

图11.2 包装质量直方图

若样本容量不大,能够手工做出频数表和直方图,当样本容量较大时,可以借助计算机完成(见11.2.4节).

11.2.3 统计量

用频数表(表 11.6) 和直方图(图 11.1)还无法直接回答例 1 关于确定柜台高度的问题,众所周知,解决这个问题常用的办法是计算表 11.2 中 50 名顾客感到舒适的柜台高度的平均值.

对于一个容量为 n 的样本(即一组数据)$\boldsymbol{x}=(x_1, x_2,\cdots, x_n)$,它的**平均值** (mean,简称样本均值,记作$\bar{x}$)定义为

$$\bar{x}=\frac{1}{n}\sum_{i=1}^{n}x_i. \tag{2}$$

通过计算得到表 11.2 数据的平均值为$\bar{x}=115.26$,可作为设计柜台高度的参考值.

类似地,为了比较例 2 中两个班的学习状况,我们首先分别计算表 11.3 两个班考试成绩的平均值,得到甲班的平均值为 82.75 分,乙班的平均值为 81.75 分,大致表明甲班的平均成绩稍高于乙班.仔细研究数据还会发现,甲班中 90 分以上的有 7 人,但有 2 人不及格,分数比较分散,而乙班全在 73 分到 90 分之间,分数相对集中,两个班考试成绩的这种差别可以从它们的直方图(图 11.3)明显地看出.为了描述数据的这种分散程度(统计上称为变异),统计上引入标准差的概念.

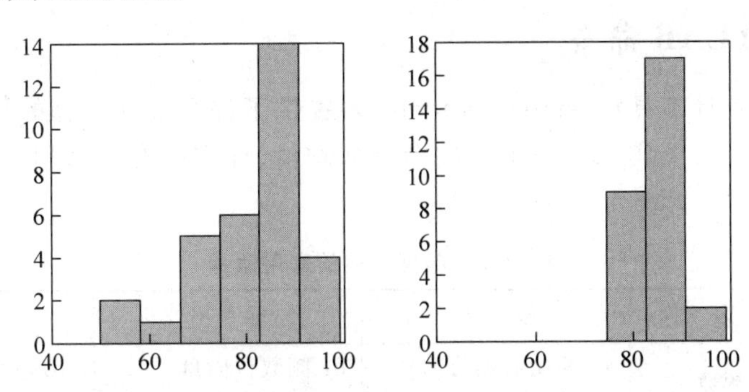

图 11.3 甲乙两个班的成绩分布(左侧为甲班)

对于样本 $\boldsymbol{x}=(x_1, x_2,\cdots, x_n)$,它的**标准差**(standard deviation,记作 s)定义为①

$$s=\left[\frac{1}{n-1}\sum_{i=1}^{n}(x_i-\bar{x})^2\right]^{1/2}, s_1=\left[\frac{1}{n}\sum_{i=1}^{n}(x_i-\bar{x})^2\right]^{1/2}. \tag{3}$$

标准差是 $x_i(i=1,2,\cdots,n)$ 与均值$\bar{x}$偏离程度的度量.分别计算表 11.3 两个班考试成绩的标准差,得到甲班的标准差为 10.98,乙班的标准差为 3.98,表明甲班成绩的分散程度远大于乙班.

样本均值和标准差是两个最常用、最重要的统计量.所谓**统计量**就是由样本加工出来

① (3)式中 s 是无偏的(见 12.2.2 节),以下若不特别指明,标准差均指 s,当 n 较大时 s 与 s_1 实际上差别很小.

的、集中反映样本数量特征的函数，在总体的参数估计和假设检验中起着重要作用.

统计量大致可分为三类：表示位置的，表示变异程度的，以及表示分布形状的.

表示位置的除了均值以外，还有中位数. **中位数**(median)是将数据由小到大排序后处于中间位置的那个数值. 当样本容量 n 为奇数时，中位数惟一确定；当 n 为偶数时，定义为中间两个数的平均值.

表示数据变异程度的除了标准差以外，还有极差和方差. **极差**(range)是 $x_1, x_2, \cdots, x_n$ 的最大值与最小值之差. **方差**(variance)是标准差的平方 s^2.

表示数据分布形状的统计量有偏度和峰度，当 n 充分大时，**偏度**(skewness，记作 g_1)和**峰度**(kurtosis ，记作 g_2)可分别表示为

$$g_1 = \frac{1}{ns_1^3}\sum_{i=1}^{n}(x_i - \bar{x})^3, \quad g_2 = \frac{1}{ns_1^4}\sum_{i=1}^{n}(x_i - \bar{x})^4. \tag{4}$$

偏度反映分布的对称性，$g_1>0$ 称为右偏态，此时数据位于均值右边的比左边的多；$g_1<0$ 称为左偏态，情况相反；而 g_1 接近 0 则可认为分布基本上是对称的.

峰度是分布形状的另一种度量，常见的正态分布(将在 11.3 节介绍)的峰度为 3，若 g_2 比 3 大得多，表示分布有沉重的尾巴，说明样本中含有较多远离均值的数据，因而峰度可以用作衡量偏离正态分布的尺度之一.

11.2.4　MATLAB 命令

MATLAB 的统计工具箱(statistics toolbox)提供了许多统计计算的程序，用于数据描述的常用命令见表 11.8(实际上表中一些命令如均值、标准差在 MATLAB 中而不在统计工具箱内).

表 11.8　数据描述的常用命令

命　令	名　称	输　入	输　出	注意事项
[n,y]=hist(x,k)	频数表	x：原始数据行向量 k：等分区间数	n：频数行向量 y：区间中点行向量	[n,y]=hist(x)中 k 取默认值 10
hist(x,k)	直方图	x：原始数据行向量 k：等分区间数	直方图	[n,y]=hist(x)中 k 取默认值 10
mean(x)	均值	x：原始数据行向量	均值 $\bar{x}$	
median(x)	中位数	x：原始数据行向量	中位数	
range(x)	极差	x：原始数据行向量	极差	
std(x)	标准差	x：原始数据行向量	标准差 s	std(x, 1)：即(3)式中的 s_1
var(x)	方差	x：原始数据行向量	方差 s^2	var(x,1)：即 s_1^2
skewness(x)	偏度	x：原始数据行向量	偏度 g_1	
kurtosis(x)	峰度	x：原始数据行向量	峰度 g_2	

用下面的程序求例 1 的频数表、直方图及均值等统计量：

```
X =[100 110 136 97 104 100 95 120 119 99 ...           % 输入表 11.2 数据，...为续行符号
    126 113 115 108 93 116 102 122 121 122 ...
    118 117 114 106 110 119 127 119 125 119 ...
    105 95 117 109 140 121 122 131 108 120 ...
    115 112 130 116 119 134 124 128 115 110];
[N,Y]=hist(X),                                          % 频数表
hist(X),                                                % 直方图
x1=mean(X),x2=median(X)                                 % 各个统计量
x3=range(X),x4=std(X)
x5=skewness(X),x6=kurtosis(X)
```

输出图 11.1 和下列结果：

```
N = 4 4 3 6 8 12 5 4 2 2
Y= 95.3500 100.0500 104.7500 109.4500 114.1500 118.8500 123.5500 128.2500 132.9500
   137.6500
x1 = 115.2600,x2 =116.5000
x3 =47,x4 =10.9690
x5 = -0.0971,x6 =2.6216
```

MATLAB 数据输入有直接输入和文件输入两种方式. 直接输入适合数据规模不大及调试程序的情况，上面就是直接输入. 当数据量较大时，可以采用文件输入方式，对于例 1，先把表 11.2 中的数据直接写入一个 M 文件中(每个数据之间需有空格)，命名为 bankdata. m

```
100 110 136 97 104 100 95 120 119 99
126 113 115 108 93 116 102 122 121 122
118 117 114 106 110 119 127 119 125 119
105 95 117 109 140 121 122 131 108 120
115 112 130 116 119 134 124 128 115 110
```

然后在程序中用 dlmread 命令读入这个数据文件，再做计算：

```
A=dlmread('bankdata.m');                          % A 返回 bankdata.m 文件中的 5×10 矩阵
X=[A(1,:) A(2,:) A(3,:) A(4,:) A(5,:)];           % 得到行向量 X,以下与上面的程序同
```

11.3 随机变量的概率分布及数字特征

11.3.1 频率与概率

在例 1 确定柜台高度的研究中，表 11.6 给出了每个小区间的频数，容易理解，随着测试人数的增加，各个小区间的频数会随之变大，但频数占总人数的比例应该变化不大. 如前所

述，一组数据可以看作代表总体的随机变量 X 的一系列实现，若定义样本数据在一个确定区间$(a,b]$的频数 k 与样本容量 n 的比值为**频率**，记作 $f(a<X\leqslant b)$，则

$$f(a < X \leqslant b) = \frac{k}{n}. \tag{5}$$

实践表明，只要能保证抽取样本的随机性和独立性，当样本容量无限增大时，频率会趋向一个确定值，这个值称为随机变量 X 落入区间$(a,b]$的**概率**(probability)，记作 $P\{a<X\leqslant b\}$.

如果 X 在实数域一个区间上取值，称 X 是连续随机变量. 例1的柜台高度可视为连续变量，将图11.1的纵坐标由频数换成频率，当测试人数 n 无限增加时，频率的图形将逐渐向连续曲线 $p(x)$逼近，如图11.4所示.

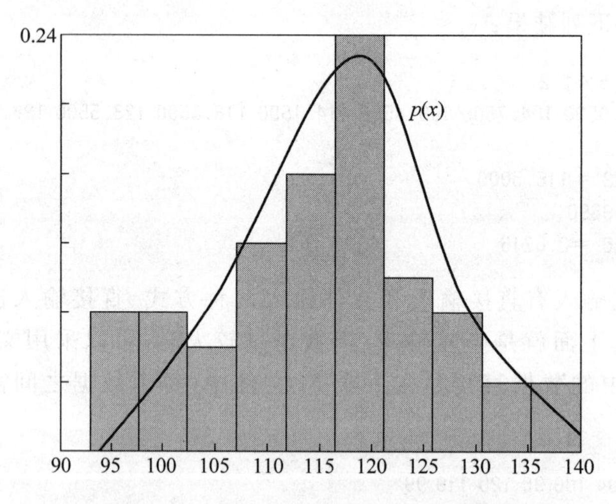

图11.4　例1的频率图形及变化趋势

11.3.2　概率密度与分布函数

从频率与概率的关系看出，可以合理地定义连续随机变量 X 落入区间$(a,b]$的概率为

$$P\{a < X \leqslant b\} = \int_a^b p(x)\mathrm{d}x. \tag{6}$$

称 $p(x)$为随机变量 X 的**概率密度函数**(probability density function，简称概率密度)，满足 $p(x) \geqslant 0, \int_{-\infty}^{\infty} p(x)\mathrm{d}x = 1$. 定义

$$F(x) = P\{X \leqslant x\} = \int_{-\infty}^{x} p(x)\mathrm{d}x \tag{7}$$

为随机变量 X 的**概率分布函数**(cumulative distribution function)，简称分布函数. 显然，F 非降且 $F(-\infty)=0, F(\infty)=1, P\{a<X\leqslant b\}=F(b)-F(a), p(x)=\dfrac{\mathrm{d}F(x)}{\mathrm{d}x}$.

实际问题中随机试验的结果有时需要用两个随机变量来描述，如为了研究儿童的发育状况，随机抽样测量儿童的身高和体重；在众多随机因素影响下炮弹弹着点的横坐标和纵坐标. 二维连续随机变量(X, Y)的概率密度用$p(x,y)$表示，满足$p(x,y)\geqslant 0$，$\int_{-\infty}^{\infty}\int_{-\infty}^{\infty}p(x,y)\mathrm{d}x\mathrm{d}y=1$. (X, Y)落在x,y平面上某区域Ω内的概率用二重积分

$$P((X,Y)\in\Omega)=\iint_{\Omega}p(x,y)\mathrm{d}x\mathrm{d}y \tag{8}$$

计算.

由(X, Y)的概率密度$p(x,y)$可以确定两个随机变量X和Y的概率密度$p_X(x)$和$p_Y(y)$，

$$p_X(x)=\int_{-\infty}^{\infty}p(x,y)\mathrm{d}y,\quad p_Y(y)=\int_{-\infty}^{\infty}p(x,y)\mathrm{d}x. \tag{9}$$

称为**边际概率密度**. 当

$$p(x,y)=p_X(x)p_Y(y) \tag{10}$$

时称**随机变量 X 和 Y 相互独立**.

与二维连续随机变量的概率密度及(8)，(9)，(10)式类似，可以定义多维连续随机变量的概率密度、概率计算，边际概率密度和多维随机变量的相互独立等.

11.3.3 期望和方差

概率密度和分布函数完整地描述了随机变量的(随机)变化规律，在某些情况下只需要它的最主要的**数字特征**，这就是**期望**(expectation)和**方差**(variation).

随机变量X的期望就是平均值的意思，记作EX或μ，用概率密度函数$p(x)$定义为

$$EX=\int_{-\infty}^{\infty}xp(x)\mathrm{d}x, \tag{11}$$

方差记作DX或$\mathrm{var}X$，或σ^2，定义为

$$DX=\int_{-\infty}^{\infty}(x-EX)^2p(x)\mathrm{d}x. \tag{12}$$

方差的平方根σ称为均方差(标准差). 由(9)式可以得出方差的简化计算公式

$$DX=E(X-EX)^2=EX^2-(EX)^2. \tag{13}$$

当随机变量只取离散值时，其期望和方差的定义及计算，只需将上面的积分改为求和即可.

11.3.4 二维随机变量的协方差和相关系数

在二维随机变量(X, Y)的数字特征中，X，Y的期望和方差仍由(11)～(13)式对边际概率密度$p_X(x)$和$p_Y(y)$计算，而描述X，Y之间相互关系的数字特征——**协方差** cov (covariance)和**相关系数** r(correlation coefficient)定义如下.

$$\operatorname{cov}(X,Y)=\int_{-\infty}^{\infty}\int_{-\infty}^{\infty}(x-EX)(y-EY)p(x,y)\mathrm{d}x\mathrm{d}y$$
$$=E[(X-EX)(Y-EY)]=E(XY)-(EX)(EY), \tag{14}$$
$$r_{XY}=\frac{\operatorname{cov}(X,Y)}{\sqrt{DX}\ \sqrt{DY}}. \tag{15}$$

相关系数 r 度量了 X, Y 的相关程度,当 $r=0$(即 $\operatorname{cov}(X,Y)=0$)时 X, Y 不相关,$r=1$ 时正(线性)相关,$r=-1$ 时负(线性)相关.

当 X,Y 相互独立时,$E(XY)=(EX)(EY)$,可知 X,Y 不相关.

对于任意两个随机变量 X, Y 和任意常数 c_1, c_2,期望和方差有如下性质:

$$E(c_1X+c_2Y)=c_1EX+c_2EY. \tag{16}$$
$$D(c_1X+c_2Y)=c_1^2DX+c_2^2DY+2c_1c_2\operatorname{cov}(X,Y). \tag{17}$$

特别地,若随机变量 X, Y 相互独立,则

$$D(c_1X+c_2Y)=c_1^2DX+c_2^2DY. \tag{18}$$

(16)式,(18)式可以推广到任意多个随机变量的情形.

将上述性质用于样本均值 $\bar{x}=\frac{1}{n}\sum_{i=1}^{n}x_i$,由于每个个体 x_i 是相互独立的、与总体同分布的随机变量,若记总体的期望和方差为 EX 和 DX,则样本均值的期望和方差为

$$E\bar{x}=\frac{1}{n}\sum_{i=1}^{n}Ex_i=EX, \tag{19}$$
$$D\bar{x}=\frac{1}{n^2}\sum_{i=1}^{n}Dx_i=\frac{DX}{n}. \tag{20}$$

(19)式,(20)式是统计中非常重要的结果.

11.3.5 常用的概率分布

(1) 均匀分布

当随机变量 X 在某个有限区间 $[a,b]$ 上等可能性地取值时,X 服从**均匀分布**(uniform distribution),记作 $X\sim U(a,b)$,其概率密度为

$$p(x)=\begin{cases}\dfrac{1}{b-a}, & x\in[a,b],\\ 0, & \text{其他}.\end{cases} \tag{21}$$

$U(0, 2)$ 和 $U(1, 5)$的概率密度函数图形如图 11.5 所示.

将(21)式代入(11)式和(13)式,容易算出 $U(a,b)$的期望和方差分别为

$$EX=\frac{a+b}{2},\quad DX=\frac{(b-a)^2}{12}. \tag{22}$$

当计算保留小数点后 4 位数字(第 5 位四舍五入)时舍入误差的数值服从 $U(-0.5\times10^{-4}, 0.5\times10^{-4})$;若班车每隔 a 分钟发一次,随意到达的乘客的候车时间服从 $U(0, a)$.

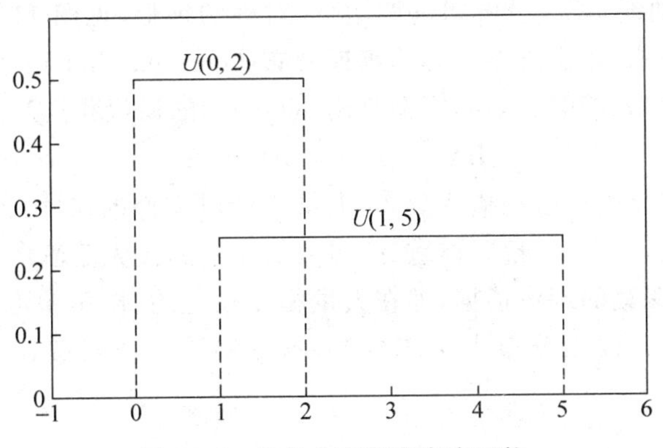

图 11.5 均匀分布概率密度函数

(2) 指数分布

指数分布(exponential distribution)的概率密度函数为

$$p(x)=\begin{cases}\frac{1}{\lambda}e^{-\frac{x}{\lambda}}, & x\geqslant 0,\\ 0, & \text{其他}.\end{cases} \tag{23}$$

其中 $\lambda(>0)$ 是指数分布的惟一参数,记 $X\sim\text{Exp}(\lambda)$. Exp(2)和 Exp(4) 的概率密度函数图形见图 11.6.

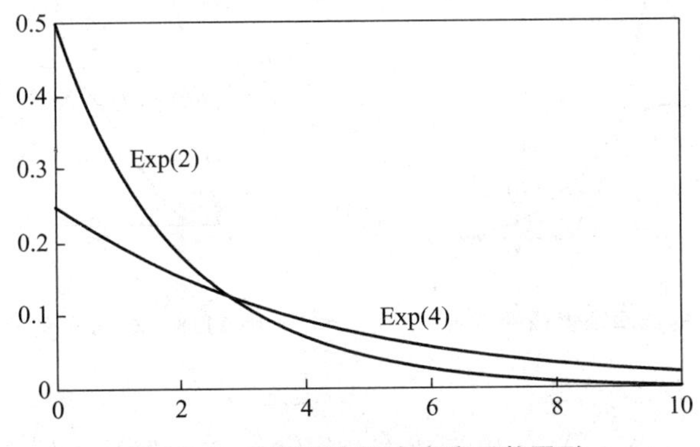

图 11.6 指数分布概率密度函数图形

将(23)式代入(11)式和(13)式,容易算出 Exp (λ) 的期望和方差分别为

$$EX=\lambda,\quad DX=\lambda^2. \tag{24}$$

一些电器元件的寿命、排队模型中的服务时间等可认为服从指数分布.

(3) 正态分布

正态分布(norm distribution)的概率密度函数为

$$p(x)=\frac{1}{\sqrt{2\pi}\sigma}\exp\left(-\frac{(x-\mu)^2}{2\sigma^2}\right), \tag{25}$$

记为 $X \sim N(\mu,\sigma^2)$. 曲线 $p(x)$呈中间高两边低、对称的钟形,见图 11.7. $\mu=0,\sigma=1$ 的正态分布称为**标准正态分布**. 正态分布又称为**高斯分布**(Gaussian distribution).

将(25)式代入(11)式和(13)式,容易算出 $N(\mu,\sigma^2)$的期望和方差分别为

$$EX = \mu, \qquad DX = \sigma^2. \tag{26}$$

正态分布是最常见的连续型概率分布,大量生产时零件的尺寸,射击时弹着点的位置,仪器反复量测的结果,人群的身高、体重等,多数情况下都服从正态分布,这不仅是观察和经验的总结,而且有着深刻的理论依据,即在大量相互独立的、作用差不多大的随机因素影响下形成的随机变量,其极限分布为正态分布(这一结论的严格叙述见概率论的中心极限定理).

(4) χ^2 分布

若 $X_1,X_2,\cdots,X_n$ 为相互独立、服从标准正态分布 $N(0,1)$的随机变量,则它们的平方和 $Y = \sum\limits_{i=1}^{n} X_i^2$ 服从 **χ^2 分布**,记作 $Y \sim \chi^2(n)$,n 称作**自由度**.

χ^2 分布的密度函数的图形见图 11.8,$\chi^2(n)$的期望是 n,当 n 增加时曲线向右移动,且变平.

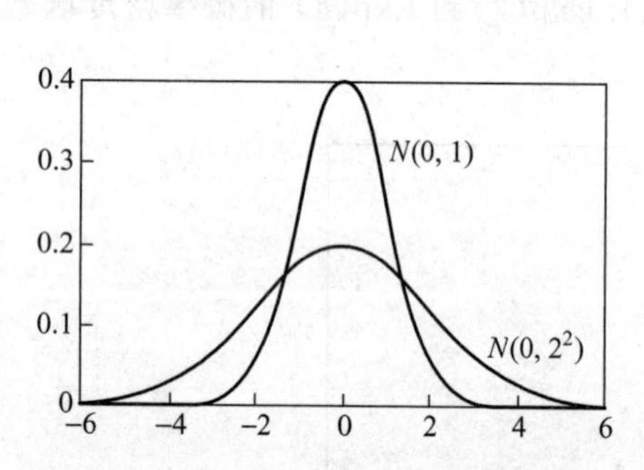

图 11.7 正态分布的概率密度函数图形

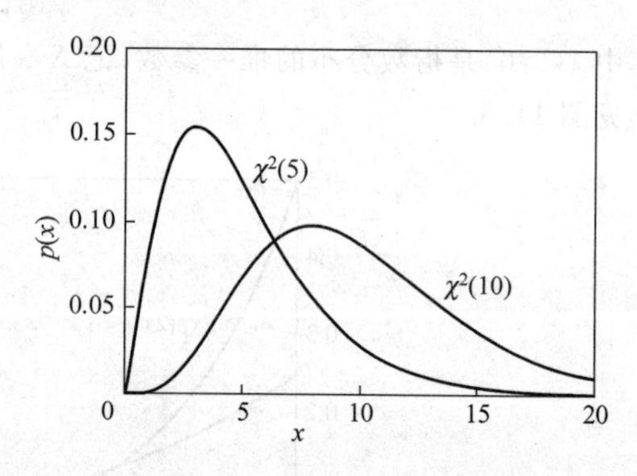

图 11.8 χ^2 分布的概率密度函数图形

(5) t 分布

若 $X \sim N(0,1)$,$Y \sim \chi^2(n)$,且相互独立,则 $T=\dfrac{X}{\sqrt{Y/n}}$服从 **t 分布**,记作 $T \sim t(n)$,n 称为自由度. t 分布又称学生(student)分布.

t 分布的密度函数曲线见图 11.9,它和 $N(0,1)$曲线形状相似. 理论上当 $n \to \infty$时 $T \sim t(n) \to N(0,1)$,实际上当 $n>30$ 时它与 $N(0,1)$就相差无几了.

(6) F 分布

若 $X \sim \chi^2(n_1)$,$Y \sim \chi^2(n_2)$,且相互独立,则 $F=\dfrac{X/n_1}{Y/n_2}$服从 **F 分布**,记作 $F \sim F(n_1,n_2)$,(n_1,n_2)称为自由度. F 分布的密度函数曲线见图 11.10.

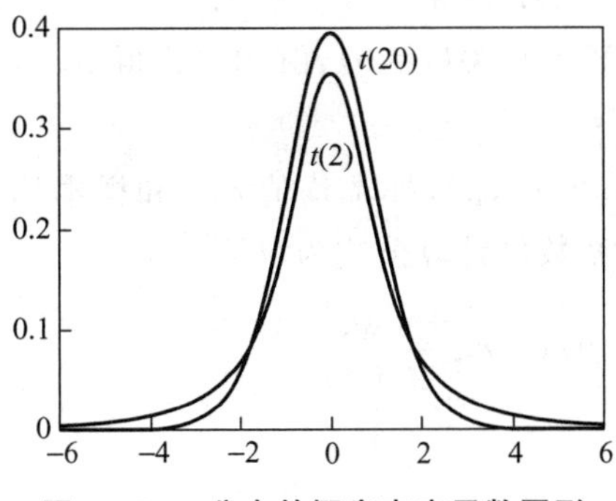

图 11.9 t 分布的概率密度函数图形

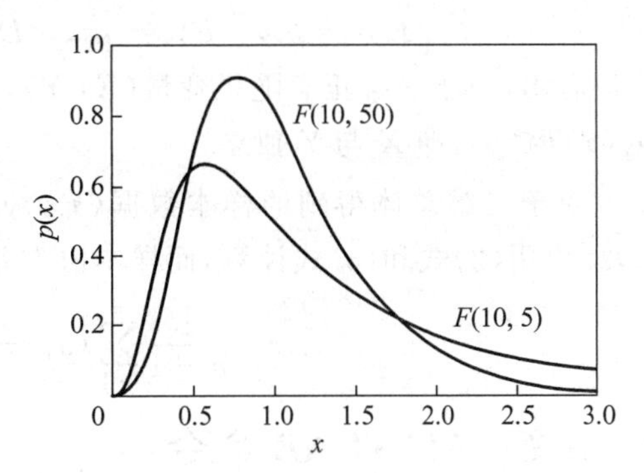

图 11.10 F 分布的概率密度函数图形

除了以上连续随机变量的概率分布外，还有几个常用的离散随机变量的概率分布.

(7) 二项分布

如果一次实验只有两种结果：成功和失败，记成功的概率为 $p,q=1-p$，n 次独立实验中成功的次数是随机变量 X，X 服从**二项分布**(binomial distribution)，有

$$P\{X=k\}=C_n^k p^k q^{n-k},\quad k=0,1,\cdots,n, \tag{27}$$

记作 $X\sim B(n,\ p)$.

将(27)式代入(11)式和(13)式(积分改为求和)，可以算出 $B(n,\ p)$的期望和方差分别为

$$EX=np,\quad DX=npq. \tag{28}$$

产品检验中的废品个数、独立射击时的命中次数等都服从二项分布.

(8) 泊松分布

当二项分布的 $n\to\infty$，$np\to\lambda$(常数)时，随机变量 X 服从泊松分布(Poisson distribution)，记作 Poiss(λ)，有

$$P\{X=k\}=\frac{\lambda^k}{k!}e^{-\lambda},\quad k=0,1,2,\cdots. \tag{29}$$

将(29)式代入(11)式和(13)式(积分改为求和)，可以算出 Poiss(λ)的期望和方差分别为

$$EX=\lambda,\quad DX=\lambda. \tag{30}$$

服务系统在一定时间内接到的呼唤数，放射性物质一定时间内发射的粒子数等服从泊松分布.

(9) 二维正态分布

二维正态分布是最常用的二维概率分布，其概率密度为

$$p(x,y)=\frac{1}{2\pi\sigma_1\sigma_2\sqrt{1-r^2}}\exp\left\{-\frac{1}{2(1-r^2)}\left[\frac{(x-\mu_1)^2}{\sigma_1^2}-2r\frac{(x-\mu_1)(y-\mu_2)}{\sigma_1\sigma_2}+\frac{(y-\mu_2)^2}{\sigma_2^2}\right]\right\}. \tag{31}$$

按照定义(11)式，(13)式和(15)式算出数字特征

$$EX = \mu_1, \quad EY = \mu_2, \quad DX = \sigma_1^2, \quad DY = \sigma_2^2, \quad r_{XY} = r. \tag{32}$$

可以看出,对于二维正态随机变量(X, Y),若X与Y不相关$(r=0)$,由(31)式得$p(x,y)=p_X(x)p_Y(y)$,即X与Y独立.

对于二维总体得到的样本数据(x_i, y_i) $(i=1,2,\cdots,n)$,样本均值$\bar{x}$,$\bar{y}$和样本均方差s_x,s_y仍用(2)式和(3)式计算,而样本协方差和相关系数的计算公式为

$$s_{xy}^2 = \frac{1}{n-1}\sum_{i=1}^{n}(x_i - \bar{x})(y_i - \bar{y}), \quad r_{xy} = \frac{s_{xy}^2}{s_x s_y}. \tag{33}$$

11.3.6 MATLAB 命令

MATLAB 统计工具箱中提供约 20 种概率分布,上面介绍的前 8 种分布 MATLAB 命令采用下列字符(见表 11.9).

表 11.9 概率统计命令 I

分布	均匀分布	指数分布	正态分布	χ^2 分布	t 分布	F 分布	二项分布	泊松分布
字符	unif	exp	norm	chi2	t	f	bino	poiss

对每一种分布提供 5 类运算功能,采用下列字符(见表 11.10).

表 11.10 概率统计命令 II

功能	概率密度	分布函数	逆概率分布	均值与方差	随机数生成
字符	pdf	cdf	inv	stat	rnd

当需要某一分布的某类运算功能时,将分布字符与功能字符连接起来,就得到所要的命令,我们用例子来说明.

(1) 概率密度

```
y=normpdf(1.5,1,2)          % 正态分布(μ=1, σ=2) x=1.5 处的概率密度(标准正态分布的 μ,σ可省略)
y=0.1933

y= binopdf(5:8,20,0.2)      % 二项分布(n=20, p=0.2) k=5, 6, 7, 8 的概率
y =0.1746  0.1091  0.0545  0.0222
```

(2) 分布函数

```
y=normcdf([-1 0 1.5],0,2)       % N(0,2²)x=-1, 0, 1.5 处的分布函数
y=0.3085  0.5000  0.7734

y=fcdf(1,10, 50)                % F 分布(自由度 n1=10, n2=50)x= 1 处的分布函数
y =0.5436
```

(3) 逆概率分布

逆概率分布是分布函数 $F(x)$ 的反函数,即给定概率 α,求满足 $\alpha = F(x_\alpha) = \int_{-\infty}^{x_\alpha} p(x)\mathrm{d}x$ 的 x_α. x_α 称为该分布的 **α 分位数**.

```
y=norminv(0.7734,0,2)            % 概率α=0.7734时N(0,2²)的α分位数xα
y=1.5002

y =tinv([0.3,0.999],10)          % 概率α=0.3,0.999时t分布(自由度n=10)的α分位数xα
y=-0.5415   4.1437
```

(4) 期望和方差

```
[m,v]=normstat(1,4)              % 计算N(1,4²)的期望和方差
m=1   v=16

[m,v]=fstat(3,5)                 % 计算F(3,5)的期望和方差
m=1.6667   v = 11.1111
```

随机数生成的用法与上类似,非常有用的均匀分布随机数的用法将在后面说明.

例 4 从正态分布 $N(\mu,\sigma^2)$ 的总体任意取一个体,求它的取值在 $\mu\pm\sigma,\mu\pm2\sigma,\mu\pm3\sigma$ 范围内的概率.

解 由 $X\sim N(\mu,\sigma^2)$ 的概率密度(25)式 $p(x)=\frac{1}{\sqrt{2\pi}\sigma}\exp\left(-\frac{(x-\mu)^2}{2\sigma^2}\right)$ 可知,若作变换 $Y=\frac{X-\mu}{\sigma}$,则 Y 服从标准正态分布,即 $Y\sim N(0,1)$,分布函数常记作 $\Phi(x)$,于是

$$P\{\mu-\sigma\leqslant X\leqslant\mu+\sigma\} = P\{-1\leqslant Y\leqslant 1\} = \Phi(1)-\Phi(-1) = 1-2\Phi(-1)$$

同理,$P\{\mu-2\sigma\leqslant X\leqslant\mu+2\sigma\}=1-2\Phi(-2)$,$P\{\mu-3\sigma\leqslant X\leqslant\mu+3\sigma\}=1-2\Phi(-3)$. 用 MATLAB 编程计算这些概率(分别记作 P1,P2,P3)如下:

```
P1=1-2*normcdf(-1),
P2=1-2*normcdf(-2),
P3=1-2*normcdf(-3),
```

得到

```
P1 = 0.6827   P2=0.9545   P3=0.9973
```

这个结果给出了实际中很有用的正态分布的 3σ 准则:若一个容量较大的样本数据来自正态分布 $N(\mu,\sigma^2)$ 的总体,则落在 $\mu\pm\sigma,\mu\pm2\sigma,\mu\pm3\sigma$ 范围内的数据分别约占 68%、95% 和 99.7%,可以认为几乎全部都在 $\mu\pm3\sigma$ 范围内.

例 5 已知机床加工得到的某零件的尺寸服从期望 20cm, 均方差 1.5cm 的正态分布.

(1) 任意抽取一个零件,求它的尺寸在[19, 22]区间内的概率.

(2) 若规定尺寸不小于某一标准值的零件为合格品,要使合格品的概率为 0.9,如何确

定这个标准值？

(3) 独立地取25个组成一个样本，求样本均值在[19, 22]区间内的概率.

解 零件尺寸服从$N(20, 1.5^2)$，用$p(x)$和$F(x)$分别表示$N(20, 1.5^2)$的概率密度和分布函数.

(1) 零件尺寸在[19, 22]区间内的概率为

$$P=\int_{19}^{22} p(x)\mathrm{d}x=F(22)-F(19).$$

(2) 零件为合格品的标准值x_0应满足

$$\int_{x_0}^{\infty} p(x)\mathrm{d}x=0.9 \quad 或 \quad \int_{-\infty}^{x_0} p(x)\mathrm{d}x=F(x_0)=0.1.$$

(3) 样本均值$\bar{x}=\frac{1}{n}\sum_{i=1}^{n}x_i$是相互独立的、正态分布$N(20, 1.5^2)$随机变量的线性组合，仍服从正态分布，其期望和方差由(19)式，(20)式给出，即

$$E\bar{x}=20, D\bar{x}=\frac{1.5^2}{25}=\left(\frac{1.5}{5}\right)^2,$$

样本均值在[19, 22]区间内的概率P_1可以类似于(1)式求出.

P, x_0和P_1用MATLAB编程计算如下：

```
P= normcdf(22,20,1.5)-normcdf(19,20,1.5)
X0= norminv(0.1, 20,1.5)
P1= normcdf(22,20,1.5/5)-normcdf(19,20,1.5/5)
```

得到

```
P=0.6563   X0=18.0777   P1=0.9996
```

从P和P_1可以看出，与一个零件相比，($n=25$的)样本均值落在总体均值附近的概率要大得多.

在MATLAB中计算样本协方差的命令是

cov(x,y)　　% x,y是样本数据(同长度数组)，输出协方差矩阵$\begin{bmatrix} s_x^2 & s_{xy}^2 \\ s_{xy}^2 & s_y^2 \end{bmatrix}$

计算相关系数的命令是

corrcoef(x,y)　　% x,y同上，输出相关系数矩阵$\begin{bmatrix} 1 & r_{xy} \\ r_{xy} & 1 \end{bmatrix}$

11.4 用随机模拟计算数值积分

随机模拟是一种随机试验的方法，也称为**蒙特卡罗方法**(Monte Carlo). 这种方法利用随机试验，根据频率与概率、平均值与期望值等之间的关系，推断出预期的结论. 用它计算定

积分的原理已经在 1.2.4 节用随机模拟法计算 π 的过程中给出，不妨简单回顾一下.

再画一遍"投石算面积"的图 1.9(图 11.11)，向图中边长为 1 的正方形里随机投 n 块小石头(n 很大)若有 k 个小石头落在四分之一圆内，那么 k/n 就能看作四分之一单位圆面积 $\pi/4$ 的近似值.

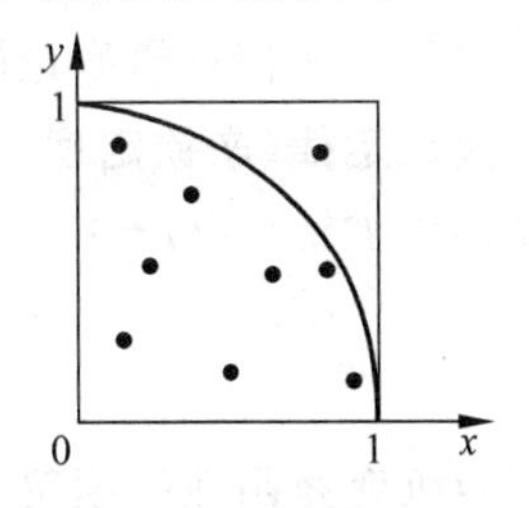

图 11.11 "投石算面积"

我们用概率论中的大数定律来说明这个直观认识的原理.

大数定律(伯努利(Bernoull)定理) 设 k 是 n 次独立重复试验中事件 A 发生的次数，p 是事件 A 在每次试验中发生的概率，则对任意的正数 ε，有

$$\lim_{n\to\infty} P\left\{\left|\frac{k}{n}-p\right|<\varepsilon\right\}=1. \tag{34}$$

若规定"向图中正方形随机投一块小石头落在四分之一单位圆里"为事件 A 发生，则 A 发生的概率 p 应该等于四分之一单位圆面积，随机投 n 块石头就是独立重复做 n 次试验，事件 A 发生 k 次. 由(34)式，n 无限变大时 k/n 与 p 之差小于任意一个数 ε 的概率趋于 1.

计算数值积分是随机试验方法的一种典型的应用.

11.4.1 定积分的计算

通常有两类办法计算定积分.

(1) 随机投点法

在"投石算面积"的例子中，事件 A 在每次试验中发生的概率 p 是四分之一单位圆面积，即

$$p=\int_0^1\int_0^{\sqrt{1-x^2}}\mathrm{d}y\mathrm{d}x=\int_0^1\sqrt{1-x^2}\,\mathrm{d}x \tag{35}$$

n 次试验由计算机完成，采用[0,1]区间上的均匀分布产生相互独立的随机数. 记这样产生的 n 个点的坐标为$(x_i,y_i)(i=1,2,\cdots,n)$. 事件 A 发生等价于(x_i,y_i)满足 $y_i\leqslant\sqrt{1-x_i^2}$，$A$ 发生的次数是满足 $y_i\leqslant\sqrt{1-x_i^2}\,(i=1,2,\cdots,n)$点的个数 k. 由伯努利定理，p 可以用 k/n 近似替代.

这种办法可以推广如下. 对任意区间$[a,\ b]$内的连续函数 $f(x)$，满足 $c\leqslant f(x)\leqslant d\,(c,\ d\geqslant 0)$，为计算定积分 $\int_a^b f(x)\mathrm{d}x$，先由计算机产生 n 个点的坐标$(x_i,y_i)(i=1,2,\cdots,n)$，其中 x_i，y_i 分别为$[a,\ b]$和$[c,\ d]$区间上的均匀分布随机数，然后记录 n 个点中满足 $y_i\leqslant f(x_i)$的数目 k，则

$$\int_a^b f(x)\mathrm{d}x\approx(b-a)(d-c)\frac{k}{n}+(b-a)c \tag{36}$$

(2) 均值估计法

这种方法依据概率论的以下两个定理：

大数定律(辛钦定理) 设随机变量 $Y_1, Y_2, \cdots, Y_n$ 相互独立，服从同一个分布，且具有数学期望 $EY_i=\mu(i=1,2,\cdots,n)$，则对任意的正数 ε，有

$$\lim_{n\to\infty} P\left\{\left|\frac{1}{n}\sum_{i=1}^{n} Y_i - \mu\right| < \varepsilon\right\} = 1. \tag{37}$$

随机变量函数的期望 若随机变量 X 的概率分布密度是 $p(x)(a\leqslant x\leqslant b)$，则随机变量的函数 $Y=f(X)$ 的期望为

$$E(f(X)) = \int_a^b f(x)p(x)\mathrm{d}x. \tag{38}$$

于是，当 X 为 $[a,\ b]$ 区间均匀分布的随机变量时，$p(x)=1/(b-a)(a\leqslant x\leqslant b)$，(38)式给出

$$\int_a^b f(x)\mathrm{d}x = (b-a)E(f(X)). \tag{39}$$

只要产生 $[a,\ b]$ 区间相互独立、均匀分布的随机数 $x_i(i=1,2,\cdots,n)$，$y_i=f(x_i)$ 就相互独立. 根据辛钦定理，当 n 很大时期望 $EY=E(f(X))$ 就可以用 $f(x_i)$ 的平均值近似，所以由(39)式得到

$$\int_a^b f(x)\mathrm{d}x \approx \frac{b-a}{n}\sum_{i=1}^{n} f(x_i). \tag{40}$$

与随机投点法相比，均值估计法没有 $c\leqslant f(x)\leqslant d(c,d\geqslant 0)$ 的限制，只需计算 $f(x_i)$，不需要产生随机数 y_i，也不需要作 $y_i\leqslant f(x_i)$ 的比较，显然大为方便.

11.4.2 重积分的计算

用随机模拟作数值积分的优点不仅在于计算简单，尤其是它可以方便地推广到计算多重积分，而不少多重积分是其他方法很难或者根本无法计算的. 例如可以用均值估计法计算如下的二重积分

$$\iint_\Omega f(x,y)\mathrm{d}x\mathrm{d}y,\quad \Omega\colon a\leqslant x\leqslant b,\quad c\leqslant g_1(x)\leqslant y\leqslant g_2(x)\leqslant d. \tag{41}$$

设 $x_i, y_i(i=1,2,\cdots,n)$ 分别为 $[a,\ b]$ 和 $[c,\ d]$ 区间上的均匀分布随机数，判断每个点 (x_i,y_i) 是否落在 Ω 域内，将落在 Ω 域内的 m 个点记作 $(x_k,y_k)(k=1,2,\cdots,m)$，则

$$\iint_\Omega f(x,y)\mathrm{d}x\mathrm{d}y \approx \frac{(b-a)(d-c)}{n}\sum_{k=1}^{m} f(x_k,y_k). \tag{42}$$

注意：(42)式的分母是 n 而不是 m.

例 6 炮弹射击的目标为一椭圆形区域，在 X 方向半轴长 120m，Y 方向半轴长 80m. 当瞄准目标的中心发射炮弹时，在众多随机因素的影响下，弹着点服从以目标中心为均值的正

态分布，设 X 方向和 Y 方向的均方差分别为 60m 和 40m，且 X 方向和 Y 方向相互独立. 求每颗炮弹落在椭圆形区域内的概率.

解 设目标中心为 $x=0, y=0$，记 $a=120$，$b=80$，则椭圆形区域可表示为

$$\Omega:\ \frac{x^2}{a^2}+\frac{y^2}{b^2}\leqslant 1.$$

记正态分布的概率密度 $p(x)=\frac{1}{\sqrt{2\pi}\sigma_x}\exp\left(-\frac{x^2}{2\sigma_x^2}\right)$，$p(y)=\frac{1}{\sqrt{2\pi}\sigma_y}\exp\left(-\frac{y^2}{2\sigma_y^2}\right)$，其中 $\sigma_x=60$，$\sigma_y=40$，由 X 方向和 Y 方向相互独立，$p(x,y)=p_X(x)p_Y(y)$，于是炮弹命中椭圆形区域的概率为二重积分

$$P=\iint_{\Omega}p(x,y)\mathrm{d}x\mathrm{d}y=\iint_{\Omega}\frac{1}{2\pi\sigma_x\sigma_y}\exp\left[-\frac{1}{2}\left(\frac{x^2}{\sigma_x^2}+\frac{y^2}{\sigma_y^2}\right)\right]\mathrm{d}x\mathrm{d}y. \tag{43}$$

这个积分无法用解析方法求解，下面借助于 MATLAB 用蒙特卡罗方法计算.

11.4.3 MATLAB 实现

用随机模拟作数值积分主要利用均匀分布产生的随机数及相应的判断、计数和简单运算. MATLAB 提供的命令

```
unifrnd(a,b,m,n)
```

产生 m 行 n 列$[a,b]$区间上的均匀分布随机数. 当 $a=0$，$b=1$ 时，可用 rand(m,n).

例 7 用蒙特卡罗方法计算 π.

解(1) 随机投点法. MATLAB 程序如下：

```
n=10000;
x=rand(2,n);
k=0;
for i=1:n
    if x(1,i)^2+x(2,i)^2<=1
        k=k+1;
    end
end
p=4*k/n
```

重复计算 4 次，计算结果分别为：

```
p=3.1244   p=3.1420   p=3.1780   p=3.1468
```

当 n 提高到 50000 时，重复计算 4 次，计算结果为：

```
p=3.1372   p=3.1456   p=3.1442   p=3.1426
```

解(2) 均值估计法. 此时 $f(x)=\sqrt{1-x^2}$，MATLAB 程序如下：

```
n=50000;
x=rand(1,n);
y=0;
for i=1:n
    y=y+sqrt(1-x(i)^2);
end
p=4*y/n
```

请读者计算，与第 1 种方法比较.

例 6(续) 由(42)式和(43)式，以及椭圆的对称性，炮弹命中椭圆形区域的概率为

$$P=4\iint_{\Omega_1} f(x,y)\mathrm{d}x\mathrm{d}y\approx\frac{4ab}{n}\sum_{k=1}^{m} f(x_k,y_k),\quad f(x,y)=\frac{1}{2\pi\sigma_x\sigma_y}\exp\left[-\frac{1}{2}\left(\frac{x^2}{\sigma_x^2}+\frac{y^2}{\sigma_y^2}\right)\right],$$

其中 Ω_1 是椭圆 $\frac{x^2}{a^2}+\frac{y^2}{b^2}\leqslant 1$ 在第 1 象限的部分，(x_k,y_k) 是 n 个点中落在 Ω_1 内的点的坐标，$a=1.2$，$b=0.8$，$\sigma_x=0.6$，$\sigma_y=0.4$(均以 100m 为单位)，而随机点 $x_i,y_i(i=1,2,\cdots,n)$ 分别为$[0,a]$和$[0,b]$区间上的均匀分布随机数.

MATLAB 程序如下：

```
a=1.2;b=0.8;
sx=0.6;sy=0.4;
n=100000;m=0;z=0;
x=unifrnd(0,1.2,1,n);
y=unifrnd(0,0.8,1,n);
for i=1:n
    if x(i)^2/a^2+y(i)^2/b^2<=1
        u=exp(-0.5*(x(i)^2/sx^2+y(i)^2/sy^2));
        z=z+u;
        m=m+1;
    end
end

P=4*a*b*z/2/pi/sx/sy/n
```

重复计算 4 次，计算结果分别为：

```
P=0.8620  P=0.8667  P=0.8649  P=0.8676
```

可以看出，用随机模拟方法可以计算被积函数非常复杂的定积分、重积分，并且维数没有限制，但是它的缺点是计算量大，结果具有随机性，精度较低. 一般说来精度为 $n^{-1/2}$ 阶，n 增加时精度提高较慢.

11.5 实例的建模和求解

11.5.1 报童的利润(续)

模型与求解 按照11.1.1节的分析首先寻求每天报纸需求量的随机规律，将表11.1看作需求量的频率，由此可以计算需求量的均值$\bar{r}$和标准差σ_r. 虽然报纸的需求量r是离散的($r=0,1,2,\cdots$)，但由于r较大，可以将它看作连续随机变量x，又根据经验和常识，像报纸这样的商品的需求量x大致服从正态分布(实验12将介绍正态分布的检验方法). 于是(1)式给出的报童每天的平均利润$V(n)$可以写作

$$V(n)=\int_0^n\{(b-a)x-(a-c)(n-x)\}p(x)\mathrm{d}x+\int_n^{\infty}(b-a)np(x)\mathrm{d}x, \tag{44}$$

其中$p(x)$是均值$\bar{r}$、标准差σ_r的正态分布的概率密度.

为了求n使$V(n)$最大，对$V(n)$求导数，得

$$\begin{aligned}V'(n)&=(b-a)np(n)-\int_0^n(a-c)p(x)\mathrm{d}x-(b-a)np(n)+\int_n^{\infty}(b-a)p(x)\mathrm{d}x\\&=-\int_0^n(a-c)p(x)\mathrm{d}x+\int_n^{\infty}(b-a)p(x)\mathrm{d}x.\end{aligned}$$

令导数等于零，得到

$$\frac{\int_0^n p(x)\mathrm{d}x}{\int_n^{\infty}p(x)\mathrm{d}x}=\frac{b-a}{a-c}. \tag{45}$$

当均值$\bar{r}$比标准差σ_r大得多时，$\int_0^n p(x)\mathrm{d}x\approx\int_{-\infty}^n p(x)\mathrm{d}x$，又$\int_n^{\infty}p(x)\mathrm{d}x=1-\int_{-\infty}^n p(x)\mathrm{d}x$，(45)式可化为

$$\int_{-\infty}^n p(x)\mathrm{d}x=\frac{b-a}{b-c}. \tag{46}$$

容易证明$V''(n)<0$，所以当$p(x)$和a,b,c确定后，由(45)式或(46)式得到的确是每天平均利润最大的最佳购进量n.

结果分析 在一般的条件$b\geqslant a\geqslant c$下讨论a,b,c的变化对最佳决策n的影响.

从(46)式看出，当$b>a=c$时，即购进价与退回价相同且零售价高于购进价，报童不承担任何卖不出去的风险，他将从发行商处购进尽可能多(无穷多)的报纸. 这样必然造成发行商的损失.

当$b=a>c$时，即零售价与购进价相同且高于退回价，报童无利润可得，他不从发行商处购进任何报纸($n=0$). 这样发行商也无法获得任何利益.

只有$b>a>c$时，发行商和报童才能获得利益，报童将根据需求量的随机规律(用

$p(x)$描述)制定自己的应对策略.由(46)式可以看出：$b-a$ 越大,购进量 n 越大；$b-c$ 越大,购进量 n 越小.这些都符合直观的理解.

MATLAB 实现 根据表 11.1 数据和 $a=0.8,b=1,c=0.75$(元),编写 MATLAB 程序计算：

```
a=0.8;b=1;c=0.75;
q=(b-a)/(b-c);
r=[3 9 13 22 32 35 20 15 8 2];
rr=sum(r);
x=110:20:290;                    % 需求量取表 11.1 中小区间的中点
rbar=r*x'/rr                     % 计算均值
s=sqrt(r*(x.^2)'/rr-rbar^2)      % 计算标准差
n=norminv(q,rbar,s)              % 按照(46)式用逆概率分布计算 n
```

结果为

```
rbar =199.4340   s =38.7095   n =232.0127
```

即需求量的均值为 199,标准差为 38.7,报童应购进 232 份报纸.

读者可以考虑当需求量服从$[d_1,d_2]$区间上均匀分布时的最佳决策.

11.5.2 路灯更换策略(续)

模型与求解 按照 11.1.2 节的分析,假设每一个灯泡的更换价格为 a,包括灯泡的成本和安装时分摊到每个灯泡的费用；管理部门对每个不亮灯泡单位时间(h)的罚款为 b.通过调查研究,并根据经验合理地假定灯泡寿命服从正态分布 $N(\mu,\sigma^2)$,记概率密度函数为 $p(x)$(x 是灯泡寿命).

记更换周期为 T,灯泡总数为 K,则更换灯泡的费用为 Ka,承受的罚款为

$$Kb\int_{-\infty}^{T}(T-x)p(x)\mathrm{d}x,$$

一个更换周期内的总费用是二者之和.而我们的目标函数应该是单位时间内的平均费用,即

$$h(T)=\frac{Ka+Kb\int_{-\infty}^{T}(T-x)p(x)\mathrm{d}x}{T}. \tag{47}$$

为得到最佳更换周期,求 T 使 $h(T)$ 最小.令 $\frac{\mathrm{d}h}{\mathrm{d}T}=0$ 可得

$$\int_{-\infty}^{T}xp(x)\mathrm{d}x=\frac{a}{b}. \tag{48}$$

结果分析 第一,从(48)式可以看出,a/b 越大,即灯泡的更换价格与惩罚费用之比越大,更换周期 T 应越长,这与直观认识是吻合的.另外,若管理部门希望以灯泡的平均寿命为更换周期(即 $T=\mu$),来制定惩罚费用,则由(48)式可得

$$b=\frac{a}{\int_{-\infty}^{\mu}xp(x)\mathrm{d}x}. \tag{49}$$

第二，为了能用 MATLAB 已有的命令计算最佳更换周期，需对(49)式作以下变换.

以 $N(\mu,\sigma^2)$ 的概率密度(19)式代入(48)式左端作积分：

$$\int_{-\infty}^{T} xp(x)\mathrm{d}x = \int_{-\infty}^{T} x\frac{1}{\sqrt{2\pi}\sigma}\exp\left\{-\frac{(x-\mu)^2}{2\sigma^2}\right\}\mathrm{d}x$$

$$=\mu\int_{-\infty}^{T} p(x)\mathrm{d}x - \sigma^2\frac{1}{\sqrt{2\pi}\sigma}\exp\left\{-\frac{(T-\mu)^2}{2\sigma^2}\right\} = \mu F(T) - \sigma^2 p(T).$$

(48)式化为

$$\mu F(T) - \sigma^2 p(T) = a/b, \tag{50}$$

而当 $T=\mu$ 时，(49)式化为

$$b = \frac{a}{\dfrac{\mu}{2} - \dfrac{\sigma}{\sqrt{2\pi}}}. \tag{51}$$

MATLAB 实现 设某品牌灯泡的平均寿命为 4000h，标准差为 100h，即寿命服从 $N(4000,100^2)$，每个灯泡的安装价格为 80 元，管理部门对每个不亮的灯泡制定的惩罚费用为 0.025 元/h.

为计算最佳更换周期，注意到无法从(50)式直接解出 T，我们采取比较(50)式左右端的大小，调整 T 增加或减少的办法. 用 MATLAB 编程如下：

```
a=80; b=0.025; aoverb=a/b
mu=4000; s=100;
t=mu;                                             % 设定 T 的初值
step=0.1;                                         % T 增加或减少的步长
var=0.01;                                         %(50)式左右端比较的误差限
vp= mu * normcdf(t,mu,s) - s ^2 * normpdf(t,mu,s);  % 计算(50)式左端
if vp>aoverb                                      % (50)式左端大于右端,T 减少
    while (vp- aoverb)>var
      t=t- step;
      vp= mu * normcdf(t,mu,s) - s ^2 * normpdf(t,mu,s);
    end
end
if vp<aoverb                                      % (50)式右端大于左端,T 增加
    while (aoverb - vp)>var
      t=t+ step;
      vp= mu * normcdf(t,mu,s)-s ^2 * normpdf(t,mu,s);
    end
end
vp,t
```

计算结果为

aoverb =3200 vp =3.2007e+003 t =4.0867e+003

最佳更换周期为 4087h.

改变惩罚费用 b 的大小，得到表 11.11 的结果.

表 11.11 不同惩罚费用对应的更换周期

b	0.05	0.1	0.5	1	10
T	3977	3918	3828	3797	3715

可以看出，随着惩罚费用的增加，更换周期变短.

若管理部门希望以灯泡的平均寿命为更换周期，由(51)式计算得到惩罚费用 $b=0.04082$.

思考 如果在目标函数(47)式中，考虑更换时没有坏的灯泡还有一定的回收价值，模型和算法有什么变化(见 11.6 节实验练习第 8 题)?

11.6 实验练习

实验目的

1. 掌握概率统计的基本概念及用 MATLAB 实现的方法；
2. 练习用这些方法解决实际问题.

实验内容

1. 设总体 $X\sim N(40,5^2)$，抽取容量为 n 的样本，样本均值记作 $\bar{x}$.

(1) 设 $n=36$，求 $\bar{x}$ 在 38 与 43 之间的概率；

(2) 设 $n=64$，求 $\bar{x}$ 与总体均值之差不超过 1 的概率；

(3) 要使 $\bar{x}$ 与总体均值之差不超过 1 的概率达到 0.95，n 应多大；

2. 某厂从一台机床生产的滚珠中随机抽取 20 个，测得直径(mm)如下：

14.6，14.7，15.1，14.9，14.8，15.0，15.1，15.2，14.8，14.3，

15.1，14.2，14.4，14.0，14.6，15.1，14.9，14.7，14.5，14.7

试给出这些数据的均值、标准差、方差、极差，并画出直方图.

3. 某校 60 名学生的一次考试成绩如下：

93 75 83 93 91 85 84 82 77 76 77 95 94 89 91

88 86 83 96 81 79 97 78 75 67 69 68 84 83 81

75 66 85 70 94 84 83 82 80 78 74 73 76 70 86

76 90 89 71 66 86 73 80 94 79 78 77 63 53 55

作直方图，计算均值、标准差、极差、偏度、峰度.

4. 用蒙特卡罗方法计算以下函数在给定区间上的积分，并改变随机点数目观察对结果的影响.

(1) $y=\dfrac{1}{x+1}, 0\leqslant x\leqslant 1$；

（2）$y=e^{3x}\sin 2x, 0\leqslant x\leqslant 2$；

（3）$y=\sqrt{1+x^2}, 0\leqslant x\leqslant 2$；

（4）$y=\frac{1}{\sqrt{2\pi}}e^{-\frac{x^2}{2}}, -2\leqslant x\leqslant 2$.

5. 与例6类似，但炮弹射击的目标为一半径100m的圆形区域，弹着点以圆心为中心呈二维正态分布，设在密度函数(31)式中$\sigma_x=80$m和$\sigma_y=50$m，相关系数$r=0.4$. 求炮弹命中圆形区域的概率.

6. 冰激凌的下部为锥体，上部为半球. 设它由锥面$z=\sqrt{x^2+y^2}$和球面$x^2+y^2+(z-1)^2=1$围成，用蒙特卡罗方法计算它的体积.

7. 对于报童问题，如果报纸的需求量服从正态分布$N(\mu,\sigma^2)$，且批发价为$a=A\left(1-\frac{n}{K}\right)$，其中$n$为购进报纸的数量，$K$为一个给定的常数. 建立报童为获得最大利润的数学模型. 当已知$\mu=2000$，$\sigma=50$，$A=0.5$，$K=50000$，$b=0.5$，$c=0.35$时，为了获得最大的利润，求解报童每天购进的报纸数量n.

8. 在路灯更换问题中，考虑没有坏的灯泡还有一定的回收价值（常数），建立相应的数学模型并求出更换周期的表达式. 当已知某品牌灯泡的平均寿命为4000h，服从$N(4000,100^2)$，每个灯泡的安装价格为70元，管理部门对每个不亮的灯泡制定的惩罚费用为0.02元/h，每个未坏灯泡的回收价格为5元，计算最佳更换周期.

9. 轧钢有两道工序：粗轧和精轧. 粗轧钢坯时由于各种随机因素的影响，得到的钢材的长度呈正态分布，其均值可由轧机调整，而方差是设备精度决定的，不能改变；精轧时将粗轧得到的钢材轧成规定的长度（可以认为没有误差）. 如果粗轧后的钢材长度大于规定长度，精轧时要把多出的部分轧掉，造成浪费；如果粗轧后的钢材长度已经小于规定长度，则整根报废，浪费更大. 问题是已知钢材规定的长度l和粗轧后的钢材长度的均方差σ，求可以调整的粗轧时钢材长度的均值m，使总的浪费最小. 试从以下两种目标函数中选择一个，在$l=2$m，$\sigma=20$cm条件下求均值m：

（1）每粗轧一根钢材的浪费最小；

（2）每得到一根规定长度钢材的浪费最小.

参考文献

[1] 沈恒范. 概率论与数理统计教程. 第4版. 北京：高等教育出版社，2003

[2] 吴翊，李永乐，胡庆军. 应用数理统计. 长沙：国防科技大学出版社，1995

[3] 姜启源，张立平，何青，高立. 数学实验. 第2版. 北京：高等教育出版社，2006

[4] 姜启源，谢金星，叶俊编. 数学模型. 第3版. 北京：高等教育出版社，2003

实验 12　统计推断

统计推断的目的是通过对样本的处理和分析，得出与总体参数相关的结论. 统计推断包括参数估计和假设检验两部分内容. 事实上，我们每天接触的新闻报道就经常涉及统计推断问题.

报道 1：从 20 世纪 80 年代以来，中国 7 岁至 17 岁青少年男女平均身高分别增长了 6.9cm 和 5.5cm，体重分别增长了 6.6kg 和 4.5kg. 有关专家称，这显示出中国青少年的体格发育呈显著增长趋势，……儿童、青少年的生长长期趋势，已经超过了发达国家第二次世界大战后出现的生长加速水平(中新社北京 2002 年 12 月 10 日报道).

报道中关于青少年平均身高和体重的数据是怎么得到的呢？不会是对全国青少年普查的结果，只能是抽样得到的数据(样本)，但报道中的结论却是对全国而言(总体)，应该怎样评价这种从样本推断总体的结论的可信程度？

报道 2：日本厚生劳动省的一个研究小组经过多年大规模跟踪调查，证明吸烟是造成死亡率升高的最大日常性因素. 这个研究小组从 1980 年开始对 1 万名 30 岁以上健康男女进行了为期 19 年的跟踪调查，分析了血压、胆固醇值、血糖值、肥胖度、吸烟习惯、饮酒习惯等与死亡率的关系.

结果发现，年龄和其他状况相近的男性每天吸烟 1 包，死亡率比不吸烟的人高 34.6%；每天饮酒的男性比不饮酒者死亡率高 1.7%，女性高 4.1%；血压、血糖值在正常值之上每升高 1 个单位，死亡率分别上升 0.5%至 0.8%和 0.3%；高胆固醇和肥胖虽然会造成动脉硬化等而导致死亡率上升，但对死亡率总体影响却不大，而每天吸 1 包烟的人，死亡的风险比血压高出正常值 40 单位以上、血糖值高出正常值 100 单位以上的人还要高(广州日报 2003 年 8 月 5 日报道).

报道明确地说是抽样调查，并给出了样本容量，那么是怎样由样本推断出关于总体的结论的呢？

报道 3：从 2000 年 7 月 1 日开始，北京、上海、广州三大城市率先实施《车用无铅汽油》的环保标准，日前国家质量技术监督局在这三市进行了新汽油标准实施后的第一次国家监督抽查. 这次共抽查了三市的 32 家加油站的车用汽油产品，抽样合格率为 75%，其中 90 号无铅车用汽油抽查了 15 批次，合格 10 批次，93 号车用无铅汽油抽查了 17 批次，合格 14 批次.……本次抽查中硫含量全部合格,但3个城市存在差别,上海的硫含量最低,其次是北京、广州,但与国际上的要求相比,仍有较大差距.本次抽查发现的主要问题是烯烃含量超标,新标准规定,烯烃含量不大于35%,不合格的样品中有5个批次产品的烯烃含量都大于40%,而且主要出在90号汽油上(中央电视台2001年2月27日报道).

报道中提到了抽样合格率,但样本容量很小,能够得到关于总体情况的可靠的结论吗?

通过这个实验你将了解并学会怎样由样本数据估计总体的一些参数,估计的可靠程度如何,以及怎样根据样本数据去肯定或否定一个事先提出的假设.以下12.1节提出几个经过简化的问题,12.2节介绍参数估计的概念及其MATLAB实现,12.3节介绍假设检验的理论和方法及其MATLAB实现,12.4节求解12.1节的问题并分析计算结果,12.5节布置实验练习.

12.1 实例及其分析

结合上面的3个报道,本节通过收集到的部分数据提出统计推断中的参数估计和假设检验问题,并作初步分析.

12.1.1 学生身高的变化

问题 中国近20多年的经济发展使得人民的生活得到了很大的提高,不少家长都觉得孩子这一代的身高比上一代有了很大变化.下面是近期在一个经济发展比较快的城市中学和一个农村中学收集到的17岁龄的学生身高数据:

50名17岁城市男性学生身高(单位:cm):

170.1 179.0 171.5 173.1 174.1 177.2 170.3 176.2 163.7 175.4

163.3 179.0 176.5 178.4 165.1 179.4 176.3 179.0 173.9 173.7

173.2 172.3 169.3 172.8 176.4 163.7 177.0 165.9 166.6 167.4

174.0 174.3 184.5 171.9 181.4 164.6 176.4 172.4 180.3 160.5

166.2 173.5 171.7 167.9 168.7 175.6 179.6 171.6 168.1 172.2

从100名同龄农村男性学生的身高(原始数据从略),计算出样本均值和标准差分别为168.9cm和5.4cm.

(1) 怎样对目前17岁城市男性学生的平均身高做出估计?

(2) 又查到20年前同一所学校同龄男生的平均身高为168cm,根据上面的数据回答,20年来17岁城市男性学生的身高是否发生了变化?

(3) 由收集的城市和农村中学的数据回答,两地区同龄男生的身高是否有差距?

分析 对于问题(1),一个明显的、人们都能接受的结论是,用50名17岁城市男性学生的平均身高(样本均值)作为17岁城市男性学生的平均身高(总体均值)的估计值,大家也知道这个估计不可能完全可靠.需要进一步解决的问题是,学生的平均身高会在多大的范围内变化,其可靠程度如何.

对于问题(2),不妨先假定学生的身高没有变化,即假设目前仍为 168cm,再根据 50 名学生身高数据检验这个假设的正确性.显然,样本均值一般不会刚好等于 168cm,但若样本均值只比 168cm 高一点,人们将不认为总体均值发生了变化,即承认原来的假设.需要解决的问题是,样本均值比 168cm 高多少,才有理由否认原来的假设.

问题(3)类似于问题(2),要通过样本数据检验的假设是,两地区同龄男生的平均身高没有差距.需要解决的问题是,两个样本均值相差多少,才有理由否认这个假设.

我们将在 12.4 节继续讨论这个问题.

12.1.2 吸烟对血压的影响

问题 为了研究吸烟对血压的影响,对吸烟和不吸烟两组人群进行 24h 动态监测,吸烟组 66 人,不吸烟组 62 人,分别测量 24h 收缩压(24hSBP)和舒张压(24hDBP),白天(6Am-10Pm)收缩压(dSBP)和舒张压(dDBP),夜间(10Pm~6Am)收缩压(nSBP)和舒张压(nDBP).然后分别计算每类的样本均值和标准差,如表 12.1 所示.

表 12.1 吸烟和不吸烟组血压的样本均值与标准差[①] 单位:mmHg

	吸烟组均值	吸烟组标准差	不吸烟组均值	不吸烟组标准差
24hSBP	119.35	10.77	114.79	8.28
24hDBP	76.83	8.45	72.87	6.20
dSBP	122.70	11.36	117.60	8.71
dDBP	79.52	8.75	75.44	6.80
nSBP	109.95	10.78	107.10	10.11
nDBP	69.35	8.60	65.84	7.03

吸烟对血压是否有影响?从这些数据中能得到什么样的推断?

分析 吸烟和不吸烟两组人群分别来自两个非常大的总体,这个问题需要从两个样本的参数(均值与标准差)推断总体参数的性质(这里是两个总体的均值是否相等).

12.1.3 汽油供货合同

问题 根据国家制定的标准,加油站加大了成品油的进货监控.某炼油厂(甲方)向加油站(乙方)成批(车次)供货,双方制定了相关的产品质量监控合同,如加油站考虑硫含量一项指标时,要求含硫量不超过 0.08%.若双方商定每批抽检 10 辆车,试以下面数据为例讨论乙方是否应接受该批汽油.

10 个含硫量数据(%):

---

① 数据来源:中华心血管病杂志 1998 年第 26 卷第 5 期《高血压研究专栏》.

0.0864 0.0744 0.0864 0.0752 0.0760 0.0954 0.0936 0.1016 0.0800 0.0880

(1) 只根据这些数据推断乙方是否应接受该批汽油；如果甲方是可靠的供货商，并且对产品的稳定性提供了进一步的信息，乙方对应的策略有什么变化？

(2) 现乙方与一新炼油厂(丙方)谈判，并且风闻丙方有用含硫量 0.086% 的汽油顶替合格品的前科，那么如果乙方沿用与甲方订的合同，会有什么后果.

分析 容量为 10 的样本是小样本，随机误差较大. 若乙方认为甲方一向可靠，应相信它提供的信息，尽量接受它的供货. 而对尚不能寄予信赖的丙方，则必须尽量杜绝其以次充好的手段得逞. 这个问题涉及统计推断中的两类错误：弃真和取伪. 由于样本数据的随机性，这两类错误是不可避免的，问题在于怎样从实际出发，在二者之间做出恰当的折中. 我们将在 12.4 节继续讨论这个问题.

12.2 参数估计

在统计中参数估计一般指的是，假定总体的概率分布的类型(如正态分布、指数分布)已知，由样本估计分布的参数(如正态分布的 μ 和 σ，指数分布的 λ). 我们知道，实际中最有用的数字特征——期望和方差与分布的参数之间有确定的关系，本节只讨论总体期望和方差的估计，并且由于实际中最常见的分布是正态分布，理论上也只有在总体正态分布的前提下，才能得到方便、适用的结果，所以在这个实验中，如不特别说明，都假定总体服从正态分布.

12.2.1 点估计

点估计是在总体分布已知的前提下，用样本统计量确定总体参数的一个数值，估计的方法有矩法、极大似然法等.

样本$(x_1,x_2,\cdots,x_n)$的一阶矩就是它的均值，即

$$\bar{x}=\frac{1}{n}\sum_{i=1}^{n}x_i, \tag{1}$$

二阶中心矩定义为

$$A_2=\frac{1}{n}\sum_{i=1}^{n}(x_i-\bar{x})^2. \tag{2}$$

可以用$\bar{x}$和 A_2 对总体均值 μ 和方差 σ^2 作点估计，记作 $\hat{\mu}=\bar{x}$，$\hat{\sigma}^2=A_2$. 这种方法称为**矩估计法**，是本实验用的方法.

极大似然估计法的基本思想是，对于给定的样本$(x_1,x_2,\cdots,x_n)$和总体的概率密度函数 $p(x,\theta)$，待估计的参数 θ 应使得$(x_1,x_2,\cdots,x_n)$出现的概率，即概率密度函数的乘积 $L(x_1,x_2,\cdots,x_n;\theta)=\prod_{i=1}^{n}p(x_i;\theta)$ 达到最大，即求 θ 使得

$$L(\theta)=\max_{\theta} L(x_1,x_2,\cdots,x_n;\theta)=\max_{\theta}\prod_{i=1}^{n} p(x_i;\theta). \tag{3}$$

12.2.2　点估计的评价标准

根据同一样本用矩估计和极大似然估计可能对一个总体参数给出不同的点估计，如何评价其优劣呢？当然要看它“接近”所估计的总体参数的程度，而对“接近”则有几种常用的评价标准.

(1) 无偏性

待估的总体参数记作 θ，从样本 $x_1,x_2,\cdots,x_n$ 得到的 θ 的一个估计量记作 $\hat{\theta}$，由于样本的随机性，$\hat{\theta}$ 也是随机的，如果 $\hat{\theta}$ 的期望 $E\hat{\theta}=\theta$，则称 $\hat{\theta}$ 是 θ 的**无偏估计量**.

对于正态总体 $N(\mu,\sigma^2)$，由(1)式容易计算 $E\bar{x}=\dfrac{1}{n}\sum\limits_{i=1}^{n}Ex_i=\dfrac{n\mu}{n}=\mu$，所以样本均值 $\bar{x}$ 是 μ 的无偏估计. 二阶中心矩是否为 σ^2 的无偏估计呢？需要计算一下：由(2)式

$$\begin{aligned}EA_2&=E\left(\frac{1}{n}\sum_{i=1}^{n}(x_i-\bar{x})^2\right)=\frac{1}{n}\left(\sum_{i=1}^{n}Ex_i^2-nE\,\bar{x}^2\right)\\&=\frac{1}{n}\left[n(\sigma^2+\mu^2)-n\left(\frac{\sigma^2}{n}+\mu^2\right)\right]=\frac{n-1}{n}\sigma^2.\end{aligned}$$

可见二阶中心矩不是 σ^2 的无偏估计，但是显然有 $E\left(\dfrac{n}{n-1}A_2\right)=\sigma^2$，而 $\dfrac{n}{n-1}A_2$ 正是样本方差 $s^2=\dfrac{1}{n-1}\sum\limits_{i=1}^{n}(x_i-\bar{x})^2$，所以用 s^2 作为 σ^2 的估计，即 $\hat{\sigma}^2=s^2$，它是无偏的.

无偏是一个平均性的标准，只有当进行多次估计时才能说它平均起来“接近”总体参数，所以无偏性对于只作一两次估计的问题是没有多大实际意义的.

如果当样本容量 n 趋于无穷大时，$E\hat{\theta}$ 趋于 θ，则称 $\hat{\theta}$ 是 θ 的**渐近无偏估计量**. 显然，对于 σ^2，二阶中心矩 A_2 是渐近无偏的.

(2) 有效性

$\hat{\theta}$ 作为 θ 的估计量，自然希望它的方差 $D\hat{\theta}=E(\hat{\theta}-\theta)^2$ 越小越好. 设 $\hat{\theta}_1,\hat{\theta}_2$ 是从一个样本得到的 θ 的两个无偏估计量，如果 $D\hat{\theta}_1\leqslant D\hat{\theta}_2$，则称 $\hat{\theta}_1$ 比 $\hat{\theta}_2$ 有效. 如果对固定的 n，某个 $\hat{\theta}$ 使 $D\hat{\theta}$ 达到最小，则称 $\hat{\theta}$ 为 θ 的**有效估计量**.

根据一个样本 $x_1,x_2,\cdots,x_n$，你可以用所有 n 个数据的平均值 $\bar{x}$ 作为总体均值 μ 的估计，也可以只用其中 k 个 $(k<n)$ 的平均值 $\bar{x}^{(k)}$ 作为 μ 的估计，它们都是无偏的，容易推出 $D\bar{x}<D\bar{x}^{(k)}$，所以 $\bar{x}$ 比 $\bar{x}^{(k)}$ 更有效.

(3) 一致性

由容量为 n 的样本得到的估计量记作 $\hat{\theta}_n$，自然希望 n 越大估计越准，如果对任给的

$\varepsilon>0$ 满足

$$\lim_{n\to\infty}P\{|\hat{\theta}_n-\theta|<\varepsilon\}=1,$$

则称 $\hat{\theta}_n$ 依概率收敛于 θ,这样的 $\hat{\theta}_n$ 称为 θ 的**一致估计量**.

可以证明,不论随机变量 X 总体分布如何,样本均值 $\bar{x}$ 和方差 s^2 都是 μ 和 σ^2 的一致无偏估计,所以总体均值和方差(及标准差)的点估计通常取

$$\hat{\mu}=\bar{x},\quad \hat{\sigma}^2=s^2,\quad \hat{\sigma}=s. \tag{4}$$

12.2.3 总体均值的区间估计

对于12.1.1节学生的身高,从50名学生的数据可以算出 $\bar{x}=172.7\text{cm}$ 和 $s=5.37\text{cm}$,如上所述,我们有理由用这两个数估计总体的均值和标准差.但是由于学生选取的随机性,再测量若干人的身高,样本平均值和标准差可能就不是上面的两个数了.那么,总体的均值和标准差到底是多少?对于这种不确定性,一种有说服力的解决办法是:待估参数如总体的均值和方差是客观存在的,样本的随机性造成点估计在变化,待估参数应该就在点估计的附近.于是可以给出待估参数的一个区间.

一般地,对于总体的待估参数 θ(如 μ,σ^2),希望通过样本 $x_1,x_2,\cdots,x_n$ 的计算给出一个区间 $[\hat{\theta}_1,\hat{\theta}_2]$,使 θ 以较大的概率落在这个区间内.若

$$P(\hat{\theta}_1\leqslant\theta\leqslant\hat{\theta}_2)=1-\alpha,\quad 0<\alpha<1, \tag{5}$$

则 $[\hat{\theta}_1,\hat{\theta}_2]$ 称为 θ 的**置信区间**,$\hat{\theta}_1,\hat{\theta}_2$ 分别称为置信下限和置信上限,$1-\alpha$ 称为**置信概率**或置信水平,α 称为**显著性水平**,一般 α 取一个很小的数,如0.05或0.01.

置信区间 $[\hat{\theta}_1,\hat{\theta}_2]$ 的大小给出了估计的精度,置信水平 $1-\alpha$ 给出了估计的可信程度.可信程度可以这样理解:随机选一个容量为 n 的样本,得到一个置信区间 $[\hat{\theta}_1,\hat{\theta}_2]$,这样的区间是否包含 θ?设 $\alpha=0.05$,置信水平是0.95,可以粗略地理解为:重复取100个容量为 n 的样本,得到的100个置信区间中约有95个包含了 θ.而实际上我们只取1个样本,得到1个置信区间并断言它包含了 θ,这样做当然可能犯错误,但是犯错误的概率只有0.05.

给出了置信区间 $[\hat{\theta}_1,\hat{\theta}_2]$ 和置信水平 $1-\alpha$ 的估计,称为 θ 的**区间估计**.置信区间越小,估计的精度越高;置信水平越大(即 α 越小),估计的可信程度越高.但是这两个指标显然是矛盾的,通常的做法是在一定的置信水平下选取尽量小的置信区间.

下面在正态总体 $N(\mu,\sigma^2)$ 的假定下,分总体方差已知和未知两种情况讨论总体均值 μ 的区间估计.

(1) 总体方差 σ^2 已知

区间估计的基本思想是用样本构造一个其分布为已知的统计量.根据实验11的结果

$E\bar{x}=\mu, D\bar{x}=\sigma^2/n$，及$\bar{x}\sim N(\mu,(\sigma/\sqrt{n})^2)$，对$\bar{x}$标准化得到 $N(0,1)$，即

$$z=\frac{\bar{x}-\mu}{\sigma/\sqrt{n}}\sim N(0,1). \tag{6}$$

给定置信水平 $1-\alpha$，寻找 u_1，u_2 使 $P\left\{u_1\leqslant z=\frac{\bar{x}-\mu}{\sigma/\sqrt{n}}\leqslant u_2\right\}=1-\alpha$. 由 $N(0,1)$ 的对称性，z 的对称区间长度最小，所以 u_2 取 $N(0,1)$ 的 $1-\alpha/2$ 分位数 $u_{1-\alpha/2}$，$u_1=-u_2$，满足 $P\left\{-u_{1-\alpha/2}\leqslant z=\frac{\bar{x}-\mu}{\sigma/\sqrt{n}}\leqslant u_{1-\alpha/2}\right\}=1-\alpha$，见图 12.1. 对 z 的不等式作变换，即得

$$P\left\{\bar{x}-u_{1-\alpha/2}\frac{\sigma}{\sqrt{n}}\leqslant\mu\leqslant\bar{x}+u_{1-\alpha/2}\frac{\sigma}{\sqrt{n}}\right\}=1-\alpha. \tag{7}$$

于是在置信水平 $1-\alpha$ 下，μ 的置信区间为$\left[\bar{x}-u_{1-\alpha/2}\frac{\sigma}{\sqrt{n}},\ \bar{x}+u_{1-\alpha/2}\frac{\sigma}{\sqrt{n}}\right]$.

(2) 总体方差 σ^2 未知

这种情况下只好用样本方差 s^2 代替 σ^2，但是$\frac{\bar{x}-\mu}{s/\sqrt{n}}$不再服从 $N(0,1)$. 根据实验 11 中的 χ^2 分布和 t 分布的定义，可以证明

$$\frac{(n-1)s^2}{\sigma^2}\sim\chi^2(n-1), \tag{8}$$

$$t=\frac{\bar{x}-\mu}{s/\sqrt{n}}\sim t(n-1). \tag{9}$$

由于 t 分布也是对称的，且图形与 $N(0,1)$ 相似(见图 12.2)，所以可以用 $t(n-1)$ 的 $1-\alpha/2$ 分位数 $t_{1-\alpha/2}$ 代替(7)式的 $u_{1-\alpha/2}$，有

$$P\left\{\bar{x}-t_{1-\alpha/2}\frac{s}{\sqrt{n}}\leqslant\mu\leqslant\bar{x}+t_{1-\alpha/2}\frac{s}{\sqrt{n}}\right\}=1-\alpha. \tag{10}$$

即在置信水平 $1-\alpha$ 下，μ 的置信区间为$\left[\bar{x}-t_{1-\alpha/2}\frac{s}{\sqrt{n}},\bar{x}+t_{1-\alpha/2}\frac{s}{\sqrt{n}}\right]$.

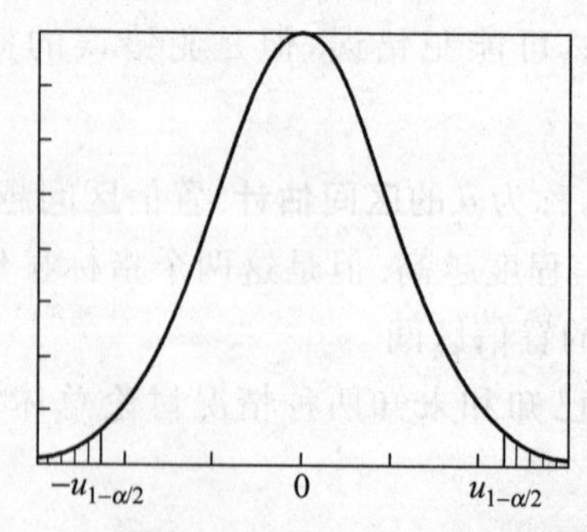

图 12.1　置信水平 $1-\alpha$ 下 $N(0,1)$ 的分位点

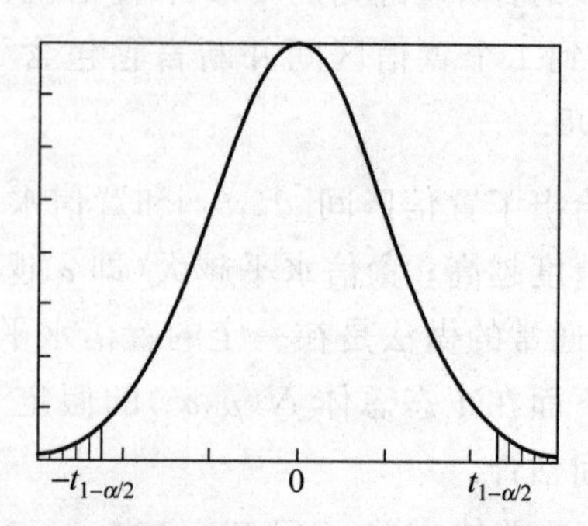

图 12.2　置信水平 $1-\alpha$ 下 t 分布的分位点

从总体均值 μ 的区间估计的结果(7)式和(10)式看出，对于一定的 α,σ 或 s 越大，置信区间长度越大，即估计的精度越低；样本容量 n 越大，置信区间越短，即估计的精度越高. 这显然是合理的.

12.2.4 总体方差的区间估计

根据(8)式用样本方差 s^2 对总体方差 σ^2 做区间估计. 由于 χ^2 分布不对称，给定置信水平 $1-\alpha$，严格地寻求长度最短的置信区间是困难的. 统计上，为了简单起见，仍然仿照均值区间估计的方法，选取 χ^2 分布的 $\alpha/2$ 分位数 $\chi^2_{\alpha/2}$ 和 $1-\alpha/2$ 分位数 $\chi^2_{1-\alpha/2}$（见图 12.3)，满足

$$P\left\{\chi^2_{\alpha/2}\leqslant\frac{(n-1)s^2}{\sigma^2}\leqslant\chi^2_{1-\alpha/2}\right\}=1-\alpha. \quad (11)$$

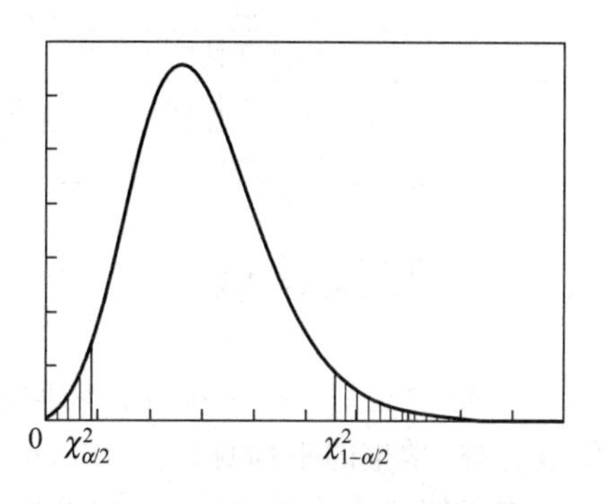

图 12.3 置信水平 $1-\alpha$ 下 χ^2 分布的分位点

它等价于

$$P\left\{\frac{(n-1)s^2}{\chi^2_{1-\alpha/2}}\leqslant\sigma^2\leqslant\frac{(n-1)s^2}{\chi^2_{\alpha/2}}\right\}=1-\alpha. \quad (12)$$

即在置信水平 $1-\alpha$ 下，σ^2 的置信区间为 $\left[\frac{(n-1)s^2}{\chi^2_{1-\alpha/2}},\frac{(n-1)s^2}{\chi^2_{\alpha/2}}\right]$，或者 σ 的置信区间为 $\left[s\sqrt{\frac{n-1}{\chi^2_{1-\alpha/2}}},s\sqrt{\frac{n-1}{\chi^2_{\alpha/2}}}\right]$.

12.2.5 参数估计的 MATLAB 实现

MATLAB 统计工具箱中，有专门计算总体均值、标准差的点估计和区间估计的程序. 对于正态总体，命令是

```
[mu sigma muci sigmaci]=normfit(x,alpha)
```

其中 x 是样本(数组)，alpha 是显著性水平 α(alpha 缺省时设定为 0.05)，输出 mu 和 sigma 是总体均值 μ 和标准差 σ 的点估计，muci 和 sigmaci 是总体均值 μ 和标准差 σ 的区间估计. 当 x 是矩阵(列为变量)时输出行向量.

对于 12.1.1 节学生的身高，用 normfit 可得总体均值 μ 和标准差 σ 的点估计和区间估计见表 12.2($\alpha=0.05$)

需要说明，上面的区间估计是在正态总体的假定下做出的，如果无法保证这个假定成立，有两种处理办法. 一是取容量充分大的样本，仍可按照上面给出的区间估计公式计算，因为根据概率论的中心极限定理，只要样本足够大(实用中可取 $n>50$)均值就近似地服从正态分布；二是 MATLAB 统计工具箱中提供了一些具有特定分布总体的区间估计的命令，

如 expfit ,poissfit,gamfit,分别用于指数分布、泊松分布和 Γ 分布的区间估计,具体用法参见 MATLAB 帮助系统.

表 12.2 学生的身高均值和标准差的点估计和区间估计

	身高/cm
均值点估计	172.7040
均值区间估计	(171.1777, 174.2303)
标准差点估计	5.3707
标准差区间估计	(4.4863,6.6926)

12.3 假设检验

假设检验是另一类统计推断问题. 12.1.1 节中我们曾提出这样的问题: 学校 20 年前作过普查,学生的平均身高为 168cm,要通过这次抽查的 50 个学生身高数据,对学生的平均身高有无明显变化做出结论. 如果把 168cm 作为对总体均值的假设,那么问题是要根据样本对这个假设进行检验,回答只有两种: 接受或拒绝. 这类统计推断问题称为**假设检验**.

像参数估计一样,如不特别指明,以下的讨论都是在总体服从正态分布的假定下进行的.

12.3.1 总体均值的假设检验

先看一个更简单的例子. 甲方生产一种产品的尺寸服从均值 $\mu=50$、标准差 $\sigma=1$ 的正态分布,按批向乙方供货(每批的数量很大),双方商定每批抽取 25 件(样本)测量其尺寸,根据样本均值决定乙方是否接受这批产品. 显然,必须制定一个数量标准 δ,若样本均值与 $\mu=50$ 之差不超过 δ,就应接受这批产品; 否则拒绝. 应该看到,由于样本的随机性,不论 δ 多大,这种检验方法总可能犯错误,如一批合格品($\mu=50$)中取出的 25 件的均值与 50 之差超过了 δ,从而被拒绝. 所以在制定标准 δ 时,双方还必须商定一个水平 α,使合格品被错误地拒绝的概率不超过 α.

设商定的水平 $\alpha=0.05$,让我们看看如何确定 δ.

记样本(容量 $n=25$)均值为 $\bar{x}$. 由(6)式,$\dfrac{\bar{x}-\mu}{\sigma/\sqrt{n}}\sim N(0,1)$,得到 $P\left\{\left|\dfrac{\bar{x}-\mu}{\sigma/\sqrt{n}}\right|\leqslant 2\right\}=0.95$,可知,令 $\delta=2\sigma/\sqrt{n}=2\times 1/5=0.4$,就能满足上面的要求,即当 $|\bar{x}-\mu|\leqslant 0.4$ 时应接受该批产品,否则拒绝. 按照这样的办法,100 批合格品中只有大约 5 批被错误地拒绝.

设抽取一容量为 n 的样本,得到均值 $\bar{x}$ 和标准差 s,根据样本对总体均值 μ 是否等于某给定值 μ_0 进行检验. 记

$$H_0: \mu=\mu_0, \quad H_1: \mu\neq\mu_0. \tag{13}$$

称 H_0 为**零假设**(null hypothesis)(或**原假设**),H_1 为**备选假设**(alternative hypothesis)(或对

立假设).检验的结果是：接受 H_0，或拒绝 H_0，即接受 H_1.应首先选定一个显著性水平 α，它是本来 H_0 成立，但被错误拒绝的概率.

仍分总体方差已知和未知两种情况讨论.

(1) 总体方差 σ^2 已知

若 H_0 成立，由(6)式，$\dfrac{\bar{x}-\mu_0}{\sigma/\sqrt{n}} \sim N(0,1)$，取 $N(0,1)$ 的 $1-\alpha/2$ 分位数 $u_{1-\alpha/2}$，记 $z=\dfrac{\bar{x}-\mu_0}{\sigma/\sqrt{n}}$，满足 $P\{|z|\leqslant u_{1-\alpha/2}\}=1-\alpha$(仍见图 12.1)，于是假设检验的规则(称 **z 检验**或 u 检验)为：

当 $|z|\leqslant u_{1-\alpha/2}$ 时接受 H_0；否则拒绝 H_0(接受 H_1).

(2) 总体方差 σ^2 未知

若 H_0 成立，由(9)式，$\dfrac{\bar{x}-\mu_0}{s/\sqrt{n}} \sim t(n-1)$，取 $t(n-1)$ 的 $1-\alpha/2$ 分位数 $t_{1-\alpha/2}$，记 $t=\dfrac{\bar{x}-\mu_0}{s/\sqrt{n}}$，满足 $P\{|t|\leqslant t_{1-\alpha/2}\}=1-\alpha$，于是假设检验的规则(称 **t 检验**)为：

当 $|t|\leqslant t_{1-\alpha/2}$ 时接受 H_0；否则拒绝 H_0(接受 H_1).

实际上常用的 α 值是 0.05 或 0.01，它们对应的 $u_{1-\alpha/2}$ 是 1.96 或 2.575，当 n 较大($n>30$)时 $t_{1-\alpha/2}$ 与 $u_{1-\alpha/2}$ 相近.

可以看到，假设检验所依据的原理与参数估计是一样的，都依据分布已知的统计量(z 或 t)，但思维方式不同，参数估计的思路十分自然、简明，而假设检验的思路可以说是一种“反证法”：先假设 H_0 成立，则 z 或 t 应以很大概率 $1-\alpha$ 落在一个区域内(如 $|z|\leqslant u_{1-\alpha/2}$)，于是当由一个样本计算出的数值果然落在该区域内时，就合理地接受 H_0，而一旦它不落在该区域内(如 $|z|>u_{1-\alpha/2}$，称**拒绝域**)，可以认为在一次试验中发生了小概率事件，那么就从反面证明 H_0 不成立.

思考 设从一个样本得到 $z=2.2$，那么若取 $\alpha=0.05$，将拒绝 H_0；若取 $\alpha=0.01$，将接受 H_0.你怎样评价这两个不同的结果，考虑到 α 是错误地拒绝 H_0 的概率，α 不是越小越好吗?

双侧检验与单侧检验

假设检验(13)式是对 μ 是否等于某值 μ_0 作检验，自然应将拒绝域放在两侧(如 $|z|>u_{1-\alpha/2}$)，这对于如零件尺寸一类问题的检验是合适的.但有一类实际问题要检验的是形如 $\mu\leqslant\mu_0$ 或 $\mu\geqslant\mu_0$ 的假设，比如 12.1.3 节中的硫含量，检验“均值 μ 不大于国家标准值 0.08%”比检验“μ 等于 0.08%”更合适.

记

$$H_0: \mu \leqslant \mu_0, \quad H_1: \mu > \mu_0. \tag{14}$$

这时应将拒绝域放在大于 μ_0 的一侧.当总体方差 σ^2 已知且 $\mu=\mu_0$ 时，根据 $\dfrac{\bar{x}-\mu_0}{\sigma/\sqrt{n}} \sim$

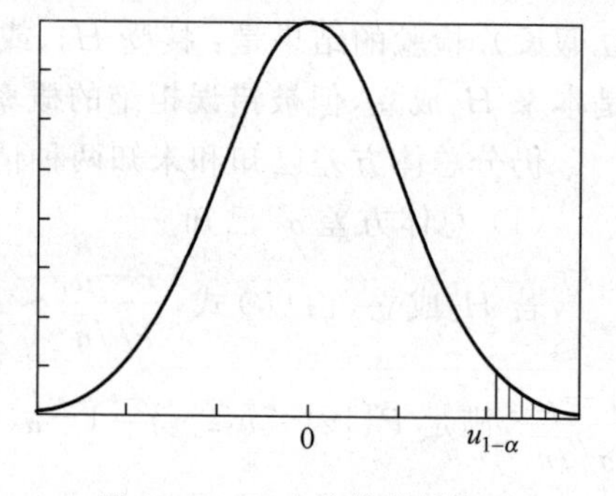

图 12.4 (14)式的单侧检验

$N(0,1)$，取 $N(0,1)$ 的 $1-\alpha$ 分位数 $u_{1-\alpha}$（见图 12.4），记 $z=\dfrac{\bar{x}-\mu_0}{\sigma/\sqrt{n}}$，有 $P(z>u_{1-\alpha})=\alpha$. 而当 $\mu<\mu_0$ 时，上述概率小于 α. 于是假设检验的规则（z 检验）为：

当 $z\leqslant u_{1-\alpha}$ 时接受 H_0；否则拒绝 H_0（接受 H_1）.

当 σ^2 未知时，由 $\dfrac{\bar{x}-\mu_0}{s/\sqrt{n}}\sim t(n-1)$，类似地用 $1-\alpha$ 分位数 $t_{1-\alpha}$ 作 t 检验.

可以类似地检验

$$H_0: \mu\geqslant\mu_0, \quad H_1: \mu<\mu_0. \tag{15}$$

由于拒绝域设置的方式不同，(13)式称为**双侧检验**，而(14)式和(15)式称为**单侧检验**.

12.3.2 总体方差的假设检验

总体方差是由随机因素影响的大小决定的，如成品汽油硫含量的方差主要取决于生产装置和生产条件的稳定性，当怀疑生产的稳定性时，可对方差进行假设检验. 与均值的假设检验相似，方差的假设检验也有以下的双侧和单侧检验：

$$H_0: \sigma^2=\sigma_0^2, \quad H_1: \sigma^2\neq\sigma_0^2; \tag{16}$$

$$H_0: \sigma^2\geqslant\sigma_0^2, \quad H_1: \sigma^2<\sigma_0^2; \tag{17}$$

$$H_0: \sigma^2\leqslant\sigma_0^2, \quad H_1: \sigma^2>\sigma_0^2. \tag{18}$$

检验依据的原理也与方差区间估计相同，对于双侧检验(16)式，H_0 成立时根据(8)式 $\dfrac{(n-1)s^2}{\sigma_0^2}\sim\chi^2(n-1)$，取 χ^2 分布的 $\alpha/2$ 分位数 $\chi^2_{\alpha/2}$ 和 $1-\alpha/2$ 分位数 $\chi^2_{1-\alpha/2}$（仍见图12.3），令 $\chi^2=\dfrac{(n-1)s^2}{\sigma_0^2}$，当 $\chi^2_{\alpha/2}\leqslant\chi^2\leqslant\chi^2_{1-\alpha/2}$ 时接受 H_0，否则拒绝.

请读者给出单侧检验(17)式和(18)式的方法.

12.3.3 两总体的假设检验

以上均值和方差的假设检验是对单一总体而言，实际生活中还经常会遇到通过比较两组数据对两个总体进行假设检验的问题. 如 12.1.1 节要检验城市和农村地区同龄男生的身高是否有差距，12.1.2 节要检验吸烟群体与不吸烟群体的血压是否相同；用原来的材料和新研制的材料各加工一批产品，要检验新材料的性能有无显著提高. 这类问题都可归结为两总体均值的假设检验.

(1) 两总体均值的假设检验

记两个总体为 $X\sim N(\mu_1,\sigma_1^2)$ 和 $Y\sim N(\mu_2,\sigma_2^2)$，设有分别来自 X,Y，容量为 n_1,n_2 的两个样本，得到均值分别为 $\bar{x},\bar{y}$ 和标准差分别为 s_1,s_2，假设检验是

$$H_0: \mu_1 = \mu_2; \quad H_1: \mu_1 \neq \mu_2. \tag{19}$$

当 σ_1,σ_2 已知时，若 H_0成立，可以证明

$$z = \frac{\bar{x} - \bar{y}}{\sqrt{\dfrac{\sigma_1^2}{n_1} + \dfrac{\sigma_2^2}{n_2}}} \sim N(0,1). \tag{20}$$

取 $N(0,1)$的 $1-\alpha/2$ 分位数 $u_{1-\alpha/2}$，假设检验的规则(z 检验)为：

当 $|z| \leqslant u_{1-\alpha/2}$ 时接受 H_0；否则拒绝 H_0(接受 H_1).

当 σ_1,σ_2 未知，但可以假定 $\sigma_1=\sigma_2$ 时，若 H_0成立，可以证明

$$t = \frac{\bar{x} - \bar{y}}{\sqrt{\dfrac{s^2}{n_1} + \dfrac{s^2}{n_2}}} \sim t(n_1 + n_2 - 2), \quad s^2 = \frac{(n_1 - 1)s_1^2 + (n_2 - 1)s_2^2}{n_1 + n_2 - 2}. \tag{21}$$

取 $t(n_1+n_2-2)$的 $1-\alpha/2$ 分位数 $t_{1-\alpha/2}$，假设检验的规则(t 检验)为：

当 $|t| \leqslant t_{1-\alpha/2}$ 时接受 H_0；否则拒绝 H_0(接受 H_1).

(19)式是双侧检验，也可以类似于(14)式和(15)式，作单侧检验.

值得注意的是，有一类两组数据进行比较的问题，看似属于两总体均值的假设检验，实则不是.如通过同一批学生两次测验成绩的比较，检查测验的难度是否相同，又如对服用某种减肥食品的若干人在服用前后测其体重，检查这种减肥食品是否有效.这里虽然得到的是两组数据，但是不能视为两个独立的样本，因为两组中的一对数据是同一个体产生的.请你考虑：如何根据成对的两组数据建立合适的假设检验，解决提出的问题，12.5 节将布置这方面的实验.

(2) 两总体方差的假设检验

记两个总体为 $X \sim N(\mu_1,\sigma_1^2)$和 $Y \sim N(\mu_2,\sigma_2^2)$，设有分别来自 X,Y，容量为 n_1,n_2 的两个样本，得到标准差分别为 s_1,s_2，要做的假设检验是

$$H_0: \sigma_1^2 = \sigma_2^2, \quad H_1: \sigma_1^2 \neq \sigma_2^2. \tag{22}$$

回顾实验 11 中的 χ^2 分布和 F 分布的定义，可以证明，当 H_0成立时

$$\frac{s_1^2}{s_2^2} \sim F(n_1 - 1, n_2 - 1). \tag{23}$$

类似于一个总体方差的假设检验(16)式，可以取 $F(n_1-1,n_2-1)$分布的 $\sigma/2$ 分位数 $F_{\alpha/2}$和 $1-\alpha/2$ 分位数 $F_{1-\alpha/2}$，令 $F=\dfrac{s_1^2}{s_2^2}$，当 $F_{\alpha/2} \leqslant F \leqslant F_{1-\alpha/2}$时接受 H_0，否则拒绝.这是双侧检验.而实际上为方便起见，常将其化为如下的单侧检验：两个样本方差中较大的一个记作 s_1^2，即 $s_1^2 \geqslant s_2^2$，取 $F(n_1-1,n_2-1)$的 $1-\alpha/2$ 分位数 $F_{1-\alpha/2}$，假设检验的规则(称 **F 检验**)为：

当 $F \leqslant F_{1-\alpha/2}$ 时接受 H_0；否则拒绝 H_0(接受 H_1).

注意：其置信水平仍为 $1-\alpha$.

12.3.4 0-1分布总体均值的假设检验

试看这样一个检验问题：甲方向乙方成批供货，双方商定废品率不超过3%.今从一批中抽取100件，发现有5件废品，问乙方是否应接受这批产品.设预先约定的显著性水平$\alpha=0.05$.

这里的一件产品只有合格品与废品之分，用$X=0$表示合格品，$X=1$表示废品，可以说总体X服从0-1分布.若废品率为p，则容易计算X的期望$\mu=p$，方差$\sigma^2=p(1-p)$.虽然X不服从正态分布，但根据概率论的中心极限定理，当样本容量n充分大时，对样本均值$\bar{x}$有，$z=\dfrac{\bar{x}-\mu}{\sigma/\sqrt{n}}$近似地服从$N(0,1)$，由此可对总体的废品率$p$作如下的假设检验：

$$H_0: p = p_0, \quad H_1: p \neq p_0. \tag{24}$$

利用正态总体均值的z检验，取$N(0,1)$的$1-\alpha/2$分位数$u_{1-\alpha/2}$，设样本的废品率为$\bar{x}$，记$z=\dfrac{\bar{x}-p_0}{\sqrt{p_0(1-p_0)/n}}$，满足$P\{|z|\leqslant u_{1-\alpha/2}\}=1-\alpha$，于是假设检验的规则为：

当$|z|\leqslant u_{1-\alpha/2}$时接受$H_0$；否则拒绝$H_0$(接受$H_1$).

上面是双侧检验，而对废品的检查更合适的假设检验为：

$$H_0: p \leqslant p_0, \quad H_1: p > p_0. \tag{25}$$

这时应作单侧检验，取$N(0,1)$的$1-\alpha$分位数$u_{1-\alpha}$，假设检验的规则为：

当$z\leqslant u_{1-\alpha}$时接受H_0；否则拒绝H_0(接受H_1).

用这个规则回答前面乙方是否应接受那批产品的问题.将$\bar{x}=5/100$，$p_0=0.03$，$n=100$代入得$z=1.1724$，用单侧检验，$\alpha=0.05$时$u_{1-\alpha}=1.65$，显然$z\leqslant u_{1-\alpha}$，乙方应接受$p\leqslant p_0$的假设，即接受那批产品.

思考 100件中有5件废品，却还要接受废品率为3%的假设，如果你是乙方代表，你愿意接受吗？问题出在什么地方？若提高显著性水平α，会有什么后果？

12.3.5 总体分布正态性检验

进行参数估计和假设检验时，通常总是假定总体服从正态分布，虽然在许多情况下这个假定是合理的，但是当要以此为前提进行重要的参数估计或假设检验，或者人们对它有较大怀疑的时候，就确有必要对这个假设进行检验.

进行总体正态性检验的方法有很多种，以下针对MATLAB统计工具箱中提供的程序，简单介绍几种方法.

(1) Jarque-Bera检验

实验11中曾介绍过正态分布的偏度$g_1=0$，峰度$g_2=3$，对于一个样本按照实验11的(4)式计算其g_1和g_2，若样本来自正态总体，则g_1和g_2应分别在0和3附近.基于这个思想，构造一个包含g_1,g_2的χ^2分布统计量(自由度$n=2$)，对于显著性水平α，当χ^2分布统计

量小于 χ^2 分布的 $1-\alpha$ 分位数 $\chi^2_{1-\alpha}$时，接受 H_0：总体服从正态分布；否则拒绝 H_0，即总体不服从正态分布.

这个检验适用于大样本，当样本容量 n 较小时需慎用.

(2) Kolmogorov-Smirnov 检验

通过样本的经验分布函数与给定分布函数的比较，推断该样本是否来自给定分布函数的总体. 容量 n 的样本的经验分布函数记为 $F_n(x)$，可由样本中小于 x 的数据所占的比例得到，给定分布函数记为 $G(x)$，构造的统计量为 $D_n=\max\limits_x(|F_n(x)-G(x)|)$，即两个分布函数之差的最大值，对于假设 H_0：总体服从给定的分布 $G(x)$，及给定的 α，根据 D_n的极限分布($n\to\infty$时的分布)确定统计量关于是否接受 H_0的数量界限.

因为这个检验需要给定 $G(x)$，所以当用于正态性检验时只能做标准正态检验，即 H_0：总体服从标准正态分布 $N(0,1)$.

(3) Lilliefors 检验

它将 Kolmogorov-Smirnov 检验改进用于一般的正态性检验，即 H_0：总体服从正态分布 $N(\mu,\sigma^2)$，其中 μ,σ^2 由样本均值和方差估计.

12.3.6 假设检验的 MATLAB 实现

将 12.3.1 节至 12.3.5 节讨论的各种假设检验、相应的统计量和检验规则以及 MATLAB 统计工具箱中提供的命令列入表 12.3(单侧检验未列入).

表 12.3 假设检验及其 MATLAB 命令

假设检验		统计量	检验规则	MATLAB 命令
单个总体均值(σ^2已知)	$H_0:\mu=\mu_0$ $H_1:\mu\neq\mu_0$	$z=\dfrac{\bar{x}-\mu_0}{\sigma/\sqrt{n}}\sim N(0,1)$	$\lvert z\rvert\leqslant u_{1-\alpha/2}$ 接受 H_0(z 检验)	h=ztest(x,mu,sigma) [h,sig,ci,zval]=ztest(x,mu,sigma,alpha,tail)
单个总体均值(σ^2 未知)	$H_0:\mu=\mu_0$ $H_1:\mu\neq\mu_0$	$t=\dfrac{\bar{x}-\mu_0}{s/\sqrt{n}}\sim t(n-1)$	$\lvert t\rvert\leqslant t_{1-\alpha/2}$ 接受 H_0(t 检验)	h=ttest(x,mu) [h, sig, ci] = ttest (x, mu, alpha,tail)
单个总体方差	$H_0:\sigma^2=\sigma_0^2$ $H_1:\sigma^2\neq\sigma_0^2$	$\chi^2=\dfrac{(n-1)s^2}{\sigma_0^2}\sim\chi^2(n-1)$	$\chi^2_{\alpha/2}\leqslant\chi^2\leqslant\chi^2_{1-\alpha/2}$ 接受 H_0	无
两个总体均值(σ_1^2,σ_2^2 已知)	$H_0:\mu_1=\mu_2$ $H_1:\mu_1\neq\mu_2$	$z=\dfrac{\bar{x}-\bar{y}}{\sqrt{\dfrac{\sigma_1^2}{n_1}+\dfrac{\sigma_2^2}{n_2}}}\sim N(0,1)$	$\lvert z\rvert\leqslant u_{1-\alpha/2}$ 接受 H_0	无
两个总体均值($\sigma_1^2=\sigma_2^2$ 未知)	$H_0:\mu_1=\mu_2$ $H_1:\mu_1\neq\mu_2$	$t=\dfrac{\bar{x}-\bar{y}}{\sqrt{\dfrac{s^2}{n_1}+\dfrac{s^2}{n_2}}}\sim t(n_1+n_2-2)$ $s^2=\dfrac{(n_1-1)s_1^2+(n_2-1)s_2^2}{n_1+n_2-2}$	$\lvert t\rvert\leqslant t_{1-\alpha/2}$ 接受 H_0	h=ttest2(x,y) [h,sig,ci]=ttest2(x,y,alpha,tail)

续表

假设检验		统计量	检验规则	MATLAB 命令
两个总体方差	$H_0: \sigma_1^2=\sigma_2^2$ $H_1: \sigma_1^2\neq\sigma_2^2$	$F=\frac{s_1^2}{s_2^2}\sim F(n_1-1,n_2-1)$, $s_1^2\geqslant s_2^2$	$F\leqslant F_{1-\alpha/2}$ 接受 H_0	无
0-1 分布总体均值	$H_0: p=p_0$ $H_1: p\neq p_0$	$z=\frac{\bar{x}-p_0}{\sqrt{p_0(1-p_0)/n}}$	$\lvert z\rvert\leqslant u_{1-\alpha/2}$ 接受 H_0	无
总体分布正态性	H_0：总体服从 $N(\mu,\sigma^2)$	略	略	h=jbtest(x) [h,p,jbstat,cv]=jbtest(x,alpha)
	H_0：总体服从 $N(0,1)$	略	略	h =kstest(x)
	H_0：总体服从 $N(\mu,\sigma^2)$	略	略	h = lillietest(x) [h,p,lstat,cv]=lillietest(x,alpha)

表 12.3 最后一列 MATLAB 命令的两格中，上面是最简形式，下面是完全形式. 现以单个总体均值 z 检验的命令为例说明用法.

```
[h,sig,ci,zval]=ztest(x,mu,sigma,alpha,tail)
```

输入参数 x 是样本(n 维数组)，mu 是 H_0 中的 μ_0，sigma 是总体标准差 σ，alpha 是显著性水平 α(默认时设定为 0.05)，tail 是对双侧检验和两个单侧检验的标识，用备选假设 H_1 确定：H_1 为 $\mu\neq\mu_0$ 时令 tail=0(可默认)；H_1 为 $\mu>\mu_0$ 时令 tail=1；H_1 为 $\mu<\mu_0$ 时令 tail=−1.

输出参数 h=0 表示接受 H_0，h=1 表示拒绝 H_0，sig 是在假设 H_0 下的概率 $P\{|Z|\geqslant|z|\}$，其中 $Z\sim N(0,1)$，$z=\frac{\bar{x}-\mu_0}{\sigma/\sqrt{n}}$(详见下面例 1 的说明)，ci 给出 μ_0 的置信区间，zval 是样本统计量 z 的值.

其他命令的用法类似，只需说明的是，两个总体均值检验命令 ttest2 需要输入两个样本 x 和 y(长度不一定相同).

例 1 用 $N(5,1^2)$ 随机数产生 $n=100$ 的样本，分别在总体方差已知($\sigma^2=1$)和未知的情况下检验总体均值 $\mu=5$ 与 $\mu=5.25$($\alpha=0.05$).

解 假设检验分别为 $H_0: \mu=5$；$H_1: \mu\neq5$ 与 $H_0: \mu=5.25$；$H_1: \mu\neq5.25$，总体方差已知时用 z 检验，未知时用 t 检验，编程如下：

```
x=normrnd(5,1,100,1);                      % 产生 N(5,1²)随机数(n=100)
m=mean(x),                                 % 样本均值
[h0,sig0,ci0,z0]=ztest(x,5,1)              % z 检验
```

```
[h1,sig1,ci1,z1]=ztest(x,5.25,1)
[ht,sigt,cit]=ttest(x,5)                  % t检验
[ht1,sigt1,cit1]=ttest(x,5.25)
```

得到

```
m = 4.9323
[h0,sig0,ci0,z0]=0  0.4984  4.7363  5.1283  -0.6770
[h1,sig1,ci1,z1]=1  0.0015  4.7363  5.1283  -3.1770
[ht,sigt,cit]=    0  0.4903  4.7383  5.1263
[ht1,sigt1,cit1]= 1  0.0016  4.7383  5.1263
```

从计算结果可知,样本均值$\bar{x}=4.9323$,且:

(1) 对 z 检验和 t 检验都接受了 $\mu=5$ 的假设,拒绝了 $\mu=5.25$ 的假设;

(2) 对 z 检验,在 H_0: $\mu=5$ 下样本统计量 z0$=-0.6770\left(=\dfrac{\bar{x}-5}{1/\sqrt{n}}=(4.9323-5)\times 10\right)$,在 H_0下的概率 sig0=0.4984(=2 * normcdf(z0)),由样本对总体均值 μ 的区间估计为[4.7363,5.1283];

(3) 对 z 检验,在 H_0: $\mu=5.25$ 下样本统计量 z1$=-3.1770\left(=\dfrac{\bar{x}-5.25}{1/\sqrt{n}}\right)$,在 H_0下的概率 sig1=0.0015(=2 * normcdf(z1)),μ 的区间估计同上;

(4) 对 t 检验,在 H_0: $\mu=5$ 下(t0 未输出,但可以由(9)式计算)的概率 sigt=0.4903(=2 * tcdf(t0,n-1)),对总体均值 μ 的区间估计为[4.7383,5.1263];

(5) 对 t 检验,在 H_0: $\mu=5.25$ 下的概率 sigt1=0.0016,μ 的区间估计同上.

特别指出,ztest 中的输出 sig 是 H_0下的概率 $P\{|Z|\geqslant|z|\}$,其中 $Z\sim N(0,1)$,$z=\dfrac{\bar{x}-\mu_0}{\sigma/\sqrt{n}}$,$\bar{x}$偏离 μ_0 越大,$|z|$越大,sig$=P\{|Z|\geqslant|z|\}$越小,所以可以认为 sig 给出了接受 H_0(此时 sig$>\alpha$)或拒绝 H_0(此时 sig$<\alpha$)的定量指标. ttest 和 ttest2 中的输出 sig 有类似的含义,只需换成 t 分布和 t 统计量.

例 2 用 $N(5,1^2)$随机数产生 $n=100$ 的样本,在总体方差未知的情况下分别取 $\alpha=0.05$ 和 $\alpha=0.01$ 检验总体均值 $\mu\geqslant5.2$.

解 作单侧检验 $H_0:\mu\geqslant5.2$,$H_1:\mu<5.2$,用 t 检验,编程如下(注意 alpha 和 tail 的取值):

```
x = normrnd(5,1,100,1);
m = mean(x),
[h1,sig1,ci1] = ttest(x,5.2,0.05,-1)
[h2,sig2,ci2] = ttest(x,5.2,0.01,-1)
```

得到

```
m = 5.0111
[h1,sig1,ci1] =1  0.0343  -Inf  5.1815
[h2,sig2,ci2] =0  0.0343  -Inf  5.2537
```

可知在 $\alpha=0.05$ 下拒绝 H_0（此时 sig1$<\alpha$），μ 的区间估计$(-\infty,5.1815]$不包含 5.2；而在 $\alpha=0.01$ 下接受 H_0（此时 sig2$>\alpha$），μ 的区间估计$(-\infty,5.2537]$包含 5.2.

例 3 分别用 $N(5,1^2)$和 $N(5.2,0.8^2)$随机产生 $n=100$ 的样本，分别在两个总体标准差已知($\sigma_1=1,\sigma_2=0.8$)和未知的情况下检验两个总体均值 $\mu_1=\mu_2(\alpha=0.05)$.

解 两个总体标准差已知的情况需自编程序，以下是名为 ztest2.m 的函数 M 文件（包括双侧和单侧检验，标识 tail 的用法与 ztest 相同，所有输入参数不可省略）：

```
function [h,sig]=ztest2(x,y,sigma1,sigma2,alpha,tail)
n1=length(x);
n2=length(y);
xbar=mean(x);
ybar=mean(y);
z=(xbar-ybar)/sqrt(sigma1^2/n1+sigma2^2/n2);
if tail==0
    u=norminv(1-alpha/2);
    sig=2*(1-normcdf(abs(z)));
    if abs(z)<=u
        h=0;
    else
        h=1;
    end
end
if tail==1
    u=norminv(1-alpha);
    sig=1-normcdf(z);
    if z<=u
        h=0;
    else
        h=1;
    end
end
if tail==-1
    u=norminv(alpha);
    sig=normcdf(z);
    if z>=u
        h=0;
    else
        h=1;
    end
end
```

然后按照题目要求作假设检验 $H_0:\mu_1=\mu_2$，编程计算：

```
x=normrnd(5,1,100,1);
y=normrnd(5.2,0.8,100,1);
[p,sig]=ztest2(x,y,1,0.8,0.05,0),
[pt,sigt]=ttest2(x,y)
```

得到

```
[p,sig] =   0   0.1048
[pt,sigt]=  0   0.1335
```

我们看到，虽然产生样本的两个总体的均值不同(5 和 5.2)，但是仍然接受了 $\mu_1=\mu_2$ 的假设检验.

12.4 实例的求解

以下 12.4.1 节～12.4.3 节分别是对 12.1.1 节～12.1.3 节所提问题的求解.

12.4.1 学生身高的变化(续)

问题(1) 在参数估计 12.2.5 节中已经由样本(50 名 17 岁城市男性学生身高)得到了总体均值 $\mu=172.7040$，其区间估计为[171.1777,174.2303]($\alpha=0.05$).

问题(2) 已知 20 年前同一所学校同龄男生的平均身高为 168cm，为回答学生身高是否发生了变化，作假设检验

$$H_0:\mu=168;\quad H_1:\mu\neq 168. \tag{26}$$

不妨先对样本作正态性检验，再用 t 检验，编程如下($\alpha=0.05$)：

```
x=[170.1 ... 172.2];            % 50 名 17 岁城市男性学生身高数据(从略)
h1 =jbtest(x)
h2= lillietest(x)
[h,sig,ci]=ttest(x,168)
```

得到

```
h1 =0,  h2=0,
[h,sig,ci]= 1  1.1777e-007  171.1777  174.2303.
```

结果显示，通过了正态性检验，拒绝 H_0，表明学生身高的确发生了变化.

问题(3) 要求由收集的城市和农村中学的数据回答，两地区同龄男生的身高是否有差距，作假设检验

$$H_0:\mu_1=\mu_2,\quad H_1:\mu_1\neq\mu_2, \tag{27}$$

这里 μ_1,μ_2 分别是城市和农村中学同龄男生的身高. 题目中只给出从 100 名同龄农村男性学生身高算出的样本均值 168.9 和标准差 5.4，没有原始的样本数据，为了直接用

MATLAB 命令 ttest2 计算，需要索取原始数据. 假定我们得到了这 100 个数据，并认为服从正态分布，用如下运算作检验($\alpha=0.05$)：

```
y=[166.3 ... 167.3];          % 100 名同龄农村男性学生身高数据(从略)
[h, sig,ci]=ttest2(x,y)
```

计算结果为

```
[h,sig,ci]= 1  7.0945e-005  1.9773  5.6767
```

即拒绝 H_0，表明城市与农村 17 岁年龄组学生(总体)的身高有显著差异，差距的置信区间为 [1.9773,5.6767] ($\alpha=0.05$).

12.4.2 吸烟对血压的影响(续)

为了研究吸烟对血压的影响，测量了吸烟组(66 人)和不吸烟组(62 人)两组人群的 6 项血压指标，表 12.1 给出的是经过简单处理后的数据——两组人群 6 项血压指标的样本均值与标准差. 要根据这些数据推断吸烟对血压有无影响，我们分别对 6 项血压指标作假设检验

$$H_0: \mu_1 = \mu_2, \quad H_1: \mu_1 \neq \mu_2, \tag{28}$$

其中 μ_1,μ_2 分别是吸烟和不吸烟群体(总体)的血压指标.

像 12.1.1 节中没有 100 名同龄农村男性学生身高的原始数据一样，这里也没有 66 位吸烟者和 62 位不吸烟者的血压指标. 假设无法得到这些原始数据，不能直接用 MATLAB 命令 ttest2 计算，我们转而在吸烟和不吸烟两个群体的血压指标均服从正态分布，且两个未知方差相等的假设下，利用 12.3.3 节(21)式的 t 检验进行计算.

以两个样本的均值(xbar,ybar)、标准差(s1,s2)和容量(m,n)为输入参数，编写一个名为 pttest2.m 的函数 M 文件(包括双侧和单侧检验，标识 tail 的用法与 ztest 相同，所有输入参数不可省略)：

```
function [h,sig]=pttest2(xbar,ybar,s1,s2,m,n,alpha,tail)
spower=((m-1)*s1^2+(n-1)*s2^2)/(m+n-2);
t=(xbar-ybar)/sqrt(spower/m+ spower/n);
if tail==0
    a=tinv(1-alpha/2,m+n-2);
    sig =2*(1-tcdf(abs(t),m+n-2));
    if abs(t)<=a
        h=0;
    else
        h=1;
    end
end
if tail==1
    a=tinv(1-alpha,m+n-2);
```

```
        sig =1-tcdf(t,m+n-2);
        if t<=a
            h=0;
        else
            h=1;
        end
    end
    if tail==-1
        a=tinv(alpha,m+n-2);
        sig =tcdf(t,m+n-2);
        if t>=a
            h=0;
        else
            h=1;
        end
    end
```

用表12.1给出的数据,取alpha=0.05,tail=0,由pttest2计算的结果见表12.4.可以看出,除夜间(10Pm-6Am)平均收缩压(nSBP)外,其余5项指标都拒绝了 H_0,于是综合起来可以认为,吸烟对血压的影响显著.

表12.4 "吸烟对血压的影响"假设检验的计算结果

	h	sig	接受或拒绝 H_0
24hSBP/mmHg	1	8.5097e−003	拒绝
24hDBP/mmHg	1	3.1860e−003	拒绝
dSBP/mmHg	1	5.3064e−003	拒绝
dDBP/mmHg	1	3.9950e−003	拒绝
nSBP/mmHg	0	1.2597e−001	接受
nDBP/mmHg	1	1.3027e−002	拒绝

12.4.3 汽油供货合同(续)

加油站(乙方)以含硫量不超过0.08%的标准决定是否接受炼油厂(甲方)提供的一批汽油.双方商定每批抽检10辆车,现得到了一批10个含硫量数据(见12.1.3节).

问题(1) 只根据这些数据推断乙方是否应接受该批汽油;如果甲方是可靠的供货商,并且对产品的稳定性提供了进一步的信息,乙方对应的策略有什么变化?

推断乙方是否应接受该批汽油,等价于根据样本作总体均值 μ 的(单侧)假设检验:

$$H_0: \mu \leqslant \mu_0 = 0.08, \quad H_1: \mu > \mu_0 = 0.08. \tag{29}$$

分以下几种情况讨论:

1. 如果只根据这些数据作检验,是在总体方差 σ^2 未知情况下的 t 检验,编程计算:

```
x=[0.0864 ... 0.0880];              % 10个含硫量数据(见12.1.3节)
xbar=mean(x)                        % 样本均值
[h,sig]=ttest(x,0.08,0.05,1)        % t(单侧)检验(设α=0.05)
```

得到

```
xbar= 0.0857
[h,sig]= 1  0.0424
```

拒绝 H_0,即乙方不接受该批汽油,但是我们注意到sig接近0.05(当sig>0.05时接受 H_0),所以它已接近于接受 H_0.

还注意到样本均值 $\bar{x}=0.0857>\mu_0=0.08$.

2. 如果甲方是可靠的供货商,不妨请甲方提供总体方差(一般方差比较稳定),这比上面 t 检验中用小样本($n=10$)计算出样本方差更为可靠.

若甲方提供总体标准差为 $\sigma=0.01$,则由

```
[h, sig]=ztest(x,0.08,0.01,0.05,1)       % z(单侧)检验(设α=0.05)
```

计算得到

```
[h, sig]= 1  0.0357
```

拒绝 H_0,即乙方不接受该批汽油.

若甲方提供总体标准差为 $\sigma=0.015$,则由

```
[h, sig]=ztest(x,0.08,0.015,0.05,1)
```

计算得到

```
[h, sig]= 0  0.1147
```

接受 H_0,即乙方接受该批汽油.

思考 为什么 $\sigma=0.01$ 时拒绝 H_0,而 $\sigma=0.015$ 时接受 H_0?

如果生产比较稳定,即方差较小,在 H_0 下出现较大的硫含量偏差的可能性应较小,但是该批出现了这样大的样本均值 $\bar{x}=0.0875$,从而说明 H_0 不成立.

当生产不很稳定,即方差较大时,在 H_0 下出现较大的硫含量偏差的可能性加大,于是该批出现这样大的样本均值还是可以接受的.

3. 若对甲方产品的信任度很高,不妨将显著性水平由 $\alpha=0.05$ 改为 $\alpha=0.01$,重新作总体方差 σ^2 未知情况下的 t 检验:

```
[h,sig]=ttest(x,0.08,0.01,1)
```

得到

```
[h,sig]= 0  0.0424
```

接受 H_0.

同一个样本用于同样的假设检验,在不同的显著性水平 α 下会得到不同的结论.这启示

我们有必要研究如何恰当地选取 α. 因为 α 是原本成立的 H_0 被错误地拒绝的概率，而在假设检验中原假设 H_0 一般是受保护的，不轻易拒绝它，所以 α 一般取得很小，并且 H_0 越可靠，α 越小. 在上面的问题中甲方一向信誉很好，减小 α 是合适的.

在统计推断中将“原本成立的 H_0 被拒绝”所犯的错误(即“弃真”)称为**第一类错误**，犯第一类错误的概率为 α. α 是否越小越好呢？这需要从另一个角度看这个问题.

问题(2) 现乙方与一新炼油厂(丙方)谈判，并且风闻丙方有用含硫量 0.086% 的汽油顶替合格品的前科，那么如果乙方沿用与甲方订的合同，会有什么后果.

假设检验仍是(29)式，在总体服从 $N(\mu,\sigma^2)$ 的条件下，由(9)式 $t=\frac{\bar{x}-\mu}{s/\sqrt{n}}\sim t(n-1)$，取显著性水平 α，若总体均值 $\mu=\mu_0$，根据单侧检验的规则，当 $\frac{\bar{x}-\mu_0}{s/\sqrt{n}}\leqslant t_{1-\alpha}$ 时，接受 H_0，且接受 H_0 的概率为

$$P\left\{t=\frac{\bar{x}-\mu_0}{s/\sqrt{n}}\leqslant t_{1-\alpha}\right\}=1-\alpha. \tag{30}$$

下面分别考察当总体均值 $\mu=\mu_1<\mu_0$ 和 $\mu=\mu_2>\mu_0$ 时接受 H_0 的概率：

1. 若 $\mu=\mu_1<\mu_0$，则 $t_1=\frac{\bar{x}-\mu_1}{s/\sqrt{n}}\sim t(n-1)$，由

$$t_1=\frac{\bar{x}-\mu_1}{s/\sqrt{n}}=\frac{\bar{x}-\mu_0+\mu_0-\mu_1}{s/\sqrt{n}}=t+\frac{\mu_0-\mu_1}{s/\sqrt{n}},$$

得到

$$P\{t\leqslant t_{1-\alpha}\}=P\left\{t_1\leqslant t_{1-\alpha}+\frac{\mu_0-\mu_1}{s/\sqrt{n}}\right\}>1-\alpha. \tag{31}$$

即接受 H_0 的概率比 $\mu=\mu_0$ 时的概率 $1-\alpha$ 大. 因为 $\mu_1<\mu_0$，这是很自然的，如图 12.5(a)中 $t_{1-\alpha}$ 左侧实线下面的面积是 $1-\alpha$，虚线下面的面积大于 $1-\alpha$.

2. 若 $\mu=\mu_2>\mu_0$，如一旦丙方提供的汽油含硫量为 $\mu_2=0.086>\mu_0=0.08$，则 $t_2=\frac{\bar{x}-\mu_2}{s/\sqrt{n}}\sim t(n-1)$，而根据检验规则仍是 $t=\frac{\bar{x}-\mu_0}{s/\sqrt{n}}\leqslant t_{1-\alpha}$ 时接受 H_0. 由

$$t_2=\frac{\bar{x}-\mu_2}{s/\sqrt{n}}=\frac{\bar{x}-\mu_0+\mu_0-\mu_2}{s/\sqrt{n}}=t-\frac{\mu_2-\mu_0}{s/\sqrt{n}}$$

得到

$$P\{t\leqslant t_{1-\alpha}\}=P\left\{t_2\leqslant t_{1-\alpha}-\frac{\mu_2-\mu_0}{s/\sqrt{n}}\right\}. \tag{32}$$

这是在 H_0 不成立的条件下($\mu=\mu_2>\mu_0$)，由于 $t\leqslant t_{1-\alpha}$ 而仍然接受 H_0 的概率.

在统计推断中将“原本不成立的 H_0 被接受”所犯的错误(即“取伪”)称为第二类错误，犯第二类错误的概率记作 β，由(32)式

$$\beta=P\left\{t_2\leqslant t_{1-\alpha}-\frac{\mu_2-\mu_0}{s/\sqrt{n}}\right\}=F_{t(n-1)}(t_\beta),\quad t_\beta=t_{1-\alpha}-\frac{\mu_2-\mu_0}{s/\sqrt{n}}, \tag{33}$$

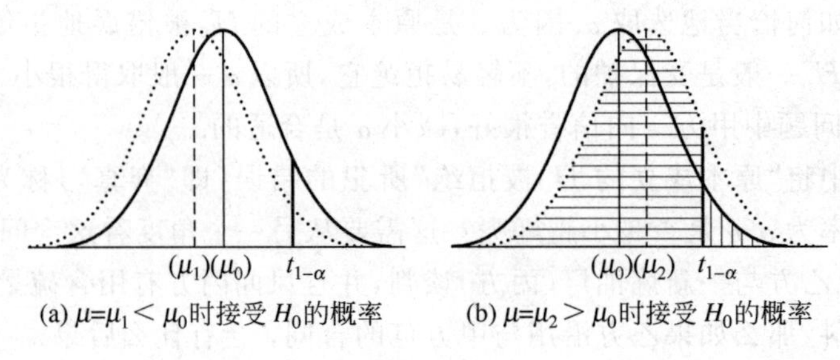

(a) $\mu=\mu_1<\mu_0$时接受H_0的概率 (b) $\mu=\mu_2>\mu_0$时接受H_0的概率

图 12.5

其中 $F_{t(n-1)}$ 是 $t(n-1)$分布的分布函数.

图 12.5(b)中 $t_{1-\alpha}$左侧实线下面的面积是 $1-\alpha$,即"|"线标示的区域面积为 $\mu=\mu_0$ 时犯第一类错误的概率为 α; 而 $t_{1-\alpha}$左侧虚线下面的面积("—"线标示的区域面积)正是 $\mu=\mu_2>\mu_0$ 时接受 H_0,即犯第二类错误的概率 β. 可以看出,当 α 变小时,$t_{1-\alpha}$右移,β 增加.

现在假定乙方与丙方谈判时沿用与甲方订的合同, 并且丙方果然提供了含硫量 0.086%的汽油,不妨设测量的 10 个样本数据与题目中甲方提供的相同,我们看看接受 H_0,即犯第二类错误的概率 β 有多大.

按照(33)式编程计算($\alpha=0.05$):

```
x=[0.0864 ... 0.0880];                % 10 个含硫量数据(见 12.1.3 节)
mu0=0.08; mu2=0.086; n=10;
alpha=0.05;
talpha=tinv(1-alpha,n-1);
s=std(x);
gap=(mu2-mu0)/(s/sqrt(n));
beta=tcdf(talpha-gap,n-1)
```

得到

```
beta =0.4211
```

改变 α 进行计算,表 12.5 给出了不同显著性水平 α(第一类错误的概率)下第二类错误的概率 β.

表 12.5 不同显著性水平 α 下第二类错误的概率

显著性水平 α	0.01	0.05	0.1	0.2	0.3
第二类错误 β	0.7733	0.4211	0.2644	0.1390	0.0846

可见,为了避免第二类错误的概率太大,应该适当提高显著性水平. 当然,β 除了随着 α 的减小而增加外,还与 $\mu_2(>\mu_0)$的大小有关.

在统计推断中原假设 H_0与备选假设 H_1是不平等的,人们一般将值得信赖的、不宜轻易否定的假设取作原假设,显著性水平 α 一般不超过 0.05,这时犯第二类错误的概率 β 有多大,是乙方(如受货方)关心的问题之一.

12.5 实验练习

实验目的

1. 掌握数据的参数估计、假设检验的基本原理、算法,及用 MATLAB 实现的方法;

2. 练习用这些方法解决实际问题.

实验内容

1. 某厂从一台机床生产的滚珠中随机抽取 9 个,测得直径(mm)如下:

14.6,14.7,15.1,14.9,14.8,15.0,15.1,15.2,14.8

设滚珠直径服从正态分布,试自行给出不同的显著性水平,对直径的均值和标准差作区间估计.

2. 据说某地汽油的价格是 115 美分/gal①,为了验证这种说法,一位司机开车随机选择了一些加油站,得到某年 1 月和 2 月的数据如下:

1 月 119 117 115 116 112 121 115 122 116 118 109 112 119 112 117 113 114 109 109 118

2 月 118 119 115 122 118 121 120 122 128 116 120 123 121 119 117 119 128 126 118 125

(1) 分别用两个月的数据验证这种说法的可靠性;

(2) 分别给出 1 月和 2 月汽油价格的置信区间($\alpha=0.05$);

(3) 如何给出 1 月和 2 月汽油价格差的置信区间($\alpha=0.05$).

3. 某校 60 名学生的一次考试成绩如下:

93 75 83 93 91 85 84 82 77 76 77 95 94 89 91

88 86 83 96 81 79 97 78 75 67 69 68 84 83 81

75 66 85 70 94 84 83 82 80 78 74 73 76 70 86

76 90 89 71 66 86 73 80 94 79 78 77 63 53 55

(1) 作直方图,计算均值、标准差、极差、偏度、峰度;

(2) 检验分布的正态性.

4. 设第 1 题的数据是机床甲产生的,另从机床乙生产的滚珠中抽取 10 个,测得直径(单位:mm)如下:

15.2,15.1,15.4,14.9,15.3,15.0,15.2,14.8,15.7,15.0

记两机床生产的滚珠直径分别为 μ_1,μ_2,试作 $\mu_1=\mu_2,\mu_1\leqslant\mu_2,\mu_1\geqslant\mu_2$ 3 种检验.

5. 甲方向乙方成批供货,甲方承诺合格率为 90%,双方商定置信概率为 95%.现从一批货中抽取 50 件,43 件为合格品,问乙方应否接受这批货物?你能为乙方不接受它出谋划策吗?

---

① 加仑,体积单位. $1\text{gal}=3.785\ 412\text{dm}^3$.

6. 学校随机抽取 100 名学生，测量他们的身高和体重，所得数据见表 12.6.

(1) 对这些数据给出直观的图形描述，检验分布的正态性；

(2) 根据这些数据对全校学生的平均身高和体重做出估计，并给出估计的误差范围；

(3) 学校 10 年前作过普查，学生的平均身高为 167.5cm，平均体重为 60.2kg，根据这次抽查的数据，对学生的平均身高和体重有无明显变化做出结论.

表 12.6 100 名学生的身高(cm)和体重(kg)

身高	体重	身高	体重	身高	体重	身高	体重	身高	体重
172	75	169	55	169	64	171	65	167	47
171	62	168	67	165	52	169	62	168	65
166	62	168	65	164	59	170	58	165	64
160	55	175	67	173	74	172	64	168	57
155	57	176	64	172	69	169	58	176	57
173	58	168	50	169	52	167	72	170	57
166	55	161	49	173	57	175	76	158	51
170	63	169	63	173	61	164	59	165	62
167	53	171	61	166	70	166	63	172	53
173	60	178	64	163	57	169	54	169	66
178	60	177	66	170	56	167	54	169	58
173	73	170	58	160	65	179	62	172	50
163	47	173	67	165	58	176	63	162	52
165	66	172	59	177	66	182	69	175	75
170	60	170	62	169	63	186	77	174	66
163	50	172	59	176	60	166	76	167	63
172	57	177	58	177	67	169	72	166	50
182	63	176	68	172	56	173	59	174	64
171	59	175	68	165	56	169	65	168	62
177	64	184	70	166	49	171	71	170	59

7. 为研究胃溃疡的病理医院作了两组人胃液成分的试验，患胃溃疡的病人组与无胃溃疡的对照组各取 30 人，胃液中溶菌酶含量见表 12.7(溶菌酶是一种能破坏某些细菌的细胞壁的酶).

(1) 根据这些数据判断患胃溃疡病人的溶菌酶含量与“正常人”有无显著差别；

(2) 若表 12.7 患胃溃疡病人组的最后 5 个数据有误，去掉后再作判断.

8. 20 名学生参加了某课程进行的、考查同样知识的两次测验，成绩见表 12.8. 根据这些数据判断两次测验的难度是否相同.

9. 调查了 339 名 50 岁以上吸烟习惯与患慢性气管炎的关系，得表 12.9.

表 12.7 胃溃疡病人和正常人(各 30 人)的溶菌酶含量

病人	0.2	10.4	0.3	0.4	10.9	11.3	1.1	2.0	12.4	16.2
	2.1	17.6	18.9	3.3	3.8	20.7	4.5	4.8	24.0	25.4
	4.9	40.0	5.0	42.2	5.3	50.0	60.0	7.5	9.8	45.0
正常人	0.2	5.4	0.3	5.7	0.4	5.8	0.7	7.5	1.2	8.7
	1.5	8.8	1.5	9.1	1.9	10.3	2.0	15.6	2.4	16.1
	2.5	16.5	2.8	16.7	3.6	20.0	4.8	20.7	4.8	33.0

表 12.8 20 名学生的两次测验成绩(每列是同一名学生的两次成绩)

第一次	93	85	79	90	78	76	81	85	88	68	92	73	88	84	90	70	69	83	83	85
第二次	88	89	86	85	87	88	75	93	88	78	86	86	80	89	85	79	78	88	88	90

表 12.9 吸烟习惯与患慢性气管炎的人数

是否吸烟 是否患病	吸 烟	不吸烟	总 和
患慢性气管炎/人	43	13	56
未患慢性气管炎/人	162	121	283
总和/人	205	134	339
患病率/%	21.0	9.7	16.5

问吸烟者与不吸烟者的慢性气管炎患病率是否相同.

10. 表 12.10 给出的中国 7～18 岁青少年身高资料来源于 1995 年全国学生体质健康调研,分层随机整群抽样自除西藏、台湾地区外的所有省(市、自治区),年龄 7～22 岁,共约 20 万各年龄段的数据. 日本 7～18 岁青少年身高资料以 1995 年日本学校保健调查为依据. 表 12.10 中是各个样本的均值和标准差. 设法用这些数据判断中国和日本男女生身高是否有差异.

表 12.10 1995 年中国和日本男女生身高资料　　单位: cm

年龄/岁	中国男生样本		日本男生样本		中国女生样本		日本女生样本	
	均值	标准差	均值	标准差	均值	标准差	均值	标准差
7	124.5	5.7	122.5	5.4	123.4	5.4	121.8	5.4
8	129.4	5.6	128.1	5.5	128.4	5.5	127.6	5.7
9	134.6	6.0	133.4	5.4	134.3	6.2	133.5	6.3
10	139.3	6.6	138.9	5.9	140.0	6.9	140.2	6.6
11	145.1	7.2	144.9	6.7	146.7	7.0	146.7	6.7
12	151.2	8.1	152.0	7.8	152.5	6.6	151.9	6.2
13	160.0	8.0	159.6	7.6	156.3	6.0	155.1	5.4
14	165.1	7.0	165.1	6.8	157.7	5.5	156.7	5.2

续表

年龄	中国男生样本		日本男生样本		中国女生样本		日本女生样本	
	均值	标准差	均值	标准差	均值	标准差	均值	标准差
15	168.3	6.3	168.5	6.2	158.9	5.6	157.4	5.0
16	170.1	6.3	170.0	5.9	159.3	5.4	157.9	5.3
17	171.0	6.0	170.8	6.0	159.3	5.4	158.1	5.0
18	170.8	5.8	171.1	5.9	159.1	5.3	158.2	5.1

参考文献

[1] 沈恒范.概率论与数理统计教程.第4版.北京：高等教育出版社，2003

[2] 吴翊，李永乐，胡庆军.应用数理统计.长沙：国防科技大学出版社，1995

[3] 姜启源，张立平，何青，高立.数学实验.第2版.北京：高等教育出版社，2006

[4] 姜启源，谢金星，叶俊，数学模型.第3版.北京：高等教育出版社，2003

实验 13 回归分析

人们在日常生活和工作中常会遇到类似于这样的问题：

- 常识告诉我们，人的年龄越大血压越高，那么平均说来，60 岁比 50 岁的人血压高多少呢？
- 在一定的道路、环境条件下，汽车刹车距离主要取决于车速，怎样估计在一定车速下的刹车距离大概在多大的范围之内？
- 一家软件公司雇员的基本薪金既取决于他们的资历和教育程度，也与他们所负责的工作岗位有关，人事总监希望建立一个薪金与这些因素之间的定量关系，从而对于新聘雇员的底薪做到心中有数.

这样一类问题有以下的共同特点：人们关心的那个数量(因变量)受另一个或几个数量(自变量)的影响，这种影响常常只是关联性(而非因果性)的，并且存在着众多随机因素，难以用机理分析方法找出它们之间的关系；人们需要建立这些变量之间的数学模型，使得能够根据自变量的数值预测因变量的大小，或者解释因变量的变化.

通常解决这类问题大致的方法、步骤如下：

(1) 收集一组包含因变量和自变量的数据；

(2) 选定因变量与自变量之间的模型，即一个数学式子，利用数据按照最小二乘准则计算模型中的系数；

(3) 利用统计分析方法对不同的模型进行比较，找出与数据拟合得最好的模型；

(4) 判断得到的模型是否适合于这组数据；

(5) 利用模型对因变量作出预测或解释.

以上几点是数理统计中称为“回归分析”的主要内容，这个实验将从应用的角度介绍回归分析的基本原理、方法和软件实现，以下 13.1 节是简化的实际问题及其模型，13.2 节和 13.3 节分别介绍一元和多元线性回归分析，13.4 节是非线性回归分析，13.5 节布置实验练习.

13.1 实例及其数学模型

13.1.1 血压与年龄

问题 为了了解血压随着年龄的增长而升高的关系，调查了30个成年人的血压(收缩压(mmHg))如表13.1所示. 我们希望用这组数据确定血压与年龄(岁)的关系，并且由此从年龄预测血压可能的变化范围，回答上面提出的"平均说来60岁比50岁的人血压高多少"的问题.

表13.1 30个人的血压与年龄

序号	血压	年龄	序号	血压	年龄	序号	血压	年龄
1	144	39	11	162	64	21	136	36
2	215	47	12	150	56	22	142	50
3	138	45	13	140	59	23	120	39
4	145	47	14	110	34	24	120	21
5	162	65	15	128	42	25	160	44
6	142	46	16	130	48	26	158	53
7	170	67	17	135	45	27	144	63
8	124	42	18	114	18	28	130	29
9	158	67	19	116	20	29	125	25
10	154	56	20	124	19	30	175	69

模型 记血压(因变量)为 y，年龄(自变量)为 x，表13.1的数据为 $(x_i, y_i)(i=1,2,\cdots,30)$，用MATLAB将它们作图，如图13.1所示，称为散点图. 从图形直观地看，y 与 x 大致呈线性关系，即 $y=\beta_0+\beta_1 x$，要由数据确定系数 β_0,β_1 的估计值 $\hat{\beta}_0$，$\hat{\beta}_1$，这个问题可以看作实验7介绍过的曲线拟合，即求超定线性方程组的最小二乘解. 但是这个实验将从统计推断的角度讨论 β_0,β_1 的置信区间和假设检验，进而对任意的年龄 x 给出 y 的预测区间，属于一元回归分析. 我们将在13.2节继续讨论这个问题.

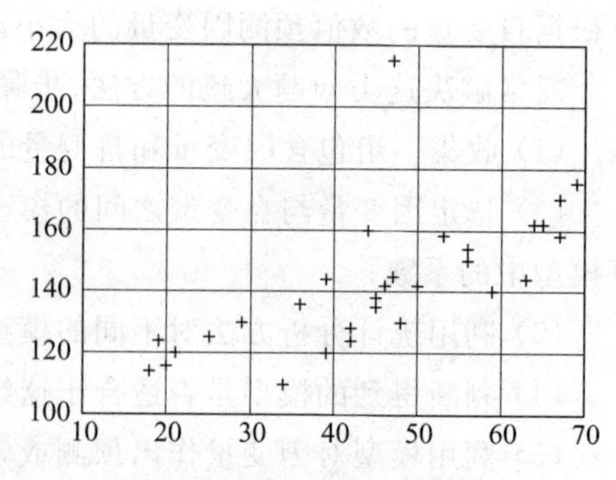

图13.1 血压与年龄的散点图

13.1.2 血压与年龄、体重指数、吸烟习惯

问题 世界卫生组织颁布的"体重指数"的定义是体重(kg)除以身高(m)的平方，显然它比体重本身更能反映人的胖瘦. 对表13.1给出的30个人又测量了他(她)们的体重指数，

如表 13.2 所示. 试建立血压与年龄(岁)和体重指数之间的模型,作回归分析. 如果还记录了他(她)们的吸烟习惯(表 13.2 中 0 表示不吸烟,1 表示吸烟),怎样在模型中考虑这个因素,吸烟会使血压升高吗? 对 50 岁、体重指数为 25 的吸烟者的血压作预测.

表 13.2 30 个人的血压与年龄、体重指数、吸烟习惯

序号	血压	年龄	体重指数	吸烟习惯	序号	血压	年龄	体重指数	吸烟习惯	序号	血压	年龄	体重指数	吸烟习惯
1	144	39	24.2	0	11	162	64	28.0	1	21	136	36	25.0	0
2	215	47	31.1	1	12	150	56	25.8	0	22	142	50	26.2	1
3	138	45	22.6	0	13	140	59	27.3	0	23	120	39	23.5	0
4	145	47	24.0	1	14	110	34	20.1	0	24	120	21	20.3	0
5	162	65	25.9	1	15	128	42	21.7	0	25	160	44	27.1	1
6	142	46	25.1	0	16	130	48	22.2	1	26	158	53	28.6	1
7	170	67	29.5	1	17	135	45	27.4	0	27	144	63	28.3	0
8	124	42	19.7	0	18	114	18	18.8	0	28	130	29	22.0	1
9	158	67	27.2	1	19	116	20	22.6	0	29	125	25	25.3	0
10	154	56	19.3	0	20	124	19	21.5	0	30	175	69	27.4	1

模型 记血压为 y,年龄为 x_1,体重指数为 x_2,吸烟习惯为 x_3,用 MATLAB 将 y 与 x_2 的数据作散点图,看出大致也呈线性关系,建立模型 $y=\beta_0+\beta_1x_1+\beta_2x_2+\beta_3x_3$,由数据估计系数 $\beta_0,\beta_1,\beta_2,\beta_3$ 也可看作曲线(曲面)拟合,我们将在 13.3 节用多元回归分析继续讨论这个问题.

13.1.3 软件开发人员的薪金

问题 一家高技术公司人事部为研究软件开发人员的薪金与他们的资历、管理水平、教育水平等因素之间的关系,要建立一个数学模型,以便分析公司人事策略的合理性,并作为新聘用人员薪金的参考. 他们认为目前公司人员的薪金总体上是合理的,可以作为建模的依据,于是调查了 46 名软件开发人员的档案资料,见表 13.3,其中资历一列指从事专业工作的年数,管理水平一列中 1 表示管理人员,0 表示非管理人员,教育水平一列中 1 表示中学水平,2 表示大学水平,3 表示研究生水平.

模型 按照常识,薪金自然随着资历(年)的增长而增加,管理人员的薪金应高于非管理人员,教育水平越高薪金也越高. 用 y 表示薪金; 自变量 x_1 表示资历(年); $x_2=1$ 表示管理人员,$x_2=0$ 表示非管理人员; 教育有 3 个水平,如何处理这个变量,是建模中的新问题. 解决这个问题的一种办法是定义

$$x_3=\begin{cases}1, & \text{中学},\\ 0, & \text{其他};\end{cases}\qquad x_4=\begin{cases}1, & \text{大学},\\ 0, & \text{其他}.\end{cases}$$

于是中学水平表为 $x_3=1$, $x_4=0$,大学水平表为 $x_3=0$, $x_4=1$,研究生水平则表为 $x_3=0$, $x_4=0$.

表 13.3 软件开发人员的薪金与他们的资历、管理水平、教育水平

编号	薪金/元	资历/年	管理水平	教育水平	编号	薪金/元	资历/年	管理水平	教育水平
01	13876	1	1	1	24	22884	6	1	2
02	11608	1	0	3	25	16978	7	1	1
03	18701	1	1	3	26	14803	8	0	2
04	11283	1	0	2	27	17404	8	1	1
05	11767	1	0	3	28	22184	8	1	3
06	20872	2	1	2	29	13548	8	0	1
07	11772	2	0	2	30	14467	10	0	1
08	10535	2	0	1	31	15942	10	0	2
09	12195	2	0	3	32	23174	10	1	3
10	12313	3	0	2	33	23780	10	1	2
11	14975	3	1	1	34	25410	11	1	2
12	21371	3	1	2	35	14861	11	0	1
13	19800	3	1	3	36	16882	12	0	2
14	11417	4	0	1	37	24170	12	1	3
15	20263	4	1	3	38	15990	13	0	1
16	13231	4	0	3	39	26330	13	1	2
17	12884	4	0	2	40	17949	14	0	2
18	13245	5	0	2	41	25685	15	1	3
19	13677	5	0	3	42	27837	16	1	2
20	15965	5	1	1	43	18838	16	0	2
21	12366	6	0	1	44	17483	16	0	1
22	21352	6	1	3	45	19207	17	0	2
23	13839	6	0	2	46	19346	20	0	1

作为基本模型，假定资历对薪金的作用是线性的，即资历每加一年薪金的增长是常数；管理水平、教育水平、资历诸因素之间没有交互作用，建立多元线性回归模型 $y=\beta_0+\beta_1 x_1+\beta_2 x_2+\beta_3 x_3+\beta_4 x_4$，这样做的效果如何，我们将在 13.3 节加以讨论.

13.1.4 酶促反应

问题 酶是一种高效生物催化剂，催化条件温和，经过酶催化的化学反应称为酶促反应. 酶促反应中的反应速度主要取决于反应物（称为底物）的浓度，浓度较低时反应速度大致与底物浓度成正比（称为一级反应），浓度较高、渐进饱和时反应速度趋向于常数（称为零级反应），二者之间有一过渡. 根据酶促反应的这种基本性质，描述反应速度与底物浓度关系的一类模型是 Michaelis-Menten 模型：

$$y=\frac{\beta_1 x}{\beta_2+x}, \tag{1}$$

其中 y 是反应速度，x 是底物浓度，β_1，β_2 为待定参数. 容易知道，β_1 是饱和浓度下的速度，称最终反应速度，而 β_2 是达到最终反应速度一半时的底物浓度，称为半速度点.

酶经过嘌呤霉素处理，可能会对酶促反应中反应速度与底物浓度之间的关系产生影响，为了研究这种影响设计了两个实验，一个实验中所使用的酶是未经嘌呤霉素处理的，另一个实验的酶是经过嘌呤霉素处理的，所得的实验数据见表 13.4.

表 13.4　酶促反应实验中的反应速度与底物浓度数据

底物浓度		0.02		0.06		0.11		0.22		0.56		1.10	
反应速度	未经处理	67	51	84	86	98	115	131	124	144	158	160	—
	处理	76	47	97	107	123	139	159	152	191	201	207	200

(1) 对未经嘌呤霉素处理的酶促反应，利用表 13.4 的数据估计模型(1)中的参数 β_1，β_2；

(2) 利用表 13.4 的数据研究嘌呤霉素处理对酶促反应模型中参数 β_1，β_2 的影响.

模型　模型(1)对参数 β_1，β_2 是非线性的，但是可以通过下面的变量代换化为线性模型

$$\frac{1}{y}=\frac{1}{\beta_1}+\frac{\beta_2}{\beta_1}\frac{1}{x}=\theta_1+\theta_2\frac{1}{x}. \tag{2}$$

模型(2)中的因变量 $1/y$ 对新的参数 θ_1，θ_2 是线性的.

对表 13.4 中未经嘌呤霉素处理的实验数据，画出反应速度的倒数 $1/y$ 与底物浓度的倒数 $1/x$ 的散点图，并作直线拟合，得到 θ_1，θ_2 的估计值分别为 6.972×10^{-3}，0.215×10^{-3}，散点和拟合的直线如图 13.2. 可以发现 $1/x$ 较小时拟合较好，$1/x$ 较大时出现较大的分散.

根据(2)式得到 $\beta_1=1/\theta_1$，$\beta_2=\theta_2/\theta_1$，从而算出 β_1，β_2 的估计值分别为 143.43 和0.0308. 将 β_1，β_2 代入原模型(1)，得到与原始数据比较的拟合图(图 13.3). 可以发现，在 x 较大时 y 的计算值比实际数据小，这是因为在对线性化模型作参数估计时，底物浓度 x 较小($1/x$ 较大)的数据在很大程度上控制了参数的确定，从而使得对底物浓度 x 较大数据的拟合，出现较大的偏差.

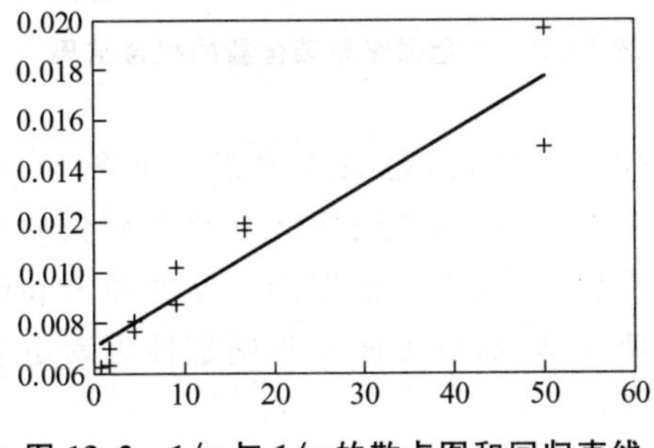

图 13.2　$1/y$ 与 $1/x$ 的散点图和回归直线

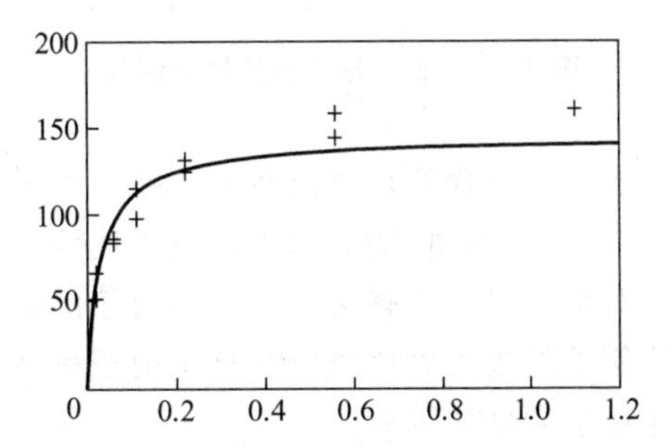

图 13.3　用线性化得到的原始数据拟合图

为了解决线性化模型中拟合欠佳的问题，需要直接考虑非线性模型(1)，这属于非线性回归分析，我们将在 13.4 节继续讨论.

13.2 一元线性回归分析

已知一组数据(x_i, y_i) $(i=1,2,\cdots,n)$，即平面上的 n 个点，用最小二乘准则确定一个线性函数(直线)$y=\beta_0+\beta_1 x$ 的方法实验 7 介绍过，为了说明从统计推断的角度有进一步讨论的必要，我们看两个例子.

例 1 血压与年龄

同 13.1.1 节，根据表 13.1 的数据用 MATLAB 命令 polyfit 得到 $y=98.4084+0.9732x$，拟合结果如图 13.4 所示.

例 2 合金强度与碳含量

合金的强度 y 与其中的碳含量 x 有比较密切的关系，今从生产中收集了一批数据如表 13.5，从散点图看出二者大致呈线性关系，用 polyfit 可以得到 $y=27.9473+131.8396x$，拟合结果如图 13.5 所示.

表 13.5 合金的强度 y 与其中的碳含量 x

$y/(\text{kg/mm}^2)$	41.0	42.5	45.0	45.5	45.0	47.5	49.0	51.0	50.0	55.0	57.5	59.5
$x/\%$	0.10	0.11	0.12	0.13	0.14	0.15	0.16	0.17	0.18	0.20	0.22	0.24

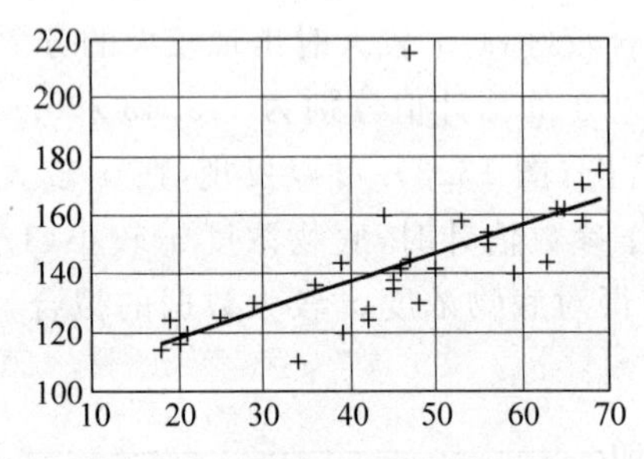

图 13.4 血压与年龄的拟合结果

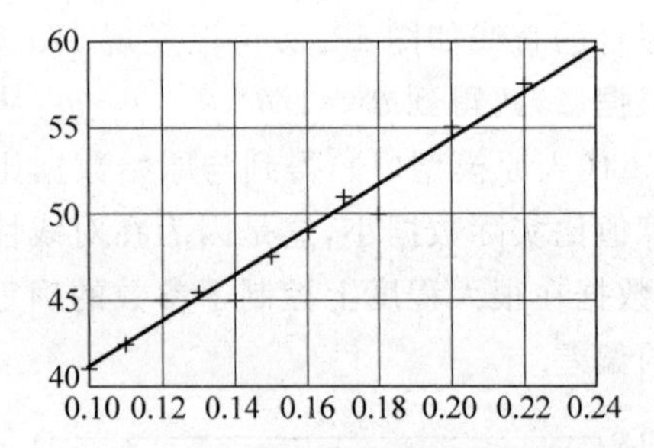

图 13.5 合金强度与碳含量的拟合结果

虽然从上面的计算过程看，例 1 和例 2 没有什么区别，但是只要观察一下图 13.4 和图 13.5 就可知道，例 2 的拟合效果比例 1 的拟合效果好得多，即按照所给数据得到的合金强度对碳含量的依赖关系比血压对年龄的依赖关系强得多，于是根据例 2 作的预测和解释就比例 1 的更为可靠. 显然，这是由于例 2 属于物理化学，而例 1 属于不确定性因素更多的生命科学领域的缘故.

怎样衡量根据最小二乘准则拟合得到的模型的可靠程度？怎样给出模型系数的置信区间和因变量的预测区间？回答这些在应用中非常重要的问题，需要从统计分析的角度重新审视我们研究的对象.

13.2.1 一元线性回归模型及其基本假设

如果因变量 y 与自变量 x 之间没有确定性的函数关系，而根据知识、经验或观察它们有一定的关联性，众多的、不可预测的随机因素影响着它们之间的关系，比如13.1.1节中影响血压的一个主要因素大概是年龄，此外还有体重、遗传、生活习惯、环境等原因，以至于相同岁数的人的血压并不一样. 人们研究这类问题的途径常常是收集一组 x,y 的数据，用统计分析方法建立一种经验模型，称为**回归模型**(13.2.6节将对回归这一名词作简单介绍). 下面用数理统计的语言叙述一元线性回归的假设条件和要解决的问题.

对于自变量 x 的每一个值，因变量是一个随机变量 y(为简单起见，随机变量和它的取值均用 y 表示). 如果 x 对 y 的影响是线性的，用 $\beta_0+\beta_1 x$ 表示，其中 β_0,β_1 待定，称回归系数，除 x 以外，影响 y 的其他随机因素的总和用随机变量 ε 表示，于是 y 可以表为**一元线性回归模型**：

$$y=\beta_0+\beta_1 x+\varepsilon. \tag{3}$$

一元线性回归的基本假设有：

(1) 独立性　对于不同的 x,y 是相互独立的随机变量；

(2) 线性性　y 的期望是 x 的线性函数，即 $Ey=\beta_0+\beta_1 x$；

(3) 齐次性　对于不同的 x,y 的方差是常数；

(4) 正态性　对于给定的 x,y 服从正态分布.

图13.6给出这些假设的示意图. 根据(3)式关于 y 的这些假设等价于：ε 是相互独立的(对于不同的 x)、期望为0、方差为常数(记作 σ^2)、正态分布的随机变量，即 $\varepsilon\sim N(0,\sigma^2)$，$\varepsilon$ 称(随机)误差.

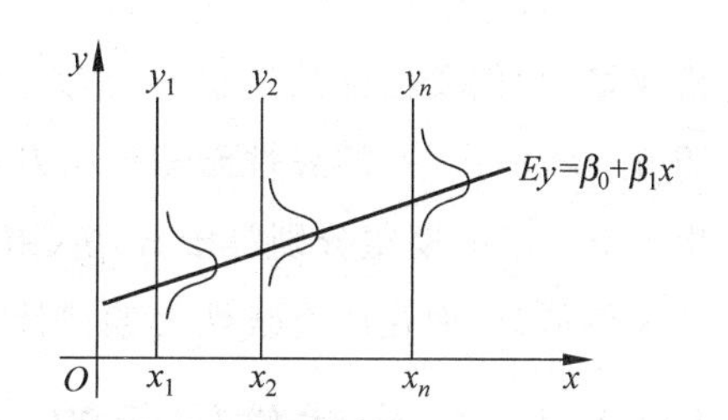

图13.6　一元线性回归基本假设示意图

对于主要从应用的角度学习回归分析的读者，应注意这些假设在什么情形下成立，以及如何检验它们是否成立. 以血压与年龄问题为例，如果 x 是毫不相关的一些人的年龄，他们的血压 y 应是相互独立的，但若 x 是同一人在不同年代的年龄，血压就不会独立；线性性是经过对数据(或实际现象)观察后作的假定，并且可以通过对结果的统计分析进行检验；当影响 y 的随机因素的大小不随 x 变化时，齐次性通常成立，它也可由结果的统计分析作检验(需要很大的数据量)；按照概率论的理论，只要随机因素众多，且没有哪个起主要作用，正态性就大致成立.

13.2.2 回归系数的最小二乘估计

假设对于 x 的 n 个值 x_i，得到 y 的 n 个相应的值 $y_i(i=1,2,\cdots,n)$，将它们代入模型(3)式得

$$y_i = \beta_0 + \beta_1 x_i + \varepsilon_i, \quad i = 1,2,\cdots,n, \tag{4}$$

其中 ε_i 是 ε 的取值，看作相互独立且与 ε 同分布的随机变量. 根据最小二乘准则由 x_i，y_i 估计回归系数 β_0，β_1，（随机）误差平方和记为 $Q(\beta_0,\beta_1)$，即

$$Q(\beta_0,\beta_1) = \sum_{i=1}^{n} \varepsilon_i^2 = \sum_{i=1}^{n} [y_i - (\beta_0 + \beta_1 x_i)]^2. \tag{5}$$

利用极值的必要条件 $\dfrac{\partial Q}{\partial \beta_0}=0$，$\dfrac{\partial Q}{\partial \beta_1}=0$ 求 β_0，β_1 的估计值，得到线性方程组

$$\begin{cases} \sum_{i=1}^{n} [y_i - (\beta_0 + \beta_1 x_i)] = 0, \\ \sum_{i=1}^{n} x_i [y_i - (\beta_0 + \beta_1 x_i)] = 0. \end{cases} \tag{6}$$

记

$$\bar{x} = \frac{1}{n}\sum_{i=1}^{n} x_i, \quad \bar{y} = \frac{1}{n}\sum_{i=1}^{n} y_i, \quad s_{xx} = \sum_{i=1}^{n} (x_i - \bar{x})^2, \quad s_{xy} = \sum_{i=1}^{n} (x_i - \bar{x})(y_i - \bar{y}). \tag{7}$$

由(6)式解出 β_0，β_1 的估计值，记作

$$\hat{\beta}_1 = \frac{s_{xy}}{s_{xx}}, \quad \hat{\beta}_0 = \bar{y} - \hat{\beta}_1 \bar{x}. \tag{8}$$

可以看出，直线 $y=\hat{\beta}_0+\hat{\beta}_1 x$ 通过数据 x_i，y_i 的均值点 $(\bar{x},\bar{y})$.

因为样本 $y_i(i=1,2,\cdots,n)$ 视为与 y 同分布的随机变量，所以由它算出的 $\hat{\beta}_0$，$\hat{\beta}_1$ 也是随机变量，我们要估计的是它们的总体均值 β_0，β_1. $\hat{\beta}_0$，$\hat{\beta}_1$ 称为 β_0，β_1 的**最小二乘估计**，可以证明 $\hat{\beta}_0$，$\hat{\beta}_1$ 是 β_0，β_1 的**线性无偏最小方差估计**，即：$\hat{\beta}_0$，$\hat{\beta}_1$ 是 y_i 的线性函数（从(7)式和(8)式看出）；$\hat{\beta}_0$，$\hat{\beta}_1$ 的期望分别等于 β_0，β_1（由下面的(13)式和(18)式给出）；满足以上两条的称为线性无偏估计，而在所有线性无偏估计中 $\hat{\beta}_0$，$\hat{\beta}_1$ 是方差最小的.

13.2.3　一元线性回归的统计分析

（1）误差方差的估计

在模型(3)中 y 由确定性成分 $\beta_0+\beta_1 x$ 和随机误差 ε 两部分组成，ε 的大小由它的方差 $D\varepsilon=\sigma^2$ 衡量，σ^2 越小模型越有效. 怎样估计随机误差的方差 σ^2 呢？在用 x_i，y_i 计算出最小二乘估计 $\hat{\beta}_0$，$\hat{\beta}_1$ 后，令

$$\hat{y}_i = \hat{\beta}_0 + \hat{\beta}_1 x_i, \quad i = 1,2,\cdots,n, \tag{9}$$

$\hat{y}_i$ 可以看作对 y_i 的理论值（期望）的估计. 再由(4)式和(9)式可得误差 ε_i 的估计值

$$\hat{\varepsilon}_i = y_i - \hat{y}_i, \quad i = 1,2,\cdots,n. \tag{10}$$

$\hat{\varepsilon}_i$ 称为残差，简记作 e_i. **残差平方和**为

$$Q = \sum_{i=1}^{n} e_i^2 = \sum_{i=1}^{n} (y_i - \hat{y}_i)^2. \tag{11}$$

能否直接用 Q/n 作为 σ^2 的估计呢？由于 $e_i(i=1,2,\cdots,n)$ 中包含了 2 个共同参数 $\hat{\beta}_0,\hat{\beta}_1$，$e_i$ 不再相互独立，致使 Q/n 不是 σ^2 的无偏估计. 可以证明 σ^2 的无偏估计为(简记作 s^2)

$$s^2 = \hat{\sigma}^2 = \frac{Q}{n-2}, \tag{12}$$

其中 $n-2$ 是残差平方和 Q 的自由度，它等于数据容量减去模型中所含参数的个数. 残差的方差 s^2 称**剩余方差**(或样本方差)，s 称**剩余标准差**(或样本标准差).

(2) 回归系数的区间估计和假设检验

为了得到回归系数 β_0,β_1 的区间估计，需要知道它们的分布. 可以证明在一元线性回归的基本假设下，$\hat{\beta}_1$ 和 Q 具有如下的性质：

$$\hat{\beta}_1 \sim N(\beta_1, \sigma^2/s_{xx}), \tag{13}$$

$$Q/\sigma^2 \sim \chi^2_{(n-2)}, \tag{14}$$

且 $\hat{\beta}_1$ 和 Q 相互独立. 根据 t 分布的定义由(12)～(14)式可得 t 统计量

$$t = \frac{(\hat{\beta}_1 - \beta_1)\sqrt{s_{xx}}/\sigma}{\sqrt{Q/(n-2)\sigma^2}} = \frac{(\hat{\beta}_1 - \beta_1)\sqrt{s_{xx}}}{s} \sim t(n-2). \tag{15}$$

给定显著性水平 α，$t(n-2)$ 的 $1-\alpha/2$ 分位数为 $t_{(n-2),1-\alpha/2}$，β_1 的置信区间是

$$\left[\hat{\beta}_1 - t_{(n-2),1-\alpha/2}\frac{s}{\sqrt{s_{xx}}},\quad \hat{\beta}_1 + t_{(n-2),1-\alpha/2}\frac{s}{\sqrt{s_{xx}}}\right]. \tag{16}$$

思考 由(16)式可知，当 α，n 一定时，s 越小、s_{xx} 越大，则 β_1 的置信区间越短，即估计的精度越高. 请解释.

对于 β_1 可以提出如下假设检验：

$$H_0:\beta_1 = 0,\quad H_1:\beta_1 \neq 0. \tag{17}$$

若 H_0 成立，表明自变量 x 对 y 没有影响；而当拒绝 H_0(接受 H_1)时，模型(3)有效.

可以用 t 检验法检验 H_0：由(15)式当 $|t| = \left|\frac{\hat{\beta}_1\sqrt{s_{xx}}}{s}\right| > t_{(n-2),1-\alpha/2}$ 时拒绝 H_0. 实际上，根据置信区间(16)是否包含零点，也可以检验 H_0 是否成立.

为了得到 β_0 的置信区间需要 $\hat{\beta}_0$ 的如下性质：

$$\hat{\beta}_0 \sim N\left(\beta_0, \sigma^2\left(\frac{\bar{x}^2}{s_{xx}} + \frac{1}{n}\right)\right). \tag{18}$$

与上面类似地可得，在显著性水平 α 下 β_0 的置信区间为

$$\left[\hat{\beta}_0 - t_{(n-2),1-\alpha/2}\, s\sqrt{\frac{\bar{x}^2}{s_{xx}} + \frac{1}{n}},\quad \hat{\beta}_0 + t_{(n-2),1-\alpha/2}\, s\sqrt{\frac{\bar{x}^2}{s_{xx}} + \frac{1}{n}}\right]. \tag{19}$$

(3) 模型的有效性检验——决定系数和 F 统计量

样本 $y_i(i=1,2,\cdots,n)$对样本均值$\bar{y}$的偏差 $y_i-\bar{y}$可以分解为

$$y_i-\bar{y}=(y_i-\hat{y}_i)+(\hat{y}_i-\bar{y}). \tag{20}$$

上式右端第一项 $y_i-\hat{y}_i$ 是残差,表示随机误差引起的因变量的变化,第二项$\hat{y}_i-\bar{y}$表示自变量 $x=x_i$时引起的因变量(相对于其平均值)的变化. 将(20)式两边平方并求和, 得到$\left(\text{可以证明}\sum_{i=1}^{n}(y_i-\hat{y}_i)(\hat{y}_i-\bar{y})=0\right)$

$$\sum_{i=1}^{n}(y_i-\bar{y})^2=\sum_{i=1}^{n}(y_i-\hat{y}_i)^2+\sum_{i=1}^{n}(\hat{y}_i-\bar{y})^2. \tag{21}$$

记

$$S=s_{yy}=\sum_{i=1}^{n}(y_i-\bar{y})^2,\quad U=\sum_{i=1}^{n}(\hat{y}_i-\bar{y})^2, \tag{22}$$

其中 S 刻画因变量总的变化(对$\bar{y}$而言),称**总偏差平方和**,U 刻画自变量引起的因变量总的变化,称**回归平方和**. 注意到(11)式残差平方和 Q 的定义,(21)式可表为

$$S=U+Q. \tag{23}$$

即因变量的总变化量 S 可分解为自变量引起的变化 U 和误差引起的变化 Q 两部分,显然,U 在 S 中占的比重越大,模型(3)越有效. 定义

$$R^2=U/S, \tag{24}$$

则显然 $0<R^2<1$,R^2 称为**决定系数**,它表示在因变量的总变化量中自变量引起的那部分的比例,R^2 越大说明自变量对因变量起的决定作用越大,但是没有表明模型是否有效的明确的数量界限.

由(8)式和(9)式容易知道(22)式中的 U 可写作

$$U=\hat{\beta}_1^2 s_{xx}=\frac{s_{xy}^2}{s_{xx}}. \tag{25}$$

于是(24)式定义的决定系数又可表为

$$R^2=\frac{s_{xy}^2}{s_{xx}s_{yy}}. \tag{26}$$

这表明,如果自变量 x 也视为随机变量,则决定系数 R^2 正是二维随机变量$(x,\ y)$的(线性)相关系数 r_{xy}的平方(见实验 11).

为了得到关于模型有效性的数量界限,需要构造合适的统计量. 当 H_0成立时,由(13)式、(25)式和 χ^2 分布的定义可得

$$\frac{U}{\sigma^2}=\frac{\hat{\beta}_1^2 s_{xx}}{\sigma^2}\sim\chi^2(1), \tag{27}$$

且 U 和 Q 相互独立. 于是根据(14)式和 F 分布的定义可以选择 ***F* 统计量**

$$F=\frac{U}{\frac{Q}{n-2}}\sim F(1,n-2). \tag{28}$$

给定显著性水平 α，$F(1,n-2)$ 的 $1-\alpha$ 分位数记作 $F_{(1,n-2),1-\alpha}$，当由(28)式计算的 $F>F_{(1,n-2),1-\alpha}$ 时拒绝 H_0，否则接受 H_0.

13.2.4 利用一元线性回归模型进行预测

当 H_0 被拒绝，即判断模型(3)有效后，就可从自变量 x 的一个给定值 x_0 预测因变量的理论值 y_0，预测值实际上是一个(点)估计，记作 $\hat{y}_0$. 显然可取

$$\hat{y}_0=\hat{\beta}_0+\hat{\beta}_1x_0. \tag{29}$$

这里的 $\hat{y}_0$ 有如下的统计意义：$\hat{y}_0$ 是无偏的，即 $E\hat{y}_0=y_0$，并且均方误差 $E(\hat{y}_0-y_0)^2$ 最小.

类似于回归系数的区间估计，可以得到给定显著性水平 α 下的预测区间($\alpha=0.05$ 时 y_0 有 95%的可能落在此区间)为

$$\left[\hat{y}_0-t_{(n-2),1-\alpha/2}\,s\sqrt{\frac{(x_0-\bar{x})^2}{s_{xx}}+\frac{1}{n}+1}\,,\ \hat{y}_0+t_{(n-2),1-\alpha/2}\,s\sqrt{\frac{(x_0-\bar{x})^2}{s_{xx}}+\frac{1}{n}+1}\,\right]. \tag{30}$$

虽然这个结果比较复杂，但是当 n 很大且 x_0 接近 $\bar{x}$ 时，可以忽略(30)式中根号内的前两项，且 $t_{(n-2),1-\alpha/2}$ 近似于 $N(0,1)$ 的 $1-\alpha/2$ 分位数 $u_{1-\alpha/2}$，上述预测区间简化为

$$[\hat{y}_0-u_{1-\alpha/2}s,\ \hat{y}_0+u_{1-\alpha/2}s]. \tag{31}$$

对于自变量的任意值 x，因变量 y 的预测值和预测区间为

$$\hat{y}=\hat{\beta}_0+\hat{\beta}_1x,\qquad [\hat{y}-\delta(x),\hat{y}+\delta(x)], \tag{32}$$

$$\delta(x)=t_{(n-2),1-\alpha/2}\,s\sqrt{\frac{(x-\bar{x})^2}{s_{xx}}+\frac{1}{n}+1}\approx u_{1-\alpha/2}s. \tag{33}$$

y 的预测区间示意图如图 13.7 所示.

最后指出，如果因 $F<F_{(1,n-2),1-\alpha}$ 或 β_1 的置信区间包含零点而接受 H_0，那也只是说明 y 与 x 之间没有合适的线性模型，但是二者之间可能存在其他关系，如对散点图 13.8 的数据去建立线性模型就大概会接受 H_0，但它明显地显示了二次函数关系.

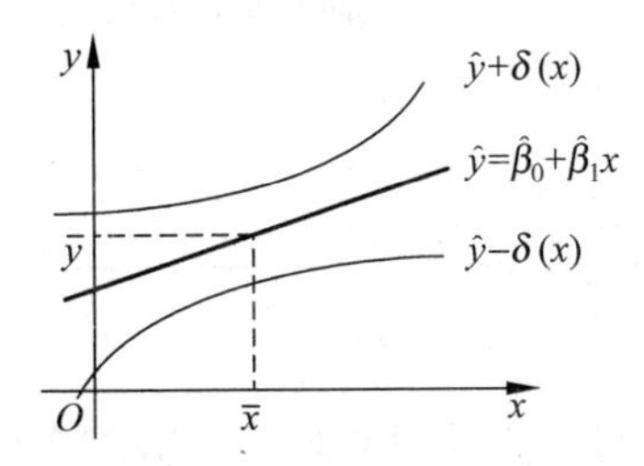

图 13.7 y 的预测区间示意图

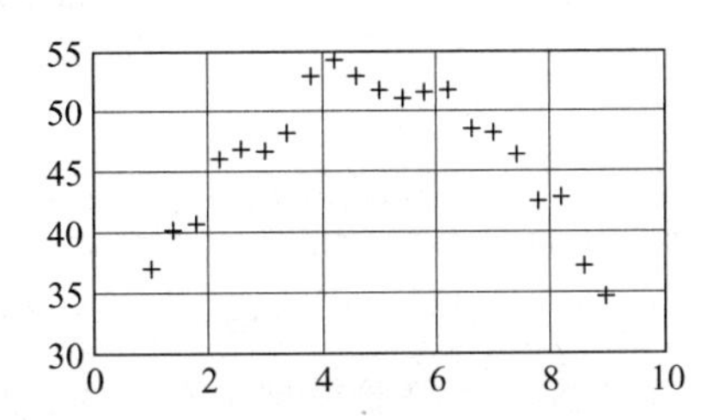

图 13.8 显示二次函数关系的散点图

13.2.5 一元线性回归的 MATLAB 实现

MATLAB 统计工具箱中用命令 regress 实现,用法是:

```
b=regress(y,X)
[b,bint,r,rint,s]=regress(y,X,alpha)
```

输入 y(因变量,列向量)、X(1 与自变量组成的矩阵,见下面的程序),alpha 是显著性水平 α(默认时设定为 0.05).

输出 b=$(\hat{\beta}_0,\hat{\beta}_1)$,注意:b 中元素顺序与 polyfit 的输出相反,bint 是 β_0,β_1 的置信区间,r 是残差(列向量),rint 是残差的置信区间,s 包含 4 个统计量:第 1 个是决定系数 R^2((24)式);第 2 个是 F 值((28)式);第 3 个是 $F(1,n-2)$ 分布大于 F 值的概率 p,$p<\alpha$ 时拒绝 H_0,回归模型有效;第 4 个是 s^2(剩余方差).

对本节例 1 和例 2 可编制如下程序:

```
y=[…];                               % 已知的因变量数组
x=[…];                               % 已知的自变量数组
n=…;                                 % 已知的数据容量
X=[ones(n,1),x'];                    % 1与自变量组成的输入矩阵
[b,bint,r,rint,s]=regress(y',X);     % 回归分析程序(α=0.05)
b,bint,s,                            % 输出回归系数及其置信区间和统计量
rcoplot(r,rint)                      % 残差及其置信区间作图
```

对例 1 计算得到

```
b = 98.4084  0.9732
bint = 78.7484  118.0683
        0.5601    1.3864
s = 0.4540   23.2834    0.0000    273.7137
```

这个结果可整理如表 13.6 所示.

表 13.6 例 1(血压与年龄)的计算结果

回归系数	回归系数估计值	回归系数置信区间
β_0	98.4084	[78.7484 118.0683]
β_1	0.9732	[0.5601 1.3864]
$R^2=0.4540$ $F=23.2834$ $p<0.0001$ $s^2=273.7137$		

用表 13.6 可知 $\hat{\beta}_0,\hat{\beta}_1$ 与 polyfit 计算的结果相同.

从几个方面都可检验模型是有效的:β_1 的置信区间不含零点;$p<\alpha$;用 MATLAB 命令 finv(0.95,1,n-2)计算得到 $F_{(1,n-2),1-\alpha}=4.1960<F$.但是 β_1 的置信区间较长,R^2 较小,

说明模型精度不高.

残差及其置信区间如图 13.9,图中第 2 个点 (x_2, y_2) 残差的置信区间不包含零点,可以认为这个数据是异常的(残差应服从均值为 0 的正态分布),它偏离数据整体的变化趋势,给模型的有效性和精度带来不利影响,称**异常点**或**离群点**,应予以剔除.

将原始数据中的第 2 个数据剔除后重新计算得到表 13.7.

表 13.7 例 1 剔除第 2 个数据后的计算结果

回归系数	回归系数估计值	回归系数置信区间
β_0	96.8665	[85.4771 108.2559]
β_1	0.9533	[0.7140 1.1925]
$R^2 = 0.7123$ $F = 66.8358$ $p < 0.0001$ $s^2 = 91.4305$		

由表 13.7 可以看出 $\hat{\beta}_0, \hat{\beta}_1$ 变化不大,但置信区间变短,R^2 和 F 变大,s^2 减小,说明模型精度提高. 残差及其置信区间见图 13.10. 从图 13.10 又发现 2 个新的异常点(为什么会出现?),剔除它们后模型会有什么改进,请读者试验.

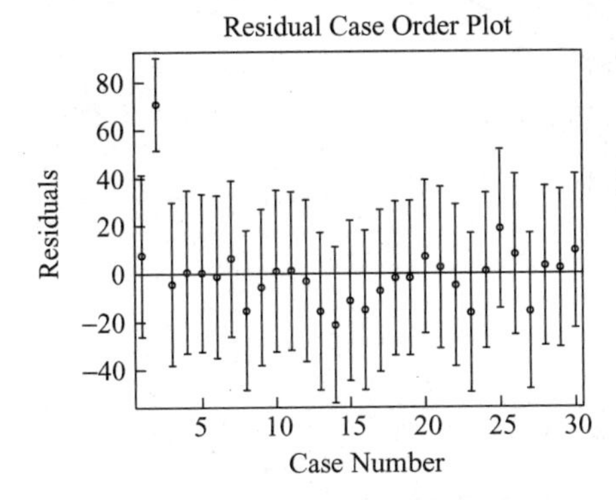

图 13.9 例 1 的残差及其置信区间

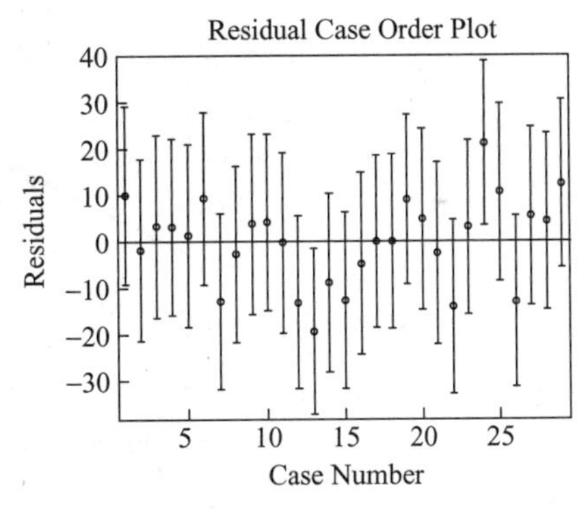

图 13.10 例 1 剔除 (x_2, y_2) 的残差及其置信区间

将上面得到的回归系数的估计值 $\hat{\beta}_0 = 96.8665$, $\hat{\beta}_1 = 0.9533$ 代入(29)式,对 50 岁 $(x_0 = 50)$ 人的血压进行预测,得 $\hat{y}_0 = 144.5298$. 在 $\alpha = 0.05$ 下按照(30)式计算的预测区间为 [124.5406,164.5190],按照简化的(31)式计算的预测区间为[125.7887,163.2708].

对例 2 的计算结果如表 13.8 所示.

表 13.8 例 2(合金强度与碳含量)的计算结果

回归系数	回归系数估计值	回归系数置信区间
β_0	27.9473	[25.7205 30.1741]
β_1	131.8396	[118.3788 145.3005]
$R^2 = 0.9794$ $F = 476.2462$ $p < 0.0001$ $s^2 = 0.7737$		

显然这个结果不仅能通过模型有效性检验，而且可以知道模型的精度比例1高.另外，残差及其置信区间图也显示存在异常点，剔除后模型还会有改进，请读者试验.

13.2.6 "回归"一词的来历

回归(regression)是英国著名遗传学家 Francis Golton (1822—1911) 引入的，他在研究家族成员的相似性时发现：虽然一般说来高个子的父代会有高个子的子代，但是子代的身高比他们的父代更加趋向一致，即若父代身材高大，则他们的子代会趋向矮一些，而若父代身材矮小，则他们的子代会趋向高一些.他把子代的身高向平均值靠拢的趋势称为"向平庸的回归".这种看法可由 Golton 的门徒 Karl Pearson(1857—1936)的一项统计工作说明.

Pearson 测量了1078个父亲和他们的儿子的身高，散点图如图13.11.记父亲的身高为x，儿子的身高为y，单位是in(1in=2.54cm).由这些数据得到：

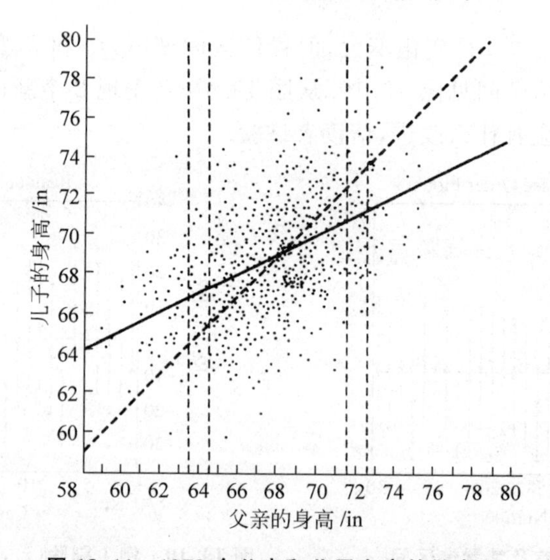

图 13.11 1078个父亲和儿子身高的散点图

(1) $\bar{x}\approx68,\bar{y}\approx69$，儿子比父亲平均高约1in，图中用45°角的虚线表示这个关系；

(2) 对于身高72in的父亲(图中用$x=71.5$和72.5的两条竖直虚线之间的点表示)，儿子的身高多数不到73in(上述两条虚线间的点，多数在45°虚线之下)，平均身高约71in；

(3) 对于身高64in的父亲(图中用$x=63.5$和64.5的两条竖直虚线之间的点表示)，儿子的身高多数超过65in(上述两条虚线间的点，多数在45°虚线之上)，平均身高约67in；

(4) x，y之间的回归直线(图中实线)是$y=0.516x+33.73$.

13.3 多元线性回归分析

如果人们根据知识、经验或者观察等认为与因变量y有关联性的自变量不止一个，那么就应该用最小二乘准则建立多元线性回归模型.

设影响因变量 y 的主要因素(自变量)有 m 个，记 $x=(x_1,\cdots,x_m)$，其他随机因素的总和仍用随机变量 ε 表示，假定一元线性回归的 4 条基本假设可以推广到多元，则多元线性回归模型可记作

$$\begin{cases} y=\beta_0+\beta_1 x_1+\cdots+\beta_m x_m+\varepsilon, \\ \varepsilon\sim N(0,\sigma^2). \end{cases} \tag{34}$$

13.3.1 回归系数的最小二乘估计

现得到 n 个独立观测数据 $(y_i,x_{i1},\cdots,x_{im})$ $(i=1,\cdots,n,n>m)$，由(34)式得

$$\begin{cases} y_i=\beta_0+\beta_1 x_{i1}+\cdots+\beta_m x_{im}+\varepsilon_i, \\ \varepsilon_i\sim N(0,\sigma^2), \quad i=1,\cdots,n. \end{cases} \tag{35}$$

记

$$\boldsymbol{X}=\begin{bmatrix} 1 & x_{11} & \cdots & x_{1m} \\ \vdots & \vdots & & \vdots \\ 1 & x_{n1} & \cdots & x_{nm} \end{bmatrix}, \quad \boldsymbol{Y}=\begin{bmatrix} y_1 \\ \vdots \\ y_n \end{bmatrix}, \quad \boldsymbol{\varepsilon}=\begin{bmatrix} \varepsilon_1 \\ \vdots \\ \varepsilon_n \end{bmatrix}, \quad \boldsymbol{\beta}=[\beta_0,\beta_1,\cdots,\beta_m]^{\mathrm{T}}. \tag{36}$$

(35)式表示为

$$\begin{cases} \boldsymbol{Y}=\boldsymbol{X}\boldsymbol{\beta}+\boldsymbol{\varepsilon}, \\ \boldsymbol{\varepsilon}\sim N(\boldsymbol{0},\sigma^2\boldsymbol{I}). \end{cases} \tag{37}$$

为了根据最小二乘准则估计模型(34)中的参数 $\boldsymbol{\beta}$，由(37)式这组数据的误差平方和为

$$Q(\boldsymbol{\beta})=\sum_{i=1}^{n}\varepsilon_i^2=(\boldsymbol{Y}-\boldsymbol{X}\boldsymbol{\beta})^{\mathrm{T}}(\boldsymbol{Y}-\boldsymbol{X}\boldsymbol{\beta}). \tag{38}$$

利用极值的必要条件 $\dfrac{\partial Q}{\partial \beta_j}=0$ $(j=0,1,\cdots,m)$，求 $\boldsymbol{\beta}$ 使 $Q(\boldsymbol{\beta})$ 最小，得到方程组

$$\boldsymbol{X}^{\mathrm{T}}(\boldsymbol{Y}-\boldsymbol{X}\boldsymbol{\beta})=\boldsymbol{0}. \tag{39}$$

该方程组的解

$$\hat{\boldsymbol{\beta}}=(\boldsymbol{X}^{\mathrm{T}}\boldsymbol{X})^{-1}\boldsymbol{X}^{\mathrm{T}}\boldsymbol{Y} \tag{40}$$

称为 $\boldsymbol{\beta}$ 的**最小二乘估计**. 与一元线性回归一样，$\hat{\boldsymbol{\beta}}$ 是 $\boldsymbol{\beta}$ 的线性无偏最小方差估计.

思考 说明：$m=1$ 时(40)式的结果与(8)式相同；$\boldsymbol{X}$ 具有什么性质 $\boldsymbol{X}^{\mathrm{T}}\boldsymbol{X}$ 才可逆；实际问题中怎样保证 $\boldsymbol{X}$ 具有这种性质；$n>m$ 的要求为什么是必要的.

如果将数据先"中心化"，即令 $\tilde{x}_{ij}=x_{ij}-\bar{x}_j$，$\tilde{y}_i=y_i-\bar{y}$，这里 $\bar{x}_j$ 是 $x_{1j},\cdots,x_{nj}$ 的均值 $(j=1,\cdots,m)$，$\bar{y}$ 是 $y_1,\cdots,y_n$ 的均值，且记

$$\tilde{\boldsymbol{X}}=\begin{bmatrix} \tilde{x}_{11} & \cdots & \tilde{x}_{1m} \\ \vdots & & \vdots \\ \tilde{x}_{n1} & \cdots & \tilde{x}_{nm} \end{bmatrix}, \quad \tilde{\boldsymbol{Y}}=\begin{bmatrix} \tilde{y}_1 \\ \vdots \\ \tilde{y}_n \end{bmatrix}, \quad \tilde{\boldsymbol{\beta}}=[\tilde{\beta}_1,\tilde{\beta}_2,\cdots,\tilde{\beta}_m]^{\mathrm{T}}. \tag{41}$$

则与(35)~(40)式等价的结果是

$$\hat{\hat{\boldsymbol{\beta}}}=(\widetilde{\boldsymbol{X}}^{\mathrm{T}}\widetilde{\boldsymbol{X}})^{-1}\widetilde{\boldsymbol{X}}^{\mathrm{T}}\widetilde{\boldsymbol{Y}},\quad \hat{\beta}_0=\bar{y}-(\hat{\hat{\beta}}_1\bar{x}_1+\cdots+\hat{\hat{\beta}}_m\bar{x}_m). \tag{42}$$

即

$$\hat{\hat{\beta}}_1=\hat{\beta}_1,\quad \cdots,\quad \hat{\hat{\beta}}_m=\hat{\beta}_m.$$

13.3.2 多元线性回归的统计分析

一元线性回归统计分析的结果都可推广到多元线性回归.

(1) 误差方差σ^2的估计

将$\hat{\beta}$代回模型(34)得到y的估计值

$$\hat{y}=\hat{\beta}_0+\hat{\beta}_1x_1+\cdots+\hat{\beta}_mx_m. \tag{43}$$

残差e_i及残差平方和Q的定义仍为(10)式和(11)式,而剩余方差(σ^2的无偏估计)为

$$s^2=\hat{\sigma}^2=\frac{Q}{n-m-1}. \tag{44}$$

因为模型中参数的个数为$m+1$,所以Q的自由度是$n-(m+1)$.

(2) 回归系数β的区间估计和假设检验

可以证明在多元线性回归的基本假设下,$\hat{\boldsymbol{\beta}}$和Q具有如下的性质:

$$\hat{\beta}_j\sim N(\beta_j,\sigma^2c_{jj}),\quad j=1,\cdots,m, \tag{45}$$

$$Q/\sigma^2\sim\chi^2(n-m-1), \tag{46}$$

且$\hat{\boldsymbol{\beta}}$和Q相互独立,其中c_{jj}是矩阵$(\widetilde{\boldsymbol{X}}^{\mathrm{T}}\widetilde{\boldsymbol{X}})^{-1}$的第$j$对角元素.根据$t$分布的定义由(44)~(46)式可得$t$统计量

$$t_j=\frac{(\hat{\beta}_j-\beta_j)/\sigma\sqrt{c_{jj}}}{\sqrt{Q/(n-m-1)\sigma^2}}=\frac{\hat{\beta}_j-\beta_j}{s\sqrt{c_{jj}}}\sim t(n-2). \tag{47}$$

给定显著性水平α,$t\,(n-2)$的$1-\alpha/2$分位数为$t_{(n-2),1-\alpha/2}$,β_j的置信区间($j=1,2,\cdots,m$)是

$$[\hat{\beta}_j-t_{(n-2),1-\alpha/2}s\sqrt{c_{jj}},\quad \hat{\beta}_j+t_{(n-2),1-\alpha/2}s\sqrt{c_{jj}}]. \tag{48}$$

与一元线性回归类似地提出如下m个假设检验($j=1,\cdots,m$):

$$H_0^{(j)}:\beta_j=0,\quad H_1^{(j)}:\beta_j\neq0. \tag{49}$$

用t检验法检验$H_0^{(j)}$:由(47)式当

$$|t_j|=\left|\frac{\hat{\beta}_j}{s\sqrt{c_{jj}}}\right|>t_{(n-2),1-\alpha/2} \tag{50}$$

时拒绝$H_0^{(j)}$.根据置信区间(48)是否包含零点,也可以检验$H_0^{(j)}$是否成立.

β_0的置信区间为

$$\left[\hat{\beta}_0-t_{(n-2),1-\alpha/2}s\sqrt{\bar{\boldsymbol{x}}^{\mathrm{T}}(\widetilde{\boldsymbol{X}}^{\mathrm{T}}\widetilde{\boldsymbol{X}})^{-1}\bar{\boldsymbol{x}}+\frac{1}{n}},\quad \hat{\beta}_0+t_{(n-2),1-\alpha/2}s\sqrt{\bar{\boldsymbol{x}}^{\mathrm{T}}(\widetilde{\boldsymbol{X}}^{\mathrm{T}}\widetilde{\boldsymbol{X}})^{-1}\bar{\boldsymbol{x}}+\frac{1}{n}}\right], \tag{51}$$

其中$\bar{\boldsymbol{x}}^{\mathrm{T}}=(\bar{x}_1,\bar{x}_2,\cdots,\bar{x}_m)$.

(3) 模型的有效性检验——决定系数和 F 统计量

与一元线性回归相同,总偏差平方和 S 可以分解为回归平方和 U 与残差平方和 Q 之和,决定系数 R^2 的定义也完全与(22)式~(24)式一样,它表示在因变量的总变化量中由自变量决定的那部分的比例.

作为模型整体的有效性检验,提出假设检验:

$$H_0:\beta_1=\beta_2=\cdots=\beta_m=0. \tag{52}$$

可以证明当 H_0 成立时

$$U/\sigma^2\sim\chi^2(m), \tag{53}$$

且 U 和 Q 相互独立.于是根据(47)式和 F 分布的定义可以选择 F 统计量

$$F=\frac{U/m}{Q/(n-m-1)}\sim F(m,n-m-1). \tag{54}$$

给定显著性水平 α,$F(m,\ n-m-1)$的 $1-\alpha$ 分位数记作 $F_{(m,\ n-m-1),\ 1-\alpha}$,当由(54)式计算的 $F>F_{(m,\ n-m-1),\ 1-\alpha}$时拒绝 H_0,模型(34)整体有效,但不排除有若干个 $\beta_j=0$(可由假设检验(49)解决).

13.3.3 利用多元线性回归模型进行预测

当模型(34)通过有效性检验后,可由自变量的任一给定值 $\boldsymbol{x}=(x_1,x_2,\cdots,x_m)$预测因变量的理论值 y,记作$\hat{y}$,显然

$$\hat{y}=\hat{\beta}_0+\hat{\beta}_1x_1+\cdots+\hat{\beta}_mx_m. \tag{55}$$

与一元线性回归一样,$\hat{y}$是无偏的,并且均方误差 $E(\hat{y}-y)^2$ 最小.

在给定显著性水平 α 下 y 的预测区间为

$$[\hat{y}-\delta(\boldsymbol{x}),\hat{y}+\delta(\boldsymbol{x})],\quad \delta(\boldsymbol{x})=t_{(n-2),1-\alpha/2}\,s\sqrt{(\boldsymbol{x}-\bar{\boldsymbol{x}})^{\mathrm{T}}(\widetilde{\boldsymbol{X}}^{\mathrm{T}}\widetilde{\boldsymbol{X}})^{-1}(\boldsymbol{x}-\bar{\boldsymbol{x}})+\frac{1}{n}+1}. \tag{56}$$

当 n 很大且 $\boldsymbol{x}$ 接近$\bar{\boldsymbol{x}}$时,上述预测区间简化为

$$[\hat{y}-u_{1-\alpha/2}s,\ \hat{y}+u_{1-\alpha/2}s]. \tag{57}$$

13.3.4 多元线性回归的 MATLAB 实现

仍然用命令 regress(y,X),只需注意输入矩阵 X 的构成恰如(36)式定义的 $\boldsymbol{X}$,如对13.1.2节血压与年龄、体重指数、吸烟习惯,编制如下程序:

```
y=[...];                        % 已知的因变量数组(血压)
x1=[...];                       % 已知的自变量数组(年龄)
x2=[...];                       % 已知的自变量数组(体重指数)
x3=[...];                       % 已知的自变量数组(吸烟习惯)
```

```
n=30;                                  % 数据容量
m=3;                                   % 自变量个数
X=[ones(n,1),x1',x2',x3'];             % 输入矩阵
[b,bint,r,rint,s]=regress(y',X);       % 回归分析程序(α=0.05)
b,bint,s,                              % 输出回归系数及其置信区间和统计量
```

计算得到的结果如表 13.9 所示.

表 13.9 13.1.2 节的计算结果

回归系数	回归系数估计值	回归系数置信区间
β_0	45.3636	[3.5537 87.1736]
β_1	0.3604	[−0.0758 0.7965]
β_2	3.0906	[1.0530 5.1281]
β_3	11.8246	[−0.1482 23.7973]
$R^2=0.6855$ $F=18.8906$ $p<0.0001$ $s^2=169.7917$		

从残差及其置信区间的图发现第 2 和第 10 个点为异常点,剔除它们重新计算得到表 13.10.

表 13.10 13.1.2 节剔除第 2 和第 10 个数据后的计算结果

回归系数	回归系数估计值	回归系数置信区间
β_0	58.5101	[29.9064 87.1138]
β_1	0.4303	[0.1273 0.7332]
β_2	2.3449	[0.8509 3.8389]
β_3	10.3065	[3.3878 17.2253]
$R^2=0.8462$ $F=44.0087$ $p<0.0001$ $s^2=53.6604$		

由它得到的预测模型为$\hat{y}=58.5101+0.4303x_1+2.3449x_2+10.3065x_3$.

由这个结果可知,年龄和体重指数相同的人,吸烟者比不吸烟者的血压(平均)高 10.3.另外,这里$\hat{\beta}_1=0.4303$(即年龄增加 1 岁血压升高 0.43),而例 1 中$\hat{\beta}_1=0.9533$,你能解释为何有这么大的差别吗?

对 50 岁、体重指数 25 的吸烟者的血压作预测:将 $x_1=50,x_2=25,x_3=1$ 代入上面的预测模型得$\hat{y}=148.9525$,在 $\alpha=0.05$ 下按照(56)式计算的预测区间为[133.1716,164.7334],按照简化的(57)式计算的预测区间为[134.5951,163.3099].

13.3.5 线性最小二乘拟合与多元线性回归的一般形式

上面关于线性最小二乘拟合及一元和多元线性回归的论述中,因变量 y 都是自变量 x 或 $\boldsymbol{x}=(x_1,x_2,\cdots,x_m)$的线性函数,虽然这里"元"指的是自变量 x,但是线性最小二乘拟合与线性回归中的"线性"并非指 y 与 $\boldsymbol{x}$ 的关系,而是指 y 是系数β_0,β_1 或 $\beta=(\beta_0,\beta_1,\cdots,\beta_m)$的

线性函数(见(3)式和(34)式). 当且仅当 y 对系数 β 是线性的,按照最小二乘准则得到的、求解 β 的方程就一定是线性方程(见(6)式和(39)式).

拟合如 $y=\beta_0+\beta_1 x^2$, $y=\beta_0+\beta_1 e^{x_1}+\beta_2/x_2$ 的函数仍然是线性最小二乘拟合或线性回归;若拟合如 $y=\beta_0 e^{\beta_1 x}$ 的曲线,虽然 y 对系数 β_0,β_1 是非线性的,但是取对数后 $\ln y$ 对系数 β_0,β_1 仍是线性的,属于可化为线性回归的类型. 本质上的非线性回归将在 13.4 节介绍.

线性最小二乘拟合与多元线性回归的一般形式可写作

$$\begin{cases} y=\beta_0+\beta_1 r_1(\boldsymbol{x})+\cdots+\beta_m r_m(\boldsymbol{x})+\varepsilon, \\ \varepsilon \sim N(0,\sigma^2). \end{cases} \tag{58}$$

其中 $\boldsymbol{x}=(x_1,\cdots,x_k)$, $r_j(\boldsymbol{x})$ $(j=1,\cdots,m)$ 是已知函数. 显然,只需用变量代换将 $r_j(\boldsymbol{x})$ 化为新的变量,(58)式就与前面讨论的模型(34)完全一样.

13.3.6　多元线性回归中的交互作用

我们通过 13.1.3 节关于软件开发人员的薪金问题说明如何发现交互作用的存在,和怎样处理交互作用以改进模型.

对于 13.1.3 节的模型

$$y=\beta_0+\beta_1 x_1+\beta_2 x_2+\beta_3 x_3+\beta_4 x_4+\varepsilon, \tag{59}$$

用 MATLAB 统计工具箱的命令 regress 计算,得到回归系数及其置信区间、统计量 R^2, F, p 及 s^2(σ^2 的无偏估计)的结果(显著性水平 $\alpha=0.05$),见表 13.11.

表 13.11　13.1.3 节的计算结果

回归系数	回归系数估计值	回归系数置信区间
β_0	11033	[10258　11807]
β_1	546	[484　608]
β_2	6883	[6248　7517]
β_3	−2994	[−3826　−2162]
β_4	148	[−636　931]
$R^2=0.9567$　$F=226.4258$　$p<0.0001$　$s^2=1.0571\times10^6$		

表 13.11 中各个回归系数的含义可初步解释如下: x_1 的系数说明,资历增加 1 年薪金增长 546; x_2 的系数说明,管理人员的薪金比非管理人员多 6883; x_3 的系数说明,中学程度的薪金比研究生少 2994; x_4 的系数说明,大学程度的薪金比研究生多 148,但是应该注意到 β_4 的置信区间包含零点,所以这个系数的解释是不可靠的. 当然这些解释是就平均值而言,并且某一个自变量改变引起的因变量的变化量,都是在其他自变量不变的条件下才成立的.

从结果看, $R^2=0.9567$,即因变量(薪金)总变化量的约 96%可由自变量确定, p 远小于 α,因而模型从整体来看是有效的. 但是由于 β_4 的置信区间包含零点,应接受 $\beta_4=0$ 的假设检验,这样就要排除教育水平对薪金的影响,显然不够合理,需要对模型(59)作改进.

(1) 用残差分析发现交互作用

为寻找改进的方向常用残差分析方法，这里残差 $e_i=\hat{\varepsilon}_i=y_i-\hat{y}_i\ (i=1,\cdots,n)$ 由 MATLAB 输出中的 $\boldsymbol{r}$(向量)给出. 因为在线性回归的基本假设 $\varepsilon\sim N\ (0,\ \sigma^2)$下，如果模型(59)合适，残差 e 应大致服从 $N\ (0,\sigma^2)$. 所谓残差分析，就是观察 e 是否服从 $N\ (0,\sigma^2)$(当自变量一定时)，若否，则应设法改进模型.

为了分析残差与诸自变量之间的关系，将自变量分成资历 x_1 与管理-教育水平组合 $x_2\sim x_4$ 两类，2 个管理水平和 3 个教育水平组合成管理-教育的 6 个水平，其定义如表 13.12. 然后画出 e 与资历 x_1 的散点图(图 13.12)，及 e 与管理-教育组合 $x_2\sim x_4$ 的散点图(图 13.13).

表 13.12 管理-教育水平组合

管理水平	0	1	0	1	0	1
教育水平	1	1	2	2	3	3
组合水平	1	2	3	4	5	6

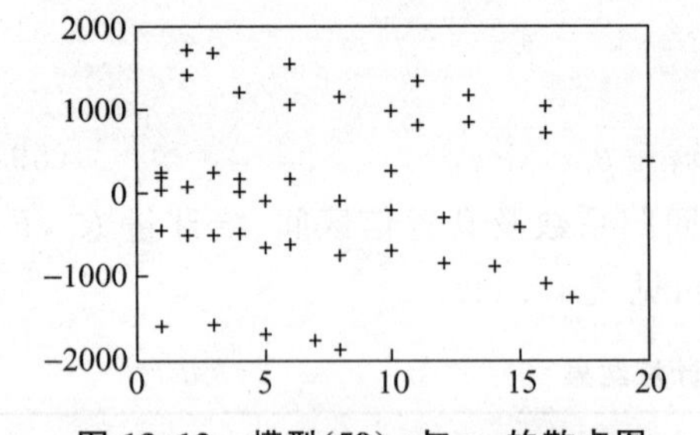

图 13.12 模型(59)e 与 x_1 的散点图

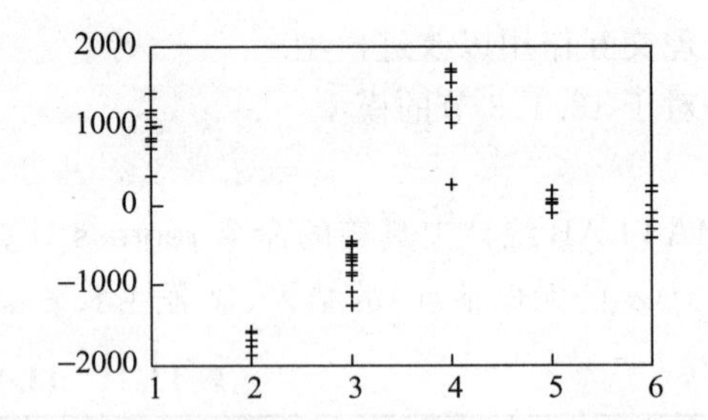

图 13.13 模型(59)e 与组合 $x_2\sim x_4$ 的散点图

从图 13.12 看，残差虽然大致上均值为 0、方差为常数，但明显地分布在 3 个区域，不是正态分布；从图 13.13 看，对于管理-教育组合的前 4 个水平，残差或者全为正，或者全为负，均值明显不为 0，更是远离正态分布. 以上现象表明管理-教育组合在模型中处理不当，这是由于 6 个水平的管理-教育组合混在一起，在模型中未被正确反映的结果.

模型(59)中管理水平和教育水平是分别起作用的，而实际上，二者可能起着交互作用，如大学水平的管理人员的薪金的增加(与中学水平的非管理人员相比)，会比大学水平薪金的增加(与中学水平相比)与管理人员薪金的增加(与非管理人员相比)之和高一点.

以上分析提示我们，应在基本模型(59)中增加管理水平 x_2 与教育水平 x_3，x_4 的交互项，建立新的回归模型.

(2) 增加交互作用的模型

增加 x_2 与 x_3，x_4 之间最简单的交互项——乘积项，模型可记作

$$y=\beta_0+\beta_1x_1+\beta_2x_2+\beta_3x_3+\beta_4x_4+\beta_5x_2x_3+\beta_6x_2x_4+\varepsilon. \tag{60}$$

这仍是多元线性回归模型. 利用 MATLAB 的统计工具箱计算得到的结果如表 13.13.

表 13.13 模型(60)的计算结果

回归系数	回归系数估计值	回归系数置信区间
β_0	11204	[11044 11363]
β_1	497	[486 508]
β_2	7048	[6841 7255]
β_3	−1727	[−1939 −1514]
β_4	−348	[−545 −152]
β_5	−3071	[−3372 −2769]
β_6	1836	[1571 2101]
$R^2=0.9988$ $F=554.48$ $p<0.0001$ $s^2=3.0047\times10^4$		

可知模型(60)的 R^2，F 值和 s^2 都比模型(59)有所改进，并且所有回归系数的置信区间都不含零点，表明模型(60)是完全有效的.

与模型(59)类似，作模型(60)的两个残差分析图(图 13.14、图 13.15)，可以看出，已经消除了图 13.12、图 13.13 中的不正常现象，这也说明了模型(60)的适用性.

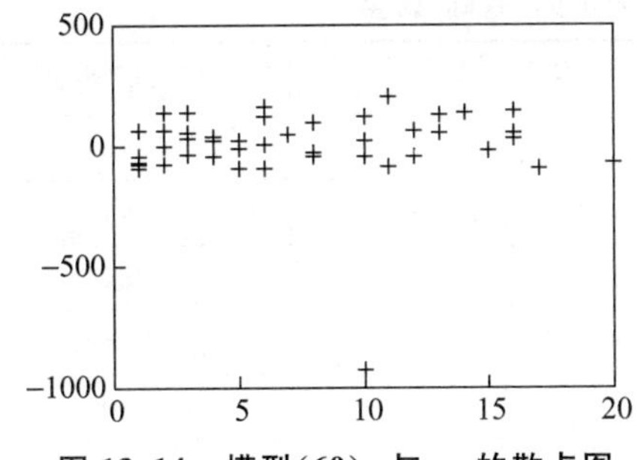

图 13.14 模型(60)e 与 x_1 的散点图

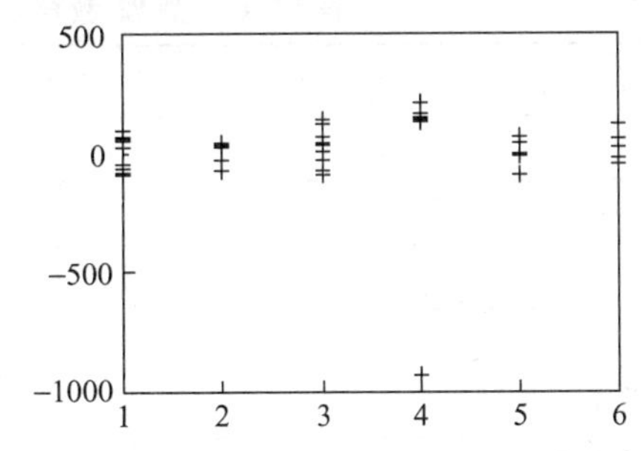

图 13.15 模型(60)e 与组合 $x_2\sim x_4$ 的散点图

从图 13.14、图 13.15 还可以发现一个异常点：具有 10 年资历、大学程度的那位管理人员的实际薪金明显地低于模型的估计值. 从表 13.3 查出他是 33 号，这可能是由我们未知的原因造成的. 用 MATLAB 命令 rcoplot(r,rint)作图，也可以发现这个异常点.

将这个异常点去掉，对模型(60)重新估计回归系数，得到的结果见表 13.14，残差分析图见图 13.16、图 13.17. 可以看出，去掉异常点后结果又有改善.

表 13.14 模型(60)去掉异常点后的计算结果

回归系数	回归系数估计值	回归系数置信区间
β_0	11200	[11139 11261]
β_1	498	[494 503]
β_2	7041	[6962 7120]
β_3	−1737	[−1818 −1656]
β_4	−356	[−431 −281]
β_5	−3056	[−3171 −2942]
β_6	1997	[1894 2100]
$R^2=0.9998$ $F=36701$ $p<0.0001$ $s^2=4.3474\times10^3$		

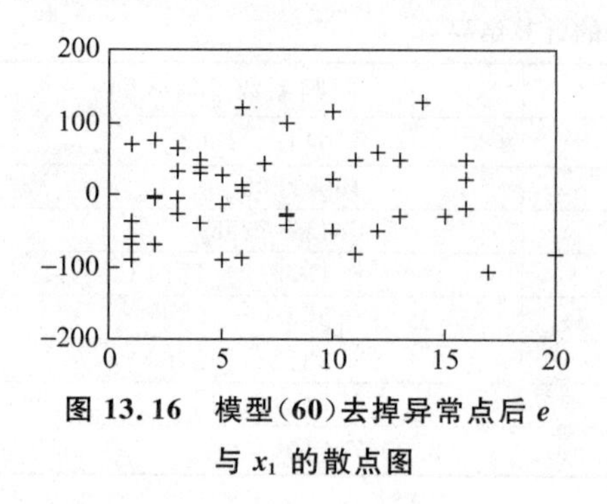

图 13.16 模型(60)去掉异常点后 e 与 x_1 的散点图

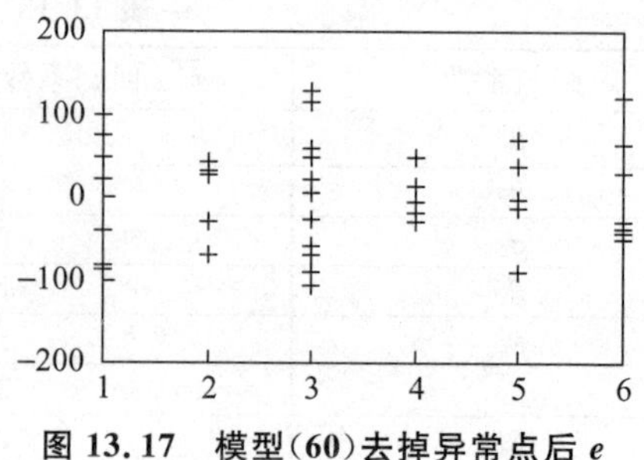

图 13.17 模型(60)去掉异常点后 e 与组合 $x_2 \sim x_4$ 的散点图

作为这个模型的应用之一,不妨用它来"制订"管理-教育组合6个水平人员的"基础"薪金(即资历为零的薪金,当然,这也是平均意义上的).利用模型(60)和表13.14可以得到表13.15.

表 13.15 管理-教育组合6个水平人员的"基础"薪金

组合水平	管理水平	教育水平	系　数	"基础"薪金
1	0	1	$\beta_0+\beta_3$	9463
2	1	1	$\beta_0+\beta_2+\beta_3+\beta_5$	13448
3	0	2	$\beta_0+\beta_4$	10844
4	1	2	$\beta_0+\beta_2+\beta_4+\beta_6$	19882
5	0	3	β_0	11200
6	1	3	$\beta_0+\beta_2$	18241

可以看出,大学水平的管理人员的薪金比研究生水平的管理人员的薪金高,而大学水平的非管理人员的薪金比研究生水平的非管理人员的薪金略低.当然,这是根据这家公司实际数据建立的模型得到的结果,并不具普遍性.

13.3.7 多项式回归

多项式回归仍然属于多元线性回归,我们通过实例说明什么时候会用到多项式回归,以及MATLAB软件处理它时有什么特别的地方.

例3 西红柿的施肥量与产量

为了研究西红柿的施肥量对产量的影响,科研人员对14块大小一样的土地施加不同数量的肥料,收获时记录西红柿的产量,并在整个耕作过程中尽量保持其他条件相同,得到的结果见表13.16.建立施肥量与产量关系的回归模型,使之能从施肥量对西红柿的产量作出预报.

表 13.16 14块土地西红柿的施肥量和产量

地块序号	产量/L	施肥量/kg	地块序号	产量/L	施肥量/kg
1	1035	6.0	8	960	11.5
2	624	2.5	9	990	5.5
3	1084	7.5	10	1050	6.5
4	1052	8.5	11	839	4.0
5	1015	10.0	12	1030	9.0
6	1066	7.0	13	985	11.0
7	704	3.0	14	855	12.5

模型的建立和求解

首先以施肥量为自变量 x，产量为因变量 y，画出所给数据的散点图，如图 13.18 所示．可以看出，随着施肥量 x 的增加产量 y 先是增加，但当 x 过多后 y 反而减少，这符合农业常识，所以不应拟合线性函数，可能是二次函数比较合适，所以建立如下的回归模型：

$$y = \beta_0 + \beta_1 x + \beta_2 x^2 + \varepsilon. \tag{61}$$

如记 $x_1 = x, x_2 = x^2$，(61)式仍属于(58)式所示的多元线性回归模型，可用 MATLAB 命令 regress 求解，将回归系数的估计值代入(61)式得到 y 的预测方程为

$$\hat{y} = 175.62 + 217.87x - 13.15x^2. \tag{62}$$

回归系数置信区间和统计量等输出从略(结果显示可通过模型的有效性检验)．

(61)式又称二项式回归，一元多项式回归模型的一般形式为

$$y = \beta_0 + \beta_1 x + \cdots + \beta_m x^m + \varepsilon. \tag{63}$$

用 MATLAB 求解一元多项式回归，除了 polyfit(x,y,m)外，还有更方便的命令：

```
polytool(x,y,m,alpha)
```

输入 x,y,m 同 polyfit，alpha 是显著性水平 α(默认时设定为 0.05)，输出一个如图 13.19 的交互式画面，实线(屏幕上显示为绿色)为多项式回归曲线 y，它两侧的虚线(屏幕上显示为红色)标出 y 的置信区间．x 的数值可以用鼠标移动来改变，也可以在图下方的窗口内输入，图左边相应地给出 y 的预测值及其置信区间．通过图左下方的 Export 下拉式菜单，还可以输出回归系数估计值及其置信区间、残差等．

你不妨试试看，用以上 3 种办法是否会得到相同的结果．

例 4 商品销售量与价格

某厂生产的一种电器的销售量 y 与竞争对手的价格 x_1 和本厂的价格 x_2 有关．表 13.17 是该商品在 10 个城市的销售记录，根据这些数据建立 y 与 x_1 和 x_2 的关系．若某市本厂产品售价 160(元)，竞争对手售价 170(元)，预测该市的销售量．

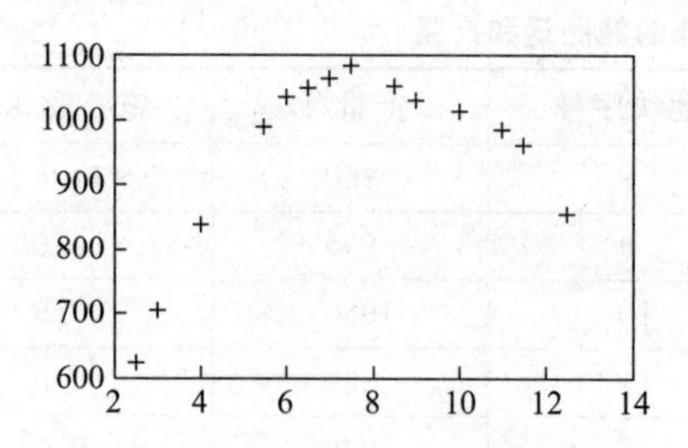

图 13.18 西红柿施肥量与产量的散点

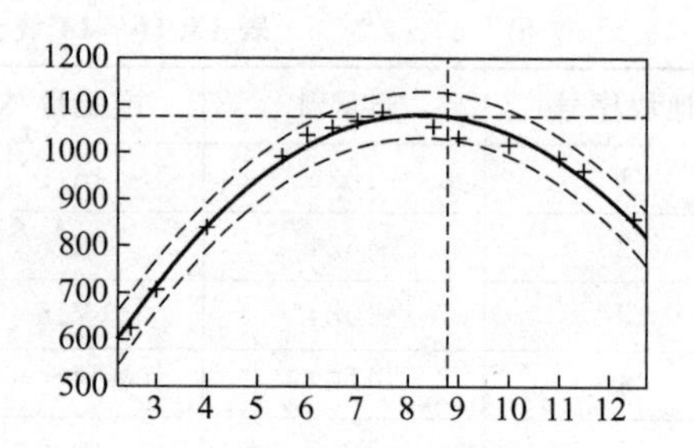

图 13.19 西红柿施肥量与产量回归模型输出的交互式画面

表 13.17 商品销售量 y 与价格 x_1 和 x_2

x_1/元	120	140	190	130	155	175	125	145	180	150
x_2/元	100	110	90	150	210	150	250	270	300	250
y/个	102	100	120	77	46	93	26	69	65	85

模型的建立和求解 作表13.17数据(x_1, y),(x_2, y)的散点图如图13.20所示,可以看出 y 与 x_2 有较明显的线性关系,而 y 与 x_1 之间的关系难以确定,需要试验不同的回归模型,用统计分析决定优劣.

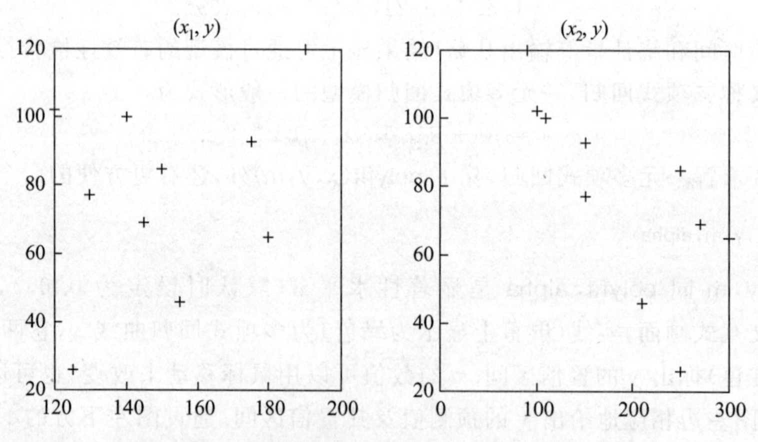

图 13.20 商品销售量 y 与价格 x_1 和 x_2 的散点图

首先建立最简单的一次函数的回归模型

$$y = \beta_0 + \beta_1 x_1 + \beta_2 x_2 + \varepsilon. \tag{64}$$

用 MATLAB 命令 regress 求解,得到结果见表13.18.

可以看出结果不是太好:$p=0.0247$,取 $\alpha=0.05$ 时回归模型(64)有效,但取 $\alpha=0.01$ 则模型不能用;R^2 较小;β_1 的置信区间包含零点.

表 13.18 模型(64)的计算结果

回归系数	回归系数估计值	回归系数置信区间
β_0	66.5176	[−32.5060 165.5411]
β_1	0.4139	[−0.2018 1.0296]
β_2	−0.2698	[−0.4611 −0.0785]
$R^2=0.6527$ $F=6.5786$ $p=0.0247$ $s^2=351.0445$		

作为模型(64)的改进，建立二次函数的回归模型如

$$y=\beta_0+\beta_1x_1+\beta_2x_2+\beta_3x_1^2+\beta_4x_2^2+\varepsilon, \tag{65}$$

$$y=\beta_0+\beta_1x_1+\beta_2x_2+\beta_3x_1x_2+\beta_4x_1^2+\beta_5x_2^2+\varepsilon. \tag{66}$$

它们仍是多元线性回归模型，可用 MATLAB 命令 regress 求解.

(65)式、(66)式属于二元二项式回归，更一般的多元二项式回归模型可表为

$$y=\beta_0+\beta_1x_1+\cdots+\beta_mx_m+\sum_{1\leqslant j,k\leqslant m}\beta_{jk}x_jx_k+\varepsilon. \tag{67}$$

MATLAB 统计工具箱提供了一个很方便的多元二项式回归的命令：

```
rstool(x,y,'model',alpha)
```

输入 x 为自变量($n\times m$ 矩阵，n 是数据容量)，y 为因变量(n 维向量)，alpha 为显著性水平 α(默认时设定为 0.05)，model 从下列 4 个模型中选择 1 个(用字符串输入，默认时设定为线性模型)：

linear(只包含线性项)；

purequadratic(包含线性项和纯二次项)；

interaction(包含线性项和纯交互项)；

quadratic(包含线性项和完全二次项，如(67)式).

输出一个交互式画面.

对例 4 如选择模型(65)，编程如下：

```
x1=[...];                          % 自变量 x1 数组
x2=[...];                          % 自变量 x2 数组
y= [...];                          % 因变量 y 数组
x=[x1' x2'];                       % 自变量矩阵
rstool(x,y','purequadratic')       % 包含线性项和纯二次项的回归
```

得到一个如图 13.21 所示的交互式画面，左边一幅图形是 x_2 固定时(图中为 188)的曲线 $y(x_1)$ 及其置信区间，右边一幅图形是 x_1 固定时(图中为 151)的曲线 $y(x_2)$ 及其置信区间. 移动鼠标(或在图下方窗口内输入)可改变 x_1,x_2，图左边给出 y 的预测值及其置信区间. 为了回答例中“若某市本厂产品售价 160(元)，竞争对手售价 170(元)，预测该市的销售量”的问题，只需输入 $x_1=170$，$x_2=160$，即可得到 $\hat{y}=82.0523\approx82$，置信区间为 82.0523 ± 55.8617，即大约是[26,138]，一个太大的区间.

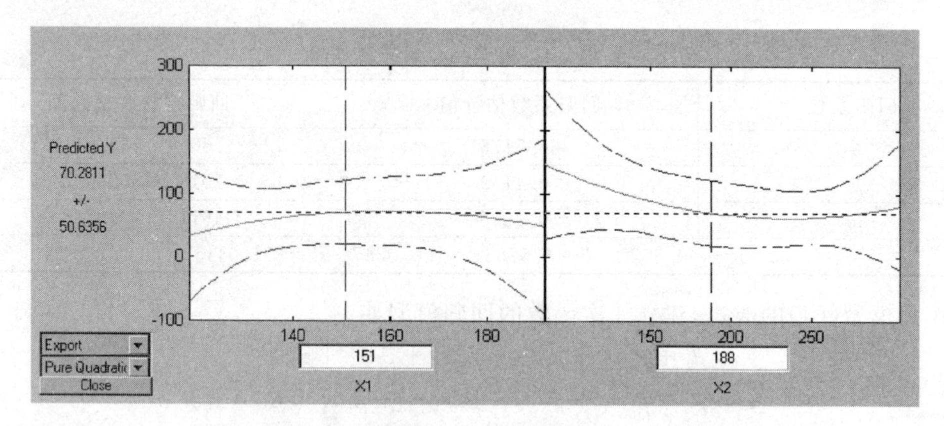

图 13.21 商品销售量与价格模型的一个交互式画面

图的左下方有两个下拉式菜单，上面的菜单 Export 用以向 MATLAB 工作区传送数据，包括回归系数 β（菜单中为 Parameters，工作区输入 beta），剩余标准差 s（菜单中为 RMSE，工作区输入 rmse）等. 下面的菜单用以在上述 4 个模型中变更原来的选择.

对于例 4 我们将 4 个模型输出的回归系数 β 和剩余标准差 s 列入表 13.19，发现模型 purequadratic（即模型(65)）的 s 最小，可以选作最终模型.

表 13.19 商品销售量与价格的 4 个模型的输出

	β_0	β_1	β_2	β_3	β_4	β_5	s
purequadratic	−312.5871	7.2701	−1.7337	−0.0228	0.0037		16.6436
quadratic	−307.3600	7.2032	−1.7374	0.0001	−0.0226	0.0037	18.6064
interaction	137.5317	−0.0372	−0.7131	0.0028			19.1626
linear	66.5176	0.4139	−0.2698				18.7362

13.3.8 变量选择与逐步回归

实际问题中影响因变量的因素可能很多，除了自变量 x_1，x_2，…，x_m 外，还会有它们的简单函数如 x_i^2，$1/x_i$，e^{x_i}，$\ln x_i(i\in\{1,2,\cdots,m\})$ 等. 从应用的角度我们既希望将所有对因变量影响显著的因素都纳入回归模型，又希望最终的模型尽量简单，即包含尽量少的因素，这就涉及所谓的“变量选择”问题.

(1) 变量选择的标准

简单地说就是所有对因变量影响显著的变量都应选入模型，而影响不显著的变量都不应选入模型. 最常用的数量标准之一是剩余方差 s^2，即以 s^2 最小的模型为最终模型.

若候选的变量集合为 $S=\{x_1,x_2,\cdots,x_k\}$，其中包含自变量 x_1，x_2，…，x_m 和它们的简单函数（如上述），从 S 中选出一个子集 S_1，设 S_1 中有 p 个变量（$p\leqslant k$），由 S_1 和因变量 y 构造的线性回归模型的残差平方和为 Q，由(44)式知模型的剩余方差为 $s^2=Q/(n-p-1)$，n 为数据容量. 改变子集 S_1 中的变量使 s^2 尽量小，通常线性回归模型中包含的自变量越多，残差

平方和 Q 越小，但若模型中增加的是对 y 影响很小的变量，那么 s^2 的分子 Q 由于这些变量的加入只会减少一点，分母却因 p 的增加而有可观的减少（尤其当 n 不太大时），于是可能使 s^2 反而变大，因此将剩余方差 s^2 最小作为衡量变量选择的数量指标，可以达到最终模型中只包含重要变量的目的.

当候选集合 S 中的变量数目不大时，可以用枚举法从所有子集中选出 s^2 最小的最终模型，而逐步回归是一种迭代式的选择重要变量的方法.

（2）逐步回归

逐步回归的基本思路为，先从候选集合中确定一初始子集，然后每次从子集外（候选集合内）引入一个对 y 影响显著的变量，再对原来子集中的变量一一进行检验，剔除那些影响变得不显著的变量，如此迭代式地进行引入和剔除，直到不能进行为止.

使用逐步回归有两点值得注意，一是选择衡量影响显著程度的统计量，通常用的是偏 F 统计量（由引入或剔除变量后回归平方和的改变量来定义），二是要适当地选取引入变量的显著性水平 α_{in} 和剔除变量的显著性水平 α_{out}，调整 α_{in} 和 α_{out} 的大小可以控制引入和剔除的松紧度，以便控制最终模型内的自变量数目.

逐步回归中可能出现这样的现象：在引入新的变量后原来模型内影响显著的变量变得不显著，从而被剔除，这是由于自变量之间存在相关性的缘故. 顺便指出，在回归模型中如果某些自变量之间的线性相关性很强，那么数据矩阵 $\boldsymbol{X}$（(36)式）的相应的列向量就会接近于线性相关，从而使矩阵 $\boldsymbol{X}^{\mathrm{T}}\boldsymbol{X}$ 病态，给回归系数的求解（(40)式）带来困难，并且回归系数的置信区间（(48)式）会很大，不利于模型的应用. 这种现象在回归分析中称多重共线性，应该尽量选取相互独立性强的自变量，避免这种现象.

（3）MATLAB 中的逐步回归

MATLAB 统计工具箱中的逐步回归命令是 stepwise，它并没有按照上述步骤自动迭代，而是提供几个交互式画面，让你自由地人工选择变量，进行统计分析，其通常用法是：

```
stepwise (x,y,inmodel,penter,premove)
```

输入 x 为候选变量集合的 $n\times k$ 数据矩阵（n 是数据容量，k 是变量数目），y 为因变量数据向量（n 维），inmodel 是初始模型中包括的候选变量集合的指标（矩阵 x 的列序数，默认时设定为全部候选变量），penter 是引入变量的显著性水平（默认时设定为 0.05），premove 是剔除变量的显著性水平（默认时设定为 0.10）.

通过下面的例子说明这个命令的用法.

例 5 儿童的体重与身高和年龄

调查了 12 名 6 岁至 12 岁正常儿童的体重、身高和年龄，见表 13.20，建立回归模型用于从身高和年龄预测儿童的体重.

记儿童的体重为因变量 y，身高和年龄分别为自变量 x_1，x_2，分别画出 y 与 x_1 和 y 与 x_2 的散点图，如图 13.22 所示. 可以看出，它们之间可能存在着二次函数关系.

表 13.20 儿童的体重、身高和年龄

序号	体重/kg	身高/m	年龄/岁	序号	体重/kg	身高/m	年龄/岁
1	27.1	1.34	8	7	30.9	1.39	10
2	30.2	1.49	10	8	27.8	1.21	9
3	24.0	1.14	6	9	29.4	1.26	10
4	33.4	1.57	11	10	24.8	1.06	6
5	24.9	1.19	8	11	36.5	1.64	12
6	24.3	1.17	7	12	29.1	1.44	9

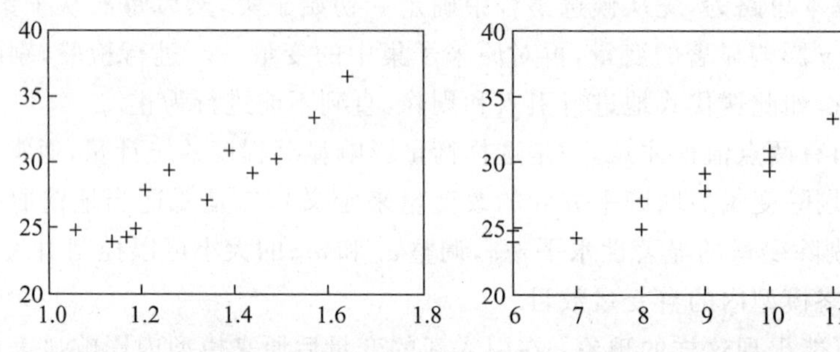

图 13.22 儿童的体重 y 与身高 x_1 和年龄 x_2 的散点图

将 x_1，x_2 及 $x_3=x_1^2$，$x_4=x_2^2$，$x_5=x_1x_2$ 确定为候选变量集合，选取初始子集为 x_1，x_2，显著性水平 $\alpha=0.05$，记 y,x_1,x_2,x_3,x_4,x_5 为由表 13.20 得到的各变量的数据向量，令输入数据矩阵 $\mathbf{x}=[x_1,x_2,x_3,x_4,x_5]_{12\times 5}$，作逐步回归的 MATLAB 命令为

```
stepwise (x,y,[1,2])
```

运行这个命令将输出一个图形窗口，如图 13.23 所示.

图 13.23 左上部的窗口用圆点和线段显示 x 中各个候选变量的回归系数估计值及其置信区间，在屏幕显示中，蓝色和红色分别相应于在和不在模型中的变量，粗线段和细线段分别表示 90%和 95%的置信区间. 图右上部的窗口中列出一个统计表，包括各个候选变量的回归系数估计值、t 统计量和一个概率值（其含义与 ttest 中的 sig 相同）. 当单击左上部的圆点或右上部的字段时，可使之由红变蓝，于是该变量被引入；或者由蓝变红，于是该变量被剔除. 图右上部也有提示："Next step："告诉你下一步应该引入或剔除哪个变量，按照这个提示只需单击这个按钮即可.

图 13.23 中间是相应于当前模型的一些输出，有模型常数项 β_0 的估计值（intercept），决定系数 R^2，F 统计量，剩余标准差 s（RMSE），p 值等. 可以用使 s 达到最小作为确定最终模型的标准，不一定遵照"Next step：Move no terms"的提示.

图 13.23 下部的窗口用圆点记录每次选取模型的剩余标准差 s，供比较用. 当鼠标指向某个圆点时，就显示那个模型包含的变量；若单击圆点，则重现那个模型的结果.

通过图形右方的 Export 下拉式菜单可以向 MATLAB 工作区传送数据（用法与 rstool

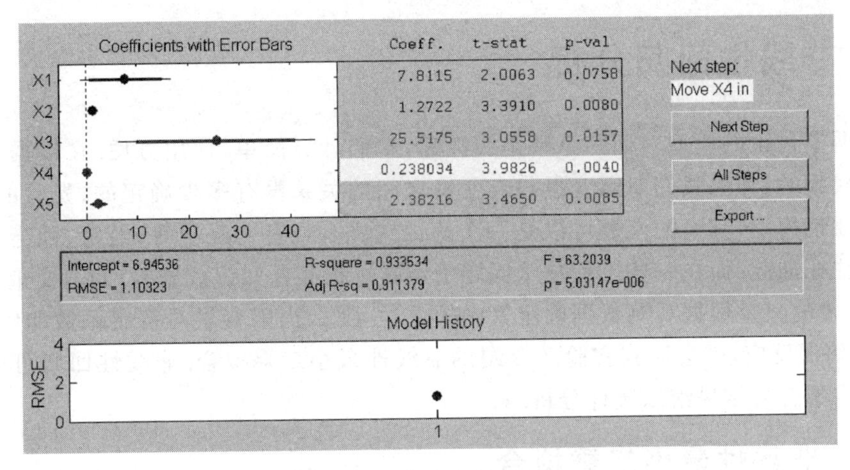

图 13.23 例 5 的初始结果

相同).

这些图形界面都有热点,移到图形的某个热点时,鼠标的指针会变成一个小圆圈,单击后会产生交互作用.

从例 5 初始模型的输出(图 13.23)出发,将 x_3, x_4, x_5一个个地引入或剔除,比较 s 的大小,可知包含 3 个变量 x_1, x_2, x_4时 s 最小,且输出的 F,p 值可通过模型的有效性检验.选择图 13.24 为最终结果,于是我们的最终模型为

$$\hat{y} = 25.8287 + 5.3289x_1 - 2.6849x_2 + 0.2380x_2^2. \tag{68}$$

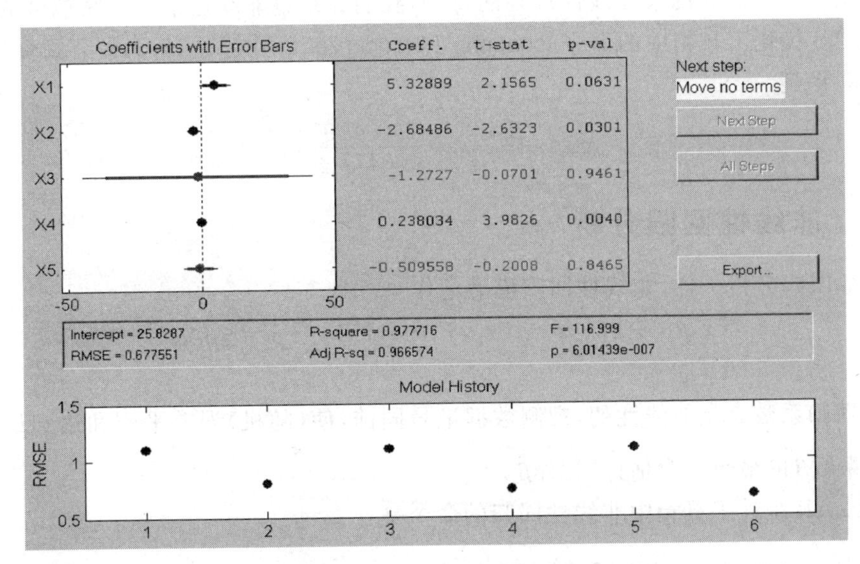

图 13.24 例 5 的最终结果

13.4 非线性回归分析

上面两节讨论的模型对回归系数是线性的，它们计算简单，使用方便. 在根据一批观测数据建立模型时，如果我们对因变量与自变量之间的关系没有多少确定的、先验的认识，通常都选择线性模型，其中的函数可以是一次的、二次的，或有交互项等，经济、社会、生理、医学等领域往往如此. 而在一些工程技术问题中经常根据某些知识或经验，知道变量之间的函数关系，需要的只是根据观测数据确定其中的系数，那么当因变量对待定系数非线性时，如13.1.4 节酶促反应，就会遇到实验 7 介绍的非线性最小二乘拟合. 非线性回归可以对非线性最小二乘拟合的结果给以统计分析.

13.4.1 非线性最小二乘拟合

非线性最小二乘拟合问题的提法是：已知模型

$$y = f(\boldsymbol{x},\boldsymbol{\beta}), \quad \boldsymbol{x} = (x_1,x_2,\cdots,x_m), \quad \boldsymbol{\beta} = (\beta_1,\beta_2,\cdots,\beta_k), \tag{69}$$

其中 f 对$\boldsymbol{\beta}$ 是非线性的，为了估计参数$\boldsymbol{\beta}$，收集 n 个独立观测数据(x_i, y_i)，$\boldsymbol{x}_i=(x_{i1},\cdots,x_{im})$ $(i=1,\cdots,n,n>m)$. 记拟合误差 $\varepsilon_i(\boldsymbol{\beta})=y_i-f(\boldsymbol{x}_i,\boldsymbol{\beta})$，求$\boldsymbol{\beta}$ 使误差平方和

$$Q(\boldsymbol{\beta}) = \sum_{i=1}^{n}\varepsilon_i^2(\boldsymbol{\beta}) = \sum_{i=1}^{n}[y_i - f(\boldsymbol{x}_i,\boldsymbol{\beta})]^2 \tag{70}$$

最小.

在实验 7 中作为无约束非线性规划的特例，我们介绍过非线性最小二乘拟合的解法，以及 MATLAB 优化工具箱中的命令 lsqnonlin 和 lsqcurvefit. 用它对 13.1.4 节酶促反应的模型(1)求解，得到

$$y = \frac{\beta_1 x}{\beta_2 + x} = \frac{160.2795x}{0.0477 + x}. \tag{71}$$

13.4.2 非线性回归分析

像线性回归分析一样，非线性回归模型记作

$$\begin{cases} y = f(\boldsymbol{x},\boldsymbol{\beta}) + \varepsilon, \quad \boldsymbol{x} = (x_1,x_2,\cdots,x_m), \quad \boldsymbol{\beta} = (\beta_1,\beta_2,\cdots,\beta_k), \\ \varepsilon \sim N(0,\sigma^2), \end{cases} \tag{72}$$

其中 f 对回归系数 $\boldsymbol{\beta}$ 是非线性的，观测数据记号同前，使(随机)误差平方和达到最小，求解得到回归系数$\boldsymbol{\beta}$ 的最小二乘估计，记作$\hat{\boldsymbol{\beta}}$.

MATLAB 统计工具箱中非线性回归的命令是：

```
[b,R,J]=nlinfit(x,y,'model',b0)
```

输入 x 是自变量数据矩阵，每列一个变量；y 是因变量数据向量；model 是模型的函数

名(M 文件),形式为 $y=f(\boldsymbol{b},\boldsymbol{x})$, $\boldsymbol{b}$ 为待估系数$\boldsymbol{\beta}$;b0 是回归系数 β 的初值. 输出 b 是$\boldsymbol{\beta}$的估计值,R 是残差,J 是用于估计预测误差的 Jacobi 矩阵. 这个命令是用高斯—牛顿法求解的.

将上面的输出作为命令

```
bi=nlparci(b,R,J)
```

的输入,得到的 bi 是回归系数 β 的置信区间. 用命令

```
nlintool(x,y,'model',b)
```

可以得到一个交互式画面,其内容和用法与多项式回归的 Polytool 类似.

用非线性回归求解 13.1.4 节的非线性模型,编程如下:

```
function y=fun(b,x)                    % M 文件,b 是待估参数
y=b(1)*x./(b(2)+x);                    % 模型(1)

x=[...];                               % 已知的自变量数组
y=[...];                               % 已知的因变量数组
b0=[143 0.03];                         % 取线性化模型的结果为 β 的初值
[b,R,J]=nlinfit(x,y,'fun',b0);         % 非线性回归系数 β 的估计值
bi=nlparci(b,R,J);                     % 回归系数 β 的置信区间
b,bi                                   % 输出 β 的估计值和置信区间
xx=0:0.01:1.2;
yy=b(1)*xx./(b(2)+xx);                 % 用 β 的估计值计算 y 的预测(拟合)值
plot(x,y,'+',xx,yy),pause              % 数据散点图和预测(拟合)曲线
nlintool(x,y,'fun',b)                  % 交互式画面
```

得到

```
b = 160.2781   0.0477
bi = 145.6191   174.9372
       0.0301   0.0653
```

$\boldsymbol{\beta}$的估计值与最小二乘拟合得到的完全相同,不过用非线性回归还可得到 β 的置信区间.

数据散点图和预测(拟合)曲线见图 13.25,可与图 13.3 比较. 交互式画面见图 13.26.

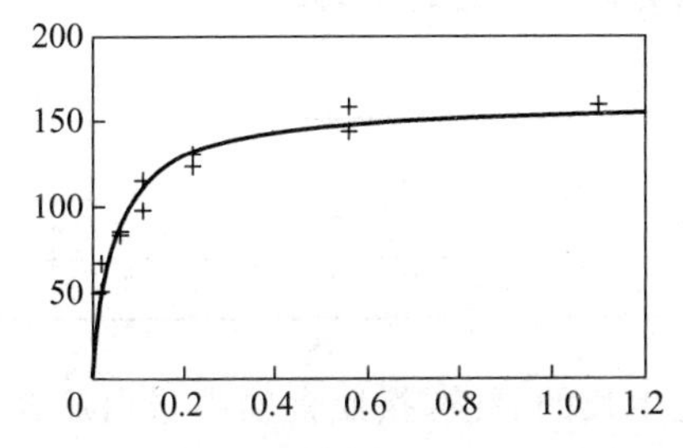

图 13.25 非线性模型的预测(拟合曲线)

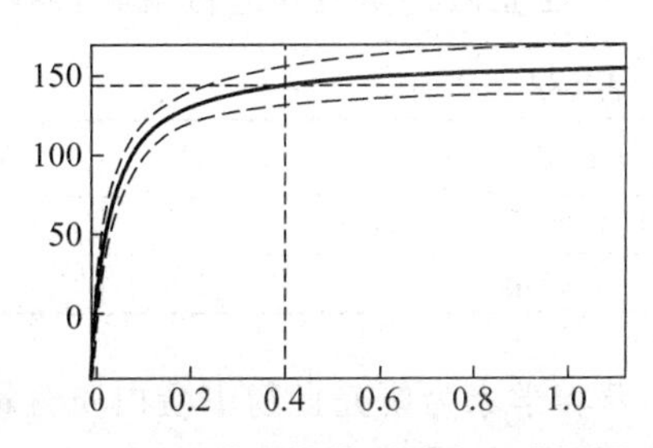

图 13.26 非线性模型的交互式画面

13.4.3 酶促反应的混合反应模型

考虑13.1.4节的第2个问题——嘌呤霉素处理对酶促反应模型中参数 β_1，β_2 的影响. 为了在同一个模型中考虑这个影响，采用在原来的模型中附加增量的方法，考察如下的混合反应模型：

$$y=\frac{(\beta_1+\gamma_1 x_2)x_1}{(\beta_2+\gamma_2 x_2)+x_1}, \tag{73}$$

其中自变量 x_1 为底物浓度((71)式中的 x)，x_2 为一示性变量(0-1变量)，$x_2=0$ 表示未经嘌呤霉素处理，$x_2=1$ 表示经过处理；参数 β_1，β_2 仍是未经处理的最终反应速度和半速度点，而 γ_1 是经嘌呤霉素处理后最终反应速度的增长值，γ_2 是经处理后半速度点的增长值.

这个模型的求解作为习题留给读者.

13.5 实验练习

实验目的

1. 了解回归分析的基本原理，掌握MATLAB实现的方法；
2. 练习用回归分析解决实际问题.

实验内容

1. 用切削机床加工时，为实时地调整机床需测定刀具的磨损速度，每隔一小时测量刀具的厚度得到以下数据(见表13.21)，建立刀具厚度对于切削时间的回归模型，对模型和回归系数进行检验，并预测7.5h和15h后的刀具厚度，用(30)式和(31)式两种办法计算预测区间，解释计算结果.

表 13.21

时间/h	0	1	2	3	4	5	6	7	8	9	10
刀具厚度/cm	30.6	29.1	28.4	28.1	28.0	27.7	27.5	27.2	27.0	26.8	26.5

2. 电影院调查电视广告费用和报纸广告费用对每周收入的影响，得到下面的数据(见表13.22)，建立回归模型并进行检验，诊断异常点的存在并进行处理.

表 13.22

每周收入	96	90	95	92	95	95	94	94
电视广告费用	1.5	2.0	1.5	2.5	3.3	2.3	4.2	2.5
报纸广告费用	5.0	2.0	4.0	2.5	3.0	3.5	2.5	3.0

3. 营养学家为研究食物中蛋白质含量对婴儿生长的影响，按照食物中蛋白质含量的高低，调查了两组两个月到3岁婴儿的身高，见表13.23和表13.24.

表 13.23 高蛋白食物组

年龄/岁	0.2	0.5	0.8	1.0	1.0	1.4	1.8	2.0	2.0	2.5	2.5	2.7	3.0
身高/cm	54	55	63	66	69	73	82	83	80	91	93	94	94

表 13.24 低蛋白食物组

年龄/岁	0.2	0.4	0.7	1.0	1.0	1.3	1.5	1.8	2.0	2.0	2.4	2.8	3.0
身高/cm	51	52	55	61	64	65	66	69	68	69	72	76	77

(1) 分别用两组数据拟合食物中蛋白质高、低含量对婴儿身高的回归直线，解释所得结果.

(2) 怎样检验食物中蛋白质含量的高低对婴儿的生长有无显著影响？检验结果如何？

4. 13 名少年儿童参加了一项睡眠时间与年龄关系的调查，表 13.25 中的(每天)睡眠时间(min)是根据连续 3 天记录的平均值得到的.

表 13.25 13 个人的睡眠时间与年龄

序号	睡眠时间/min	年龄/岁	序号	睡眠时间/min	年龄/岁
1	586	4.4	8	515	8.9
2	462	14.0	9	493	11.1
3	491	10.1	10	528	7.8
4	565	6.7	11	576	5.5
5	462	11.5	12	533	8.6
6	532	9.6	13	531	7.2
7	478	12.4			

(1) 画出散点图，建立回归模型并检验模型的有效性，解释得到的结果.

(2) 给出 10 岁孩子的平均睡眠时间及预测区间.

5. 社会学家认为犯罪与收入低、失业及人口规模有关，对 20 个城市的犯罪率 y(每 10 万人中犯罪的人数)与年收入低于 5000 美元家庭的百分比 x_1、失业率 x_2 和人口总数 x_3(千人)进行了调查，结果如表 13.26 所示.

(1) 若 $x_1 \sim x_3$ 中至多只许选择 2 个变量，最好的模型是什么？

(2) 包含 3 个自变量的模型比上面的模型好吗？确定最终模型.

(3) 对最终模型观察残差，有无异常点，若有，剔除后如何.

6. 为得到研磨机速度(转/min)与纤维制品磨损量的关系，在 6 种不同转速下分别对 8 块同样材料的制品进行试验，结果如表 13.27 所示.

表 13.26

序号	y	x_1	x_2	x_3	序号	y	x_1	x_2	x_3
1	11.2	16.5	6.2	587	11	14.5	18.1	6.0	7895
2	13.4	20.5	6.4	643	12	26.9	23.1	7.4	762
3	40.7	26.3	9.3	635	13	15.7	19.1	5.8	2793
4	5.3	16.5	5.3	692	14	36.2	24.7	8.6	741
5	24.8	19.2	7.3	1248	15	18.1	18.6	6.5	625
6	12.7	16.5	5.9	643	16	28.9	24.9	8.3	854
7	20.9	20.2	6.4	1964	17	14.9	17.9	6.7	716
8	35.7	21.3	7.6	1531	18	25.8	22.4	8.6	921
9	8.7	17.2	4.9	713	19	21.7	20.2	8.4	595
10	9.6	14.3	6.4	749	20	25.7	16.9	6.7	3353

表 13.27

转速	磨损量							
100	23.0	23.5	24.4	25.2	25.6	26.1	24.9	25.6
120	26.7	26.1	25.8	26.3	27.2	27.9	28.3	27.4
140	28.0	28.4	27.0	28.8	29.8	29.4	28.7	29.3
160	32.7	32.1	31.9	33.0	33.5	33.7	34.0	32.5
180	43.1	41.7	42.4	42.1	43.5	43.8	44.2	43.6
200	54.2	43.7	53.1	53.8	55.6	55.9	54.7	54.5

(1) 假定磨损量与转速之间的关系是线性的,对所给数据采用两种办法建立模型：原始数据；先将每种转速下的 8 个磨损量平均. 比较得到的两个结果的异同,并作解释.

(2) 对模型(1)作改进,如建立二次函数模型(对数据仍用两种办法).

7. 在有氧锻炼中人的耗氧能力 y (mL/(min・kg)) 是衡量身体状况是重要指标,它可能与以下因素有关：年龄 x_1,体重 x_2(kg),1500m 跑用的时间 x_3(min),静止时心速 x_4(次/min),跑步后心速 x_5(次/min). 对 24 名 40 岁至 57 岁的志愿者进行了测试,结果见表 13.28. 试建立耗氧能力 y 与诸因素之间的回归模型.

表 13.28

序号	y	x_1	x_2	x_3	x_4	x_5
1	44.6	44	89.5	6.82	62	178
2	45.3	40	75.1	6.04	62	185
3	54.3	44	85.8	5.19	45	156
4	59.6	42	68.2	4.90	40	166
5	49.9	38	89.0	5.53	55	178
6	44.8	47	77.5	6.98	58	176

续表

序号	y	x_1	x_2	x_3	x_4	x_5
7	45.7	40	76.0	7.17	70	176
8	49.1	43	81.2	6.51	64	162
9	39.4	44	81.4	7.85	63	174
10	60.1	38	81.9	5.18	48	170
11	50.5	44	73.0	6.08	45	168
12	37.4	45	87.7	8.42	56	186
13	44.8	45	66.5	6.67	51	176
14	47.2	47	79.2	6.36	47	162
15	51.9	54	83.1	6.20	50	166
16	49.2	49	81.4	5.37	44	180
17	40.9	51	69.6	6.57	57	168
18	46.7	51	77.9	6.00	48	162
19	46.8	48	91.6	6.15	48	162
20	50.4	47	73.4	6.05	67	168
21	39.4	57	73.4	7.58	58	174
22	46.1	54	79.4	6.70	62	156
23	45.4	52	76.3	5.78	48	164
24	54.7	50	70.9	5.35	48	146

(1) 若 $x_1 \sim x_5$ 中只许选择 1 个变量，最好的模型是什么？

(2) 若 $x_1 \sim x_5$ 中只许选择 2 个变量，最好的模型是什么？

(3) 若不限制变量个数，最好的模型是什么？你选择哪个作为最终模型，为什么？

(4) 对最终模型观察残差，有无异常点，若有，剔除后如何.

8. 汽车销售商认为汽车销售量与汽油价格、贷款利率有关，两种类型汽车（普通型和豪华型）18 个月的调查资料见表 13.29，其中 y_1 是普通型汽车售量（千辆），y_2 是豪华型汽车售量（千辆），x_1 是汽油价格（元/gal），x_2 是贷款利率（%）.

表 13.29

序号	y_1	y_2	x_1	x_2
1	22.1	7.2	1.89	6.1
2	15.4	5.4	1.94	6.2
3	11.7	7.6	1.95	6.3
4	10.3	2.5	1.82	8.2
5	11.4	2.4	1.85	9.8
6	7.5	1.7	1.78	10.3
7	13.0	4.3	1.76	10.5

续表

序号	y_1	y_2	x_1	x_2
8	12.8	3.7	1.76	8.7
9	14.6	3.9	1.75	7.4
10	18.9	7.0	1.74	6.9
11	19.3	6.8	1.70	5.2
12	30.1	10.1	1.70	4.9
13	28.2	9.4	1.68	4.3
14	25.6	7.9	1.60	3.7
15	37.5	14.1	1.61	3.6
16	36.1	14.5	1.64	3.1
17	39.8	14.9	1.67	1.8
18	44.3	15.6	1.68	2.3

(1) 对普通型和豪华型汽车分别建立如下模型：

$$y_1 = \beta_0^{(1)} + \beta_1^{(1)} x_1 + \beta_2^{(1)} x_2, \quad y_2 = \beta_0^{(2)} + \beta_1^{(2)} x_1 + \beta_2^{(2)} x_2.$$

给出$\boldsymbol{\beta}$的估计值和置信区间，决定系数 R^2，F 值及剩余方差等.

(2) 用 $x_3=0$，1 表示汽车类型，建立统一模型：$y=\beta_0+\beta_1 x_1+\beta_2 x_2+\beta_3 x_3$，给出$\boldsymbol{\beta}$的估计值和置信区间，决定系数 R^2，F 值及剩余方差等. 以 $x_3=0$，1 代入统一模型，将结果与(1)的两个模型的结果比较，解释二者的区别.

(3) 对统一模型就每种类型汽车分别作 x_1 和 x_2 与残差的散点图，有什么现象，说明模型有何缺陷？

(4) 对统一模型增加二次项和交互项，考察结果有什么改进.

9. 一家洗衣粉制造公司作新产品试验时，关心洗衣粉泡沫的高度 y 与搅拌程度 x_1 和洗衣粉用量 x_2 之间的关系，其中搅拌程度从弱到强分为 3 个水平. 试验得到的数据见表 13.30.

表　13.30

x_1	x_2	y	x_1	x_2	y	x_1	x_2	y
1	6	28.1	2	6	65.3	3	6	82.2
1	7	32.3	2	7	67.7	3	7	85.3
1	8	34.8	2	8	69.4	3	8	88.1
1	9	38.2	2	9	72.2	3	9	90.7
1	10	43.5	2	10	76.9	3	10	93.6

(1) 将搅拌程度 x_1 作为普通变量，建立 y 与 x_1 和 x_2 的回归模型，从残差图上发现问题.

(2) 将搅拌程度 x_1 视为没有定量关系的 3 个水平，用 0-1 变量表示，建立回归模型，与(1)比较. 从残差图上还能发现什么问题.

(3) 加入搅拌程度与洗衣粉用量的交互项,看看模型有无改进.

10. 表 13.31 列出了某城市 18 位 35～ 44 岁经理的年平均收入 x_1(千元),风险偏好度 x_2和人寿保险额 y(千元)的数据,其中风险偏好度是根据发给每个经理的问卷调查表综合评估得到的,它的数值越大,就越偏爱高风险.研究人员想研究此年龄段中的经理所投保的人寿保险额与年均收入及风险偏好度之间的关系.研究者预计,经理的年均收入和人寿保险额之间存在着二次关系,并有把握地认为风险偏好度对人寿保险额有线性效应,但对于风险偏好度对人寿保险额是否有二次效应以及两个自变量是否对人寿保险额有交互效应,心中没底.

通过表 13.31 中的数据来建立一个合适的回归模型,验证上面的看法,并给出进一步的分析.

表 13.31

序号	y	x_1	x_2	序号	y	x_1	x_2
1	196	66.290	7	10	49	37.408	5
2	63	40.964	5	11	105	54.376	2
3	252	72.996	10	12	98	46.186	7
4	84	45.010	6	13	77	46.130	4
5	126	57.204	4	14	14	30.366	3
6	14	26.852	5	15	56	39.060	5
7	49	38.122	4	16	245	79.380	1
8	49	35.840	6	17	133	52.766	8
9	266	75.796	9	18	133	55.916	6

11. 一个医药公司的新药研究部门为了掌握一种新止痛剂的疗效,设计了一个药物实验,给 24 名患有同种病痛的病人使用这种新止痛剂的以下 4 个剂量中的某一个: 2,5,7,10 (g),并记录每个病人病痛明显减轻的时间(min).为了解新药的疗效与病人性别和血压有什么关系,试验过程中研究人员把病人按性别及血压的低、中、高 3 档平均分配来进行测试.通过比较每个病人血压的历史数据,从低到高分成 3 组,分别记作0.25,0.50 和 0.75.实验结束后,公司的记录结果见表 13.32(性别以 0 表示女,1 表示男).

表 13.32

病人序号	病痛减轻时间/min	用药剂量/g	性别	血压组别
1	35	2	0	0.25
2	43	2	0	0.50
3	55	2	0	0.75
4	47	2	1	0.25
5	43	2	1	0.50
6	57	2	1	0.75

续表

病人序号	病痛减轻时间/min	用药剂量/g	性别	血压组别
7	26	5	0	0.25
8	27	5	0	0.50
9	28	5	0	0.75
10	29	5	1	0.25
11	22	5	1	0.50
12	29	5	1	0.75
13	19	7	0	0.25
14	11	7	0	0.50
15	14	7	0	0.75
16	23	7	1	0.25
17	20	7	1	0.50
18	22	7	1	0.75
19	13	10	0	0.25
20	8	10	0	0.50
21	3	10	0	0.75
22	27	10	1	0.25
23	26	10	1	0.50
24	5	10	1	0.75

请你为公司建立一个模型，根据病人用药的剂量、性别和血压组别，预测出服药后病痛明显减轻的时间.

12. 对于酶促反应中的反应速度与底物浓度的混合反应模型(73)，计算回归系数估计值及其置信区间，检验回归系数是否为零，得到你认为最好的模型.

13. Logistic 增长曲线模型和 Gompertz 增长曲线模型是计量经济学等学科中的两个常用模型，可以用来拟合销售量的增长趋势.

记 Logistic 增长曲线模型为 $y_t=\dfrac{L}{1+a\mathrm{e}^{-kt}}$，记 Gompertz 增长曲线模型为 $y_t=L\mathrm{e}^{-b\mathrm{e}^{-kt}}$，这两个模型中 L 的经济学意义都是销售量的上限. 表 13.33 中给出的是某地区高压锅的销售量(单位：万台)，为给出此两模型的拟合结果，请考虑如下的问题：

(1) Logistic 增长曲线模型是一个可线性化模型吗？如果给定 $L=3000$，是否是一个可线性化模型，如果是，试用线性化模型给出参数 a 和 k 的估计值.

(2) 利用(1)所得到的 a 和 k 的估计值和 $L=3000$ 作为 Logistic 模型的拟合初值，对 Logistic 模型做非线性回归.

(3) 取初值 $L^{(0)}=3000$，$b^{(0)}=30$，$k^{(0)}=0.4$，拟合 Gompertz 模型. 并与 Logistic 模型的结果进行比较.

表 13.33

年份	t	y	年份	t	y
1981	0	43.65	1988	7	1238.75
1982	1	109.86	1989	8	1560.00
1983	2	187.21	1990	9	1824.29
1984	3	312.67	1991	10	2199.00
1985	4	496.58	1992	11	2438.89
1986	5	707.65	1993	12	2737.71
1987	6	960.25			

参考文献

[1] 沈恒范.概率论与数理统计教程.第4版.北京:高等教育出版社,2003
[2] 吴翊,李永乐,胡庆军.应用数理统计.长沙:国防科技大学出版社,1995
[3] 姜启源,张立平,何青,高立.数学实验.第2版.北京:高等教育出版社,2006
[4] 姜启源,谢金星,叶俊.数学模型.第3版.北京:高等教育出版社,2003

实验 14 数学建模与数学实验

在前面的每个实验中我们都是首先提出几个简化的实际问题，建立它们的数学模型，然后介绍求解这一类模型的某种数学方法和相应的软件，最后给出这些问题的数学结果并给以适当的解释. 作为数学建模与数学实验的综合应用，这个实验将给出几个稍微复杂一点的实际问题及其数学模型，它们的求解要用到前面不止一个实验中介绍的内容.

14.1 投篮的出手速度和角度

14.1.1 问题的提出

在激烈的篮球比赛中，提高投篮命中率对于获胜无疑起着决定性作用，而出手角度和出手速度是决定投篮能否命中的两个关键因素. 这里讨论比赛中最简单、但对于胜负也常常是很重要的一种投篮方式——罚球，并且球出手后不考虑自身的旋转，不考虑碰篮板或篮筐.

图 14.1 为过罚球点 P 和篮筐中心 Q 且垂直于地面的平面示意图，按照标准尺寸，P 和 Q 点的水平距离 $L = 4.60\text{m}$，Q 点的高度 $H = 3.05\text{m}$，篮球直径 $d = 24.6\text{cm}$，篮筐直径 $D=45.0\text{cm}$. 不妨假定篮球运动员的出手高度 h 为 1.8～2.1m，出手速度 v 为 8.0～9.0m/s. 试建立数学模型研究以下问题：

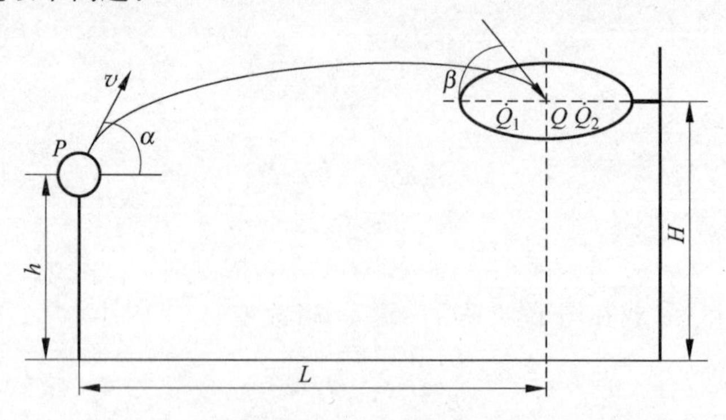

图 14.1 从罚球点投篮示意图

(1) 先不考虑篮球和篮筐的大小,讨论球心命中筐心的条件.对不同的出手高度 h 和出手速度 v,确定出手角度 α 和球入篮筐处的入射角度 β.

(2) 考虑篮球和篮筐的大小,讨论球心命中筐心且球入筐的条件.检查上面得到的出手角度 α 和入射角度 β 是否符合这个条件.

(3) 为了使球入筐,球心不一定要命中筐心,可以偏前或偏后(球心命中图 14.1 中的 Q_1 或 Q_2 点).讨论保证球入筐的条件下,出手角度允许的最大偏差,和出手速度允许的最大偏差.

(4) 考虑空气阻力的影响.由于投篮基本上是水平方向且速度不大的室内运动,可以只计水平方向的阻力,设阻力与速度成正比,比例系数 k 不超过 0.05(1/s).

14.1.2 问题的分析

(1) 不考虑篮球和篮筐大小的简单情况,相当于将球视为质点(球心)的斜抛运动.将坐标原点定在球心 P,列出 x(水平)方向和 y(竖直)方向的运动方程,就可以得到球心的运动轨迹.于是球心命中筐心的条件可以表示为出手角度与出手速度、出手高度之间的关系,以及球入篮筐处的入射角度与出手角度的关系,由此可对不同的出手速度和出手高度,计算出手角度和入射角度.

(2) 考虑篮球和篮筐的大小时,如图 14.2 所示,篮球直径为 d,篮筐直径为 D.显然,即使球心命中筐心,若入射角 β 太小,球会碰到筐的近侧 A,不能入筐.由图 14.2 不难得出 β 应满足的、球心命中筐心且球入筐的条件.前面计算结果中不满足这个条件的,当然应该去掉.

(3) 球入筐时球心可以偏离筐心,偏前(图 14.1 的 Q_1 点)的最大距离为图 14.3 中的 Δx,Δx 可以从入射角 β 算出.根据 Δx 和球心轨迹中 x 与 α 的关系,能够得到出手角度 α 允许的最大偏差 $\Delta\alpha$.出手速度 v 允许的最大偏差 Δv 可以类似地处理.

(4) 考虑水平方向的空气阻力时,应该用微分方程求解球心的运动轨迹,由于阻力很小,可作适当简化.然后与前面类似地作各种计算.

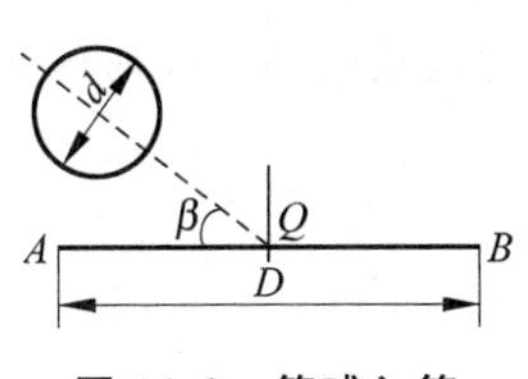

图 14.2 篮球入筐

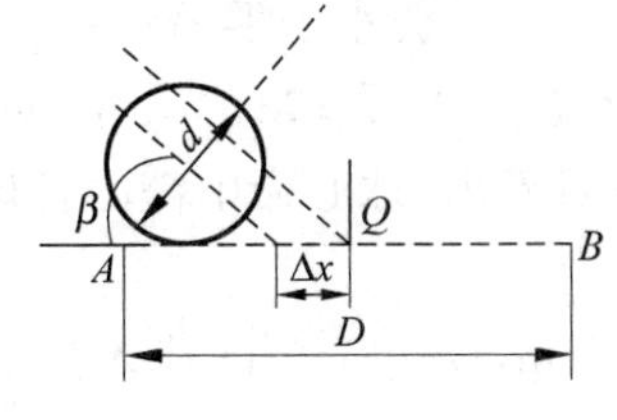

图 14.3 球心偏前

14.1.3 基本模型

(1) 不考虑篮球和篮筐大小,不考虑空气阻力的影响,以未出手时的球心 P 为坐标原点,x 轴为水平方向,y 轴为竖直方向,篮球在 $t=0$ 时以出手速度 v 和出手角度 α 投出,可视

为质点(球心)的斜抛运动,其运动方程为

$$x(t)=vt\cos\alpha,\quad y(t)=vt\sin\alpha-gt^2/2, \tag{1}$$

其中 g 是重力加速度.由此可得球心运动轨迹为如下抛物线

$$y=x\tan\alpha-x^2g/(2v^2\cos^2\alpha). \tag{2}$$

以 $x=L,y=H-h$ 代入(2)式,就得到球心命中筐心的条件

$$\tan\alpha=\frac{v^2}{gL}\left[1\pm\sqrt{1-\frac{2g}{v^2}\left(H-h+\frac{gL^2}{2v^2}\right)}\right]. \tag{3}$$

可以看出,给定出手速度 v 和出手高度 h,有两个出手角度 α 满足这个条件.而(3)式有解的前提为

$$1-\frac{2g}{v^2}\left(H-h+\frac{gL^2}{2v^2}\right)\geqslant 0. \tag{4}$$

可解得

$$v^2\geqslant g\left[H-h+\sqrt{L^2+(H-h)^2}\right]. \tag{5}$$

于是对于一定的出手高度 h,使(5)式等号成立的 v 为最小出手速度 $v_{\min}$,它是 h 的减函数.

由(3)式计算出的两个出手角度记作 α_1,α_2,且设 $\alpha_1>\alpha_2$,可以看出,α_1 是 h 和 v 的增函数.

思考　$v_{\min}$ 是 h 的减函数,α_1 是 h 和 v 的增函数,能作出实际解释吗? α_2 与 h 和 v 的关系又怎样呢?

(2) 球入篮筐处的入射角度 β 可从下式得到

$$\tan\beta=-\left.\frac{\mathrm{d}y}{\mathrm{d}x}\right|_{x=L}. \tag{6}$$

这里的导数由(2)式计算代入后可得

$$\tan\beta=\tan\alpha-\frac{2(H-h)}{L}. \tag{7}$$

于是对应于 α_1,α_2,有 β_1,β_2,设 $\beta_1>\beta_2$.

思考　α_1,α_2 会小于零吗? β_1,β_2 会小于零吗?如果小于零,作何解释?

(3) 考虑篮球和篮筐的大小,如图 14.2 所示,若入射角度 β 太小,则球无法入筐.由图 14.2 不难看出,球心命中筐心且球入筐的条件为

$$\sin\beta>d/D. \tag{8}$$

将 $d=24.6\text{cm},D=45.0\text{cm}$ 代入得 $\beta>33.1°$.

14.1.4　出手角度和出手速度最大偏差估计

由图 14.3 看出,球入筐时球心可以偏前(偏后与偏前一样)的最大距离 Δx 为

$$\Delta x=\frac{D}{2}-\frac{d}{2\sin\beta}. \tag{9}$$

为了得到出手角度允许的最大偏差 $\Delta\alpha$,可以在(3)式中以 $L\pm\Delta x$ 代替 L 重新计算,但是由

于 Δx 中包含 β，从而也包含 α，所以这种方法不能解析地求出 $\Delta\alpha$.

如果从(2)式出发并将 $y=H-h$ 代入，可得

$$x^2 g/(2v^2\cos^2\alpha)-x\tan\alpha+H-h=0. \tag{10}$$

对 α 求导并令 $x=L$，就有

$$\left.\frac{\mathrm{d}x}{\mathrm{d}\alpha}\right|_{x=L}=\frac{L(v^2-gL\tan\alpha)}{gL-v^2\sin\alpha\cos\alpha}. \tag{11}$$

用 $\Delta x/\Delta\alpha$ 近似代替左边的导数，即可得到出手角度的偏差 $\Delta\alpha$ 与 Δx 的如下关系

$$\Delta\alpha=\frac{gL-v^2\sin\alpha\cos\alpha}{L(v^2-gL\tan\alpha)}\Delta x. \tag{12}$$

由 $\Delta\alpha$ 和已经得到的 α 也容易计算相对偏差 $|\Delta\alpha/\alpha|$.

类似地，(10)式对 v 求导并令 $x=L$，可得出手速度允许的最大偏差

$$\Delta v=\frac{gL-v^2\sin\alpha\cos\alpha}{gL^2}v\,\Delta x. \tag{13}$$

由(12)式和(13)式 v 的相对偏差为

$$\left|\frac{\Delta v}{v}\right|=\left|\Delta\alpha\left(\frac{v^2}{gL}-\tan\alpha\right)\right|. \tag{14}$$

14.1.5 空气阻力的影响

按照篮球运动的特点可以只考虑水平方向的阻力，且阻力与速度成正比，比例系数为 k. 这时水平方向的运动由微分方程

$$\begin{cases}\ddot{x}+k\dot{x}=0,\\ x(0)=0,\\ \dot{x}(0)=v\cos\alpha\end{cases} \tag{15}$$

描述，其解为

$$x(t)=v\cos\alpha(1-\mathrm{e}^{-kt})/k. \tag{16}$$

因为阻力不大($k\leqslant 0.05(1/\mathrm{s})$)，时间 t 也很小(约 1s)，所以将(16)式中的 e^{-kt} 作泰勒展开后忽略二阶以上项得到(不考虑竖直方向的阻力，故 $y(t)$ 仍与(1)式相同)

$$x(t)=vt\cos\alpha-vkt^2\cos\alpha/2,\quad y(t)=vt\sin\alpha-gt^2/2. \tag{17}$$

在不考虑篮球和篮筐大小时，球心命中筐心的条件由方程组

$$vt\cos\alpha-vkt^2\cos\alpha/2-L=0,\quad vt\sin\alpha-gt^2/2-(H-h)=0 \tag{18}$$

确定.

14.1.6 算法实现和计算结果

(1) 对不同出手高度的最小出手速度和相应的出手角度

使(5)式等号成立的 v 为最小出手速度 $v_{\min}$，在这个速度下由(3)式可得相应的出手角度 α_0 为

$$\tan\alpha_0 = v^2/gL. \tag{19}$$

取出手高度 h=1.8～2.1m,计算结果见表 14.1.

表 14.1 对不同出手高度的最小出手速度和相应的出手角度

h/m	$v_{\min}$/m/s	α_0/(°)
1.8	7.6789	52.6012
1.9	7.5985	52.0181
2.0	7.5186	51.4290
2.1	7.4392	50.8344

(2) 对不同出手速度和出手高度的出手角度和入射角度

对出手速度 v=8.0～9.0m/s 和出手高度 h=1.8～2.1m,由(3)式计算出手角度 α_1,α_2,由(7)式计算入射角度 β_1,β_2,结果见表 14.2.

表 14.2 对不同出手速度和出手高度的出手角度和入射角度

v/(m/s)	h/m	α_1/(°)	α_2/(°)	β_1/(°)	β_2/(°)
8.0	1.8	62.4099	42.7925	53.8763	20.9213
	1.9	63.1174	40.9188	55.8206	20.1431
	2.0	63.7281	39.1300	57.4941	19.6478
	2.1	64.2670	37.4017	58.9615	19.3698
8.5	1.8	67.6975	37.5049	62.1726	12.6250
	1.9	68.0288	36.0075	63.1884	12.7753
	2.0	68.3367	34.5214	64.1179	13.0240
	2.1	68.6244	33.0444	64.9729	13.3583
9.0	1.8	71.0697	34.1327	67.1426	7.6550
	1.9	71.2749	32.7614	67.7974	8.1663
	2.0	71.4700	31.3881	68.4098	8.7321
	2.1	71.6561	30.0127	68.9840	9.3472

可以看出,β_2 均小于 33.1°,不满足(8)式的条件,所以在考虑篮球和篮筐大小的实际情况下,出手角度只能是 α_1.

(3) 出手角度和出手速度的最大偏差

利用(12)式和上面的 α_1,计算出手角度最大偏差 $\Delta\alpha$ 和 $\Delta\alpha/\alpha$,再用(13)式和(14)式计算出手速度的最大偏差 Δv 和 $\Delta v/v$,只将 h=1.8m, 2.0m 的结果列入表 14.3.

(4) 空气阻力的影响

设空气阻力系数 k=0.05(1/s),对出手速度 v=8.0～9.0m/s 和出手高度 h=1.8～2.1m,由(18)式计算出手角度.(18)式是非线性方程组,可用 MATLAB 的 fsolve 求解:

表 14.3 出手角度和出手速度最大偏差

h/m	α/(°)	v/(m/s)	$\Delta\alpha$	Δv	$\lvert\Delta\alpha/\alpha\rvert$	$\lvert\Delta v/v\rvert$
1.8	62.4099	8.0	−0.7562	0.0528	1.2261	0.6597
	67.6975	8.5	−0.5603	0.0694	0.8276	0.8167
	71.0697	9.0	−0.4570	0.0803	0.6431	0.8925
2.0	63.7281	8.0	−0.7100	0.0601	1.1140	0.7511
	68.3367	8.5	−0.5411	0.0734	0.7918	0.8640
	71.4700	9.0	−0.4463	0.0832	0.6244	0.9243

```
function f=qiu(x,v,g,k,H,h,l)
f(1)=v*x(1)*x(2)-k*v*x(1)*x(2)^2/2-l;    % x(1)=cosα, x(2)=t
f(2)=v*sqrt(1-x(1)^2)*x(2)-g*x(2)^2/2-(H-h);

g=9.8;k=0.05;H=3.05;l=4.6;
x0=[0.4 1];                              % 根据不考虑阻力的结果选取 x 的初值
for i=1:3
   v(i)=8+(i-1)*0.5;
   for j=1:4
      h(j)=1.8+(j-1)*0.1;
      x=fsolve(@qiu,x0,[],v(i),g,k,H,h(j),l);
      a1(i,j)=acos(x(1))*180/pi;
   end
end
a1
```

a1 即为出手角度 α_1. 如取初值 x0=[0.7,1],得到 α_2. 计算结果见表 14.4(将不考虑阻力的结果重写在最后两列,以作比较).

表 14.4 考虑空气阻力时的出手角度

v/(m/s)	h/m	考虑空气阻力		不考虑空气阻力	
		α_1/(°)	α_2/(°)	α_1/(°)	α_2/(°)
8.0	1.8	60.7869	43.5424	62.4099	42.7925
	1.9	61.6100	41.5693	63.1174	40.9188
	2.0	62.3017	39.7156	63.7281	39.1300
	2.1	62.9012	37.9433	64.2670	37.4017
8.5	1.8	66.5719	37.7905	67.6975	37.5049
	1.9	66.9244	36.2870	68.0288	36.0075
	2.0	67.2505	34.7982	68.3367	34.5214
	2.1	67.5541	33.3209	68.6244	33.0444

续表

v/(m/s)	h/m	考虑空气阻力		不考虑空气阻力	
		α_1/(°)	α_2/(°)	α_1/(°)	α_2/(°)
9.0	1.8	70.1198	34.2736	71.0697	34.1327
	1.9	70.3328	32.9087	71.2749	32.7614
	2.0	70.5352	31.5428	71.4700	31.3881
	2.1	70.7279	30.1756	71.6561	30.0127

思考 如何计算入射角 β,并由此判断出手角度 α_2 是否应该舍去.

14.1.7 结果分析

(1) 最小出手速度和出手角度(表 14.1)

对应于最小出手速度是最小出手角度,它们均随着出手高度的增加而略有减少;出手速度一般不要小于 8m/s.

(2) 出手速度和出手高度对出手角度的影响(表 14.2)

速度一定时,出手高度越大,出手角度应越大,但是随着速度的增加,高度对角度的影响变小,这种影响在 1°左右;出手高度一定时,速度越大,出手角度也应越大,速度的影响在 7°~9°.

(3) 出手角度和出手速度的允许偏差(表 14.3)

总的看来,允许偏差都相当小.进一步分析可知,出手高度一定,速度越大,角度的允许偏差越小,而速度的允许偏差越大,且对角度的要求比对速度的要求严格;出手速度一定,高度越大,虽然也是角度的允许偏差越小,速度的允许偏差越大,但这时对角度和速度的要求都相对较低.

(4) 空气阻力的影响

对同样的出手速度和高度,考虑阻力影响时出手角度要小一些(1°~2°).

还可将空气阻力的影响与前面讨论的命中偏前(后)的允许偏差作一对比.由(17)式可知,阻力对 $x(t)$ 的影响为因子 $(1-kt/2)$,因为 $k=0.05(1/s)$,$t\approx 1s$(t 可由 fsolve 的 $x(2)$ 得到),所以阻力对命中偏前(后)的影响不超过 3%;而由(9)式允许偏差 Δx 约为 0.09m(β 以 65°计),与 $L=4.6$m 的相对偏差约 2%,二者是相当的.

思考 若出手高度和角度固定,考察阻力对出手速度的影响.

14.2 降落伞的选择

14.2.1 问题的提出

为向灾区空投救灾物资共 2000kg,需选购一些降落伞.已知空投高度为 500m,要求降落伞落地时的速度不能超过 20m/s. 降落伞面可视为半径 r 的半球面,用每根长为 l 的 16 根绳索连接着载重 m,如图 14.4 所示.

每个降落伞的价格由 3 部分组成. 伞面价格由伞半径 r 决定(表 14.5);绳索价格为 4 元/m;其他费用 200 元.

降落伞在降落过程中受到空气的阻力,为了确定阻力的大小,用半径 3m、载重 300kg 的降落伞从 500m 高度作降落试验,测得各时刻的高度(表 14.6).

试确定降落伞的选购方案,即共需多少个,每个伞的半径多大(在表 14.5 中选择),在满足空投要求的条件下,使费用最低.

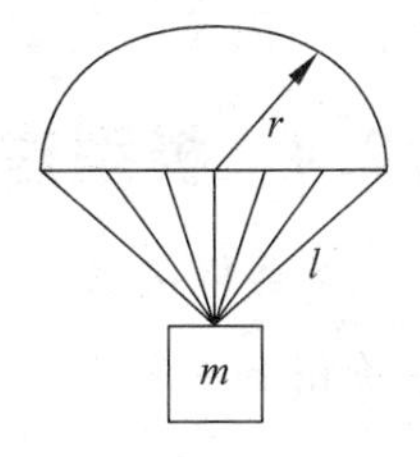

图 14.4 降落伞示意图

表 14.5 不同半径的降落伞伞面价格

半径 r/m	2	2.5	3	3.5	4
费用/元	65	170	350	660	1000

表 14.6 降落试验的时刻 t 与高度 x 的观测值

t/s	0	3	6	9	12	15	18	21	24	27	30
x/m	500	470	425	372	317	264	215	160	108	55	1

14.2.2 问题的分析

这是一个有约束的优化问题. 目标函数是降落伞的总费用,为了实用上的方便,不妨只选一种规格(伞半径)的降落伞,于是总费用是降落伞的个数与每个降落伞价格的乘积,而决策变量是降落伞数量(记作 n)和每个伞的半径 r. 虽然 n 和 r 都只能取有限多个离散值,但是,对 n 和 r 的各种组合进行枚举计算,逐个验证是否满足约束条件、比较费用,是相当烦琐的,并且缺乏一般性. 我们宁可先将 n 和 r 看作连续变量,建立优化模型,求得最优解后,再按题目要求作适当调整.

约束条件主要是伞的落地速度不能超过 20m/s,为表述这一条件需要建立并求解降落伞速度满足的微分方程,而方程中的重要参数——空气阻力系数——又要通过测量数据(表 14.6)作拟合得到. 显然,由于测量数据是时间与高度,所以需要找出速度与高度之间的关系.

确定费用函数的关键是找出伞面价格与伞半径的关系,它可以根据所给数据(表 14.5)用适当的函数来拟合,观察这些数据的散点图,用幂函数拟合比较合适.

建立降落伞下落的微分方程时,关键是对所受阻力的分析,显然,阻力随着降落速度和伞面积的增加而变大.

14.2.3 模型假设

(1) 伞面价格 c_1 与伞半径 r 的关系,用幂函数 $c_1=ar^b$(a, b 为待定参数)按照表 14.5 数据来拟合；载重 m 位于球心正下方球面处，每根绳索的长度 $l=\sqrt{2}r$.

(2) 降落伞在空中只受到向下的重力和向上的空气阻力的作用，阻力与降落速度和伞面积的乘积成正比，阻力系数用表 14.6 数据作拟合；降落伞初速为零.

14.2.4 模型建立

(1) **目标函数** n 个降落伞的总费用，记作 C. 每个降落伞的费用由伞面价格 $c_1=ar^b$，绳索价格 $c_2=4\times16\times\sqrt{2}r=90.5r$ 和其他费用 $c_3=200$ 组成，于是

$$C=n(c_1+c_2+c_3)=n(ar^b+90.5r+200). \tag{20}$$

(2) **伞的速度和高度** 记时刻 t 伞的速度为 $v(t)$，高度为 $x(t)$，空气阻力为 kr^2v，k 是待定参数. 按照牛顿第二定律，$v(t)$ 满足

$$\begin{cases} m\dfrac{\mathrm{d}v}{\mathrm{d}t}=mg-kr^2v, \\ v(0)=0, \end{cases} \tag{21}$$

其中 $m=2000/n$(一个降落伞的载重)，$g=9.8\mathrm{m/s^2}$. 方程(21)的解为

$$v=\frac{2000g}{kr^2n}\left(1-\exp\left(-\frac{kr^2n}{2000}t\right)\right). \tag{22}$$

对速度函数积分，并注意到 $t=0$ 时 $x=500$，得到伞的高度 $x(t)$ 为

$$x=500-\frac{2000g}{kr^2n}t+\frac{2000^2g}{k^2r^4n^2}\left(1-\exp\left(-\frac{kr^2n}{2000}t\right)\right). \tag{23}$$

(3) **约束条件** 降落伞落地速度不超过 20m/s，即当(23)式的 $x=0$ 时解得的根 t，代入(22)式后满足 $v(t)\leqslant20$. 此外还有 $n\geqslant1$，$2\leqslant r\leqslant4$ 的附加条件.

整个优化模型可记作

$$\begin{aligned} &\min C=n(ar^b+90.5r+200) \\ &\text{s.t. } 500-\frac{2000g}{kr^2n}t+\frac{2000^2g}{k^2r^4n^2}\left(1-\exp\left(-\frac{kr^2n}{2000}t\right)\right)=0, \\ &\qquad \frac{2000g}{kr^2n}\left(1-\exp\left(-\frac{kr^2n}{2000}t\right)\right)\leqslant20, \\ &\qquad n\geqslant1,\quad 2\leqslant r\leqslant4. \end{aligned} \tag{24}$$

当参数 a，b，k 用所给数据拟合确定后，即可求解模型(24)得到 n，r(实数值)，然后再作适当调整.

14.2.5 模型求解

(1) 参数估计

a，b 的估计：先将 $c_1=ar^b$ 转化为 $\ln c_1=\ln a+b\ln r$，然后对于表 14.5 数据用线性最小二乘法和 MATLAB 软件编程：

```
r=[2  2.5  3  3.5  4];
c1=[65  170  350  660  1000];
```

```
lgc1=log(c1);lgr=log(r);
A=polyfit(lgr,lgc1,1);
b=A(1);a=exp(A(2));
rr=2:0.01:4;cc1=a*rr.^b;
plot(r,c1,'+',rr,cc1),grid
```

得到 a=4.3039 b =3.9779

与数据的拟合效果见图 14.5.下面取 $a=4.3$，$b=4$.

k 的估计：用表 14.6 数据估计 k，注意到作降落试验时 $n=1$，$m=300$，$r=3$，于是(23)式应改为

$$x=500-\frac{100g}{3k}t+\frac{10^4 g}{9k^2}\left(1-\exp\left(-\frac{3k}{100}t\right)\right). \tag{25}$$

由表 14.6 数据利用 MATLAB 软件作非线性最小二乘拟合，编程：

```
function f=sanf(k,t)
f=500-980*t/3/k+98000*(1-exp(-3*k*t/100))/9/k^2;

t=[0    3    6    9    12    15    18    21    24    27    30];
x=[500    470    425    372    317    264    215    160    108    55    1];
k0=10;
k=lsqcurvefit(@sanf,k0,t,x),
tt=0:0.1:30;
f=500-980*tt/3/k+98000*(1-exp(-3*k*tt/100))/9/k^2;
plot(t,x,'+',tt,f),grid
```

得到 k=18.4583

与数据的拟合效果见图 14.6.下面取 $k=18.5$.

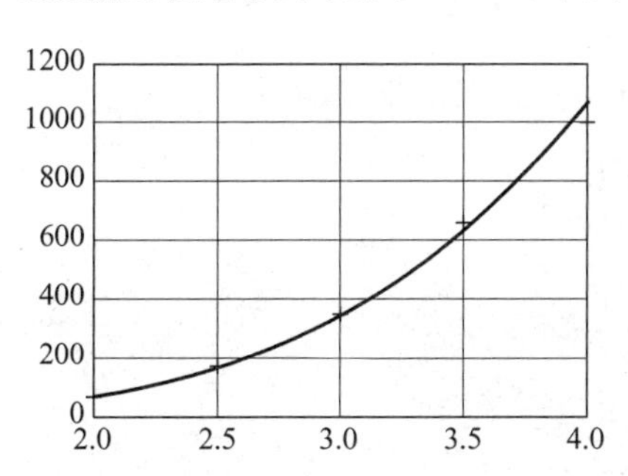

图 14.5 由表 14.5 数据拟合参数 a,b

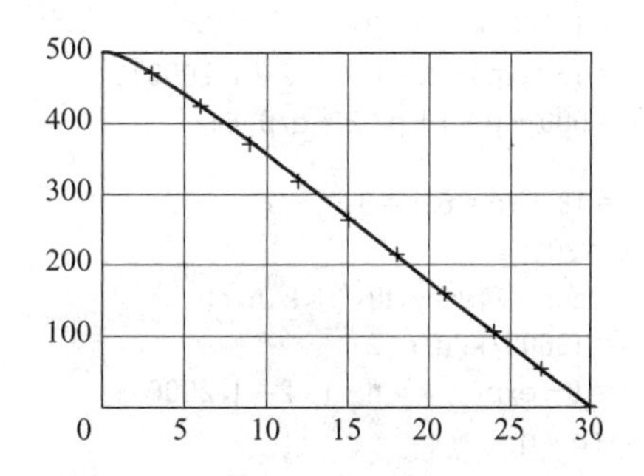

图 14.6 由表 14.6 数据拟合参数 k

(2) 优化模型求解

将参数估计得到的 $a=4.3$，$b=4$，$k=18.5$ 代入优化模型(24)，用 MATLAB 的优化工具箱求解：

```
function c=sanc(x)                    % 目标函数,x(1)=n,x(2)=r
```

```
c=x(1)*(4.3*x(2)^4+90.5*x(2)+200);

function [cc,cceq]=sancc(x)                 % 约束条件,x(3)=t
k=18.5;
p=19600/k/x(1)/x(2)^2;
q=1-exp(-k*x(1)*x(2)^2*x(3)/2000);
cc=p*q-20;                                  % 不等式约束
cceq=500-p*x(3)+p^2*q/9.8;                  % 等式约束

x0=[3,4,30];                                % x 的初值
v=[1,2,0];                                  % x 的下界
u=[10,4,50];                                % x 的上界
[x,c]=fmincon(@sanc,x0,[],[],[],[],v,u,@sancc)
```

得到

```
x = 6.0072  2.9695  27.0408
c = 4.8245e+003
```

根据题目要求,将结果调整为 $n=6,r=3$，即选购 6 个降落伞,每个半径为 3m.

(3) 结果验证

对于调整后的结果 $n=6,r=3$，验证落地速度是否不超过 20m/s. 为此,先由(23)式求解非线性方程:

$$0=500-\frac{2000g}{kr^2n}t+\frac{2000^2g}{k^2r^4n^2}\left(1-\exp\left(-\frac{kr^2n}{2000}t\right)\right),\tag{26}$$

再将得到的 t 代入(22)式计算出落地速度,编程:

```
function ff=sany(t,k,n,r)
p=19600/k/n/r^2;
q=1-exp(-k*n*r^2*t/2000);
ff=500-p*t+p^2*q/9.8;

k=18.5;n=6;r=3;
t0=30;
t=fzero(@sany,t0,[],k,n,r)
p=19600/k/n/r^2;
q=1-exp(-k*n*r^2*t/2000);
v=p*q
```

得到

```
t = 27.4867  v = 19.6196
```

落地速度符合要求.

最后,按照(20)式计算总费用(其中 c_1 用实际价格 350 元),得到

$$C=6\times(350+90.5\times3+200)=4920(\text{元}).$$

14.3 航空公司的预订票策略

14.3.1 问题的提出

在激烈的市场竞争中，航空公司为争取更多的客源而开展的一个优质服务项目是预订票业务. 公司承诺，预先订购机票的乘客如果未能按时前来登机，可以乘坐下一班机或退票，无须附加任何费用. 当然也可以订票时只订座，登机时才付款，这两种办法对于下面的讨论是等价的.

开展预订票业务时，对于一次航班，若公司限制预订票的数量恰好等于飞机的容量，那么由于可能会有一些订了机票的乘客不按时前来登机，致使飞机因不满员飞行而利润降低，甚至亏本. 而如果不限制预订票数量，那么当持票按时前来登机的乘客超过飞机容量时，必然会引起那些不能飞走的乘客的抱怨，公司不管以什么方式补偿，也会导致声誉受损和一定的经济损失，如客源减少，挤掉以后班机的乘客，公司无偿供应食宿，付给一定的赔偿金等. 所以航空公司需要综合考虑经济利益和社会声誉，确定预订票数量的最佳限额.

假设能够得到一些诸如飞机容量、机票价格、飞行费用、对被挤掉者的赔偿金等数据，以及由统计资料估计的乘客不按时前来登机的概率，请建立一个数学模型，给出衡量公司经济利益和社会声誉的指标，对预订票业务确定最佳的预订票数量.

考虑不同客源的实际需要，如商业界、文艺界人士喜欢上述这种无约束的预订票业务，他们宁愿接受较高的票价，而不按时前来登机的可能性较大；游客及准时上下班的雇员，会愿意以不能按时前来登机则机票失效为代价，换取较低额的票价. 航空公司为降低风险，可以把后一类乘客作为基本客源，对他们降低票价，但购票时即付款，不按时前来登机则机票作废. 根据这种实际情况，制定更好的预订票策略.

14.3.2 问题的分析

把持预订票按时前来登机，但因满员不能飞走的乘客称为被挤掉者，公司要付给他们一定的赔偿金，并且被挤掉者数量的增加将导致公司声誉降低.

公司的经济利益可以用机票收入扣除飞行费用和赔偿金后的利润来衡量，社会声誉可以以被挤掉者的人数限制在一定数量为标准，这是个两目标的优化问题，需要合理地将它转化为单目标优化. 问题的决策变量是预订票数量的限额.

这个问题的关键因素在于预订票的乘客中有多少人按时前来登机，显然这是随机的，所以经济利益和社会声誉两个指标都应该在平均意义下衡量.

14.3.3 模型假设

(1) 飞机容量为常数 n，机票价格为常数 g，飞行费用为常数 r，r 与乘客数量无关(实际上关系很小),机票价格按照 $g=r/(\lambda n)$ 来制定,其中 $\lambda(<1)$ 是利润调节因子,如 $\lambda=0.6$ 表示飞机 60%满员率就不亏本.

(2) 预订票数量的限额为常数 $m(>n)$,且 m 张票已经订出;每位乘客不按时前来登机的概率为 p,各位乘客是否按时前来登机是相互独立的,这适合于单独行动的商人、游客等.

(3) 公司付给每位被挤掉者的赔偿金为常数 b.

14.3.4 模型建立

(1) 公司的经济利益用同一航线多次航班的平均利润 S 来衡量,S 等于每次航班利润的期望.每次航班的利润 s 是机票收入中扣除飞行费用和可能发生的赔偿金.当 m 位乘客中有 k 位不按时前来登机时

$$s=\begin{cases}(m-k)g-r, & m-k\leqslant n,\\ ng-r-(m-k-n)b, & m-k>n.\end{cases} \tag{27}$$

由假设(2),不按时前来登机的乘客数 K 服从二项分布,于是概率

$$p_k=P\{K=k\}=C_m^k p^k q^{m-k},\quad k=0,1,\cdots,m,\quad q=1-p. \tag{28}$$

平均利润 S 为

$$S(m)=\sum_{k=0}^{m-n-1}[(ng-r)-(m-k-n)b]p_k+\sum_{k=m-n}^{m}[(m-k)g-r]p_k. \tag{29}$$

化简(29)式,并注意到 $\sum_{k=0}^{m}kp_k=mp$,可得

$$S(m)=qmg-r-(g+b)\sum_{k=0}^{m-n-1}(m-k-n)p_k. \tag{30}$$

当 n,g,r,p 给定后可以求 m 使 $S(m)$ 最大.

(2) 公司从维护社会声誉考虑,应该要求被挤掉的乘客不要太多,而由于被挤掉者的数量是随机的,可以用被挤掉的乘客数超过若干人的概率作为度量指标.记被挤掉的乘客数超过 j 人的概率为 $P_j(m)$,因为被挤掉的乘客数超过 j 人,等价于 m 位预订票的乘客中不按时前来登机的不超过 $m-n-j-1$ 人,所以

$$P_j(m)=\sum_{k=0}^{m-n-j-1}p_k. \tag{31}$$

对于给定的 n,j,显然当 $m=n+j$ 时不会有被挤掉的乘客,即 $P_j(m)=0$.而当 m 变大时 $P_j(m)$ 单调增加.

综上所述,$S(m)$ 和 $P_j(m)$ 虽然是这个优化问题的两个目标,但是可以将 $P_j(m)$ 不超过某个给定值作为约束条件,以 $S(m)$ 为单目标函数来求解.

14.3.5 模型求解

为了减少 $S(m)$ 中的参数,取 $S(m)$ 除以飞行费用 r 为新的目标函数 $J(m)$,其含义是单

位费用获得的平均利润，注意到假设1中有 $g=r/(\lambda n)$，由(30)式可得

$$J(m)=\frac{S(m)}{r}=\frac{1}{\lambda n}\left[qm-\left(1+\frac{b}{g}\right)\sum_{k=0}^{m-n-1}(m-k-n)p_k\right]-1, \tag{32}$$

其中 b/g 是赔偿金占机票价格的比例. 问题化为给定 λ, n, p, b/g，求 m 使 $J(m)$ 最大，而约束条件为

$$P_j(m)=\sum_{k=0}^{m-n-j-1}p_k\leqslant\alpha, \tag{33}$$

其中 α 是小于1的正数.

模型(32)，(33)无法解析地求解，我们设定几组数据，用MATLAB软件作数值计算，结果如下.

设 $n=300$，$\lambda=0.6$，$p=0.05$，0.1，$b/g=0.2$，0.4，计算 $J(m)$，$P_5(m)$，$P_{10}(m)$，得表14.7.

表14.7　$n=300$，$p=0.05$ 和 0.1，$\lambda=0.6$，$b/g=0.2$ 和 0.4 的计算结果

m	$p=0.05$				$p=0.1$			
	J		P_5	P_{10}	J		P_5	P_{10}
	$b/g=0.2$	$b/g=0.4$			$b/g=0.2$	$b/g=0.4$		
300	0.5833	0.5833	0	0	0.5000	0.5000	0	0
302	0.5939	0.5939	0	0	0.5100	0.5100	0	0
304	0.6044	0.6044	0	0	0.5200	0.5200	0	0
306	0.6150	0.6150	0.0000	0	0.5300	0.5300	0.0000	0
308	0.6254	0.6254	0.0000	0	0.5400	0.5400	0.0000	0
310	0.6353	0.6351	0.0007	0	0.5500	0.5500	0.0000	0
312	0.6439	0.6434	0.0066	0.0000	0.5600	0.5600	0.0000	0.0000
314	0.6503	0.6492	0.0341	0.0002	0.5700	0.5700	0.0000	0.0000
316	**0.6540**	**0.6517**	**0.1123**	**0.0023**	0.5800	0.5800	0.0000	0.0000
318	0.6551	0.6512	0.2612	0.0160	0.5899	0.5899	0.0001	0.0000
320	0.6543	0.6485	0.4630	0.0650	0.5998	0.5997	0.0006	0.0000
322	0.6523	0.6445	0.6666	0.1780	0.6093	0.6091	0.0027	0.0000
324	0.6499	0.6398	0.8250	0.3583	0.6181	0.6178	0.0097	0.0002
326	0.6472	0.6350	0.9224	0.5681	0.6258	0.6252	0.0287	0.0013
328	0.6444	0.6300	0.9708	0.7533	0.6320	0.6307	0.0699	0.0052
330	0.6417	0.6250	0.9907	0.8810	**0.6362**	**0.6339**	**0.1439**	**0.0171**
332					0.6384	0.6348	0.2548	0.0458
334					0.6388	0.6336	0.3956	0.1024
336					0.6377	0.6306	0.5484	0.1949
338					0.6356	0.6265	0.6917	0.3224
340					0.6329	0.6217	0.8086	0.4719
342					0.6298	0.6165	0.8923	0.6225
344					0.6266	0.6110	0.9451	0.7542

14.3.6 结果分析

(1) 对于所取的各个 $n,p,b/g$,平均利润 $J(m)$ 随着 m 的变大都是先增加再减少,但是在最大值附近变化很小,而被挤掉的乘客数超过 5 人和 10 人的概率 $P_5(m)$ 和 $P_{10}(m)$ 增加得相当快,所以应该参考 $J(m)$ 的最大值,给定约束条件(33)式中可以接受的 α,确定合适的 m.

(2) 对于一定的 n, p,当 b/g 由 0.2 增加到 0.4 时,$J(m)$ 的减少不超过 2%,所以不妨付给被挤掉的乘客以较多的赔偿金,赢得社会声誉.

(3) 综合考虑经济效益和社会声誉,可给定 $P_5(m)<0.2$, $P_{10}(m)<0.05$,由表14.7,若估计 $p=0.05$,取 $m=316$; 若估计 $p=0.1$,取 $m=330$(表 14.7 中黑体字的行).

14.3.7 预订票策略的改进

把乘客分成两类,对第一类实施上述的预订票业务; 对第二类降低票价,购票时付款,不按时前来登机则机票作废.

设预订票数量 m 中有 t 张是专门预售给第二类乘客的,其折扣票价为 $\beta g(\beta<1)$,当 $m-t$ 位第一类乘客中有 k 位不按时前来登机时,每次航班的利润 s 为

$$s=\begin{cases} t\beta g+(m-t-k)g-r, & m-k\leqslant n, \\ t\beta g+(n-t)g-r-(m-k-n)b, & m-k>n. \end{cases} \tag{34}$$

k 位乘客不按时前来登机的概率为

$$p_k=C_{m-t}^k p^k q^{m-t-k},\quad k=0,1,\cdots,m-t,\quad q=1-p. \tag{35}$$

平均利润 $S(m)$ 为

$$\begin{aligned} S(m)&=\sum_{k=0}^{m-n-1}[t\beta g+(n-t)g-r-(m-k-n)b]p_k \\ &\quad+\sum_{k=m-n}^{m-t}[t\beta g+(m-t-k)g-r]p_k \\ &=qmg-r-(g+b)\sum_{k=1}^{m-n-1}(m-k-n)p_k-(1-\beta-p)tg. \end{aligned} \tag{36}$$

正常票价 g, 折扣票价 βg, 利润调节因子 λ 与飞行费用 r 间的关系为

$$\lambda[t\beta g+(n-t)g]=r. \tag{37}$$

于是,单位费用获得的平均利润为

$$J(m)=\frac{1}{\lambda[n-(1-\beta)t]}\left[qm-(1-\beta-p)t-(1+b/g)\sum_{k=0}^{m-n-1}(m-k-n)p_k\right]-1. \tag{38}$$

约束条件——被挤掉的乘客数超过 j 人的概率 $P_j(m)$ 不变((31)式).

取 $\beta=0.75$, $t=50,100,150$,其他参数同上,计算结果表明,当 t 增加时,$J(m)$ 和 $P_j(m)$

均有所减少.

14.4 银行服务系统的优化

14.4.1 问题的提出

我们多数人都有这样的经历.进入银行后,你首先在自动排号机上选取一项服务,如普通业务,或 VIP 客户,还是对公业务,外汇业务等,机器立刻就会打印出这项业务的一个排队号码,然后,你只需等待,计算机系统排到你的号码时,你就可以到相应的窗口办理业务了.

作为一个普通业务客户,有时会对一些现象愤愤不平.在已经耐心等待了很长一段时间没有得到服务时,一些后到达的客户却在你之前办了业务.而作为一个 VIP 客户,也会以为,自己为银行提供了更多的财富,难道不应该享受特殊服务吗?对于银行管理者来说,所有的客户都是上帝,应该为他们尽量提供优质的人性化服务,特别是减少客户的排队等待时间.

请你调查目前多数银行采取的服务策略,提出衡量服务策略优劣的指标.对某小型银行的客户到达、窗口服务等做出简单的假设,建立数学模型,通过理论和模拟的计算对各种服务策略进行比较、分析.

实际上,在诸如餐厅就餐排桌、车辆维修排队、机场领取登机卡等服务系统中也面临类似的服务问题.

14.4.2 问题的调查和分析

首先,资源的紧缺造成了服务条件的限制.银行考虑成本等因素,窗口数量及服务人员数是确定的,这些窗口和服务人员的服务功能不一定相同.如外汇窗口就需要配备相应的专用设备和受过专业训练的服务人员,而普通的人民币业务则可以简单一些.如高级管理人员有较高的处理业务权限,而普通职员则只能处理一些简单的业务.因此,服务窗口可以粗略地分为普通窗口和多功能窗口.

其次,客户的完全平等也不尽合理.在现有的经济体系下,银行为了生存和发展,必须考虑经济效益与成本的核算,对 VIP 提供更好的服务,以争取吸引更多资金的做法是可以接受的.由此产生了 VIP 客户和普通客户.

银行服务体系的主动权由银行管理者掌控,服务策略由管理者通过计算机编程在排号机和叫号系统上得以显现.目前银行采用的服务策略可以大致地归为两类.

第一类:特定窗口特定服务(designated flexible servers,DFS).特点是特设窗口为特定类型客户服务.同类客户先到先服务.即使在这些窗口空闲时,也不接受其他类型客户的服务.

第二类:特定类型客户优先服务(special customers first,SCF).如当某个多功能窗口空闲时，首先依次选择队列中的 VIP 客户服务；如果没有 VIP 客户，队列中第一个客户到该窗口服务.

从人性化的角度来看，第一类策略使得不同类别客户之间没有混合，不易产生纠纷，但如果 VIP 客户较少，可能会产生 VIP 窗口闲置而普通客户窗口排长队的现象. 第二类策略则在一定程度上照顾到普通客户的利益.

银行管理者在选择服务策略和确定窗口的分配时，需要考虑客户和银行两方面的利益，其主要目标自然是低投入高产出. 从客户角度(包括普通客户和 VIP 客户)，主要希望尽量减少等待时间；从银行角度，需要对 VIP 客户有更多的照顾，还希望各个窗口结束服务的时间尽量均衡.

客户在窗口排队等待服务的过程，具有一般随机服务系统的共同特征，可以按照排队论研究问题的方法，对客户到达、接受服务，及服务策略等做出假设并建立模型.

14.4.3　模型的假设

根据上面的调查和分析及排队论的方法，对要讨论的问题做以下简化假设：

(1) 客户分为普通客户和 VIP 客户两类，其中 VIP 客户(占总客户)的比例为 p. 两类客户混在一起，且每位客户独立随机到达银行，到达人数服从 Poisson 分布，平均到达率为 λ(人/min)，即相邻客户前后到达的时间差服从期望值为 $1/\lambda$(min)的指数分布(参见 11.3.5 节).

(2) 客户的服务时间相互独立，平均服务率为 μ(人/min)，每位客户的服务时间服从期望值为 $1/\mu$(min)的指数分布. 设普通客户的平均服务率为 μ_1，VIP 客户的平均服务率为 μ_2.

(3) 服务策略有两类：

① 特定窗口特定服务(DFS)，普通窗口只服务普通客户，多功能窗口只服务 VIP 客户(此时多功能窗口也称为 VIP 窗口)，其窗口数分别为 s_1, s_2，每类窗口实行先到先服务.

② VIP 优先(SCF)，普通窗口只服务普通客户，多功能窗口优先服务 VIP 客户，而空闲时可服务普通客户，其窗口数分别为 s_1, s_2，每类窗口实行先到先服务.

(4) 衡量服务策略的目标为各类客户的平均等待时间尽量小，及各窗口服务结束时间尽量接近.

14.4.4　模型建立

对于第一类服务策略 DFS，两种客户的服务完全分开，可以看成两个相互独立的服务系统. 在第(1)，(2)条假设下，每个系统都可用排队论中最简单的 M/M/s 模型描述. 第一个 M 表示客户到达为 Poisson 流；第二个 M 表示客户服务时间服从指数分布；参数 s 表示服务台(即窗口)数量. 定义

$$\rho = \frac{\lambda}{s\mu}, \tag{39}$$

称为系统的服务强度，即单位时间系统的平均到达人数与服务人数之比. 当 $\rho \geqslant 1$ 时，客户将在服务系统内堆积，长时间后造成客户等待时间趋于无穷. 当 $\rho < 1$ 时，客户的平均等待时间为[4]

$$W = \frac{P_0 \left(\frac{\lambda}{\mu}\right)^s \rho}{\lambda s!(1-\rho)^2}, \quad P_0 = \left[\frac{\left(\frac{\lambda}{\mu}\right)^s}{s!} \frac{1}{1-\rho} + \sum_{i=0}^{s-1} \frac{\left(\frac{\lambda}{\mu}\right)^i}{i!}\right]^{-1}. \tag{40}$$

根据第(1)条假设，普通客户和 VIP 客户的到达率分别为 $(1-p)\lambda$ 和 $p\lambda$，故普通客户和 VIP 客户系统的服务强度分别为

$$\rho_1 = \frac{(1-p)\lambda}{s_1 \mu_1}, \quad \rho_2 = \frac{p\lambda}{s_2 \mu_2}. \tag{41}$$

当 $\rho_1, \rho_2 < 1$ 时可由(40)式计算理论上的客户平均等待时间；当 $\rho_1, \rho_2 \geqslant 1$ 时虽然无法做理论计算，但是由于银行都有一定的营业时间，客户不可能无限增加，等待时间仍然是有限的.

对于第二类服务策略 SCF，没有计算平均等待时间的理论公式.

对于这两类策略我们将采用随机模拟的方法计算客户平均等待时间及窗口服务结束时间，并做比较和分析.

文献[5,6,7]对上述背景下的各类策略作了理论上的最坏情形分析，目标为最小化所有客户服务的完成时间，得到 SCF 为最好的策略，其给出的完成时间在最坏的情况下不超过理论上最优完成时间的 $2-\frac{1}{s}$ 倍.

14.4.5 模拟结果与分析

我们分几种情况进行模拟和分析.

(1) 设定普通窗口数 $s_1=5$，多功能窗口(在 DFS 策略下即 VIP 窗口)数 $s_2=3$，所有客户平均 0.5min 到达 1 人，即平均到达率为 $\lambda=2$，普通客户和 VIP 客户的平均服务时间分别为 4min 和 7min，即平均服务率分别为 $\mu_1=1/4$ 和 $\mu_2=1/7$，VIP 客户的比例 p 考察 5%，10%，20%，40% 4 种情况. 5 次随机模拟 400 名客户到达银行(约 200min)，输出在 DFS 策略和 SCF 策略下，普通客户和 VIP 客户的平均等待时间(表 14.8)，以及每个窗口的服务结束时间(表 14.9).

表 14.8 平均等待时间

客户 / p	DFS 策略		SCF 策略	
	普通客户/min	VIP 客户/min	普通客户/min	VIP 客户/min
5%	60.97	0.03	14.11	1.57
10%	44.75	0.31	14.16	1.99
20%	20.94	4.75	9.60	6.89
40%	9.95	87.55	9.95	87.67

表 14.9 每个窗口服务结束时间

	p	普通窗口/min					多功能(VIP)窗口/min		
		D1	D2	D3	D4	D5	G1	G2	G3
DFS策略	5%	316.05	317.62	316.42	321.09	317.45	186.33	173.61	171.81
	10%	285.47	285.20	286.18	285.45	284.51	197.23	204.90	199.29
	20%	251.20	256.51	251.22	251.17	251.55	230.61	223.68	217.51
	40%	215.49	214.52	216.08	214.64	215.93	373.86	372.90	381.23
SCF策略	5%	223.82	217.77	220.69	218.71	220.43	219.74	222.15	222.58
	10%	218.40	218.24	218.50	217.51	216.77	216.54	219.09	221.90
	20%	230.62	227.32	227.54	226.76	226.18	241.80	231.10	233.39
	40%	215.49	214.52	216.14	214.64	215.87	372.72	375.27	380.33

由表 14.8 和表 14.9 可以看出，当 $p=10\%$时，在 DFS 策略下普通客户的平均等待时间超过 44min，几乎无法接受，普通窗口在最后一位客户到达之后约 85min(285－200)才结束服务，VIP 客户几乎无须等待(0.31min)，VIP 窗口也在 200min 前后就结束了服务；而 SCF 策略下普通客户和 VIP 客户的平均等待时间(分别约 14min 和 2min)则容易得到两者的认可，两类窗口的服务结束时间也较均衡. 当 $p=20\%$时，两种策略下两类客户的平均等待时间大致均可接受，每个窗口服务结束时间也基本均衡. 再参考 $p=5\%$和 $p=40\%$(这是不大可能的)的情况，总的说来，SCF 策略优于 DFS 策略，是大家都可以接受的，为目前许多银行采用.

对于 DFS 策略，在 $p=5\%,10\%,20\%,40\%$ 4 种情况下，根据(41)式可以算出，普通客户的服务强度为 $\rho_1=\frac{38}{25},\frac{36}{25},\frac{32}{25},\frac{24}{25}$，VIP 客户的服务强度为 $\rho_2=\frac{7}{30},\frac{7}{15},\frac{14}{15},\frac{28}{15}$. 对于服务强度低于 1 的情况，利用(40)式计算平均等待时间，对应于 $p=5\%,10\%,20\%$，VIP 客户的平均等待时间分别为 0.11，0.89，30.68(min)，略高于模拟结果 0.03，0.31，4.75，对应于 $p=40\%$，普通客户的平均等待时间为 18.03min，也高于模拟结果 9.95. 这主要是因为模拟时间不够长.

虽然 SCF 策略具有综合性较好的特点，但是因为普通客户可以到多功能窗口接受服务，会给 VIP 客户带来某些不快，有些银行还是采用 DFS 策略，便于操作.

(2) 在 DFS 策略下对于通常 $p=10\%$的情况，普通客户的平均等待时间为 44.75min，而 VIP 客户只有 0.31min，显然应该减少 VIP 窗口的数量，以缩小两者之间的差距. 为此在 VIP 窗口为 1,2,3 个的情形进行模拟，结果见表 14.10 和表 14.11.

表 14.10 设置不同数目 VIP 窗口时的平均等待时间

	1个 VIP 窗口		2个 VIP 窗口		3个 VIP 窗口	
	普通客户	VIP 客户	普通客户	VIP 客户	普通客户	VIP 客户
等待时间/min	5.53	55.87	16.66	4.44	37.73	0.50

表 14.11 设置不同数目 VIP 窗口时的窗口服务结束时间

	普通窗口/min							VIP窗口/min
1个VIP窗口	D1	D2	D3	D4	D5	D6	D7	G1
	215.29	215.97	216.46	215.23	215.62	214.34	217.20	299.95
2个VIP窗口	普通窗口/min						VIP窗口/min	
	D1	D2	D3	D4	D5	D6	G1	G2
	237.70	239.00	241.90	237.19	242.38	241.14	206.72	200.47
3个VIP窗口	普通窗口/min					VIP窗口/min		
	D1	D2	D3	D4	D5	G1	G2	G3
	281.47	285.87	285.47	285.91	284.24	193.44	199.48	190.71

从表 14.10 和表 14.11 可以看出,设置 2 个 VIP 窗口比较合适,两类客户都可以接受.

(3) 在 SCF 服务策略下对于通常 $p=10\%$ 的情况,仍设窗口数 $s_1=5, s_2=3$,通过模拟方法确定可以服务客户的数量. 对于客户数量 $n=500,600,700,800$ 的情况,得到表 14.12 的结果. 大约每增加 100 人窗口服务结束时间增加 50min 左右. 银行如果一天营业 7h,估计服务人数在 750~800 人.

表 14.12 不同客户数量时的平均等待时间和窗口服务结束时间

n	普通客户/min	VIP客户/min	普通窗口/min					VIP窗口/min		
			D1	D2	D3	D4	D5	G1	G2	G3
500	15.29	2.37	284.06	284.41	283.40	285.60	285.59	288.10	281.07	284.74
600	11.71	2.38	331.51	331.83	333.25	329.60	330.50	333.01	328.61	331.55
700	23.07	2.65	381.33	381.64	382.13	380.52	380.54	382.06	377.95	380.50
800	14.62	2.48	435.06	436.15	438.13	433.52	437.48	435.54	442.17	436.87

附程序(以下程序为下列情况设计: SCF 服务策略,$p=10\%$,窗口数 $s_1=5, s_2=3$,客户数量 $n=500$,也就是表 14.12 中 $n=500$ 的情况.)

```
n=500;                      % 顾客到达总人数
pr=0.1;                     % 表示 VIP 与普通客户比例
nF=3;                       % 多功能窗口数,可以服务 VIP 和普通客户
nD=5;                       % 普通窗口数,只能服务普通客户
AverwaitD3=0;               % 普通客户平均等待时间初值
AverwaitG3=0;               % VIP 客户平均等待时间初值
AlistD3=zeros(1,nD);        % 普通窗口服务队尾平均时间初值
AlistG3=zeros(1,nF);        % 多功能窗口服务队尾平均时间初值
for t=1:5                   % 5 次模拟
x=0;                        % 顾客初始到达时间
arrv=exprnd(0.5,1,n);       % 产生均值为 0.5 的指数分布随机数,数组大小: 1 行,n 列,表示顾客到达
                            % 时间间隔
listT=zeros(3,n);           % 顾客队列情况.第一行为顾客到达时间,第二行标记顾客类型,1 为普通客
```

```
                          % 户,2为VIP客户,计算过程中将改变为0,表示已经被服务,第三行开始
                          % 读入时为服务时间,顾客被服务后用完工时间替代
    waitTD3=0;            % SCF策略普通窗口等待时间初值
    waitTG3=0;            % SCF策略多功能窗口等待时间初值
    for i=1:n
       x=x+arrv(i);       % 第i个顾客到达时间.所有顾客到达服从同一指数分布
       p=unifrnd(0,1);    % 产生(0,1)区间一个随机数
       if p>=pr
          dpro=exprnd(4);    % 产生均值为4的指数分布随机数,数组大小:1行,n列,表示普通顾
                             % 客需要的服务时间
          listT(2,i)=1;      % 普通顾客
          listT(3,i)=dpro;
       else
          vpro=exprnd(7);    % 产生均值为7的指数分布随机数,数组大小:1行,n列,表示VIP顾
                             % 客需要的服务时间
          listT(2,i)=2;      % VIP顾客
          listT(3,i)=vpro;
       end
       listT(1,i)=x;
    end
    %SCF策略.
    listD3=zeros(1,nD);          % SCF策略普通窗口服务队尾时间(可能加入人造很大值)
    listD3b=zeros(1,nD);         % SCF策略普通窗口服务真实队尾时间
    listG3=zeros(1,nF);          % SCF策略多功能窗口服务队尾时间
    kD3=0;                       % 普通客户数目
    kG3=0;                       % VIP客户数目
    for i=1:n
      if listT(2,i)==1
          kD3=kD3+1;
      else
          kG3=kG3+1;
      end
    end
    while sum(listT(2,:))>0.5    % 队列中还有客户等待
       relT3=listD3(1);
       k=1;
       window=1;                 % 窗口标记:1普通窗口,2多功能窗口
       for j=1:nD                % 在普通窗口中查找最早结束窗口
          if listD3(j)<relT3
             relT3=listD3(j);
             k=j;
             window=1;
          end
       end
```

```
for j=1:nF                  % 继续在多功能窗口中查找最早结束窗口
    if listG3(j)<relT3
        relT3=listG3(j);
        k=j;
        window=2;
    end
end
if window==1                         % 最早闲置窗口为普通窗口
    value=0;              % 给出普通顾客是否服务完毕的标志,0为完毕,1队列中还有普通顾客
    for i=1:n
        if listT(2,i)==1
            value=1;
        end
    end
    if value==0                      % 普通窗口休息
        listD3b(k)=listD3(k);        % 记录真实结束时间
        listD3(k)=n*1000;            % 赋予一个充分大的数(人造值)
    else
        for i=1:n
            if listT(2,i)==1
                if relT3<=listT(1,i)
                    listT(3,i)=listT(1,i)+listT(3,i);
                    listT(2,i)=0;
                end
                if relT3>listT(1,i)
                    listT(3,i)=relT3+listT(3,i);
                    listT(2,i)=0;
                    waitTD3=waitTD3+relT3-listT(1,i);
                end
                listD3(k)=listT(3,i);
                break
            end
        end
    end
end
if window==2                         % 最早闲置窗口为多功能窗口
    value=1;                         % 判别值:1表示没有被服务的队列中没有VIP在relT3之前
                                     % 到达,因此,这个窗口可以服务普通顾客
    for i=1:n
        if listT(2,i)==2 & listT(1,i)<=relT3
            listT(3,i)=relT3+listT(3,i);
            listT(2,i)=0;
            listG3(k)=listT(3,i);
            value=0;
            waitTG3=waitTG3+relT3-listT(1,i);
```

```
                    break
                end
            end
            if value==1
                for i=1:n
                    if listT(2,i)~=0
                        if listT(1,i)>relT3
                            listT(3,i)=listT(1,i)+listT(3,i);
                            listT(2,i)=0;
                        else
                            listT(3,i)=relT3+listT(3,i);
                            if listT(2,i)==1
                                waitTD3=waitTD3+relT3-listT(1,i);
                            else
                                waitTG3=waitTG3+relT3-listT(1,i);
                            end
                            listT(2,i)=0;
                        end
                        listG3(k)=listT(3,i);
                        break
                    end
                end
            end
        end
    end
    for i=1:nD                                      % 还原真实结束时间
        if listD3b(i)>1
            listD3(i)=listD3b(i);
        end
    end
    AverwaitD3=AverwaitD3+waitTD3/kD3;              % 普通客户平均等待时间
    AverwaitG3=AverwaitG3+waitTG3/kG3;              % VIP 客户平均等待时间
    AlistD3=AlistD3+listD3;                         % 普通窗口服务队尾时间
    AlistG3=AlistG3+listG3;                         % 多功能窗口服务队尾时间
end
AverwaitD3=AverwaitD3/5
AverwaitG3=AverwaitG3/5
AlistD3=AlistD3/5
AlistG3=AlistG3/5
```

14.5 实验练习

实验目的

综合利用学过的数学知识,分析、解决几个简化的实际问题,锻炼和检验数学建模的能力.

实验内容

1. 影院座位设计

图 14.7 为影院的剖面示意图，座位的满意程度主要取决于视角 α 和仰角 β. 视角 α 是观众眼睛到屏幕上、下边缘视线的夹角，α 越大越好；仰角 β 是观众眼睛到屏幕上边缘视线与水平线的夹角，β 太大使人的头部过分上仰，引起不舒适感，一般要求 β 不超过 $30°$.

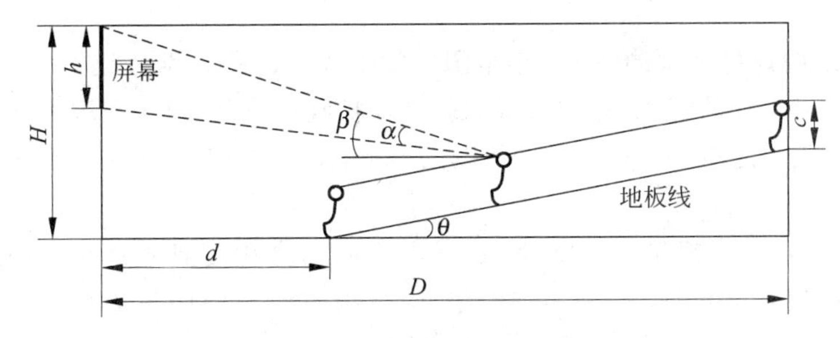

图 14.7 影院剖面示意图

记影院屏幕高 h，上边缘距地面高 H，地板线倾角 θ，第一排和最后一排座位与屏幕水平距离分别为 d 和 D，观众平均坐高为 c(指眼睛到地面的距离). 已知参数 $h=1.8$，$H=5$，$d=4.5$，$D=19$，$c=1.1$(单位：m).

(1) 设地板线倾角 $\theta=10°$，问最佳座位在什么地方.

(2) 求地板线倾角 θ(一般不超过 $20°$)，使所有观众的平均满意程度最大.

(3)地板线设计成什么形状可以进一步提高观众的满意程度.

2. 铅球掷远

铅球掷远比赛的场地是直径 2.135m 的圆，要求运动员从场地中将 7.257kg(男子)重的铅球投掷在 $45°$的扇形区域内，如图 14.8 所示. 观察运动员比赛的录像发现，他们的投掷角度变化较大，一般在 $38°\sim45°$，有的高达 $55°$，试建立模型讨论以下问题：

(1)以出手速度、出手角度、出手高度为参数，建立铅球掷远的数学模型.

(2)给定出手高度，对于不同的出手速度，确定最佳出手角度. 比较掷远结果对出手速度和出手角度的灵敏性.

(3) 考虑运动员推铅球时用力展臂的动作，改进上面的模型.

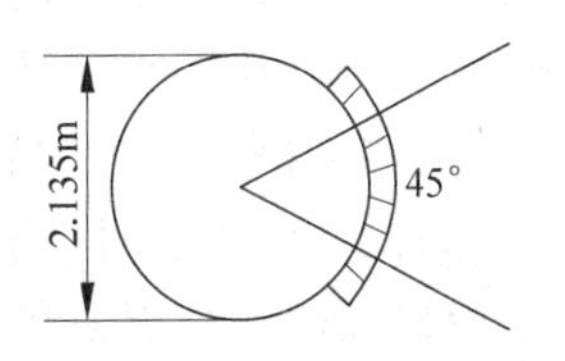

图 14.8 第 2 题图

3. 血样的分组检验

在一个很大的人群中通过血样检验普查某种疾病，假定血样为阳性的先验概率为 p(通常 p 很小). 为减少检验次数，将人群分组，一组人的血样混合在一起化验. 当某组的混合血样呈阴性时，即可不经检验就判定该组每个人的血样都为阴性；而当某组的混合血样呈阳性时，则可判定该组至少有一人血样为阳性，于是需要对这组的每个人再作检验.

(1) 当 p 固定时(如 0.01%，…，0.1%，…，1%，…)如何分组，即多少人一组，可使平均总检验次数最少，与不分组的情况比较.

(2) 当 p 多大时不应分组检验.

(3) 当 p 固定时如何进行二次分组(即把混合血样呈阳性的组再分成小组检验，重复一次分组时的程序).

(4) 讨论其他分组方式，如二分法(人群一分为二，阳性组再一分为二，继续下去)、三分法等.

4. 长江水质的评价和预测(2005 年全国大学生数学建模竞赛 A 题)

水是人类赖以生存的资源，保护水资源就是保护我们自己，对于我国大江大河水资源的保护和治理应是重中之重. 专家们呼吁："以人为本，建设文明和谐社会，改善人与自然的环境，减少污染."

长江是我国第一、世界第三大河流，长江水质的污染程度日趋严重，已引起了相关政府部门和专家们的高度重视. 2004 年 10 月，由全国政协与中国发展研究院联合组成"保护长江万里行"考察团，从长江上游宜宾到下游上海，对沿线 21 个重点城市做了实地考察，揭示了一幅长江污染的真实画面，其污染程度让人触目惊心. 为此，专家们提出"若不及时拯救，长江生态 10 年内将濒临崩溃"(附件 1)，并发出了"拿什么拯救癌变长江"的呼唤(附件 2).

附件 3 给出了长江沿线 17 个观测站(地区)近两年多主要水质指标的检测数据，以及干流上 7 个观测站近一年多的基本数据(站点距离、水流量和水流速). 通常认为一个观测站(地区)的水质污染主要来自于本地区的排污和上游的污水. 一般说来，江河自身对污染物都有一定的自然净化能力，即污染物在水环境中通过物理降解、化学降解和生物降解等使水中污染物的浓度降低. 反映江河自然净化能力的指标称为降解系数. 事实上，长江干流的自然净化能力可以认为是近似均匀的，根据检测可知，主要污染物高锰酸盐指数和氨氮的降解系数通常介于 0.1～0.5 之间，比如可以考虑取 0.2(单位：1/天). 附件 4 是"1995—2004 年长江流域水质报告"给出的主要统计数据. 表 14.8 是国标(GB 3838—2002) 给出的《地表水环境质量标准》中 4 个主要项目标准限值，其中Ⅰ，Ⅱ，Ⅲ类为可饮用水.

请你们研究下列问题：

(1) 对长江近两年多的水质情况做出定量的综合评价，并分析各地区水质的污染状况.

(2) 研究、分析长江干流近一年多主要污染物高锰酸盐指数和氨氮的污染源主要在哪些地区?

(3) 假如不采取更有效的治理措施，依照过去 10 年的主要统计数据，对长江未来水质污染的发展趋势做出预测分析，比如研究未来 10 年的情况.

(4) 根据你的预测分析，如果未来 10 年内每年都要求长江干流的Ⅳ类和Ⅴ类水的比例控制在 20%以内，且没有劣Ⅴ类水，那么每年需要处理多少污水?

(5) 你对解决长江水质污染问题有什么切实可行的建议和意见.

表 14.13 《地表水环境质量标准》(GB 3838—2002)中 4 个主要项目标准限值

单位：mg/L

序号	项目 \ 分类 标准值	Ⅰ类	Ⅱ类	Ⅲ类	Ⅳ类	Ⅴ类	劣Ⅴ类
1	溶解氧(DO)≥	7.5(或饱和率 90%)	6	5	3	2	0
2	高锰酸盐指数(CODMn)≤	2	4	6	10	15	∞
3	氨氮(NH3-N)≤	0.15	0.5	1.0	1.5	2.0	∞
4	PH 值(无量纲)	6～9					

注：附件 1～4 位于压缩文件 A2005Data.rar 中，可从 http://mcm.edu.cn/mcm05/problems2005c.asp 下载.

5. 高等教育学费标准探讨(2008 年全国大学生数学建模竞赛 B 题)

高等教育事关高素质人才培养、国家创新能力增强、和谐社会建设的大局，因此受到党和政府及社会各方面的高度重视和广泛关注.培养质量是高等教育的一个核心指标，不同的学科、专业在设定不同的培养目标后，其质量需要有相应的经费保障.高等教育属于非义务教育，其经费在世界各国都由政府财政拨款、学校自筹、社会捐赠和学费收入等几部分组成.对适合接受高等教育的经济困难的学生，一般可通过贷款和学费减、免、补等方式获得资助，品学兼优者还能享受政府、学校、企业等给予的奖学金.

学费问题涉及每一个大学生及其家庭，是一个敏感而又复杂的问题：过高的学费会使很多学生无力支付，过低的学费又使学校财力不足而无法保证质量.学费问题近来在各种媒体上引起了热烈的讨论.

请你们根据中国国情，收集诸如国家生均拨款、培养费用、家庭收入等相关数据，并据此通过数学建模的方法，就几类学校或专业的学费标准进行定量分析，得出明确、有说服力的结论.数据的收集和分析是你们建模分析的基础和重要组成部分.你们的论文必须观点鲜明、分析有据、结论明确.

最后，根据你们建模分析的结果，给有关部门写一份报告，提出具体建议.

6. 飞机就座问题(2007 年美国大学生数学建模竞赛 B 题)

航空公司允许引领候机乘客以任何次序就座.已经成为惯例的是，首先引领有特殊需要的乘客就座，接着是头等舱的乘客就座(他们坐在飞机的前部)，然后引领经济舱和商务舱的乘客从飞机后排开始向前按照几排一组的方式就座.

从航空公司的角度来看，除了考虑乘客的等候时间外，时间就是金钱，所以登机时间最好要减到最少.飞机只有在飞行的时候才能为航空公司赚钱，而长的登机时间限制了一架飞机一天中可以飞行的次数.

诸如空中客车 A380(可容纳 800 名乘客)大型飞机的开发就更要强调缩短登机(以及下机)时间的问题了.

就乘客人数不同的飞机：小型机(85～210)、中型机(210～330)和大型机(330～800)，设计登机和下机的步骤,并进行比较.

准备一份不超过两页纸(单行距)的实施概要,以便向航空公司业务主管、登机口执法人员以及空、地勤人员阐明你们的结论.

注:两页纸的实施概要应包括竞赛准则所要求的报告.

在2006年11月14日的《纽约时报》上刊登的一篇文章报道了当前登机和下机遵循的步骤,以及航空公司寻求更好的解决方案的重要性.该文可以在如下网址找到:

http://travel2.nytimes.com/2006/11/14/business/14boarding.html

7. 设计环岛(2009年美国大学生数学建模竞赛A题)

许多城市和社区都设有交通环岛——从有几条行车道的(诸如法国巴黎的凯旋门和泰国曼谷的胜利纪念碑处)大型环岛到只有一或两条行车道的小型环岛.有些环岛在每条进入环岛的车道路口设置停车标志或让行标志,给已经驶入环岛的车辆以行车优先权;有的在每条进入环岛的车道路口设置让行标志,给正在驶入环岛的车辆以行车优先权.还有一些在每条进入环岛的车道路口设置交通信号灯(红绿灯,红灯时不能右转弯).还可能有其他的设计.

本问题的目的就是要你们用模型来确定进入环岛、环岛内以及从环岛出去的交通流的最优控制.你们要清楚地叙述为了做出最优选择而在你的模型中用到的目标函数以及影响这种选择的因素.你们的论文还应包括不超过2页2倍行距打印的技术报告,向交通工程师解释这样用你们的模型对任何特定的环岛选择适当的交通流控制方法.即说明应用每种交通流控制方法的条件.如果推荐使用红绿灯的话,则要说明确定绿灯要亮几秒钟(可以按照每天不同的时间以及其他因素而变化)的方法.说明你们的模型怎样能用来解决一些特殊的环岛实例.

参考文献

[1] 姜启源,张立平,何青,高立.数学实验.第2版.北京:高等教育出版社,2006

[2] 姜启源,谢金星,叶俊.数学模型.第3版.北京:高等教育出版社,2003

[3] Huntley I D, James D J G. Mathematical Modelling: A Source Book of Case Studies. London: Oxford University Press, 1990

[4] 李军,徐玖平.运筹学——非线性系统优化.北京:科学出版社,2003

[5] Z. Wang, W. Xing. Performance of service policies in a specialized service system with parallel servers. Annals of Operation Research, 2008, 159:451-460

[6] Z. Wang, W. Xing, B. Chen. On-line service scheduling. Journal of Scheduling, 2009,12: 31-43

[7] Z. Wang, W. Xing. Worst-case analysis for on-line service policies. Journal of Combinatorial Optimization, 2010, 19:107-122

部分实验练习的参考答案

实验 2

2.（1）商品的价格 $c=\alpha w+\beta w^{2/3}+\gamma$（$\alpha,\beta,\gamma$ 为大于 0 的常数）.

（2）单位重量价格 $c=\alpha+\beta w^{-1/3}+\gamma w^{-1}$，$c$ 是 w 的减函数，且曲线是下凸的，实际意义从略.

3.（1）将时间分为 3 段：1790—1880 年平均增长率为 2.83%/年；1890—1960 年平均增长率为 1.53%/年；1970—2000 年平均增长率为 1.12%/年. 3 段模型为（1790 年为 $t=0$，1800 年为 $t=1,2,\cdots$）：$x_1(t)=3.9\mathrm{e}^{0.283t}$（$t=0,1,2,\cdots,10$），$x_2(t)=x_1(10)\mathrm{e}^{0.153(t-10)}$（$t=11,12,\cdots,18$），$x_3(t)=x_2(18)\mathrm{e}^{0.112(t-18)}$（$t=19,20,21$）.

（2）可以用实际增长率数据中前 5 个的平均值作为固有增长率 r，取某些专家的估计 400（百万）为最大容量 x_m，以 1790 年的实际人口为 x_0，模型为（24）式.

4. 注意到 $t=t_0$ 时 $x=x_m/2$ 即得，且 $t_0=\dfrac{1}{r}\ln\dfrac{x_m-x_0}{x_0}$.

5. $\dfrac{\mathrm{d}x}{\mathrm{d}t}=r(x_m-x)$，$r$ 为比例系数，$x(0)=x_0$，解为 $x(t)=x_m-(x_m-x_0)\mathrm{e}^{-rt}$（图略）.

6. 鱼的重量 $w=k_1l^3$，其中 l 为身长，k_1 为比例系数；或者 $w=k_2d^2l$，其中 d 为胸围，k_2 为比例系数. 利用数据估计系数可得 $k_1=0.0146$，$k_2=0.0322$.

7. 淋雨量

$$Q(v)=\frac{\lambda}{v}(|u_x-v|+a|u_y|+b|u_z|)=\begin{cases}\lambda\left(\dfrac{q+u_x}{v}-1\right), & v\leqslant u_x,\\[2ex] \lambda\left(\dfrac{q-u_x}{v}+1\right), & v>u_x.\end{cases}$$

其中 $q=a|u_y|+b|u_z|$，图从略.

8.（1）$f(t)$ 的图形以 $\left(\dfrac{1}{2},\dfrac{1}{2}\right)$ 为中心对称. 图从略.

（2）甲公司利润为 $p(x)=\alpha f\left(\dfrac{x}{x+y}\right)-x$，$\alpha$ 是常数. 求 $p(x)$ 最大值点有多种图解法.

9. 重建方程 $x_{k+2}-x_0=\beta\left(\frac{y_{k+1}+y_k}{2}-y_0\right)$，与原方程构成 $2x_{k+2}+\alpha\beta x_{k+1}+\alpha\beta x_k=2(1+\alpha\beta)x_0$，特征根为 $\lambda_{1,2}=\frac{-\alpha\beta\pm\sqrt{(\alpha\beta)^2-8\alpha\beta}}{4}$，得 $|\lambda_{1,2}|=\sqrt{\alpha\beta/2}$，经济稳定条件 $\alpha\beta<2$，与实验1的 $\alpha\beta<1$ 相比，α,β 的范围放大，这是生产者的管理水平和素质提高，对经济稳定起着有利影响的必然结果.

10. 基于【提示】的分析可假设：刹车距离 d 等于反应距离 d_1 与制动距离 d_2 之和；d_1 与车速 v 成正比；刹车时使用最大制动力 F，F 做的功等于汽车动能的改变，且 F 与车的质量 m 成正比. 于是 $d_1=k_1v$，k_1 为反应时间；$Fd_2=mv^2/2$. 又 $F\propto m$，所以 $d_2=k_2v^2$，k_2 为比例系数；$d=k_1v+k_2v^2$. 为了用表中数据估计 k_1,k_2，先将车速的单位化成 m/s，得到的结果为 $k_1=0.6522$，$k_2=0.0853$. 可以计算数值和作图，对模型结果与测量数据作比较.

实验 3

2. 总体比较选 4,9,16 三点.

3. 梯形公式结果为 1.37298000000000；辛普森公式结果为 1.37426666666667；精确值为 1.37486642915263.

5. 提示：计算单位圆的面积，$\int_0^\infty e^{-x^2}\,dx$，$\int_0^1 \frac{1}{1+x^2}\,dx$ 等.

6. 平均值为 0.0285.

8. $N=3$ 即可，结果为 0.1097.

9. 取 0.01，结果为 1.4081，精度满足要求.

10. 面积为 11.34.

11. 42415.632km² (分段线性插值，辛普森积分公式)；42468.331km² (三次样条插值，辛普森积分公式).

12. 12671(三次样条插值)；12992(分段线性插值).

实验 4

1. 数值微分，用三点公式(用水量：m³/h).

255.2544　294.5243　647.9535　863.9380　785.3982　765.7632

706.8583　824.6681　805.0331　687.2234　667.5884　589.0486

3. 引擎关闭瞬间(前)火箭的高度为 12.2km，速度为 267.2m/s，加速度为 0.91m/s²；火箭到达最高点时的高度为 13.1km，加速度为 −9.8m/s².

4. (1) 约 274s，2min 时的高度为 0.9434m.

5. (1) 圆桶只受重力 G、浮力 F 及阻力 f 的作用，设其下降速度为 v，阻力与下沉速度比系数为 b，m 为桶质量，则 $\frac{dv}{dt}=\frac{G-F-f}{m}=\frac{G-F-bv}{m}$，其中，$G=mg$，$g$ 为重力加速度.

（2）解析求解：$v=\frac{1}{b}(G-F-\mathrm{e}^{-b(t/m+c)})$，其中 c 由初始条件确定.工程师们赢得了这场官司.

6.（1）
$$\begin{pmatrix}\dfrac{\mathrm{d}y}{\mathrm{d}t}\\ \dfrac{\mathrm{d}x}{\mathrm{d}t}\end{pmatrix}=\begin{pmatrix}\dfrac{-v_2 y}{\sqrt{y^2+x^2}}\\ v_1-\dfrac{v_2 x}{\sqrt{y^2+x^2}}\end{pmatrix}.$$

（2）第67s小船到达 B 点.

（3）当 $v_1=0\mathrm{m/s}$ 时，小船用50s到达 B 点；当 $v_1=0.5\mathrm{m/s}$ 时，小船用53.5s到达 B 点；当 $v_1=1.5\mathrm{m/s}$ 时，小船用114.5s到达 B 点；当 $v_1=2\mathrm{m/s}$ 时，小船不能到达 B 点.

9.（1）当 t 充分大时，x 与 y 数量悬殊变大，最终竞争的结果是一方灭绝，一方繁荣.

（3）说明当 s_1,s_2 均处于同一水平段时(小于1)，两物种竞争激烈程度加剧，没有一方有绝对的优势；s_1,s_2 都大于1时，竞争中有一方具有绝对优势.

实验 5

1.（1）$\boldsymbol{x}=(1,1,\cdots,1)^{\mathrm{T}}$.

（2）随 n 和 ε 的增大，希尔伯特矩阵逐渐显出明显的病态性质，而对范德蒙矩阵，$\boldsymbol{A}$ 和 $\boldsymbol{b}$ 的微小扰动对解的影响相对较小.

（3）计算得到的误差明显小于用条件数估计的误差.

2.（1）两种方法都不收敛.

（2）都收敛于(−0.0984，−1.1639，0.5574).

（3）雅可比迭代法不收敛，高斯-赛德尔迭代法收敛于(−0.3658，−0.5132，0.9421).

3.（1）高斯-赛德尔迭代向量收敛的速度快于雅可比迭代.

（2）收敛性与初始向量和 $\boldsymbol{b}$ 无关，都收敛.对角线的数越大，收敛越快.

4. $\boldsymbol{x}=(61.5030,64.0030,67.0782,\cdots,521.6898,546.5862,572.6707)$.

5.（1）$x=139.2801\quad 267.6056\quad 208.1377$；

（2）当农业的需求增加1个单位时，农业、制造业和服务业的总产出应分别增加1.3459，0.5634，0.4382单位.其余类似.

6. 各反应器的浓度：(11.5094，11.5094，19.0566，16.9983，11.5094).

7. $(I_1, I_2, \cdots, I_{10})=(2.0005, 1.3344, 0.8907, 0.5955, 0.3995, 0.2702, 0.1858, 0.1324, 0.1011, 0.0867)$，$I_0=5.9970$.

8.
$$F_1\sin\frac{\pi}{6}+F_3\sin\frac{\pi}{3}=100,$$
$$F_1\cos\frac{\pi}{6}-F_3\cos\frac{\pi}{3}=0,$$

$$-F_1\sin\frac{\pi}{6}+V_2=0,$$

$$-F_1\cos\frac{\pi}{6}-F_2+H_2=0,$$

$$-F_3\sin\frac{\pi}{3}+V_3=0,$$

$$F_2+F_3\cos\frac{\pi}{3}=0,$$

$(F_1,F_2,F_3,H_2,V_2,V_3)=(50.0000,-43.3013,86.6025,0,25.0000,75.0000)$，其中，$F_2$ 与 H_2 反方向.

9. (2) (8481.0, 2892.4, 1335.4, 601.3, 140.5).

(3) (10981.0, 3892.4, 1835.4,601.3,−259.5).

10. $w=1.25$ 时，SOR 迭代法收敛的最快.

实验 6

3. (1) 月利率为 0.22%.

(2) 第一方案年利率 $x=0.0731$，第二方案年利率 $x=0.0639$，故第二种方式较优惠.

4. $V=10$ 时，$x=1.7166$；$V=50$ 时，$x=1.1447$；$V=100$ 时，$x=0.5955$.

5. $\alpha=0.4329$(即 24.80°).

6. 可能的情况：

(1) 0.0%	58.6%	41.4%	0.0%	71.951°;
(2) 0.0%	78.0%	0.00%	22.0%	76.946°;
(3) 62.4%	37.6%	0.0%	0.0%	58.129°.

7. 分叉点：7.3890,12.5117,14.2442,14.6528；符合 Feigenbaum 常数规律.

8. 考虑期望价格非负分叉点：1.0769, 0.9065, 0.8968, 0.8685；非负部分符合 Feigenbaum 常数规律.

9. 建立非线性差分模型

$$\begin{cases} x_{k+1}-x_k=r\left(1-\dfrac{x_k}{N}\right)x_k-ax_ky_k, \\ y_{k+1}=bx_ky_k. \end{cases}$$

k 充分大以后 x_k,y_k 呈略有衰减的振荡趋势，x_k,y_k 分别在 50 和 30 附近振荡(k 取 1000，2000，…，这个趋势看得更清楚). 在该差分方程组中令 $x_k=x_{k+1}=x,y_k=y_{k+1}=y$，得到 3 个平衡点：$(x,y)=(0,0),(N,0),\left(\dfrac{1}{b},\dfrac{r}{a}\left(1-\dfrac{1}{bN}\right)\right)$. 显然，只有第 3 个才是寄主——寄生物共存的平衡点，将所给参数代入可知这个平衡点正是 $(x,y)=(50,30)$.

实验 7

1. (1)(3,2); (3.5844, −1.8481). (2)(0.2858,0.2794); (−21.0267, −36.7601).

(3)(0,0,0,0).(4)(1,0,0).

2. (1)$x_1=0$ 或 $x_2=0$ 或 $x_1=1$.(2)(0,0).(3)(1.7954,1.3779).(4)(2.6071,3.8143);(3.9060,3.9875).

3. 提示：一个电阻 R 消耗的功率为 I^2R，其中 I 为电阻 R 上的电流.

4. (3.5833,1.8417).

5. 提示：设第一个点为(0,0),然后设对应的点为 x_i, y_i,求

$$\sum_{i,j}[(x_i-x_j)^2+(y_i-y_j)^2-d_{ij}^2]^2$$

达到最小的解即可.

6. $\boldsymbol{x}$ = (3.6984e − 001, 1.4909e + 000, − 1.0165e + 000, 1.1693e − 002, 2.4890e−002)。

7. $a=0.9902$, $\alpha=0.7824$, $\beta=0.6391$.

8. $b=46.8$, $k=3.62$, $k_1=0.28$.

实验 8

1. (1) 基解是(0,0.4,1.8),(0.5,0,1.5)和(3,−2,0);基本可行解是(0,0.4,1.8),(0.5,0,1.5);最大值是 3.5,相应的最大点是(0.5,0,1.5);两个约束为有效约束;最小值是 2.2,相应的最小点是(0,0.4,1.8);两个约束为有效约束.

(2) 基解为:(−1.5000,4.2500,−3.7500),(−0.4286,1.5714,0),(1,3,0),(6,−7,0),(0.2,0,2.2),(7,0,9),(1.3333,0,−2.3333),(−2,0,0),(0,0,−5),(0.75,0,0),(2.5,0,0),(0,0.5,1.5),(0,3.5,−1.5),(0,2,−3),(0,2,0),(0,5,0),(0,1,0),(0,0,2),(0,0,3),(0,0,0).

基本可行解为:(1,3,0),(0.2,0,2.2),(7,0,9),(0,0.5,1.5),(0,2,0),(0,5,0),(0,0,3).

最大点和最大值为(0,5,0),10.

最小点和最小值为(7,0,9),−30.

4. $n=2$ 时最小值为−0.5;$n=10$ 时,最小值为−1.00;$n=50$ 时,最小值为−1.00.

5. 原有能力配水:

A 水库为乙区送水 50kt;

B 水库为乙区送水 50kt,为丁区送水 10kt;

C 水库为甲区送水 40kt,为丙区送水 10kt.

获利 47600 元.

增加能力后配水:

A 水库为乙区送水 100kt;

B 水库为甲区送水 30kt,为乙区送水 40kt,为丁区送水 50kt;

C水库为甲区送水50kt,为丙区送水30kt.

获利88700元.

6. (1) 用于购买A,B,C,D,E的资金分别为218.1818,0,736.3636,0,45.4545(万元).利润为29.8364万元.

(2) 用于购买A,B,C,D,E的资金分别为240,0,810,0,50(万元).借资金100万元,利润为30.0700万元.

(3) 若证券A的税前收益增加为4.5%,投资不改变,利润为30.2727万元.若证券C的税前收益减少为4.8%,购买A,B,C,D,E的资金分别为336,0,0,648,16(万元),利润为29.4240万元,投资变化.

8. (1) 最小总费用为500万元.

(2) 最小总费用为189万元.

9. 每周普通品牌生产5454.54kg,豪华品牌生产0kg,蓝带品牌生产6666.66kg;每周购入杏仁2000kg,核桃仁4000kg,腰果仁3121.21kg,胡桃仁3000kg.设普通品牌中使用杏仁0kg,核桃仁1363.63kg,腰果仁1090.90kg,胡桃仁3000kg;蓝带品牌中使用杏仁2000kg,核桃仁2636.36kg,腰果仁2030.30kg,胡桃仁4132.96kg.

10. (1) 近似模型结果为500万元(精确模型结果为489.5万元).

(2) 近似模型结果为189万元(精确模型结果为183.3万元).

实验9

1. (1) 最优值 −7.103154321995465e+002;(2)最优值 −6.867754142403628e+003.

2. (1) 全局极小为 $\boldsymbol{x}=6.3257, z=-443.6717$.

(2) 全局极小为 $\boldsymbol{x}=(2.0000, 0.1058), z=-2.0218$.

(3) 全局极小为 $\boldsymbol{x}=(2.3295, 3.1785), z=-5.5080$

(4) 全局极小为 $\boldsymbol{x}=(5.0000, -1.1147, 0.0351, 1.9444, 5.0000), z=-201.2199$

(5) 全局极小为 $\boldsymbol{x}=(5,1,5,0,5,10), z=-310$

3. 初值为(−3,−1,−3,−1)时

(1) $\boldsymbol{x}=(1\ 1\ 1\ 1) \quad f=0$

(2) $\boldsymbol{x}=(1.4206\ -0.1888\ -1.4394\ 2.0813) \quad f=493.80$

(3) $\boldsymbol{x}=(1.7748\ -1.7748\ 1.4276\ -3.5582) \quad f=5782.6$

初值为(3,1,3,1)时

(1) $\boldsymbol{x}=(1\ 1\ 1\ 1) \quad f=0$

(2) $\boldsymbol{x}=(1.4200, -0.1904, 1.4661, 2.1511) \quad f=487.99$

(3) $\boldsymbol{x}=(-2.2377, 2.2377, 1.1946, -2.6747) \quad f=2353.7$

选用其他初值计算出的最优解:

(1) $\boldsymbol{x}$=(1 1 1 1)　f=0

(2) $\boldsymbol{x}$=(－1.1082,1.2372,0.8804,0.7745)　f=4.4898

(3) $\boldsymbol{x}$=(－1.3982,1.3982,－2.0350,4.0218)　f=164.90

4.(1) 最大利润为40万元;

(2) 最大利润为60万元;

(3) 最大利润为75万元(针对产品A的最大市场需求量增长为600t的情况).

5. 按1Ω，4Ω,6Ω,12Ω,3Ω的顺序流过的电流是:

371.3846,338.6154,163.8462,207.5385,502.4615.

总功率：1.0160e+006.

6.(1) R_1,R_2,R_3,R_4 分别为0.5,0.3333,0.25,0.1111时,总功率最小,为72;

(2) R_1,R_2,R_3,R_4 分别为3.000,3.000,3.000,0.667时,有最小总功率60.

7. 两个均是高为2m的正方形围墙,边长分别为343.38m和31.62m.

三角形时：两个均是高为2m的正三角形围墙,边长分别为48.6m和451.94m.

8. 股票A,B,C的投资比例近似为53%，36%，11%.

(1) 年收益率变化时的几个关键点是8.9%，9.4%，21.89%，在这些点上投资股票的品种组合将发生变化，而不仅仅是比例上的变化.

(2) 股票A,B,C,国库券的投资比例近似为9%，43%，14%，34%.

(3) 买入少量股票A(使比例达到52.6)，卖出少量股票C(使比例达到12.3)，不改变股票B的持股情况.(由于交易费的存在，持股比例之和略小于100%)

实验10

1.(1) 解为(5，4),目标值为71.

(2) 解为(4，2),目标值为340.

2.(1) 解为(2,2,3,3),目标值为－1.

(2) 解为(10,0,0,0),目标值为50.

3. 解为(1,1,1,－1),目标值为20.

4.最大利润为170元,此时选择订单4,5,7,8,其余订单均不选择.

5. 所用时间最短为70(单位).第1人完成第2项工作,第2人完成第1项工作,第3人完成第3项工作,第4人完成第4项工作.

6. 10城市:

工人2指派给城市1,工人7指派给城市2,工人4指派给城市3,工人9指派给城市4,工人8指派给城市5,工人5指派给城市6,工人6指派给城市7,工人3指派给城市8,工人1指派给城市9,工人10指派给城市10时,可取得最小费用：每月1142.00元.

5城市:

第1人被派往城市4,第2人被派往城市1,第3人被派往城市3,第4人被派往城市5,

第5人被派往城市2.最小通话费用为341元.

7. 选定大学生量为29和21的城市,向相邻的大学生量为56和71的城市供货,目标值为177.

8. (1) 可雇佣半时服务员3个

雇佣7个全时服务员,其中2个在12:00～13:00用午餐,5个在13:00～14:00用午餐.雇佣半时服务员3个,分别在10:00时,11:00时,下午1:00时开始上班.每天所付费用最少为820元.

(2) 不能雇佣半时服务员

至少11名全员雇员,费用至少1100元.

(3) 雇佣半时服务员无限制

共雇佣半时服务员14个,9:00时开始工作的4个,12:00时开始工作的2个,1:00时开始工作的3个,2:00时开始工作的5个.一共花费560元.

9. 购买A原油1000t,全部用于生产乙种汽油,可获得最大利润500万元.

10. 应该新购Ⅱ型拉丝机和联合机,而不改造原有塑包机.具体计划:用原有Ⅰ型拉丝机生产规格1时间为3061.2h;用原有Ⅰ型拉丝机生产规格2时间为2551h;用联合机生产规格1时间为6443h,生产规格2时间为6872h,不用任何塑包机.总费用57.4万元.

11. 没有正确结论.

12. 第2种模型冲压次数为4.0125万次,第3种模型冲压次数为0.375万次,第4种模型冲压次数为2.000万次.净利润4298元.

实验11

1. (1) 0.9916;　(2) 0.8904;　(3) 97.

2. 14.7350(均值),0.3329(标准差),0.1108(方差),1.2000(极差).

3. 均值、标准差、极差、偏度、峰度分别为:80.1000,9.7106,44,−0.4682,3.1529.

4. 由于有随机波动,小数点后取两位数字:

(1) 0.69;　(2) −29.74;　(3) 2.96;　(4) 0.95.

5. 近似0.7.

6. 体积约为3.14.

7. 报童每天购进1968份报纸可获得最大利润.

8. 提示:假设c为每个灯泡的回收价格,则目标函数为

$$h(T)=\frac{Ka+Kb\int_{-\infty}^{T}(T-x)p(x)\mathrm{d}x-Kc\int_{T}^{\infty}p(x)\mathrm{d}(x)}{T}.$$

9. (1) $m=2.33$m;　(2) $m=2.35$m.

实验 12

2. (2) 假设检验 $\alpha=0.05$.

1 月份汽油的价格可以说是 115 美分/gal,置信区间是[113.3388 ,116.9612];

2 月份的汽油价格不是 115 美分/gal,置信区间是[119.0129 ,122.4871].

(3) 提示：如果将 1 月、2 月对应数据看成同一个加油的数据,则价格差为 5.6 美分,置信区间为[3.0393 ,8.1607];如果认为 1 月、2 月的数据完全随机,不能简单采用 1 月、2 月对应数据的差作为新的数据.用两总体的 t 分布检验.

3. (2) 服从正态分布.

4. 假设检验 $\alpha=0.05$.

检验 $\mu_1=\mu_2$,均值不相等;

检验 $\mu_1\leqslant\mu_2$,接受假设;

检验 $\mu_1\geqslant\mu_2$,拒绝假设.

5. 乙方应该接受.为了不接受这批产品,可以通过将置信概率修改为 0.8271 以下,或将合格率升高至 92.23%或以上,或将抽检数提高到 155 件或以上.

6. (1) 符合正态分布.

(2)

项　　目	身高/cm	体重/kg
均值点估计	170.2500	61.2700
均值区间估计	[169.1728,171.3272]	[59.8954,62.6446]
标准差估计	5.4018	6.8929
标准差区间估计	[4.7428,6.2751]	[6.0520,8.0073]

(3) 身高有较明显的变化,体重没有明显变化.

7. 从全部数据来看,胃溃疡病人和正常人的溶菌酶含量有显著差别,若去掉错误数据后,二者无显著差别.

8. 两次测验难度不相同.

提示：本题两组数据不能视为两个独立的样本.

9. 不相同.

10. 提示：因为中国的样本容量非常大(20 万),平均分配到每个年龄组也有 1 万以上,日本的数据没有具体给出样本量.所以,本题的关键是样本容量的设定.样本的容量越大,数据的均值和方差越接近真实母体的均值和方差.当每一组数据设定样本容量为 5000 时,用两个母体的 t 检验的结果为(显著水平 0.05):

结果＼年龄	7	8	9	10	11	12	13	14	15	16	17	18
男性	有	有	有	有	无	有	有	无	无	无	无	有
女性	有	有	有	无	无	有	有	有	有	有	有	有

不同的容量会得到不同的结果.

实验 13

1. 模型为 $x=29.5455-0.3291t$（x 为刀具厚度，t 为时间），检验通过. $x(7.5)=27.0773$，两种办法计算的预测区间分别为 [25.9974, 28.1571] 和 [26.2039, 27.9506]；$x(15)=24.6091$，预测区间分别为 [23.1836, 26.0346] 和 [23.7358, 25.4824].

2. 模型为 $y=83.2116+1.2985x_1+2.3372x_2$（$y$ 为收入，x_1 为电视广告费，x_2 为报纸广告费），检验通过. 有一个异常点，去掉后 $y=81.4881+1.2877x_1+2.9766x_2$，检验效果更好.

3. (1) 记 y 为身高，x 为年龄，高蛋白食物组 $y=50.5224+15.8976x$，低蛋白食物组 $y=50.7934+9.1884x$.

(2) 根据计算结果(15.897 和 9.1884)，利用 $\hat{\beta}_1$ 的性质检验，有显著影响.

4. 记 y 为睡眠时间，x 为年龄，$y=646.6229-14.0416x$，检验通过. $y(10)=506.2071$，预测区间为 [480.4448, 531.9695].

5. 模型是 $y=-34.0725+1.2239x_1+4.3989x_2$；两个异常点去掉后为 $y=-35.7095+1.6023x_1+3.3926x_2$.

6. (1) 记 y 为磨损量，x 为转速，两种办法得到的模型均为 $y=-6.7500+0.2779x$，但是用原始数据的模型系数的置信区间小得多.

(2) 二次函数模型为 $y=63.2143-0.7060x+0.0033x^2$，情况与(1)相同.

7. (1) $y=83.4438-5.6682x_3$.

(2) $y=90.8529-0.1870x_1-5.4671x_3$.

(3) $y=118.0135-0.3254x_1-4.5694x_3-0.1561x_5$.

(4) 有两个异常点.

8. (1) $y_1=90.1814-27.6588x_1-3.2283x_2$，$y_2=24.5471-4.6285x_1-1.4360x_2$.

(2) 普通型：$x_3=0$；豪华型：$x_3=1$，$y=64.5753-16.1436x_1-2.3322x_2-14.4222x_3$.

(3) 两种类型残差散点图的趋势不同，表明 x_1，x_2 与 x_3 有交互作用.

(4) 模型为

$$y=84.9940-19.0370x_1-6.8094x_2-65.6343x_3+0.2706x_2^2+23.0304x_1x_3+1.7923x_2x_3.$$

9. (1) 模型为 $y=-12.7400+26.3000x_1+3.0867x_2$，中等搅拌程度的残差与其他的不同.

(2) 搅拌程度表示为：弱—$(x_1,x_2)=(0,0)$，中—$(x_1,x_2)=(0,1)$，强—$(x_1,x_2)=(1,0)$，洗衣粉用量为 x_3，模型为 $y=10.6867+52.6000x_1+34.9200x_2+3.0867x_3$.

(3) 有一点改进.

10. 模型为

$$y=-62.3489+0.8396x_1+0.0371x_1^2+5.6846x_2,$$

或

$$y=-65.3856+1.0172x_1+0.0358x_1^2+5.2171x_2+0.1662x_2^2-0.0196x_1x_2.$$

11. 记 y, x_1, x_2, x_3 依次为病痛减轻的时间、用药的剂量、性别和血压组别,模型为

$y=43.3742-6.9834x_1+43.6765x_3+0.5111x_1^2+0.9551x_1x_2-7.5294x_1x_3$.

12. $\beta_1=160.2802$, $\beta_2=0.0477$, $\gamma_1=52.4035$, $\gamma_2=0.0164$, γ_2 的置信区间含零点,令 $\gamma_2=0$ 后得 $\beta_1=166.6025$, $\beta_2=0.0580$, $\gamma_1=4200252$.

13. (1) $a=7.9781$, $k=0.3016$.

(2) $L=3260.42$, $a=30.5350$, $k=0.4148$.

(3) $L=4810.076$, $b=4.592$, $k=0.17478$.

自我检查题

第1组题

一、已知常微分方程初值问题

$$y' = y + 2x, \quad y(0) = 1.$$

试用数值方法求 $y(0.6)=$ ________（保留小数点后5位）. 你用的 MATLAB 命令是________.

二、已知线性代数方程组 $\boldsymbol{Ax}=\boldsymbol{b}$，其中

$$\boldsymbol{A} = \begin{bmatrix} 3 & a \\ a & 3 \end{bmatrix}, \quad \boldsymbol{x} = \begin{bmatrix} x_1 \\ x_2 \end{bmatrix}, \quad \boldsymbol{b} = \begin{bmatrix} 1 \\ 2 \end{bmatrix},$$

用迭代收敛的充要条件，求出使 Jacobi 迭代法收敛的 a 的取值范围________；当 $a=-1.5$ 时，若线性方程组右端项有小扰动 $\delta\boldsymbol{b}=[0,0.01]^{\mathrm{T}}$，试根据误差估计式估计 $\frac{\|\delta\boldsymbol{x}\|_\infty}{\|\boldsymbol{x}\|_\infty} \leqslant$ ________（$\boldsymbol{x}$,$\delta\boldsymbol{x}$ 分别表示原问题的解和右端项小扰动后对应的解的变化量）；取 $a=2$，用迭代公式 $\boldsymbol{x}_{k+1}=\boldsymbol{x}_k+\beta(\boldsymbol{Ax}_k-\boldsymbol{b})$ 求解 $\boldsymbol{Ax}=\boldsymbol{b}$ 时，此迭代方法收敛当且仅当 β 的取值范围是________.

三、已知非线性方程 $f(x)=\int_{-3}^{x}[\sin(t)+0.25]\mathrm{d}t=0$. 该方程在 $[0,2]$ 内有几个根________；取初值 $x_0=0.8$，在满足 $|x_{k+1}-x_k|\leqslant 10^{-5}$ 的条件下，试用迭代公式 $x_{k+1}=\arccos[0.25x_k+\cos(3)+0.75]$ 求该方程在 $[0,2]$ 内的根 $x^*=$ ________，所需迭代次数是________步，该迭代方法是________阶收敛的.

四、已知一组数据：

x	0	20	40	60	80	100
y	6.5	27.6	33.6	57.1	83.4	116.8

用梯形公式求 x 在 $[0,100]$ 内 y 的数值积分为________. 试用表中数据拟合函数 $f(x)=ax^2+bx$ 得到 $a=$ ________，$b=$ ________. 用辛普森公式求积分 $\int_1^3 \mathrm{e}^{f(x)}\mathrm{d}x=$ ________（设绝对误差为 10^{-6}）.

五、某厂用甲、乙两种液体原料混合生产一种饮料，经实验知道，生产一桶该饮料的费用 y(元)主要取决于原料甲的含量 x_1（盎司）和原料乙的含量 x_2（盎司），并得到以下数据：

y	105	150	128	146	131	129	161	138
x_1	13.2	21.9	20.0	16.0	18.4	20.7	20.8	15.0
x_2	15.0	20.9	13.7	24.0	17.8	14.1	25.0	24.9

（1）根据表中数据，在显著性水平为 0.05 情况下，以剩余标准差最小为基准，确定生产该饮料的费用 y 与原料甲的含量 x_1 和原料乙的含量 x_2 之间的多元二项式函数关系.

（2）根据表中数据，针对(1)中给出的回归模型，回答在显著性水平为 0.05 情况下有无异常数据.若有，请指出第几个点为异常数据，并给出去掉该异常数据后的改进模型.

（3）在显著性水平为 0.05 情况下，对(2)中得到的改进模型的有效性进行假设检验，并回答此模型是否可用？

（4）在由(2)所得模型的基础上投入正式生产.已知每盎司甲含 0.25 盎司糖和 4mg 维生素 C，每盎司乙含 0.5 盎司糖和 2mg 维生素 C.要求含甲和乙原料共 10 盎司一桶的混合饮料最多含 4 盎司糖，最少含 25mg 维生素 C.

① 求甲、乙两种原料的含量 x_1,x_2，使配制一桶饮料的费用 y 最低，并回答最低费用为多少？

② 根据消费者需求降低饮料中的含糖量就需要增加生产费用.若使配制的 10 盎司一桶的混合饮料中最多含 3 盎司糖，回答最少增加多少生产费用？

注：10z(盎司)＝28.3495g.

第 1 组题答案

一、2.26633(2.26636)；ode23(ode45).

二、$-3<\alpha<3$；　0.0150；　$-\frac{2}{5}<\beta<0$.

三、1 个根；1.4484；迭代 9 次；1 阶收敛.

四、5267；$a=0.0038,b=0.7690$；10.4644(或 10.4666).

五、(1) 线性模型的剩余标准差 2.9218(其他三种模型 3.0239，3.1704，3.5659)最小，故生产该饮料的费用 y 与原料甲的含量 x_1 和原料乙的含量 x_2 之间的关系是线性的，即 $y=3.3897x_1+2.8483x_2+18.8093$.

(2) 针对此线性模型，有 1 个异常数据(第 4 个)，去掉后得到的模型为 $y=3.5798x_1+2.6779x_2+17.8218$.

(3) 对模型有效性的假设检验为 $H_0:\beta_1=0,H_1:\beta_1\neq0$；$H_0:\beta_2=0,H_1:\beta_2\neq0$.由其置信

区间[2.9746,4.1850]和[2.2731,3.0827]均不含零点可以看出都是拒绝原假设,接受备选假设,因此该模型有效.又因为 $R^2=0.9936$,$F=310.9813$,$p=0.0000<\alpha=0.05$,故该模型完全可用.

(4) ① 这是一个线性规划,模型为:

$$\begin{aligned}\min\ & 3.5798x_1+2.6779x_2+17.8218\\ \text{s.t.}\ & 0.25x_1+0.5x_2\leqslant 4,\\ & 4x_1+2x_2\geqslant 25,\\ & x_1+x_2=10,\\ & x_1,x_2\geqslant 0.\end{aligned}$$

用甲液体原料4盎司和乙液体原料6盎司配制一桶饮料费用最低,为48.2083元.

② 由第一个约束的Lagrange乘子可知,最少增加的生产费用为3.6076元.

第2组题

一、A工人5天的生产能力数据和B工人4天的生产能力数据如下:

A:87　85　80　86　80　　B:87　90　87　84

要检验:A的生产能力不低于85,你作的零假设是________,用的MATLAB命令是________,检验结果是________.要检验:A工人和B工人的生产能力相同,你作的零假设是________,用的MATLAB命令是________,检验结果是________.作以上检验的前提是________.

二、用电压 $V=14\text{V}$ 的电池给电容器充电,电容器上 t 时刻的电压满足:

$$\nu(t)=V-(V-V_0)\exp\left(-\frac{t}{\tau}\right),$$

其中 V_0 是电容器的初始电压,τ 是充电常数.试用下列数据确定 V_0 和 τ.

t/s	0.3	0.5	1.0	2.0	4.0	7.0
$v(t)$	5.6873	6.1434	7.1633	8.8626	11.0328	12.6962

你用的方法是________,结果是 $V_0=$________,$\tau=$________.

三、小型火箭初始质量为900kg,其中包括600kg燃料.火箭竖直向上发射时燃料以15kg/s的速率燃烧掉,由此产生30000N的恒定推力.当燃料用尽时引擎关闭.设火箭上升的整个过程中,空气阻力与速度平方成正比,比例系数为0.4(kg/m).重力加速度取 9.8m/s^2.

(1) 建立火箭升空过程的数学模型(微分方程);

(2) 求引擎关闭瞬间火箭的高度、速度、加速度,及火箭到达最高点的时间和高度.

四、种群的数量(为方便起见以下指雌性)因繁殖而增加,因自然死亡和人工捕获而减少. 记 $x_k(t)$ 为第 t 年初 k 岁(指满 $k-1$ 岁,未满 k 岁,下同)的种群数量,b_k 为 k 岁种群的繁殖率(1 年内每个个体繁殖的数量),d_k 为 k 岁种群的死亡率(1 年内死亡数量占总量的比例),h_k 为 k 岁种群的捕获量(1 年内的捕获量). 今设某种群最高年龄为 5 岁(不妨认为在年初将 5 岁个体全部捕获),$b_1=b_2=b_5=0, b_3=2, b_4=4, d_1=d_2=0.3, d_3=d_4=0.2, h_1=400, h_2=200, h_3=150, h_4=100$.

(1) 建立 $x_k(t+1)$ 与 $x_k(t)$ 的关系($k=1,2,\cdots,5, t=0,1,\cdots$),如 $x_2(t+1)=x_1(t)-d_1x_1(t)-h_1$. 为简单起见,繁殖量都按年初的种群数量 $x_k(t)$ 计算,不考虑死亡率.

(2) 用向量 $\boldsymbol{x}(t)=(x_1(t),x_2(t),\cdots,x_5(t))^{\mathrm{T}}$ 表示 t 年初的种群数量,用 b_k 和 d_k 定义适当的矩阵 $\boldsymbol{L}$,用 h_k 定义适当的向量 $\boldsymbol{h}$,将上述关系表成 $\boldsymbol{x}(t+1)=\boldsymbol{L}\boldsymbol{x}(t)-\boldsymbol{h}$ 的形式.

(3) 设 $t=0$ 种群各年龄的数量均为 1000,求 $t=1$ 种群各年龄的数量. 又问设定的捕获量能持续几年.

(4) 种群各年龄的数量等于多少,种群数量 $\boldsymbol{x}(t)$ 才能不随时间 t 改变.

(5) 记(4)的结果为向量 $\boldsymbol{x}^*$,给 $\boldsymbol{x}^*$ 以小的扰动作为 $\boldsymbol{x}(0)$,观察随着 t 的增加 $\boldsymbol{x}(t)$ 是否趋于 $\boldsymbol{x}^*$,分析产生这个现象的原因.

第 2 组题答案

一、$H_0: \mu_0 \geqslant 85$, ttest(x,85,0.05,-1),接受(拒绝)H_0,H_0: $\mu_1=\mu_2$, ttest2(x,y),接受 H_0,数据来自正态总体,相互独立.

二、线性最小二乘法,5.0001,3.6165.

三、(1) 小型火箭初始质量为 900kg,其中包括 600kg 燃料. 火箭升空过程的数学模型分两段:

① $m\ddot{x}=-k\dot{x}^2+T-mg, 0\leqslant t\leqslant t_1, x(0)=\dot{x}(0)=0$,

$m=900-15t, t_1=600/15=40\mathrm{s}$ 为引擎关闭时刻.

② $m\ddot{x}=-k\dot{x}^2-mg, t_1\leqslant t, x(t_1)$ 和 $\dot{x}(t_1)$ 由①的终值给出,$m=300$.

(2) 引擎关闭瞬间火箭的高度 8323m,速度 259m/s,加速度 $0.7709\mathrm{m/s^2}$(关闭前),$-99.2291\mathrm{m/s^2}$(关闭后);到达最高点的时间 51s,高度 9192m.

四、(1)种群数量关系如下:

$$\begin{cases} x_1(t+1)=b_1x_1(t)+\cdots+b_5x_5(t), \\ x_2(t+1)=x_1(t)-d_1x_1(t)-h_1, \\ \qquad\vdots \\ x_5(t+1)=x_4(t)-d_4x_4(t)-h_4. \end{cases}$$

其中,$b_1=b_2=b_5=0, b_3=2, b_4=4, d_1=d_2=0.3, d_3=d_4=0.2, h_1=400, h_2=200, h_3=150, h_4=100$.

(2) 记 $S_k=1-d_k$，

$$L=\begin{bmatrix} b_1 & b_2 & \cdots & b_5 \\ s_1 & 0 & \cdots & 0 \\ \vdots & \ddots & & \vdots \\ 0 & \cdots & s_4 & 0 \end{bmatrix},\quad h=\begin{bmatrix} 0 \\ h_1 \\ \vdots \\ h_4 \end{bmatrix},$$

则种群数量关系向量形式为：$x(t+1)=Lx(t)-h$.

(3) $t=1$ 时，种群各年龄的数量 $x(1)=(6000,300,500,650,700)^T$，$x(2)=(3600,3800,10,250,420)^T$，$x(3)=(1020,2120,2460,-142,100)^T$. 有负值，所以只能持续两年.

(4) $x^*=(2000,1000,500,250,100)^T$.

(5) $x(t)$不趋于 x^*，因为 L 的特征值是 0，1.2982，$-0.1953+1.1370i$，$-0.1953-1.1370i$，-0.9076 谱半径大于 1.

第 3 组题

一、已知常微分方程初值问题 $y''(x)-y(x)\sin x=0, y(0)=1, y'(0)=0$，用数值解法算出 $y(1)=$________，你用的方法是________，调用的 MATLAB 命令是________，算法精度为________.

二、设总体 $X\sim N(\mu,\sigma^2)$，σ 未知，现用一容量 $n=25$ 的样本 x 对 μ 作区间估计. 若已算出样本均值$\bar{x}=16.4$，样本方差 $s^2=5.4$，作估计时你用的随机变量是________，这个随机变量服从的分布是________，在显著性水平 0.05 下 μ 的置信区间为________. 若已知样本 $x=(x_1,x_2,\cdots,x_n)$，对 μ 作区间估计，调用的 MATLAB 命令是________.

三、小型火箭初始质量为 1200kg，其中包括 900kg 燃料. 火箭竖直向上发射时燃料以 15kg/s 的速率燃烧掉，由此产生 40000N 的恒定推力. 当燃料用尽时引擎关闭. 设火箭上升的整个过程中，空气阻力与速度平方成正比，比例系数记作 k. 火箭升空过程的数学模型为

$$m\ddot{x}=-k\dot{x}^2+T-mg,\quad 0\leqslant t\leqslant t_1,\quad x(0)=\dot{x}(0)=0,$$

其中 $x(t)$为火箭在时刻 t 的高度，$m=1200-15t$ 为火箭在时刻 t 的质量，$T(=30000\text{N})$为推力，$g(g=9.8\text{m/s}^2)$为重力加速度，$t_1(=900/15=60\text{s})$为引擎关闭时刻.

今测得一组数据如下(t—时间(s)，x—高度(m)，v—速度(m/s))：

t	10	11	12	13	14	15	16	17	18	19	20
x	1070	1270	1480	1700	1910	2140	2360	2600	2830	3070	3310
v	190	200	210	216	225	228	231	234	239	240	246

现有两种估计比例系数 k 的方法：

1. 用每一个数据(t,x,v)计算一个 k 的估计值(共 11 个)，再用它们来估计 k.

2. 用这组数据拟合一个 k.

请你分别用这两种方法给出 k 的估计值，对方法进行评价，并且回答，能否认为空气阻力系数 $k=0.5$(说明理由).

四、Inter-Trade 公司由中国内地、菲律宾购买无商标的纺织品，运到香港或台湾地区进行封装和标签后，再运到美国和法国销售. 已知两地间的运费如下(美元/t)：

	中国内地	菲律宾	美国	法国
香港地区	55	72	160	190
台湾地区	67	58	150	210

现 Inter-Trade 公司从中国内地和菲律宾分别购得 90t 和 45t 无标品. 假设封装与标签不改变纺织品的重量，台湾地区只有封装和标签 65t 的能力.

(1) 若美国市场需要有标品 80t，法国市场需要有标品 55t，试给该公司制订一个运费最少的运输方案.

(2) 若美国市场的需求量增至 100t，法国市场的需求量增至 60t，已知美国市场和法国市场的基本售价分别为 4000 美元/t 和 6000 美元/t，而当供应量不能满足需求时，其售价为基本售价加上短缺费用，设短缺费用为 2000 美元/t 乘以 k，其中 k 为当地短缺量(市场需求量减去供应量)占市场需求量的比例. 试为该公司制订一个盈利最大的运输方案，并给出盈利额(假设从中国内地和菲律宾购买无标品的价格均为 2000 美元/t，在香港和台湾地区封装和标签的费用均为 500 美元/t).

第 3 组题答案

一、1.1635，Runge-Kutta，ode45，4 阶.

二、$\dfrac{\bar{x}-\mu}{s/\sqrt{n}}$，$t(n-1)$，[15.441，17.359][mu, sigma, muci, sigmaci]=normfit(x, alpha).

三、小型火箭初始质量为 1200kg，其中包括 900kg 燃料.

(1) 11 个 k=0.5321　0.4877　0.4953　0.4847　0.4811　0.5294　0.5193

0.4923　0.4919　0.4832　0.3888　平均值　0.4896

(2) 1 个 k =0.4821(无常数项)

接受 $k=0.5$($p=0.3894$，k 置信区间[0.4639　0.5153])

拟合一次式(用 m 除)：常数项：−5.6373(置信区间[−13.4576　2.1829])，

一次项：0.3775(置信区间[0.2299　0.5252])

stat=0.7880　33.4574　0.0003

拟合一次式(不用 m 除)：常数项：－6365.6(置信区间[－15866.7　3135.3])

一次项：0.3603(置信区间[0.1732　0.5473])

stat＝0.6783　18.98　0.0018

四、设决策变量 xij:从 i 国购买无标品到 j 地区的量，yij:从 i 地区运有标品到 j 国家的量.

x＝[x11　x12　x21　x22　y11　y12　y21　y22]

(1) Min c＊x'

```
s.t.  x11+x12=90
      x21+x22=45
      y11+y21=80
      y12+y22=55
      x11+x21=y11+y12
      x12+x22=y21+y22
      x12+x22<=65
      x,y>=0.
```

其中 c=[55　67　72　58　160　190　150　210]

结果：x=[90　0　0　45　35　55　45　0]　cost=30360

(2) max (4000+2000(100－y11－y21)/100)(y11+y21)
+(6000+2000(60－y12－y22)/60)(y12+y22)－c＊x'－(2000+500)＊(90+45)

```
s.t.  x11+x12=90
      x21+x22=45
      x11+x21=y11+y12
      x12+x22=y21+y22
      y11+y21<=100
      y12+y22<=60
      x12+x22<=65
      x,y>=0
```

结果：x= [90　0　0　45　30　60　45　0] income=329490

第 4 组题

一、用数值积分公式计算(结果保留小数点后 8 位)：

$$S=\int_0^{2\pi}\sqrt{1-0.15^2\sin^2\theta}\,\mathrm{d}\theta$$

(1) 取积分步长 $h=\pi/2$，用梯形公式计算 $S=$________.

(2) 要求相对误差为 10^{-6}，用 Simpson 公式 $S=$ ________，MATLAB 命令是________.

二、在化学反应中，根据试验所得生成物的浓度与时间关系如下表（所有计算结果保留小数点后4位）：

时间 t	1	2	3	4	5	6	7	8
浓度 y	4.00	6.40	8.00	8.80	9.22	9.50	9.70	9.86
时间 t	9	10	11	12	13	14	15	16
浓度 y	10.00	10.20	10.32	10.42	10.50	10.55	10.58	10.60

(1) 根据上述实验数据，利用线性最小二乘原理，给出二次多项式拟合函数 $y=$________，拟合的残差平方和 $Q=$________.

(2) 给出经过坐标原点(0,0)的三次多项式拟合函数：

$y=$________________________________.

三、已知某切割机正常工作时，切割一段金属棒的长度服从正态分布，均值为12cm，标准差为1.2cm.

(1) 大量生产时，长度不超过10cm或超过15cm的金属棒的比例为________.

(2) 大量生产时，金属棒长度以93%的可能性落入的最小区间是 ________.

(3) 从一批金属棒中实际测量了15根的长度数据为

11.10， 12.43， 12.57， 14.50， 10.84， 14.10， 11.98， 9.88， 12.05，

13.00， 14.00，13.00， 12.09， 8.85， 14.60

问：在显著性水平 $\alpha=0.05$ 时，这批金属棒长度的标准差是否为1.2cm(　　)；你采用的是以下哪种检验：z 检验，t 检验，χ^2 检验，F 检验(　　)

(4) 在显著性水平 $\alpha=0.05$ 时，利用上面的15个数据检验这批金属棒长度的均值是否为12cm(　　).

四、某饮料公司拥有甲、乙两家饮料厂，都能生产A、B两种牌号的饮料. 甲饮料厂生产A饮料的效率为8t/h，生产B饮料的效率为10t/h；乙饮料厂生产A饮料的效率为10t/h，生产B饮料的效率为4t/h. 甲饮料厂生产A饮料和B饮料的成本分别为1000元/t和1100元/t；乙饮料厂生产A饮料和B饮料的成本分别为850元/t和1000元/t. 现该公司接到一生产订单，要求生产A饮料1000t，B饮料1600t. 假设甲饮料厂的可用生产能力为200h，乙饮料厂的生产能力为120h.

(1) 请你为该公司制订一个完成该生产订单的生产计划，使总的成本最小(要求建立相应的线性规划模型，并给出计算结果).

(2) 由于设备的限制，乙饮料厂如果生产某种牌号的饮料，则至少要生产该种牌号的饮料300t. 此时上述生产计划应如何调整(给出简要计算步骤)?

第 4 组题答案

一、(1)6.24764132,(2)6.24769187,quad ('f',0,2*pi,1e-6).

二、(1) $y=-0.0445t^2+1.0660t+4.3875$；$Q=4.9071$；

(2) $y=0.0203t^3-0.5320t^2+4.1870t$

三、(1) 0.0540

(2) [9.8257,14.1743]

(3) 标准差不为 1.2cm；χ^2 检验.

(4) 均值为 12cm.

四、(1) 设甲饮料厂生产 A 饮料 x_1t,生产 B 饮料 x_2t；乙饮料厂生产 A 饮料 x_3t,生产 B 饮料 x_4t，则可建立如下模型：

$$
\begin{aligned}
\min z &= 1000x_1+1100x_2+850x_3+1000x_4 \\
\text{s.t.}\quad & x_1+x_3=1000, \\
& x_2+x_4=1600, \\
& x_1/8+x_2/10\leqslant 200, \\
& x_3/10+x_4/4\leqslant 120, \\
& x_1,x_2,x_3,x_4\geqslant 0.
\end{aligned}
$$

解得：$x=(0,1520,1000,80)$，$z=2602000$.

(2) 当 $x_3=0$ 时,无解；

当 $x_3\geqslant 300,x_4=0$ 时,解得：$\boldsymbol{x}=(0,1600,1000,0)$,$z=2610000$（最优解）；

当 $x_3\geqslant 300,x_4\geqslant 300$ 时,解得：$\boldsymbol{x}=(550,1300,450,300)$，$z=2662500$.

第 5 组题

一、某厂生产 A、B 两种产品,1kg 原料在甲类设备上用 12h 可生产 3 件 A,可获净利润 64 元；在乙类设备上用 8h 可生产 4 件 B,可获净利润 54 元. 该厂每天可获得 55kg 原料,每天总的劳动时间为 480h,且甲类设备每天至多能生产 80 件 A. 试为该厂制订生产计划使每天的净利润最大.

(1) 以生产 A、B 产品所用原料的数量 x_1,x_2(kg)作为决策变量,建立的数学规划模型是：________.

(2) 每天的最大净利润是________元. 若要求工人加班以增加劳动时间,则加班费最多为________元/h. 若 A 获利增加到 26 元/件,应否改变生产计划________？

二、已知常微分方程组初值问题

$$x^2y''+xy'+\left(x^2-\frac{1}{4}\right)y=0,\quad y\left(\frac{\pi}{2}\right)=2,\quad y'\left(\frac{\pi}{2}\right)=-\frac{2}{\pi}.$$

试用数值方法求 $y\left(\frac{\pi}{6}\right)=$______(保留小数点后 5 位数字). 你用的 MATLAB 命令是______,其精度为______.

三、已知线性代数方程组 $\boldsymbol{Ax}=\boldsymbol{b}$,其中

$$\boldsymbol{A}=\begin{bmatrix}5 & -7 & 0 & 1\\ -3 & 22 & 6 & 2\\ 5 & -1 & 31 & -1\\ 2 & 1 & 0 & 23\end{bmatrix},\quad \boldsymbol{x}=\begin{bmatrix}x_1\\ x_2\\ x_3\\ x_4\end{bmatrix},\quad \boldsymbol{b}=\begin{bmatrix}6\\ 3\\ 4\\ 7\end{bmatrix},$$

若方程组右端项有小扰动 $\delta\boldsymbol{b}=[0,0,0,0.1]^{\mathrm{T}}$,试根据误差估计式估计 $\frac{\|\delta\boldsymbol{x}\|_1}{\|\boldsymbol{x}\|_1}\leqslant$______($\boldsymbol{x}$,$\delta\boldsymbol{x}$ 分别表示原问题的解和右端项小扰动后对应的解的变化量);若取初值 $\boldsymbol{x}^{(0)}=[0,0,0,0]^{\mathrm{T}}$,则用高斯-赛德尔迭代法求解 $\boldsymbol{Ax}=\boldsymbol{b}$ 时,$\boldsymbol{x}^{(5)}=$______;对本题而言,此迭代方法是否收敛______,原因是______.

四、炮弹射击的目标为一椭圆形区域,在 X 方向半轴长 110m,Y 方向半轴长 90m. 当瞄准目标的中心发射炮弹时,在众多随机因素的影响下,弹着点服从以目标中心为均值的二维正态分布,设弹着点偏差的均方差在 X 方向和 Y 方向分别为 70m 和 50m. 今测得一组弹着点的横纵坐标如下:

X	−6.3	−71.6	65.6	−79.2	−49.7	−81.9	74.6	−47.6	−120.8	56.9
Y	28.9	1.6	61.7	−68	−41.3	−30.5	87	17.3	−17.8	1.2
X	100.9	47	9.7	−60.1	−52.7	86	80.6	−42.6	56.4	15.2
Y	−12.6	39.1	85	32.7	28.1	−9.3	−4.5	5.1	−32	−9.5

(1) 根据这组数据对 X 方向和 Y 方向的均值和均方差进行假设检验(设显著性水平为 0.05).

(2) 根据这组数据给出随机变量 X 和 Y 相关系数的一个点估计.

(3) 用蒙特卡罗方法求炮弹落在椭圆形区域内的概率(取 10000 个数据点;请附程序).

第 5 组题答案

一、(1)

$$\begin{aligned}\max\ & 64x_1+54x_2\\ \text{s.t.}\ & 12x_1+8x_2\leqslant 480,\\ & x_1+x_2\leqslant 55,\\ & 3x_1\leqslant 80,\\ & x_1,x_2\geqslant 0.\end{aligned}$$

(2) 3070 元,2.5 元;不变.

二、1.73203(或 1.73205),ode23(或 ode45),3 级 2 阶(或 5 级 4 阶).

三、0.0743,$[1.7160, 0.3926, -0.1306, 0.1381]^T$,收敛,谱半径为 0.3968<1.

四、(1) 对均值做的假设为

$H_0:u=0, H_1:u\neq 0$(X,Y 方向相同),X,Y 方向均接受 H_0;

对 X 方向的方差做的假设为

$H_0:\sigma_x^2=4900, H_0:\sigma_x^2\neq 4900$,接受 H_0;

对 Y 方向的方差做的假设为

$H_0:\sigma_y^2=2500, H_0:\sigma_y^2\neq 2500$,接受 H_0.

(2) 相关系数的点估计为 0.313 (用 r=corrcoef(x,y)命令).

(3)大约 0.76,结果具有随机性.

[附] 主要程序示例:

```
%(1)~(2)
x=[-6.3 -71.6 65.6 -79.2 -49.7 -81.9 74.6 -47.6 -120.8 56.9 100.9 47 9.7 -60.1
-52.7 86 80.6 -42.6 56.4 15.2];
h1=ztest(x,0,70), %x 方向均值检验
y=[28.9 1.6 61.7 -68 -41.3 -30.5 87 17.3 -17.8 1.2 -12.6 39.1 85 32.7 28.1 -9.3 -4.5
5.1 -32 -9.5];
h2=ztest(y,0,50), %Y 方向均值检验
r=corrcoef(x,y) %相关系数的点估计
pause
n=20;
alpha=0.05;
sx2=var(x),sx0=70;
chi2=(n-1)*sx2/(sx0^2)
chi2alpha=chi2inv(1-alpha,n-1)
if chi2<=chi2alpha H0=0
else H0=1
end
sy2=var(y),sy0=50;
chi2=(n-1)*sy2/(sy0^2)
chi2alpha=chi2inv(1-alpha,n-1)
if chi2<=chi2alpha H0=0
else H0=1
end
%(3)
a=0.7;b=0.5;m=0;z=0;
p=0.313;c=1.1;d=0.9;
n=10000;
for i=1:n
    x=2*rand(1,2)-1;
```

```
    y=0;
    if x(1)^2+x(2)^2<=1
y=exp(-0.5/(1-p*p)*(c^2*x(1)^2/a^2+d^2*x(2)^2/b^2-2*p*c*d*x(1)*x(2)/a/b));
        z=z+y;
        m=m+1;
    end
end
P=4*c*d*z/2/pi/a/b/sqrt(1-p*p)/n,m
```

附录　MATLAB 使用入门

本附录给出 MATLAB 简要的使用说明，要了解更多的内容请使用 MATLAB 在线帮助系统或参考有关书籍.

我们先大致介绍一下 MATLAB 的工作界面和经常使用的各种窗口. 假定在您的计算机里已经安装了 MATLAB 软件，则在 WINDOWS 系统下启动 MATLAB 软件将在屏幕上看到如图 1 所示的 MATLAB 的**主窗口**. 在该主窗口中，除了 WINDOWS 应用程序一般应该具有的菜单和工具栏外，还包括了右边的**命令窗口**，左边的**当前目录窗口**、**工作区**，下边的**命令历史窗口**，以及工具栏后边的**显示和修改当前目录名的小窗口**等. 命令窗口下的提示符

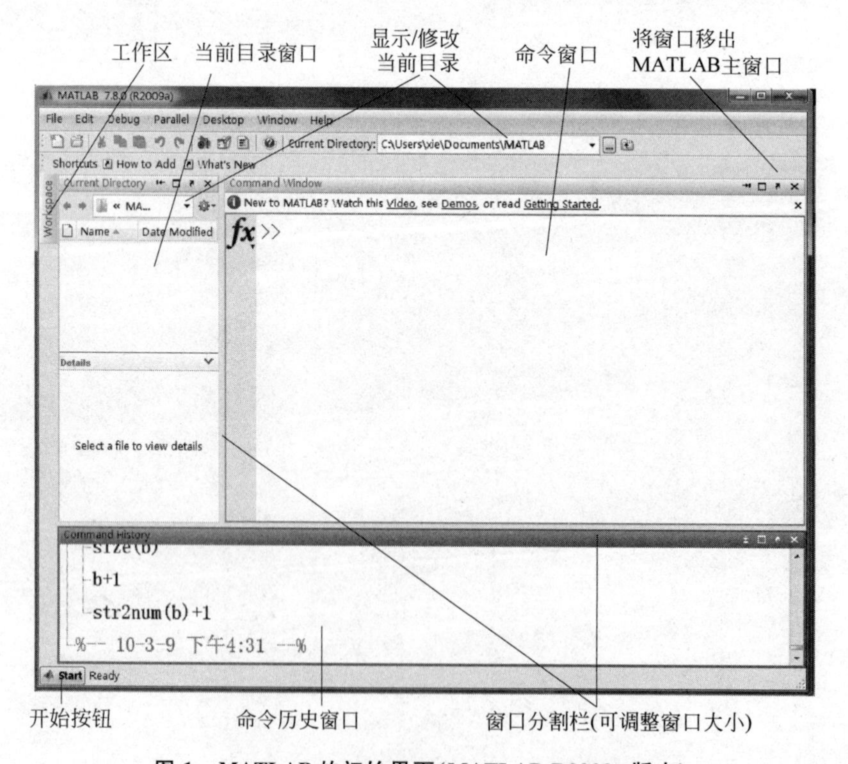

图 1　MATLAB 的初始界面(MATLAB R2009a 版本)

为“＞＞”，表示 MATLAB 已经准备好，可以接受用户在此输入行命令，命令和程序执行的结果也显示在这个窗口；过去执行过的命令名则依次显示在命令历史窗口中，可以备查. 当前目录窗口显示当前目录下的文件信息，工作区窗口用于显示当前内存中变量的信息(包括变量名、维数、具体取值等)，初始时这部分信息为空. 此外，在 MATLAB 中经常会使用到的还有另外两个窗口：一个是显示和编辑 MATLAB 源程序文件的编辑窗口(选择菜单“File|New|M-File”命令打开这个窗口)，另一个是打开在线帮助系统时的帮助文件显示窗口(选择菜单“Help”下的命令打开这个窗口).

1 矩阵及其运算

MATLAB 的主要数据对象是矩阵，标量、行向量(数组)、列向量都是它的特例，最基本的功能是进行矩阵运算，但 MATLAB 对于矩阵有一些特殊规定的操作、运算方式.

1.1 矩阵的直接输入

矩阵输入有多种办法，如直接输入每个元素；由语句或函数生成；在 M 文件(以后介绍)中生成等.

MATLAB 中直接输入矩阵时不用描述矩阵的类型和维数，它们由输入的格式和内容决定. 小规模的矩阵可以用排列各个元素的方法输入，元素放在方括号中，同一行元素用逗号或空格分开，不同行的元素用分号或回车分开. 如在命令窗口中键入

```
》A=[1,2,3; 4,5,6]□  (》表示在命令窗口中的提示符下键入，□表示回车，下同)
```

或

```
》A=[1 2 3; 4 5 6]□
```

或

```
》A=[1  2  3□
     4  5  6]□
```

都输入了一个 2×3 矩阵 **A**，屏幕上显示的输出为

```
A=
    1  2  3
    4  5  6
```

矩阵中的元素可以用它的行、列数(放在圆括号中)进行访问，例如(以下在回车符□后直接给出屏幕上显示的输出)

```
》a=A(2,1)□  (MATLAB 区分大小写字母，a 和 A 是不同的变量)
a=
```

```
     4
```

或者不指定输出变量，MATLAB将回应ans(answer的缩写)，如

```
》A(2,3)□
ans=
     6
```

矩阵中的元素也可以仅用一个下标来访问，此时元素是按列优先排序的，例如

```
》b=A(3)□
b=
     2
》A(4)□
ans=
     5
```

A 输入后一直保存在内存工作区(工作空间，Workspace)中，也会显示在工作区窗口内(包括变量名、维数、具体取值等).工作区内的变量可随时直接调用，除非被清除或替代.

可以直接修改矩阵的元素，如

```
》A(2,1)=7□
A=
     1  2  3
     7  5  6
》A(3,4)=1□
A=
     1  2  3  0
     7  5  6  0
     0  0  0  1
```

原来的 ***A*** 没有3行4列，MATLAB自动增加行列数，对未输入的元素赋值0.

1.2 矩阵的函数生成

MATLAB提供了一些函数来构造特殊矩阵，如

```
》w=zeros(2,3)□  (2×3零矩阵)
w=
    0  0  0
    0  0  0
》u=ones(3)□  (3×3全1矩阵，方阵只需输入行数，这几个矩阵生成函数均如此)
u=
    1  1  1
    1  1  1
    1  1  1
》v=eye(3,4)□  (对角线为1的3×4矩阵)
```

```
v=
   1  0  0  0
   0  1  0  0
   0  0  1  0
》x=rand(1,3)□  (1×3 的(0,1)均匀分布随机矩阵)
x=
   0.2311  0.8913  0.0185
```

矩阵生成函数还有 $m\times n$ 的标准正态分布矩阵生成函数 randn(m,n)；n 阶 Hilbert 矩阵 hilb(n)；n 阶幻方矩阵 magic(n)；n 阶 pascal 矩阵 pascal(n)等，请读者不妨试试.

1.3 矩阵的裁剪与拼接

从一个矩阵中取出若干行(列)构成新矩阵称为**裁剪**，MATLAB 中“：”是非常重要的裁剪工具，如

```
》A(3,：)□  (A 的第 3 行)
ans=
      0  0  0  1
》A(：,2)□  (A 的第 2 列)
ans=
        2
        5
        0
》B=A(1：2,：)□  (A 的第 1～2 行)
B=
    1  2  3  0
    7  5  6  0
》C=B(：,2：4)□  (B 的第 2～4 列)
C=
    2  3  0
    5  6  0
》D=A(2：end,[2,4])□  (A 的第 2 行至最后行，第 2,4 列；end 表示最后可能的下标值)
D=                        (等价于 A(2：3,[2,4])或 A([2,3],[2,4]))
    5  0
    0  1
》D(：,1)=[]□  (删除 D 的第 1 列，[]为空集符号)
D=
     0
     1
```

将几个矩阵接在一起称为**拼接**，左右拼接时行数要相同，上下拼接时列数要相同，如

```
》E=[C,ones(2,3)]□
E=
   2  3  0  1  1  1
```

```
   5  6  0  1  1  1
》F=[A(1:2,:);eye(1,4)]□
F=
   1  2  3  0
   7  5  6  0
   1  0  0  0
》G=[C,zeros(2);9,F(2,:)]□
G=
   2  3  0  0  0
   5  6  0  0  0
   9  7  5  6  0
》H=C(:)□  (C按列拼接成一列向量)
H=
   2
   5
   3
   6
   0
   0
```

1.4 矩阵的基本运算

MATLAB中提供了下列矩阵运算符：

+加法；-减法；'转置；*乘法；^乘幂；\左除；/右除.

它们要符合矩阵运算的规律，如果矩阵的行列数不符合运算符的要求，将产生错误信息.这里只将左除和右除的用法叙述如下：

设 $\boldsymbol{A}$ 是可逆矩阵，$\boldsymbol{AX}=\boldsymbol{B}$ 的解是 $\boldsymbol{A}$ 左除 $\boldsymbol{B}$，即 $\boldsymbol{X}=\boldsymbol{A}\backslash\boldsymbol{B}$（当 $\boldsymbol{B}$ 为列向量时，得到方程组的解）；$\boldsymbol{XA}=\boldsymbol{B}$ 的解是 $\boldsymbol{A}$ 右除 $\boldsymbol{B}$，即 $\boldsymbol{X}=\boldsymbol{B}/\boldsymbol{A}$.

还应注意标量与矩阵进行上述运算的含义，请看

```
》E=E+3□  (E的每个元素加3,即标量3相当于元素全为3的与E同维数的矩阵)
E=
     5  6  3  4  4  4
     8  9  3  4  4  4
》CC=C(:,1:2)*(1+i)□  (C的1,2列的每个元素乘以复数(1+i))
CC =
   2.0000 + 2.0000i   3.0000 + 3.0000i
   5.0000 + 5.0000i   6.0000 + 6.0000i
》C1=CC'     (对复数矩阵,矩阵的转置是共轭转置)
C1 =
   2.0000 - 2.0000i   5.0000 - 5.0000i
   3.0000 - 3.0000i   6.0000 - 6.0000i
```

1.5 矩阵的特殊运算

MATLAB 为矩阵提供了下面的特殊“点”运算：

.'“点”转置； .* “点”乘法； .^ “点”乘幂； .\ “点”左除； ./ “点”右除.

“点”转置是复数矩阵的非共轭转置. 如

```
》C2=CC.'□      (矩阵的非共轭转置,请与上面 C1 的结果比较)
C2 =
   2.0000 + 2.0000i   5.0000 + 5.0000i
   3.0000 + 3.0000i   6.0000 + 6.0000i
```

后四个“点”运算实际上是对相同维数的矩阵的对应元素进行相应的运算. 如

```
》A=[1,0,2;3,4,0]□      (对 A 重新赋值)
A=
     1  0  2
     3  4  0
》B=E(:,1:3)□          (对 B 重新赋值)
B=
     5  6  3
     8  9  3
》A.*B□

ans =
      5      0      6
     24     36      0
》B.^A□
ans =
              5            1            9
            512         6561            1
》A.\B□          (与 B./A 的结果相同)
ans =
     5.0000        Inf     1.5000          (Inf 表示正无穷)
     2.6667     2.2500        Inf
》B.\A□          (与 A./B 的结果相同)
ans =
     0.2000          0     0.6667
     0.3750     0.4444          0
```

应注意上述运算中两个矩阵的维数应该相同. 至于标量与矩阵进行上述运算的含义,请看

```
》2.^A□          (标量 2 相当于元素全为 2 的与 A 同维数的矩阵)
ans =
      2      1      4
```

```
   8    16    1
》A.^2□
ans =
   1     0    4
   9    16    0
```

1.6 行向量的特殊输入方式

行向量与一维数组是一样的数据对象，除了作为矩阵的特例像 $1\times n$ 矩阵一样地输入外，常采用"："和函数 linspace，logspace 两种输入方式，它们的用法可以从下面的例子知道.

```
》a=1:5□  (从 1 到 5 公差为 1(可缺省)的等差数组)
a=
  1  2  3  4  5
》b=1:2:7□        (从 1 到 7 公差为 2 的等差数组，如果输入 b=1:2:8，得到同样的结果)
b=
  1  3  5  7
》c=6:-3:-6□     (从 6 到-6 公差为-3 的等差数组)
c=
  6  3  0  -3  -6
》b=[0:2:8,ones(1,3)]□     (等差数组和行向量拼接)
b=
  0  2  4  6  8  1  1  1
》linspace(0,1,9)□     (从 0 到 1 共 9 个数值的等差数组)
ans=
    0  0.1250  0.2500  0.3750  0.5000  0.6250  0.7500  0.87500  1.0000
```

即

```
linspace(a,b,n)
```

生成从 a 到 b 共 n 个数值的等差数组，公差不必给出. 与它相仿的是

```
logspace(a,b,n)
```

生成从 10^a 到 10^b 共 n 个数值的等比数组.

4 等分 π(MATLAB 中 π 的符号是 pi)的数组可以用这两种方式输入：

```
》x=0:pi/4:pi□
x=
    0  0.7854  1.5708  2.3562  3.1416
》x=linspace(0,pi,5)□
```

输出同上.

请特别注意"："的用法，其实矩阵的裁剪中用到的"："的含义与此是完全相同的. 如

```
》G(1:2:end,4:-1:2)□     (与 G([1 3],[4 3 2])等价)
```

```
ans =
     0     0     3
     6     5     7
```

2 语句和函数以及其他数据类型

2.1 语句

MATLAB语句的一般形式为：

变量＝表达式

如果你在命令窗口中输入一个语句并以回车结束，则在命令窗口中显示计算的结果；如果语句以分号"；"结束，MATLAB只进行计算，不显示计算的结果.如果一个表达式太长，可以用续行号"..."将其延续到下一行.正如上节所述，当前内存中变量的信息显示在工作区窗口(包括变量名、维数、具体取值等)；一个语句中可以只有表达式(即"变量＝"省略)，此时名为ans的变量自动建立.

此外，一行中可以写几个语句，它们之间要用逗号或分号分开.如

```
》a=[1 2 3 4 5];b=[1 3 5 7 9];...□
  c=a.*b, d=a*b', e=a'*b□
c=
   1   6   15   28   45
d=
   95
e=
   1    3    5    7    9
   2    6   10   14   18
   3    9   15   21   27
   4   12   20   28   36
   5   15   25   35   45
```

MATLAB的变量由字母、数字和下画线组成，最多31个字符，区分大小写字母，第一个字符必须是字母.对于变量，MATLAB不需要任何类型的说明或维数语句.当输入一个新变量名时MATLAB自动建立变量并为其分配内存空间.

MATLAB有几个特殊的常量：

pi 圆周率 π；　　eps 最小浮点数；　　Inf 正无穷大，特指1/0；

NaN 非数(Not A Number)，特指0/0；　　i,j 都是虚数单位.

请看

```
》a=[0 1 0],b=[1 0 0],c=a./b□
a =
     0     1     0
```

```
b =
     1     0     0
Warning： Divide by zero.
c =
     0    Inf    NaN
```

变量也可以用于记录字符串. 字符串是用单引号括起来的字符集合,可以像向量一样进行拼接和裁剪,如

```
》s1='Hello';s2='every';s3='body';s=[s1,',',s2,' ',s3],ss=s(1:5)□
s=
     Hello,every body
ss=
     Hello
```

2.2　标量函数

MATLAB 提供了大量的数学函数,按照其用法分为标量函数、向量函数和矩阵函数 3 种类型.

常用的标量函数列出如下,只作必要的注释：

三角函数：sin　cos　tan　cot　sec　csc　asin　acos　atan　acot　asec　acsc sinh　cosh　tanh　asinh　acosh　atanh

其他基本函数：sqrt(正的平方根)　pow2 (2 的指数)　exp(e 的指数)　log(自然对数)　log10(常用对数)　log2(以 2 为底的对数) abs(绝对值或复数模)　round(四舍五入取整)　floor(向－∞方向取整)　ceil(向＋∞方向取整)　fix(向 0 方向取整)　sign(符号函数)　real(取实部)　imag(取虚部)　angle(取辐角)　rats(有理逼近)

这些函数本质上是作用于标量的,当它们作用于矩阵(或数组)时,是作用于矩阵(或数组)的每一个元素. 请看下面的例子：

```
》x=(0:0.2:1)*pi; y=sin(x)□
y=
    0  0.5878  0.9511  0.9511  0.5878  0.0000
》a=[-3.5 4.6];...
  b=round(a), c= floor(a), d=ceil(a), e= fix(a), f=rats(a) □
b =
      -4    5
c =
      -4    4
d =
      -3    5
e =
      -3    4
```

```
f =
     -7/2  23/5
```

另一个计算函数值的常用命令是 feval(F,x),F 是表示函数名的字符串(也可以是函数句柄,即在函数名前加符号@;建议当函数名出现在其他函数的自变量列表中时,均采用函数句柄形式),如

```
》x=(0:0.2:1)*pi;  y= feval('sin',x)□      或
》x=(0:0.2:1)*pi;  y= feval(@sin,x)□    (函数句柄形式)
```

均得到与上面同样的结果:

```
y=
  0  0.5878  0.9511  0.9511  0.5878  0.0000
```

简单的函数可以采用 inline 函数形式输入(该函数返回的是 inline 对象,功能与函数句柄对象类似),如

```
》x=(0:0.2:1)*pi;  y= feval(inline('sin(x)+2'),x)□
y =
    2.0000    2.5878    2.9511    2.9511    2.5878    2.0000
```

此外,还有一些多于一个自变量的函数,如基本的二元函数:atan2(四象限取值的反正切函数);rem(同余函数)等.

2.3 向量函数

有些函数只有当它们作用于(行或列)向量时才有意义,称为向量函数,这些函数也可以作用于矩阵,此时它产生一个行向量,行向量的每个元素是函数作用于矩阵相应列向量的结果.常用的有:

max(最大值)　min(最小值)　sum(和)　length(长度)　mean(平均值)

median(中位数)　prod(乘积)　sort(从小到大排列)

请看下例:

```
》a=[4  3.1  -1.2  0  6];...
b=min(a), c=sum(a), d=median(a), e=sort(a) □
b =
   -1.2000
c =
   11.9000
d =
   3.1000
e =
   -1.2000  0  3.1000  4.0000  6.0000
```

```
》f=[1:3;4:6;7:9]; f1= prod(f), f2=prod(f1)□
f1 =
    28    80   162
f2 =
    362880
```

2.4 矩阵函数

MATLAB有大量的处理矩阵的函数,从其作用来看可分为两类：构造矩阵的函数；进行矩阵计算的函数.对于前者,我们已经介绍的主要有

zeros(0阵) ones(1阵) eye(单位阵) rand(均匀随机阵) randn(正态随机阵)
还有

diag(生成或提取对角阵) triu(生成或提取上三角阵) tril(生成或提取下三角阵)等,在实验5中给出介绍.

对于后者,常见的有

size(大小) det(行列式) rank(秩) inv(逆矩阵) eig(特征值) trace(迹) expm(矩阵指数) poly(特征多项式)等.

norm(范数) cond(条件数) lu(LU分解) qr(正交分解) svd(奇异值分解)等,其中一些在实验5中给出介绍.

MATLAB有对矩阵维数重新整理的函数reshape,如

```
》a=[1 2 3;4 5 6;7 8 9;10 11 12]; b=reshape(a,2,6)□
b =
     1     7     2     8     3     9
     4    10     5    11     6    12
```

即对a按列优先整理成2×6的矩阵.

```
》sa=size(a), sb=size(b)□
sa =
     4     3
sb =
     2     6
》c=reshape(1:9,3,3)□
c =
     1     4     7
     2     5     8
     3     6     9
```

2.5 高维矩阵

除了基本的二维矩阵(及其特例——向量、标量)外,高维矩阵是二维矩阵的一种自然而然的扩展,MATLAB中也支持高维矩阵.例如,下面的语句输入了一个3×3×2的三维矩阵：

```
》A(:,:,1)=reshape(1:9,3,3); A(:,:,2)=reshape(-1:-1:-9,3,3)□
A(:,:,1) =
     1     4     7
     2     5     8
     3     6     9
A(:,:,2) =
    -1    -4    -7
    -2    -5    -8
    -3    -6    -9
》a=A(3,2), b=A(3,2,1), c=A(3,2,2), d=A(4), e=A(13)□
a =
     6
b =
     6              (a,b 相同,说明在三维矩阵中,第三维的下标为 1 时可以缺省)
c =
    -6
d =
     4              (采用单一下标访问时,先访问第三维的下标为 1 者,然后依此类推)
e =
    -4
》A(:,2,2)=0:2□
A(:,:,2) =                (也会显示 A(:,:,1),不过 A(:,:,1)结果同上,这里略去)
    -1     0    -7
    -2     1    -8
    -3     2    -9
```

更高维的矩阵的处理也类似.此外,元素为字符串的高维矩阵也可以类似定义和处理.

2.6 结构变量

除了基本的数值矩阵和字符串矩阵外,MATLAB 中还提供了一些其他较为复杂的数据类型,主要是结构(structure)和元胞矩阵(cell array).

结构变量是由"域"组成的变量;通过"."操作符可以访问结构变量的"域".如下面是由 name,fee 和 credit 三个域组成的一个结构变量的例子:

```
》student.name='abc ABC'; student.fee=5000.00; student.credit=[4,3,2,3;85,60,90,70]□
student =
      name: 'abc ABC'
       fee: 5000
    credit: [2x4 double]
》student.credit□
ans =
     4     3     2     3
    85    60    90    70
```

结构变量是可以嵌套的,即结构中还可以有结构,如:

```
》student.name.firstname='abc', student.name.lastname='ABC'□
student =
        name: [1x1 struct]
         fee: 5000
      credit: [2x4 double]
》student.name□
ans =
    firstname: 'abc'
     lastname: 'ABC'
```

此外,除了上面这种直接赋值的方式外,结构变量也可以通过 struct 函数生成,如

```
》student(5)=struct('name','abc ABC','fee',5000,'credit',[4,3,2,3;85,60,90,70])□
student =
1x5 struct array with fields:
    name
    fee
    credit
```

这样,student(5)的结果同上;由于没有给出 student(1)至 student(4)的取值,系统还会自动对结构变量 student(1)至 student(4)的三个"域"赋值为空.

其他有关结构变量的操作函数的用法请读者查阅 MATLAB 帮助文件或其他书籍.

*2.7 元胞矩阵

元胞矩阵可以看成是数值(或字符串)矩阵的一种自然而然的扩展.在数值矩阵中,要求所有元素都是一个数;在字符矩阵中,要求所有元素都是一个字符.而在元胞矩阵中,不同的元素可以有完全不同的数据类型.如上面结构变量的例子也可以用如下的方式定义成元胞矩阵:

```
》student(1,1)={'abc ABC'}; student(1,2)={5000.00};... □
 student(2,1)={[4,3,2,3;85,60,90,70]}□
student =
    'abc ABC'          [5000]
    [2x4 double]         []
```

你可能已经注意到元胞矩阵中赋值时采用的是花括号,而不再是方括号.此外,上面的元胞变量定义过程也可以用下面的方式:

```
》student{1,2}='abc ABC'; student{1,2}=5000.00;
 student{2,1}=[4,3,2,3;85,60,90,70]□
```

输出同上.元素的访问方法和规则与数值矩阵类似,如:

```
»student{1,2}□
ans =
    5000
»student{2,1}(1,:)□
ans =
     4     3     2     3
»student{2,1}(2,:)□
ans =
    85    60    90    70
»student{2,1}(4)□
ans =
    60
```

与结构变量类似，除了上面这种直接赋值的方式外，元胞矩阵变量也可以通过 cell 函数生成，如

```
»c=cell(2,3)□
c =
      []      []      []
      []      []      []
»c{2,1}='abc'; c{2,3}=5000□
c =
    []       []          []
    'abc'    []          [5000]
```

元胞变量也是可以嵌套的，而且元胞变量也可以与结构变量相互嵌套，从而可以用于构造出非常复杂的数据类型. 此外，与普通数值矩阵一样，也可以定义高维(三维或以上)的结构变量和元胞变量.

其他有关元胞变量的函数的用法请读者查阅 MATLAB 帮助文件或其他书籍.

2.8 数据类型的判断和转换

目前，高版本的 MATLAB 遵循的是面向对象编程(OOP)的规范，数据类型是以“类”(class)的形式实现的. MATLAB 内部已经包括了比较丰富的适合于科学计算的数据类型，在此基础上也允许用户建立新的数据类型. MATLAB 中最一般的类是 array 类(可以译为阵列，不过我们这里还是将它称为矩阵)，array 可以是列出全部元素的稠密(full)矩阵形式或是稀疏(sparse)矩阵形式. 内部的具体数据类型可以归纳成表 1：

对于一个变量，有时候希望判定它是属于哪个类的对象，这时可以有几种不同的判断方法. 首先，可以使用 class 函数直接返回变量类型. 例如，对于上节定义的元胞变量 c：

```
»t=[class(c),' ',class(c{2,1}),' ',class(c{2,2}),' ',class(c{2,3})]□
t =
   cell char double double        (缺省时，空矩阵 c{2,2}也被认为是双精度数值型)
```

表 1

numeric（数值型）	float(浮点型)	double（双精度），single（单精度）
	integer(整型)	int8（8 位整数），uint8(无符号 8 位整数） int16（16 位整数），uint16(无符号 16 位整数） int32（32 位整数），uint32(无符号 32 位整数） int64（64 位整数），uint64(无符号 64 位整数）
char（字符型）		
logical（逻辑型）		
struct（结构）	（用户自定义的类）	
cell（元胞）		
function_handle(函数句柄）	（"@＋函数名"）	
java（Java 类）		

其次，可以使用 isa 函数，一般用法是：

```
isa(obj,'class_name')
```

这个函数判断对象 obj 是否属于 class_name 类(结果中 1 表示“是”，0 表示“否”)，其中 class_name 是类名，可以是表 1 中的某种(英文)类名之一. 例如，对于上节定义的元胞变量 c：

```
》t=[isa(c,'cell'), isa(c,'struct'), isa(c{2,1},'char'), isa(c{2,3},'double')]□
t =
     1     0     1     1
```

此外，numeric，char，logical，struct，cell，java 等类也可以用对应于每类的具体函数直接判断，这个函数名是“is＋(英文)类名”. 例如，isa(c,'cell')命令等价于 iscell(c)；而 isa(c{2,1},'char') 命令等价于 ischar(c{2,1})，依此类推.

以上许多数据类型之间可以相互转换，所以转换类型的函数很多. 下面仅以数值型和字符型相关的转换举几例简单演示如下：

```
》clear all; A = magic(4); B = single(A); whos□ (显示当前工作区中的所有变量)
  Name      Size                    Bytes  Class
  A         4x4                       128  double array
  B         4x4                        64  single array
Grand total is 32 elements using 192 bytes
》a=-2:0.8:2, b=int8(a), c=uint8(a)□
a =
   -2.0000   -1.2000   -0.4000    0.4000    1.2000    2.0000
b =
   -2   -1    0    0    1    2
c =
    0    0    0    0    1    2
》d='3.14159e0'; str2num(d) □
```

```
ans =
    3.1416
》str2num(['1 2';'3 4'])□
ans =
     1     2
     3     4
》A=reshape(1:9,3,3); B=logical(eye(3)); A(B)' □
ans =
     1     5     9
》e=@sin; func2str(e) □
ans =
   sin
》f='cos';str2func(f) □
ans =
    @cos
```

3 命令和窗口环境

本节将介绍 MATLAB 的在线帮助系统、一些特殊命令及窗口环境.

3.1 在线帮助系统

MATLAB 提供了非常方便的在线帮助，如果你知道某个程序(或主题)的名字，就可用命令

```
help  程序(主题)名
```

得到帮助，例如

```
》help  sqrt□
SQRT    Square root.
SQRT(X) is the square root of the elements of X. Complex
results are produced if X is not positive.
See also SQRTM.
Overloaded functions or methods (ones with the same name in other directores)
    help sym/sqrt.m
Reference Page in Help browser
    doc sqrt
```

单独使用 help 命令，MATLAB 将列出所有的主题. MATLAB 还提供了一个命令 lookfor，它可以搜索包含某个关键词的帮助主题，这个关键词并不一定要求是 MATLAB 的命令或函数.

不过在 WINDOWS 系统下，一般来说，使用窗口中的 help 菜单获得帮助信息是更完

整、更方便的.

3.2 数据显示格式

MATLAB显示数据结果时,一般遵循下列原则:如果数据是整数,则显示整数;如果数据是实数,在缺省情况下显示小数点后4位数字.

可以打开菜单File下的子菜单Preferences,来选择、改变数据显示的方式(修改Numeric format下拉框),以π的显示为例将常用的方式列于表2:

表 2

MATLAB命令	显 示	说 明
format short	3.1416	小数点后4位(缺省显示)
format long	3.14159265358979	15位数字
format bank	3.14	小数点后2位
format +	+	显示+,-或0
format short e	3.1416e+000	5位科学计数法
format long e	3.141592653589793e+000	15位科学计数法
format rat 或 rational	355/113	最接近的有理数
format hex	400921+654442d18	十六进制数(IEEE标准)

也可以直接键入表2中第1列的MATLAB命令选择显示的方式.format只影响结果的显示,不影响计算和存储.MATLAB总是以双精度执行所有的运算.

3.3 命令行编辑

键盘上的各种箭头和控制键为我们提供了命令的重调、编辑、重用功能,具体用法如下:

↑	ctrl-p	重调前一行(用于调出前面的命令进行修改,重新计算)
↓	ctrl-n	重调下一行
→	ctrl-b	向前移一个字符
←	ctrl-f	向后移一个字符
	ctrl-r	右移一个字
	ctrl-l	左移一个字
home	ctrl-a	移动到行首
end	ctrl-e	移动到行尾
esc	ctrl-u	清除一行
del	ctrl-d	删除光标处字符
backspace	ctrl-h	删除光标前的一个字符
	ctrl-k	删除到行尾

3.4 MATLAB 工作区

MATLAB 工作区是用来接受 MATLAB 命令的内存区域,可以在工作区中用命令实现以下功能.

• 显示

》who□

或

》whos□

可以显示在当前工作区中的所有变量名,其区别是前者只显示变量名,后者还显示变量的大小、字节数和类型.

》disp(x)□

显示 x 的内容,它可以是矩阵或字符串.

• 清除

》clear□

清除当前工作区的所有变量,如果只要清除一个变量,可以用

》clear (变量名)□

• 储存

》save (文件名)□

把工作区中的变量储存在当前 MATLAB 目录下产生的一个扩展名为 mat 的 MAT 文件中,也可以用 File 菜单中的 Save Workspace as ...完成同样的工作.

• 调出

》load (文件名)□

可以调出 MAT 文件中的数据. load 命令也可以调出文本文件,但是文本文件只能是由数字组成的矩阵形式,例如,你可以在 MATLAB 外建立一个形如

```
16.0    3.0    2.0    11.0
4.0     10.0   23.0   9.0
9.0     6.5    7.4    12.0
```

的文本文件,文件名为 magik. dat,那么命令

》load magik. dat□

把文件读入并建立一个名为 magik 的变量,它的值为上述矩阵.

当用文本形式保存工作区时，应当每次仅保存一个变量. 如果多于一个，MATLAB也可产生文本文件，但是你无法用load命令把它调回MATLAB.

• 记录

MATLAB还提供了一个diary命令，它可以建立一个文本文件记录下你在MATLAB中输入的所有命令和它们的输出，但是不能包括图形. 使用diary命令可以建立一个名为diary的文件，如果想把你的输入存入一个特定的文件中，可使用

》diary filename□

建立文件. 使用

》diary off□

命令可以停止记录.

• 搜索

MATLAB用一系列目录作为搜索路径，以此来决定如何执行你调用的函数，命令

》path□

显示目前的搜索路径，你可以用File菜单中的Set Path观察和修改路径.

• 管理

MATLAB还提供了一系列管理文件的命令：

What	返回当前目录下M，MAT，MEX文件的列表
dir，ls	列出当前目录下的所有文件
cd，path	改变当前目录为path(与改变桌面上"Current Directory"功能相同)
cd，pwd	显示目前的工作目录
type test	在命令窗口下显示test.m的内容
delete test	删除M文件 test.m
which test	显示M文件 test.m的目录

• 退出

退出工作区可以用

》quit□

也可选择File菜单中的Exit命令(快捷键Ctrl＋Q)或直接单击窗口上的"X"按钮.

4 图形功能

MATLAB系统提供了丰富的图形功能，下面着重介绍二维图形的画法，对三维图形只作简单叙述.

从本节起在不致引起混淆的情况下输入命令的前后不再写出“》”和“□”符号.

4.1 二维图形

- 基本形式

MATLAB 最常用的画二维图形的命令是 plot,看两个简单的例子:

```
y=[0 0.58 0.70 0.95 0.83 0.25];  plot(y)
```

生成的图形见图 2,是以序号 1,2,…,6 为横坐标、数组 y 的数值为纵坐标画出的折线.

```
x=linspace(0,2*pi,30); y=sin(x); plot(x,y)
```

生成的图形见图 3,是[0,2π]上 30 个点连成的正弦曲线.

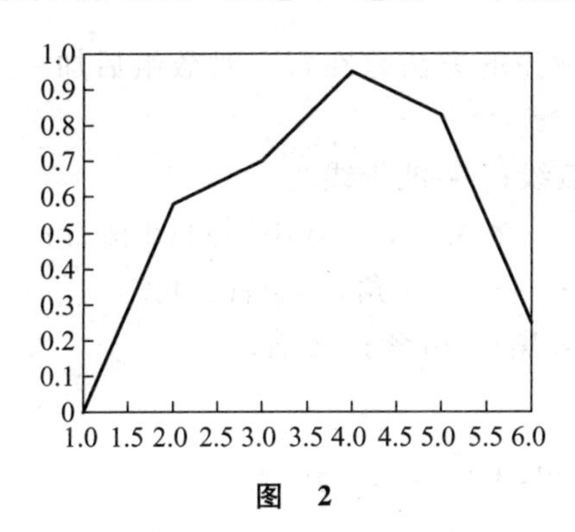

图 2

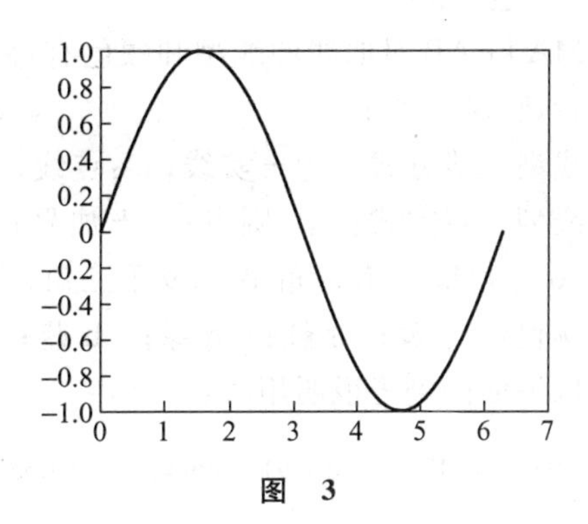

图 3

- 多重线

在同一个画面上可以画许多条曲线,只需多给出几个数组,例如

```
x=0:pi/15:2*pi; y1=sin(x); y2=cos(x); plot(x,y1,x,y2)
```

或者给出矩阵,如

x=0:pi/15:2*pi; y=[sin(x);cos(x)]; plot(x,y)都可以画出图 4.

多重线的另一种画法是利用 hold 命令. 在已经画好的图形上,若设置 hold on, MATLAB 将把新的 plot 命令产生的图形画在原来的图形上. 而命令 hold off 将结束这个过程. 例如:

```
x=linspace(0,2*pi,30); y=sin(x); plot(x,y)
```

先画好图 3,然后用

```
hold on,z=0*x; plot(x,z), hold off
```

命令增加一条横线的图形,得到图 5.

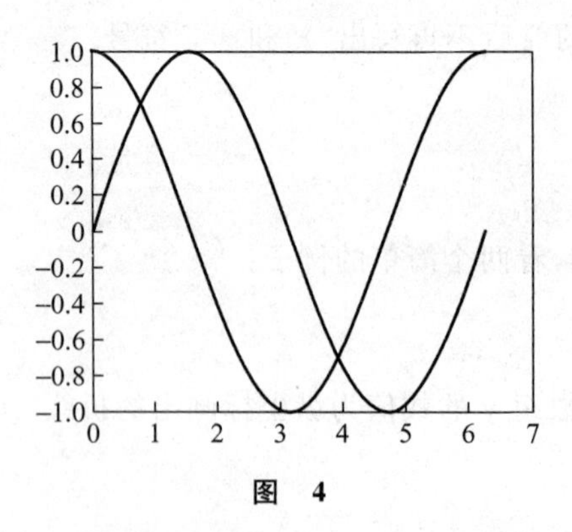

图 4

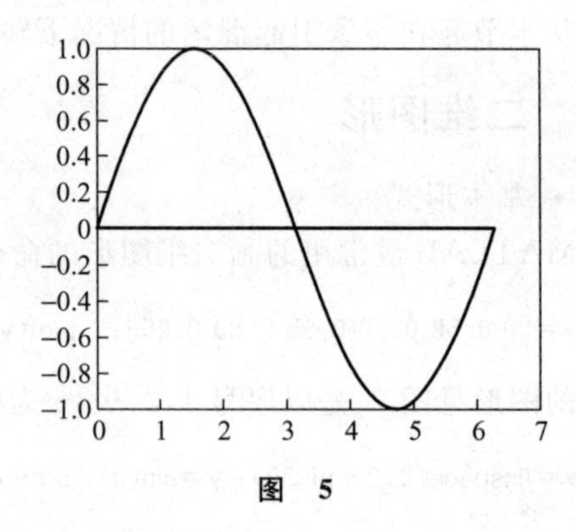

图 5

• 线型和颜色

MATLAB对曲线的线型和颜色有许多选择，标注的方法是在每一对数组后加一个字符串参数，说明如下.

线型 线方式： －实线； :点线； -. 虚点线； --波折线.

线型 点方式： .圆点； ＋加号； ＊星号； ×叉号； o小圆圈；d钻石； s方形； p五角星； h六角星； v下三角； ^上三角； <左三角； >右三角.

颜色： y黄； r红； g绿； b蓝； w白； k黑； m紫； c青.

以下面的例子说明用法：

```
x=0:pi/15:2*pi; y1=sin(x); y2=cos(x); plot(x,y1,'b:',x,y2,'g-.')
```

得到图4(线型和颜色不同).如果将plot的内容写成

```
plot(x,y1,'b:',x,y2,'g-.',x,y1,'+',x,y2,'*')
```

可得图6.

• 网格和标记

在一个图形上可以加网格、标题、X轴标记、Y轴标记，用下列命令完成这些工作.

```
x=linspace(0,2*pi,30); y=sin(x); z=cos(x);
plot(x,y,x,z)
grid
xlabel('Independent Variable X')
ylabel('Dependent Variables Y and Z')
title('Sine and Cosine Curves')
```

它们产生图7.

可以在图形的任何位置加上一个字符串，如用

```
text(2.5,0.7,'sinx')
```

表示在坐标 $x=2.5$，$y=0.7$ 处加上字符串 sinx.

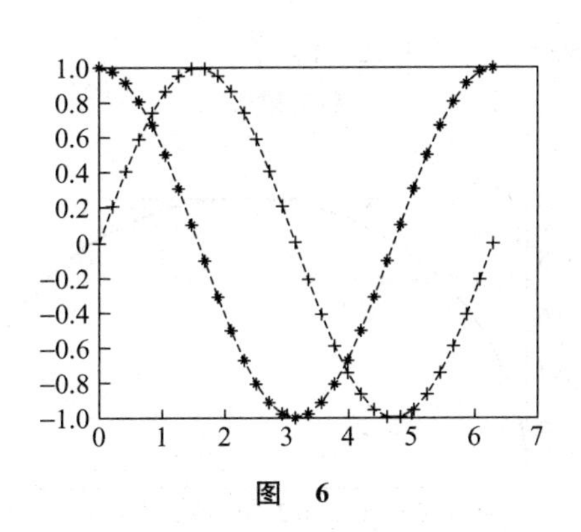

图 6

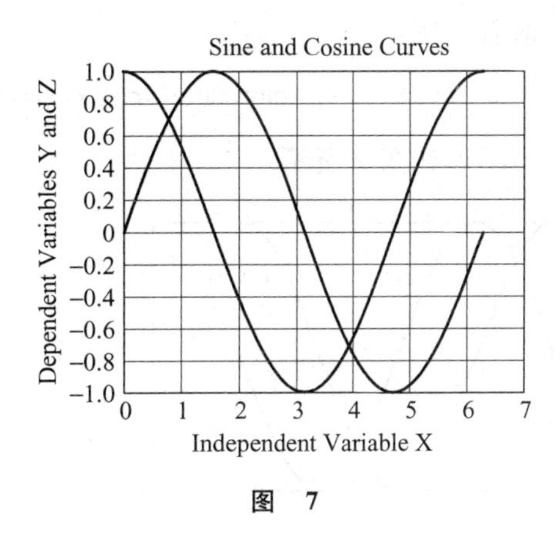

图 7

更方便的是用鼠标来确定字符串的位置，方法是输入命令：

```
gtext('sinx'),gtext('cosx')
```

在图形窗口十字线的交点是字符串的位置，用鼠标点一下就可以将字符串放在那里，如图 8 所示.

当需要标记的字符串是希腊字母、特殊符号、上下标及设定字体式样时，可参见表 3(要知道得更多请参看文献[3])：

表 3

指令	效果	指令	效果	指令	效果	指令	效果
\alpha	α	\lambda	λ	\geq	⩾	\ite^{−t}sint	$e^{-t}\sin t$
\beta	β	\mu	μ	\leq	⩽	\itx_{1}(t)	$x_1(t)$
\delta	δ	\rho	ρ	\pm	±	\bfExample	**Example**
\Delta	Δ	\sigma	σ	\propto	∞	\itExample	*Example*
\theta	θ	\phi	φ	\times	×	\fontsize{14} Example	Example
\Theta	Θ	\omega	ω	\partial	∂		

• 坐标系的控制

在缺省情况下 MATLAB 自动选择图形的横、纵坐标的比例，如果你对这个比例不满意，可以用 axis 命令控制，常用的有：

axis([xmin xmax ymin ymax])　[]中分别给出 x 轴和 y 轴的最小、最大值

axis equal　或 axis('equal')　x 轴和 y 轴的单位长度相同

axis square　或 axis('square')　图框呈方形

axis off　或 axis('off')　清除坐标刻度

还有 axis auto　axis image　axis xy　axis ij　axis normal　axis on　axis(axis) 用法可参考在线帮助系统.

请看下例：

```
x=0 : pi/15 : 2 * pi;plot(sin(x),cos(x)),axis equal,axis([-1  1  0  1])
```

画出的图形如图 9 所示.

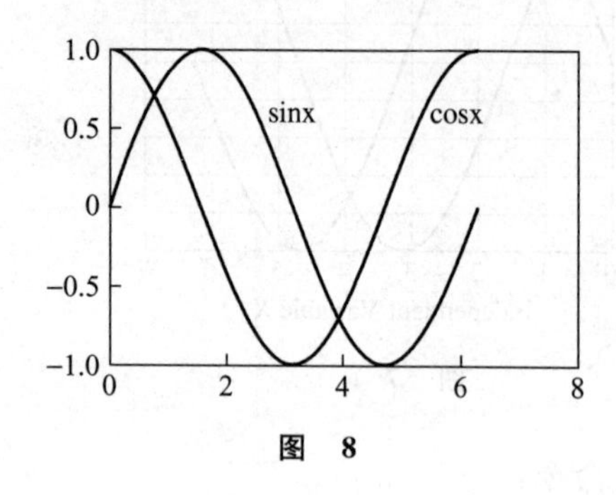

图 8

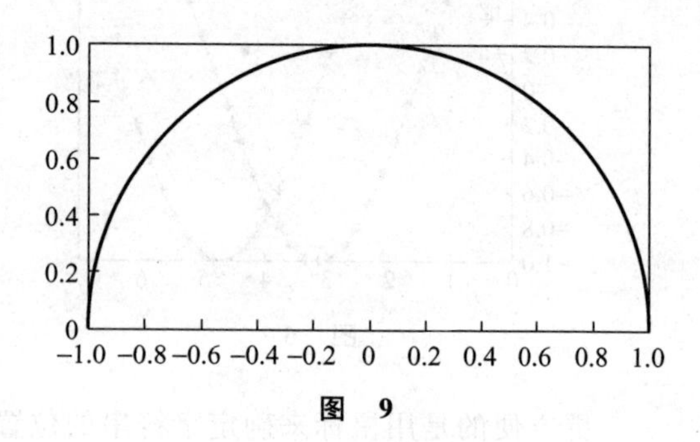

图 9

• 多幅图形

可以在同一个画面上建立几个坐标系，用 subplot(m,n,p)命令把一个画面分成 $m\times n$ 个图形区域，p 代表当前的区域号，在每个区域中分别画一个图，如

```
x=linspace(0,2 * pi,30); y=sin(x); z=cos(x);
u=2 * sin(x). * cos(x); v=sin(x)./cos(x);
subplot(2,2,1), plot(x,y), axis([0  2 * pi  -1  1]), title('sin(x)')
subplot(2,2,2), plot(x,z), axis([0  2 * pi  -1  1]), title('cos(x)')
subplot(2,2,3), plot(x,u), axis([0  2 * pi  -1  1]), title('2sin(x)cos(x)')
subplot(2,2,4), plot(x,v), axis([0  2 * pi  -20  20]), title('sin(x)/cos(x)')
```

得到 2×2 共 4 幅图形，见图 10.

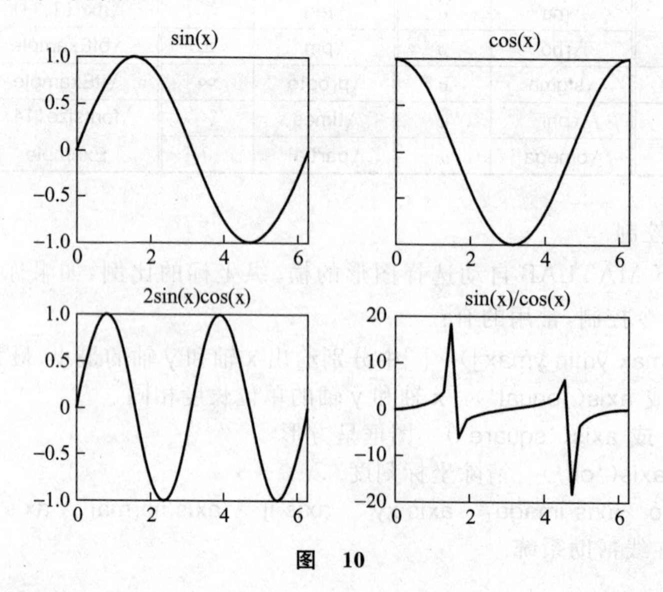

图 10

• 极坐标图形

用 polar 函数可以画出极坐标图形，如对于 $\rho=0.5|\sin 4t|$ 在一个周期内的曲线，用以下程序实现：

```
t=0:0.01:2*pi;
polar(t,0.5*abs(sin(4*t)))
```

画出的图形如图 11 所示.

• 其他

还有一些画二维图形的命令，如

fplot(@fun,[xmin xmax ymin ymax])	在[xmin xmax]内画出以字符串 fun 表示的函数的图形，[ymin ymax]给出了 y 的限制
semilogx(x,y)	半对数坐标，x 轴为常用对数坐标
semilogy(x,y)	半对数坐标，y 轴为常用对数坐标
loglog(x,y)	全对数坐标

其他一些画特殊二维图形（极坐标图、条形图等）的命令请查阅在线帮助系统.

图 12 是用命令 fplot 按以下程序画出的图形，可以看出它的方便之处.

```
fplot('sin(x)./x',[-20 20 -0.4 1.2]),   gtext('sinx/x')
```

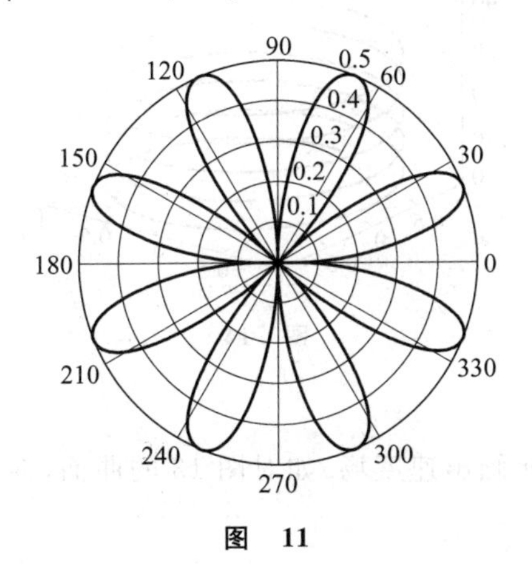

图 11

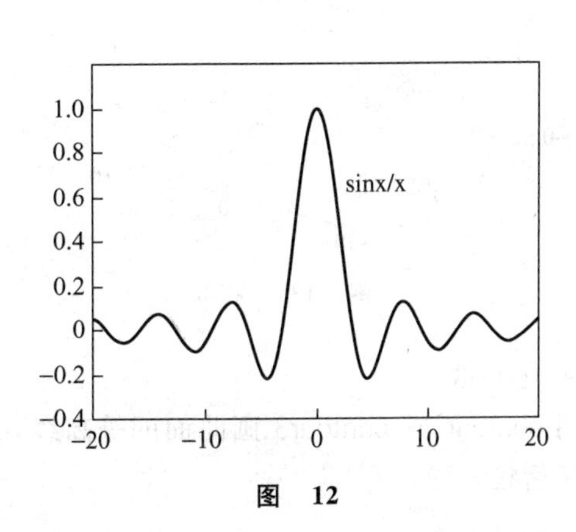

图 12

最后，如果你在一段程序中画了几个图形，需要逐个观察，那么应该在每两个 plot 命令之间加一个 pause 命令，它暂停命令的执行，直到你击下任何一个键.

4.2 三维图形

只对几种常用的命令通过例子作简单介绍.

• 带网格的曲面

例 1　作曲面 $z=f(x,y)$ 的图形.

$$z=\frac{\sin\sqrt{x^2+y^2}}{\sqrt{x^2+y^2}},\quad -7.5\leqslant x\leqslant 7.5,\quad -7.5\leqslant y\leqslant 7.5.$$

用以下程序实现：

```
x=-7.5:0.5:7.5; y=x;
[X,Y]=meshgrid(x,y);    (三维图形的 X,Y 数组)
R=sqrt(X.^2+Y.^2)+eps;  Z=sin(R)./R;    (加 eps 是防止出现 0/0)
mesh(X,Y,Z)    (三维网格表面)
```

画出的图形如图 13 所示. mesh 命令可以改为 surf,图形效果有所不同.

• 空间曲线

例 2　作螺旋线 $x=\sin t,y=\cos t,z=t$.

用以下程序实现：

```
t=0:pi/50:10*pi;
plot3(sin(t),cos(t),t)    (空间曲线,用法类似于 plot)
```

画出的图形如图 14 所示.

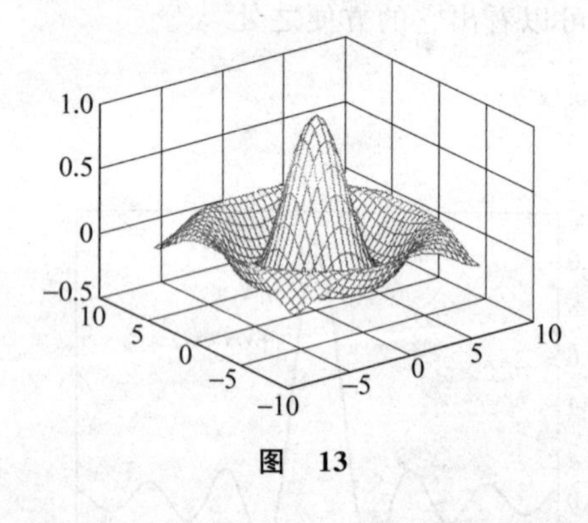

图　13

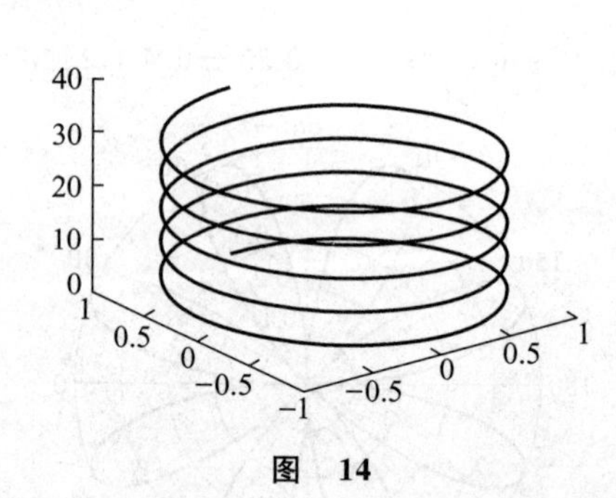

图　14

• 等高线

用 contour 或 contour3 画曲面的等高线,quiver 画出速度场. 如对图 13 的曲面,在上面的程序后接

```
contour(X,Y,Z,10)
quiver(X,Y)
```

即可得到 10 条等高线如图 15 所示,速度场如图 16 所示.

• 其他

较有用的是给三维图形指定观察点的命令 view(azi,ele),azi 是方位角,ele 是仰角. 缺省时 azi$=-37.5°$,ele$=30°$.

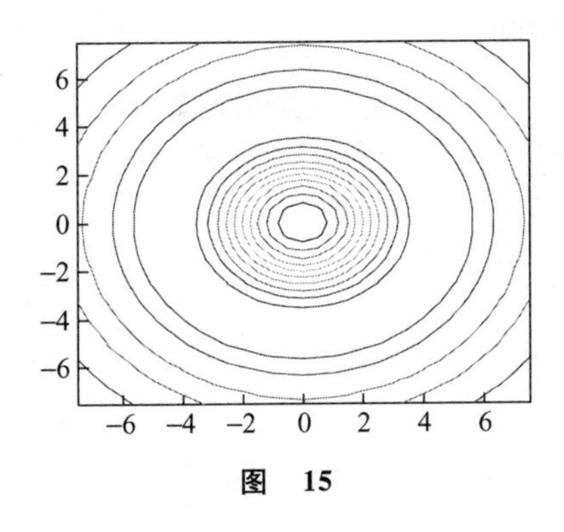

图 15

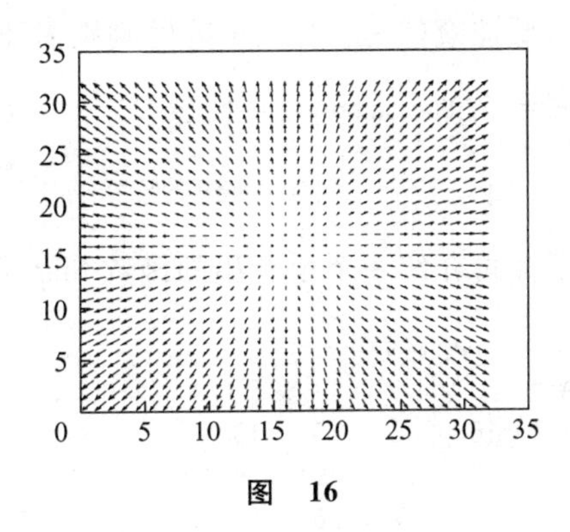

图 16

5 程序设计

MATLAB提供了一个完善的程序设计语言环境，使我们能方便地编制复杂的程序，完成各种计算.本节先简要介绍关系运算、逻辑运算，以及条件和循环语句等许多高级语言都具备的、编程的重要手段，再着重介绍MATLAB所特有的M文件.

5.1 关系运算

MATLAB的关系运算符有：

<小于；　>大于；　<=小于或等于；　>=大于或等于；　==等于；　~=不等于.

关系运算比较两个数值，当指出的关系成立时结果为1(表示真)，否则为0(表示假).

关系运算可以作用于两个同样大小的矩阵或数组，结果是一个0-1矩阵或数组，每个分量代表相应的矩阵或数组分量的关系运算结果，例如

```
》A=1：5，B=5：－1：1□
A =
    1    2    3    4    5
B =
    5    4    3    2    1
》C=A>=4□
C =
    0    0    0    1    1
》B(C)□      (逻辑变量作用于矩阵或数组)
ans =
     2    1
》D=A==B□
D =
    0    0    1    0    0
```

需要注意的是：对空矩阵的判别需要用函数 isempty，如：

```
》E=[]; F=isempty(E)□            (如果用 F=E==[],不能得到正确的答案)
F =
    1
```

下面再介绍一个很有用的函数 find，见例子：

```
》A = magic(4) □
A =
    16    2    3   13
     5   11   10    8
     9    7    6   12
     4   14   15    1
》i = find(A>12) □              (按列找出 A 中大于 12 的元素的位置)
i =
     1
     8
    12
    13
》A(i) = 100□                   (与直接使用 A (A>12)=100 的效果相同)
A =
   100     2     3   100
     5    11    10     8
     9     7     6    12
     4   100   100     1
》[row, col] = find(A>12); row', col'□
row =
    1    4    4    1
col =
    1    2    3    4
find(A)相当于 find(A>0).
```

下面举一个例子说明如何将关系运算和数值运算结合起来.

```
》x=(-3:3)/3□
x =
   -1.0000   -0.6667   -0.3333   0   0.3333   0.6667   1.0000
》sin(x)./x□
Warning: Divide by zero
ans =
    0.8415   0.9276   0.9816   NaN   0.9816   0.9276   0.8415
```

在计算 $\sin x/x$ 时给出了警告信息，是因为第 4 个数据 $\sin 0/0$ 没有定义，MATLAB 返回 NaN. 为了避免这种情况出现可以用最小浮点数 eps 来代替 0，即

```
》x=(-3:3)/3; x=x+(x==0)*eps; sin(x)./x□
```

```
ans = 0.8415   0.9276   0.9816   1.0000   0.9816   0.9276   0.8415
```

给出了 $\sin x/x$ 在 $x=0$ 时正确的极限值.

5.2 逻辑运算

MATLAB 的逻辑运算符有：

& 与运算； | 或运算； ～ 非运算； xor 异或运算.

上述运算本质上是标量运算，当作用于两个同样大小的矩阵或数组时，结果是一个 0-1 矩阵或数组，每个分量代表相应的矩阵或数组分量的关系运算结果. 它们满足熟知的运算规则(见表 4)：

表 4

a	b	a&b 或 and(a,b)	a|b 或 or(a,b)	～a 或 not(a)	xor(a,b)
0	0	0	0	1	0
1	0	0	1	0	1
0	1	0	1		1
1	1	1	1		0

逻辑运算将任何非零元素视为 1(真). 逻辑运算可以作用于矩阵或数组，请看下例：

```
》a=1:9, b=9-a, c=~(a>4), d=(a>=3)&(b<6), e=xor(c,d), f=a(d), a(d)=10□
a = 1    2    3    4    5    6    7    8    9
b = 8    7    6    5    4    3    2    1    0
c = 1    1    1    1    0    0    0    0    0
d = 0    0    0    1    1    1    1    1    1
e = 1    1    1    0    1    1    1    1    1
f =  4   5    6    7    8    9
a =  1   2    3   10   10   10   10   10   10
```

与运算(&)和或运算(|)均有所谓的“短路”版本，运算符分别为“&&”和“||”. 程序在执行“a&&b”时，如果 $a=0$，则直接得到计算结果为 0；程序在执行“a||b”时，如果$a=1$，则直接得到计算结果为 1. 也就是说，在这两种情况下，不再考虑 b 是否有意义，更不关心 b 的取值，这在有时候是很有好处的. 如：

```
》z = (x ~= 0) && (y/x > 15) □
```

可以避免 $x = 0$ 时系统给出除数为 0 的警告信息.

MATLAB 还提供了一些逻辑函数，常见的有 all 和 any，用法是：

y=all(x)　　若 x 为向量，当所有元素非零时 y=1，否则 y=0；若 x 为矩阵，all 作用于列元素，y 为行向量.

y=any(x)　　若 x 为向量，当有一元素非零时 y=1，否则 y=0；若 x 为矩阵，all 作用于列元素，y 为行向量.

例如：

```
》a=[1 0 -5 0;-3 0 8 2], b=all(a), c=any(a), d=all(b), e=any(c)□
a =   1     0    -5    0
     -3     0     8    2
b =   1     0     1    0
c =   1     0     1    1
d =   0
e =   1
```

MATLAB还提供了按二进制位进行计算的位运算函数，主要有4种：

bitand 按位与运算； bitor 按位或运算； bitcmp 按位补运算； bitxor 按位异或运算.

用法举例如下：

```
》A = 28; B = 21; □            (分别相当于二进制 11100; 10101)
》[bitand(A,B), bitor(A,B), bitcmp(A,5),bitxor(A,B)] □
ans =
    20    29     3    920      (分别相当于二进制 10100;11101;00011;01001)
```

5.3 条件和循环语句

条件和循环语句属于流控制语句，MATLAB的流控制语句主要有4个：if，switch，while，for，它们都用 end 结束.

- if 语句

条件语句 if 最简单的用法是：

```
if    <关系表达式>
      <语句 1>
end
```

如果关系表达式的值为1，则语句1执行；否则，执行 end 的后续命令.

if 语句的另外一种用法是：

```
if     <关系表达式>
       <语句 1>
else
        <语句 2>
end
```

如果关系表达式的值为1，则语句1执行；否则(关系表达式的值为0)，语句2执行，然后执行 end 的后续命令.

当我们有多个选择时还可以用下列结构：

```
if        <关系表达式 1>
            <语句 1>
```

```
elseif  <关系表达式 2>
            <语句 2>
…
elseif  <关系表达式 n>
            <语句 n>
else
            <语句 n+1>
end
```

如果关系表达式 $j(j=1,2,\cdots,n)$ 的值为 1，则语句 j 执行，然后执行 end 的后续命令；否则，语句 n+1 执行，然后执行 end 的后续命令. 例如，可用以下程序得到如图 17 所示的分段函数.

```
if        x<=0
          y=0;
elseif    x<=1
          y=x;
else
          y=1;
end
```

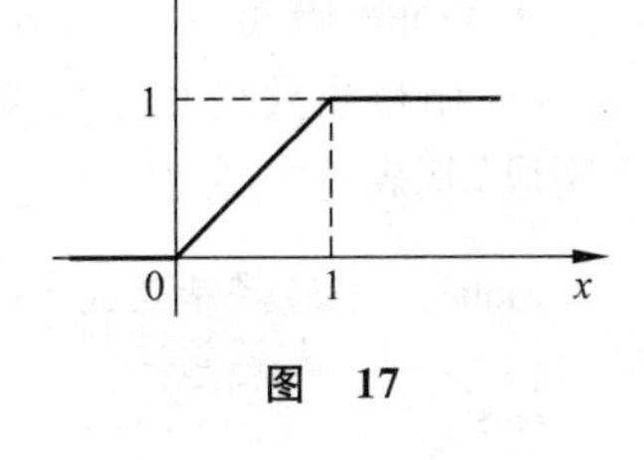

图 17

• switch 语句

switch 语句根据表达式的值来执行相应的语句，用法如下：

```
switch    <表达式>
case      value1
          <语句 1>
case      value2
          <语句 2>
…
otherwise
          <语句 n>
end
```

• for 语句

循环语句 for 的一般形式为

```
for   <循环参数>=<初值>:<步长>:<终值>
        <语句>
end
```

步长为 1 时可以省略. 对于每一参数值，语句都重复执行.

当作多重循环时 for 语句可以嵌套使用，如用以下程序可以生成希尔伯特矩阵.

```
》for i=1:3
      for j=1:4
```

```
            a(i,j)=1/(i+j-1);
        end
    end
    format rat
    a□
a=
       1      1/2     1/3     1/4
      1/2     1/3     1/4     1/5
      1/3     1/4     1/5     1/6
```

for语句的循环参数可以是任意的数组或矩阵，循环参数依次取数组元素的值，或按矩阵的列依次取值.

• while 语句

for 循环主要应用于已知循环次数的情况，如果不知道循环次数，可以使用 while 循环来完成，其表达方式为

```
while     <关系表达式>
              <语句>
end
```

当关系表达式的值为1(真)时，语句被反复执行，直至关系表达式为0(假)时终止，如

```
》n=0;EPS=1;
 while (1+EPS)>1
          EPS=EPS/2;
          n=n+1;
    end
    EPS=2*EPS;
    n,format short e,EPS□
n=
    53
EPS =
      2.2204e-016
```

这个例子给出了计算 MATLAB 中特殊常量 eps 的过程(我们用大写 EPS 以便与 eps 相区别). EPS 不断地被 2 除直到 (1+EPS)>1 为假时终止. 这里需要注意的是，MATLAB 用16位数来表示数据，因此当 EPS 接近 10^{-16}时，它会认为 (1+EPS)>1 不成立.

MATLAB 还提供了跳出循环的 break 语句，遇到此语句立即执行此循环 end 的后续语句，如上面计算 eps 的程序可以改为：

```
》EPS=1;
 for n=1:100
       EPS=EPS/2;
       if (1+EPS)<=1
           EPS=2*EPS;
```

```
        break
        end
end
n,format short e,EPS□
```

得到同样的结果.

MATLAB 还提供了跳出循环中当前迭代的 continue 语句,遇到此语句立即执行此循环的下一次迭代.

- try 语句

该语句的表达方式为

```
try
        <语句 1>
catch
        <语句 2>
end
```

正常情况下,只有语句 1 被执行;当执行语句 1 时如果出现错误,则将错误信息写入字符数组 lasterr,并转向执行语句 2(通常是对错误的处理).

5.4 脚本 M 文件

到现在为止我们都是在 MATLAB 命令窗口中输入数据和命令进行计算的,这种方法在处理比较复杂的问题和大量的数据时相当困难. MATLAB 提供的解决办法是,先在一个以 m 为扩展名的 M 文件中输入数据和命令,然后再让 MATLAB 执行这些命令. M 文件有两种类型:**脚本 M 文件**和**函数 M 文件**.

脚本 M 文件实际上是一系列命令的集合(也可能会输出结果或图形),建立的变量保存在内存中,可以在命令窗口中察看和使用(除非用清除命令清除). 一个比较复杂的程序常常要作反复的调试,这时你不妨建立一个文本文件并把它储存起来,可以随时调用进行计算. 建立脚本文件可以在 File 菜单中选择 New,再选择 M-file,这时 MATLAB 将打开一个文本编辑和调试窗口,在这里输入命令和数据. 储存时文件名遵循 MATLAB 变量命名的原则(请特别注意不能以数字开头),但必须以 m 为扩展名,其一般形式为

```
< M文件名>.m
```

如 hilb1. m, pp. m 等.

值得注意的是,脚本 M 文件中的变量都是全局变量,在执行过程中,脚本 M 文件中的命令可以使用目前工作区中的变量,它所产生的变量也将成为工作区的一部分. 比如生成希尔伯特矩阵的程序可以写成如下的脚本 M 文件:

```
for i=1:m
    for j=1:n
```

```
            a(i,j)=1/(i+j-1);
        end
    end
    a=rats(a);
```

命名为 hilb1. m 储存起来,那么当需要一个 2×3 希尔伯特矩阵时,可以在 MATLAB 命令窗口中进行:

```
 》m=2,n=3,hilb1,a□
 a =
       1         1/2        1/3
      1/2        1/3        1/4
```

5.5 函数 M 文件

函数 M 文件是另一类 M 文件,我们可以根据需要建立自己的函数文件,它们能够像库函数一样方便地调用,从而极大地扩展 MATLAB 的能力. 如果对于一类特殊的问题,建立起许多函数 M 文件,就能最终形成独立的工具箱.

• 函数 M 文件的基本用法

函数 M 文件的第一行有特殊的要求,其形式必须为

```
function  <因变量>= <函数名>(<自变量>)
```

其他各行为从自变量计算因变量的语句,并最终将结果赋予因变量. 这个 M 文件的文件名必须是<函数名>. m (MATLAB6. 5. 1 对此已经有所放松,即当函数名与文件名不同时,忽略文件中定义的函数名;但建议还是保持两者名称一致为好). 下面给出函数文件的一个简单例子.

如果我们经常要调用这样的随机矩阵,其每个元素等概率地取从 0 到 9 的整数值,就不妨建立如下的函数 M 文件.

```
function a=randint(m,n)
%   RANDINT   Randomly generated integral matrix.
%   randint(m,n) returns an m-by-n such matrix with entries between 0 and 9.
a = floor(10 * rand(m,n));
```

当需要一个这样的 2×3 随机矩阵时,只需

```
》x=randint(2,3)□
x =
      9      6      8
      2      4      7
```

MATLAB 的 M 文件中%后面是注释部分,MATLAB 执行时忽略这些内容. 函数 M 文件中紧跟在函数名后的注释语句给出了这个函数的在线帮助内容,实际上 MATLAB 的

所有库函数都有这样一段注释.

函数 M 文件有多个因变量时,要用[]将它们括起来,请看下例:

```
function [mean, stdev] = stat(x)
% STAT  Mean and standard deviation
%   For a vector x, stat(x) returns the mean and standard deviation of  x.
%   For a matrix x, stat(x) returns two row vectors containing, respectively,
%   the mean and standard deviation of each column.
 [m  n] = size(x);
 if m == 1
     m = n;      % handle case of a row vector
 end
 mean = sum(x)/m;
 stdev = sqrt(sum(x.^2)/m - mean.^2);
```

其用途不难从注释行知道.当求一个数组 x 的平均值和均方差时,只需:

```
》x=[2 4 -7 0 5 -1];[xm,xd]=stat(x) □
xm =
      0.5000
xd =
      3.9476
```

函数 M 文件中的变量一般是局部变量,它们的变量名独立于目前的工作区和其他的函数.对于 MATLAB5.0 以上的版本,在工作区和函数的定义中可以用 global 命令把某些变量说明为全局变量.

- 函数参数的个数和可变的参数个数

在 MATLAB 中允许在不同目录下的文件名是相同的,当 MATLAB 执行到 M 文件名的语句时,它首先搜索当前工作区中的变量和内建的命令,然后搜索有无内部函数以此命名,最后在搜索路径的目录中寻找第一个以此命名的 M 文件.函数也可以重载,即对于同名的函数根据调用的参数确定使用哪个函数.

函数 M 文件中可以用 nargin 和 nargout 检查输入和输出参数的个数.如:

```
function [c,d] = testarg1(a,b)
if (nargin == 1)
    c = a.^2;                 % 只有一个输入参数时,计算其平方
elseif (nargin == 2)
    c = a.^2 + b.^2;          % 有两个输入参数时,计算其平方和
end
if (nargout == 2)             % 有两个输出参数时执行下面命令
    d = 'This is an example for testing two output variables';
end
```

实际上,nargin 和 nargout 是库函数,可以检查任何函数 M 文件的输入和输出参数的个

数，如

```
nargin ('polyval')
ans =
    4
```

给出的是 polyval. m 函数(计算多项式的值的函数)的输入参数的个数(最多可能的参数个数).

函数 M 文件中还可以用 varargin 和 varargout 实现可变长度的输入和输出参数的个数，增加函数调用的灵活性. 如：

```
function [msg,varargout]=testvar(x0,y0,varargin)
for k = 1 : length(varargin)
    x(k) = varargin{k}(1);              % varargin 是元胞阵列
    y(k) = varargin{k}(2);
end
xmin = min(x0,min(x));
ymin = min(y0,min(y));
axis([xmin fix(max(x))+3 ymin fix(max(y))+3])
plot(x,y)
for k = 1 : min(length(varargout), length(varargin))
    varargout(k) = varargin{k};      % 将输入拷贝到输出
    varargout(k) = varargin{k};
end
msg= 'successful'
```

这时，诸如下面的几种调用方式都是合法的：

```
str=testvar(0,0,[2 3],[1 5],[4 8],[6 5],[4 2],[2 3])
[str,a,b,c]=testvar(-5,-10,[-1 0],[3 -5],[4 2],[1 1])
```

- 子函数和私有函数

在 M 文件中还可以引用其他 M 文件，包括递归地引用自己. 此外，一个函数 M 文件中还可以定义子函数(仅供该函数 M 文件自己调用). 例如前面的 testarg1 函数可以先编两个子函数：

```
function x=sub1(y)       % 子函数
x=y.^2;
end
function x=sub2(y,z)     % 子函数
x=sub1(y)+sub1(z);
end
```

再编写以下函数：

```
function [c,d] = testsubfun(a,b)
if (nargin == 1)
```

```
    c = sub1(a);          % 只有一个输入参数时,计算其平方
elseif (nargin == 2)
    c = sub2(a,b);        % 有两个输入参数时,计算其平方和
end
if (nargout == 2) %有两个输出参数时执行下面命令
    d = 'This is an example for testing sub-function';
end
```

在 MATLAB 中还可以定义私有函数.在当前目录下建立一个子目录 private,那么该子目录下的任何函数 M 文件都是当前目录的私有函数,只能供当前目录下的 M 文件调用.请读者不妨试试.

一般情况下 MATLAB 执行时不显示 M 文件中的内容,不过命令 echo on 可以让 MATLAB 显示 M 文件中的命令,并且用命令 echo off 关闭显示.

5.6 数据文件的读写

在 MATLAB 编程中可能要读写其他数据文件(如读写其他包含数据的文件).前面介绍的 save 和 load 函数可以完成一部分这样的工作,这里再介绍几个文件处理函数.

可以用 dlmread 读入带分隔符的文本文件中的数据,用法是:

```
M = dlmread(filename,delimiter)
```

这里 filename 是文件名,delimiter 是文件中的分隔符名称(缺省为逗号,“\t”为 TAB 键),读入数据存放于矩阵 M 中.类似地,可以用下面的形式将矩阵 M 写入文件:

```
dlmwrite(filename,M,delimiter)
```

类似的文件处理函数还有 textread,csvread,csvwrite(这里的后两个函数只允许分隔符为逗号)等.

对于二进制数据,可以用与 C 语言类似的用法读写数据.这时在读写文件之前,需要用

```
fid = fopen('filename','permission')
```

语句打开文件,其中 filename 是文件名,而 permission 可以是“r”(只读),“w”(只写),“a”(追加),“r+”(读写)等选项.读文件可以用 fread 函数,写文件可以用 fwrite 函数,操作完成后用 fclose 关闭文件.如下面的语句将 5 阶幻方阵写入二进制文件 magic5.bin:

```
fwriteid = fopen('magic5.bin','w');
count = fwrite(fwriteid,magic(5),'int32');
status = fclose(fwriteid);
```

对于格式化的文本数据,也可以用与 C 语言类似的 fscanf 和 fprintf 函数进行读写,这里就不详细介绍了.值得说明的是,MATLAB 文件菜单中的“Import Data”命令可以帮助从外部文件中读入数据.

6 符号工具箱使用简介

MATLAB系统本来只能做数值计算，并没有符号运算的功能，符号运算工具箱(symbolic math toolbox)则扩充了MATLAB这方面的功能，它是购买Maple软件的核心模块后完成的.

这个工具箱在MATLAB中的目录是Toolbox/Symbolic，这里只对它的常用功能作一简单介绍，详细用法请参阅帮助系统.

6.1 符号变量与符号表达式

符号运算工具箱处理的主要对象是符号和符号表达式，为此要使用一种新的数据类型——符号变量，工具箱用sym来定义一个符号或符号表达式，如

```
》sym('x')□
ans=
      x
》r=sym('(1 + sqrt(x))/2')□
r=
   (1 + sqrt(x))/2
```

而syms可定义多个符号，如

```
》syms a b c k t y
f=a*(2*x-t)^3+b*sin(4*y)□
f=
      a*(2*x-t)^3+b*sin(4*y)
```

可以在上面定义的最后指明符号变量的类型，如指明为实数：

```
》syms a b c k t y real
```

上面定义的各个符号和表达式r,f可以进行计算，如

```
》g=f+a*(2*r-1)^3□
g=
      a*(2*x-t)^3+b*sin(4*y)+a*x^(3/2)
```

用findsym来确认符号表达式中的符号，如

```
》findsym(g)□
ans=
      a, b, t, x, y
```

6.2 微积分运算

设 a, b, t, x, y 是已输入的符号变量.

(1) 导数

```
diff(f)      函数 f 对符号变量 x 或(字母表上)最接近字母 x 的符号变量求导数
diff(f,t)    函数 f 对符号变量 t 求导数
》f=sin(a*x);g=diff(f)□
 g=
    cos(a*x)*a
》f=sin(a*t);g=diff(f)□
 g=
    cos(a*t)*a
》f=sin(y*t);g=diff(f)□
 g=
    cos(y*t)*t
》f=sin(y*t);g=diff(f,t)□ (这可以看作二元函数求偏导数)
 g=
    cos(y*t)*y
```

对于上面的函数 f 还可以用 diff(f,2)求二阶导数:

```
》f=sin(a*x);diff(f,2)□
 ans =
        -sin(a*x)*a^2
 》diff(f,a,2)□
ans =
        -sin(a*x)*x^2
```

当微分运算作用于符号矩阵时,是作用于矩阵的每个元素,如:

```
 》A=[sin(a*x),cos(a*x);-cos(a*x),-sin(a*x)],dy=diff(A) □
 A =
     [sin(a*x),   cos(a*x)]
     [-cos(a*x), -sin(a*x)]
dy =
     [cos(a*x)*a, -sin(a*x)*a]
     [sin(a*x)*a, -cos(a*x)*a]
```

(2) 积分

```
int(f)       函数 f 对符号变量 x 或最接近字母 x 的符号变量求不定积分
int(f,t)  函数 f 对符号变量 t 求不定积分
》f=sin(a*x);g=int(f)□
g =
    -cos(a*x)/a
```

```
》f=sin(a*x);g=int(f,a) □
g =
     -cos(a*x)/x
》f=exp(-x^2);g=int(f)□
g =
     1/2*pi^(1/2)*erf(x)
```

最后一个积分无简单的解析表达式,是用函数 erf 表达的,erf(x)的定义是 $\int_0^x \frac{2}{\sqrt{\pi}} e^{-t^2/2} dt$.

int(f,a,b)　　函数 f 对符号变量 x 或最接近字母 x 的符号变量求从 a 到 b 的定积分

int(f,t,a,b)　　函数 f 对符号变量 t 求从 a 到 b 的定积分

```
》f=sin(a*x);g=int(f,0,pi)□
g =
      -cos(pi*a)/a+1/a
》syms a x real;f=exp(-a*x^2);g = int(f, x, -inf, inf)
g =
PIECEWISE([1/a^(1/2)*pi^(1/2), signum(a) = 1],[Inf, otherwise])
》pretty(g)          % 以更容易阅读的形式显示结果

                    {    1/2
                    { pi
                    { ----          signum(a~) = 1
                    {    1/2
                    { a~
                    {
                    {  Inf              otherwise
```

上面表达式中 a 后面的~表示 a 是实数, signum(a~) = 1 表示 a>0.

当不定积分无解析表达式时,可用 double 计算其定积分数值,如

```
》f=exp(-x^2);g=int(f,0,1)□
g=
     1/2*erf(1)*pi^(1/2)
》a=double(g)□
a=
     0.7468
```

(3) 极限

limit(f)　当符号变量 x(或最接近字母 x 的符号变量)→0 时函数 f 的极限

limit(f,t,a)　当符号变量 t→a 时函数 f 的极限

```
》f=sin(x)/x;g=limit(f)□
g=
    1
》limit((cos(x+a) - cos(x))/a,a,0 ) □
```

```
ans=
      - sin(x)
》limit((1 + x/t)^t,t,inf ) □
ans =
      exp(x)
```

下面的例子说明求左极限和右极限的方法：

```
》limit(1/x) □
ans =
      NaN
》limit(1/x,x,0,'left')□
ans =
      - inf
》limit(1/x,x,0,'right')□
ans =
      inf
```

(4) 级数和

symsum(s,t,a,b)　表达式 s 中的符号变量 t 从 a 到 b 的级数和(t 缺省时设定为 x 或最接近 x 的字母)

```
》symsum(1/x,1,3)□
ans =
      11/6
》s1=symsum(1/x^2,1,inf),s2=symsum(x^k,k,0,inf) □
s1 =
      1/6*pi^2
s2 =
      -1/(x-1)
```

(5) 泰勒多项式

taylor(f,n,a)　函数 f 对符号变量 x(或最接近字母 x 的符号变量)=a 点的 n-1 阶泰勒多项式(n 缺省时设定为 n=6,a 缺省时设定为 a=0)

```
》taylor(sin(x))□
ans =
      x-1/6*x^3+1/120*x^5
》f=log(x);s=taylor(f,4,2)□
s =
   log(2)+1/2*x-1-1/8*(x-2)^2+1/24*(x-2)^3
```

6.3 解方程

(1) 非线性方程(组)

solve(f,t)　对 f 中的符号变量 t 解方程 f=0(t 缺省时设定为 x 或最接近 x 的字母)

```
》f=a*x^2+b*x+c;s=solve(f)□
s =
      [1/2/a*(-b+(b^2-4*a*c)^(1/2))]
      [1/2/a*(-b-(b^2-4*a*c)^(1/2))]
》f=a*x^2+b*x+c;solve(f,b)□
ans =
      -(a*x^2+c)/x
```

如果要解形如 $f(x)=q(x)$形式的方程，则需要用单引号把方程括起来，如

```
》s=solve('cos(2*x)+sin(x)=1')□
s =
      [        0]
      [       pi]
      [ 1/6*pi]
      [ 5/6*pi]
```

solve 也可以解方程组，如

```
》[x,y]=solve('x^2+x*y+y=3','x^2-4*x+3=0')□
x =
      [1]
      [3]
y =
      [     1]
      [ -3/2]
```

即方程组的解为(1,1)和$\left(3,-\frac{3}{2}\right)$.

(2) 微分方程

```
dsolve('S','s1','s2',...,'x')
```

其中 S 为方程，s1,s2，...为初始条件，x 为自变量.方程 S 中用 D 表示求导数，D2,D3，...表示二阶、三阶等高阶导数；初始条件缺省时给出带任意常数 C1,C2，...的通解；自变量缺省时设定为 t .举例如下：

```
》dsolve('Dy=1+y^2')□
ans =
      tan(t-C1)
》y=dsolve('Dy=1+y^2','y(0)=1','x')□
y =
      tan(x+1/4*pi)
》x=dsolve('D2x+2*D1x+2*x=exp(t)','x(0)=1','Dx(0)=0')□
x =
      1/5*(exp(t)^2+3*sin(t)+4*cos(t))/exp(t)
```

dsolve 也可用来解微分方程组，如

```
》S=dsolve('Df = 3*f+4*g', 'Dg = -4*f+3*g')□
S =
    f : [1x1 sym]
    g : [1x1 sym]
```

计算的结果返回在一个结构 S 中，为了看到其中 f,g 的值，可以

```
》f=S.f,g=S.g□
f =
    exp(3*t)*cos(4*t)*C1+exp(3*t)*sin(4*t)*C2
g =
    -exp(3*t)*sin(4*t)*C1+exp(3*t)*cos(4*t)*C2
```

6.4 线性代数

MATLAB 中大多数用于数值线性代数计算的命令，都可以用于符号变量线性代数的运算，如

```
》A=[a b c;b c a;c a b];B=[1 1 1]';x=A\B□

x =
     [ 1/(a+c+b)]
     [ 1/(a+c+b)]
     [ 1/(a+c+b)]
》A1=triu(A),L=eig(A)□
A1=
     [ a, b, c]
     [ 0, c, a]
     [ 0, 0, b]
L=
     [                                       a+c+b]
     [ (b^2-b*a-c*b-c*a+a^2+c^2)^(1/2)]
     [-(b^2-b*a-c*b-c*a+a^2+c^2)^(1/2)]
```

6.5 化简和代换

工具箱中提供了许多化简符号表达式的函数，具有专门用途的函数及其功能是：

collect　合并同类项

expand　将乘积展开为和式

horner　把多项式转换为嵌套表示形式

factor　把多项式转换为乘积形式

simplify 利用各种恒等式化简代数式

请看下例：

```
》collect(x^3+2*x^2-5*x^2+4*x-3*x+12-3)□
ans=
        x^3-3*x^2+x+9
》g=collect((1+x)*t+t*x)□
g=
     2*t*x+t
》expand((x-1)*(x-2)*(x-3))□
ans=
        x^3-6*x^2+11*x-6
》g=expand(cos(x+y))□
g =
    cos(x)*cos(y)-sin(x)*sin(y)
》expand(cos(3*acos(x)))□
ans =
        4*x^3-3*x
》horner(x^3-6*x^2+11*x-6)□
ans =
        x*(x*(x-6)+11)-6
》g=horner(1.1+2.2*x+3.3*x^2)□
g=
     11/10+(11/5+33/10*x)*x
》factor(x^3-6*x^2+11*x-6)□
ans =
     (x-1)*(x-2)*(x-3)
》n = 1:5;x = x(ones(size(n)));
p = x.^n + 1,f = factor(p)□
p=
     [x+1, x^2+1, x^3+1, x^4+1, x^5+1]
f =
     [x+1, x^2+1, (x+1)*(x^2-x+1), x^4+1, (x+1)*(x^4-x^3+x^2-x+1)]
》simplify((1-x^2)/(1-x))□
ans =
        x+1
》s=simplify(sin(x)^2+cos(x)^2)□
s=
     1
》q=simplify((1/a^3+6/a^2+12/a+8)^(1/3))□
q =
     ((2*a+1)^3/a^3)^(1/3)
```

工具箱还为我们提供了一个强有力的函数 simple，它综合运用上面的函数进行化简，并找出长度最短的表达式，其命令形式有以下几种：

f=simple(S)　对表达式 S 进行化简,输出长度最短的表达式 f
simple(S)　对表达式 S 进行化简,输出用各种函数化简的结果,及长度最短的表达式
[f,how]=simple(S)　对表达式 S 进行化简,输出长度最短的表达式 f,及 f 是哪一个函数作用的结果 how

```
》f=simple(sin(x)^2+cos(x)^2)□
 f=
    1
》simple(1/a^3+6/a^2+12/a+8)^(1/3)□
simplify:
                    ((2*a+1)^3/a^3)^(1/3)
radsimp:
                    (2*a+1)/a
combine(trig):
                    ((1+6*a+12*a^2+8*a^3)/a^3)^(1/3)
factor:
                    ((2*a+1)^3/a^3)^(1/3)
expand:
                    (1/a^3+6/a^2+12/a+8)^(1/3)
convert(exp):
                    (1/a^3+6/a^2+12/a+8)^(1/3)
convert(sincos):
                    (1/a^3+6/a^2+12/a+8)^(1/3)
convert(tan):
                    (1/a^3+6/a^2+12/a+8)^(1/3)
collect(a):
                    (1/a^3+6/a^2+12/a+8)^(1/3)
ans =
                    (2*a+1)/a
》[f,how]=simple(1/a^3+6/a^2+12/a+8)^(1/3)□
f =
      (2*a+1)/a
how =
      radsimp
```

工具箱中提供了两种代换命令:

subs(S,old,new)　用符号 new 代替表达式 S 中的符号 old
subexpr(S)　将表达式 S 中的公共部分用 sigma 表示

```
》subs(a+b,a,4)□
ans =
      4+b
》f=subs(cos(a)+sin(b),[a,b],[sym('alpha'),2])□
ans =
      cos(alpha)+sin(2)
```

subexpr　用法请参阅帮助系统

6.6 其他

工具箱中提供了50多个特殊函数，如贝塞尔(Bessel)函数、椭圆积分、误差函数及切比雪夫(Chebyshev)正交多项式、拉格朗日正交多项式等.用mfunlist命令可以看到这些函数的列表，用

```
mhelp <函数名>
```

可以了解那个函数的细节.

工具箱对于数值计算提供了有理数计算方式和可变位数的浮点计算方式，用法可从下例看出：

```
》a=1/2+1/3,a1=sym(a),a2=vpa(a,10)□
a =
      0.8333
a1 =
      5/6
a2 =
      .8333333333
```

工具箱还提供了一个非常简便的画图命令：设表达式f中只有一个符号变量，比如x，则ezplot(f,xmin,xmax)画出以x为横坐标的曲线f，x在[xmin,xmax]内，当xmin，xmax缺省时xmin=−2∗pi，xmax=2∗pi.请看：

```
》ezplot(sin(2∗x))□
```

得到图18.

```
》ezplot(sin(2∗t),−pi/2,pi/2)□
```

得到图19.

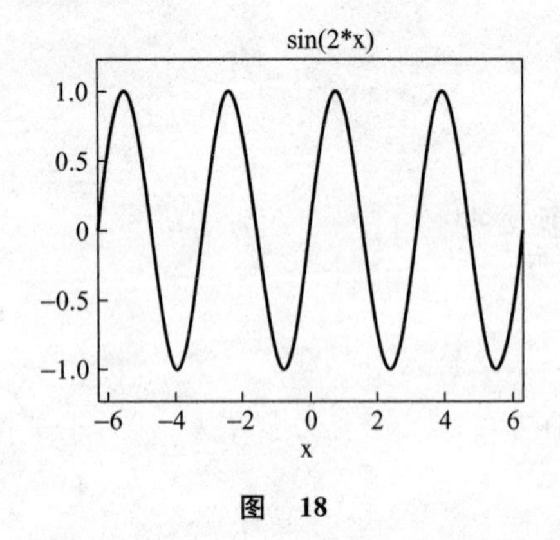

图 18

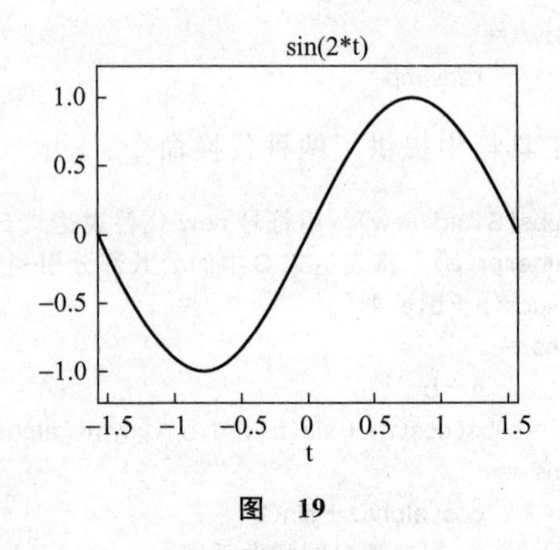

图 19

参 考 文 献

[1] 姜启源,张立平,何青,高立.数学实验.第2版.北京:高等教育出版社,2006
[2] 刘卫国主编.MATLAB程序设计教程.北京:中国水利水电出版社,2005
[3] 张志涌,杨祖樱等.MATLAB教程(R2009a).北京:北京航空航天大学出版社,2009
[4] MathWorks Inc.,MATLAB在线帮助文档